CCUS 技术新进展
——第七届二氧化碳捕集利用与封存技术国际论坛论文集

二氧化碳捕集利用与封存产业技术创新战略联盟　编

石油工业出版社

内容提要

本书精选了2023年3月召开的"第七届二氧化碳捕集利用与封存技术国际论坛"征集到的41篇文章，涉及二氧化碳捕集利用与封存的机理、适应性评价、优化设计、矿场试验工艺、现场应用效果和经验教训，以及在研究过程中应用的新技术、新方法等，反映了近年来二氧化碳捕集利用与封存产业技术的主要成果和发展趋势。

本书可供从事二氧化碳捕集利用与封存研究工作的科研人员和工程技术人员参考。

图书在版编目（CIP）数据

CCUS技术新进展：第七届二氧化碳捕集利用与封存技术国际论坛论文集/二氧化碳捕集利用与封存产业技术创新战略联盟编．—北京：石油工业出版社，2023.3

ISBN 978-7-5183-5763-5

Ⅰ.①C… Ⅱ.①二… Ⅲ.①二氧化碳–收集–中国–文集②二氧化碳–废物综合利用–中国–文集③二氧化碳–保藏–中国–文集 Ⅳ.①X701.7-53

中国版本图书馆CIP数据核字（2022）第209921号

出版发行：石油工业出版社
（北京安定门外安华里2区1号　100011）
网　　址：www.petropub.com
编辑部：（010）64222261　图书营销中心：（010）64523633
经　　销：全国新华书店
印　　刷：北京中石油彩色印刷有限责任公司

2023年3月第1版　2023年3月第1次印刷
787×1092毫米　开本：1/16　印张：33.75
字数：800千字

定价：320.00元
（如出现印装质量问题，我社图书营销中心负责调换）
版权所有，翻印必究

《CCUS 技术新进展——第七届二氧化碳捕集利用与封存技术国际论坛论文集》

编委会

主　任：孙龙德

副主任：袁士义　李　阳　江同文　许世森　李全生
　　　　钟太贤　朱庆忠　窦立荣　宋新民　何东博
　　　　李　勇

委　员：王红岩　吕伟峰　许怀先　孙圆辉　黄海霞
　　　　高　明　单东柏　吕文峰　贾宁洪　桑国强
　　　　王高峰　徐　冬　黄　斌　王　乐　郭东方
　　　　王　锐　冯　蕾　代全齐

前言 /PREFACE

2020年9月第75届联合国大会上,习近平主席向全世界做出"二氧化碳排放力争于2030年前达到峰值,努力争取2060年前实现碳中和"的承诺,体现了中国作为一个负责任大国的勇气与担当,彰显了中国绿色低碳发展的决心,开启了中国应对气候变化的新征程。

当今世界,控制二氧化碳等温室气体排放,应对气候变化给人类生存和发展带来的严峻挑战,已成国际社会广泛共识。二氧化碳捕集利用与封存(CO_2 Capture, Utilization and Storage,CCUS)是指将 CO_2 从工业过程、能源利用或大气中分离出来,直接加以利用或注入地层封存,最终实现 CO_2 减排的技术手段。国际能源署、政府间气候变化专门委员会(Intergovernmental Panel on Climate Change,IPCC)等对 CCUS 在全球范围内的减排潜力进行了预估,指出 2070 年全球要实现近零排放,CCUS 技术累积减排约 15% 的排放量。国内外大量实践证明,CCUS 技术可以实现化石能源利用近零排放,促进钢铁、水泥、玻璃、化工等难减排行业深度减排,增强碳约束条件下电力系统的灵活性,保障电力安全稳定供应,抵消难减排的 CO_2 和非二氧化碳温室气体排放等,具有极其重要的作用。在石油工业领域,CCUS 技术可以提高石油采收率,更为重要的是油气田可实现石油工业的"负碳化",即把捕集的 CO_2 注入油气地下腾出的空间中,广大的油气田可成为封存 CO_2 的"碳田",这是一个应对气候变化、构建生态文明和实现可持续发展的重要战场,未来可期。

2013年11月,在国家科技部指导下,二氧化碳捕集利用与封存产业技术创新战略联盟(以下简称 CCUS 联盟)成立,旨在整合及协调各方科研力量和产业资源,推动我国二氧化碳捕集、利用与封存领域的技术创新和工程示范,充分发挥 CCUS 技术应对气候变化和保障可持续发展的关键性作用。九年来,CCUS 联盟不断发展壮大,目前已有21家企业、17所大学和6家科研机构积极参与,针对制约 CCUS 产业技术发展的瓶颈问题开展持续攻关,在基础理论、关键技术、工程示范等方面取得一系列重要进展,逐步形成了以企业为主体,产学研相结合的产业技术创新体系,有力推动了我国 CCUS 产业技术水平的提高,有效支撑了 CCUS 示范工程的顺利实施。

为了集中展示CCUS产业技术近年来的创新成果，本届CCUS联盟轮值理事长单位中国石油天然气集团有限公司联合CCUS联盟秘书处，组织编撰了本论文集。论文集共收录论文41篇，主体是从联盟单位和CCUS国际论坛征集稿件中优选，部分论文已公开发表在国内外核心期刊上，为体现代表性，此次也一并收录。中国石油勘探开发研究院对本论文集的出版发行给予了大力支持，《石油勘探与开发》期刊编辑部和石油工业出版社为论文集的顺利出版付出了辛苦努力，在此表示感谢。希望本论文集的出版，能够对我国CCUS产业技术的发展和工业化应用起到积极的推动作用。

论文乃著者心血智慧之结晶，集编仅希锦上添花而已。一部文集涉及多学科、跨专业，移花接木、甚至误谬之处在所难免，恳请大家批评指正。

孙龙德

中国工程院院士，CCUS联盟轮值主席

目录 / CONTENTS

CCUS 综述

碳中和视角下 CCUS 技术发展进程及对策建议
………………………………… 黄晶，马乔，史明威，彭雪婷，张贤（3）

温室气体在石油开采中资源化利用的科学问题…………… 沈平平，杨永智（12）

二氧化碳捕集、驱油与埋存产业化进展及前景展望
………………… 袁士义，马德胜，李军诗，周体尧，姬泽敏，韩海水（30）

低渗透油藏 CO_2 驱提高采收率技术进展及展望 ……………… 李阳（41）

应对气候变化低碳发展：国际石油公司从共知到共建
…… 窦立荣，张兴阳，郜峰，闫伟，熊靓，王子健，王曦，彭云，邓希，张可宝（57）

中国石油二氧化碳捕集、驱油与埋存技术进展及展望
………………………… 宋新民，王峰，马德胜，高明，张云海（69）

中国石化低渗透油藏 CO_2 驱油实践与认识 …………… 计秉玉，何应付（90）

CCUS 产业发展特点及成本界限研究 ……………………… 胡永乐，郝明强（103）

我国碳捕集利用与封存技术发展研究 ……………… 张贤，李阳，马乔，刘玲娜（116）

IPCC AR6 报告解读：全球碳捕集利用与封存（CCUS）技术发展评估
………………………………………… 彭雪婷，吕昊东，张贤（130）

CO_2 捕集与输送

二氧化碳捕集技术及适宜场景浅析
………………… 胡道成，王睿，赵瑞，孙楠楠，徐冬，刘丽影（145）

基于 TRIZ 理论的碳捕集工艺设计创新方案
………………………………… 刘练波，方梦祥，许世森，郭东方（160）

MA-2 吸收剂在某电厂 $15×10^4$ t/a 碳捕集装置上应用研究
……………… 黄钟斌，郭本帅，叶宁，陈曦，周志斌，马敏，江洋洋，毛松柏（172）

Potassium Carbonate Slurry-Based CO_2 Capture Technology
………… GAO Shiwang, GUO Dongfang, JIN Hongguang, LI Sheng, WANG Jinyi, WANG Shiqing（179）

工况突变下的天然气脱碳装置动态响应模拟
………… 毕逢东，王玉娟，唐建峰，花亦怀，许义飞，王铭，孙培源（195）

低分压 CO_2 捕集系统换热网络分析与节能优化
… 王辉，李清方，刘海丽，张克舫，王伟健，陈宏福，于惠娟，张舒漫，张建（212）

The Full Chain Demonstration Project in China—Status of the CCS Development in Coal-fired Power Generation in GuoNeng Jinjie
……… ZHAO Rui, ZHANG Yi, ZHANG Shuai, LI Yan, HAN Tao, GAO Li（223）

含杂质超临界 CO_2 管道减压波波速的预测模型
…………………………………… 李玉星，王财林，胡其会，龚霁昱（235）

不同输送相态下埋地二氧化碳管道周围土壤温度场特性研究
………………… 张湘玮，范振宁，梁海宁，张艳，张钧晖，苗青，欧阳欣（244）

CCUS 中 CO_2 运输环节的技术及经济性分析
………………… 徐冬，刘建国，王立敏，魏宁，高腾飞，杨阳，陈换军（264）

二氧化碳输送管道泄漏后果及风险分析………… 时利香，景龙祥，范振宁（276）

CO_2 利用与封存

高含水后 CO_2 驱油机理的探讨 ………… 秦积舜，张可，陈兴隆（293）

非均质多层储层中 CO_2 驱替方式对驱油效果及储层伤害的影响
………………………… 王千，杨胜来，拜杰，钱坤，李佳峻（300）

特高含水油藏 CO_2 驱替特征研究及矿场应用
………………… 王锐，崔茂蕾，吕成远，赵淑霞，伦增珉，祝仰文（317）

用于 CO_2-原油体系的改进型黏度预测模型
………………… 廉黎明，秦积舜，杨思玉，杨永智，李实，陈兴隆（332）

页岩油储集层二氧化碳吞吐纳米孔隙原油微观动用特征
………………… 黄兴，李响，张益，李天太，张荣军（345）

混相段塞法降低二氧化碳驱混相压力技术研究
………………… 刘勇，彭树锴，张江，孙文静，吴永鑫，肖鲁川，杨文璐（358）

二氧化碳驱过程中无机盐沉淀对油藏采收率的影响——以长庆油田长 8 区块为例
·················· 袁舟，廖新维，张快乐，赵晓亮，陈志明（365）

大庆外围油田 CO_2 近混相驱特征图版的建立
··· 王鑫，李敏（379）

低渗透裂缝性油藏 CO_2 驱气窜形成机理及防治技术研究
······················ 王石头，马国伟，郎庆利，杨棠英（392）

黄 3 区低渗透裂缝型油藏提高 CO_2 驱波及对策研究
············· 汤勇，廖松林，雷欣慧，余光明，康兴妹（403）

CO_2 Foam Pilot in a Heterogeneous Carbonate Reservoir: Analysis and Results
················ Zachary Paul Alcorn, Arne Graue, Metin Karakas（412）

H_2S 分压对 13Cr 不锈钢在 CO_2 驱驻井环空环境中应力腐蚀行为的影响
············· 王峰，韦春艳，黄天杰，崔中雨，李晓刚（426）

用于 CO_2 注气驱的油井缓蚀剂加注工艺优化研究
···························· 张德平，马锋，吴雨乐，董泽华（436）

二氧化碳驱采出井防腐措施研究········ 刘向斌，王海静，韩重莲，王锐，黄小会（446）

二氧化碳驱抗气侵无固相压井液室内性能研究
························· 傅海荣，王力，卢军，刘向斌，康燕（453）

基于层次分析法的 CO_2 驱注采工程安全风险评价
···························· 张绍辉，王帅，潘若生，耿笑然，王玲（462）

二氧化碳气驱稠油层脉冲中子含气量监测方法
······· 范继林，张锋，田立立，梁启轩，张笑塄，方群伟，鲁保平，李向辉（472）

基于油藏 CO_2 驱油潜力的 CCUS 源汇匹配方法
·························· 汪芳，秦积舜，周体尧，杨永智（488）

电厂烟气低浓度 CO_2 的粉煤灰直接液相矿化技术
···························· 王晓龙，刘蓉，王琪，李旭，刘练波，郜时旺（498）

Fifty Years of Field Observations: Lessons for CO_2 Storage from CO_2 Enhanced Oil
  Recovery ············· Larry W. Lake, Mohammad Lotfollahi, Steven L. Bryant（507）

CCUS 综述

碳中和视角下 CCUS 技术发展进程及对策建议

黄晶[1,2]，马乔[3]，史明威[1]，彭雪婷[1,2]，张贤[1,2]

（1.中国21世纪议程管理中心；2.中国可持续发展研究会；
3.燃煤污染物减排国家工程实验室）

摘　要：二氧化碳捕集利用和封存（CCUS）技术从最初天然气伴生二氧化碳分离技术起源，逐渐演变成驱替增采油气技术，最终在全球应对气候变化的大背景下，发展成为实现碳中和目标不可或缺的技术手段，其概念的内涵和外延也不断丰富和拓展。在系统回顾CCUS技术发展脉络与概念演变过程的基础上，全面梳理了中国CCUS基础研究与技术开发、工业示范、政策出台、国际合作的发展历程，并据此提出加快低成本、低能耗二代技术研发，开展大规模全流程集成示范项目，健全政策法规和激励机制，强化国际合作和能力建设等促进CCUS技术发展的建议。

关键词：碳中和；碳捕集；利用与封存；技术演变；政策建议

Process and Suggestions of CCUS Technology Development from the Perspective of Carbon Neutrality

HUANG Jing[1,2], MA Qiao[3], SHI Mingwei[1], PENG Xueting[1,2], ZHANG Xian[1,2]

(1. The Administrative Center for China's Agenda 21; 2. Chinese Society for Sustainable Development; 3. National Engineering Laboratory for Reducing Emissions from Coal Combustion)

Abstract: Carbon dioxide capture, utilization, and storage (CCUS) technology originated from the separation technology for the associated CO_2 in natural gas, and gradually evolved into an enhanced recovery technology of oil and gas. In the global context of addressing climate change, CCUS eventually become an indispensable technology to achieve carbon neutrality, and its connotation and extension of the concept also constantly enrich and expand. We systematically reviewed CCUS technology development and concept evolution in the world, summarizes the CCUS basic research and technology development, industrial demonstration, policies and regulations, and international cooperation in China, and puts forward suggestions for promoting CCUS technology development in the future, including accelerating the R&D of low-cost and low-energy second-generation technologies, carrying out large-scale whole-process integrated demonstration, improving laws, regulations, and incentive mechanism, and deepening international cooperation and capacity building.

Key words: carbon neutrality; CCUS; technology evolution; policy suggestions

二氧化碳捕集利用和封存（CCUS）技术是指将二氧化碳从能源利用、工业排放或空气中捕集分离后加以利用或封存，从而实现二氧化碳减排的技术。近年来，CCUS 技术不断地丰富和发展，特别是随着全球对气候变化的重视和多个国家碳中和目标的提出，CCUS 等低碳技术受到越来越多的关注，成为减少温室气体排放、实现碳中和目标、推动人类社会可持续发展的重要技术手段。中国 CCUS 技术发展迅速，新技术持续涌现，系列示范工程不断建成投运，政策环境逐渐完善，国际合作不断加强，但 CCUS 技术商业化应用仍面临成本高、能耗大和相关政策法规有待完善等挑战。

1 CCUS 技术的"前世今生"

1.1 CCUS 技术发展脉络

在 CCUS 技术的各环节中，捕集技术起源最早，最初用于天然气中伴生二氧化碳的分离。20 世纪 20 年代，人们利用化学溶剂从天然气气流中将二氧化碳分离出来，从而获取高纯度的甲烷等气体[1]。随着二氧化碳的商业价值被逐渐挖掘出来，捕集二氧化碳的相关技术也获得了进一步的关注和提升。1977 年，Steinberg 提向了分离空气中二氧化碳并用于合成甲醛的方法，成为世界首位空气中二氧化碳捕集技术的提出者。

伴随着二氧化碳捕集技术的兴起和发展，学术界开启了二氧化碳地质利用理论与实验的研究——将二氧化碳作为油气开采的驱动介质。1951 年，Martin 发现注入含二氧化碳的水可以提高石油的开采量。1958 年，Caudle 和 Dyes 利用水气交替注入的方法将驱油效率提升至 90%。到 20 世纪 60 年代，超过 150 个小规模驱油项目在美国各地的实验室和石油公司实施[2]。1972 年，世界首个利用二氧化碳驱油的商业项目在美国得克萨斯州和新墨西哥州的二叠盆地建成[3]。随后，包括持续二氧化碳注入、稳定的水气交替注入、动态的水气交替注入、渐变型水气交替注入等技术在内的二氧化碳驱替技术得到广泛推广和应用[2]。从 2000 年起，英国石油公司、巴西国家石油公司等几个主要能源公司也开展了二氧化碳捕集项目（CO_2 Capture Project，CCP），共同推进二氧化碳捕集和注入相关技术在石油和天然气行业中的应用。

随着人们对气候变化相关问题的深入认识，CCUS 技术逐渐成为应对气候变化的重要技术手段。1977 年，物理学家 Cesare Marchetti 提出，可通过将二氧化碳封存在深海地层的方式实现碳减排[4]。20 世纪 80 年代，学术界开始讨论通过碳捕集和封存技术实现电力行业减排，深部咸水层、废弃油气田、深部煤层等可能的封存选址被陆续提出。自 1989 年起，麻省理工学院的碳捕集与提纯（Carbon Capture and Sequestration Technologies，CC&ST）项目开始对从大型固定排放源捕集、利用和储存二氧化碳的技术进行研究，该项目被广泛认为是碳捕集与提纯相关技术研发的先行者。1996 年，为避免高额的碳税，挪威 Sleipner 项目投运，成为全球首个商业碳封存项目。该项目将天然气中的二氧化碳分离出来并封存在海底地层中，到 2020 年已累计封存 1600×10^4 t 二氧化碳[5]。截至 2021 年 9 月，全球已规划、在建和运行中的商业化二氧化碳捕集与封存（CCS）设施的数量已达到 135 个，分别分布在美国、中国、加拿大等国家和地区，全部建成后每年可捕集二氧化碳约 1.5×10^8 t[6]。

1.2 CCUS 概念演变过程

20 世纪 90 年代，碳捕集等作为应对气候变化的技术手段已受到国际关注。1992 年，联合国政府间气候变化专门委员会（IPCC）发布的第一次评估报告的补充报告[7]提出，将"二氧化碳的分离和地质或海洋处置"作为中长期的温室气体减排方案之一。1995 年，IPCC 第二工作组发布《气候变化影响、适应和减缓：科学技术分析》[8]，认为从燃料或者烟气中进行碳捕集是化石能源大规模低碳利用的解决方案之一，并且明确提出"碳捕集与处置是指将能源转换过程中产生的二氧化碳还原、收集并与大气隔绝的过程"。1997 年缔结的《京都议定书》要求缔约国"鼓励和开展包括可再生能源和二氧化碳捕集在内的创新型环境友好技术"[9]。2001 年，在 IPCC 第三次气候变化评估报告中，捕集二氧化碳并将其长期封存已经作为一种切实可行的温室气体减排方案被纳入多个减排情景当中[10]。

2005 年，IPCC 发布《二氧化碳捕集与封存》特别报告，正式提归二氧化碳捕集与封存（CCS）的定义："CCS 是指将二氧化碳从工业或相关能源的源分离出来，输送到一个封存地点，并且长期与大气隔绝的过程"[4]。2007 年，CCS 正式作为一种减缓气候变化的技术手段被《京都议定书》所认可。同年发布的 IPCC 第四次气候变化评估报告中把"天然气二氧化碳捕集和封存"列入已实现商业化应用的减排技术，将"CCS 用于燃气、生物质或燃煤发电设施"列为到 2030 年之前能够实现商业化的关键减缓技术手段[11]。

随着二氧化碳利用技术的发展，CCS 逐渐演变成包含"二氧化碳利用"概念的 CCUS。国务院 2007 年发布的《中国应对气候变化国家方案》和 2008 年发布的《中国应对气候变化的政策与行动》白皮书都强调要推动碳捕集与封存技术和二氧化碳利用技术的发展[12]。2009 年 10 月，科技部时任部长万钢在第三届碳收集领导人论坛（CSLF）部长会议上提出重视二氧化碳资源化利用的倡议，用 CCUS 替代 CCS，得到国际社会的积极响应。此后，国际上开始广泛使用 CCUS 的概念。2011 年，由科技部社会发展科技司、中国 21 世纪议程管理中心共同发布的《中国碳捕集、利用与封存（CCUS）技术发展路线图》规范定义了 CCUS 的概念，CCUS 开始被中国正式发布的文件所采用[13]。此后，CCUS 概念逐渐被国际社会接受，国际能源署（IEA）和 CSLF 等发布的系列报告逐渐采用 CCUS/CCS 的表述，并标注两者定义可通用。

随着各种新兴技术的涌现和发展，CCUS 的内涵不断丰富，生物质能碳捕集与封存（Bioenergy with Carbon Capture and Storage，BECCS）、直接空气捕集（Direct Air Capture，DAC）等负排放技术也逐渐被纳入 CCUS。2010 年，全球碳捕集与封存研究院（GCCSI）发布了《全球 BECCS 现状报告》[14]，提出 BECCS 可实现二氧化碳负排放，是应对全球气候危机的重要技术。2011 年，由 IPCC 发布的《可再生能源与减缓气候变化特别报告》提到，生物质能源与 CCS 结合是深度减排的关键技术之一[15]，呼吁社会各界给予 BECCS 更多的关注。2014 年，IPCC 发布第五次气候变化评估报告，提出如果不考虑生物质能源利用、CCS 和 BECCS 等技术手段，到 21 世纪末全球温升控制在 2℃ 以内的目标将很难实现[16]。《IPCC 全球升温 1.5℃ 特别报告》着重介绍了 DAC 和 BECCS 这两种负排放技术[17]。中国即将发布的《第四次气候变化国家评估报告》将进一步丰富 CCUS 的技术内涵，明确其包含 BECCS 和 DAC 等负排放技术。

伴随着 CCUS 技术的发展，关于二氧化碳封存和利用的概念开始出现不同的讨论。部分学者基于封存和利用两种技术在减排潜力、经济效益、减缓气候变化方面作用的不同提出二氧化碳捕集和利用（CCU）及 CCS 的概念应分别进行表述。这些学者认为，CCS 技术特点是碳封存时间长、减排潜力大，但当前实施成本高；而 CCU 技术减排量相对较小，固碳时间取决于产品的生命周期[18]，但经济效益可观，具有更多的技术应用场景[19]，能够更快开展商业化部署。相比 CCS，CCU 更容易获得大众的理解和支持[20]。

2 中国 CCUS 技术发展进程

2.1 基础研究与技术开发

中国十分重视 CCUS 的基础研究和技术开发。据不完全统计，截至 2020 年，国家重点基础研究发展计划（"973" 计划）、国家高技术研究发展计划（"863" 计划）、国家重大科技专项、国家重点研发计划、科技部国际合作项目及国家自然科学基金委员会等均对 CCUS 相关研究提供了资金支持，资助范围覆盖 CCUS 全流程各个环节的基础研究、技术开发、示范应用等，为 CCUS 技术的快速发展奠定了基础。

2003 年，中国通过国家自然科学基金资助了二氧化碳驱替煤层气的相关基础研究，这成为第一个由国家科技计划资助的 CCUS 相关研究。2006 年，我国开始通过国家自然科学基金、"863" 计划等多项科技计划推进 CCUS 相关基础研究和关键技术突破，研究项目数量逐渐增加，技术类型从驱油驱气逐步扩展到封存和生物、化工利用类技术，生态风险研究也被纳入支持范围。到 "十一五" 时期末，国家科技计划资助的研究项目达到 40 余项。

中国从 2011 年开始系统性地集中支持 CCUS 关键技术突破，CCUS 的研发迎来第一个高峰期。仅在 2011 年一年的时间里就有 36 项研究获得国家科技计划的支持。到 "十二五" 时期末，国家科技计划资助的研究项目已达 140 余项，以捕集和封存类技术为主。

2016 年，国家重点研发计划开始实施，CCUS 基础研究和技术开发经历了第二个高峰期。在此后三年中，国家重点研发计划资助了 14 项 CCUS 相关研究，重点开展了二氧化碳化工、生物利用类技术研发。

中国碳中和目标的提出对科技创新提出了更高要求。2021 年 4 月，国家自然科学基金委员会启动面向国家碳中和的重大基础科学问题与对策研究，国家重点研发计划也进行了相关部署，将对 CCUS 的理论、技术、数据库、风险评估等各个方面开展专项资助工作。

2.2 工业示范

在基础研究和技术开发的基础上，我国 CCUS 示范工程也取得了积极进展。从示范数量和技术类型来看，中国 CCUS 技术的工业示范过程经历了 3 个发展阶段。

2004—2006 年是我国 CCUS 示范工程的起步阶段。2004 年，"中联煤层气驱替项目"在山西省沁水县投运，总计注入二氧化碳 1000t，成为我国第一个 CCUS 相关技术的示范项目。

2007 年，我国 CCUS 示范工程进入稳步发展期。2007—2015 年，示范工程数量以每年 1~2 项的速度递增，建成项目以捕集类和驱油驱气类项目为主，很多代表性示范工程在此期间投运。2008 年，北京华能热电厂碳捕集工程投入使用，成为我国第一个碳捕集类示范项目。同年投运的"中国石油吉林油田二氧化碳强化石油开采研究与示范项目"和次年投运的"中国石化中原油田二氧化碳埋存驱油示范工程"碳捕集与驱油规模分别达到 $64×10^4$t 和 $50×10^4$t，前者是目前亚洲最大的运行中的二氧化碳驱油设施。2011 年，我国 CCUS 示范项目类型扩展到封存类技术项目，国家能源集团 $10×10^4$t/a 的深层咸水层封存项目作为第一个全流程项目在鄂尔多斯市投运。该项目于 2016 年完成注入，总计封存二氧化碳 30 余万吨，目前仍在监测中。

从 2016 年开始，我国 CCUS 示范工程数量大幅增加，开始进入快速发展阶段。2016 年至今，几乎每年都有 4~5 个示范工程落成，示范技术类型也呈现多样化的发展趋势：捕集类项目的捕集源从电力和煤化工行业扩展到水泥、钢铁行业；利用类项目技术类型也从驱油驱气类拓展到微藻、矿化等生物、化工类。2016 年投运的北京市房山水泥厂烟气碳捕集项目是我国第一个水泥行业碳捕集示范工程。同年，在山东省烟台市、江苏省盐城市和内蒙古自治区鄂尔多斯市，同期开展了 3 项微藻固定二氧化碳示范项目，成为我国最早的生物利用类技术示范工程。2019 年，第一项化工利用类示范项目"钢铁渣综合利用实验室项目（一期）"在内蒙古自治区包头市开始实施。2020 年，四川大学开展的二氧化碳矿化脱硫渣关键技术与万吨级工业试验进一步将捕集源延伸到钢铁行业。

截至 2021 年 6 月，我国已投运和建设中的 CCUS 示范项目达 49 个，已投运的项目有 38 个，15 个属于捕集类示范项目，9 个属于生物、化工利用类示范项目，14 个属于地质利用与封存类示范项目。已投运的项目具备 $296×10^4$t/a 的捕集能力和 $121×10^4$t/a 的注入能力[21]。与此同时，多项大规模示范项目正在规划中。中国石化胜利油田分公司 CCUS 全流程示范项目预计 2022 年投运，可实现年捕集封存二氧化碳百万吨以上；国家能源集团泰州电厂"二氧化碳捕集与资源化能源化利用技术研究及示范"项目，计划建设 50 万吨级燃煤电厂碳捕集装置，拟于 2023 年建成投产；中国石油新疆 CCUS 产业促进中心作为全球首批 5 个产业促进中心入选"CCUS 撬动者计划"，预计 2023 年建设完成百万吨级项目，2030 年项目规模将提升到千万吨级。

在取得积极进展的同时，还应该注意到以下问题：我国目前 CCUS 技术水平和项目规模还远不能满足实现碳中和目标的减排需求；我国 CCUS 示范还缺少大规模、全流程项目，难减排行业技术示范相对滞后，在海底封存、DAC 和 BECCS 等方面的技术示范还存在空白。

2.3 政策出台

近年来,中国政府高度重视并积极应对全球气候变化,通过多项政策引导支持 CCUS 相关技术的研发工作。从宏观指导到产业规划、从技术推进到配套措施,CCUS 发展环境不断得到完善。

"十一五"期间,CCUS 技术发展已在国家层面受到关注。2006 年起,国务院发布多项涉及二氧化碳排放控制与处置利用技术的政策文件[12]。各部委也做了有关重点任务部署,并提出制定 CCUS 技术发展路线图。

从"十二五"规划开始,CCUS 支持力度不断加大,相关政策逐渐细化,技术发展目标更加明确。2011 年和 2013 年,科技部发布《中国碳捕集利用与封存技术发展路线图》与《"十二五"国家碳捕集利用与封存科技发展专项规划》,系统评估了我国 CCUS 技术的发展现状,明确了未来 20 年的发展目标,部署了重点任务[12]。此外,国家发展改革委、国家能源局等部门发布多项政策规划,在不同行业和技术环节推动 CCUS 技术的研发与示范,并鼓励将 CCUS 技术纳入我国战略性新兴技术目录和重点支持范畴[12]。

"十三五"规划以来,CCUS 发展的政策环境进一步改善,在重视和支持关键技术发展突破的基础上,出台了系列技术规范、激励措施等配套政策。国务院发布的《"十三五"国家科技创新规划》和《"十三五"控制温室气体排放工作方案》,将 CCUS 等核心关键技术研发和规模化产业示范作为重要的科技攻关任务,并提出要研究制定和完善 CCUS 相关法规和标准[22]。国家发展和改革委员会、国家能源局对 CCUS 各环节关键技术的发展战略以及在各行业的应用做出了明确规划,部署开展大规模(百万吨级)CCUS 示范项目的预可研工作[12]。2016 年,原环境保护部发布《二氧化碳捕集、利用与封存环境风险评估技术指南(试行)》,提出了环境风险防范和应急措施[23]。

中国碳中和目标提出以来,相关政策的出台明确了 CCUS 技术面向碳中和目标的战略定位,支持力度进一步加大,法律法规、投融资政策等软环境更加完善。《中华人民共和国国民经济和社会发展第十四个五年规划和 2035 年远景目标纲要》明确提出开展 CCUS 重大项目示范,这是 CCUS 技术首次被纳入国家五年规划重要文件[24]。中共中央、国务院《关于完整准确全面贯彻新发展理念做好碳达峰碳中和工作的意见》、国务院印发的《关于加快建立健全绿色低碳循环发展经济体系的指导意见》《2030 年前碳达峰行动方案》等均提出推进规模化 CCUS 技术研发、示范和产业化应用,完善投资政策,加大对 CCUS 等项目的支持力度[25-27]。

在以上一系列政策的推动下,中国 CCUS 技术取得了积极进展。同时,碳中和目标对中国 CCUS 政策体系提出了新的要求,尤其在 CCUS 技术的集成示范、财税激励和市场机制、环境和安全风险评估等方面的政策法规还需进一步完善,人才培养和平台建设等方面的政策还有待深入探索。

2.4 国际合作

中国重视 CCUS 技术的国际合作,与 CCUS 技术领先国家及组织开展了多层次、多双边交流合作，共同推动CCUS技术创新和能力建设。

中国积极推动CCUS领域多边合作。2003年，中国与美国、加拿大、英国等国家共同成立CSLF，旨在促进国际社会在CCUS技术领域开展交流与合作。近几年，中国积极参与清洁能源部长会议（CEM）和创新使命部长级会议（MI），举办CCUS论坛，加入CEM和CCUS倡议，对推动国际CCUS技术的发展发挥了积极作用。中国与IEA、亚洲开发银行（ADB）、全球CCS研究院（GCCSI）等国际机构相继开展了CCUS相关交流合作，加强国际人才交流，推动技术创新。

同时，中国积极推动CCUS领域双边合作。2011年以来，中国与美国多次发表联合声明，均涉及CCUS技术合作。延长石油集团CCUS示范项目被列入2015年《中美元首气候变化联合声明》，由中美双方合作建设。2021年11月10日，在第26届联合国气候变化大会（COP26）期间，中美达成强化气候行动联合宣言，特别提及了部署DAC领域的有关合作。CCUS逐渐从单纯的技术交流转变为我国的外交重点之一。此外，中国分别与澳大利亚、英国、欧盟等国家和组织合作开展了CCUS项目，成立了技术交流中心，推动大型工程示范落地。

3 中国CCUS技术发展建议

中国碳中和目标提出后，CCUS技术的定位发生重大改变[28]，碳减排需求大幅增加，但中国CCUS技术的发展仍然面临成本居高难降、技术成熟度低、缺少大规模全流程示范工程、配套政策不完善等挑战，CCUS减排潜力难以释放，尚不足以支撑未来碳中和目标的实现。因此，建议从以下几方面提高CCUS技术水平，完善政策环境，促进我国乃至全球CCUS产业的发展。

3.1 加快低成本、低能耗二代技术研发，完善CCUS技术体系

针对严重制约CCUS技术发展的高成本、高能耗问题，应超前部署新型膜分离、化学链燃烧等二代低能耗、低成本碳捕集技术的研发，争取到2035年前第二代碳捕集技术实现商业化应用，新型利用技术实现商业化推广。针对目前与国际水平差距较大的技术短板，建议加快研发安全的长距离二氧化碳管道运输、二氧化碳高效转化合成大宗工业产品、资源采收协同的地质封存以及低成本的监测和风险管控技术与装备，发展海底封存技术和负排放技术，加快构建并完善CCUS技术体系。

3.2 开展大规模全流程集成示范项目，积累集群建设工程经验

攻克大规模全流程工程相关技术瓶颈，在"十四五"时期建成3~5个百万吨级CCUS全链条示范项目。选择资源条件和源汇匹配良好的地区，积极支持能源、化工等相关行业CCUS产业示范区建设。加大二氧化碳运输与封存等基础设施的投资力度与建设规模，整合提升已有资源，优化设施管理模式，建立合作共享机制，进而带动形成区域CCUS产业促进中心。

3.3 健全政策法规和激励机制，打造 CCUS 商业化推广软环境

立足碳中和目标下 CCUS 技术战略定位，细化支持政策体系，健全相关法律法规和科学合理的建设、运营、监管、终止标准体系。加速推动 CCUS 商业化步伐，将 CCUS 纳入碳市场机制，打通金融融资渠道，为 CCUS 项目提供优先授信和优惠贷款，探索制定适合中国国情的 CCUS 税收优惠和补贴激励政策，鼓励企业探索创新商业模式，引导社会资金参与，形成投融资增加和成本降低的良性循环。

3.4 加强国际合作与交流，强化人才队伍能力建设

将 CCUS 技术作为优先支持领域纳入多双边科技合作框架。持续推动与美国、欧盟等国家和组织的多双边合作向更深层次发展，积极参与并推动 CSLF、CEM、MI 等框架下的务实合作，深化知识共享和技术转移。加强高层次科技与管理人才培养，加大中青年后备人才引育力度，发挥 CCUS 产业创新联盟等已有平台的作用，积极搭建各类协作交流平台，提升 CCUS 技术的创新能力。

参 考 文 献

［1］IEA Greenhouse Gas R&D Programme. A Brief History of CCS and Current Status［EB/OL］．［2021-11-19］．https：//ieaghg.org/docs/General_Docs/Publications/Information_Sheets_for_CCS_2.pdf.

［2］MERCHANT D. Enhanced Oil Recovery：the History of CO_2 Conventional Wag Injection Techniques Developed from Lab in the 1950's to 2017［C］//Carbon Management Technology Conference，2017.

［3］VERMA M K. Fundamentals of Carbon Dioxide-Enhanced Oil Recovery（CO_2-EOR）：A Supporting Document of the Assessment Methodology for Hydrocarbon Recovery Using CO_2-EOR Associated with Carbon Sequestration［R］．Reston，2015.

［4］IPCC. Carbon Dioxide Capture and Storage［R］．Washington DC，2005.

［5］MIT. CCST@MIT［EB/OL］．［2021-11-19］．https：//sequestration.mit.edu/tools/projects/sleipner.html.

［6］GCCSI. Global Status of CCS 2021［R］．Melbourne，2021.

［7］IPCC. Climate Change：The IPCC 1990 and 1992 Assessments［R］．Canada，1992.

［8］IPCC. Climate Change 1995 Impacts，Adaptations and Mitigation of Climate Change：Scientific-Technical Analyses［R］．Cambridge，1995.

［9］GCCSI. The Kyoto Protocol 1997：Key legal issues concerning CCS［R］．Melbourne，2012.

［10］IPCC. Climate Change 2001 Synthesis Report［R］．Geneva，2001.

［11］IPCC. Climate Change 2007 Synthesis Report［R］．Geneva，2007.

［12］黄晶，陈其针，仲平，等.中国碳捕集利用与封存技术评估报告［M］.北京：科学出版社，2021.

［13］科技部社会发展科技司，中国21世纪议程管理中心.中国碳捕集利用与封存技术发展路线图研究［M］.北京：科学出版社，2011.

［14］GCCSI. Global Status of BECCS Projects 2010［R］．Melbourne，2010.

［15］IPCC. Renewable Energy Sources and Climate Change Mitigation Special Report of the Intergovernmental Panel on Climate Change［R］．Cambridge，2011.

［16］IPCC. Climate Change 2014 Synthesis Report［R］．Geneva，2014.

［17］IPCC. Global Warming of 1.5℃［R］. Paris，2018.

［18］BRUHN T，NAIMS H，OLFE-KRAOUTLEIN B. Separating the debate on CO_2 utilisation from carbon capture and storage［J］. Environmental Science & Policy，2016，60：38-43.

［19］KLANKERMAYER J，LEITNER W. Love at second sight for CO_2 and H_2 in organic synthesis［J］. Science，2015，350：629-630.

［20］LINZENICH A，ARNING K，ZIEFLE M. Acceptance of energy technologies in context：Comparing laypeople's risk perceptions across eight infrastructure technologies in Germany［J］. Energy Policy，2021，152：112071.

［21］张贤，李阳，马乔，等. 我国碳捕集利用与封存技术发展研究［J］. 中国工程科学，2021，23（6）：1-12.

［22］韩学义. 电力行业二氧化碳捕集、利用与封存现状与展望［J］. 中国资源综合利用，2020，38（2）：110-117.

［23］蔡博峰，李清，杨晓亮，等.《二氧化碳捕集、利用与封存环境风险评估技术指南（试行）》实施2年（2016—2018年）评估［J］. 环境工程，2019，37（2）：1-7.

［24］新华社. 中华人民共和国国民经济和社会发展第十四个五年规划和2035年远景目标纲要［EB/OL］.（2021-03-13）［2021-11-19］. http：//www.gov.cn/xinwen/2021-03/13/content_5592681.htm.

［25］新华社. 中共中央国务院关于完整准确全面贯彻新发展理念做好碳达峰碳中和工作的意见［EB/OL］.（2021-10-24）［2021-11-19］. http：//www.gov.cn/zhengce/2021-10/24/content_5644613.htm.

［26］新华社. 国务院印发《关于加快建立健全绿色低碳循环发展经济体系的指导意见》［EB/OL］.（2021-02-22）［2021-11-19］. http：//www.gov.cn/xinwen/2021-02/22/content_5588304.htm.

［27］新华社. 国务院印发《2030年前碳达峰行动方案》［EB/OL］.（2021-10-26）［2021-11-19］. http：//www.gov.cn/xinwen/2021-10/26/content_5645001.htm.

［28］张贤，李凯，马乔，等. 碳中和目标下CCUS技术发展定位与展望［J］. 中国人口·资源与环境，2021，31（9）：29-33.

（本文原刊于《环境影响评价》2022年第1期）

温室气体在石油开采中资源化利用的科学问题

沈平平，杨永智

（中国石油勘探开发研究院）

摘　要：工业和人类生活过程中产生的温室气体排放量日益增加，由此导致的空气污染和温室效应正在严重地威胁着人类赖以生存的环境。温室气体中占65%的CO_2气体。控制CO_2排放已经成为国际行动。实行CO_2高效利用与地质埋存相结合的技术思路是缓解环境污染压力、提高石油采收率的有效途径。在分析温室气体排放和资源化利用发展现状和趋势的基础上，针对我国大多数油田非均质性强、渗透率低、原油黏度和含蜡量高、原油与CO_2的混相压力高等对CO_2提高石油采收率具有挑战性的理论和技术难点，提出了温室气体在石油开采中资源化利用技术体系中的几个关键科学问题：适合中国地质特点CO_2埋存及利用评价体系问题，中国地质特点CO_2埋存的基本地质理论问题，注CO_2混相采油过程中的物理化学理论问题，注CO_2驱动过程中的渗流力学问题及CO_2分离、运输与防腐的相关科学问题。对每个问题所包含的内容作了分析，并指出了在研究问题过程中需遵循思路对策与途径，为温室气体提高石油采收率与地质埋存一体化技术思路体系的研究和发展指明了方向。

关键词：温室气体排放；CO_2；提高石油采收率；资源化利用；CO_2埋存；渗流

The Scientific Problems on Resourceful Utilization of Greenhouse Gas in the Petroleum Exploration

SHEN Pingping, YANG Yongzhi

(Research Institute of Petroleum Exploration & Development)

Abstract：The greenhouse gases emission is increasing due to the industrialization and human being activities. Therefore, the environment which the mankind relies on has been threatened by polluted air and greenhouse effect. As we know, CO_2 accounts for 65% of greenhouse gases and the CO_2 emission control has become an international effort. It is an effective way to relieve the pressure of environmental pollution and enhance oil recovery by the technique solution combined the CO_2 effective utilization and geological storage. The progress of greenhouse gases emission and resourceful utilization has been studied. It has been realized that it is a big challenges to enhanced oil recovery by CO_2 flooding due to the strong heterogeneity, low permeability, high viscosity, high content of wax and high mixture missile pressure between oil and CO_2 in China oilfields. According to the theoretical and technical bottleneck, the key scientific problems on resourceful utilization of greenhouse gas in the petroleum exploration has been proposed:

The problem on suitable evaluation system of CO_2 storage and utilization for geological characteristics of China, the problem of basic geological theory on CO_2 storage, the physical chemistry problem on CO_2 injection during the mixed missile flooding, The problem on seepage mechanics during CO_2 injection process, and the scientific problems related to CO_2 separation, transportation and anticorrosion. In this paper, every problem has been analyzed deeply and the right way and solution also have been provided. In general, the research & development directions have been indicated for the integrally technical approach to enhanced oil recovery via greenhouse gases combined with the geological storage technologies.

Key words: greenhouse gas emission; CO_2; enhanced oil recovery; resourceful utilization; CO_2 storage; seepage

由于人类对石化燃料（煤、石油、天然气）的过度依赖，产生的温室气体排放量日益增加，由此导致的空气污染和温室效应正在严重地威胁着人类赖以生存的环境。在人类排放的温室气体中，65%以上为CO_2。工业革命以前，大气中的CO_2含量一直稳定在280×10^{-6}左右。从工业革命到1959年，大气中的CO_2浓度增加到316×10^{-6}，增加了13%。1959年后的34年，大气中的CO_2浓度增加到357×10^{-6}，又增加了13%，相当于前两个世纪的上升幅度。大量温室气体的排放，导致了近50年来全球气温的急剧上升。气候变暖给全球造成了许多重大灾难。据联合国最新统计，全世界环境难民已达2500万人，远远超过政治难民；预计到2050年，全球变暖导致的环境难民将达到1.5亿人。

我国已深受气候变暖的严重危害。近百年来，我国平均气温上升了约0.5℃；沿海海平面每年上升约2mm。近50年来，渤海和黄海北部冰情等级下降，西北冰川面积减少了21%，西藏冻土最大减薄了4～5m；高原内陆湖泊水面明显减小；青海和甘南牧区产草量下降。20世纪80年代以来，北方干旱受灾面积扩大，农业损失加重；南方洪涝加重，经济和生命损失加大；广西和海南海域发现珊瑚礁白化。当前中国有40%的国土面积遭受酸雨的危害。

目前，我国CO_2排放量居世界第二位，并仍在快速增长。1990—2001年，我国CO_2排放量净增8.23×10^8t，占世界同期增量的27%；2020年排放量比2000年增加1.32倍，此增量大于全世界在1990—2001年的总排放增量。预测表明，到2025年前后，我国CO_2排放总量很可能超过美国，居世界第一位。无论是对人类肩负的责任，还是我国长期可持续和谐发展，都迫切要求我们重视和解决CO_2排放问题。2002年，我国作为一个负责任的发展中国家郑重承诺核准《京都议定书》。随着2012年"后京都时代"的到来，由于温室气体排放量急剧上升，我国必然成为全球履约中的焦点，所承受的国际压力会越来越大。

国内外已有的研究和应用成果表明，油气藏是封闭条件良好的地下储气库，可以实现CO_2的长期埋存；同时，应用方法得当的话，将CO_2作为驱油剂将能显著提高油气采收率。CO_2驱提高采收率技术以其适用范围大、驱油效率高、成本较低等优势，作为一项成熟的采油技术已受到世界各国的广泛重视。考虑到我国的基本国情，在现阶段，实行CO_2高效利用与地质埋存相结合的技术思路是缓解环境污染压力、提高石油采收率的有效途径。我

国 CO_2 的减排必须走埋存与利用相融、减排与效益双赢的新思路。因此，我们必须重视化石燃料产生的 CO_2 资源化利用的关键科学问题的基础研究和技术储备、开发。

1 温室气体在石油开采中资源化利用的发展现状和趋势

1.1 控制 CO_2 排放的发展现状和趋势

控制 CO_2 的排放已经得到世界各国政府和科技人员的广泛关注，控制 CO_2 排放已经成为一项声势浩大的国际行动。

目前，许多国家都拟定了有关研究计划。欧盟为实现东京议定书的承诺目标，启动了"欧洲地质储存化石燃料排放的二氧化碳的潜力评价（GESTCO）"项目。该项目得到了欧盟第 5 个研究与发展框架计划资助。有八个国家地质调查机构以及荷兰能源与环保局（ECOFYS）参加了该项目的研究工作。该项目的总目标是评价欧洲地质储存 CO_2 的潜力，为降低 CO_2 向大气的排放量而做出重大贡献，确保欧洲在环境和价格可接受的条件下得到稳定的能源供给；美国能源部与化石能源办公室和科学技术委员会在 1999 年 4 月联合拟定了"碳储存科学计划"。该计划旨在开发提高陆地和海洋碳储存能力的新技术，到 2015 年以后抵消美国所有温室气体排放的增长，并将碳储存的成本降到 20 美元 /t。如果这个目标能够实现的话，将可节省数千亿美元。预计到 2030 年，二氧化碳储存方案将使美国每年减少 1.45×10^8 t 的碳排放；英国地质调查局启动了一项新的"储层地学计划"。该计划由四部分组成：（1）储层岩石特性表征；（2）储层沉积学、岩石物理学和矿物学表征；（3）煤层气 / 地下煤气化；（4）储层的二氧化碳储存与注入。荷兰在 CO_2 地质储存方面主要开展了两方面的研究工作：一是荷兰 TNO-NITG 与荷兰能源环境局（ECOFYS）就二氧化碳地质储存的成本分析问题开展了合作研究；二是 TNO-NITG 在对挪威咸水含水层储存 CO_2 工程的监测项目（SACA）中，承担了地震资料（1999）解释和重建 CO_2 地下储存构造几何形态的任务。另外，澳大利亚的 Coal21 国家行动计划，加拿大的清洁动力联盟，日本的 EAGLE 计划，由美国、中国等 17 个国家和欧盟组成的致力于 CO_2 捕捉与隔离技术的碳隔离领导联盟，美国 / 加拿大的 ZECA 联盟，欧盟的 AD700 动力计划等，也在控制 CO_2 排放方面做了大量的研究工作。

同时，世界上已经有了 CO_2 的地下储存项目在运行。1996 年开始，挪威 Statoil 石油公司在挪威将 Sleipner 公司在 Vest 开采天然气过程中产生的二氧化碳进行提纯后把 CO_2 注入挪威北海海域中部深约 900m 处的 Utsira 砂岩咸水含水层之中。这是世界上首次开展的工业规模地质储存 CO_2 的工程，该工程是目前世界上最大的二氧化碳捕集与储存项目，每年储存二氧化碳 100×10^4 t。该储层埋存 CO_2 的能力约为 6×10^8 t。据估算，全球范围内现已枯竭的油气田埋存 CO_2 的能力大约为 9230×10^8 t，相当于目前全世界电厂 125 年内燃烧化石燃料释放的 CO_2 排放总量。

目前，国内外有关控制 CO_2 排放的研究主要集中于以下几方面：

（1）发展降低 CO_2 产生量的燃烧技术和能直接实现碳隔离的高浓度 CO_2 技术，如

O_2/CO_2 循环燃烧、以煤直接制氢为核心的近零排放发电、基于循环氧载体的化学链燃烧、CO_2 膜分离等；

（2）CO_2 的综合利用技术。如利用 CO_2 制化肥、CO_2 在食品和饮料生产保鲜中的应用、温室（大棚）农业等；

（3）CO_2 的埋存技术。研究的主要埋存方式有深水、盐水层、枯竭油气藏、煤层等。

就 CO_2 的埋存技术而言，不论采取上述哪类方式，都存在一个共同的问题，即无任何直接效益回报的巨额投资。因此，CO_2 高效利用与地质埋存相结合的技术思路已引起我国及其世界各国的高度重视，CO_2 提高石油采收率与地质埋存一体化技术已成为促进 CO_2 排放的发展方向。

1.2 CO_2 提高石油采收率技术的发展现状和趋势

1.2.1 研究和应用现状

注 CO_2 提高原油采收率技术的研究与应用起始于 20 世纪 50 年代。CO_2 驱提高采收率技术以其适用范围大、驱油效率高、成本较低等优势，作为一项成熟的采油技术已受到世界各国的广泛重视。据不完全统计，目前全世界正在实施的 CO_2 驱项目有近 80 个。从世界上实施的 CO_2 驱项目运作情况来看，这种方法无论是作为二次采油方法，还是三次采油方法，其效果都很好。随着 CO_2 驱技术的发展和日趋成熟，其应用规模正在不断扩大。美国、加拿大、英国等国均进行了大量的 CO_2 驱室内实验和矿场试验。其中美国由于拥有巨大的天然 CO_2 资源，是 CO_2 混相、非混相驱项目开展得最多的国家。据统计，目前美国注入油藏的 CO_2 量为 $(2000\sim3000)\times10^4$t/a，其中约有 300×10^4t 来源于煤气化厂和化肥厂的废气。2004 年，美国共实施了 71 个 CO_2 驱油项目，其日产油量达到 32731.8m^3/d。

加拿大萨斯喀彻温省 Weyburn 油田 CO_2 注入工程是目前世界上在运行的最成功例子之一。该油田发现于 1954 年，目前大部分容易开采的石油已经开采完，因此泛加拿大资源公司决定向油储中注入 CO_2，用以提高石油的采收率。CO_2 的来源是位于美国达科他州 Beulah 煤炭气化公司生产天然气过程中产生的 CO_2 气体，通过 330km 的专用管道将提纯的二氧化碳气体输送到 Weyburn 油田，用以降低石油的黏度，从而提高石油的回采率。预计在未来的 20 多年里将向油田注入至少 2000×10^4t 的 CO_2，可增产石油 1.3×10^8bbl，使油田的寿命延长 25 年左右。

在我国，2010 年石油需求为 $(3.0\sim3.2)\times10^8$t，而供给为 $(1.8\sim1.9)\times10^8$t，其缺口为 $(1.2\sim1.4)\times10^8$t，40% 以上需求依赖进口，因此将需要大量国家外汇，进而会造成重大经济、国防安全问题。

目前我国已开发油田的标定采收率为 32.2%，仍然有 60% 以上的地质储量需要采用"三次采油"进行开采，提高采收率有较大的余地。提高采收率工作是油田开发工作者永恒的主题。

1999 年我国提高石油采收率潜力评价结果表明通过注 CO_2 气驱提高采收率在地质储量中约占 13.2%，此外从 1998—2003 年期间 6 年增加 45.7×10^8t，约有 50% 适合注 CO_2

气驱提高采收率。新发现低渗油藏储量 63.2×10^8t 中以目前成熟技术有 50% 没能得到有效开发，通过注 CO_2 将可以使得这些新发现低渗油藏得到有效开发。

将回收的 CO_2 注入油气藏提高原油采收率，不仅可以长期储存 CO_2，履行减排义务。而且还可以更好地提高原油和天然气的采收率，取得经济效益。此外，将 CO_2 注入煤层气藏，也将提高煤层气采收率；将 CO_2 注入盐水层可以长期埋存。

目前，国内外利用 CO_2 提高油气采收率的主要技术为 CO_2 混相驱和 CO_2 非混相驱。其应用基础研究主要集中于相态特性研究和 CO_2 驱油机理研究。有关相态的研究主要是以为技术的应用提供设计依据为目标，研究 CO_2 在油藏条件下的相态特性、基本规律、工艺条件等；有关 CO_2 驱机理的研究则主要围绕对 CO_2 混相驱机理的基本认识。与应用基础研究相比，CO_2 提高油气采收率技术的应用发展更快，也更广泛。

1.2.2 发展趋势

当前 CO_2 提高油气采收率技术呈现出了以下几方面的发展趋势：

（1）研究和应用对象由常规稀油油藏向复杂油气藏发展。

与国外多数油藏相比，我国油藏条件非常复杂，利用 CO_2 提高采收率将面临许多特殊的理论与技术难点。我国油藏条件的复杂性主要表现于原油黏度高、含蜡量高、凝固点高、油藏构造复杂、非均质性强。另外，低渗透（或特低渗透）油藏和高温高盐油藏占有相当大的比例。多数主力油田经过十几年至几十年的注水开采，在长期注水冲刷的部位已形成了窜流通道。上述复杂油藏都将成为我国 CO_2 提高采收率技术研究与应用的对象。

（2）单一 CO_2 驱油技术向复合与综合技术发展。

提高采收率的复合技术。CO_2 提高采收率技术对油藏条件的敏感性和油藏条件的复杂性，单一的 CO_2（混相和非混相）驱油技术一般不能完全解决复杂油藏开发中的所有问题。因此，多种技术的有机组合将成为 CO_2 提高石油采收率领域中十分重要的发展方向，例如油藏深部调剖 - CO_2 驱技术等。

CO_2 提高石油采收率 - 地质埋存一体化综合技术。以往在油气开采领域只是考虑提高采收率问题，而没有考虑 CO_2 的地质埋存问题。在利用 CO_2 提高采收率的同时考虑其地质埋存，引出的新问题至少包括驱油过程中 CO_2 在油藏中的滞留率（尽可能少地采出）、CO_2 在油藏中埋存的地质学问题、驱油过程和埋存期间 CO_2 的监测问题等。

（3）传统的主导技术向技术的多样化发展。

在不同的油藏条件下，提高石油采收率和 CO_2 的埋存效率需要多样技术的优选和复合，以实现低成本、低 CO_2 产出、高油气采收率和高效安全的地质埋存。有待研究和发展的技术包括提高 CO_2 吸附滞留量的强化采油技术、针对我国油藏混相压力高特点的 CO_2 近混相驱技术、CO_2 深部调剖技术、低渗油藏 CO_2 提高石油采收率技术、稠油油藏 CO_2 提高石油采收率技术、高温高盐油藏 CO_2 提高石油采收率技术、CO_2 提高天然气采收率技术、CO_2 提高煤层气采收率技术等。

（4）CO_2 提高石油采收率理论研究向深化与量化发展。

在研究层次上由岩心尺度向孔隙尺度和分子尺度发展；对于微观机理的研究深度由孔

隙尺度下对流动和驱替现象的观测向微观物理化学本质及定量规律研究发展；研究方法由微观和宏观的相对独立研究向微观与宏观的耦合发展。

2 温室气体在石油开采中资源化利用的科学问题

利用温室气体提高油气采收率并将其封存地下，在美国、欧洲、日本等国家已取得部分成就。我国也应该建立适合中国地质特点的理论和技术。

本着以"高效利用温室气体提高原油采收率，在获得巨大经济效益的过程中实现CO_2的地质埋存社会效益"为目标，针对我国大多数油田非均质性强、渗透率低、原油黏度和含蜡量高、原油与CO_2的混相压力高等对CO_2提高石油采收率具有挑战性的理论和技术难点，在温室气体在石油开采中资源化利用技术体系中存在着以下几个关键科学问题。

2.1 适合中国地质特点CO_2埋存及利用评价体系问题

2.1.1 CO_2埋存及提高采收率评价标准体系的建立

我国油气田CO_2的地质埋存研究工作刚刚起步。CO_2埋存及提高采收率效果受诸多地层和油藏条件的限制，在注气之前对候选地层进行筛选和评价对CO_2埋存及利用的成功与否起着至关重要的作用。考虑CO_2埋存时的地层容量及埋存安全性等因素，对埋存目标地层和提高采收率候选油藏的评价筛选问题应用同一思路进行分析。在分析CO_2埋存及利用评价体系问题时，要同时考虑注气提高石油采收率筛选和评价方法。

在20世纪90年代以前，对候选油藏的筛选通常采用二元对比的方法，即通过对油藏具体参数值与所建立的标准对比，以肯定或否定这个油藏是否适合注气。这种方法非常简单，但这种方法没有考虑油藏各参数的综合影响，往往会因为某个参数不理想而一票否决。针对这种情况，1996年Daniel Diaz在发表的SPE 35431上提出了用参数权重向量乘以参数适宜度矩阵对油藏进行综合评价。具体方法：用数字模拟方法求出最适合和最不适合注气的参数值，用参数最优化方法确定油藏每个性质的适宜度矩阵：

$$x_{ij} = \left| \frac{p_{ij} - p_{oj}}{p_{wj} - p_{oj}} \right|$$

用同一个油藏每个性质的权重乘以x_{ij}得到适宜度的加权向量W_{ij}，来对候选油藏进行综合评价。

选用的评价指标有原油黏度和重度、原油饱和度、油藏深度、油藏温度、油藏压力、渗透率、油藏倾角、孔隙度等。

Thomas在1998年加拿大石油技术杂志上发表的"Proposed Screening Criteria For Gas Injection Evaluation"中指出，注气是提高原油采收率的重要手段之一。其文中提出了用于筛选油藏的6个参数，分别是：相态特征、界面张力、流度效应、孔隙大小分布、相对密度、润湿性。几个参数排列没有轻重之分，但对具体油藏而言，其中都有一个或多个参数占优。提出其筛选标准如图1所示。并用打分的方法对油藏各个参数进行评价。在针对具体的某个油藏时以打的分数相加而得到这个油藏的评价值，分数越高，越适合注气。

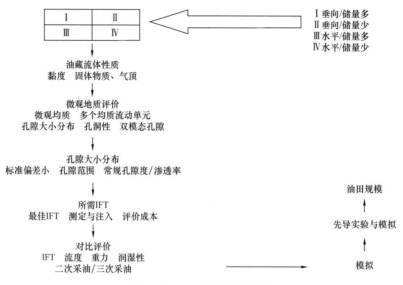

图 1 Thomas 筛选标准框图

Daniel Diaz 提出的方法有一个明显的不足，他没有用一种具有较强理论依据的数学方法去评定参数的权重。Thomas 对注气效果的影响因素分析得比较全面，但没有把这些因素用系统的方法综合联系起来，没有给出评价参数对注气效果影响大小的权重，也没有建立综合评价候选油藏的方法，采用打分的方式对油藏进行评价，带有很强的主观性。

针对存在的这些问题，提出用模糊层次分析法对 CO_2 埋存及提高采收率候选地层进行筛选评，代表了该领域的发展方向。该方法是建立在模糊数学基础上的一种模糊线性变换。它的优点是将评判中有关的模糊概念用模糊集合表示，以模糊概念的形成直接进入评判的运算过程，通过模糊变换得出一个模糊集合的评价结果。在应用该方法时，一是对影响 CO_2 埋存及利用的影响因素进行全面分析，根据室内实验和现场经验决定影响参数的取值范围；二是针对影响特征的模糊性，采用模糊综合评判理论评价候选油藏的适宜度，对目标地层做出评价，建立适合我国地质特点的 CO_2 封存及提高采收率的评价标准体系。在这个过程中，各因素影响程度用改进层次分析法（AHP）权重分析方法来分析。图 2 是模糊层次分析法思路的示意框图。

2.1.2　CO_2 埋存及利用潜力评价方法

CO_2 埋存及提高石油采收率评价体系的建立是 CO_2 埋存及利用潜力评价的基础。在中国第一、二次提高采收率潜力评价方法的基础上，改善和发展 CO_2 埋存及提高石油采收率潜力评价理论和实用技术，对全国范围内的 CO_2 埋存及提高采收率前景做出评价，对我国开展 CO_2 埋存及提高采收率研究和应用规划具有指导意义。

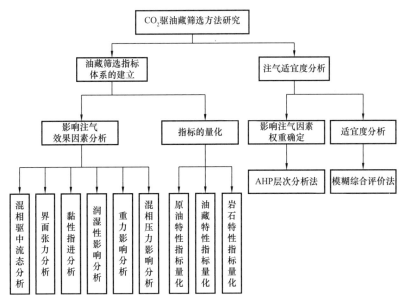

图 2 模糊层次分析法思路示意框图

提高采收率潜力预测的方法，一是采用数学模拟的方法，以渗流力学为基础建立提高采收率方法预测模型。采用该方法能有效地考虑各种提高采收率方法作用机理，但模型的精确度难以保证，工作量往往较大。

二是据统计方法建立预测模型。寻求影响提高采收率实施效果和经济效益的各种因素及其影响规律，找到各种主要变量之间的关系，利用这种关系进行提高采收率潜力预测。建立模型具有计算快捷、稳定性好的优点。一般有自组织方法、改进型 BP 神经网络方法和支持向量机方法三种方法。

用自组织方法进行预测时，拟合样本和预测样本的精度都不高。但基本能够满足工程计算精度要求。由于自组织方法是用多层的二元二次完全多项式去逼近复杂的非线性系统，往往很难达到太高的精度。同时由于采用数据分组，在建模过程中将拟合数据与检验数据分开使用，从而增强了回归模型的外推性。自组织方法优点在于原理简单、模型容易。

用改进型 BP 神经网络进行预测，拟合样本精度高，但预测样本精度较低，不具有推广性。反映出学习机器的复杂性与有限数目的样本的不适应，实践证明通过增加拟合样本数的办法可以解决该问题。但网络结构选择对使用者技巧的依赖可能会是神经网络方法推广应用的障碍。

利用支持向量机方法进行预测，拟合精度较神经网络方法低，但预测精度较高。该方法建立在一套较坚实的理论基础之上，原理较为复杂能够在有限的样本集基础上，兼顾模型的通用性和推广性，有利于工程计算应用。

2.2 建立中国地质特点 CO_2 埋存的基本地质理论问题

结合中国油田实际以 CO_2 的长期埋存为目标，研究目标储层和盖层性质及其可变性及相关地质问题对 CO_2 埋存的影响和规律，是开展 CO_2 埋存工作需研究的关键的科学问题。其主要问题包括：

（1）CO_2 埋存要求的地质模式建立，包括：裂缝、盖层、矿物成分、储集层精细描述与评价理论基础等。为实现 CO_2 埋存，一般有以下几方面的要求：地质构造稳定，地震、火山、活动断裂不发育，储存气体向大气泄漏的可能性微小；储层孔隙度和渗透率高，有一定厚度，能达到所需要的存储容量；储层深度一般应在 800m 以下，以使储层压力超过 CO_2 的临界值（31℃，7.4MPa），在此条件下压缩，CO_2 能达到较高的密度；较低的地热梯度和地热流值，使 CO_2 在较小的深度下能达到较高的密度对人类社会和自然环境、资源带来的负面影响小；上覆不透气盖层；

（2）CO_2 在地质埋存系统中的吸附和运移机理与规律；

（3）CO_2 在地质埋存系统中的相态及其变化规律；

（4）CO_2 在地层中的化学反应机理及固化条件；

（5）CO_2 地下埋存的监测和预测技术：CO_2 埋存能力预测、CO_2 前缘吸附机理、运动规律、预测理论及方法研究及 CO_2 在地层中长期相态变化和化学反应。

2.3 CO_2 提高石油采收率科学问题

2.3.1 注 CO_2 混相采油过程中的物理化学理论问题

与国外海相沉积油田相比，我国大多数油田成藏物源来自陆地，原油类型、组成相对复杂，利用 CO_2 混相采油过程中的物理化学理论难点主要涉及 CO_2 与复杂烃类物质构成的多组分体系相态及相态表征、物理化学性质及其与压力和温度的敏感性、轻组分抽提与重组分沉积特点等。在注 CO_2 混相采油过程中的物理化学理论问题中，相态理论对于研究注气过程混相驱机理及混相能力等有着重要意义。相态变化的机理是混相驱替动态过程的基本特征。当存在多相流动时，油气体系间会产生相间的传质和传热，当有气体注入时，流体的物理化学性质如黏度、密度、体积系数、界面张力、气液相组分和组成均会发生变化，对相态的定量描述是了解非均质性、黏性指进、确定能否进行混相驱、研究混相驱和非混相驱机理的重要依据。

在实际能达到的油藏压力下，CO_2 与油藏不是一次接触能混相的。在注入 CO_2 气体后，油藏原油与注入气之间出现就地的组分传质作用，形成一个驱替相过渡带，这种原油与注入流体在流动过程中重复接触而靠组分的就地传质作用达到混相的过程，称为多级触混相或动态混相，在注 CO_2 混相采油过程中主要是动态混相。动态混相的过程的示意可由图 3 来表示。随着 CO_2 气的注入，CO_2 与原油发生多次接触，蒸发原油中的中间烃组分，CO_2 气逐渐被富化，最终与原油达到混相，消除了界面张力。

图 4a 和图 4a′ 表示油藏流体与 CO_2 的三角相图，油藏流体分解为重组分和丁烷混合物，其组成在三元图底边上用圆点表示。在图 4a 和图 4a′ 的压力下，甲烷和 CO_2 都可能与油藏流体形成动态混相，因为油藏流体的组成在两个三元图上均位于极限连接线的右侧。然而，CO_2 的两相区要比甲烷的两相区小得多，并且在三元图压力下甲烷勉强达到动态混相。

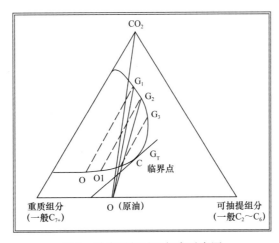

图 3 动态混相过程相态示意图

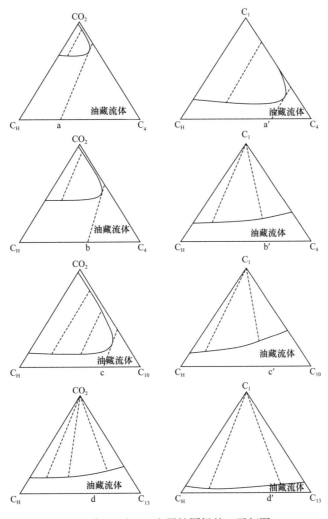

图 4 恒压下 CO_2 和甲烷同烃的三元相图

图 4b 和图 4b′ 表示油藏流体为重组分与己烷混合物时与 CO_2 的三角相图。在这一压力下，甲烷是不能与油藏流体混相的，要想达到动态混相需要一个更高的压力，缩小二相区范围。CO_2 则能与油藏流体达成混相。

图 4c 表示油藏流体为重组分与癸烷混合物时与 CO_2 的三角相图。图 4d 表示油藏流体为重组分与十三烷混合物时与 CO_2 的三角相图。对于 $CO_2/C_{10}/C_H$ 系统来讲，在三元图压力下勉强可以达到动态混相，因为油藏流体的组成刚好位于极限连接线的右侧。图 4d 的 CO_2 和油藏流体 C_{13}~C_H 是达不到动态混相的，而甲烷与 C_{10} 和 C_{13} 均不能达到混相。

由图 4 可知 CO_2 可以比甲烷在更低的压力下达到动态混相，这是因为甲烷主要是抽提 C_2~C_5 的烃以达到汽化气驱混相，而 CO_2 能比甲烷从原油中抽提更高分子量烃。为了使甲烷达到混相驱替，油藏流体必须富含中间分子量烃，如乙烷-戊烷，这是一个苛刻的条件。

根据压力-组成图（p-x 图）的特点，把 CO_2—油藏流体相态划分为两大类。Ⅰ 类相态表示在 p-x 图的多相区中同时存在蒸气相和液相，这种情况通常存在于温度高于大约 120°F 的条件下。Ⅱ 类相态表示某些混合物分离为平衡的蒸气相和液相，另一些混合物分离为同时存在的两种液相，p-x 图在一个小的区中同时存在两个液相和一个气相。这种情况通常存在于温度低于大约 120°F 的条件下。图 5 表示 Ⅰ 类相态的 p-x 图和拟三元图。图 6 表示 Ⅱ 类相态的 p-x 图和拟三元图。

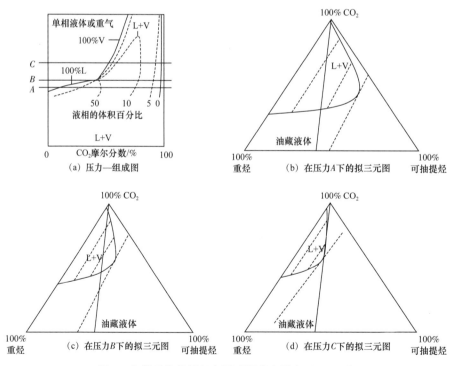

图 5　Ⅰ 类系统的拟相态图（温度大约高于 120°F）

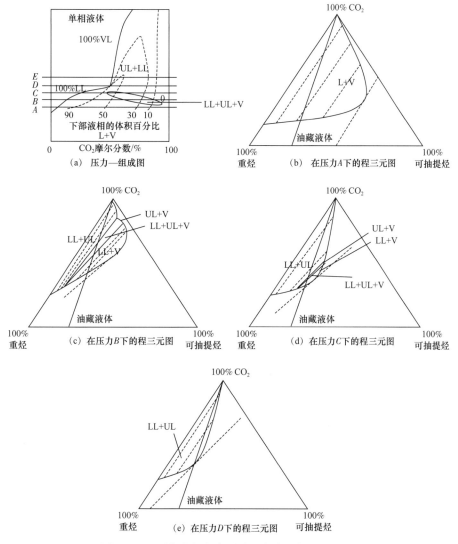

图 6　Ⅱ型系统的拟相态图（温度大约低于 120°F）

从以上相态特征分析可以看出，CO_2 驱油过程中的相态变化是一个非常复杂的问题，应该引起足够的重视，尤其要对油藏在特定压力和温度下 CO_2 抽提的原油组分组成、被抽提出的组分的相态特征变化规律、提高石油采收率的最佳组成等问题进行深入的研究。

作为确定混相条件的方法，流动试验比计算方法更为可取。原则上讲，用一个数学流动模型同时模拟组分的多次接触和就地传质、使用合适的状态方程或 K 值关系式计算蒸汽—液体平衡能够确定动态混相所必需的压力或注入气体的组成。在某些情况下，以此计算的混相条件，足以符合设计要求的精确度。但计算混相条件有几个缺点。一般来说，状态方程或 K 值关系式对混相条件的计算是不够精确的，特别是对于达到动态混相极为关键的临界点区的计算更是如此。经常需要用试验相态数据校正 K 值关系式和状态方程，也就是说，K 值关系式和状态方程中的参数要加以调整，以达到对已知数据的预测。然而即使这样做了，临界点区的预测也可能是不精确的，除非试验数据取在临界点区，但情况一般并非如此。在任何情况下，用这种方式确定混相条件都比用流动试验多花精力。如果把相态计算和流动试验结合起来，对于计算动态混相驱的油藏情况来说是一项有价值的技术。框图 7 示意了这项技术的过程。在实验数据的基础上，利用状态方程和数值模拟工具对配套的室内实验进行的校正和系统评价，从而使状态方程相态模拟的结果符合油气藏流体实际相态变化过程，为油气藏模拟提供合理的流体 PVT 参数场。通过模拟计算，可获得包括露点线、泡点线及不同比例等液量线在内的完整 p-t 相图、p-x 相图等，从而可确定混相驱替过程的相态特征和驱替机理。

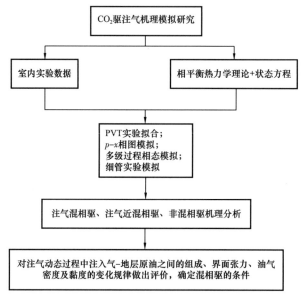

图 7　相态平衡计算和驱油机理模拟框图

注 CO_2 混相采油过程中的物理化学理论是一个极其复杂的理论问题，它所包含的主要具体问题有：（1）平衡态过程中的相态理论；（2）动态过程中的相态理论；（3）多孔介质中（微观尺度）的相态理论；（4）发展完善适合中国原油的 CO_2 状态方程。

2.3.2　注 CO_2 驱动过程中的渗流力学问题

我国大多数油田属于陆相沉积，非均质性强、原油流动性差、含蜡量高、与 CO_2 的混相压力过高。我国油田利用 CO_2 提高石油采收率的理论难点主要涉及 CO_2 与复杂烃类物质构成的多组分体系非线性渗流规律和数学描述。

注 CO_2 驱动过程是一个涉及多相多组流动的复杂问题，其复杂性阻碍了对油层动态做出精确的分析，传统的室内模拟方法也很难对这一问题进行全面的描述。现在，数值模拟方法作为一种对这一过程中的流体的流动进行评价的手段，应用范围越来越广泛。与 CO_2 驱有关的油藏数值模型主要有改进的黑油模型、组分模型、混合参数模型、流线模型等。在这些模型中，没有哪种模型可突出二氧化碳驱的全部特征。非混相驱黑油模型在应用上局限于一个小的压力－温度范围；组分模型虽然反映了相运移过程，但忽略了黏性指进和数值分散作用；改进的黑油模型为了预测黏性指进而忽略了相态。混合式模型既注意了部分相移，又注意了分散混合，但同时也引进了大量的数据。针对这些问题，应积极开展适合我国油藏的实际特点的二氧化碳数值模拟器，用来评价二氧化碳混相动态，进行二氧化碳驱方案设计和优化。

在 CO_2 驱替过程中，由于地下原油和注入 CO_2 的黏度对比度大，从而导致不利的流度比，导致早期气体突破，使油层波及系数降低、采油量降低。不利的流度比，还可能出现黏性指进、气体重力上窜、油藏的非均质性和注入率降低等问题。控制流度比，是 CO_2 驱替过程中必须考虑的关键问题之一。在解决这些问题的过程中，发展起来的技术有水气交替注入法（WAG）、直接注入二氧化碳稠化剂和交替注表面活性剂与气体（SAG）等方法。

水气交替注入法（WAG）方案是由二项传统的水驱和气驱提高原油采收率技术组成。1958年考杜尔和戴斯提出与溶剂一起注水来降低溶剂的流度。第一次采用气水交替注入的油田可以追溯到1957年加拿大艾伯塔省的 NirthPembina 油田。现在未关于该油田注入过程中是否发生过异常情况的相关报告。随后，对 WAG 方法的研究开展得很迅速。WAG 驱的方案设计和实施对 EOR 项目的操作和经济效益至关重要。

预计每次注入流体段塞为 0.1%～2% 孔隙体积，水气比为 0.5～4 可使 WAG 水循环过程中含水饱和度提高，气循环过程中含水饱和度降低。WAG 过程引起的驱替机理出现在三相区域内，水气交替注入的周期特性产生吸液和泄气特点，是 WAG 提高注入能力的原因之一。假如油和水有相同的流速，那么它应该是气水交替注入驱油的最优条件。由于油藏中存在各种因素，这一最优化条件在一个油藏中有限的程度上可能会发生，通常发生在水气混合带。因而，针对每一个油藏最优的水气交替注入方案是不一样的，对特定的油藏最优的设计有其特殊性，往往还需要进行特殊的研究。

在 WAG 驱替时要考虑如下几方面的因素：

（1）水气比控制了水、气在油层中的流动速度，如果水的流速比较快，水可以捕集气体不能驱替的残余油；如果混相的气体流速比较快，驱替前沿将向油中指进突破，从而导致段塞完整性的破坏。因此，二种流体应当在适当的比例下注入，在该比例下，流体在地层中的流速（大致）相等；

（2）水、气交替注入量用于计算水气比的理论是假设水、气同时流动，然而水、气都是交替注入的，这样做一方面是由于施工的方便，另一方面是由于在井底附近产生液体的混合，以降低注入能力。当驱替的水水平流动时，气体是不稳定的，因此，水、气依次交替注入，可以使其改变在油层中的相互分离的性质；

（3）随注入段塞的增加采收率也随之增加，但是经济上变得很不合算。油田试验的 CO_2 段塞多为 40%HCPV 左右。对于每一个具体的油田都存在一个最优的经济参数，但是都是倾向使用较大的段塞。

在水气交替注入法应用过程中，逐渐认识到影响 WAG 特性的重要技术因素有：非均质性（层理和各向异性）、润湿性、流体性质、混相条件、注入技术（与恒定的 WAG 设计相反的锥形 WAG 设计)、WAG 参数、物理弥散、流体流动几何形状(线性流、径向流和井网方式的影响)等。

当面积扫油力支配着方案设计,WAG 法具有很好的经济可行性。但同时,在应用过程中,也发现了该方法的一些缺点。一是 WAG 法中引入的流动水可能造成水屏蔽和 CO_2 旁通包油;二是 WAG 法可能引起潜在的重力分层问题;三是 CO_2 和水之间的密度差异常使它们在注入过程中就迅速分离,使水防止 CO_2 指进与窜流的能力大大降低。频繁的交替注水,将增加油层的水相饱和度,一方面引起 CO_2 向水相中分配而损耗,另一方面会增强水相水阻效应、降低 CO_2 与原油的接触效率;四是在 CO_2 与原油进行多次接触的混相驱时,水气交替注入会破坏 CO_2 抽提作用的连续性,使混相带难以形成,因而导致 CO_2 的驱油效率降低;而且,CO_2 与水混合会生成强腐蚀的碳酸。这样就要求一些设备使用特殊金属合金材料和镀防腐层。

SAG 法在水气交替注入过程中用表面活性剂溶液代替注水,以 CO_2 与表面活性剂溶液混合来形成泡沫。泡沫之所以能有效地控制 CO_2 的流度,是因为它在孔隙度介质中渗流时具有非常独特的渗流特性:泡沫具有十分巨大的气液界面;泡沫视黏度随介质孔隙的增大而升高泡沫是气体在表面活性剂溶液中的比较稳定的分散体系;泡沫黏度随泡沫质量的升高而增大;泡沫在孔隙介质中渗流时,其视黏度比组成它的两相(活性水和气体)中的任何一相的黏度都高得多,并随介质孔隙度(或渗透率)的增大而升高;泡沫属非牛顿型流体,它的黏度是剪切应力的函数,随剪切应力的增加而降低。

SAG 法应用过程中遇到的最大困难是要求形成长期稳定的泡沫,解决此问题关键在于表面活性剂的选择。用于 CO_2 泡沫驱油的表面活性剂的选择,目前还只能依靠经验方法,通常着重考虑以下几个方面:(1)发泡能力强;(2)泡沫稳定性好;(3)被地层岩石吸附量小;(4)在地层盐水中能溶解;(5)物理、化学性质稳定;(6)来源广,价格低廉。在现有各种表面活性剂中,能在高温、高含盐度储油层环境中形成长期稳定泡沫的极少,这是该方法的一个重要的研究和发展方向。

注 CO_2 驱动过程中的渗流力学问题(CO_2 提高油气采收率的基本理论)包含的主要问题有:(1)注 CO_2 过程的弥散和扩散理论研究;(2)注 CO_2 过程的地层流体流变性变化;(3)非均质地层中 CO_2、原油、水及多相混合物的复杂渗流规律和机理;(4)高温高压微观物理模拟;(5)高温高压宏观物理模拟;(6)多相多组分非线性数值模拟;(7)裂缝性低渗透油藏中多相多尺度耦合流动机理与规律。

2.4 CO_2 分离、运输与防腐的相关问题

从工业废气中获取合格的 CO_2 产品,是 CO_2 提高原油采收率物质基础,而且应用 CO_2 的油田(或油井)与 CO_2 产地之间一般都有相当的距离。因此,工业废气中 CO_2 的分离、收集与输运是利用 CO_2 提高原油采收率首先必须解决的问题。

从烟道气中回收 CO_2 的分离技术主要有:化学溶剂法、物理溶剂法、薄膜分离法、低温分馏法。(1)化学溶剂法是将原料气体和某种化学溶剂接触发生化学反应 CO_2 被吸收在溶剂中,然后从富含 CO_2 的溶液中提出 CO_2,达到分离的目的。化学溶剂主要有一

乙醇胺（MEA）、二乙醇胺（DEA）、三乙醇胺（TEA）、二甘醇胺（DGA）、二异丙醇胺（DIPA）。其中一乙醇胺（MEA）应用得最广泛。（2）薄膜分离法的主要原理是某些材料如醋酸纤维等制成的薄膜对于不同的气体显示出的渗透率，以 CO_2 和 CH_4 为例，在一定的压力下，前者通过的速率是后者的 25 倍之多，从而达到分离的效果。（3）低温分馏法可将 EOR 项目中的伴生气分离成 CH_4 流、CO_2 流和液态天然气流。典型的方法是美国的 Koch Process（KPS）公司的 Ryan Holms 工艺，该工艺包含以上三种气流的不同的分离技术。

若 CO_2 用于小型的先导试验，当每天的运送量为 55~275t 时，可利用公路、铁路和船舶运输，对于大规模长时期的注气工程用管线运输比较经济。运输是在超临界状态下进行的。

另外，无论在国内还是国外，CO_2 腐蚀都已成为一个不容忽视的问题。在油气的开采过程中，由于石油和天然气中含有 CO_2 对井下管柱造成腐蚀甚至严重危害的事例频繁发生，不仅给油气田开发带来了重大的经济损失，同时也造成一定的环境污染。

自发现 CO_2 腐蚀以来，便开始了对其腐蚀机理的研究。普遍认为钢铁在 CO_2 水溶液中腐蚀基本过程有阳极反应和阴极反应两方面。

腐蚀的阳极反应方程为：$Fe \longrightarrow Fe^{2+} + 2e$

腐蚀的阴极反应则主要有以下两种观点：

（1）非催化的氢离子阴极还原反应：

$$H_3O^+ + e \longrightarrow H_{(吸附)} + H_2O$$

（2）表面吸附 CO_2 的氢离子催化还原反应：

$$CO_{2(溶液)} \longrightarrow CO_{2(吸附)}$$

$$CO_{2(吸附)} + H_2O \longrightarrow H_2CO_{3(吸附)}$$

$$H_2CO_{3(吸附)} + e \longrightarrow H_{(吸附)} + HCO_3^-{}_{(吸附)}$$

$$HCO_3^- + H_3O^+ \longrightarrow H_2CO_{3(吸附)} + H_2O$$

CO_2 腐蚀是一种典型的局部腐蚀。腐蚀产物（$FeCO_3$）或结垢产物（$CaCO_3$）在钢铁表面不同的区域覆盖度不同，不同覆盖度的区域之间形成了具有很强自催化特性的腐蚀电偶，CO_2 的局部腐蚀就是这种腐蚀电偶作用的结果。这一机理很好地解释水化学的作用和在现场一旦发生上述过程，局部腐蚀会突然变得非常严重的现象。

CO_2 的腐蚀过程是一种错综复杂的电化学过程，影响它的因素有多种，主要有温度、CO_2 分压、流速及流型、pH 值、腐蚀产物膜、Cl^-、H_2S 和 O_2 含量、各种金属材料中含合金元素的种类和含量、介质中砂粒的腐蚀等。在油气井井下和地面设备中，以上的各种因素都可能同时存在，又可能相互影响。特别是在井下，由于从井底到井口过程中，温度、压力及水的凝结情况等都随井深发生变化，如地层水中金属或非金属离子含量变化会对腐蚀产生影响，因此，井下的 CO_2 腐蚀情况是错综复杂的，难以用单项因素影响来进行分析。另外，在油气田开发过程中，不可避免地要遇到多相流和湿酸性气体环境的问题。因此，除了应考虑单相流中的诸多因素外，还必须考虑水湿性、水合物等对管材的影响。

从工业废气中获取合格的 CO_2 产品，是 CO_2 提高原油采收率物质基础。因此，工业废气中 CO_2 的分离、收集与输运是利用 CO_2 提高原油采收率首先必须解决的问题，其中主要的问题有：（1）化学吸附法和膜分离法等高效脱除 CO_2 理论与方法研究；（2）低浓度 CO_2 条件下常压联合烟气脱碳机理；（3）长距离管线输送 CO_2 的化学腐蚀机理与规律，CO_2 的化学腐蚀规律与高效廉价的防腐技术。

3 下一步工作的建议

在温室气体资源化利用过程中实现温室气体地质埋存是解决以上科学问题的基本学术思路。以此为基础提出下一步工作的建议：

（1）尽快成立研究温室气体减排的全国性领导机构，研究制订我国温室气体减排的国内相关技术发展对策研究，特别是产业发展中减排技术对策研究。

（2）统筹规划二氧化碳储存技术的研发。鉴于二氧化碳地下储存技术比较复杂，且该技术的研发是一项超前性的工作，建议将有关内容纳入国家科技发展规划中考虑。

（3）组织开展相关技术研究。研究初期应该应用捕集成本便宜的 CO_2，开展埋藏和提高采收率相关科学问题的研究。

（4）进一步加强国际合作。建议更加积极和主动地参加碳收集领导人论坛的各项活动，并争取尽可能多的国外援助项目，以带动我国在该领域的研究，使我国的研究工作在高起点上进行。

（5）在国内找一个合适的油田开展先导性试验和可行性研究，做好技术储备。

4 结束语

面对由于温室气体排放导致的空气污染和温室效应巨大压力，作为一个负责任的发展中大国，应该积极采取有效措施，控制 CO_2 排放。我国现阶段，实行 CO_2 高效利用与地质埋存相结合的技术思路是缓解环境污染压力、提高石油采收率的有效途径。温室气体提高石油采收率与地质埋存一体化技术思路代表着石油开采、油藏工程、地质学、地球物理和化学、化石燃料燃烧、环境科学等学科领域前沿和多学科交叉的新发展方向。我国在此领域的相关研究工作与国际前沿差距不大，基本上处于同步阶段。只要抓住这一有利时机，企业、大学和研究精诚合作，尽快开展有关应用基础和技术研究，我国完全可以该领域内跻身于世界领先地位。

参 考 文 献

[1] 沈平平，等.大幅度提高石油采收率的基础研究（2003-2004 年）[M].北京：石油工业出版社，2004.

［2］王福松．混相驱开发油田［M］．北京：石油工业出版社，1989．
［3］李士伦，等．注气提高石油采收率技术［M］．成都：四川科学技术出版社，2001．
［4］徐俊，张军营，潘霞．二氧化碳储存技术的研究现状［J］．煤炭转化，2005（7）：80-85．
［5］李小春，小出仁，大隅多加志．二氧化碳地中隔离技术及其岩石力学问题［J］．岩石力学与工程学报，2003，22（6）：989-994．
［6］M.A.克林斯．二氧化碳驱油机理及工程设计［M］．程绍进，译．北京：石油工业出版社，1989．

（本文原刊于《中国基础科学》2006年第6期）

二氧化碳捕集、驱油与埋存产业化进展及前景展望

袁士义[1,2]，马德胜[2,3]，李军诗[1]，周体尧[2,3]，姬泽敏[2,3]，韩海水[2,3]

（1. 中国石油天然气集团有限公司咨询中心；2. 提高石油采收率国家重点实验室；3. 中国石油勘探开发研究院）

摘　要：二氧化碳捕集、驱油与埋存（CCUS-EOR）是最现实可行的规模化减碳技术，也是大幅度提高低渗透油田采收率的关键技术。梳理了国外 CCUS-EOR 发展的主要历程及其产业化进展，总结了中国 CCUS-EOR 技术攻关成果和矿场试验进展情况，分析了 CO_2 捕集、输送、驱油与埋存等全产业链的发展现状、面临问题与挑战，指出了中国 CCUS-EOR 规模化应用在驱油增产、埋存减碳等方面的巨大潜力和发展前景。提出目前中国 CCUS-EOR 正处于矿场试验向产业化发展的关键时期，需要针对中国陆相油藏的特点，发挥油田 CO_2 驱油可驱储量丰富、地下埋存空间巨大、地面基础设施完善和井筒注入通道分布广泛等优势，积极与碳源排放企业合作，加快攻关低浓度 CO_2 的低成本规模捕集、超临界长距离输送、更大幅度提高采收率和埋存率、安全规模埋存等核心关键技术攻关和示范工程建设，构建 CCUS-EOR 全产业链理论技术标准体系，支撑和推动工业化规模应用，以创新链引领 CCUS-EOR 新兴产业链快速效益发展。

关键词：二氧化碳；CCUS-EOR；碳捕集；输送；驱油；碳埋存；提高采收率；产业化

Progress and prospects of carbon dioxide capture, EOR-utilization and storage industrialization

YUAN Shiyi[1,2], MA Desheng[2,3], LI Junshi[1], ZHOU Tiyao[2,3], JI Zemin[2,3], HAN Haishui[2,3]

（1. CNPC Advisory Center; 2. State Key Laboratory of Enhanced Oil Recovery; 3. Research Institute of Petroleum Exploration & Development）

Abstract: Carbon dioxide capture, EOR-utilization and storage (CCUS-EOR) are the most practical and feasible large-scale carbon reduction technologies, and also the key technologies to greatly improve the recovery of low-permeability oil fields. This paper sorts out the main course of CCUS-EOR technological development abroad and its industrialization progress. The progress

---

基金项目：中国石油重大科技专项"二氧化碳规模化捕集、驱油与埋存全产业链关键技术研究及示范"（2021ZZ01）。

of CCUS-EOR technological research and field tests in China are summarized, the development status, problems and challenges of the entire industry chain of CO_2 capture, transportation, oil displacement, and storage are analyzed. The results show a huge potential of the large-scale application of CCUS-EOR in China in terms of carbon emission reduction and oil production increase. At present, CCUS-EOR in China is in a critical stage of development, from field pilot tests to industrialization. Aiming at the feature of continental sedimentary oil and gas reservoirs in China, and giving full play to the advantages of the abundant reserves for CO_2 flooding, huge underground storage space, surface infrastructure, and wide distribution of wellbore injection channels, by cooperating with carbon emission enterprises, critical technological research and demonstration project construction should be accelerated, including the capture of low-concentration CO_2 at low-cost and on large-scale, supercritical CO_2 long-distance transportation, greatly enhancing oil recovery and storage rate, and CO_2 large-scale and safe storage. CCUS-EOR theoretical and technical standard system should be constructed for the whole industrial chain to support and promote the industrial scale application, leading the rapid and profitable development of CCUS-EOR emerging industrial chain with innovation.

Key words: carbon dioxide; CCUS-EOR; carbon capture; transportation; oil displacement; carbon storage; enhanced oil recovery; industrialization

近年来碳中和受到世界各国的空前关注。2015年，国际社会达成了气候变化《巴黎协定》，确立了在21世纪末将全球平均温升较工业革命前控制在2℃以内的长期目标，众多研究表明，要实现这一目标，就必须在21世纪下半叶甚至中叶实现碳中和[1-4]。欧美等发达国家纷纷制定碳中和目标与近、中、远期行动方案。2019年欧盟提出在2050年实现碳中和目标[4]，2020年美国公布行动计划支持在2050年实现净零排放[4]。2020年中国宣告"二氧化碳排放力争于2030年前达到峰值，努力争取2060年前实现碳中和"[2,4]。各国碳中和方案的提出，有力提振了世界各国应对气候变化的信心和行动意愿，也为碳中和技术的发展提供了有利契机。

二氧化碳捕集、利用与埋存（CCUS）及二氧化碳捕集与埋存（CCS）是实现碳中和的托底技术。"碳中和"不等于零碳排放，而是指各种活动产生的二氧化碳排放与各种碳汇措施吸收的量相等，达到相对"零排放"。在实际生产生活中，即使电力行业实现了全额可再生能源发电，其他行业也很难做到零排放，实现碳中和就需要以林业碳汇、CCUS/CCS为代表的负碳技术提供保障。据IEA预测[1]，实现全球2070年净零排放，其中CCUS/CCS技术封存CO_2占累计减排量的15%，对碳中和起托底作用。

二氧化碳捕集、驱油与埋存（CCUS-EOR）具有大幅度提高采收率和埋碳减排双重效益，最现实可行。根据利用方式的不同，CCUS中的利用又可以分为油气藏利用（CCUS-EOR/EGR）、化工利用、生物利用等方式。CCUS-EOR将捕集的CO_2注入地质构造完整、封闭性好、基础资料翔实的已开发油藏，通过驱替提高原油采收率并实现CO_2埋存，技术经济可行，是目前应用规模最大的CCUS技术，应用前景广阔。根据吉林、大庆等油田示范工程结果，CCUS-EOR 技术可提高油田采收率 10~25 个百分点，约每注入 CO_2 2.0~3.0t 可增产 1.0t 原油，增油与埋存优势明显。CCS 没有 CO_2 利用环节，是将捕集的 CO_2 直接埋存。全球陆上及海底理论最大封存 CO_2 容量为 $55×10^8$t[2]，其中深部咸水层封存量约占 98%，是较理想的 CO_2 封存场所。受技术经济性等问题制约，目前 CCS 仍处于探索和矿场试验阶段[3]。

中国 CO_2 排放源主要包括发电、水泥、钢铁和煤化工等行业，以上 4 个行业 CO_2 排放量约占总量的 92%，其中中低浓度 CO_2 占总量的 90% 以上[5]。由于富煤、油气不足的资源特点，中国煤炭消费在一次能源消费中占比高达 56.8%[4]。因工艺要求和以燃煤为主的高温热处理特点，发电、水泥、钢铁等行业难以在短期内通过大规模节约燃煤、提高替代燃料比例等途径实现减碳目标。这些行业基础设施集中，CO_2 排放规模大，采用 CCUS 等负碳技术是平稳调整能源结构、实现规模减碳的现实途径。

CCUS-EOR 是石油炼化企业绿色发展的现实路径。石油炼化企业的 CO_2 排放约占全国排放总量的 2.3%[5]，以燃料燃烧排放和工艺过程排放为主，多为 15% 以下低浓度 CO_2。由于相当一部分炼化企业属于石油系统，有利于通过 CCUS-EOR 实现 CO_2 资源化利用，推动石油化工行业绿色低碳发展。

本文梳理国外 CCUS-EOR 发展的主要历程及其产业化进展对中国的重要启示，基于中国 CCUS-EOR 技术攻关和矿场试验进展情况，分析了 CO_2 捕集、输送、驱油与埋存等全产业链的发展现状、面临问题与挑战，指出了中国 CCUS-EOR 规模化应用在驱油增产、埋存减碳等方面的巨大潜力和发展前景。

1 国外 CCUS-EOR 产业发展的启示

1.1 国外 CCUS-EOR 产业发展历程与现状

国外 CCUS-EOR 项目主要在美国、加拿大等国家开展，特别是美国已具有成熟的 CCUS-EOR 工业体系。美国 CCUS-EOR 项目起步于 20 世纪 50 年代，20 世纪 60—70 年代持续开展关键技术攻关，20 世纪 70—90 年代逐步扩大工业试验规模，技术配套逐渐成熟，80 年代以后进入商业化推广阶段。自 20 世纪 80 年代起，美国 CCUS-EOR 技术工业化应用规模持续快速扩大，年产油量于 20 世纪 80 年代初突破 $100×10^4$t，90 年代初突破 $1000×10^4$t，2012 年突破 $1500×10^4$t，并保持稳定[6]（图 1）。

全球碳捕集与封存研究院（GCCSI）2021 年研究报告[7]显示，美国在运行中的、用于 CCUS-EOR 的大规模工业碳捕集项目有 11 个，暂停运行项目 2 个。在运行项目中 4 个为天然气处理项目，年捕集能力为 $1275×10^4$~$1285×10^4$t，7 个为其他工业碳源项目，年捕集能力 $353×10^4$~$579×10^4$t（表 1）。

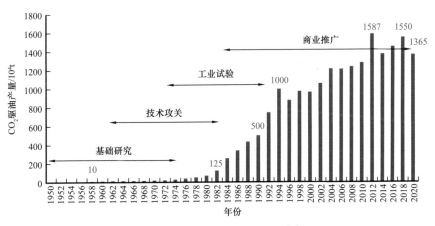

图 1　美国历年 CO_2 驱油产量[6]

表 1　美国 CCUS-EOR 大规模工业捕集项目统计表[7]

项目名称	封存类型	投运年份	用途	状态	捕集前 CO_2 浓度/%	年最小捕集能力/10^4t	年最大捕集能力/10^4t
Terrell Natural Gas Processing Plant (formerly Val Verde Natural Gas Plants)	CCUS-EOR	1972	天然气处理	运行中	25～50	40	50
Shute Creek Gas Processing Plant		1986	天然气处理	运行中	65	700	700
Core Energy CO_2-EOR		2003	天然气处理	运行中	5～30	35	35
Century Plant		2010	天然气处理	运行中	大于60	500	500
Enid Fertilizer		1982	化肥生产	运行中		10	20
Coffeyville Gasification Plant		2013	化肥生产	运行中		90	90
PCS Nitrogen		2013	化肥生产	运行中		20	30
Arkalon CO_2 Compression Facility		2009	乙醇生产	运行中		23	29
Bonanza BioEnergy CCUS EOR		2012	乙醇生产	运行中	大于99	10	10
Great Plains Synfuels Plant and Weyburn-Midale		2000	合成天然气	运行中	95	100	300
Air Products Steam Methane Reformer		2013	制氢	运行中	10～20	100	100
Lost Cabin Gas Plant		2013	天然气处理	暂停运行		70	70
Petra Nova Carbon Capture		2017	发电	暂停运行		140	140

经过近70年的发展，目前美国CCUS-EOR产业体系已成熟配套并持续拓展。在关键技术方面，已经形成了涵盖大规模CO_2捕集、长距离超临界管道输送、大规模驱油油藏工程设计、大规模埋存安全监测等方面的关键技术体系。注采和地面工程设备简易高效，自动化程度高；动态监测和适时优化调整技术持续发展；产出气循环利用技术满足项目整体提效要求，实现了CCUS-EOR全流程封闭零排放的目标。

美国CCUS-EOR项目取得了很好的应用效果，以美国二叠盆地Kelly-Snyder油田SACROC区块CCUS-EOR项目为例[8]：该区块储集层渗透率为$1\times10^{-3}\sim30\times10^{-3}\mu m^2$，地质储量约$4.1\times10^8 t$，1949年投入开发，至1974年达到历史峰值年产油量$1020\times10^4 t$，1998年产油量递减至$40\times10^4 t$，2002年实施CO_2混相驱项目，2005年产油量超过$150\times10^4 t$，至2020年已持续稳产16年，累计增油$2456\times10^4 t$，累计注入CO_2 $3.9\times10^8 t$，预计提高采收率26个百分点以上。在配套政策方面，国家出台了鼓励CCUS-EOR产业发展的45Q、43法案，每驱油埋存$1.0 tCO_2$可抵免税额20~35美元，极大地调动了企业参与CCUS-EOR项目的积极性。

1.2 美国CCUS-EOR产业的主要启示

梳理美国CCUS-EOR产业化发展历程，对中国主要有3点启示：（1）得益于全产业链长期技术积累和大量矿场试验，形成了较为完整的技术标准体系；（2）得益于大规模管网建设，将天然气藏碳源、工业碳源捕集相结合并与油藏紧密连接，实现低成本捕集输送，有效降低了井口CO_2价格（20~25美元/t[9-10]）；（3）得益于国家相应的鼓励政策，持续加大CCUS-EOR产业发展支持力度，实施规模不断扩大，并且开始向CCS方向拓展。

2 中国CCUS-EOR现状、问题与挑战

2.1 中国CCUS-EOR产业发展现状

国内CCUS-EOR研究起步较早，石油企业及有关院校早在20世纪60年代就开始探索CO_2驱油技术，但因气源、机理认识、装备等问题产业化发展滞后。进入21世纪以来，国家和石油企业相继设立CCUS-EOR重大科技攻关和示范工程项目，大大推动了关键技术的突破和矿场试验的成功。目前全国已开展的CCUS-EOR矿场项目累计埋存CO_2超过$660\times10^4 t$，其中中国石油天然气集团有限公司（简称"中国石油"）累计埋存CO_2超过$450\times10^4 t$，累计增油超过$100\times10^4 t$。

2000年以来，中国石油加快技术研发与应用步伐[11-12]，先后牵头承担了国家重点基础研究发展计划（973计划）、国家高技术研究发展计划（863计划）、国家科技重大专项等一批国家级CCUS-EOR重大科技攻关和示范项目[13-17]，并配套公司重大科技专项和重大开发矿场试验项目[18]，进行集中攻关和试验，首次发现陆相原油C_6—C_{15}组分对混相的重要贡献，构建了较为完整的陆相砂岩油藏CO_2驱油埋存理论和技术标准体系，在

吉林与长庆油田建成了 2 个国家级 CCUS-EOR 示范工程。截至 2021 年，中国石油共开展 11 项 CCUS-EOR 重大开发试验，CO_2 年注入能力达到 100×10^4t，2021 年年注入 CO_2 56.7×10^4t、年产油量达 20×10^4t，具有显著的增产原油和埋存减排效果。吉林油田共建成 5 个 CO_2 驱油与埋存示范区，累计注 CO_2 212×10^4t，年注入 CO_2 能力达到 40×10^4t，年产油能力超过 10×10^4t，其中黑 79 北小井距试验区 CO_2 混相驱预计提高采收率 25 个百分点以上；大庆油田累计注 CO_2 189×10^4t，年注入 CO_2 能力 30×10^4t，年产油能力 10×10^4t，其中树 101 特低渗透油藏 CO_2 非混相驱预计提高采收率 10 个百分点以上。目前大庆、吉林、长庆、新疆等油田 CO_2 驱总体处于工业化试验和规模应用阶段。中国石油正在开展 CCUS-EOR 全产业链重大科技专项攻关，同时大庆油田—大庆石化、吉林油田—吉林石化在松辽盆地建设年注入 CO_2 300×10^4t、年产原油 100×10^4t 的重大示范工程，中国石油力争 2025 年年注入 CO_2 达到 500×10^4t、年产油量 150×10^4t，2030 年预期年注 CO_2 规模将达 2000×10^4t、年产油超过 600×10^4t。

中国石油化工集团有限公司（简称"中国石化"）经过十余年的技术攻关[19-21]，形成了不同油藏类型 CO_2 驱提高采收率技术体系，在江苏、胜利、华东等油田开展多个矿场试验，取得了明显的效果。目前，中国石化 CO_2 驱油已实施项目覆盖地质储量 2512×10^4t，累计增油量 25.58×10^4t，其中胜利油田高 89-1 区块 CO_2 近混相驱先导试验，截至 2021 年 8 月累计注 CO_2 31×10^4t，累计增油量 8.6×10^4t，预测可提高采收率 17.2 个百分点。近期宣布已建成齐鲁石化—胜利油田百万吨级 CCUS-EOR 项目[22]，预计未来 15 年累计注入 CO_2 1068×10^4t、增油 296.5×10^4t。

近年来，延长油田积极探索 CCUS-EOR 技术[23]，在一体化技术攻关和全流程低成本商业化工程示范方面取得积极进展，在靖边与吴起试验区建成年处理规模 15×10^4t 的 CCUS 示范项目，累计注入 CO_2 21.6×10^4t，预计可提高采收率 8 个百分点以上，并在"十四五"形成 100×10^4t 规模年注入 CO_2 能力。

2.2 中国 CCUS-EOR 全产业链面临的问题与挑战

高浓度 CO_2 排放装置和高含量 CO_2 气藏相对较少。高浓度 CO_2 排放装置主要来自化肥、加氢、煤化工等[4]，一般浓度大于 90%。目前国内石油化工企业（如大庆石化、吉林石化、齐鲁石化等）和大型煤化工企业（如中国神华煤制油化工有限公司等）的高浓度 CO_2 捕集技术较为成熟，捕集成本一般低于 200 元 /t。吉林油田利用物理分离方法对高 CO_2 含量天然气藏进行碳捕集，技术成熟，捕集成本低于 120 元 /t。

低浓度碳源捕集成本高，制约了经济、规模化应用。中低浓度 CO_2 主要来自煤电、水泥、钢铁、建材、炼化等工业装置排放，占总排放量的 90% 以上，绝大部分 CO_2 排放浓度低于 15%。这些装置排放量大且排放点多，规模化捕集难度较大、成本高（300～700 元 /t）[24-25]，成为规模捕集利用的瓶颈。燃煤发电碳捕集技术主要包括煤炭燃烧前捕集、富氧燃烧捕集、燃烧后捕集，其中，燃烧后捕集技术发展相对成熟，中国华能集团有限公司、国家能源集团在该领域处于领跑地位，已建成数套 10×10^4t 级捕集装置。炼化等企业已开展了中低浓度 CO_2 的捕集研究和试验，但因技术、经济原因，捕集利用受限。目前大庆石化、吉林石化正在开展 $100×10^4t$ 低浓度、低成本（低于 220 元/t）CO_2 捕集技术攻关和工业装置建设。

CO_2 运输以车载方式为主，规模小、运费高。目前开展的 CCUS-EOR 项目中多数采用车载方式运送，成本较高，一般为 0.8～1.0 元/（t·km）。吉林油田已建成 CO_2 气相输送管道 50km，年输送能力达到 $50×10^4t$。目前国内还没有长距离超临界 CO_2 管道输送示范项目。

CCUS-EOR 项目有待进一步提高效率。目前 CO_2 驱油提高采收率幅度为 10～25 个百分点，CO_2 埋存率为 60%～70%。在目前技术条件下，驱油生命周期结束时，地下仍剩余 50% 以上的原油地质储量，更大幅度提高采收率和 CO_2 埋存率，具有重要的意义和实际价值，但也面临更大的技术与经济方面的挑战。

大规模碳埋存长期监测、安全防控缺乏实际经验。通过 973 计划、863 计划、国家科技重大专项研究[13-17]，明确了不同注入方式、不同地质体 CO_2 埋存机理及主控因素，确定了油藏地质体 CO_2 "体积置换、溶解滞留、矿化反应"等埋存机理的贡献程度与表征方法，建立了天然气藏、咸水层、煤层气藏等地质体 CO_2 安全埋存的潜力评价方法，形成了 CO_2 浓度、土壤碳通量、稳定同位素等相结合的一体化方法监测 CO_2 泄漏的埋存安全监测技术体系。研究认为 CO_2 埋存过程的泄漏风险点主要是在井筒、断层、盖层等：井筒受到 CO_2 大面积腐蚀后发生泄漏，应特别关注实施防腐工艺，如管材防腐或缓蚀剂防腐等；断层、盖层等的密封性欠缺也会发生泄漏。目前已开展的矿场试验项目未发现 CO_2 泄漏，但碳安全埋存是一项长期的工程，现场实施 CO_2 驱油与埋存项目周期约 10～20 年，大规模长期监测经验不足，长效安全防控仍面临挑战。

3 中国 CCUS-EOR 驱油埋存潜力评估

3.1 CCUS-EOR 增产原油和埋存减排 CO_2 潜力巨大

CO_2 驱是有效补充油藏地层能量，提高原油采收率的主要技术之一。目前世界上大型碳捕集项目捕集的 CO_2 超过 70% 用于油藏提高采收率，特别是用于低渗透油藏提高采收率。据中国石油勘探开发研究院 2020 年评价结果，中国石油国内油田已动用储量中，适宜 CO_2 驱提高采收率的低渗透油藏地质储量为 $67.3×10^8t$，预计平均提高采收率 16.5 个百分点、新增可采储量 $11.1×10^8t$，在驱油阶段可有效埋存二氧化碳 $29.5×10^8t$。

根据国家 973 计划对中国主要油气盆地区域内主力油气藏 CO_2 地质埋存潜力的初步评价结果，油藏的 CO_2 驱油埋存潜力超过 $140×10^8t$，其中松辽、鄂尔多斯、渤海湾、准噶尔等盆地的主力油区 CO_2 埋存潜力大，是实施 CCUS-EOR 的重点地区；中国主要盆地深部咸水层的 CO_2 理论埋存潜力更大，达 $6×10^{12}t$ 以上。

3.2 CCUS-EOR 产业发展经济社会效益潜力巨大

CCUS-EOR 产业发展具有良好的经济效益。参考美国 45Q 法案，按照国际油价 50

美元 /bbl（1bbl=0.159m³）、2026 年 CO_2 驱油埋存用 35 美元 /t 抵免税额估算，中国已动用油藏增加原油可采储量、有效埋存 CO_2 的潜在产值可达 $1.0×10^{12}$ 元以上。打造形成 CCUS-EOR 产业链，按照年注入 $3000×10^4 t\ CO_2$ 计算，每年可形成 $1000×10^4 t$ 产油能力，创产值 $250×10^8$ 元，每年可埋存 $CO_2\ 2000×10^4 t$，获碳利用抵免税费 $48×10^8$ 元。如果国际油价高于 50 美元 /bbl，CO_2 井口价格低于 200 元 /t，在国家有利政策支持下，CCUS-EOR 项目就有望大规模有效应用。

CCUS-EOR 产业发展可以创造可观的社会效益。如年埋存 $CO_2\ 3000×10^4 t$，就可以消纳十余家大型炼化企业的碳排放量。CCUS-EOR 产业发展可以为能源结构稳步调整争取宝贵时间，按照 2060 年实现碳中和目标计算，当前高碳排放基础设施的使用期限已不足 40 年，通过 CCUS-EOR 产业解决煤电、水泥和钢铁等行业的一部分 CO_2 排放问题，可以避免新投建的基础设施提前关停和投资浪费的局面，提升碳中和过程中的成本效益[26]。此外，推动 CCUS-EOR 新产业规模化发展，还可以为社会提供大量就业机会。

4 中国 CCUS-EOR 产业前景展望

参照国外 CCUS-EOR 产业发展经验，结合中国进展情况，在"双碳"目标有利政策推动下，国内 CCUS-EOR 新产业将进入快速规模化发展阶段。预期 2030 年中国 CCUS-EOR 产业年注入 CO_2 规模将达 $3000×10^4 t$ 级，年增油规模将达 $1000×10^4 t$ 级；2050 年驱油埋存和咸水层埋存协同发展，年注入 CO_2 规模将达 $1.0×10^8 t$ 级，CCUS-EOR 新产业发展前景十分广阔。目前中国 CCUS-EOR 正处于矿场试验向产业化发展的关键时期，需要针对中国陆相油藏的特点，充分发挥油田 CO_2 驱油可驱储量丰富、地下埋存空间巨大、地面基础设施完善和井筒注入通道分布广泛等优势，积极与碳源排放企业合作，构建 CCUS-EOR 全产业链理论技术标准体系，支撑和推动工业化规模应用，以创新链引领新兴 CCUS-EOR 产业链快速效益发展。

4.1 构建更高效 CCUS-EOR 全产业链原创技术体系

经过几十年发展，中国陆相油田开发总体达到国际先进水平，其中精细油藏描述、精细水驱及提高采收率等多项技术居国际领先水平。与国外海相油藏相比，中国油藏以陆相为主，储集层非均质性强、储量规模小，CO_2 规模化驱油埋存更为复杂，难度更大。构建陆相油藏更高效的 CCUS-EOR 原创技术体系，需要 CO_2 捕集技术由高浓度向中低浓度、低成本高效捕集发展，重点研发高效、低能耗的化学吸收剂，开发新型高效的解吸反应器与大型设备，实现大规模、廉价、稳定的 CO_2 捕集和气源供给。储运技术由车载运输向超临界 CO_2 长距离管输发展，研发低成本耐蚀抗裂特种钢管材，实现 CO_2 长距离低成本安全输送。驱油技术向大规模、更大幅度提高采收率发展，创新研发大规模 CCUS-EOR 油藏方案设计、进一步扩大波及体积、高效注采与低成本防腐等的配套开发系统，特别是在改善 CO_2 与原油的混相能力、大孔隙体积倍数 CO_2 注入驱油、多级调驱扩大 CO_2 波及体积、分层 CO_2 注入工艺、抗 CO_2 腐蚀高效涂层材料、产出气低成本循环利用、驱埋一体数值模拟等方面加大攻关力度，形成混相、近混相、非混相高效驱油技术系列。埋存技术向 CO_2 埋存地质体长期规模完整性发展，通过升级埋存方案设计、细化地质和井筒完整性评价、实施多位一体监测、提升安全防控技术，实现大规模超长期安全埋存。

4.2 贯通 CCUS-EOR 新兴产业链实现规模化发展

实现 CCUS-EOR 产业化，需要尽快制订中长期发展规划，从全产业链布局实现全产业链贯通，其核心是大规模示范应用工程落地运行。"十四五"期间，期望建成 $100×10^4$t/a 级低浓度 CO_2 的低成本高效捕集工程，捕集成本降至 220 元/t 以下，同时布局更多的碳排放企业碳捕集工程，逐步形成超过 $1000×10^4$t 级的廉价、稳定 CO_2 供给气源。根据源汇匹配情况，布局 CO_2 长输管网建设，建成 100km 达 $100×10^4$t/a 输送能力的超临界 CO_2 长距离输送管道，且运输成本低于 0.25 元/（t·km）。建成产油 $100×10^4$t/a 的规模化高效驱油示范区，力争混相驱提高采收率 30 个百分点，并不断扩大应用规模，大幅增加原油产量。实现安全埋存 CO_2 超过 $1000×10^4$t/a，埋存率大于 70%，持续扩大埋存规模，为"双碳"目标实现做出积极贡献。

4.3 推进 CCUS-EOR 全产业链相关企业的协同发展

要加强油气田企业和炼化、煤电、煤化工等碳排放企业的合作，形成优势互补的 CCUS-EOR 产业创新联合体。同时加强气藏开发利用（CCUS-EGR）、化工利用、生物利用以及 CCS 等减碳技术的攻关，带动规模化应用，为实现"双碳"目标提供强有力的技术保障。

国家层面已推出碳交易平台，对推动 CCUS 项目实施起到积极作用，建议国家进一步出台关于碳权确认方法、合理排放指标、减排补贴标准、减排综合收益等方面明确可行的量化计算方法和支持政策（参照美国的 45Q 法案），提高企业规模化实施 CCUS 的积极性和主动性。

5 结束语

CCUS-EOR 作为大幅度提高石油采收率和最现实可行的碳减排技术，是推动中国化石能源企业平稳、绿色、低碳发展的重要途径，对保障国家能源安全、实现"双碳"目标具有重大意义，加快产业化发展势在必行。中国 CCUS-EOR 技术攻关和示范工程取得了突破性进展，基本形成了适应中国陆相油田的驱油埋存技术标准体系，整体处于矿场试验向工业化试验和规模应用发展阶段。目前仍面临 CO_2 气源捕集/运输成本较高、采收率和埋存率相对较低、大规模埋存监测与安全防控实际经验缺乏等挑战，需要加快技术攻关和工程示范，支撑规模效益应用。

中国发展 CCUS-EOR 产业的 CO_2 捕集、驱油与埋存潜力巨大，松辽、渤海湾、鄂尔多斯、准噶尔等盆地是当前 CCUS-EOR 产业发展的主战场，油田企业是 CCUS-EOR 产业的主力军。推动捕集、运输、驱油与埋存全产业链技术进步、快速效益发展，支撑化石能源企业低碳发展，具有巨大的经济社会效益和广阔的发展前景。

目前CCUS-EOR产业处于规模化、高质量和有效益发展的机遇期，需要抓住时机，大力推进。建议国家和相关企业制订中长期发展规划和有利政策，构建陆相油藏高效CCUS-EOR原创技术体系，打造全流程贯通的新兴产业链，实现全产业链规模效益快速发展；同时注重发挥油气田企业优势，与碳排放企业合作发展，带动和推进其他应用领域CCUS和CCS产业发展，在国家政策支持下，强力助推"双碳"目标的实现。

参 考 文 献

[1] IEA. Energy technology perspectives 2020［R］．Paris：IEA，2020.

[2] 生态环境部环境规划院，中国科学院武汉岩土力学研究所，中国21世纪议程管理中心．中国二氧化碳捕集利用与封存（CCUS）年度报告（2021）：中国CCUS路径研究［R］．北京：生态环境部环境规划院，2021：6-8.

[3] 全球碳捕集与封存研究院．全球碳捕集与封存现状2020［R］．墨尔本：全球碳捕集与封存研究院，2020：16-23.

[4] 戴厚良，苏义脑，刘吉臻，等．碳中和目标下我国能源发展战略思考［J］．石油科技论坛，2022，41（1）：1-8.

[5] 胡永乐，郝明强．CCUS产业发展特点及成本界限研究［J］．油气藏评价与开发，2020，10（3）：15-22.

[6] WALLACE M. The U.S. CO_2 enhanced oil recovery survey（EOY 2020）［R］．Arlington：Advanced Resources International，Inc.，2021.

[7] Global CCS Institute. Global status of CCS report 2021［R］．Melbourne：Global CCS Institute，2021：34.

[8] KALTEYER J. A case study of SACROC CO_2 flooding in marginal pay regions：Improving asset performance［R］．SPE 200460-MS，2020.

[9] MELZER L S. Carbon dioxide enhanced oil recovery（CO_2 EOR）：Factors involved in adding carbon capture, utilization and storage（CCUS）to enhanced oil recovery［R］．Midland：Melzer Consulting，2012.

[10] EDWARDS R W J，CELIA M A. Infrastructure to enable deployment of carbon capture, utilization, and storage in the United States［J］．Proceedings of the National Academy of Sciences，2018，115（38）：E8815-E8824.

[11] 袁士义，王强．中国油田开发主体技术新进展与展望［J］．石油勘探与开发，2018，45（4）：657-668.

[12] 袁士义，王强，李军诗，等．注气提高采收率技术进展及前景展望［J］．石油学报，2020，41（12）：1623-1632.

[13] 沈平平，廖新维．二氧化碳地质埋存与提高石油采收率技术［M］．北京：石油工业出版社，2009：128-144.

[14] 袁士义．二氧化碳减排、储存和资源化利用的基础研究论文集［C］．北京：石油工业出版社，2014：319-332.

[15] 袁士义．注气提高油田采收率技术文集［C］．北京：石油工业出版社，2016：1-15.

[16] 胡永乐，郝明强，陈国利. 注二氧化碳提高石油采收率技术［M］. 北京：石油工业出版社，2018：1-40.

[17] 胡永乐，郝明强，陈国利，等. 中国CO_2驱油与埋存技术及实践［J］. 石油勘探与开发，2019，46（4）：716-727.

[18] 廖广志，马德胜，王正茂，等. 油田开发重大试验实践与认识［M］. 北京：石油工业出版社，2018：414-464.

[19] 李阳，黄文欢，金勇，等. 双碳愿景下中国石化不同油藏类型CO_2驱提高采收率技术发展与应用［J］. 油气藏评价与开发，2021，11（6）：793-804.

[20] 苗军，阳国军. 我国二氧化碳捕集和驱油发展现状及展望［J］. 当代石油石化，2020，28（12）：32-37.

[21] 张宗檩，吕广忠，王杰. 胜利油田CCUS技术及应用［J］. 油气藏评价与开发，2021，11（6）：812-822.

[22] 陈婉. 搭建碳循环模式 提升碳减排能力 中国石化开建我国首个百万吨级CCUS项目［J］. 环境经济，2021（13）：58-59.

[23] 康宇龙，白艳伟，江绍静，等. 延长石油碳捕集、利用与封存全流程技术特色与工程实践［J］. 应用化工，2020，49（7）：1768-1771，1775.

[24] 张贤，李阳，马乔，等. 我国碳捕集利用与封存技术发展研究［J］. 中国工程科学，2021，23（6）：70-80.

[25] 黄晶，陈其针，仲平，等. 中国碳捕集利用与封存技术评估报告［M］. 北京：科学出版社，2021：38-78.

[26] 王双童，杨希刚，常金旺. 国内外煤电机组服役年限现状研究［J］. 热力发电，2020，49（9）：11-16.

（本文原刊于《石油勘探与开发》2022年第4期）

低渗透油藏 CO_2 驱提高采收率技术进展及展望

李阳

（中国石油化工股份有限公司）

摘　要：CO_2 驱技术可以提高低渗透油藏采收率和实现 CO_2 地质封存，在中国具有广阔的应用前景。针对中国陆相低渗透油藏复杂的地质和开发特征，系统阐述了中国石化 CO_2 驱油理论、油藏工程优化设计、注采工程及防腐工艺、产出 CO_2 回收利用等技术进展及矿场试验情况。分析了低渗透油藏 CO_2 驱技术面临的挑战和技术需求，从低成本 CO_2 捕集、输送、降低混相压力、改善 CO_2 驱开发效果、埋存优化及监测技术和超临界 CO_2 压裂技术等方面提出了加快 CO_2 驱技术发展的建议。对于推动 CO_2 驱油和埋存技术发展，提高低渗透油藏储量动用率和采收率、保障国家能源供应和低碳减排具有重要意义。

关键词：CO_2 驱；低渗透油藏；油藏工程；提高采收率；地质封存；发展方向

Technical Advancement and Prospect for CO_2 Flooding Enhanced Oil Recovery in Low Permeability Reservoirs

LI Yang

(China Petroleum & Chemical Corporation)

Abstract：The CO_2 flooding technology is an important technology to enhance oil recovery in low permeability reservoirs and to realize the geological sequestration of CO_2 so that it has the wide application prospects in China. In view of the complex geology and development characteristics of the continental low permeability reservoirs in China, the CO_2 displacement theory, optimal design of reservoir engineering, injection-production engineering and anticorrosion technology, CO_2 recovery and utilization technology and the progress of the field test etc.of SINOPEC are systematically presented. The challenges and technical requirements of the CO_2 flooding technology in the low permeability reservoirs are analyzed, and the suggestions on accelerating the development of CO_2 flooding technology are put forward from the aspects of the low-cost capture, transportation of CO_2, reduction of the miscibility pressure, improvement of the CO_2 flooding effect, CO_2 storage and monitoring technology, and supercritical CO_2 fracturing. It is of the great significance to promote the CO_2 flooding and storage

---

基金项目：国家科技重大专项"渤海湾盆地济阳坳陷致密油开发示范工程"（2017ZX05072），中国石化重大示范工程课题"低丰度特低渗滩坝砂油藏 CO_2 驱技术研究与示范"（P18088-2）。

technology, improve the reserve producing rate and oil recovery, guarantee the national energy supply and reduce the CO_2 emission.

Key words: CO_2 flooding; low permeability reservoir; reservoir engineering; enhanced oil recovery; geological sequestration; future work

随着国民经济的发展，中国石油消费量持续增长，石油供求矛盾日益突出。2018年国内石油消费总量为 6.48×10^8 t，进口总量达 4.62×10^8 t，对外依存度高达70%以上，石油供给安全形势严峻，因此，保持石油产量稳定对保障中国能源安全至关重要。

全球约38%、中国约46%的油气类型以低渗透资源为主，低渗透油气资源的有效开发对确保中国油气可持续发展具有重要战略意义[1]。根据国土资源部油气资源评价结果，中国已探明低渗透石油地质储量逾 140×10^8 t，主要分布在松辽、渤海湾、塔里木、鄂尔多斯、准噶尔等盆地，以陆相沉积为主，具有储层物性差、层系多、类型复杂、分布广的特点。近年来，探明储量中低渗透储层占比不断上升，2017年新增储量中比例超过70%。同时，低渗透油藏年产油量不断增高，2017年产油量占总产油量35%以上，已成为石油工业增储上产的主要阵地。目前已开发低渗透油藏主要以水驱为主，但面临单井产量低、注入压力高、注入能力低、补充地层能量困难、有效驱替系统难以建立等[2-4]难题，最终采收率一般为20%左右。

CO_2 在原油中具有较好的溶解性和较强的萃取能力，可大幅度降低原油黏度、膨胀增容，与原油多次接触混相降低界面张力，从而大幅度提高油藏采收率[5-10]。矿场实践表明，与水驱相比，CO_2 吸气指数可提高5倍、启动压力降低50%，大幅提高了注入能力，有效解决了低渗透油藏水驱开发存在的"注不进、采不出、采油速度低、采收率低"等难题。同时，注入的 CO_2 可大规模封存于地下，实现 CO_2 高效减排。因此，CO_2 驱是低渗透油藏提高采收率、CO_2 减排和资源化利用的有效技术之一。

笔者系统介绍了中国石化近年来 CO_2 驱油理论及技术的研究进展与矿场试验，并针对低渗透油藏 CO_2 驱技术发展所存在的问题，提出了改善 CO_2 驱开发效果的技术发展方向，以期为形成中国陆相低渗透油藏特征的 CO_2 驱理论和技术体系，实现 CO_2 驱油与埋存的规模应用提供借鉴和参考。

1 低渗透油藏地质与开发特征

低渗透油气藏是指储层孔隙度低、流体渗流能力差、自然产能低，常规开采方式难以有效规模开发的油气藏。低渗透是一个相对的概念，世界各国对低渗透油藏的划分并无统一标准，因国家政策、资源状况和经济技术条件的不同而各异。中国低渗透油藏一般指储层气测渗透率小于50mD的油藏，又进一步划分为一般低渗透（10～50mD）、特低渗透（1～10mD）和超低渗透（小于1mD）油藏。中国低渗透油气资源丰富，类型多样，储层岩石类型包括砂岩、粉砂岩、砂质碳酸盐岩、石灰岩和白云岩等，以低渗透砂岩储层为主。

全球低渗透油气资源分布广泛，在北美、中亚、北非、北欧等地区都发现了大量的低渗透油田。与国外低渗透油田相比,中国低渗透油田具有独特的地质特征:(1)以陆相沉积为主,沉积物复杂、物源多、规模小,储层粒度分布范围大、分选差、磨圆程度低,由于不均匀压实作用和成岩作用,储层后期物性变化剧烈。(2)沉积物矿物成分成熟度和结构成熟度低,与国外海相储层中富含石英特征不同,长石和岩屑含量普遍较高,平均含量高达51.3%。岩石颗粒粒度分布范围较宽、颗粒大小混杂,沉积物易在成岩过程中发生压实作用,导致储层较致密,有"磨刀石"之称。(3)受沉积作用、成岩作用或构造作用等影响,原生粒间孔和次生溶孔发育,孔隙喉道狭窄、连通性差,储层物性差,孔隙度多小于15%,基质渗透率多小于20mD。(4)油层砂泥岩交互,砂层厚度不稳定,层间非均质性强。(5)裂缝发育,以微裂缝和潜裂缝为主,在原始地层条件下一般处于闭合状态。(6)原油中蜡、沥青质和胶质等重质组分含量高,一般为10%~30%。

低渗透油藏的开发特征包括:(1)天然能量不足,低产井多,采油速度低。地层导压系数小,压力传播慢,初期油井呈现"供液不足、产量递减快"的特征,油井自然产能低,一般小于10t/d。(2)注水补充能量困难,采收率低。油藏一般无边底水或边底水较弱,自然能量供给不足。一次采收率一般为6%~10%,注水开发后,储层物性好的油藏采收率可提高到20%~25%。(3)注水井吸水能力低,注水效果差。储层黏土矿物含量高,黏土矿物遇水膨胀和注入水配伍性差等导致油层伤害,造成吸水能力进一步降低,注水压力持续上升,注水量不断下降。(4)应力敏感性强,压裂缝和天然裂缝易闭合。低渗透油藏一般采用大型压裂投产,初期采油速度较高,但由于压力敏感性强,导致孔隙度和渗透率降低,采油速度递减快,后期采油速度不到0.5%;注水开发后,采油速度一般也较低。例如胜利油田樊18-3块2007年6月比采油指数为0.319t/(d·MPa·m),2008年4月下降为0.154t/(d·MPa·m)。

2 CO_2驱理论和技术进展

国外CO_2驱油技术研究起始于20世纪50年代,20世纪80年代随着美国天然CO_2气田的开采以及输气管道铺设,为油田开展工业化CO_2驱油项目提供了稳定CO_2来源,Paradis和Shoemaker等多个油田先后开展了注CO_2开发试验,取得了较好的效果,CO_2驱油逐渐成为北美地区提高采收率的主要手段。2000年以来,由于碳排放问题日益严重,国际社会把CCS-EOR作为碳减排的主要技术进行技术攻关和推广应用,实现了CO_2减排和增油的双赢[11-15]。

20世纪60年代中国在大庆油田开展了CO_2驱提高采收率方法探索,20世纪90年代在胜利、江苏等多个油田陆续开展了CO_2驱先导性试验,但由于缺乏天然的CO_2气藏,同时由于驱油过程中存在气窜严重和管线腐蚀等问题,没有形成规模应用。近年来,随着国际社会应对气候变化与CO_2减排技术的发展,中国开展了CO_2捕集、驱油和封存技术的研究攻关,为CO_2驱油和埋存提供了应用条件,并通过研究和试验,在CO_2驱油理论、开发技术、注采输工艺技术等方面取得了重要进展,CO_2驱油技术步入快速发展阶段[16-23]。

CO_2 驱油研究主要聚焦在 2 个科学问题：一是注入 CO_2 气在原油开发过程中流态变化，二是如何最大程度实现注入 CO_2 气体与地层原油混相接触。通过研究，揭示了 CO_2 驱油机理，形成了 4 项 CO_2 驱关键技术。

2.1　CO_2 驱油机理

目前公认的 CO_2 驱油机理主要有 3 种：（1）混相驱，通过多次接触实现 CO_2 与原油的混相，有蒸发混相、凝析混相 2 种机理，混相驱替效率高，但需要地层压力要高于最小混相压力。（2）非混相驱，由于地层压力较低，或原油性质较差，CO_2 降低原油黏度、膨胀地层油和降低界面张力，但驱替效率较低。（3）近混相驱，ZICK 于 1986 年提出了近混相驱概念[24]，1995 年 SHYEH-YUNG 等将近混相驱的概念扩展[25]，提出近混相气驱是指注入气体并非与油完全混相，只是接近混相状态。

传统 CO_2 混相驱理论认为，地层压力低于最小混相压力的油藏都属于非混相驱。但是，对于低渗透油藏，在注气开发过程中地层压力场的分布将发生较大变化，油藏压力空间变化对 CO_2 混相状态产生的影响不能忽视。例如，在胜利油田低渗透油藏 CO_2 驱开发中，注入井底附近压力一般大于 40MPa，远大于最小混相压力，而在生产井底附近压力为 15MPa 左右，又远小于最小混相压力。这就意味着在注入井附近为混相驱，生产井附近为非混相驱。所以，若用单一的混相或非混相定性描述低渗透油藏 CO_2 驱替过程，不能完全反映混相状态的分布，具有较大局限性。基于此提出了非完全混相驱理论，考虑了注采井间压力剖面对驱替过程的影响，更加反映低渗透油藏 CO_2 驱实际过程。

CO_2 非完全混相驱是通过动力学过程与热力学过程相互耦合、制约，准确预测油藏的压力场、饱和度场、组分浓度场，依据地层压力分布、组分浓度分布和最小混相压力来确定油藏混相状态，从而体现油藏中 CO_2 与原油间的混相状态、界面张力、油气相密度和黏度等时变性和空变性的特征，准确描述从注入井到采油井剖面上依次为混相、非完全混相和非混相 3 种状态，而非仅仅依靠平均地层压力与最小混相压力来确定油藏是混相驱或非混相驱过程。

CO_2 非完全混相驱过程涉及多组分的热力学平衡、组分物质守恒等，传质规律远比水驱复杂，存在相前缘和组分前缘 2 个前缘。准确描述油藏中 CO_2 驱非完全混相状态，一般采用物理模拟实验、精细地质建模、组分数值模拟相结合，将动力学过程与热力学过程耦合，定量表征压力场、饱和度场、浓度场、界面张力场以及物性的动态变化，进而认识 CO_2 驱替过程中混相状态的规律性，为改善 CO_2 驱开发效果提供技术支撑。

2.2　CO_2 驱开发技术进展

2.2.1　提高混相能力技术

CO_2 与原油的混相能力是 CO_2 驱油研究中的一个重要参数，将混相能力定义为地层压力与最小混相压力的比值。长细管实验结果表明，混相能力越大，界面张力越低，驱油效率越高，混相能力超过 1.0（混相驱）后，驱油效率增幅变缓（图 1）。理论研究和矿场实践表明，CO_2 驱要获得较好的开发效果需达到混相驱/近混相驱，提高混相能力可通过提升地层压力和降低最小混相压力来实现。

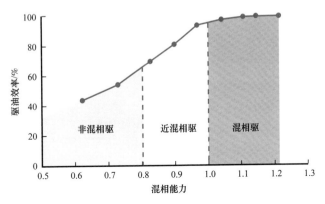

图 1 长细管实验混相能力与驱油效率关系

降低最小混相压力是提高混相能力的主要方法之一。研究表明，影响 CO_2 与原油最小混相压力的参数主要是原油组成和油藏温度，原油中轻烃组分越多、油藏温度越低，CO_2 与原油越易混相。CO_2 与原油间的组分传质强弱直接影响混相能力，因此，可通过提高 CO_2 抽提能力和增强 CO_2 溶解能力来降低最小混相压力。基于上述认识，胜利油田研发了强化 CO_2 抽提能力的增效剂（DYJ131）和增强 CO_2 溶解能力的增溶剂（S2），优化了降低混相压力体系配方（DYJ131：S2=9：1）。室内评价结果表明，混相压力可由 31.65MPa 降低到 23.7MPa，降幅达 25%（图 2），进而扩大了 CO_2 混相驱的应用范围，为提高原油采收率和 CO_2 封存量提供了技术保障。

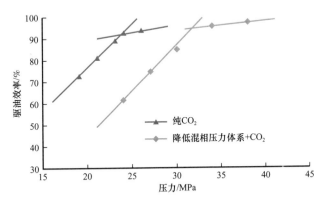

图 2 降低混相压力（DYJ131：S2）体系降低最小混相压力的效果对比

2.2.2 CO_2 驱油藏工程技术

（1）CO_2 驱精细地质描述技术。

为了提高 CO_2 驱驱油效率和扩大波及体积，该项技术描述的重点是储层砂体的连通性、非均质性、裂缝网络及高渗透条带的分布，为准确刻画 CO_2 气体的超覆和指进现象提供基础。针对低渗透油藏的特点，形成了以频谱成像预测储层、裂缝识别与表征、CO_2 驱流动单元精细划分技术为核心的精细油藏描述技术，为选区评价和油藏工程方案编制提供依据。

（2）CO_2驱油藏筛选评价方法。

在CO_2驱油项目实施之前，对油藏进行筛选评价可提高CO_2驱项目的成功率和经济效益。从CO_2驱油机理出发，综合分析了影响CO_2驱油效果的地质、工程、经济因素，建立了综合考虑油藏特征、储层特征、原油特性、开发特征和经济因素的5大类21个评价参数的适宜度评价方法（表1）。

表1 CO_2适宜度评价体系

参数类别	评价参数
油藏特性	油藏温度
	油藏倾角
	油藏压力
	裂缝发育程度
	储量规模
储层特性	储层渗透率
	储层孔隙度
	储层润湿性
	储层非均质性
	储层厚度
	储层连通性
原油特性	原油密度
	原油黏度
	溶解气油比
开发特征	注入压力
	注采井网
	剩余油饱和度
	采出程度
	综合含水率
经济因素	经济极限初产
	经济极限累产

根据对中外81个资料完整的、已实施的注CO_2项目的统计，运用理论分析和概率统计相结合的方法，获取评价参数取值范围，确定评价参数密度分布规律，建立反映流体物性、油藏特征、储层特征的技术潜力评价指标体系及量化标准；运用改进的层次分析法和熵权法，确定评价参数的综合权重；采用模糊综合评判理论作为油藏CO_2驱适宜度的筛选评价方法。

（3）油藏注采优化设计技术。

以地层压力和注采比为主控参数，形成了早期注气提升地层压力增加混相能力、注采耦合控制气体窜流、气水交替注入（WAG）扩大波及体积为特色的CO_2驱油藏方案设计技术。以保持油藏压力混相和注采平衡为主要内容，优化CO_2注入速度、生产井采油速度，同时，考虑注气、采油、地面系统产出气处理能力之间的关系；注采耦合、水气交替注入有效控制气驱流度；累计注气量需综合考虑采收率、封存量、CO_2利用率及经济效益。

利用室内实验和组分数值模拟技术，以累计产油量、换油率、采收率为主要评价指标，优化注采参数，包括注气方式、注气时机、压力保持水平、注入速度等。具体为：① 注气方式。室内实验表明，水气交替效果最好，水驱效果最差，连续注气次之，周期注气介于连续注气与水气交替之间，最佳注入间歇比为1:1～1:3。② 注气时机。注气前含水率越低，转CO_2驱后，日产油量越高，累计产油量越高，开发效果越好。③ 压力保持水平。压力保持水平对最终采收率及气体突破时间有较大影响，为提高注气效果，应保持在较高压力下进行CO_2驱。④ 注气速度。较高的注气速度条件下CO_2易气窜，采收率较低；注气速度过低时，驱替过程中产生除黏滞阻力以外的附加阻力，不利于驱出微小孔隙中的原油，采收率较低。在一定雷诺数范围内，注气速度增加有利于提高采收率。

（4）有效井网模式优化技术。

CO_2驱油过程复杂，驱油效率和波及体积受多重因素影响，合理的布井方案可以有效提高CO_2驱的开发效果。只有建立起有效的井网系统和压力系统，才能保证CO_2驱获得最优开发效果。CO_2驱井网模式是否合理，主要从以下3个方面评价：一是能否延长无气采油期，提高开发初期的采油速度；二是能否获得较高的最终采收率；三是井网调整是否具有较大的灵活性。对于低渗透油藏CO_2驱，既要考虑单井控制储量及整个油田开发的经济合理性，井网不能太密；又要充分考虑注入井和采油井之间的压力传递关系，最大限度地延缓CO_2气窜。

合理井网形式的优选，应当综合考虑砂体分布形态、储量丰度、裂缝系统、剩余油分布、储量动用程度、井型、注采能力等，面积井网应当考虑井网系统调整的灵活性和多套井网衔接配合问题。以加拿大韦本油田为例，在进行井网优化设计时，综合考虑储层特征、历史最大垂直主裂缝方向、流速、地层系数比等。通过井网优化，注采井网以水平井+直井、水气分注的同步注入井网模式（图3）为主，方案实施后，试验区日增产原油2.5×10^4bbl，累计增产原油超过1.3×10^8bbl，采收率达到46%，比水驱提高了16个百分点，油田寿命延长20年以上[26]。

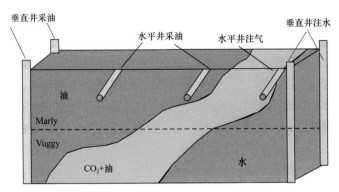

图 3　水平井 + 直井、水气分注的同步注入井网模式

（5）全过程实时跟踪及调整技术。

全过程实时跟踪及调整技术是在室内 CO_2 混相驱油机理实验分析、数值模拟实时跟踪预测、矿场动态监测和开发效果综合评价的基础之上，掌握油藏中 CO_2 混相程度、前缘运移规律和动态变化特点及趋势，进行全过程跟踪调整，以抑制气体突破，扩大波及体积，促进见效增产，改善开发效果。例如，华东分公司在草舍油藏 CO_2 驱先导试验中形成了方案—实施—跟踪—调整方案—再实施—再跟踪全过程跟踪调整研究方法，经过 5 次调整优化，主体部位对应老采油井全部见效，日产油量增加了 2.83 倍，含水率下降了 35.6%，取得良好开发效果。

2.2.3　CO_2 驱油注采工程技术

（1）免压井安全注气管柱。

注气井更换管柱时，CO_2 的高膨胀性使得施工过程存在较大风险，形成了免压井安全注气管柱。免压井安全注气管柱具有 4 个特点：① 采用锚定式管柱结构，可防止管柱蠕动，以确保注气作业正常进行，同时可保护丢手管柱上部套管；② 可实现反洗井更换环空保护液的功能，当油套环空注入含有缓蚀剂的环空保护液时，液体经反洗阀直接进入油管，后经油管返出井筒，从而达到保护油层的目的；③ 采用分体式丢手结构，在更换上部注气管柱时，不需起出下部丢手管柱；④ 多功能注气阀及蝶板单向阀的应用可以实现上部管柱不压井作业。

（2）多功能采油管柱。

随着 CO_2 驱时间的延长，生产井会出现气窜和结垢等问题，根据油藏工程方法计算，不同生产井的见气时间是不同的。根据见气情况，考虑后期换泵换管方便，设计了具有高气油比举升、丢手、关闭等功能的采油管柱，可实现高气油比深抽、腐蚀监测、实时测压、油层保护与安全作业等功能。该工艺管柱适应井深小于等于 3500m，适用井径 $\phi 121\sim125$mm，耐温不大于 150℃，工作压力不大于 30MPa。

（3）地面压注工艺技术。

根据 CO_2 来气特点形成了不同注入工艺技术。对于大规模且连续供气采取压注站注入，包括增压、加热、分输至配注间的增压单元和配注间至单井注入单元，建成气水交替注入一体化双介质配注流程，研发了 CO_2 储罐自增压的液态 CO_2 泵注技术。对不连续供气采用方便灵活的橇装注入方式，集成了注入系统、自控系统、加热系统，满足不同地质条件、不同规模、不同压力的注入需要。

（4） CO_2 驱腐蚀控制技术。

在水湿环境下，CO_2 极易引起钢铁严重腐蚀，腐蚀速率可高达 20mm/a。随着 CO_2 驱开发实施，产出液中 CO_2 含量越来越高，油管因腐蚀失效的问题将越来越严重。CO_2 驱腐蚀主要与管材的成分、含水率、温度、CO_2 分压、流速、流态等有关。CO_2 腐蚀实验研究表明，含水率小于 30% 时，管材轻微腐蚀；含水率为 30%～50% 时，腐蚀速率出现拐点，腐蚀形态由均匀腐蚀转变为局部腐蚀；含水率超过 50%～75% 后，腐蚀速率快速上升。腐蚀速率随温度升高呈先升后降的变化趋势，在 50～80℃ 达到腐蚀峰值。腐蚀速率随 CO_2 分压增加呈曲折上升的趋势，主要原因是随着 CO_2 分压的增加，介质中溶解的 CO_2 量增多，所生成的碳酸量增加，氢的去极化作用增强，因而反应速度加快，腐蚀速率上升。

在腐蚀机理研究的基础上，优化形成了常规油套管材料+缓蚀剂为核心的腐蚀控制配套方案，注气井采用 EE 级注气井口、镀镍钨合金 N80 气密扣油管，环空保护液采用柴油或 CO_2 专用缓蚀剂溶液，井下工具材质采用 30Cr13。对含水率小于 30% 的采油井，采用 AA 级井口、中碳钢井下工具；对含水率大于 30% 的采油井，采用 CC 级井口、30Cr13 井下工具、加注 CO_2 专用缓蚀剂进行防腐，并且采用腐蚀监测措施监测防腐效果。在役集输系统采用投加改性咪唑啉型缓蚀剂，新建管线采用碳钢+双极性防脱涂层或非金属管材。

2.2.4 产出 CO_2 回收利用技术

CO_2 驱油过程中产出的 CO_2 气组分变化复杂，CO_2 含量一般为 10%～90%，将产出气进行循环注入至地下油藏，必须满足油藏回注气的指标要求。针对产出气的规模和产出气中 CO_2 的含量，开展了产出气 CO_2 回收工艺优化，研发了 4 种不同的产出气 CO_2 回收工艺并进行了现场试验。当产出气规模小于 1000m³/d 时，采用膜法脱碳系统和变压吸附法脱碳系统；当产出气规模大于 30000m³/d、采出气中 CO_2 含量低于 70% 时，采用化学吸收法脱碳系统；当产出气规模大于 75000m³/d、采出气中 CO_2 含量高于 70% 时，采用低温分馏脱碳系统。矿场试验表明，研发的产出气回收系统 CO_2 捕集率大于 80%，CO_2 纯度大于 95%。

3 现场实践及效果

2000 年以来，开展了多项 CO_2 驱油现场试验[27-29]。华东分公司草舍油田泰州组、胜利油田高 89-1 区块、东北分公司腰英台油田等区块开展了不同类型油藏 CO_2 驱先导试验，取得了较好的增产效果[24-28]。目前中国石化已实施 CO_2 驱油项目 24 个，已覆盖地质储量 $2512×10^4$t，累计增油量达 $25.58×10^4$t。

3.1 草舍低渗透油藏 CO_2 混相驱先导试验

草舍油田位于苏北盆地溱潼凹陷断阶带的中段东端,构造复杂、断裂发育,为复杂断块油田。泰州组油藏探明储量为 $142×10^4t$,含油面积为 $0.703km^2$,平均渗透率为 24.77mD,储层平均孔隙度为 13.21%,油藏中深为 3020m,油藏平均地层压力为 35.9MPa,地层温度为 119℃,地层原油黏度为 12.83mPa·s,有效厚度为 17m。CO_2—地层原油最小混相压力为 29.3MPa。

试验区 2005 年 7 月开展边部试注,注气井 2 口,采油井 4 口,平均日注气量为 70t/d;至 2007 年 9 月主体部位先期注气,注气井 5 口,采油井 15 口,平均日注气量为 130t/d;2013 年 12 月注气结束,转为水驱。试验区注 CO_2 后日产油量从 30.72t/d 最高上升到 86.9t/d,上升了 56.18t/d,增产倍比为 2.83 倍;含水率从 67.2% 最低下降到 31.6%,下降了 35.6%。截至 2013 年 12 月,泰州组累计注入液态 CO_2 $19.6×10^4t$(0.3HCPV),累计增油量为 $7.97×10^4t$,提高采收率 7.89%,折算换油率为 0.44t/tCO_2,CO_2 埋存率为 90%(图 4)。

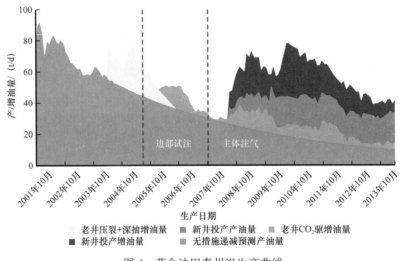

图 4 草舍油田泰州组生产曲线

3.2 胜利高 89-1 异常高压特低渗透油藏 CO_2 近混相驱先导试验

高 89-1 块位于正理庄油田西部,构造位置属于济阳坳陷东营凹陷博兴洼陷金家 – 正理庄 – 樊家鼻状构造带中部,发育孔店组、沙四段、沙二段 3 套含油层系,主力含油层系为沙四段,地质储量为 $170×10^4t$,油藏埋深为 2700~3100m,平均渗透率为 4.7mD,平均孔隙度为 12.5%,地层原油黏度为 1.59mPa·s,地层原油密度为 $0.7386g/cm^3$,原始地层压力为 41.8MPa,地层温度为 126℃,注气前地层压力为 23.2MPa,CO_2 与原油最小混相压力为 28.9MPa。

试验区于 2008 年 1 月开始注气,其中注气井 10 口,采油井 14 口,平均日注气量为 20t/d。注气前平均单井日产液量为 2.95t/d,平均单井日产油量为 2.84t/d,含水率为 3.7%。

注气见效后平均单井日产液量为 6.35t/d，平均单井日产油量为 6.05t/d，含水率为 4.7%。截至 2019 年 9 月，试验区累计注 CO_2 气 $30×10^4$t，累计增油量为 $6.9×10^4$t，换油率为 0.22t/tCO_2，CO_2 阶段埋存率为 86.5%，区块采出程度为 15.7%，其中，中心井采出程度为 18.5%，通过跟踪拟合矿场试验生产动态，结合数值模拟预测采收率可以达到 26.1%。

3.3 腰英台特低渗透裂缝性油藏 CO_2 非混相驱先导试验

东北腰英台油田 CO_2 驱先导试验区位于西部低幅构造带，主要开发层系为青一Ⅱ和青二Ⅳ砂层组，储层沉积微相为三角洲前缘，平均孔隙度为 14.23%，渗透率为 1.9mD，原始地层压力为 22.64MPa，CO_2 与原油最小混相压力为 26.3MPa，为非混相驱。

先导试验方案设计 12 注 34 采，沿裂缝排状井网线性驱替，先连续注气，后气水交替注入，注入总量为 0.8HCPV。区块 2011 年 4 月开始注气，一期转注 6 口，连续注气 1.5 年，后二期转注 6 口，与一期交替实施气水交替注入。目前累计注入量为 $22.6×10^4$t，对应井 29 口见效，累计增油量为 $1.8×10^4$t，阶段提高采收率为 1.1%，CO_2 阶段埋存率为 92.6%。

从已实施 CO_2 驱先导试验见效情况看，混相驱、近混相驱都能取得较好的增产效果，油井见效期长，气体突破速度慢；CO_2 非混相驱效果相对较差，尤其是裂缝性油藏，气窜速度快，波及体积难以扩大，提高采收率效果差。

4 面临挑战及下步发展方向

4.1 CO_2 驱面临的挑战

CO_2 驱油可以实现提高油藏采收率和埋存的双赢，虽然该技术得到了广泛应用和发展，但其在中国的发展仍存在以下因素制约。

（1）天然 CO_2 资源缺乏、捕集成本高。

美国驱油用 CO_2 主要来源于天然 CO_2 气藏，并建成了总长度约为 7500km 的网络化管道系统，CO_2 成本低廉（绝大多数驱油项目气价低于 20$/t）。中国天然 CO_2 气源规模小，气源不稳定。目前燃煤电厂和化工厂捕集的 CO_2 价格过高影响了应用规模，成为制约国内 CO_2 驱工业化推广的瓶颈。

（2）CO_2 输送成本高。

目前 CO_2 输送主要依靠罐车或者槽船、轮船、管网输送，这 3 种运输方式适合不同的运输场合与条件。管道运输适合大容量、长距离、负荷稳定的定向输送；轮船适合大容量、超远距离、靠近海洋或者江河的运输；罐车或者槽船运输适用于中短距离、小容量的运输，其运输相对灵活。目前国内 CO_2 驱油先导试验项目主要依靠罐车、小型槽船，但这 2 种运输方式的缺点是费用高，特别是罐车输送成本过高，使得 CO_2 驱油项目经济可行性变差，不适合规模化推广。

（3）CO_2 与原油最小混相压力高。

CO_2 与原油的最小混相压力不仅取决于 CO_2 的纯度和油藏的温度，还取决于原油组分[30]。国内低渗透油藏多为陆相沉积，原油重质组分含量高、黏度较大、油藏温度高，导致 CO_2 与原油的最小混相压力过高。例如，胜利油田原油在油藏条件下，CO_2 与原油的最小混相压力在 26MPa 以上，混相难度大，影响了 CO_2 驱开发效果。

（4）CO_2 驱气窜严重。

国外 CO_2 驱主要用于水驱效果较好的中低渗透油藏[31]，最小混相压力低、油藏非均质性不强，CO_2 气窜的主要机理是黏性指进，水驱后转 CO_2 气水交替驱，可抑制气窜。中国油藏多为陆相沉积，层间、层内非均质性严重，CO_2 驱主要用于水驱无法正常开发的低渗透、特低渗透油藏，且多数采用压裂开发，储层非均质性更加严重，强非均质性和优势通道导致气窜严重。

（5）腐蚀问题严重。

CO_2 易溶于水生成碳酸，对注采管柱、集输管线、设备等具有很强的腐蚀性。与国外成熟的 CO_2 驱注采输工艺技术相比，目前国内 CO_2 驱注采输系统中，注入系统、采出系统、采出液集输处理系统和产出气循环利用系统以材质防腐为主，CO_2 驱注采输工艺流程不够优化，导致地面工程建设规模偏大、投资大、运行成本高。

（6）固相沉积问题。

中国多数油藏原油中蜡、沥青质和胶质含量较高。超临界 CO_2 不仅对原油中的轻烃（C_2—C_6）具有很强的抽提作用，而且还可以抽提原油中更高分子量的烃（C_7—C_{15}），影响原油体系的动态平衡，降低了地层油对石蜡、沥青质等的溶解能力和稳定性，导致石蜡、沥青质等有机固体从原油中沉积出来，对储层造成伤害。并且当 CO_2 含量高的原油从储层流入井筒时，压力大幅降低，大量 CO_2 从原油中析出，体积迅速膨胀、吸热，导致原油中石蜡大量沉积，堵塞油管，损伤采油设备。

4.2 CO_2 驱下步发展方向

根据国家重大基础研究计划《温室气体提高采收率的资源化利用及地下埋存》项目分析和预测，全国约 130×10^8t 石油地质储量适合 CO_2 驱，可增加可采储量 19.2×10^8t，封存 CO_2 约 $50 \times 10^8 \sim 60 \times 10^8$t。为进一步推动 CO_2 驱规模化应用和发展，需要开展进一步技术攻关研究。

（1）低成本 CO_2 捕集技术。

目前，从各种混合气体中捕集 CO_2 的方法主要有化学吸收法、变压吸附法、膜处理法和低温分馏法，以化学吸收法应用最为普遍，由于 CO_2 捕集再生蒸汽消耗量大、溶液腐蚀性强、溶液易降解、吸收能力低等问题，一般捕集成本较高，例如，燃煤电厂烟气 CO_2 捕集成本高达 300～500 元 /t。今后亟须研发新一代低成本 CO_2 捕集技术，开发高效低能耗 CO_2 捕集溶剂、优化捕集工艺和研制高效处理设备，突破低成本 CO_2 捕集关，为 CO_2 驱规模化应用提供廉价的气源。

（2）CO_2 管道输送技术。

完善的 CO_2 输送管网及统一规划是 CO_2 驱油技术发展的必备条件，在 CO_2 驱油、驱气与埋存潜力评价的基础上，加强超临界 CO_2 管道输送相关基础研究，开展 CO_2 源汇匹配的管道/管网优化设计、规划与标准体系研究，突破大规模、远距离管道输送安全保障技术，形成完整的 CO_2 输送工艺、设备制造能力，建设统一的输送管网，降低输送成本。

（3）低成本降低混相压力技术。

国外矿场试验 CO_2 驱油技术仍以混相驱为主，占到 90% 以上；而中国原油组成以重组分为主，C_2—C_{15} 组分含量明显偏低，C_{15+} 和胶质、沥青质含量较高，且多数油藏温度较高、地层原油黏度大，增加了与 CO_2 的混相难度，CO_2 与原油的混相压力普遍较高，对 CO_2 驱油的驱替效率影响较大。

研究表明，在 CO_2 与原油接触混相过程中，驱替前缘与原油的结合部产生的原油 + CO_2 混合部分，黏度下降显著，对于原油具有极强的抽提性，此混合部分的出现对原油驱替效果的影响十分显著。可借助于加入化学剂促使 CO_2 与原油更易混相，从而显著改善 CO_2 驱油效率，达到降低最小混相压力和提高采收率的目的。下一步应从分子尺度剖析 CO_2 与原油的混相机理及其影响因素，研发低成本、绿色的强化 CO_2 对原油组分抽提能力的增效剂和增强 CO_2 溶解能力的增溶剂，优化增效剂和增溶剂最佳配比，设计兼顾增效和增溶作用的降低混相压力体系，大幅度提高驱油效率。

（4）改善 CO_2 驱开发效果技术。

由于 CO_2 流度大、储层非均质性强等原因，注入的 CO_2 易形成黏性指进或无效循环，严重影响了气体的波及体积，大幅降低了 CO_2 驱油的最终采收率。应持续加大技术攻关力度，提高 CO_2 驱油开发效果，研发低成本的泡沫复合驱技术、CO_2 增稠技术和智能注采调整技术等提高 CO_2 波及体积技术。例如，智能注采调整技术可依据油藏动态变化实时调整注入和采出量，减少 CO_2 窜流和无效循环，提高石油采收率。SACROC 区块利用此项技术进行注采调整，其年产量逐年攀升，产量增加 3 倍以上[32]。

（5）埋存优化及监测技术。

CO_2 驱油—埋存优化技术（CCS-EOR）指将 CO_2 注入油层提高石油采收率，同时，大部分 CO_2 留存在地下，多轮次循环后，驱油用 CO_2 将永久封存的技术。该技术可实现增加原油产量与 CO_2 埋存的"双赢"，是现阶段实现 CO_2 减排和资源化利用的最佳技术途径之一。埋存机理可分为物理埋存和化学埋存两大类，其中物理埋存主要包括地质构造埋存、油水中溶解埋存、水动力埋存等；而化学埋存主要指 CO_2 与盐水反应埋存、CO_2 与盐矿反应埋存等。

驱油与埋存监测对于了解埋存的有效性及安全性至关重要，监测内容主要包括油藏监测和环境监测等，其中，环境监测需要对大气、土壤气、地层水、地层变形等进行实时监测，以及时发现 CO_2 泄漏情况，判断泄漏原因，严控造成环境事故。要加强 CO_2 驱油与埋存基础理论研究，攻关驱油与封存效果评价、驱油与封存协同优化、CO_2 埋存的安全性评价等关键技术的攻关，建立驱油—埋存监测评估技术体系，提高长期监测的精确性和可靠性，确保实现 CO_2 长期安全埋存。

（6）超临界 CO_2 压裂开采技术。

低渗透油藏超临界 CO_2 压裂开采技术内涵是前置 CO_2 压裂造大范围复杂缝、水力加砂扩展并支撑缝网、焖井、竞争吸附与置换解析，从而大幅度提高油气采收率。在前置

CO_2 压裂阶段，将超临界 CO_2 注入目的层，由于超临界 CO_2 的低黏度、高扩散及高破岩性能，有效突破应力因素对裂缝形态的制约，在井筒四周形成大范围复杂缝网，并引导后期水力加砂压裂裂缝的扩展及延伸；后期水力压裂阶段，将驱动裂缝前端 CO_2 继续造缝，提高缝网延伸范围与复杂程度，增加地层渗透性。与常规压裂相比，CO_2 压裂技术不会造成储层伤害，无须处理返排的大量废水，压裂过程会产生复杂缝网，提高单井产量；焖井阶段，利用 CO_2 具有较强的扩散和吸附能力特性，降低原油黏度，增加流体流动性，提高油气采收率，同时，置换油气，封存 CO_2。

目前，低渗透油藏超临界 CO_2 压裂开采技术在现场已得到较广泛的应用，但超临界 CO_2 致裂机理、CO_2 压裂强化开采致效机理、储层多尺度多相耦合渗流理论等基础科学问题尚未得到解答，同时超临界 CO_2 压裂适应性评价技术、油藏工程方案优化、压裂工艺优化和跟踪调控、超临界 CO_2 压裂配套装备等关键技术也需要进一步研究和优化。

5 结束语

CO_2 驱既是大幅度提高低渗透油藏采收率的有效方法，也是实现 CO_2 减排的重要手段。大力发展 CO_2 驱油技术是中国低渗透油藏可持续开发和国家绿色低碳发展的战略选择。

通过多年的技术攻关和矿场实践，中国已初步形成了适合陆相低渗透油藏特征的 CO_2 驱油理论及技术，丰富了 CO_2 驱油理论，发展了 CO_2 驱油藏工程、注采工程、地面工程等主体技术，有力支撑了不同类型试验区的建设和开发，并在现场取得了较好的应用效果，积累了一定经验。同时也暴露了一些重要问题。针对 CO_2 驱规模化应用面临的挑战和技术瓶颈，要进一步加强研究，加快推进低渗透 CO_2 驱油产业的发展，对于中国石油工业的低碳绿色发展，保障国家油气供给安全具有重要的意义。

参 考 文 献

[1] 王光付，廖荣凤，李江龙，等.中国石化低渗透油藏开发状况及前景[J].油气地质与采收率，2007，14（3）：84-89.

[2] 吴忠宝，甘俊奇，曾倩.低渗透油藏二氧化碳混相驱油机理数值模拟[J].油气地质与采收率，2012，19（3）：67-70.

[3] 曹学良，郭平，杨学峰，等.低渗透油藏注气提高采收率前景分析[J].天然气工业，2006，26（3）：100-102.

[4] 徐豪飞，马宏伟，尹相荣，等.新疆油田超低渗透油藏注水开发储层损害研究[J].岩性油气藏，2013，25（2）：100-106.

[5] 李东霞，苏玉亮，高海涛，等.二氧化碳非混相驱油黏性指进表征方法及影响因素[J].油气地质与采收率，2010，17（3）：63-66.

[6] 王涛，姚约东，朱黎明，等.Box-Behnken 法研究二氧化碳驱油效果影响因素[J].断块油气田，2010，17（4）：451-454.

[7] 宋道万.二氧化碳混相驱数值模拟结果的主要影响因素[J].油气地质与采收率，2008，15（4）：

72-74.

[8] 王海栋.CO_2驱气窜机理及封窜技术研究[D].大庆：东北石油大学，2017.

[9] 郭省学.高温高压条件下CO_2驱稠油微观运移特征[J].油气地质与采收率，2019，26（3）：99-104.

[10] 田树宝，何永宏，冯沙沙，等.低渗透油藏气水交替驱不同注入参数优化[J].断块油气田，2012，19（5）：612-614.

[11] British Petroleum Company.BP statistical review of world energy[R].London：BP Company，2018.

[12] WHORTON L P，BROWNSCOMBE E R，DYES A B.Method for producing oil by means of carbon disoxide：US 2623596[P].1952-12-30.

[13] TABER J J，MARTIN F D.Technical screening guides for the enhanced recovery of oil[C].SPE 12069，1983.

[14] WELKER J R，DUNLOP D D.Physical properties of carbonated oils[J].Journal of Petroleum Technology，1963，15（8）：873-876.

[15] MILLER J S，JONES R A.A laboratory study of determine physical characteristics of heavy oil after CO_2 saturation[C].SPE 9789-MS，1981.

[16] SANKUR V，EMANUEL A S.A laboratory study of heavy oil recovery with CO_2 injection[C].SPE 11692-MS，1983.

[17] 廉黎明，秦积舜，杨思玉，等.二氧化碳驱数学模型研究进展及发展方向[J].油气地质与采收率，2013，20（2）：77-82.

[18] 廖洪.S油藏注CO_2提高采收率研究[D].成都：西南石油大学，2017.

[19] 李士伦，汤勇，侯承希.注CO_2提高采收率技术现状及发展趋势[J].油气藏评价与开发，2019，9（3）：1-8.

[20] 李承龙.特低渗透油藏二氧化碳驱气窜影响因素及规律[J].特种油气藏，2018，25（3）：82-86.

[21] 袁少民.特低渗透油藏CO_2驱油调整技术界限[J].大庆石油地质与开发，2019，38（4）：117-123.

[22] 汤勇，廖松林，雷欣慧，等.黄3区低渗透裂缝性油藏提高CO_2驱波及对策研究[J].油气藏评价与开发，2019，9（3）：9-13.

[23] 刘笑春，黎晓茸，杨飞涛，等.长庆姬塬油田黄3区CO_2驱对采出原油物性影响[J].油气藏评价与开发，2019，9（3）：36-40.

[24] ZICK A A.A combined condensing/vaporizing mechanism in the displacement of oil enriched gases[C].SPE 15493，1986.

[25] SHYEH-YUNG J J.Effect of injectant composition and pressure on displacement of oil by enriched hydrocarbon gases[C].SPE 28624-PA，1995.

[26] WILSON M，MONEA M.IEA GHG Weyburn CO_2 monitoring & storage project summary 2000-2004[R].Regina：Petroleum Technology Research Centre，2004：149-209.

[27] 谢尚贤，韩培慧，钱昱.大庆油田萨南东部过渡带注CO_2驱油先导性矿场试验研究[J].油气采收率技术，1997，4（3）：13-19.

[28] 张亮，王舒，张莉，等.胜利油田老油区CO_2提高原油采收率及其地质埋存潜力评估[J].石油勘探与开发，2009，36（6）：737-742.

[29] 周建新，黄细水，黄晓荣.富民油田CO_2混相驱提高采收率现场分析[J].江汉石油学院学报，

2003, 25 (增刊下): 136-142.

[30] 郝永卯, 薄启炜, 陈月明. CO_2驱油实验研究[J]. 石油勘探与开发, 2005, 32 (2): 110-112.

[31] 小斯托卡 F I. 混相驱开发油田[M]. 王福松, 译. 北京: 石油工业出版社, 1989.

[32] LANGSTON M V, HOADLEY S F, YOUNG D N. Definitive CO_2 flooding response in the SACROC unit[C]. SPE 17321, 1988.

(本文原刊于《油气地质与采收率》2020年第1期)

应对气候变化低碳发展：国际石油公司从共知到共建

窦立荣[1,2]，张兴阳[1]，郜峰[1]，闫伟[1]，熊靓[1]，王子健[1]，
王曦[1]，彭云[1]，邓希[1]，张可宝[1]

（1. 中国石油勘探开发研究院；2. 中国石油国际勘探开发有限公司）

摘 要：国际石油公司根据全球气候治理形势变化调整应对策略，其应对气候变化和低碳发展历程可划分为4个阶段。共同认知阶段（1960—1988年），开展油气行业对气候变化影响的研究，采取措施减少有害气体排放对环境的污染，应对石油危机开发新能源并实施节能措施；共同防御阶段（1989—1997年），依托行业组织影响政府制定政策以维护企业利益，开发低碳技术以应对气候压力；共识趋同阶段（1998—2019年），欧洲石油公司积极推动能源转型，美国石油公司谨慎调整气候策略；共同建设阶段（2020年以来），欧洲石油公司选择激进低碳路径加速转型，美国石油公司则采取保守谨慎的转型策略。综合分析表明，欧美国际石油公司在气候应对策略的选择上存在着公司利润与股东利益、国家战略与政企关系、公共舆论与品牌价值、行业趋同与对外合作4个方面动因。

关键词：石油公司；气候变化；能源转型；碳中和；应对策略

Low Carbon Development in Response to Climatic Change: International Oil Companies Collaborate in Transition to Making Joint Efforts from Sharing Identical Views

Dou Lirong[1,2], Zhang Xingyang[1], Gao Feng[1], Yan Wei[1], Xiong Liang[1],
Wang Zijian[1], Wang Xi[1], Peng Yun[1], Deng Xi[1], Zhang Kebao[1]

（1. Research Institute of Petroleum Exploration & Development；
2. China National Oil and Gas Exploration and Development Company Limited）

Abstract: International oil companies adjust their strategies according to the changes in global climate treatment situation. The process of their reaction to climatic change and low-carbon development can be divided into four stages. The first stage is to share identical views (1960—

基金项目：中国石油天然气股份有限公司科学研究与技术开发项目"公司发展战略与科技基础工作决策支持研究"（编号：2021DQ0105-05）。

1988). They studied the oil and gas industrial impact on climatic change, adopted the measures to reduce environmental pollution caused by emission of hazardous gases, and made response to oil crisis by means of new energy development and energy-saving measures. The second stage is to make common defense (1989—1997). With the help of the industrial organizations, international oil companies influenced the governments to formulate the policies in the interests of the companies, developed low-carbon technologies to alleviate the climatic pressure. The third stage is to reach identical agreement (1998—2019). The European oil companies actively promoted energy transition while the American counterparts were cautious to adjust the climatic strategies. The fourth stage is to make joint efforts (since 2020). The European oil companies chose the active low-carbon roadmaps to accelerate transition while the American oil companies adopted the conservative and cautious strategies for transformation. The comprehensive analysis indicates that there are four motivations for the European and American international oil companies to select their countermeasures against climate change-the company's profit and shareholders' interests, the national strategy and the relations between the governments and enterprises, public opinions and brand values, and industrial identity and foreign cooperation.

Key words: oil companies; climatic change; energy transition; carbon neutrality; countermeasures

1960年，美国地球化学家查理斯·大卫·基林发布了反映大气中二氧化碳含量变化的基林曲线（Keeling Curve）初始版[1]，气候变化、大气中二氧化碳含量和化石燃料消费之间的因果关系开始受到全球重视，开启了人为影响气候变化研究和气候治理的新篇章。自此，国际石油公司为适应全球气候治理的政策要求，结合国际和国内政治经济格局和能源形势演变，不断调整气候变化应对策略，出台绿色环保、可持续发展、能源转型等绿色低碳战略，最终在2020年前后纷纷宣布了碳中和愿景目标及路径和措施，以实现全球气候治理目标。

1960年以来的60多年时间里，国际石油公司如何看待油气开发利用对气候变化的影响？如何应对全球气候治理对油气行业带来的压力和挑战？从对气候变化的初始认知，到碳中和目标的提出，经历了怎样的利益博弈和发展阶段？各个阶段采取了哪些共性或差异性气候变化应对策略以维护公司利益和长远发展？国际石油公司在油气行业长期占据"领头羊"地位，在油气业务和应对气候变化方面都具有典型性和代表性，因此这些问题的回答，对于从历史经纬正确认识当前国际石油公司的碳中和路径，准确把握复杂形势下油公司未来绿色低碳发展方向具有重要意义。

通过大量研究和综合分析，以油气行业应对气候变化及低碳发展重要事件和行动为节点，国际石油公司气候变化应对及低碳发展历程可划分为共同认知、共同防御、共识趋同和共同建设4个阶段。结合每个阶段气候治理外部形势，本文分析国际石油公司气候变化应对策略的影响因素，以期为我国油公司积极参与全球气候治理提供参考。

1 共同认知阶段（1960—1988年）

以1960年基林曲线初始版发表为起点，全球气候科学研究的重点由气候变化如何为人类造福转向人类活动如何影响气候变化，人类发展造成的环境问题引起全球关注。1988年，联合国政府间气候变化专门委员会（Intergovernmental Panel on Climate Change，IPCC）的成立和第43届联合国大会《为人类当代和后代保护全球气候》43/53号决议的通过，标志着人类活动影响气候变化由科学问题演变为政治问题（图1、图2）。

由于此阶段全球气候治理还未对生产经营活动带来明显干扰，国际石油公司虽然认识到气候变化问题会对油气行业带来不利影响，但并未采取实质性应对措施。除开展气候变化研究外，采取的环保、节能、开发新能源等措施，并非是为了应对气候变化。

1.1 参与油气行业对气候变化影响的研究

早在20世纪50年代后期，国际石油公司就已开展油气行业对气候变化的影响研究[2-5]。例如，壳牌公司在20世纪50年代就注意到与化石燃料相关的潜在气候风险，并参与了美国石油学会（API）对空气和大气污染物的研究。1962年，壳牌公司首席地质学家金·哈伯特在为美国国家科学院提供的一份报告中，承认全球变暖可能对人类和环境造成危害。1988年，壳牌公司在《温室效应》报告中提出，化石燃料燃烧是大气中二氧化碳水平不断增加的主要原因，并分析了由此对整个能源行业和公司可能带来的挑战和不利影响。

1.2 采取措施减少有害气体排放对环境的污染

20世纪60年代，现代环保主义运动兴起，关注的中心议题是有毒化学物质，如燃煤产生的二氧化硫导致的酸雨和机动车燃油含铅影响人类健康，原油泄漏事件对环境的破坏和生物的危害，成为油气行业遭受环保组织抗议的重点，并引起各国对环境保护的重视。国际石油公司根据政府要求，采取必要措施以减少有害气体排放和环境污染，并将环境保护视为安全领域的一部分。20世纪80年代初期，挪威国家石油公司（简称挪威国油）等多家石油公司根据一种新的管理理念——EHS（环境、健康和安全）采取自愿性环保和安全措施，但依然未将温室气体排放及其对气候的影响纳入管理中。

1.3 应对两次石油危机开发新能源和节能措施

1973年、1979年爆发的两次石油危机，导致油价从1972年3.6美元/bbl提高到1980年37.42美元/bbl，石油禁运和供应中断让西方国家感受到巨大的能源安全压力，OPEC产油国石油工业的国有化，对国际石油公司上游业务带来严重冲击。多重因素叠加作用下，欧美石油公司首先开启了能源投资多元化和新能源业务第一波热潮。由于该时期人为气候变化还未对油气行业形成实质性压力，欧美石油公司投资新能源和节能项目的目的并非为了缓解气候变化带来的影响[6-7]。随着20世纪80年代油价下跌，新能源技术低成熟度、高成本的短板突显，加之政府削减新能源财政预算等因素，欧美石油公司投资新能源热潮逐渐消退[8]。

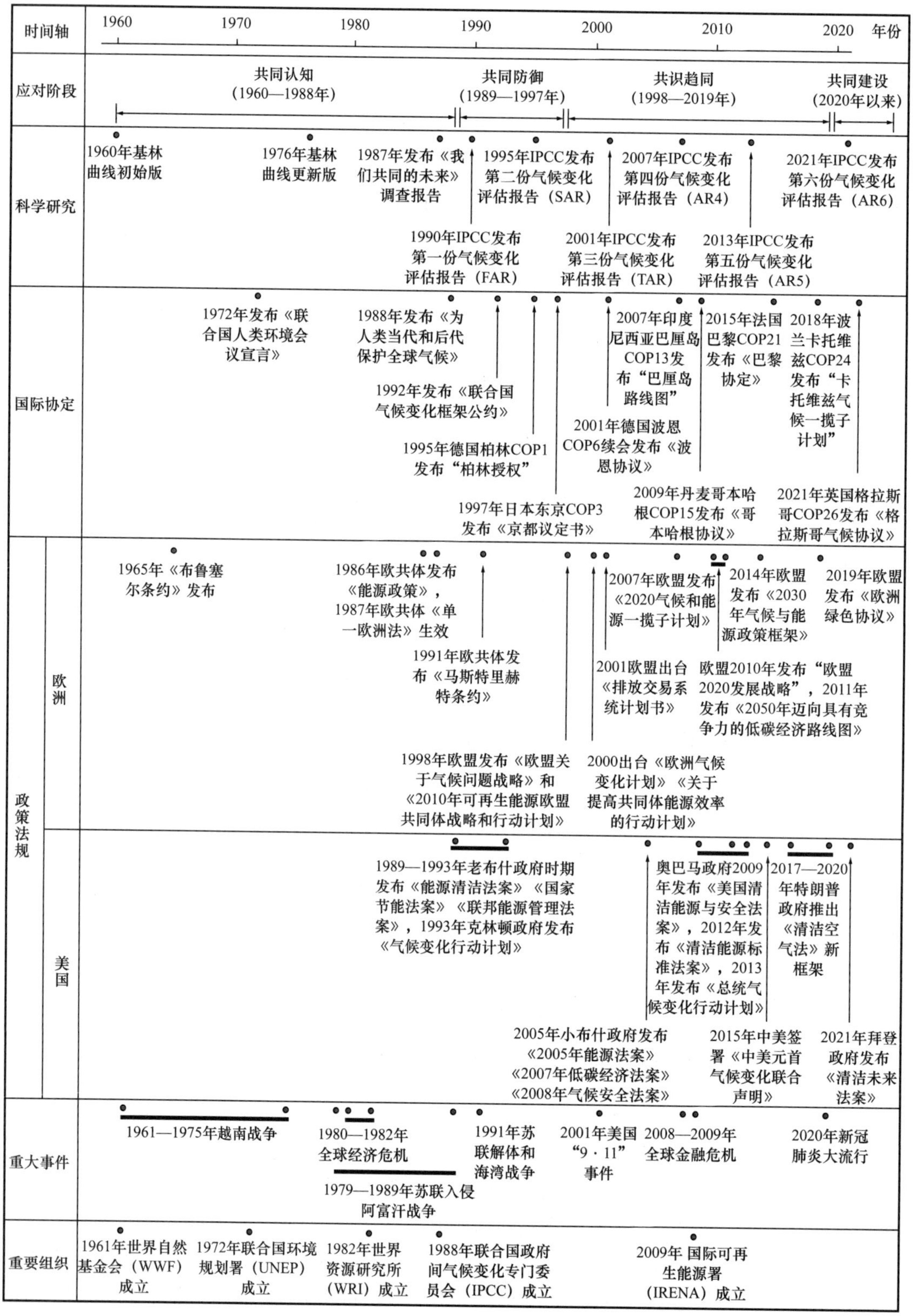

时间轴	1960　　　1970　　　1980　　　1990　　　2000　　　2010　　　2020　年份
应对阶段	共同认知 (1960—1988年) ｜ 共同防御 (1989—1997年) ｜ 共识趋同 (1998—2019年) ｜ 共同建设 (2020年以来)

科学研究	1960年基林曲线初始版	1976年基林曲线更新版	1987年发布《我们共同的未来》调查报告	1995年IPCC发布第二份气候变化评估报告（SAR）	2007年IPCC发布第四份气候变化评估报告（AR4）	2021年IPCC发布第六份气候变化评估报告（AR6）
				1990年IPCC发布第一份气候变化评估报告（FAR）	2001年IPCC发布第三份气候变化评估报告（TAR）	2013年IPCC发布第五份气候变化评估报告（AR5）

国际协定		1972年发布《联合国人类环境会议宣言》	1988年发布《为人类当代和后代保护全球气候》		2007年印度尼西亚巴厘岛COP13发布"巴厘岛路线图"	2015年法国巴黎COP21发布《巴黎协定》	2018年波兰卡托维兹COP24发布"卡托维兹气候一揽子计划"
			1992年发布《联合国气候变化框架公约》		2001年德国波恩COP6续会发布《波恩协议》		
			1995年德国柏林COP1发布"柏林授权"				
			1997年日本东京COP3发布《京都议定书》	2009年丹麦哥本哈根COP15发布《哥本哈根协议》		2021年英国格拉斯哥COP26发布《格拉斯哥气候协议》	

政策法规	欧洲	1965年《布鲁塞尔条约》发布		1986年欧共体发布《能源政策》，1987年欧共体《单一欧洲法》生效		2007年欧盟发布《2020气候和能源一揽子计划》	2014年欧盟发布《2030年气候与能源政策框架》	2019年欧盟发布《欧洲绿色协议》
				1991年欧共体发布《马斯特里赫特条约》		2001欧盟出台《排放交易系统计划书》	欧盟2010年发布"欧盟2020发展战略"，2011年发布《2050年迈向具有竞争力的低碳经济路线图》	
				1998年欧盟发布《欧盟关于气候问题战略》和《2010年可再生能源欧盟共同体战略和行动计划》	2000出台《欧洲气候变化计划》《关于提高共同体能源效率的行动计划》			
	美国			1989—1993年老布什政府时期发布《能源清洁法案》《国家节能法案》《联邦能源管理法案》，1993年克林顿政府发布《气候变化行动计划》		奥巴马政府2009年发布《美国清洁能源与安全法案》，2012年发布《清洁能源标准法案》，2013年发布《总统气候变化行动计划》	2017—2020年特朗普政府推出《清洁空气法》新框架	
						2005年小布什政府发布《2005年能源法案》《2007年低碳经济法案》《2008年气候安全法案》	2015年中美签署《中美元首气候变化联合声明》	2021年拜登政府发布《清洁未来法案》

重大事件	1961—1975年越南战争	1980—1982年全球经济危机	1991年苏联解体和海湾战争	2001年美国"9·11"事件	2008—2009年全球金融危机	2020年新冠肺炎大流行
		1979—1989年苏联入侵阿富汗战争				

重要组织	1961年世界自然基金会（WWF）成立	1972年联合国环境规划署（UNEP）成立	1982年世界资源研究所（WRI）成立	1988年联合国政府间气候变化专门委员会（IPCC）成立	2009年国际可再生能源署（IRENA）成立	

图 1　1960—2021年全球气候治理标志性事件

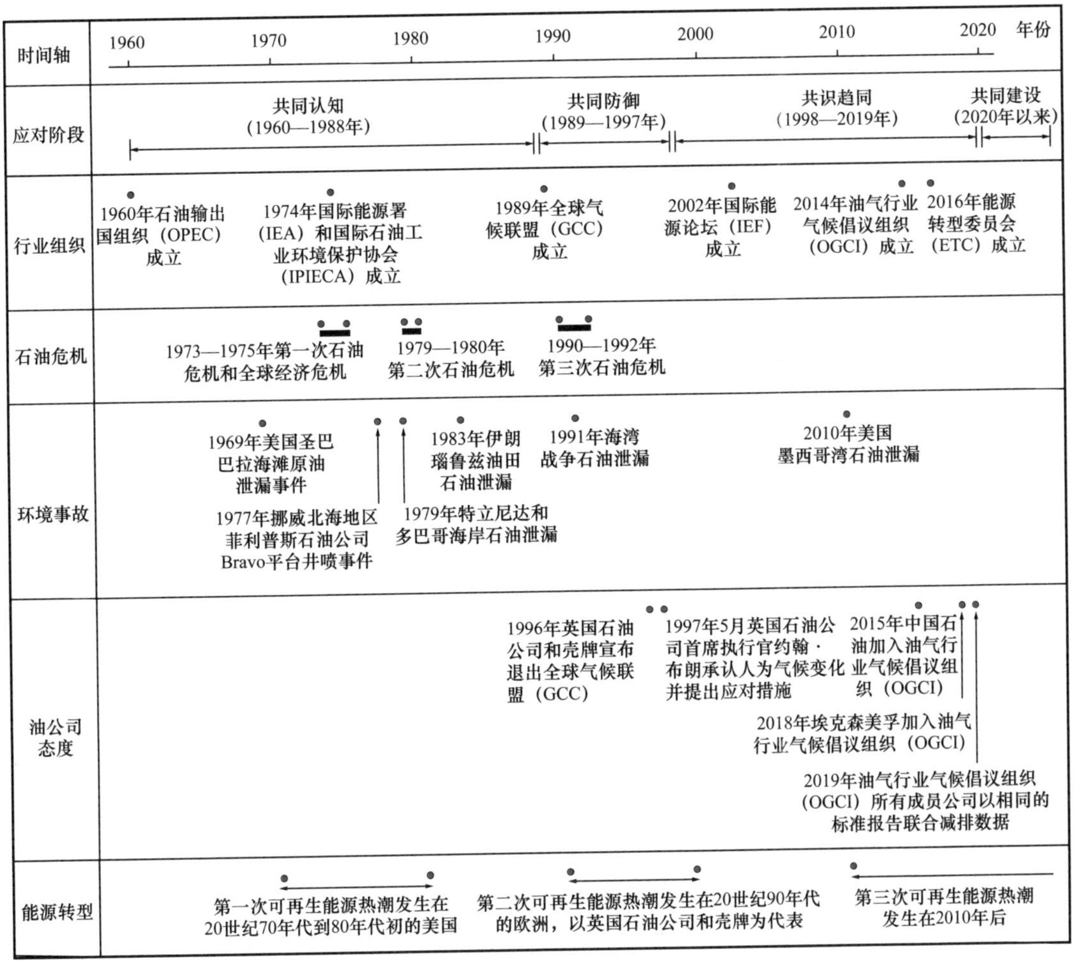

时间轴	1960	1970	1980	1990	2000	2010	2020	年份
应对阶段	共同认知（1960—1988年）			共同防御（1989—1997年）		共识趋同（1998—2019年）	共同建设（2020年以来）	
行业组织	1960年石油输出国组织（OPEC）成立	1974年国际能源署（IEA）和国际石油工业环境保护协会（IPIECA）成立		1989年全球气候联盟（GCC）成立	2002年国际能源论坛（IEF）成立	2014年油气行业气候倡议组织（OGCI）成立	2016年能源转型委员会（ETC）成立	
石油危机		1973—1975年第一次石油危机和全球经济危机	1979—1980年第二次石油危机	1990—1992年第三次石油危机				
环境事故	1969年美国圣巴巴拉海滩原油泄漏事件	1977年挪威北海地区菲利普斯石油公司Bravo平台井喷事件	1983年伊朗瑙鲁兹油田石油泄漏；1979年特立尼达和多巴哥海岸石油泄漏	1991年海湾战争石油泄漏		2010年美国墨西哥湾石油泄漏		
油公司态度				1996年英国石油公司和壳牌宣布退出全球气候联盟（GCC）	1997年5月英国石油公司首席执行官约翰·布朗承认人为气候变化并提出应对措施	2015年中国石油加入油气行业气候倡议组织（OGCI）；2018年埃克森美孚加入油气行业气候倡议组织（OGCI）	2019年油气行业气候倡议组织（OGCI）所有成员公司以相同的标准报告联合减排数据	
能源转型		第一次可再生能源热潮发生在20世纪70年代到80年代初的美国		第二次可再生能源热潮发生在20世纪90年代的欧洲，以英国石油公司和壳牌为代表		第三次可再生能源热潮发生在2010年后		

图 2　1960—2021 年国际石油公司应对气候变化标志性事件

2 共同防御阶段（1989—1997 年）

1990 年、1995 年，IPCC 发布两份气候变化评估报告，围绕人为影响气候变化提供了有力的科学证据，为全球气候治理奠定了科学基础。1992 年《联合国气候变化框架公约》（UNFCCC）成功签订，明确要"将大气中温室气体浓度稳定在防止气候系统受到危险的人为干扰的水平上"，从而为全球气候治理确定了发展蓝图。1997 年签订的《京都议定书》（Tokyo Protocol），对发达国家 2012 年前的温室气体减排责任做出具体规定，标志着全球气候治理发展为有法律约束力的行动计划（图 1）。

受外部气候治理形势影响，以 1989 年成立与政府气候监管博弈、维护油气行业利益的全球气候联盟（GlobalClimateCoalition，GCC）❶ 为起点，以 1997 年前后欧洲石油公司[9-11]

---

❶ 全球气候联盟于 1989 年成立，早期成员包括阿莫科、美国石油学会、雪佛龙、克莱斯勒、埃克森、美孚、福特、通用汽车、壳牌、德士古、美国商会等 40 多家公司和行业协会。

退出 GCC、承认《京都议定书》、发布减排目标等活动为终点，欧美石油公司从维护油气行业和自身利益出发，通过国际组织与游说活动进行了短期的"条件反射型"共同防御（图 2）。

2.1 依托全球气候联盟等行业组织，开展共同防御

以 API、GCC 为代表的行业组织通过多种形式开展否认气候变化、阻碍气候治理的活动，包括资助气候研究、积极宣传人为影响气候变化的不确定性、联合抵制 UNFCCC 对温室气体的强制监管、反对通过《京都议定书》等。但在气候研究进展、国家气候政策和绿色环保组织抗议的多重压力下，上述组织的一些成员国态度发生了变化。1996 年，英国石油公司宣布退出 GCC；1997 年，时任英国石油公司首席执行官约翰·布朗在斯坦福大学的一次演讲中，承认气候变化风险，承诺将采取控制二氧化碳排放、主动开展联合减排、开发替代燃料等措施，这也使英国石油公司成为第一个承认人为因素导致气候变化并提出应对措施的国际石油公司。1997 年，英国石油公司和壳牌等公司宣布支持《京都议定书》，国际石油公司持续近 8 年的共同防御战线宣告结束。

2.2 游说政府影响气候政策制定，维护企业利益

多数欧美石油公司开展对政府的游说活动，不同程度上影响了国家气候政策制定及全球气候治理进程，其中以挪威国油最具代表。格罗·哈莱姆·布伦特兰（1981—1996 年任挪威首相）主政挪威政府期间，奥斯陆国际气候与环境研究中心（CICERO）成立，该中心首任董事会主席是刚卸任挪威国油环境政策首席顾问、前副首席执行官亨里克·阿格—汉森，其研究人员也多具备石油行业从业经验[12]。该中心通过研究项目的开展，自 20 世纪 90 年代中期开始影响挪威的气候政策制定[13]，推动政府形成有利于油公司成本效益和能源行业发展的气候政策，确保气候研究不会破坏国家蓬勃发展的石油工业。1989 年挪威政府宣布二氧化碳排放目标，1991 年引入碳税机制。挪威国油在执行政府气候政策的同时，积极游说政府，强调碳税和强制减排政策会削弱本国石油工业竞争力和挪威大陆架投资吸引力，造成投资境外转移，影响挪威经济发展。1995 年，挪威政府放弃了 1989 年提出的目标[13]。挪威国油还说服政府推动区域性碳排放交易，用国产天然气替代欧盟国家的煤炭和石油，这对欧盟碳排放交易市场的形成起到了积极作用。挪威国油的积极应对策略以及同政府所制定的气候政策的良性互动获得了政企双赢的良好结果。

2.3 宣布减排计划，开发低碳技术应对气候压力

追随欧盟及欧洲国家积极的气候政策，欧洲石油公司比美国石油公司更愿意承认化石燃料与全球变暖之间的联系，在共同防御与游说政府的同时采取积极应对措施。如壳牌公司 1989 年加入 GCC，将气候变化影响纳入公司运营规划，宣布重新设计一个价值 30 亿美元的北海天然气生产平台，以应对未来的海平面上升[14]。挪威 1991 年引入碳税，挪威国油承诺近海新装置将减排 40%，同时减少陆上炼油厂排放量。意识到捕集和封存二氧化碳可能比缴纳碳税便宜，1996 年挪威国油在北海 Sleipner 油田启动了世界上第一个商业规

模的碳捕集与封存项目，成为响应环境法规的典范项目。挪威国油在减缓气候变化前沿技术方面的努力，助其在油气行业和环保领域赢得声誉，一定程度上缓解了气候变化带来的舆论压力和成本压力。

3 共识趋同阶段（1998—2019年）

2001年、2007年和2013年，IPCC发布了3份气候变化评估报告，明确人类对气候系统的影响，温室气体排放是气候变暖的主要原因，化石燃料排放是大气中二氧化碳浓度增加的首要原因。人为影响气候变化逐渐成为全球科学共识，为2015年《巴黎协定》的签署奠定了重要基础。《巴黎协定》对2020年后全球应对气候变化的行动做出统一安排，提出了"将全球平均气温较前工业化时期上升幅度控制在2℃以内，并努力将温度上升幅度限制在1.5℃以内"的气候治理共同目标（图1）。

为适应全球气候治理形势发展，2019年油气行业气候倡议组织（Oil & Gas Climate Initiative，OGCI）所有成员公司以相同标准公布了联合减排数据，标志着欧美国际石油公司在气候应对策略上达成共识（图2）。

3.1 油气行业不断趋同于气候治理的全球共识

从1998年起，欧美石油公司的气候应对策略走向分化，欧洲石油公司先后退出具有气候否定游说标签的GCC，宣布承认人为气候变化和《京都议定书》。美国石油公司继续通过API等组织开展一系列活动否认人为影响气候变化，并继续资助气候方面的科学研究，试图改变人为影响全球变暖的结论[2]。2014年9月，为积极响应2015年在巴黎召开的第二十一届联合国气候变化大会（COP21），油气行业气候倡议组织成立。2019年1月，OGCI13家成员公司为实现《巴黎协定》确立的气候治理目标，以相同标准共同发布了联合减排数据，标志着国际石油公司在人为影响气候认识、低碳发展目标、碳排放计量标准等方面基本形成了低碳转型发展共识。

3.2 欧洲石油公司积极推动能源转型

欧洲石油公司绿色转型受国家及欧盟气候政策影响明显，经历了被动绿色发展到积极低碳转型的过程。初期，在公共环保舆论、政府气候法规、高碳业务成本等多重压力下，欧洲石油公司通过更改企业名称标识、投资绿色低碳项目、开发新能源技术等方式，被动应对气候变化带来的不利影响，其某些措施则被绿色和平组织称作改善公司形象的"洗绿"行为。随着欧洲各国陆续出台具有法律约束力的气候政策与法规，欧洲石油公司通过设定减排目标、实施减排措施、发展低碳技术、拓展新能源业务等方式，开始制定并全方位实施能源转型战略。如英国石油公司于1998年公布温室气体减排目标，2000年将公司名称含义"British Petroleum"更改为"Beyond Petroleum"❶。2004年bp在年度可持续发展

---

❶ 英国石油公司2020年将大写"BP"改为小写"bp"，以显示更现代、更亲民的公司形象，以及更加契合公司低碳减排的发展目标，本文以下简称bp。

报告中承认气候变化是"21世纪最大的挑战之一",并表示有责任带头寻找和实施解决方案。2005年bp组建了提供低碳发电解决方案的业务部门,正式开展替代能源业务。在英国2008年通过世界首部国家气候法——《气候变化法案》后,2009年bp在投资决策中正式加入碳价格因素。

3.3 美国石油公司谨慎调整气候策略

由于气候问题政治化、执政党更迭、国内油气资源禀赋和页岩油气革命取得成功等因素,美国气候政策反复多变,导致美国石油公司谨慎应对气候变化。如埃克森美孚为了维护公司利益,长期坚持传统油气能源为主的发展战略,采取消极应对措施,否认人为影响气候变化。1990—2012年期间,在股东大会上不断有股东提出公司应承认气候变化,放弃否认气候变化活动,并朝着清洁能源方向迈进的要求,虽始终未获通过,但来自股东的呼声与压力不断增加[2]。直到2014年4月,埃克森美孚才首次公开发布承认气候变化的报告,并谨慎调整气候策略,最终于2018年9月加入油气行业气候倡议组织,完成了油气行业低碳趋同发展的历程。

4 共同建设阶段(2020年以来)

近年,随着《巴黎协定》要求缔约国承诺自主贡献减排期限的到来,越来越多的国家承诺减排,宣布了碳中和愿景目标。2021年11月,190多个缔约方在COP26会议上达成《格拉斯哥气候协议》,设定了新的国家自主贡献减排目标,全球气候治理开启了共同落实《巴黎协定》的新征程。尽管当下面临新冠肺炎疫情和乌克兰危机等新挑战,地缘政治变化、国际经济形势、能源供应安全和低碳转型发展等因素复杂交织[15-17],全球气候治理仍然维持在绿色低碳的共建轨道上(图1、图2)。

在此背景下,几乎所有国际石油公司和多数国家石油公司宣布了"净零排放"目标或碳中和愿景[18],国际石油公司应对气候变化进入以《巴黎协定》气候治理目标为努力方向的共同建设阶段。

4.1 全球主要石油公司走上绿色低碳共建之路

近两年,除欧美等发达国家的国际石油公司外,发展中国家的国家石油公司也纷纷宣布了碳减排目标和碳中和愿景。根据《巴黎协定》,各国要在2020年前自愿做出减排承诺(称为"国家自主贡献",NDC),国家石油公司作为承担国家自主贡献责任不可或缺的主体,积极增加应对气候变化行动的参与度。我国大型石油公司如中国石油、中国石化和中国海油也公布了碳达峰、碳中和目标,采取积极措施,主动承担国家自主贡献责任,认真谋划碳中和目标下公司能源转型战略和国家能源发展战略[19-22],并依托OGCI和金砖国家(BRICS)等国际组织参与全球气候治理[23]。

4.2 欧洲石油公司选择激进低碳路径加速转型

在全球新冠肺炎疫情大流行和乌克兰危机的双重影响下，综合考虑欧洲特殊的地缘因素、强烈的民众绿色环保意愿、薄弱的油气资源基础、欧盟全球气候变化领导者的政治夙愿、低碳政策法规基础等多种因素，欧洲加快发展新能源、摆脱能源安全困局是大概率事件。在此背景下，欧洲石油公司将采取更加激进的转型路径。如 bp 为达到 2050 年零碳排放目标，2020 年推出了国际石油公司中最激进的转型路径，提出以低碳能源及客户为中心、实现净零碳排放两大战略；打破传统上下游业务结构，设立低碳与新能源业务，宣布到 2030 年减少油气产量 40%，采取优化资产组合、减少甲烷排放、重启光伏、扩张风电、发展生物能、扩张便利移动出行业务和拓展氢能、碳捕集与封存七大举措。

4.3 美国石油公司选择保守低碳路径谨慎转型

美国大型石油公司多采取保守的能源转型与碳中和路径，通过提高能源效率和投资低碳化技术，维持油气能源的传统地位，并谨慎投资新能源业务。埃克森美孚 2021 年公布了公司的碳中和目标，提出于 2050 年实现公司运营资产范围 1 和范围 2[1] 的碳中和，将主要采取减少运营中温室气体排放、提供碳减排产品、开展前沿技术开发应用、积极参与气候相关政策制定 4 方面措施。雪佛龙公司目前只针对上游业务提出了碳中和目标，主要措施集中在降低碳排放强度、布局可再生燃料与新能源两个领域。

5 应对气候变化动因分析

60 多年来，欧美国际石油公司应对气候变化的策略各不相同，动因也复杂多样。综合分析表明，以下 4 方面因素对国际石油公司气候变化应对策略的选择具有重要影响。

一是公司利润与股东利益。无论是直接还是间接应对气候变化带来的挑战，欧美国际石油公司优先考虑的是公司利润与股东利益，油价高低、低碳技术成本、财税政策、产业前景是影响低碳投资决策的重要因素。如 20 世纪 70 年代的两次石油危机使油价上涨了 10 倍，石油供应短缺和"油气枯竭论"促使美国卡特政府增加财政预算[8]，加大太阳能等新能源的开发利用，埃克森美孚等公司积极进军新能源领域。20 世纪 80 年代，里根政府削减太阳能发电项目[8]，埃克森美孚随即放弃了成本高昂的太阳能发电业务。1986 年油价暴跌，彻底打消了公众对可再生能源的支持，国际石油公司纷纷放弃了新能源业务[9]。如今，埃克森美孚走上绿色低碳发展共建之路，大股东看好低碳绿色产业前景是重要动因。欧美国际石油公司在处理油气核心业务与减缓气候变化关系上，利润追求是永恒的目标[6-7]。

二是国家战略与政企关系。欧美国家的能源与气候战略通过法律法规和财税政策影响

---

[1] 2009 年，世界可持续发展工商理事会（WBCSD）与世界资源研究所（WRI）共同发布的《温室气体核算体系》将碳排放根据来源分为 3 个范围。范围 1（Scope1），直接排放：企业直接控制的燃料燃烧活动和物理化学生产过程产生的直接温室气体排放；范围 2（Scope2），间接排放：企业外购能源产生的温室气体排放；范围 3（Scope3），价值链上下游各项活动的间接排放：覆盖上下游范围广泛的活动类型。

了国际石油公司的气候应对策略，企业与政府特别是与执政党的关系是国际石油公司气候应对策略选择的重要考虑因素。20 世纪 90 年代以来，挪威国油通过与政府之间密切合作，很好地平衡了国家气候政策、社会经济发展、大陆架油气资源开发与企业低碳投资及行业竞争力之间的关系，取得了互利共赢的结果。气候问题的政治化属性，使得美国的气候战略"一波三折"[24-26]，企业与政府特别是执政党的关系，对美国石油公司气候策略的制定产生决定性影响，气候否认活动的开展、谨慎的行业趋同、缓慢的能源转型步伐和保守的碳中和路径等应对策略，都体现国家能源与气候战略及政企关系等因素。

三是公共舆论与品牌价值。60 多年来，化石燃料是温室气体排放主体的证据越来越多，油气行业减排压力越来越大。欧美国际石油公司承受的巨大公众舆论压力尤为突出，除了对温室气体排放的贡献、开展的防御性气候否认活动和以"深水地平线"钻井平台爆炸为代表的环境污染事故等行业因素，发达国家承担减排责任的落实，绿色环保形成政治势力后气候问题的国内政治化，都是产生公众舆论压力的源头。缓解环保和气候治理冲击公司经营策略的舆论、道德和法律压力，维护企业品牌形象和价值，是欧美石油公司采取积极的气候应对策略和激进的能源转型路径的重要动因。

四是行业趋同与对外合作。国际石油公司在产品类型、产业结构、市场、价格、技术、资金等方面相同或相似，且控制着可用于解决行业碳排放问题的大量技术、资金和组织资源，这些共性因素是石油公司气候战略趋同的内在基础。产品开发差异化的困难迫使各公司互相模仿，以防止竞争对手获得不正当优势；石油公司高管通过行业组织定期在国际会议和商业活动中交流，会形成共同的认知和规范框架[27]。这些外部因素会促使国际石油公司应对气候变化时，在科学、政策、市场和技术等方面趋于融合。此外，欧美国际石油公司的对外合作需要在全球范围内协商解决社会和环境问题，跨国合作和跨行业合作需要充分考虑不同的气候策略需求。油气行业趋同与对外合作的开展缩小了欧美国际石油公司气候应对策略的差异性，并驱动其走上以碳中和为目标的绿色低碳共建之路。

6 结束语

1960 年以来，欧美国际石油公司为应对全球气候治理形势和国家气候政策变化，在公司利润与股东利益、国家战略与政企关系、公共舆论与品牌价值、行业趋同与对外合作的共同驱动下，历经共同认知、共同防御、共识趋同发展阶段，2020 年走上绿色低碳发展和气候治理的共同建设之路。与此同时，在国际石油公司积极、甚至是激进的碳减排目标与政策措施的对比下，占全球油气产量一半以上的国家石油公司也陆续采取措施应对气候变化。然而不同类型、不同国家或地区的石油公司气候应对策略和实施成效差异明显。开展 60 多年来石油公司应对气候变化的历史分析和公司对比研究，有助于把握其气候应对策略和低碳绿色发展战略的基本脉络，有助于理解今后国际石油公司碳中和目标愿景及路径措施的战略选择。

长期看，能源转型是历史发展大趋势，然而当前百年未有之大变局下的国际政治经济形势复杂多变，后疫情和后冲突时代的全球能源格局依然不明，未来 30～40 年的气候治理共建之路道阻且长。石油公司绿色低碳转型发展的节奏和路径仍存在风险和不确定性：技术和经济上，低碳和新能源关键性技术瓶颈仍有待突破，经济成本在低油价情况下仍然难与传统化石能源竞争；政策上，各国政府领导人的更替及国内政治形势变化将严重冲击政策的稳定性，当前乌克兰危机及可能的全球经济衰退等重大地缘政治、经济和金融事件也会给转型带来重大的不确定性。希望经过后 40 年的共同努力，在近代石油工业 200 周年、基林曲线初始版发布 100 周年、我国承诺努力争取实现碳中和的 2060 年，全球能够共享气候治理的共建成果，能源行业持续高质量发展。

参 考 文 献

[1] Keeling C D. The concentration and isotopic abundances of carbon dioxide in the atmosphere [J]. Tellus, 1960, 12（2）：200-203.

[2] Grasso M. Oily politics：A critical assessment of the oil and gas industry's contribution to climate change [J]. Energy Research & Social Science, 2019, 50：106-115.

[3] Bonneuil C, Choquet P, Franta B. Early warnings and emerging accountability：Total's responses to global warming, 1971-2021 [J]. Global Environmental Change, 2021, 71：1-10.

[4] Franta, B. Early oil industry knowledge of CO_2 and global warming [J]. Nature Climate Change, 2018, 8：1024-1025.

[5] Franta, B. Early oil industry disinformation on global warming [J]. Environmental Politics, 2021, 30：663-668.

[6] Skjærseth J B. Oil companies and climate change：Inconsistencies between strategy formulation and implementation？[J]. Global Environmental Politics, 2007, 7（3）：42-62.

[7] Kolk A, Pinkse J. Business responses to climate change：Identifying emergent strategies [J]. California Management Review, 2005, 47：6-20.

[8] Yergin D. The quest-energy, security, and the remaking of the modern world [M]. New York：The Penguin Press, 2012.

[9] Boon M. A Climate of Change？ The oil industry and decarbonization in historical perspective [J]. Business History Review, 2019, 93（1）：101-125.

[10] Newell P, Paterson M. A climate for business：Global warming, the state and capital [J]. Review of International Political Economy, 1998, 5（4）：679-703.

[11] Hove S, Menestrel M L, Bettignies H. The oil industry and climate change：Strategies and ethical dilemmas [J]. Climate Policy, 2002, 2（1）：3-18.

[12] Nissen A. A greener shade of black？ Statoil, the Norwegian government and climate change, 1990-2005 [J]. Scandinavian Journal of History, 2021, 46（3）：408-429.

[13] Anker P, Oppenheimer M, Yohe G. A pioneer country？ A history of Norwegian climate politics [J]. Climatic Change, 2018, 151（1）：29-41.

[14] Center for International Environmental Law. A crack in the shell：New documents expose a hidden climate history [EB/OL]. [2022-06-30].https：//www.ciel.org/reports/a-crack-in-theshell/.

[15] 董亮. "碳中和"前景下的国际气候治理与中国的政策选择 [J]. 外交评论, 2021（6）：132-155.

[16] 张锐, 相钧泳. "碳中和"与世界地缘政治重构 [J]. 国际展望, 2021, 13（4）：112-157.

［17］肖兰兰.碳中和背景下的全球气候治理：中国推动构建人类命运共同体的生态路径［J］.福建师范大学学报（哲学社会科学版），2022（2）：33–43.

［18］赵喆，窦立荣，郜峰，等.国际石油公司应对"双碳"目标挑战的策略与启示［J］.国际石油经济，2022，30（6）：8–22.

［19］戴厚良，苏义脑，刘吉臻，等.碳中和目标下我国能源发展战略思考［J］.石油科技论坛，2022，41（1）：1–8.

［20］匡立春，邹才能，黄维和，等.碳达峰碳中和愿景下中国能源需求预测与转型发展趋势［J］.石油科技论坛，2022，41（1）：9–17.

［21］邹才能，何东博，贾成业，等.世界能源转型内涵、路径及其对碳中和的意义［J］.石油学报，2021，42（2）：233–247.

［22］邹才能，等.碳中和学［M］.北京：地质出版社，2022.

［23］张翼.第一届金砖国家能源合作论坛召开［N/OL］.光明日报，2022-06-22（10）.https：//m.gmw.cn/baijia/2022-06/22/35827213.html.

［24］Hazbouna S O, Howeb P D, Coppock D L, et al. The politics of decarbonization examining conservative partisanship and differential support for climate change science and renewable energy in Utah［J］. Energy Research & Social Science, 2020（70）：1–11.

［25］Smith W J, Liu Z, Safi A C, et al. Climate change perception, observation and policy support in rural Nevada：A comparative analysis of Native Americans, non-native ranchers and farmers and mainstream America［J］. Environmental Science & Policy, 2014（42）：101–122.

［26］Mayer A. Partisanship, politics, and the energy transition in the United States：A critical review and conceptual framework［J］. Energy Research & Social Science, 2019（53）：85–88.

［27］Levy D L. Strategic responses to global climate change：Conflicting pressures on multinationals in the oil industry［J］. Business and Politics, 2002, 4（3）：275–300.

（本文原刊于《石油科技论坛》2022年第4期）

中国石油二氧化碳捕集、驱油与埋存技术进展及展望

宋新民[1,2]，王峰[3]，马德胜[1,2]，高明[1,2]，张云海[3]

（1. 中国石油勘探开发研究院；2. 提高油气采收率全国重点实验室；
3. 中国石油吉林油田公司）

摘　要：全面梳理中国二氧化碳捕集、驱油与埋存（CCUS-EOR）攻关探索、矿场试验、工业化应用3个阶段发展历程，系统阐述近年来在CO_2驱油机理和矿场实践等方面取得的突破性认识和相应的CCUS-EOR工程配套技术成果，指出未来发展前景。经过近60年的探索攻关，创新发展了适合中国陆相沉积油藏CO_2驱油与埋存理论，提出C_7—C_{15}也是影响CO_2与原油混相的重要组分的新认识，在矿场试验中验证了CO_2快速恢复地层能量、大幅提高区块产能和采收率等机理。创建了陆相沉积油藏CCUS-EOR油藏工程设计技术，形成了以保持混相提高驱油效率、均匀驱替提高波及效率为重点的油藏工程参数设计及井网井距优化设计技术，初步形成了CO_2捕集、注采工艺、全系统防腐、埋存监测等全流程配套技术。为实现CO_2的高效利用和永久埋存，需将油水过渡带油藏统筹考虑，实现构造整体控制区域的规模化CO_2驱油与埋存，加大构造高部位注CO_2稳定重力驱及促使残余油转甲烷等储备技术研究。

关键词：二氧化碳；二氧化碳捕集、驱油与埋存（CCUS-EOR）；驱油机理；埋存理论；注采工艺；提高采收率

New Progress and Prospect of Carbon Capture Utilization and Storage in CNPC Oilfields

SONG Xinmin[1,2], WANG Feng[3], MA Desheng[1,2], GAO Ming[1,2], Zhang Yunhai[3]

(1. Research Institute of Petroleum Exploration & Development; 2. State Key Laboratory of Enhanced Oil and Gas Recovery; 3. PetroChina Jilin Oilfield)

Abstract: The development history of carbon capture, utilization and storage (CCUS-EOR) in China is comprehensively reviewed, which consists of three stages: research and exploration, field test and industrial application. The breakthrough understanding of CO_2 flooding mechanism and field practice in recent years and the corresponding supporting technical achievements of CCUS-EOR project are systematically described. The future development prospects are also pointed out. After nearly 60 years of exploration, the theory of CO_2 flooding and storage

---

基金项目：国家科技重大专项"大型油气田及煤层气开发"（2016ZX05016）。

suitable for continental sedimentary reservoirs in China has been innovatively developed. It is suggested that C_7-C_{15} is also an important component affecting CO_2 and crude oil miscibility. The mechanism of rapid recovery of formation energy by CO_2 and significant improvement of block productivity and recovery efficiency has been verified in field tests. The CCUS-EOR reservoir engineering design technology for continental sedimentary reservoir is established. The technology of reservoir engineering parameter design and well spacing optimization has been developed, which focuses on maintaining miscibility to improve oil displacement efficiency and uniform displacement to improve sweep efficiency. The technology of CO_2 capture, injection and production process, whole-system anticorrosion, storage monitoring and other whole-process supporting technologies have been initially formed. In order to realize the efficient utilization and permanent storage of CO_2, it is necessary to take the oil reservoir in the oil-water transition zone into consideration, realize the large-scale CO_2 flooding and storage in the area of structural control system, and increase the research on the storage technology such as stable gravity flooding by injecting CO_2 from structural highs and the conversion of residual oil into methane.

Key words: carbon dioxide; carbon capture utilization and storage (CCUS-EOR); CO_2 flooding mechanism; CO_2 storage mechanism; injection-production process; enhanced oil recovery

2020年能源相关CO_2排放量约占全球碳排放量的87%，化石能源燃烧是全球CO_2排放的主要来源[1]。应对CO_2排放导致气候变暖、实现碳中和已成全球共识，中国政府做出重大战略决策，承诺采取更加有力的政策和措施使CO_2排放力争于2030年前达到峰值，努力争取2060年前实现碳中和。据国际能源署（IEA）研究，2050年全球仍有$76×10^8t$碳排放需完全依靠CO_2利用与埋存等负碳技术实现彻底封存，其中，中国占$(5～15)×10^8t$[2-3]。

CO_2捕集、利用与埋存（简称CCUS）是指将CO_2从工业排放源中捕集分离后加以利用的同时，实现CO_2减排的工业过程。CO_2作为优良的驱油介质是油藏开发利用的宝贵资源，将CO_2驱油与CCUS结合起来，可实现CO_2资源化利用，具有社会效益与经济效益"双赢"特性，已获得国际社会的普遍认同。全球碳捕集与封存研究院（GCCSI）报告表明，CO_2捕集、驱油与埋存（CCUS-EOR）是碳减排的主要方式，目前全球碳减排项目共28个，年捕集能力为$3816×10^4t$，其中22个为CCUS-EOR项目，年捕集能力为$2926×10^4t$，占比为76.68%[4]。

本文全面梳理中国CCUS-EOR攻关探索、矿场试验、工业化应用3个阶段发展历程，系统阐述近年来在CO_2驱油机理和矿场实践等方面取得的突破性认识和相应的CCUS-EOR工程配套技术成果，提出由单油藏升级到构造控制整体区域的规模化CO_2驱油与埋存、利用微生物促使残余油转甲烷等CCUS-EOR技术发展前景展望，以期推动形成陆相沉积油藏CCUS-EOR技术体系。

1 CCUS-EOR 技术发展历程

1.1 探索阶段（1965—2004 年）

国内早在 1965 年就开始在大庆油田探索 CO_2 驱油技术。20 世纪 70 年代以后，由于受 CO_2 气源限制，在室内进行了一些最小混相压力测定和混相机理研究实验，在吉林和江苏等少数油田开展 CO_2 吞吐采油和单井组的 CO_2 驱油试验，显现了 CO_2 驱油的优势，但 CO_2 驱油技术整体发展缓慢[5-8]。

2000 年以后，松辽盆地含 CO_2 天然气藏的发现使得吉林和大庆油田的 CO_2 驱油研究得以迅速开展，但是室内实验开展较多，矿场试验继续以小规模井组探索为主，仍没有大规模开展先导试验。根据当时国外已有理论认识评价，国内大部分油藏无法实现 CO_2 混相驱油，技术应用效果差、潜力小。由于 CO_2 遇水溶解具腐蚀性和不同温压下的相变特性等，应用 CO_2 驱油对油田腐蚀防护、动态监测与原开发系统更新要求高且复杂，而国外公司垄断核心技术，只提供产品和服务。因此，"十一五"前国内一直没有大规模成功应用 CO_2 驱油的工程实践先例[9-12]。

1.2 关键技术试验阶段（2005—2020 年）

2005 年中国石油天然气集团公司（简称中国石油）与中国科学院等单位联合发起了《中国的温室气体减排战略与发展》香山科学会议，沈平平教授首次提出将 CO_2 驱油利用与埋存结合的概念和技术发展倡议。2006 年以来，中国石油先后牵头承担了多项 CO_2 驱油与埋存方面的国家重点基础研究发展计划（973 计划）、国家高技术研究发展计划（863 计划）项目和国家科技重大专项。中国石油勘探开发研究院和吉林油田攻关团队在系统总结国外试验成功先例基础上，结合中国陆相沉积油藏特点，提出发展适合陆相油藏的 CO_2 驱油与埋存理论和技术。中国石油还设立了重大科技专项和重大开发试验项目，在吉林、大庆等油田进行了 CO_2 驱油与埋存现场试验。研制了核磁检测、CT 三维扫描、高温高压物理模拟、微观可视模型等标志性实验装置，揭示了 CO_2 有效补充地层能量、提高驱油效率、扩大波及体积等提高采收率机理。建立了适合 CO_2 驱开发特点的油藏精细描述流程和方法，发展了 CO_2 驱组分数值模拟技术，突破了 CO_2 防腐和封存监测等多项关键核心技术瓶颈。应用这些关键技术在吉林油田成功建成国内首个 CO_2 捕集、驱油与埋存国家科技示范工程，打破了国外公司技术垄断，完整实践了 CO_2 捕集、输送、注入、采出流体集输处理和循环回注全流程。

吉林油田 CCUS-EOR 项目的碳源是长岭气田火山岩气藏气，其 CO_2 含量达 23%，产出气中 CO_2 必须经过处理，一是因为要满足商品天然气外输的要求，二是减少温室气体排放。大情字井油田与长岭气田上下叠置，储量规模大，原油能够与 CO_2 混相，长岭气田产出气分离出的 CO_2 管输到大情字井油田进行 CO_2 驱油与埋存，既能解决伴生 CO_2 埋存问题，又能探索陆相低渗透油藏 CO_2 驱提高采收率技术。

矿场试验表明，CO_2 注入能力是水注入能力的 2～6 倍，可有效补充油藏能量，建立和保持驱替压力系统,并通过降黏、膨胀、混相等驱油机理,实现了低渗透难采储量有效动用和大幅提高采收率,探索出一条适合中国低渗透油田效益开发和 CO_2 减排的有效途径,为工业化推广打下了坚实的基础,展示了广阔的应用前景。

1.3 工业化应用阶段(2021年至今)

通过近 20 年的攻关与试验,已初步形成了碳捕集、碳运输、碳利用和碳埋存一体化的全产业链技术体系,具备了工业化推广应用的条件。2020 年 9 月,随着"双碳"目标的提出,CCUS-EOR 技术迎来了快速发展机遇期。截至 2021 年底,中国石油已建成了大庆低渗透、吉林特低渗透、长庆超低渗透、新疆砾岩等 4 个不同类型油藏 CCUS-EOR 国家级先导试验区,在吉林大情字井和大庆榆树林特低渗透油田开展工业化应用,已累计注入 CO_2 $452×10^4t$,占全国累计注入量的 75%,吉林大情字井和大庆榆树林油田试验目前使用的是天然气藏产出气分离出来的 CO_2 和石化企业捕集的 CO_2,长庆超低渗透油藏和新疆砾岩油藏试验使用的是石化企业捕集的 CO_2。下一步吉林大情字井和大庆榆树林等工业化推广试验将完全使用吉林石化和大庆石化捕集的 CO_2。2022 年初,中国石油宣布启动松辽盆地年注入 CO_2 $300×10^4t$ 级规模化应用工程,碳源将完全使用吉林石化和大庆石化捕集的 CO_2,同时推进长庆、新疆油田工程示范,中国石油化工集团有限公司(简称中国石化)正在建设年注入 CO_2 百万吨级示范工程,延长集团也开展了先导试验,CCUS-EOR 进入了快速发展阶段[13-20]。

2 陆相油藏 CO_2 驱油机理及矿场试验新认识

CO_2 气体压缩性(弹性)大、渗流和扩散能力强,作为一种提高采收率的特殊驱油介质,具有独特优势。油藏中注入 CO_2 可以使原油体积膨胀、黏度降低从而改善渗流,更容易被采出;CO_2-油相间传质可消除界面张力,与原油混相形成一种均质相,驱油效率趋于 100%。国外油藏普遍以海相沉积为主,物性相对均质,90% 的 CO_2 驱项目能实现混相驱,北美国家经过 30 余年持续攻关,技术成熟,产油量较高。

通过室内实验研究与矿场试验验证,发展了中国陆相沉积油藏中质原油混相机理,深化了 CO_2 对原油体积膨胀作用的认识,提出 C_7—C_{15} 组分及其含量也是影响混相的重要因素。经过吉林大情字井油田矿场试验验证,CO_2 驱更容易建立有效驱替压力系统,注 CO_2 后降低界面张力、膨胀、降黏、混相等效果显著,可有效扩大波及体积和提高驱油效率,黑 79 北小井距 CO_2 混相驱试验已提高阶段采出程度 20 个百分点以上。借鉴化学驱成为中高渗油藏提高采收率主体技术发展模式,CCUS-EOR 有望成为中国低渗透油藏提高采收率主体技术。

2.1 陆相油藏 CO_2 驱油机理新认识

通过 973、863 等基础项目研究,发展了中国陆相沉积油藏 CO_2 驱油机理,在 CO_2 对原油膨胀作用、影响 CO_2-地层油体系混相关键因素和单碳数组分对 CO_2 混相能力影响等

3个方面提出了一系列新认识。

（1）提出了CO_2对原油体积膨胀作用的新认识。对中国不同油区原油进行组分分析，选取了11种具有代表性的烃组分，即碳原子数为6—16的直链烷烃、单环/双环环烷烃和单环/双环芳烃，分别与不同物质的量分数的CO_2组成烃组分–CO_2二元体系，在不同温度、压力下开展恒质膨胀实验，研究烃组分与CO_2混合后的体积膨胀情况。研究中提出烃组分摩尔密度的概念，即单位体积内的烃组分物质的量。对比分析实验结果发现，在温度、压力不变的条件下，相同物质的量分数的CO_2对纯烃组分的体积膨胀幅度取决于单位体积内纯烃组分的物质的量，单位体积内烃组分物质的量越大，溶解CO_2后体积膨胀幅度越大，体积膨胀系数与混合CO_2前单位体积内烃类物质的量呈线性正相关关系（图1）。烃组分–CO_2混合物实验得到的线性关系同样适用于真实原油–CO_2混合物，根据此关系建立了原油–CO_2体系的膨胀幅度快速预测方法，计算精度可达95%以上，满足工程应用需求。烃组分–CO_2体系膨胀的研究结论成功推广至原油–CO_2体系，也说明CO_2对原油的膨胀作用主要源于原油中烃组分的贡献[21]。

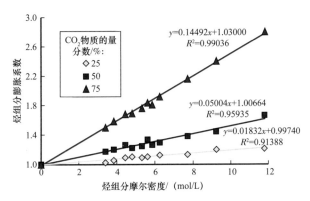

图1　50℃、30MPa下烃组分膨胀系数随摩尔密度变化关系

（2）突破了国外C_2—C_6组分和地层温度是影响CO_2–地层油体系混相关键因素的传统认识，拓展为C_2—C_{15}组分和地层温度。整体分析了国内外8大盆地12个油田22个低渗透区块的地层油组分分布特征，发现国内油藏C_2—C_6组分含量均低于国外油藏（图2），国内外油藏原油组分组成差异显著。利用宏观实验方法评价了陆相轻质、中质、重质3类地层油与CO_2混相组分传质特征，并采用长一维可视填砂装置模拟真实油藏条件进行了验证。采用高温高压流体相态分析仪观察了CO_2与原油混相的动态过程，直观展现了CO_2对原油的萃取过程。釜内原CO_2气体清晰透明，从底部注入原油升高体系压力，油气界面出现混沌现象，地层油烃组分被大量萃取形成中间过渡相。对气相逐层进行分析发现，原油组分逐级相间传质，前一级组分（C_2—C_6）的传质促进后一级组分（C_7—C_{15}）传质，进而促使重质组分（C_{16+}）参与传质形成混相。在地层温度下，利用长一维可视填砂装置模拟了多孔介质中CO_2混相驱替的动态特征，通过末端高压可视装置观察并记录流体相态特征。多孔介质中CO_2向前驱替原油，通过蒸发、凝析作用，油气流体发生组分交换形成传质过渡带，多次作用后油气混相、界面消失，传质过渡带重质组分含量由左（CO_2）至

右（原油）逐渐增加、性质逐渐接近原油。解释了 C_2—C_6 组分含量偏低的中国东部部分油藏原油仍可在地层压力下与 CO_2 实现混相的机理，创新发展了陆相原油混相相态基础理论，为中质原油实施 CO_2 驱提供降低混相压力的新思路，并为 CO_2 混相驱规模化应用提供理论支持[22-23]。

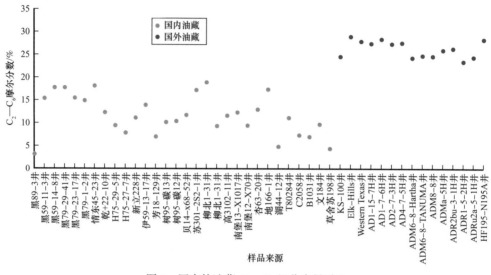

图 2　国内外油藏 C_2—C_6 组分含量对比

（3）针对陆相低渗透油藏裂缝发育、非均质性强、原油混相压力较高的特点，探索了 C_2—C_{15} 中单碳数组分对 CO_2 混相能力的影响。以新疆玛湖 1 井区原油为例，初步确定 CH_4 变化单位物质的量，CO_2 混相压力变化 +0.22MPa；C_3H_8 变化单位物质的量，CO_2 混相压力变化 −0.51MPa。为高混相压力油藏的降混技术研究指明了方向，下一步需研究双碳数组分对 CO_2 混相能力的影响，加强扩大注气波及体积和改善混相条件技术研究。

2.2　矿场试验新认识

中国石油吉林油田、大庆油田、长庆油田等持续进行矿场试验探索，从油井 CO_2 吞吐增产先导试验逐步扩大到工业化试验，陆相低渗透油藏 CCUS-EOR 方案设计等核心技术取得突破，形成了陆相沉积油藏 CCUS-EOR 理论技术体系，支撑中国石油油田矿场试验年注 $CO_2 57×10^4 t$，年产油 $20×10^4 t$。

中国石油开展的 CCUS-EOR 试验始于吉林大情字井油田，属于特低渗透（渗透率小于 $10×10^{-3} \mu m^2$）构造——岩性油藏，储集层物性差，建立有效的注水驱替关系难，地层压力水平维持在 70% 以下，采收率仅 20%。从 2008 年开始在原始未开发油藏黑 59 区块开展 CO_2 驱先导试验，到 2012 年的特低渗透高含水油藏黑 79 北区块小井距全生命周期扩大试验、2020 年的黑 125 区块工业化应用示范区，已经历先导试验阶段正步入工业化应用示范阶段。验证了陆相沉积油藏注入 CO_2 快速补充地层能量、混相驱油大幅度提高采收率等机理。

（1）注入CO_2能快速有效恢复地层能量，实现混相后可以大幅度提高单井产量。吉林油田已动用储量中低渗透及非常规难采储量占比80%以上，低渗透油藏投产初期地层压力快速下降，水驱效果差，油井达不到方案设计产量，很难开发动用，亟须探索补充和有效保持地层能量的方式，较大幅度提高产量和采收率。2008年5月在黑59难动用储量区块开展6注25采CO_2驱先导试验探索，采用罐车拉运液态CO_2注入，至2014年10月，累注CO_2 0.33HCPV（HCPV为烃类占据的孔隙体积）。初期恢复地层压力达到混相状态后，产油能力较强，部分油井自喷高产，远超投产初期产量，平均日产油较水驱提高2倍以上。对比注水开发的同类区块，CO_2注入能力是水注入能力的2～6倍，能快速恢复地层压力，且保持水平高，保持在原始地层压力以上（图3）。这是特低渗透油藏开发数十年罕见的成果。过去开发此类油藏，压裂改造投产后单井产能低且递减快，压力系数下降，注水难以建立有效的驱替关系，地层压力维持在较低的水平，长期处于低速、低采收率的开采水平，难以达到经济效益界限。通过注入CO_2能快速恢复地层能量，开采期间保持在原始地层压力水平以上，实现混相后大幅度提高单井产能，且超过油藏投产初期的生产能力，解决了特低渗透油藏开发地层压力保持和提高产能方面的难题，为该类油藏高水平开发奠定了坚实的理论和实践基础。

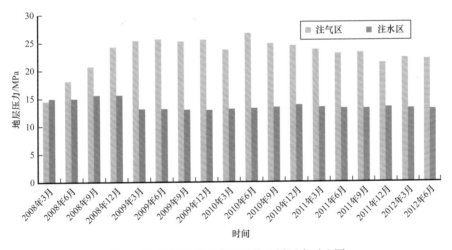

图3 黑59试验区与类比区块地层压力对比图

（2）CO_2驱具有降水增油特性，CO_2混相驱开发大幅提高低渗透油藏采收率。为全面科学评价CO_2混相驱开发效果和提高采收率潜力，验证陆相沉积油藏CO_2驱油与埋存技术可行性，2012年7月在吉林油田黑79北区块开展了80m×240m反七点井网的小井距CO_2驱试验（图4），目的层为白垩系青一段11、12小层。该试验区2002年采用160m×480m菱形反九点井网注水开发，注CO_2试验前采油速度低于0.5%，综合含水率91.6%，采出程度17.5%，地层压力维持在16MPa左右（约为原始地层压力的67%），主力12小层水洗严重，岩心化验、饱和度测井12小层含油饱和度为38.9%，以强水淹为主。CO_2驱主要经历能量补充、局部混相、全面见效3个阶段，截至2021年底，吉林油田黑79北区块小井距CO_2混相驱试验已累注CO_2 32.7×10^{4}t（1.05HCPV），产量较水驱提高5

倍以上，其中核心评价区目前采油速度 1.7%，阶段采出程度提高 23.0 个百分点，预测提高采收率 25 个百分点（图 5），最终采收率 56.4%。从小井距试验区整体效果看，注 CO_2 后地层压力上升明显，并保持在混相压力 22.1MPa 之上，水淹层含水饱和度大幅下降，水驱残余油得到有效动用，区块混相动态特征明显。产液量在见效初期提高 20%，中后期基本保持平稳；综合含水率大幅度下降，全区含水率降幅 12 个百分点，其中核心评价区降幅达 16 个百分点；采油速度大幅度提高，全区采油速度提高到 2.2%，核心评价区采油速度提高到 4.6%。

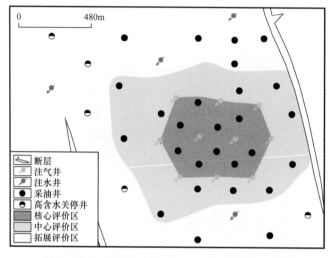

图 4 黑 79 北区块小井距 CO_2 混相驱井网示意图

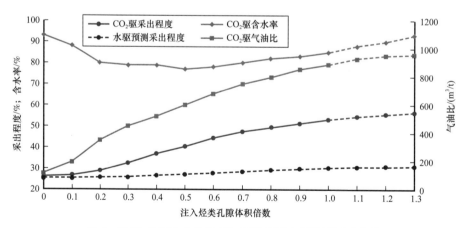

图 5 黑 79 北区块小井距 CO_2 混相驱核心评价区试验曲线

（3）CO_2 混相驱可有效动用水驱后残余油，特低渗透油藏水驱开发后 CO_2 驱可进一步大幅度提高采收率。注 CO_2 混相后，从单井动态看，水淹层含水饱和度大幅下降，水驱残余油得到有效动用。典型水淹井、高含水关停井，注气两年后含水率下降 15～25 个百分点，持续见效期 6 年以上，阶段采出程度提高 16.3 个百分点。水井转抽见效，进一步验证了 CO_2 驱降水增油特性，也为井网调整扩大了空间。典型水井转抽前累注水 $14.6 \times 10^4 m^3$，转抽后初期高含水停井，注气两年后开井，含水率下降 10～25 个百分点，持续见效期 5 年，阶段采出程度提高 15.4 个百分点。一般来说，低渗透油藏开发见水后，尤其特低渗透油藏开发进入高含水阶段，采液、采油指数大幅下降，从此进入超低速开发期，难以提高采收率。强水淹井和长期规模注水的水井转抽油井，在注 CO_2 混相后，水驱后残余油得到动用，提高了微观波及效率，含水率由 100% 下降到 80%，较大幅度持续增油。这表明 CO_2 混相驱是特低渗透油藏水驱后提高采收率的有效手段，解决了特低渗透油藏长期水驱后大幅度提高采收率难题，为低含油饱和度的油水过渡带开发奠定了实践基础。

结合机理认识及现场试验动态，提出了中国低渗透油藏 CO_2 驱油"四阶段"开发特征（表 1），为 CO_2 驱油藏工程设计和调控提供依据，对下一步推进 CO_2 驱油技术工业化规模推广应用提供指导。注入初期（阶段Ⅰ），连续注气，延续水驱见效特征，部分油井关井，能量逐步恢复。随着注入量的增加，进入混相驱油主要产油阶段（阶段Ⅱ、Ⅲ），产出油占增油量 70% 以上，生产井全面见到 CO_2 驱油的混相油墙带，含水率大幅下降，产液量、产油量上升到平稳高峰期，气油比逐渐上升到 500m^3/t，主要采取平面剖面协调、对未见效井进行生产调整引效等措施。阶段Ⅳ为全面突破高气油比阶段，高气油比生产，产液量、产油量逐渐下降，需采取注采协调、水气交替驱（WAG）流度控制、化学辅助综合调控等措施。

表 1　CO_2 驱油不同阶段驱替特征

CO_2 驱开发阶段	CO_2 注入量 /HCPV	动态特征
延续水驱、能量恢复阶段（Ⅰ）	0～0.05	地层压力上升，生产延续水驱特征。转气驱时低含水井产液量、产油量大幅上升，含水率降低；转气驱时中高含水井产液量上升、产油量无明显变化，含水率上升，局部见气，气油比小于 50m^3/t
陆续见效、产量上升阶段（Ⅱ）	0.05～0.30	生产井陆续见到 CO_2 驱油的混相油墙，综合含水率开始下降，产液量、产油量逐渐上升，气油比逐渐上升达到 200m^3/t
全面见效、产量平稳阶段（Ⅲ）	0.30～0.65	生产井全面见到 CO_2 驱油的混相油墙带，含水率大幅下降，产液量、产油量上升到平稳高峰期，气油比稳定上升到 500m^3/t
全面突破、高气油比阶段（Ⅳ）	>0.65	生产井全面突破，大量生产井气窜，高气油比生产，气油比大于 500m^3/t，产液量、产油量逐渐下降

3　CCUS-EOR 油藏工程优化设计技术

针对中国陆相沉积油藏特征，在 CO_2 驱油机理认识的基础上，总结矿场试验经验，形成了以"保持混相提高驱油效率、均匀驱替提高波及效率"为核心的 CO_2 驱油与埋存油藏工程技术，进行油藏工程参数设计和调整，最大限度发挥油藏 CO_2 驱油潜力，提高开发效果。CO_2 驱油与埋存油藏工程技术主要包含 CO_2 驱油与埋存油藏数值模拟、油藏工程参数设计、井网井距优化等技术。

3.1 CO_2 驱油藏数值模拟技术

CO_2 驱油过程中发生频繁的相间传质现象，相态和各相的物理化学性质随着温度、压力及原油组成的改变而变化。描述这一复杂相变的油藏数值模拟过程中，多相多组分状态方程和三相相对渗透率模型选择及建立是关键，决定模拟计算的可靠性。

中国石蜡基原油本身重质组分含量高，CO_2 汽化抽提轻质组分后，原油组成以重质组分为主，重质组分相态或流体性质预测以及临界点附近相间变化预测是 CO_2 驱油藏数值模式拟的难点。机理研究及实践应用表明，修正的 PR（Peng–Robinson）状态方程[式（1）] 可满足技术需要。该修正方程以 PR 三参数状态方程为基础，在混合规则中引入 CO_2-烃类二元引力和斥力作用参数，表征 CO_2-烃体系中非相似分子间的相互作用，较好地描述了 CO_2 与重质组分之间的相互作用。

$$p = \frac{RT}{V-b} - \frac{a\alpha}{V(V+b)+b(V-b)} \quad (1)$$

其中，
$$a\alpha = \sum_{i=1}^{n}\sum_{j=1}^{n} x_i x_j \left(a_i \alpha_i a_j \alpha_j\right)^{0.5} \left(1-K_{ij}\right)$$

$$\alpha_i = \left[1 + \left(0.374\,64 + 1.542\,26\omega_i - 0.269\,92\omega_i^2\right)\left(1-\sqrt{\frac{T}{T_{ci}}}\right)\right]^2$$

$$b = \sum_{i=1}^{n}\sum_{j=1}^{n} x_i x_j \left[\left(b_i+b_j\right)/2\right]\left(1-D_{ij}\right)$$

式中 a——混合物平均引力系数，J/mol；

a_i，a_j——组分 i 和组分 j 的引力系数，J/mol；

b——混合物平均斥力系数，m³/mol；

b_i，b_j——组分 i 和组分 j 的斥力系数，m³/mol；

D_{ij}——混合物中组分 i 和组分 j 之间的二元斥力交互作用参数；

i，j——组分编号，$i \neq j$；

K_{ij}——混合物中组分 i 和组分 j 之间的二元引力交互作用参数；

n——组分数量；

p——油藏压力，Pa；

R——气体常数，J/(mol·K)；

T——油藏温度，K；

T_{ci}——组分 i 的临界温度，K；

V——混合物摩尔体积，m³/mol；

x_i，x_j——混合物中组分 i 和组分 j 的摩尔分数，%；

α——温度拟合函数；

α_i, α_j——组分 i 和组分 j 的温度拟合函数；

ω_i——混合物中组分 i 的 Pitzer 偏心系数。

利用相态拟合软件，对 CO_2 驱油单次闪蒸、多次脱气、加气膨胀、多次接触等实验数据进行拟合，便可获得修正的 PR 状态方程的各项参数。同时，完善了 CO_2 驱三相渗流规律表征方法，利用核磁共振、CT 扫描等手段，建立了三相流体饱和度精确识别及定量表征实验新方法，得出了油、气、水三相相对渗透率曲线。考虑陆相沉积油藏 CO_2 驱油渗流及扩散等机理，建立了 CO_2 驱多相多组分数值模型，采用隐式迭代差分格式求解模型，形成了 CO_2 驱数值模拟方法。已在吉林油田黑 59、黑 79、黑 46 等区块的矿场试验方案设计中应用，试验方案预测符合率达到 90% 以上，有效指导了矿场试验的跟踪调整。

3.2 CCUS–EOR 油藏工程参数设计技术

CO_2 驱油与埋存油藏工程参数设计的基础是储集层非均质性认识，主要依据油藏地质特征及注气开发特点，利用数值模拟、类比分析、经验公式计算等方法，对层系组合、井网部署以及注气速度、段塞大小、注采比、注入方式等注入参数等进行设计、优化和调整。按照黑 79 北区块试验动态反应及全过程调控实施经验，参数设计和调整整体上以"保持混相提高驱油效率、均匀驱替提高波及效率"为原则进行。

注气速度、生产井流压以保持油藏混相压力和一定采油速度平衡为依据进行优化。若日注气量过少，地层压力上升慢，气驱提高采收率不明显，甚至达不到水驱采收率；而日注气量高于某一合理值后，气窜加速，采收率不再增加。根据黑 79 北区块小井距试验经验，该区块于 2012 年 6 月开始注气，注气 6 个月后地层压力达到最小混相压力，并一直保持较高的压力水平，计算年平均注入量保持在 0.1HCPV 左右。在不同阶段采取不同的注采比：在能量恢复阶段，由于水驱阶段地层能量亏空，采用连续注气，注采比在 1.5～1.8，快速恢复地层压力，尽快达到混相状态；在混相阶段，保持高水平地层压力，适当降低注采比，采用各种延缓气窜措施，发挥混相驱油的效果。

累计注入量的确定需综合考虑采收率最大化与注入气利用率及采油、地面系统产出气承受能力之间的关系。从黑 79 北区块小井距试验看，注入 1.0HCPV 后仍获得较好的试验效果，增油量与注气量呈正相关关系，但换油率此时呈下降趋势，故在进行设计时，以注入烃类孔隙体积倍数尽量大为目标，以换油率达到经济界限为依据。

水气交替注入是进行气驱流度控制的有效方法，针对中国油藏多层、非均质性强、气源供应及地面处理设施能力相对不足的实际，优先使用水气段塞大小变化的注入方式，即先注入一个大的连续气段塞，然后注入相对小的水段塞，互相交替，气段塞逐渐变小、水段塞逐渐加大，降低气产出量从而提高注入气的利用效率。借鉴黑 79 北区块小井距试验经验，注气初期气水段塞比为 2∶1（2 个月气，1 个月水），主要目的是保持混相压力，防止气窜。当局部井组出现气窜时，可将该井组气水段塞比调整为 1∶1，逐步控制气窜。在混相驱后期，气油比大幅上升，采用泡沫驱调控，气水段塞比由 1∶1 过渡到 1∶2，延缓气油比上升速度，延长相对高气油比条件下混相驱的寿命。

CO_2 泡沫驱能够缓解层间和层内矛盾，控制气体窜流，有效扩大 CO_2 波及体积，提高开发效果。一方面，由于泡沫的阻力因子高，能够有效控制气体或水的流度，改善驱替流度比。另一方面，起泡剂具有表面活性，具有降低界面张力、乳化剥离等作用，可以辅助提高洗油效率，实现大幅度提高采收率。吉林油田研发了适应高温条件的 CO_2 泡沫驱体系，起泡剂占 0.4%，稳泡剂占 0.15%，发泡率大于 300%，半衰期大于 3600s。现场 3 口井实施了泡沫驱，注泡沫后注气压力上升 2.8MPa，注水压力上升 2.1MPa，吸入剖面趋于均衡，产液量、产油量上升，气油比下降，表明 CO_2 泡沫驱能够控制气窜，起到扩大波及体积的作用。

总体而言，CO_2 混相驱保持 0.1HCPV/a 的注入速度、合理的注采比、较大的注入烃类孔隙体积倍数、精准的 WAG 模式，特低渗透油藏水驱开发后可达到大幅度提高采收率效果。

3.3 CCUS-EOR 井网井距优化技术

特/超低渗透油藏注水开发过程中，井网形式和井排距的设计对建立有效的注采驱替系统十分重要。从 20 世纪 90 年代开始探索，通过大量的室内实验和矿场实践，已经积累了丰富的实践经验，也形成了针对特低渗透油藏注水开发的井网形式和匹配的井排距。吉林大情字井油田总体属于特低渗透油藏，油品性质较好，沿地应力最大主应力方向近东西向发育西南方向物源的三角洲水下分流河道和前缘席状砂体，水驱开发初期就确定了沿东西向角井拉长的菱形 160m×480m 反九点井网。经历 15 年的注水开发，平均年采油速度保持在 1% 左右，已取得很好的开发效果。综合各方面因素分析，井网对砂体的控制程度偏弱，特别是需要提高水驱分流线和东西向大井距下的不同类型砂体的驱替强度和波及效率。

反九点井网利用老井转注可演变为反七点和五点 2 种井网，经加密新钻井可形成加密五点或反七点井网（图 6）。因此，在水驱井网基础上设置以下井网形式进行 CO_2 试验研究。

（1）利用原水驱井网。黑 46 区块 CO_2 驱试验采用 160m×480m 菱形反九点基础井网，油气井数比 3:1，单口注气井控制储量为黑 79 北区块小井距的 5 倍，按照小井距年注入量 0.1HCPV 实施配注，需要单井日注气 80t，日注水 137t。目前黑 46 区块现场实际注入能力为日注气 50t，日注水 40t，年注入量为 0.03HCPV，无法达到黑 79 北区块小井距配注模式，整体处于非混相驱状态，区块动态反应不够理想。

（2）利用老井转注形成反七点和五点井网。这种井网注采模式（160m×480m）在黑 59 区块和黑 79 区块南部进行了试验，注 CO_2 前地层压力保持水平仅 60%，采取快速注入、生产井焖井措施，待油藏达到混相压力后开井生产，初期获得很好的生产能力，部分井自喷高产。但是生产一段时间（2~3 个月）后，产能递减大，井距过大难以保持混相压力。

（3）注入井与角井间加密形成五点井网。黑 125 工业化推广区块采用这种 160m×240m 五点井网注采模式，一方面井间加密提高对砂体控制程度，另一方面北东方向见水快，含水率高，也是物源控制的主力砂带方向，依此调整为注入井排方向。油气井数比 1:1，单口注气井控制地质储量为 $6×10^4$t，与小井距单口注气井控制地质储量 $4.1×10^4$t 接近，在注入 CO_2 0.07HCPV 后局部井点地层压力已接近混相压力，验证了这种井网加密调整模式可行，部分井实现了产量翻番，部分井含水率下降、产油量明显增加，个别物性处于可动用下限的储集层见效后也获得较高产能。

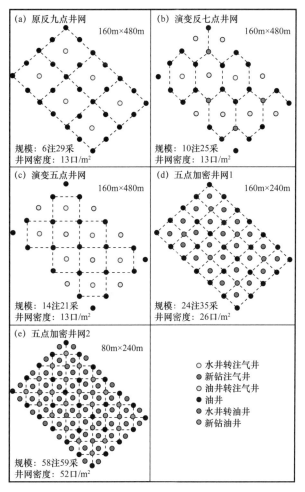

图 6　大情字井油田典型井网演变模式图

（4）井间排间均加密形成五点井网或反七点井网。大幅度提高井网对砂体控制程度，井距缩小一半，黑 79 北区块小井距采用 80m×240m 反七点注采井网，油气井数比 2∶1。核心评价区已基本历经 10 年试验的全过程，年注入量能够保持 0.1HCPV 以上，气水段塞比 3∶2 左右，试验区地层压力始终处于混相压力（22.1MPa）以上，气油比整体保持平稳。截至 2021 年底，核心评价区平均单井日产油提高 2 倍以上，气油比 954m³/t，含水率 86%（图 7）。从动态特征可看出，存在见效高峰期，CO_2 驱油的混相油墙抑制了油井综合含水率的快速上升，实现了较好的驱油效果。中心评价区平均日产油提高了 1.8 倍以上，气油比 537m³/t，含水率 82%（图 8）。在试验过程中发现，井距过小，调控难度加大，中心评价区部分油井距离注入井较远，相比于核心评价区，中心评价区持续见效时间长，气油比上升较慢。因此，设计井网井距需在保证注入能力、混相驱替以及对油藏砂体控制的条件下，尽可能考虑延长见效周期，降低气窜调控难度。

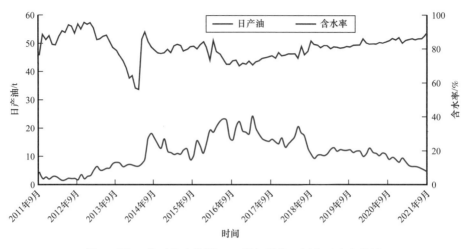

图 7 黑 79 北区块小井距 CO_2 混相驱核心评价区生产曲线

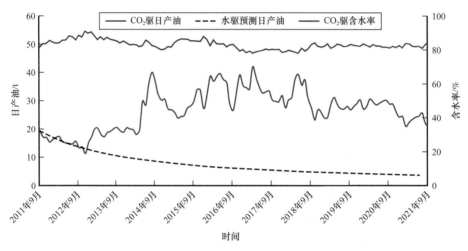

图 8 黑 79 北区块小井距 CO_2 混相驱中心评价区生产曲线

通过不同井网形式和不同井排距试验，可以看出 CO_2 混相驱的注采井网比常规低渗透水驱井网的要求更高，首先要满足混相压力的要求，需要较高的注采比和注入速度，由于低渗透油藏单井注入能力受限，所以油气井数比在 CO_2 混相驱井网设计中至关重要。同时，要保持合理的井排距，既要保持地层压力，又要避免过早气窜导致提早进入高气油比阶段。下一步井网调整的重点是寻求保证注入能力、实现均匀混相和防止气窜保持尽量长的见效高峰期之间的平衡。

4 CCUS-EOR 工程配套技术

CO_2 注采工艺与常规水驱有较大差别，CO_2 相态变化复杂，腐蚀、气密封、高压注采是制约 CO_2 驱安全实施的瓶颈，带来诸多技术难题和挑战。通过多年不断攻关研究，形成了 CO_2 捕集、连续油管注气、碳钢 + 缓蚀剂的低成本防腐和 CO_2 埋存监测等工程配套技术，解决了不同节点、不同工况条件下整个注采系统的防腐难题，完成了 CCUS-EOR 试验的全过程，基本满足吉林油田 CO_2 驱工业化推广需求，推动了 CCUS-EOR 规模效益开发。

4.1 CO_2 捕集技术

CO_2 捕集是指将利用化石能源过程中产生的 CO_2 进行分离和富集的过程。捕集技术根据分离原理不同，主要有化学吸收法、物理吸收法、膜分离法、吸附分离法和富氧燃烧法。煤电和炼化企业排放的 CO_2 是主要的可供捕集的稳定碳源，由燃烧排放、工艺排放、逃逸排放和外部供应排放构成，煤电和炼化业务燃料燃烧排放占比高，排放烟气中 CO_2 占 8%～14%，属于低浓度碳源；制氢、硫黄回收尾气等装置排放尾气中 CO_2 占 30%～50%，属于中浓度碳源；合成氨、乙二醇环氧乙烷、丁辛醇合成气装置和轻烃脱二氧化碳排放尾气中 CO_2 占 90% 以上，属于高浓度碳源。炼化企业排放的 CO_2 占中国石油直接排放的 68%。

不同浓度碳源需要匹配不同 CO_2 捕集技术，通过攻关，创新集成了覆盖高、中、低浓度不同分压的 CO_2 捕集体系架构及相应的捕集技术，实现了不同工业气源碳捕集全覆盖。低、中浓度碳源气体 CO_2 捕集多用化学吸收法，高浓度碳源气体 CO_2 捕集多用物理吸收法。中国石油已在吉林长岭气田碳捕集基地建成 3 套改进胺法脱碳装置，捕集火山岩气藏气中含量为 23% 的 CO_2，合计捕集 CO_2 能力达 65×10^4 t/a；建成 7×10^4 t/a 变压吸附装置，捕集驱油产出气中的 CO_2。在新疆克拉玛依石化建成一套 10×10^4 t/a 的 CO_2 捕集装置，采用新型复合有机胺液法，捕集炼厂制氢驰放气。

4.2 CO_2 注采工艺技术

吉林油田以"气密封油管 + 气密封封隔器"为主的注气完井工艺实现矿场试验 8 年的安全平稳注入，矿场应用 78 口井。2020 年创新研发连续油管替代工艺，用连续油管替代气密封油管，自主研发井口多功能悬挂和井下密封装置，极大地降低气密封管控风险，提高检管周期和作业效率，矿场应用 10 口井，一次性完井投资下降 28%，服役期可实现成本下降 66%，满足 CO_2 驱工业化经济高效注气需要。防腐－气举－助抽－控套一体化携气举升工艺矿场应用 287 口井，结合地面单井气液分输，实现了高气液比油井的常态化生产，将高气液比油井举升转为"常规井"举升，提高举升效率，日常维护和作业成本降低 30%。应用气液分输技术，实现了高气液比、气窜后集输系统常态化生产管理，建成国内首座 CO_2 循环注入站，日回注气能力达 20×10^4 m^3，实现了产出伴生气的"零排放"，将 CO_2 全部埋存于油藏中。

4.3 全流程装备

经过多年攻关，吉林油田走通了 CO_2 捕集、输送、注入、采出流体集输处理和循环注气全流程，研发覆盖注入、采出与循环注入全系统的系列核心装备，基本实现国产化替代，实现了工厂化预制、模块化建设、智能化运行。如 CO_2 捕集、CO_2 制冷、液相与超临界 CO_2 注入、气液两相分离、油气水三相分离、采出气处理与回注、腐蚀控制等一体化集成装置，实现 CO_2 循环利用。在吉林油田黑 125 工业化应用示范区，地面工程工艺优化简化，采用集约化建井、一体化橇装设计，征地、管线等工程投资降低 21%，通过智能化管控实现井站无人值守，节省用工 50%。

4.4 全系统防腐技术

针对 CO_2 腐蚀特性，结合 CO_2 驱油与埋存实际运行工况，建立了室内 + 中试 + 矿场一体化腐蚀评价方法，揭示了 CO_2 驱油各环节腐蚀规律和主控因素，研发防腐固井水泥、"缓蚀 + 杀菌 + 阻垢"复合型缓蚀剂体系，集成配套移动式、固定式缓蚀剂加注工艺等，形成 CO_2 捕集、注入、采出及循环回注全系统防腐技术，现场试验腐蚀速率低于 0.076mm/a，满足行业标准要求。地面系统连续 8 年安全平稳运行，油井免修期由 580d 提高到 900d，防腐成本降低了 40%，防腐效果显著。

4.5 CO_2 监测技术

CO_2 埋存安全状况监测包含大气 CO_2 浓度监测、土壤气体浓度监测、地表水与湖泊水 pH 值及 CO_3^{2-}、HCO_3^-、CO_2 浓度监测 3 个关键环节，检测浓度是否超过正常值。优化组合 CO_2 埋存安全状况监测方法（表 2），形成地下 + 地表 + 空间一体化监测方法与监测评价流程，成功应用于吉林 CO_2 试验区，结果表明监测阶段内各主要指标正常，实现有效封存。

表 2 CO_2 埋存安全状况监测方法

监测项目	监测时间	监测点选择	监测要求	监测周期	监测设备
大气 CO_2 浓度	注气期间	在试验区选择约 10 口注气井、采油井，在每口井周围 20m 范围内取样	测量 CO_2 浓度	1 次 / 季，出现异常时加密取样	泵吸式二氧化碳检测仪
土壤气体浓度	注气期间	在试验区选择约 10 口注气井、采油井，在每口井周围 20m 范围内取样	当 CO_2 浓度高于正常值和预测值时，再进行 O_2、N_2、CH_4、C_2H_6、C_3H_8 等气体的浓度测试，以便于分析 CO_2 的来源	1 次 / 季，出现异常时加密取样	DIK-5220 土壤气体取样器
	注气结束			注入结束后 1 次 / 年，持续 5 年	气相色谱仪
地表水与湖泊水 pH 值及 CO_3^{2-}、HCO_3^-、CO_2 浓度	注气前	在黑 59 试验区采油井场钻浅层地层水井 2 口，设置取样点 2 个；在黑 79 南 8 个计量间的地表水源井设置取样点 8 个；在附近村屯设置取样点 2 个	测量原始地表水样 pH 值及 CO_3^{2-}、HCO_3^- 和 CO_2 浓度	1 次	便携式多参数水质分析仪
	注气期间		测量浅层地表水 pH 值及 CO_3^{2-}、HCO_3^- 和 CO_2 浓度	1 次 / 季，出现异常时加密取样	

CO_2 驱油存在混相不稳定、流体运移难控制、腐蚀问题突出、安全环保要求高等难题。为了解决这些问题，在油藏监测方面需要增加一些特殊项目，主要有吸气剖面监测、

直读压力监测、井流物分析、气相示踪剂、腐蚀监测和 CO_2 泄漏监测等。这些监测项目在吉林油田 CO_2 驱油试验区的实际应用中取得了较好的效果，明确了试验区动态变化的特点和趋势，为保混相、防气窜、防腐蚀、防泄漏提供了技术支撑，已经初步形成了适合 CO_2 驱油的油藏动态监测技术。

5 CCUS-EOR 前景展望

国内外矿场实践证明，CCUS-EOR 是规模化碳减排的主要方式，也是中国丰富的低渗透和非常规资源上产稳产和大幅度提高采收率的战略性接替技术[22]。

与国外 CCUS-EOR 相比，国内存在较大差距，突出表现在基础研究相对薄弱、关键核心技术配套程度低、矿场试验规模较小、提高采收率成本偏高，大规模 CCUS 工程实施经验不足，陆相强非均质油藏 CCUS-EOR 的部分关键技术还有待进一步验证升级，矿场管理水平还有待提高。国内 CCUS-EOR 正处于战略发展关键期，应大力发展完善配套技术标准系列，开展工业化试验，推动技术发展和降低综合成本。在全球"双碳"背景下，国内外碳交易价格高开高走之趋势不可逆转，CCUS-EOR 推动油田公司上下游业务绿色低碳转型的前景可期。初步潜力评价表明，国内地质封存 CO_2 潜力达到（1.21～4.13）× 10^{12}t[24]，其中，国内适宜 CCUS-EOR 的低渗透油藏储量超过 100×10^8t，具备新增可采储量 20×10^8t 以上的潜力。

为实现 CO_2 的高效利用和永久埋存，CCUS-EOR 可以分为两个阶段实施。第 1 阶段 CO_2 驱油与埋存，理念的转变带动资源开发，在主体部位 CO_2 重力驱的同时，带动低含油饱和度油水过渡带有效开发。在 CO_2 驱油资源化利用的同时，实现 CO_2 的有效埋存，以 CO_2 驱油利用为主，兼顾埋存，保证埋存 CO_2 有效益，是目前主要的实施方式。第 2 阶段 CO_2 埋存与利用，在 CO_2 埋存的同时，实现 CO_2 的永久埋存与利用。利用微生物将 CO_2 和残余油转换成甲烷等新技术，实现 CO_2 永久埋存和尾矿资源再利用。

5.1 CO_2 驱油与埋存

近年来在非常规理念和技术推动下，对资源的认识发生了革命性变化。鄂尔多斯和松辽等盆地大量低品位资源被发现，具有连续性油气藏的特点，分布面积十分广泛，其中多数资源发育在常规油藏的相对低部位，属于油水过渡带，面积比常规油藏大 3～5 倍，由于含油饱和度低，按照常规思路难以开发。

吉林大情字井油田部分区块的油水过渡带 CO_2 驱试验展现出良好效果。如果把常规低渗透油藏和大面积低含油饱和度的油水过渡带统筹考虑，开发利用非常规资源，并作为 CO_2 的巨量埋存场所，将为低渗透油藏开发以及 CO_2 驱油与埋存提供全新的思路。

研究发现油水过渡带油品仍保持为常规稀油的组分特点，具有转变开发方式开发的潜力，CO_2 重力稳定混相驱可进一步提高采收率和埋存率。对比分析黑 102 区块常规油藏生产原油与油水过渡带取心抽提原油发现（图 9），油水过渡带原油中重质饱和烃和胶质含量略有增加，芳香烃减少，但整体上原油四组分含量相差不大，说明吉林大情字井油田大范围分布的油水过渡带原油仍保持为常规稀油的组分特点。利用数值方法模拟计算了油水过渡带油藏平面混相驱和重力稳定驱的驱油和埋存效果差异。在相同的注入孔隙体积倍数条件下，相对平面混相驱，CO_2重力稳定混相驱采收率可再提高10.5个百分点，累计埋存率可再提高10.2个百分点（图10）。

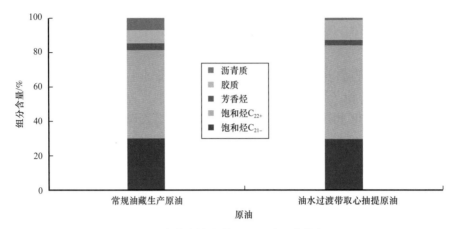

图9　吉林大情字井油田原油组分特点

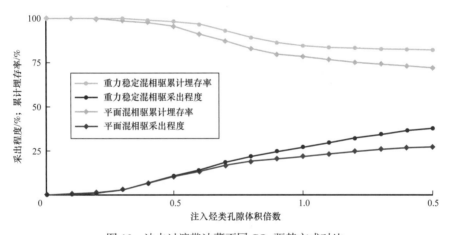

图10　油水过渡带油藏不同CO_2驱替方式对比

统筹考虑复杂断块与周围油水过渡带，可由单个断块油藏升级到构造控制整体区域的规模化CO_2驱油与埋存，带动低含油饱和度油水过渡带有效开发，实现CO_2驱油与埋存资源利用最大化。在松辽盆地南部的长岭断陷，具备开展构造控制整体区域规模化CO_2驱油与埋存示范的条件。常规特低渗透油藏分布有限，向低部位发育大量的油水同层、含油水层等油水过渡带。如果从构造整体考虑，把常规油藏与油水过渡带一起开发，埋存CO_2的同时还能采出过渡带的原油，极大地拓展了埋存空间，是CCUS-EOR的最佳选择。在大情字井油田适合CO_2混相驱的地质储量为$1.12×10^8$t，可新增可采储量$0.5×10^8$t以上，可累计埋存$CO_2 1.0×10^8$t以上。如把断块油藏与油水过渡带整体考虑，CO_2重力稳定混相驱可实现油水过渡带的有效开发，适合CO_2驱油与埋存的储量将增加3～5倍。

5.2 CO_2 埋存与利用

CO_2 埋存过程中涉及矿物、流体、本源微生物等多种介质,主要有体积置换、溶解滞留、矿化反应等机理。CO_2 驱后仍有 30%~40% 的原油滞留地下,需探索 CO_2 驱后期强化动用、残余油转换为甲烷等储备技术,研究利用微生物将 CO_2 和残余油转换成甲烷,实现 CO_2 永久埋存和尾矿资源再利用。

厌氧烃降解是油藏中普遍存在而缓慢进行的过程,CO_2 注入后油藏环境变为弱酸性,有利于激活氢酶活性[25],在产氢菌作用下产生 H_2,进一步在嗜氢产甲烷菌的作用下将 CO_2 和 H_2 转化为甲烷[26](图11)。

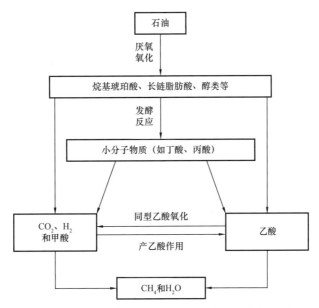

图 11 厌氧微生物利用石油和 CO_2 产生甲烷的途径

实验证明,在油藏环境条件下,高浓度的 CO_2 促使烃的厌氧降解和乙酸分解,使得甲烷的产率提高近 1 倍[27]。在 CO_2 驱油转埋存的过程中,CO_2 在油藏中的封存将有利于促使大量难以开发的残余油降解转化为小分子有机物,最终转化为甲烷。如利用玉门油田采出液中的微生物群落,加入石油和 CO_2,经厌氧培养 800d 后,甲烷产量体积比达 18.2%。

未来大量的废弃油藏在埋存 CO_2 的同时经厌氧微生物转换得到甲烷,利用甲烷与 CO_2 的密度差产生重力分异,在构造高部位使甲烷富集,可以择机开发,实现 CO_2 永久埋存。

6 结束语

经过几十年的探索和实践,创新发展了适合中国陆相沉积油藏 CO_2 驱油与埋存理论,核心关键技术取得突破,为工业化推广奠定了良好基础。

提出 C_7—C_{15} 也是影响 CO_2 与原油混相的重要组分的新认识,在矿场试验中验证了 CO_2 快速恢复地层能量、大幅提高区块产能和采收率等机理,实现了特低渗透高含水残余油油藏的有效开发，支撑矿场试验取得显著效果。

创建了陆相沉积油藏 CCUS-EOR 油藏工程设计技术，形成了以保持混相提高驱油效率、均匀驱替提高波及效率为重点的油藏工程参数设计及井网井距优化设计技术，最大限度发挥油藏 CO_2 驱油潜力。

通过持续攻关试验，初步形成了 CO_2 捕集技术、注采工艺、全系统防腐技术、监测技术等全流程配套技术，系列核心装备基本实现国产化替代，实现了工程配套技术的从无到有，支撑矿场试验取得了重大突破和进展。

国内 CCUS-EOR 试验区块累计注气量普遍较低，仅吉林黑 79 北区块小井距注气 1.05HCPV，预测最终采收率 56.4%，仍剩余近 44% 地质储量。需要不断创新，将油水过渡带油藏统筹考虑，实现构造控制整体区域的规模化 CO_2 驱油与埋存，加大构造高部位注 CO_2 稳定重力驱及促使残余油转甲烷等储备技术研究，力争混相驱最终采收率达到 70%以上，最大限度提高原油采收率和 CO_2 埋存率。

参 考 文 献

[1] 戴厚良，苏义脑，刘吉臻，等. 碳中和目标下我国能源发展战略思考 [J]. 石油科技论坛，2022，41（1）：1-8.

[2] 科学技术部社会发展科技司，中国 21 世纪议程管理中心. 中国碳捕集利用与封存技术发展路线图（2019）[M]. 北京：科学出版社，2019.

[3] IEA. Energy technology perspectives 2020: Special report on carbon capture utilisation and storage [R]. Paris: IEA, 2020.

[4] GCCSI. Global status of CCS 2021 [R]. Melbourne: Global CCS Institute, 2021.

[5] 廖广志，马德胜，王正茂，等. 油田开发重大试验实践与认识 [M]. 北京：石油工业出版社，2018：328，581-600.

[6] 计秉玉，王友启，聂俊，等. 中国石化提高采收率技术研究进展与应用 [J]. 石油与天然气地质，2016，37（4）：572-576.

[7] 沈平平，廖新维. 二氧化碳地质埋存与提高石油采收率技术 [M]. 北京：石油工业出版社，2009：128-144.

[8]《中国油气田开发志》总编纂委员会. 中国油气田开发志：综合卷 [M]. 北京：石油工业出版社，2011：44-75.

[9] 何江川，廖广志，王正茂. 油田开发战略与接替技术 [J]. 石油学报，2012，33（3）：519-525.

[10] 胡文瑞. 中国低渗透油气的现状与未来 [J]. 中国工程科学，2009，11（8）：29-37.

[11] 袁士义. 二氧化碳减排、储存和资源化利用的基础研究论文集 [C]. 北京：石油工业出版社，2014：1-7，319-332.

[12] 袁士义，宋新民，冉启全. 裂缝性油藏开发技术 [M]. 北京：石油工业出版社，2004：24-31，275-281.

[13] 张贤，李凯，马乔，等. 碳中和目标下 CCUS 技术发展定位与展望 [J]. 中国人口·资源与环境，2021，31（9）：29-33.

[14] 张贤，李阳，马乔，等. 我国碳捕集利用与封存技术发展研究 [J]. 中国工程科学，2021，23（6）：

70-80.

[15] 孙丽丽,崔惠娟,葛全胜. "一带一路"沿线主要国家碳捕集、利用和封存潜力与前景研究[J]. 气候变化研究进展, 2020, 16(5): 609-616.

[16] 李琦,刘桂臻,李小春,等. 多维度视角下 CO_2 捕集利用与封存技术的代际演变与预设[J]. 工程科学与技术, 2022, 54(1): 157-166.

[17] 李小春,张九天,李琦,等. 中国碳捕集、利用与封存技术路线图(2011版)实施情况评估分析[J]. 科技导报, 2018, 36(4): 85-95.

[18] 金毓荪,林志芳,甄鹏,等. 陆相油藏分层开发理论与实践[M]. 北京:石油工业出版社, 2016: 10-17.

[19] 苗军,阳国军. 我国二氧化碳捕集和驱油发展现状及展望[J]. 当代石油石化, 2020, 28(12): 32-37.

[20] 胡永乐,郝明强,陈国利,等. 中国 CO_2 驱油与埋存技术及实践[J]. 石油勘探与开发, 2019, 46(4): 716-727.

[21] 韩海水,李实,姚小琪,等. 基于摩尔密度的原油-CO_2 体系膨胀能力预测方法[J]. 石油学报, 2018, 39(4): 456-462.

[22] 袁士义,王强,李军诗,等. 注气提高采收率技术进展及前景展望[J]. 石油学报, 2020, 41(12): 1623-1632.

[23] 袁士义. 注气提高油田采收率技术文集[M]. 北京:石油工业出版社, 2016: 1-15.

[24] 科学技术部社会发展科技司,中国21世纪议程管理中心. 中国碳捕集利用与封存技术发展路线图(2021)[M]. 北京:科学出版社, 2021.

[25] VILCÁEZ J. Numerical modeling and simulation of microbial methanogenesis in geological CO_2 storage sites[J]. Journal of Petroleum Science and Engineering, 2015, 135: 583-595.

[26] MBADINGA S M, WANG L Y, ZHOU L, et al. Microbial communities involved in anaerobic degradation of alkanes[J]. International Biodeterioration & Biodegradation, 2011, 65(1): 1-13.

[27] MAYUMI D, DOLFING J, SAKATA S, et al. Carbon dioxide concentration dictates alternative methanogenic pathways in oil reservoirs[J]. Nature Communications, 2013, 4(1): 1998.

中国石化低渗透油藏 CO_2 驱油实践与认识

计秉玉,何应付

(中国石化石油勘探开发研究院)

摘 要:针对水驱难以有效开发的低—特低渗透油藏,中国石化开展了 30 余个 CO_2 驱矿场试验,取得了初步效果与认识。首先系统阐述了中国石化 CO_2 驱矿场试验进展和典型油藏的效果,分析了技术政策和关键指标的变化特点,指出了中国石化发展 CO_2 驱面临的问题,并提出了发展建议。分析表明,CO_2 驱解决了低—特低渗透油藏有效补充能量的难题,采用连续注气转水气交替的注入方式,方案实施 6 个月左右油井见效,平均单井增油 1 倍以上,换油率介于 0.15~0.40t/t。但中国石化低—特低渗透油藏最小混相压力多高于 25MPa,CO_2 驱混相程度低;同时,低成本气源匮乏,使得 CO_2 驱经济效益受限。建议在争取国家政策补贴的基础上,实施 CCUS(碳捕获、利用与封存)整体优化,并发展 CO_2 与化学剂复合驱、尾追烟道气/氮气驱技术,改善驱油效果,提升经济效益。

关键词:CO_2 驱;低渗透油藏;先导试验;实践、技术政策;发展建议

Practice and Understanding about CO_2 Flooding in Low Permeability Oil Reservoirs by Sinopec

JI Bingyu, HE Yingfu

(Sinopec Exploration and Production Research Institute)

Abstract: In order to solve the problem that water flooding is difficult to effectively develop low-ultra-low permeability reservoirs, Sinopec has carried out more than 30 field tests of CO_2 flooding, and achieves preliminary results and understanding. In this paper, firstly, the field test progress of CO_2 flooding and typical reservoir effects of SINOPEC are systematically described. Then, the change characteristics of technical policies and key indicators are analyzed. Finally, the problems faced by the development of CO_2 flooding in Sinopec are pointed out, and the development suggestions are put forward. The analysis reveals that the CO_2 flooding is an effective method to supplement energy for the low and ultra-low permeability reservoir. In order to produce more oil, WAG (water alternating gas) flooding are performed after continuous gas flooding. The oil well take effects about 6 months after the program is implemented. The average oil production by single well is increased by more than one-time and the oil change rate is 0.15~0.40 t/t. But the economic benefit through CO_2 flooding is limited by two problems. The first one is that the minimum miscible pressure for CO_2 is usually higher than 25 MPa in the

---

基金项目:国家科技重大专项"鄂尔多斯致密低渗油气藏注气提高采收率技术研究"(2016ZX05048-003)。

low and ultra-low permeability reservoir and it is difficult to achieve fully miscible condition. The second one is that the lack of low-cost gas sources limits the economic benefits of CO_2. In order to improve the oil displacement efficiency and achieve high economic benefit, not only the national subsidy policy is required, but also the optimization for CCUS is needed. The CO_2 flooding can also be performed with chemical agents, flue gas or nitrogen to improve oil displacement effect and enhance economic benefit.

Key words: CO_2 flooding; low permeability reservoir; pilot test; implement; technical policy; development proposal

通过注入CO_2提高采收率的方法研究早在1920年就有文献记载[1]，美国人WHORTON[2]在1952年申请了第一个CO_2采油技术专利。CO_2的现场应用最早开始于1956年，在美国Permain（二叠）盆地首先进行了注CO_2混相驱替试验[3]。结果表明，注CO_2不但是一种有效提高采收率方法，而且具有很高的经济效益，从而成为继热采之后的又一大EOR（提高采收率）技术。

中国注CO_2提高采收率室内研究始于20世纪60年代，矿场试验始于20世纪90年代。大庆油田将CO_2驱油作为提高采收率的手段，在高含水油田萨南葡I2开展试验[4-5]，采收率提高8个百分点左右，但由于无法与化学驱竞争而终止（化学驱提高采收率12个百分点以上）。

与美国、加拿大等国家不同，中国的化学驱是提高采收率的主流技术，主要应用于中高渗透的高含水油藏。采用CO_2驱油的油藏更多的是低渗透油藏。2003年以来，延长油矿，中国石油的大庆油田、吉林油田，中国石化的华东分公司、东北分公司、胜利油田、中原油田、江苏油田先后开展了致密/低渗透油藏CO_2驱油先导试验。实践表明，与水驱相比，CO_2驱大幅度提高了注入能力，解决了补充能量困难的问题[6-15]，CO_2驱油应用于低渗透油藏前景广阔。在目前碳达峰、碳中和的背景下，注CO_2能够满足驱油与埋存的双重需求[16]，是CCUS实施的主要阵地，不仅具有现实的经济意义，而且具有显著的社会效益。

系统介绍了中国石化低渗透油藏CO_2驱矿场试验进展，分析了主要做法及取得的效果，并针对低渗透油藏CO_2驱所存在的问题，提出了下一步的发展方向，旨在为CO_2驱在低渗透油藏的规模应用提供借鉴和参考。

1 中国石化CO_2驱矿场试验进展

截至2020年底，中国石化针对无法水驱或水驱效果差的油藏已开展了43个区块（井组）矿场试验，覆盖储量$3350×10^4$t，其中低渗致密区块共33个，覆盖地质储量$2608×10^4$t，年注气$14×10^4$t，累计注气$192×10^4$t，年产油$8.5×10^4$t，年增油$3.4×10^4$t，累计增油$38.2×10^4$t。

历年注气区块（井组）和覆盖储量数变化表明（图1），中国石化尽管CO_2气源短缺，费用较高，但自2003年起，区块数和覆盖储量数持续增加，特别是苏北盆地应用规模明显增大。

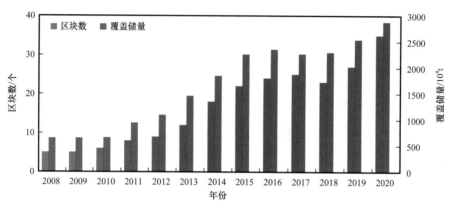

图1 中国石化CO_2驱覆盖储量和区块数变化

先导试验按照早期开发情况，分为5类：第一类为一般低渗透注水开发后CO_2混相驱，典型代表为苏北盆地草舍油田泰州组油藏（实际上在CO_2驱替过程中，生产井流压也远低于长细管实验确定的最小混相压力）；第二类为一般低渗透油藏注水开发后CO_2非混相驱，典型代表为苏北盆地马38区块；第三类为特低渗透油藏衰竭开采后注CO_2混相驱，典型代表为苏北盆地张家垛油田张1断块；第四类为特低渗透裂缝性油藏注水开发后CO_2非混相驱，典型代表为腰英台油田腰西区块；第五类为特低渗透早期注CO_2近混相驱，典型代表为胜利油田高89-1区块。

1.1 苏北盆地草舍油田

草舍油田南断块泰州组油藏平均埋藏深度3020m，含油面积0.703km^2，地质储量$142×10^4t$，可采储量$59×10^4t$，储层平均孔隙度为14.8%，渗透率$46.0×10^{-3}\mu m^2$，地层倾角10°~15°，油藏温度104℃，原油密度0.879g/cm^3，原油黏度12.80mPa·s，为断块封闭的弱边水—弹性驱动类型的块状砂岩油藏。注气前油藏压力为32.06MPa，CO_2—原油最小混相压力29.34MPa。2005年7月开始注气采油先导试验，2007年9月主体部位注气，注采井距250m左右，采用连续注气后转水气交替方式，2015年12月注气结束（图2）。试验区注气井6口，采油井15口，累计注气$20.8×10^4t$，累计增油$11.60×10^4t$。2017年试验区开展二次注气试验，探索注CO_2后油藏提高采收率的可行性，截至2020年12月，二次注气试验累计注气$8.2×10^4t$，累计增油$1.92×10^4t$。

1.2 苏北盆地马38区块

苏北盆地马38区块地质储量$41×10^4t$，地层倾角10.5°，孔隙度16%，渗透率$15.7×10^{-3}\mu m^2$，原油密度0.84g/cm^3，原油黏度12.3mPa·s，地层压力21.0MPa，地层温度81℃，CO_2-原油最小混相压力28MPa。2018年3月开展CO_2试注，注采井距300m左右，2018年10月开展CO_2非混相驱替，采用连续注气方式，注气井2口，日注气41t，截至 2020 年 10 月底，累计注入液碳 1.5×10^4t，日增油 3.1t，累计增油 0.47×10^4t，换油率 0.313t/t（图 3）。

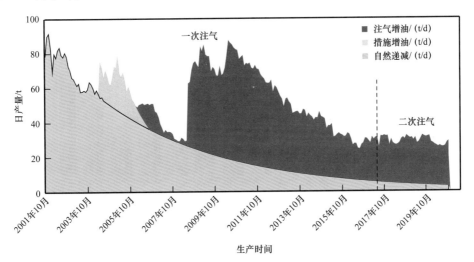

图 2　苏北盆地草舍油田注气混相驱产油量组成曲线

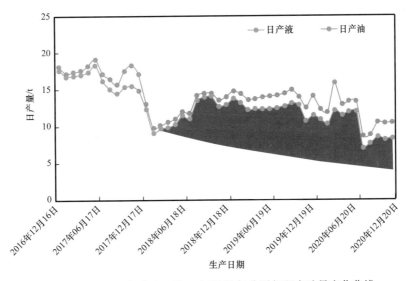

图 3　苏北盆地马家嘴油田马 38 区块注气非混相驱产油量变化曲线

1.3　张家垛油田张 1 区块

张家垛油田张 1 区块位于苏北盆地南部海安凹陷西部曲塘次凹的北部陡坡带，主力含油层系为阜三段，油藏埋深 2700～3700m。储层岩性以细、粉砂岩为主，储层以长石石英细砂岩和岩屑石英细砂岩为主，动用含油面积 $0.91km^2$，储量 47×10^4t，渗透率 $5 \times 10^{-3} \mu m^2$，孔隙度 17%，地层倾角 40°，地层温度 112℃，原油密度 $0.80g/cm^3$，原油黏度 $1.74mPa \cdot s$，CO_2- 原油最小混相压力 32MPa，地层压力 32MPa。区块于 2015 年 12

月开始注气,井距 350m 左右,采用连续注气方式,截至 2019 年 12 月底注气累计增油 1.93×10^4t,年增油 7186.66t,月增油 430.42t,换油率 0.82t/t,累计换油率 0.58t/t,阶段提高采收率 4.10%(图 4)。

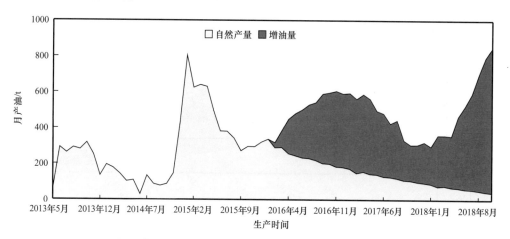

图 4　苏北盆地张家垛油田张 1 区块注 CO_2 产量变化曲线

1.4　腰英台油田 CO_2 驱先导试验区

腰英台油田 CO_2 驱先导试验区主要开发层系为青一Ⅱ和青二Ⅳ砂岩组,储层中深 2100m,平均孔隙度 14.23%,平均渗透率 $2.0\times10^{-3}\mu m^2$,三角洲前缘沉积微相,天然微裂缝发育,裂缝密度 0.2 条/m 左右;原油黏度 1.91mPa·s,原油密度 0.79g/cm³,CO_2-原油最小混相压力 26MPa,注气前平均地层压力仅为 12MPa。油藏早期采用水驱开发方式,注气前含水率 82.4%,第一期试验区 2011 年 4 月开始注气,采用沿裂缝排状井网线性驱替,注采井距 300m 左右,单井日注 30t 左右,连续注气 1.5 年后,第二期试验区转注,与一期试验区交替实施水气交替驱。2015 年 8 月停止注气,累计注气 22.6×10^4t,累计增油 1.74×10^4t,CO_2 阶段埋存率 92.6%(图 5)。

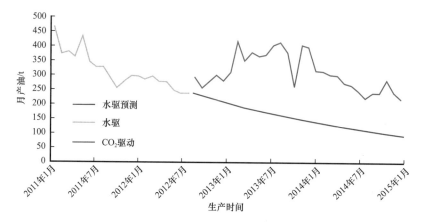

图 5　松辽盆地腰英台油田 CO_2 第二期先导试验
产油量变化曲线

1.5 胜利油田高 89-1 区块先导试验区

该试验区位于正理庄油田西部,主力含油层系为沙四段,地质储量 $170.0 \times 10^4 t$,油藏埋深 2700～3100m,渗透率 $4.7 \times 10^{-3} \mu m^2$,孔隙度 12.5%,原油黏度 1.59mPa·s,原油密度 $0.738 g/cm^3$,原始地层压力 41.8MPa,地层温度 126℃,注气前地层压力 23.2MPa,最小混相压力 28.9MPa。2018 年 1 月开始注气,超前注气半年后,地层压力升高 6MPa(图 6),对应油井不压裂可自喷生产。截至 2020 年 11 月,年产油 $0.73 \times 10^4 t$、年增油 $0.33 \times 10^4 t$、年注气 $1.0 \times 10^4 t$、累计注气 $28.8 \times 10^4 t$、累计增油 $9.3 \times 10^4 t$、区块提高采出程度 5.4%、CO_2 换油率 0.32t/t,预测区块最终可提高采收率 14.6%。

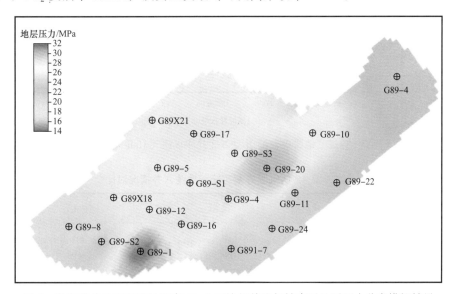

图 6 渤海湾盆地正理庄油田高 89-1 区块超前注气结束后地层压力分布模拟结果

从已实施的 CO_2 先导试验见效情况看,不论是一般低渗还是特低渗油藏,都取得了较好的增产效果,特别是混相压力较低油藏,油井见效比例高,有效期长,不仅技术上成功,也具有较好的经济效益。但中国 CO_2 驱主要用于水驱无法正常开发的低渗、特低渗透油藏,且多数采用压裂开发,强非均质性和优势通道导致气窜严重,特别是裂缝性油藏非混相驱替,气窜速度较快,腰英台油田部分井 2～3 个月见气,且气油比上升速度较快,影响经济效益。

2 CO_2 驱关键指标方面的认识

CO_2 驱关键指标主要指注入能力、增油量、提高采收率和换油率等方面,是 CO_2 驱油可行性的重要表征。

2.1 与注水相比注入能力大幅度提升

低—特低渗透油藏实施 CO_2 驱的最大优势是注入能力强,补充能量效果显著。腰英台油藏 2-2 井 Hall（霍尔）曲线分析表明注 CO_2 能力是注水能力的 2~3 倍（图 7）。卫 42 块储层渗透率 $3.85\times10^{-3}\mu m^2$，注水压力高达 40MPa，注水井转注气压力下降为 30MPa（表 1），实现了注水困难油藏有效注入。

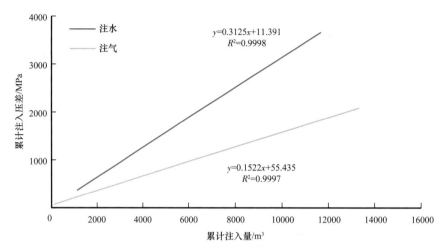

图 7 松辽盆地腰英台油田腰 2-2 井注水注气 Hall 曲线对比

表 1 卫 42 块气驱方案实施前后注入井情况对比

井号	注气前			注气后		
	日注水 /m^3	注水压力 /MPa	累计注水 /$10^4 m^3$	日注气 /t	注气压力 /MPa	累计注气 /$10^4 m^3$
卫 42-4	10	40	5.5	11	31	449
卫 42-39	25	40	4.6	30	33	1471
卫 42-20	36	40	3.43	30	27	1676

2.2 单井产量提高 1~2 倍

从中国石化低—特低渗透油藏各试验区实施效果看，方案实施 6 个月后油井逐渐见效，见效后油井产量有明显的升高，其中混相驱、近混相驱单井产量升高 1 倍以上，比如草舍泰州组 CO_2 混相驱平均单井产量由 2.05t/d 升高至 5.79t/d，增加了 1.8 倍；高 89-1 区块近混相驱平均单井产量由 2.84t/d 升高至 6.05t/d，增加了 1.1 倍。非混相驱单井产量增加了 30% 以上，比如马 38 区块平均单井产量由 1.15t/d 升高至 2t/d，增加了 74%；腰英台油田注 CO_2 后见效井平均单井增油 0.67t/d，比实施前增加 40%。

2.3 换油率平均为 0.2t/t

中国石化已实施区块的阶段换油率介于 0.1~0.4t/t（图 8），其中换油率低于 0.2t/t 的区块数占总实施项目的 40% 左右，高于 0.3t/t 的区块数占总项目数不到 30%，所有区块平均换油率 0.20t/t，与美国 0.4～0.5t/t 水平相比差距加大，需要进一步提高方案设计水平，改善 CO_2 驱的经济效益。

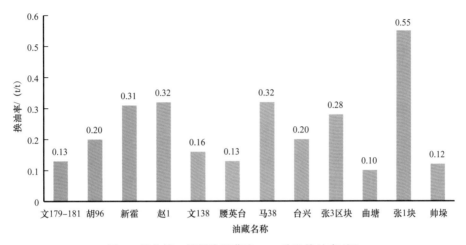

图 8　部分低—特低渗油藏注 CO_2 阶段换油率对比

2.4　预期提高采收率 8%～12%

中国石化低渗透油藏 CO_2 驱预期提高采收率幅度介于 8%～12%，低于美国 CO_2 驱提高采收率的平均值 15.86%。主要原因：（1）美国 CO_2 驱油藏以海相沉积为主，CO_2-原油混相压力低，部分油藏甚至低于 10MPa；（2）美国 CO_2 设计注入量和实际注入总量都较高，但由于非均质性强导致气窜，中国 CO_2 注入总量不高（图 9）。

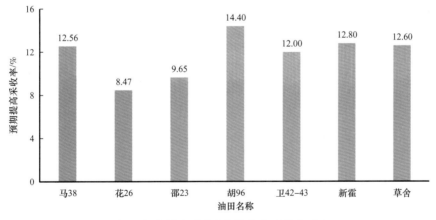

图 9　部分低渗透油藏预期提高采收率对比

2.5　封存率

从已实施区块的监测数据看，各区块 CO_2 采出量较低。截至 2020 年 11 月，各试验区累计采出 CO_2 量仅为 13.92×10^4t，占总注入量的 7.25%，即目前阶段埋存率为 92.75%。

随着项目的实施，CO_2 会逐渐产出，埋存率可能会出现较大幅度的下降。

美国 CO_2 驱采用循环注气方式，理论埋存率可达 100%。根据中国碳中和的政策，未来实施 CO_2 驱必然采用回收循环利用的技术政策。目前该技术已经在中国石化华东油气田试验成功，能够实现 100% 的存碳率，并回收部分轻烃。

3 CO_2 驱技术政策方面的认识

3.1 低渗透油藏水气交替

中国油藏多为陆相沉积，非均质性严重，必然影响 CO_2 波及体积。除化学封窜外，注采方式优化是防窜并提高 CO_2 波及体积的主要手段。室内研究表明，已有的注入方式中，水气交替效果最好，周期注气次之，连续注气最差。从矿场实施情况看，由于低—特低渗透油藏注水较为困难，且担心水锁，多数试验区在试注阶段、驱替早期阶段采用先连续注气方式，随着驱替的进行逐渐转为水气交替的方式。对比转水气交替前后的产量变化来看，即使转水气交替（WAG）前已经见效，产量明显提升，转水气交替后仍然会再次见效，产量会出现第二个高峰，比如草舍泰州组、张家垛油田张 1 区块（图 4）、张 3 区块（图 10）、腰英台油田一期试验区。对比不同方式换油率也可以看出，连续转水气交替换油率保持在较高水平，明显高出连续注气（曲塘、帅垛、华庄、祝庄、文 138 等低于 0.2t/t）的效果。因此，建议在能够注水或者连续驱替一段时间后能够注水的油藏实施水气交替政策。

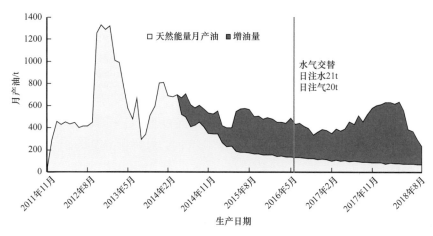

图 10 苏北盆地张家垛油田张 3 区块产油量与增油量变化曲线

3.2 层系井网

层系、井网和井距对 CO_2 驱波及体积和驱替效果影响显著。实践表明，CO_2 驱油层系划分要保证主力油层发挥作用，严控射孔界限，尽量不压裂。低—特低渗透油藏 CO_2 驱合理井网形式要综合考虑砂体分布形态、压裂裂缝方位、剩余油分布、储量动用程度等，现有先导试验区主要采用五点法（高 89-1 区块）行列井网（腰英台）或高部位点状注气（花 32 断块、马 38 断块）；CO_2 驱合理井距主要考虑启动压力梯度和储量丰度，既要使得原油能够被驱动，又要经济有效，研究和矿场实践表明，CO_2 驱技术极限井距是水驱技术极限井距的 2 倍左右，一般为 300~400m，最大井距 700m 可实现经济有效动用（中原油田文 200）。

3.3 较高的压力系统

中国油藏大多陆相生油，原油重质组分含量高，原油密度和黏度相对较高，CO_2-原油最小混相压力较高，一般大于 25MPa，如何提高混相程度是 CO_2 驱技术政策优化的另一个核心。中国石化各试验区主要采用超前注气[17]、高压低速[18]、控制注采比等方式保持地层压力，改善混相程度。比如高 89-1 区块超前注气半年，将地层压力由 23.2MPa 提高至 29.2MPa，达到最小混相压力。目前，中国石化多家单位正在探索注入 CO_2 增效剂来降低最小混相压力的方法。该方法已在室内实验中取得了成功，最小混相压力可降低 20% 以上。

3.4 低速开采

与水驱相比，油气黏度比较大，在注气驱油时大多会产生较为严重的黏性指进现象，同时 CO_2 易溶解于原油并在原油中扩散，使得 CO_2 驱存在相和组分两个前缘。为了降低黏性指进并发挥 CO_2 溶解扩散作用、延缓气相突破时间，中国石化提出了周期注气、异步周期注采等新低速开发模式。数值模拟表明，驱替速度越低，Peclet 数（对流速率与扩散速率之比）越小，扩散溶解作用发挥越充分，组分突破越早而相突破越晚，开发效果越好；由于 CO_2 的扩散和溶解作用，在周期注气、异步周期注采等的浸泡期间，黏性指进现象会逐渐消失，CO_2 进入连续驱替后剩下的旁通油等死油区部位，将这些连续驱替难以动用的剩余油采出。

此外，由于 CO_2 流度大，陆相储层非均质性强，还应持续加大技术攻关力度，研发低成本泡沫复合驱技术、智能注采调整技术等提高 CO_2 波及体积技术；同时，加强驱油埋存一体化技术研究，变驱油导向为驱油封存协同导向，可实现增加原油产量和 CO_2 埋存的双赢。

4 CO_2 驱存在的主要问题

与北美相比，中国东部老区 CO_2 驱无论在技术效果方面，还是经济效益方面都有很大差距，目前还难以规模化展开，存在的主要问题概况为如下几个方面。

（1）碳源缺乏。

国外 CO_2 驱气源主要是天然 CO_2 气藏（85% 以上）及高碳天然气开发副产品，比如 Weyburn（韦本）油田项目来自美国北达科他合成燃料厂净化装置的 CO_2；中国天然 CO_2 气藏不足，高碳天然气藏资源也有限，大规模发展 CO_2 驱油需要借力工业废气的捕集处理，导致国内 CO_2 供应不及时、供应量不足且价格高昂，这也是现有项目经济效益有限的主要因素。在碳达峰、碳中和政策下，碳源价格有望下降，有利于 CO_2 驱的推广应用。

（2）运输成本高。

管输是工业化实施 CO_2 驱油和埋存的基本条件，国外管网发达，已经建成的长距离输送 CO_2 管线超过 3000km。国内以车载、船运为主，管网不健全，中国石化只在小管径短距离高压输送方面进行过尝试。CO_2 气工业化处理和管输方法还没有形成，限制了高含 CO_2 天然气田开发和 CO_2 驱油规模应用。

（3）非均质性强且混相难度大。

国外实施 CO_2 驱油的油藏以海相生油为主，储层均质性较好、混相压力低；国内主要针对难动用储量，储层品质较差，且多数采用压裂开发，非均质性强，易产生气窜，且陆相生油，原油多为石蜡基，CO_2 混相压力高，多数试验区最小混相压力高于 25MPa，混相难度大。对中国石化部分低渗透油田数值模拟计算表明，混相体积系数一般小于 35%，近混相体积系数一般小于 50%（表 2），说明对于中国东部陆相沉积低渗透油藏，CO 驱主要为非完全混相驱[19-20]。

表 2 中国石化部分低—特低渗透油藏 CO_2 驱混相程度评价

油田名称	混相体积系数 /%	半混相体积系数 /%
腰英台油田	5	24
草舍泰州组	32	42
高 89 断块	27	48
胜利樊 15	16	32
胜利桩 11	31	47
江汉新沟	9	24
江苏崔庄	15	31

（4）腐蚀问题严重。

腐蚀问题是困扰中国石化大规模推广 CO_2 驱的重大问题之一，比如江苏油田富 14 区块正是由于腐蚀问题导致试验停止。目前中国石化 CO_2 驱注采输系统和产出气循环利用系统以注防腐剂防腐为主，投资偏大，运行成本高。

整体来看，中国石化 CO_2 驱受碳源和运输成本偏高，以及油藏非均质性强和混相压力高等影响，提高采收率幅度不高，经济效果受限。

5 结论与建议

（1）中国石化针对低—特低渗透油藏开展了多年的先导试验，结果表明 CO_2 驱解决了低—特低渗透油藏有效补充能量的难题，多采用连续注气转水气交替的注入方式，混相驱平均单井增油1倍以上，换油率介于0.15～0.40t/t。

（2）CO_2驱油与封存是最为经济有效的减排方式，建议CCUS整体优化，并争取国家政策，降低气源成本，提升经济效益。

（3）针对我国油藏地质特点和缺乏低成本气源的实际，探索CO_2驱油与化学驱方法的复合增效驱油、CO_2尾追烟道气、N_2等驱油机理与技术研究，发挥不同驱替剂的协同优势，提升CO_2驱油效果。

参 考 文 献

［1］KHATIB A K, EARLOUGHER R C, KANTAR K. CO_2 injection as an immiscible application for enhanced recovery in heavy oil reservoirs［C］// Paper SPE-9928-MS presented at the SPE California Regional Meeting, Bakersfield, California, March 1981.

［2］WHORTON L P, BROWNSCOMBE E R, DYES A B. A method of CO_2 flooding for oil recover: US, 2623596［P］.1952-07-05.

［3］FOX M J, SIMLOTE V N, BEATY W G. Evalutaion of CO_2 flood performance, Springer "A" sand NE Purdy Unit, Garnin County, OK［C］// Paper SPE-12665-MS presented at the SPE Enhanced Oil Recovery Symposium, Tulsa, Oklahoma, April, 1984.

［4］董喜贵，韩培慧.大庆油田二氧化碳驱油先导性矿场试验［M］.北京：石油工业出版社，1999.

［5］谢尚贤，韩培慧，钱昱.大庆油田萨南东部过渡带注CO_2驱油先导性矿场试验研究［J］.油气采收率技术，1997，4（3）：13-19.

［6］李阳.低渗透油藏CO_2驱提高采收率技术进展及展望［J］.油气地质与采收率，2020，27（1）：1-10.

［7］杨勇.胜利油田特低渗透油藏CO_2驱技术研究与实践［J］.油气地质与采收率，2020，27（1）：11-19.

［8］聂法健，毛洪超，王庆，等.中原油田CO_2驱提高采收率技术及现场实践［J］.油气地质与采收率，2020，27（1）：146-151.

［9］陈祖华，吴公益，钱卫明，等.苏北盆地复杂小断块油藏注CO_2提高采收率技术及应用［J］.油气地质与采收率，2020，27（1）：152-162.

［10］MENG Xianling. Low-carbon development strategy and CCS/ CCUS practices of Sinopec［C］// Paper CMTC-438081-MS presented at the Carbon Management Technology Conference, Sugar land, Texas, November 2015.

［11］郑玉飞，李翔，徐景亮，等.层内自生CO_2提高采收率技术在海上油田的研究及应用［J］.石油与天然气化工，2019，48（6）：70-74.

［12］刘小杰，黄帅帅，美合日阿依·穆泰力普，等.CO_2与混合烷烃最小混相压力的界面张力法实验研究［J］.石油与天然气化工，2020，49（3）：87-92.

［13］唐凡，朱永刚，张彦明，等.CO_2注入对储层多孔介质及赋存流体性质影响实验研究［J］.石油与天然气化工，2021，50（1）：72-76.

［14］田巍.CO_2驱提高采收率方法在深层低渗透油藏的应用［J］.石油地质与工程，2020，34（4）：50-54.

［15］董炳阳.低渗挥发性油藏CO_2驱注入时机室内实验研究［J］.石油地质与工程，2020，34（3）：

81-84.

[16] 刘刚. 致密油体积压裂水平井 CO_2 吞吐注采参数优化［J］. 石油地质与工程, 2020, 34（2）: 90-93.

[17] 何应付, 高慧梅, 周锡生. 改善特低渗透油藏注 CO_2 驱油效果的方法研究［J］. 断块油气田, 2011, 18（4）: 512-515.

[18] 计秉玉, 何应付, 赵淑霞, 等. 一种改善低渗透裂缝性储层注气驱效果的方法: 中国, 201410851715.8［P］. 2018-9-11.

[19] 计秉玉, 王凤兰, 何应付. 对 CO_2 驱油过程中油气混相特征的再认识［J］. 大庆石油地质与开发, 2009, 28（3）: 103-109.

[20] JI B Y, LYU C Y, WAN G R, et al. Theoretical advances and applications of CO_2 flooding for low permeability reservoirs［C］//Paper WPC-21-1131 presented at the 21st World Petroleum Congress, Moscow, Russia, June 2014.

（本文原刊于《油气藏评价与开发》2021 年第 6 期）

CCUS 产业发展特点及成本界限研究

胡永乐，郝明强

（中国石油勘探开发研究院）

摘 要：世界范围内 CCUS（CO_2 捕集、利用与埋存）产业发展迅速，并且逐渐从单环节项目向全产业项目发展；捕集对象从电厂和天然气处理，扩展到钢铁、水泥、煤油、化肥及制氢等行业。目前，产业驱动方式主要有 5 种：政府及公共基金、国家激励政策、税收、强制性减排政策及碳交易等。我国规模集中排放 CO_2 的企业主要以电厂、水泥、钢铁和煤化工为主，其排放量约占总量的 92%。按浓度划分，以低浓度的电厂、水泥、钢铁及炼化行业为主，高浓度的煤化工、合成氨、电石及中浓度的聚乙烯行业排放源相对较少。CO_2 来源成本由捕集、压缩及运输 3 部分构成，这 3 项成本均受捕集规模的影响，而捕集成本还与排放源浓度密切相关，高浓度排放源以压缩成本为主，低浓度排放源以捕集成本为主。多数油田对 CO_2 成本的承受力低于其来源成本，这之间的差距需要寻求技术、政策及市场等方面的途径来填补。

关键词：CO_2 捕集、利用与埋存；产业模式；驱动方式；成本构成

Development characteristics and cost analysis of CCUS in China

HU Yongle，HAO Mingqiang

（Research Institute of Petroleum Exploration & Development）

Abstract：Nowadays, the CCUS industry is developing rapidly worldwide, of which the projects are gradually turning from single-section items to whole-industry ones. The target of capture has expanded from power plants and natural gas processing to steel, cement, kerosene, fertilizers and hydrogen production. At present, there are five major ways to drive the industry: government and public funds, national incentive policies, taxation, mandatory emission reduction policies and carbon trading. In China, the CO_2 emitting enterprises are mainly power plants, cement, steel and coal chemicals, accounting for 92% of the total emissions. According to the concentration, the low concentration CO_2 emission sources are mainly from power plants, cement, steel and refining and chemical industries, that with high concentration are mainly from coal chemical industry, synthetic ammonia and calcium carbide, and that with medium concentration is mainly from the polyethylene industry. The first are the majority, while the latter two are relatively few. Costs of CO_2 sources are comprised of three main parts: capture

---

基金项目：国家科技重大专项"CO_2 捕集、驱油与埋存关键技术及应用"（2016ZX05016）。

cost, compression cost and transportation cost, all of which are affected by the scale of capture. Meanwhile, the cost of capture is also related to the concentration of emission source. For the type of high CO_2 concentration, the expense of compression takes the lead in accounting. And capture cost is for the low CO_2 concentration type. As the tolerance of CO_2 cost is lower than source cost for most oilfields, it is necessary to seek ways like technology, policies or markets to fill the gap and promote the sustainable development.

Key words: CCUS; industry pattern; drive mode; cost; composition

当前，碳捕集、利用与埋存（CCUS）技术作为应对全球气候变化的重要技术途径之一，受到世界各国的广泛关注。国际能源署研究表明，到 2050 年将空气中的温室气体浓度限制在 4.5×10^{-4} 以内的所有碳减排技术中，CCUS 的贡献为 9% 左右。因此，全球主要能源研究机构、碳减排倡导组织、以及一些国家和地区将 CCUS 技术作为未来主要的碳减排技术[1-3]。一方面，该项技术具有较大的碳减排潜力；另一方面，它与化石燃料系统具有良好的结合度，而且可以被广泛应用于其他行业，如石油开采、机械加工、化工、消防、食品加工和生物养殖等[4-7]。该文将介绍国内外 CCUS 的产业发展现状、我国规模集中 CO_2 排放源的特点，分析 CO_2 来源成本与驱油成本界限，并提出缩小成本差距的几个主要途径。

1 国内外 CCUS 产业发展现状

1.1 CCUS 产业各环节技术成熟度

CCUS 是一项新兴产业，就整个产业链而言，目前还处在研发和示范阶段。但从技术角度看，其所涉及到的捕集、运输和埋存 3 大环节，均有较为成熟的技术可以借鉴。

在捕集阶段，电力行业燃烧后处理技术已较为成熟，所有发电类型均可采用；燃烧前处理技术属新兴技术，虽然发电机昂贵（由于附加的煤气化单元），但捕集成本较低；氧化燃料技术不太成熟，应用较少，比燃烧后处理成本高。工业部门捕集技术成熟度差异较大，发展状况不一，其中从高纯 CO_2 源捕集方面面临的技术挑战较少，相对较为成熟；而低浓度的如水泥、钢铁、炼油等行业的 CO_2 捕集则尚待发展[8-9]。

在运输阶段，运输方式灵活多样，且已在其他行业有较成熟的经验可借鉴。其中，CO_2 的管道输送正作为一项成熟技术在商业化应用[10]。但需要重点关注的是如果进入大规模推广阶段，该如何制定合理的全局运输规划。

在埋存阶段，石油公司在长期的油气藏勘探开发过程中，已经拥有一支系统、专业化的勘探开发工程队伍，并在地质勘探、钻井、开发领域积累了丰富的实践经验。国内外已开展的一系列 CO_2 驱油的现场应用，为 CO_2 在油气藏和其他地质体的埋存做出了工程实践的样板。目前，国际上也已开展海上盐水层及废气油气田埋存 CO_2 的示范项目[11]。

1.2 在执行的 CCUS 项目特点

根据 GCCSI 的统计，目前世界上共有 CCUS 项目超过 400 个，其中年捕集规模在 40×10^4t 以上的大规模综合性项目有 43 个（含目前运行、在建和规划的项目）。

从 CO_2 排放源类型及规模来看，世界大规模综合性项目涉及的排放源有电厂、天然气处理、合成气、煤液化、化肥、制氢、钢铁、炼油及化工行业。其中电厂捕集量最大，占 52%；其次是天然气处理，占 20%；合成气占 14%[7]。

在平均单个项目 CO_2 捕集量上，天然气处理、合成气、煤液化及电力行业的 CO_2 捕集规模较大，可高达到（500～850）$\times 10^4$t/a，平均单个项目 CO_2 捕集量为（200～370）$\times 10^4$t/a；化肥、制氢、钢铁、炼油及化工行业 CO_2 捕集规模相对较小，平均为（90～120）$\times 10^4$t/a[8]。

1.3 CCUS 产业模式及驱动方式

按 CCUS 产业捕集、运输、利用及埋存环节的组合关系，可将目前国内外 CCUS 产业模式分为 3 类：（1）CU 型：产业环节组合为捕集—利用，即对排放的 CO_2 进行捕集，其捕集的 CO_2 直接利用于化学品、制冷、饮料等；（2）CTUS 型：产业环节组合为捕集—运输—利用+埋存，如美国在 Oklahoma 运行中的 Enid 化肥项目，捕集量约为 0.68×10^8t/a，采用陆陆管道运输模式，用于 CO_2 驱油；（3）CTS 型：捕集—运输—埋存，如挪威在北海已运行的 SleipnerCO_2 注入盐水层项目。目前，世界上大规模综合性项目中，美国、加拿大及中东地区以 CTUS-EOR 产业模式为主，欧洲及澳大利亚—新西兰则以 CTS-盐水层及废弃油气田模式居多。我国运行及在建产项目中，多以 CO_2 利用为主，因此，产业模式多为 CU 型，部分为 CUS 型，完整产业链的 CTUS 相对较少；计划执行的大规模项目中，完整产业链、永久埋存的产业模式 CTUS 或 CTS 开始增多[14-17]。

目前，CCUS 产业发展的驱动方式主要有 5 种，分别为：政府及公共基金、国家激励政策、税收（碳税）、强制性减排政策及碳交易等。其中，激励政策包括政府或组织机构投资补贴、税收减免、矿区使用费的优惠、CO_2 价格担保和政府对投资贷款的担保等。需要指出的是，目前 CCUS 项目多处在研发和示范阶段，其主要的驱动力来源于政府的资金支持和国家激励政策，以及税收等因素[18-19]。随着产业的发展，当从示范阶段走向大规模工业化推广和商业化运行阶段，强制性减排与碳交易市场可能成为其主要的驱动因素。

1.4 国内外 CCUS 项目特点对比

近年来，世界上正在运行的大规模综合性 CCUS 项目，其 CO_2 主要来源于高浓度的天然气处理、化肥生产及合成气；正在建设的 CCUS 项目，其 CO_2 主要来源于电厂及制氢企业；计划中的项目，捕集的对象扩展到钢铁、水泥、煤油、化工等行业。项目的 CO_2 捕集规模在（40～850）$\times 10^4$t/a，多数大于 100×10^4t/a，运输距离 0～315km，多数超过 100km。从埋存类型来看，在运行及执行项目中有 62.5% 是 EOR 项目；正在计划中的项目，CO_2-EOR 项目比例减少，约占 46%，盐水层埋存项目增多[20]。

中国 CCUS 项目与国际比较，其特点是运行及执行的项目中，完整产业链的项目相对较少，规模相对较小，捕集对象类型相对单一，长距离管道运输相对较少，盐水层埋存的项目较少。近十多年，我国相关部门加大对油田 CO_2 驱油与埋存技术发展的支持力度，先后设立了两期国家 973 项目、863 项目和三期国家科技重大专项项目，开展了理论、技术、示范工程攻关，在中国石油、中国石化等石油公司还配套设立科技专项。经过持续攻关，我国无论在理论、技术还是矿场试验方面都取得了重大进展，在吉林、胜利等油田成功建成了 CO_2 驱油与埋存的示范基地。

2 我国规模集中 CO_2 排放源的特点

2.1 CO_2 排放量计算方法

依据国际通用的 IPCC 方法，计算 CO_2 的排放量：

$$E_{CO_2} = EF \cdot P \tag{1}$$

$$E_{CO_2} = EF \cdot P_c \cdot a \cdot T \tag{2}$$

式中　E_{CO_2}——CO_2 排放量，t/a；

EF——CO_2 排放因子；

P——产品产量，t/a；

P_c——产品年产能，t/a；

a——产能利用系数；

T——设备平均利用时间，h。

在该方法中，工业生产中 CO_2 排放量区分为燃料燃烧和工艺过程排放 2 部分。由于将燃料数据和产品数据分开统计，不易反映集中排放源的特点，所以以企业产量和产能为基础，采用同时考虑燃料燃烧和工艺过程因素的综合排放因子，计算点源的排放量，汇总得到总排放量。

排放量计算中，排放因子的确定是关键，它是为燃料类型、燃烧效率、工艺工程、技术水平、减排程度以及技术进步等诸多因素的函数[21]。中国能源活动排放源设备体系庞大而分散，逐一实测确定受到经济条件的约束，企业公布数据又受到可信度的质疑。因此，该文在计算过程中，对各工业部门分别采用排放因子的平均值（表 1）。

表 1　八个主要行业 CO_2 排放源的排放因子

行业	煤化工				火电	水泥	钢铁	合成氨	炼化	聚乙烯	电石
	甲醇合成	烯烃合成	煤直接液化	煤间接液化							
排放因子	2	6	2.1	3.3	1	0.882	1.27	3.8	0.219	2.541	5.2

2.2 主要行业 CO_2 排放规模及排放量构成

规模集中排放 CO_2 的企业主要包括 8 个行业，分别是热电厂（装机容量较大的企业）、水泥、钢铁、煤化工、炼化、聚乙烯、合成氨、电石等。由图1可见，按排放量排序，我国主要的排放源类型以电厂、水泥、钢铁和煤化工为主，其排放量占总量的92%，其余4类占比相对较小，约为8%。

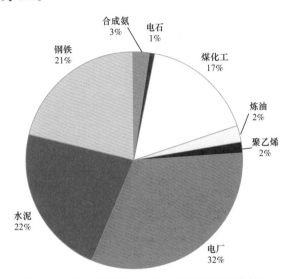

图1 八个主要行业 CO_2 集中排放源排放量占比

按单个企业 CO_2 排放规模对比，煤电企业 CO_2 排放量多在 10×10^8 t/a 左右，电石、炼油、合成氨及聚苯乙烯企业 CO_2 排放量规模相对较小，几十至几百万吨不等，一般在 5.0×10^8 t/a 以内，煤化工、钢铁、水泥行业企业 CO_2 排放量范围很大，一般在 $(1\sim30)\times10^8$ t/a，如图2所示。

2.3 规模集中 CO_2 排放源分布特点

从这些规模集中 CO_2 排放企业的分布位置来看，CO_2 排放源的分布与中国人口、经济发展状况大体相一致，主要分布在中国的东部，西部相对较少。

（1）热电。

热电厂属低浓度的排放源，CO_2 排放浓度在8%~15%，但就排放量而言，是规模最大的 CO_2 排放源，占据了8个行业总排放量的32%。电厂主要集中在我国的东南沿海一带和华北及东北地区。

（2）水泥。

近年来，我国水泥行业发展迅速，其 CO_2 排放量仅次于火力电厂，约占 CO_2 总排放量的22.4%。水泥企业主要分布在我国东南沿海一带经济发达地区和西南地区，在西北和东北地区分布较少。水泥属于低浓度的排放源，其排放浓度大约在11%~29%。

（3）煤化工。

煤化工是一个新型产业，由于中国丰富的煤炭资源，促使了煤化工在我国的兴起，其每年排放的 CO_2 约占总排放量的16.8%。我国的煤化工企业分布也具有地域性，主要分布在产煤大省山西、陕西一带，在新疆也建有煤化工基地。煤化工属于高浓度的 CO_2 排放源，很多企业排放的 CO_2 气体经过简单的处理就可以用于 EOR（提高采收率），大大降低了其来源成本。

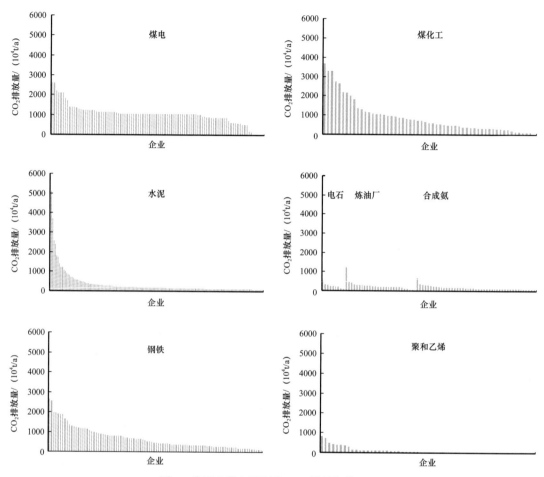

图 2 我国八类主要行业 CO_2 排放规模对比

（4）钢铁。

钢铁企业 CO_2 年排放量约占总排放量的 21.2%，成为继热电厂和水泥之后的第三大 CO_2 排放行业。由于钢铁企业需要发达的交通支持，所以钢铁企业主要分布在我国交通比较发达的华东、华南地区。钢铁企业属于低浓度排放源。

（5）合成氨。

合成氨企业每年排放的 CO_2 约占总排放量的 2.68%，虽然规模较小，但其属于高浓度排放源，捕集成本和压缩成本较低，具有较好的成本优势，是优先考虑使用的 CO_2 排放源。这些企业主要分布在华东、华南一带，新疆地区也有少量合成氨企业。

（6）炼化。

炼化主要是指石油炼化，我国的炼油能力居世界前三，炼油企业每年排放的 CO_2 量约占排放总量的 2.29%，虽然排放量小，所占的比例也较小，但其中部分是属于石油系统内的排放源，资源利用较为便捷。

（7）聚乙烯。

与其他行业相比，聚乙烯企业CO_2排放量相对较小，约占总排放量的1.92%。聚乙烯属于中浓度排放源，主要分布在华北地区，在东北和新疆有少量的该类企业。

（8）电石。

电石行业的CO_2排放量仅占总排放量的0.73%。排放浓度较高，主要分布在我国的新疆和东北地区。

从这些企业的排放特点和规模来看，以低浓度的排放源居多，如电厂、水泥、钢铁及炼化等行业；高浓度及中浓度的排放源相对较少，如煤化工、合成氨、电石、聚乙烯等行业。但总体上，我国几大主要产油区附近均有比较丰富的CO_2排放源，其中新疆油田和长庆油田，其周围有相对较多的煤化工、合成氨和电石企业，这些都是高浓度的CO_2排放源；华北油田、冀东油田、大港油田周围主要是中浓度的聚乙烯和低浓度的水泥及电力企业；而东北地区的大庆油田和吉林油田周围主要是低浓度的热电厂、炼化和钢铁企业。

3 CO_2来源成本与驱油成本界限

3.1 CO_2来源成本的构成及影响因素

CO_2来源成本主要包括捕集成本、压缩成本和运输成本。目前，对电厂及工业企业CO_2捕集投资的估算方法主要有3种：工程量法、回归法及规模指数法（规模因子法），该文采用规模指数法。压缩及运输成本的计算采用了美国加州大学Davis分校MCCOLLUM D L 和 OGDEN J M 的研究方法[22-23]。

CO_2来源成本的主要影响因素包括CO_2流量、排放浓度和运输距离。

对于CO_2的捕集成本，主要影响因素是CO_2的排放浓度和流量。如图3所示，CO_2的排放浓度越高，捕集成本越低，排放浓度越低则捕集成本越高；当浓度相同时，CO_2捕集成本随流量的增大而降低，但影响程度因浓度的高低而不同，当CO_2排放浓度较低时，流量的影响更为显著。

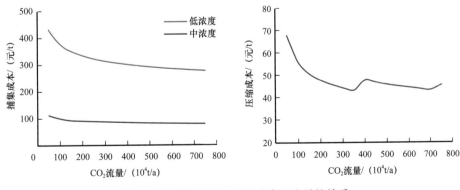

图3 CO_2捕集成本、压缩成本和流量的关系

对于 CO_2 的压缩成本，主要影响因素是 CO_2 流量和运输距离。流量对成本的影响趋势为：在一定流量范围，压缩成本随流量的增加而减小，当流量达到一定规模时，由于压缩功率的加大而需增加压缩链，使得投资和运行成本增加，因而造成曲线的跳跃。

对于 CO_2 的运输成本，主要影响因素是运输距离和 CO_2 流量。如图4所示，运输成本随运输距离的增加呈幂函数递增，随 CO_2 流量的增加呈幂函数递减，运输距离越长随流量递减速度越快。

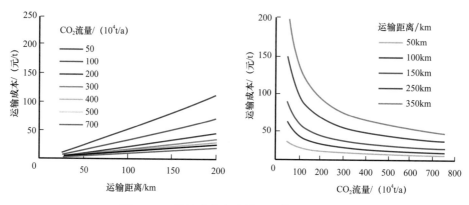

图4 CO_2 运输成本和流量、运输距离的关系

高浓度排放源的 CO_2 来源成本以压缩成本为主，占90%左右；中浓度排放源的 CO_2 来源成本则以捕集成本为主，占60%左右，压缩成本占35%左右；低浓度排放源的 CO_2 来源成本以捕集成本为主，占80%左右。

3.2 不同油区 CO_2 来源成本估算

根据上述 CO_2 来源成本的估算方法，测算不同油田的 CO_2 来源成本。

以来源成本最低为原则选用 CO_2 排放源，捕集成本估算结果表明：高浓度排放源在排放点的成本（捕集成本+压缩成本）多小于150元/t，但对于一些排放量较小的排放源，其成本有的也达到250元/t；中浓度排放点的成本多在108~190元/t；而低浓度排放点的成本多在270~420元/t。

经运输管道路径优化后，加上运输成本，即为至井口的来源成本。测算结果表明，如果油区附近有距离较近的高浓度排放源，且其排放量可满足油田所需的 CO_2 用量，则其来源成本相对较低，如长庆油田和新疆油田等；如果油区附近以中低浓度排放源为主，且规模相对较小，则其来源成本则相对较高，一般要在200~300元/t以上，见表2和图5。

表2 10个油区实例 CO_2 来源成本估算（至井口） 元/t

油田	A	B	C	D	E	F	G	H	I	J
最大值	669	117	731	557	511	327	672	320	430	406
最小值	48	60	60	133	98	243	147	282	294	276
平均值	61	74	328	244	258	273	276	296	298	314

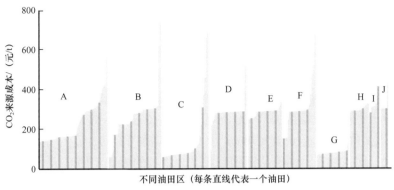

图 5 不同油区不同油田 CO_2 来源成本（捕集 + 压缩 + 运输）

（每条直线代表一个油田）

3.3 CO_2 驱油承受成本测算

测算不同油田进行 CO_2 驱油时所能承受的 CO_2 来源成本，关键参数取值为：油价60美元/bbl、增值税17%、城建税7%、教育附加费3%、资源优惠税0.035%、所得税25%、贴现率12%、特别收益金起征点为油价65美元/bbl、率税20%~40%、实行5级超额累进从价定率计征，折旧年限10年。

测算结果见表3所示。各油田 CO_2 驱油（CO_2-EOR）对 CO_2 来源成本的承受能力因油田的产量、递减速度、埋藏深度等因素的不同而有较大的差异。约有27%的油田无承受能力，51%的油田虽有一定承受力，但多低于200元/t，只有23%的油田可承受200元/t以上的来源成本。

表 3 10 个不同油区 CO_2 承受成本分级统计

油区	技术可行油田数量	不同 CO_2 价格时经济可行油田个数			
		<0 元/t	0~200 元/t	200~400 元/t	>400 元/t
A	34	8	23	3	
B	24	6	14	4	
C	39	11	14	9	5
D	50	12	28	10	
E	25	8	11	5	1
F	27	8	14	5	
G	12	4	4	4	
H	6	1	3	2	
I	7	4	3		
J	6	2	2	2	
合计	223	60	113	44	6

为了研究影响 CO_2 承受成本的主要因素，设计不同的油价、不同的贴现率、不同的优惠政策、资源税减免等情形，对比分析其影响程度。具体参数取值如下：油价分别为 40、50、60、70、80、90、100 美元 /bbl；贴现率分别为 12%、10%、8% 和 5.58%；优惠政策分别为有无埋存补贴，补贴为 15 美元 /t；有无资源税减免。

图 6 为 C 油区不同油田在不同油价时所能承受的 CO_2 来源成本变化曲线。从图中可以看出，油价上涨可以大幅度提高 CO_2 承受成本。对于有一定承受力的油田（即承受成本大于零），当油价每增加 10 美元 /bbl，承受成本增加 12～92 元 /t。承受力越高的油田，增长幅度越大；同一油田，油价从低到高承受力增长的幅度（10 美元 /bbl）也有所不同，65 美元 /bbl 油价以下，增长幅度相对较大，65 美元 /bbl 油价以上，因需缴纳特别收益金，增长幅度减小。

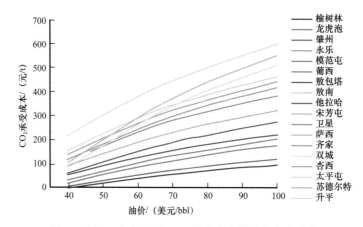

图 6　油区 C 各油田对 CO_2 承受成本随油价变化曲线

图 7 为 A 油区不同油田在不同贴现率时所能承受的 CO_2 来源成本变化柱状图。从图中可以看出，降低投资回报率可增加 CO_2 承受成本。当贴现率由行业收益率 12% 降为 10%，CO_2 承受成本的增量为 2.65～47.38 元 /t，平均增加 26.9 元 /t；当以社会平均收益 8% 计算时，CO_2 承受成本的增量为 4.87～99.30 元 /t，平均增加 56.3 元 /t；当以无风险资金成本 5.58% 计算时，CO_2 承受成本的增量为 6.87～167.55 元 /t，平均增加 95.2 元 /t，且原承受力越低，降低贴现率带来的增量越大。

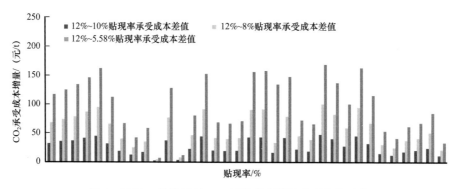

图 7　油区 A 各油田对 CO_2 承受成本随贴现率变化对比

分 3 种情况分析优惠政策对 CO_2 承受成本的影响，分别为：当前条件下、免除资源税和给予埋存补贴 3 种情形。对比结果表明，资源税和埋存补贴对 CO_2 承受成本影响非常显著，如果每埋存 1t 给予一定补贴，或者减免资源税，可以使得一大批原来在技术上可以进行 CO_2 驱油而经济上却没有效益的油田，实现 CO_2-EOR。

3.4 缩小来源成本和驱油承受成本差距的可能途径

由上述分析可见，多数油田对 CO_2 驱油的成本承受力低于其来源成本，这之间的差距需寻求技术、政策及市场等方面的途径来填补，才能推进并且实现 CCUS 的可持续发展。可以通过以下 2 个方面的途径逐步改善这种状况[24-26]。

（1）从 CO_2 来源环节考虑通过降低成本来缩小差距。降低 CO_2 来源成本主要是指排放点的捕集成本，如果将 CO_2 捕集成本降低 20%～30%，可使经济可行的油田个数从 19% 增加到 25%～29%，特别对于有低浓度高捕集成本的油田，其对油区经济可行项目的增加效果非常明显。

（2）从油田埋存环节考虑争取优惠政策。通过减免资源税或给予一定的埋存补贴，能够大幅度提高国家 CCUS 的发展规模，尤其在低油价时影响更为显著；而且对于一些油区，必须依靠政策扶持才能开展。例如，当免除资源税和给予埋存补贴时，可使成本差值大于零的经济可行油田个数从 19% 分别增加到 32%、43%。

如果能够同时实现降低 CO_2 来源成本和免除资源税或给予埋存补贴的优惠政策，二者的双重作用将可以大幅度缩小成本差距，使经济可行的油田数量有较大幅度的增加，有望将经济可行油田数量从原来的 20% 左右提高至 50% 以上。

4 结论

（1）对比分析了国内外 CCUS 项目的技术成熟度、类型、分布、规模、特点，以及 CCUS 产业模式和产业驱动方式。

（2）我国规模集中排放 CO_2 的企业主要以电厂、水泥、钢铁和煤化工为主，约占总排放量的 92%。按浓度划分，以低浓度的电厂、水泥、钢铁及炼化行业的排放源居多，高浓度的煤化工、合成氨、电石及中浓度的聚乙烯行业排放源相对较少。

（3）CO_2 来源成本由捕集成本、压缩成本及运输成本 3 部分构成，这 3 项成本均受捕集规模的影响，而捕集成本还与排放源浓度密切相关，高浓度排放源以压缩成本为主，低浓度排放源则以捕集成本为主。多数油田对 CO_2 驱油的成本承受力都低于其来源成本，可通过技术、政策及市场等手段缩小其成本差距。

参 考 文 献

[1] 秦积舜，李永亮，吴德斌，等.CCUS 全球进展与中国对策建议[J].油气地质与采收率，2020，27（1）：20-28.

[2] 杨勇.胜利油田特低渗透油藏 CO_2 驱技术研究与实践[J].油气地质与采收率，2020，27（1）：

11-19.

［3］严巡，刘让龙，王长权，等.盐间油藏原油和CO_2最小混相压力研究［J］.非常规油气，2019，6（5）：54-56.

［4］张本艳，周立娟，何学文，等.鄂尔多斯盆地渭北油田长3储层注CO_2室内研究［J］.石油地质与工程，2018，32（3）：87-90.

［5］丁妍.濮城油田低渗高压注水油藏转CO_2驱技术及应用［J］.石油地质与工程，2019，33（6）：73-76.

［6］SVENSSON R, ODENBERGER M, JOHNSSON F, et al. Transportation systems for CO_2—application to carbon capture and storage［J］. Energy Conversion and Management, 2004, 45（15）: 2343-2353.

［7］李阳.低渗透油藏CO_2驱提高采收率技术进展及展望［J］.油气地质与采收率，2020，27（1）：1-10.

［8］贾凯锋，计董超，高金栋，等.低渗透油藏CO_2驱油提高原油采收率研究现状［J］.非常规油气，2019，6（1）：107-114.

［9］AYDIN G, KARAKURT I, AYDINER K. Evaluation of geologic storage options of CO_2: Applicability, cost, storage capacity and safety［J］. Energy Policy, 2010, 38（9）: 5072-5080.

［10］BENZ E, TRUCK S. Modeling the price dynamics of CO_2 emission allowances［J］. Energy Economics, 2009, 31（1）: 4-15.

［11］HEROLD J, MENDELEVITCH R. Modeling a carbon capture, transport, and storage infrastructure for Europe［J］. Environmental Modeling and Assessment, 2014, 19（6）: 515-531.

［12］ANANTHARAMAN R, ROUSSANALY S, WESTMAN S F, et al. Selection of optimal CO_2 capture plant capacity for better investment decisions［J］. Energy Procedia, 2013, 37: 7039-7045.

［13］HAN J H, LEE I B. Development of a scalable infrastructure model for planning electricity generation and CO_2 mitigation strategies under mandated reduction of GHG emission［J］. Applied Energy, 2011, 88（12）: 5056-5068.

［14］HAN J H, LEE I B. Development of a scalable and comprehensive infrastructure model for carbon dioxide utilization and disposal［J］. Industrial & Engineering Chemistry Research, 2011, 50（10）: 6297-6315.

［15］KEMP A G, KASIM A S. A futuristic least- cost optimization model of CO_2 transportation and storage in the UK/UK continental shelf［J］. Energy Policy, 2010, 38（7）: 3652-3667.

［16］KLOKK Ø, SCHREINER P F, PAGÈS- BERNAUS A, et al.Optimizing a CO_2 value chain for the Norwegian continental shelf［J］. Energy Policy, 2010, 38（11）: 6604-6614.

［17］牛保伦.边底水气藏注二氧化碳泡沫控水技术研究［J］.特种油气藏，2018，25（3）：126-129.

［18］MIDDLETON R S, BIELICKI J M. A scalable infrastructure model for carbon capture and storage: Sim CCS［J］. Energy Policy, 2009, 37（3）: 1052-1060.

［19］MCCOY S T, RUBIN E S. An engineering- economic model of pipeline transport of CO_2 with application to carbon capture and storage［J］. International Journal of Greenhouse Gas Control, 2008, 2（2）: 219-229.

［20］DAVISON J. Performance and costs of power plants with capture and storage of CO_2［J］. Energy, 2007, 32（7）: 1163-1176.

［21］RUBIN E S, CHEN C, RAO A B. Cost and performance of fossil fuel power plants with CO_2 capture and storage [J]. Energy Policy, 2007, 35 (9): 4444-4454.

[22] RUBIN E S, YEH S, ANTES M, et al. Use of experience curves to estimate the future cost of power plants with CO_2 capture [J]. International Journal of Greenhouse Gas Control, 2007, 1 (2): 188-197.

[23] 邓瑞健, 田巍, 李中超, 等. 二氧化碳驱动用储层微观界限研究 [J]. 特种油气藏, 2019, 26 (3): 133-137.

[24] 何应付, 赵淑霞, 计秉玉, 等. 砂岩油藏 CO_2 驱提高采收率油藏筛选与潜力评价 [J]. 油气地质与采收率, 2020, 27 (1): 140-145.

[25] 鞠斌山, 于金彪, 吕广忠, 等. 低渗透油藏 CO_2 驱油数值模拟方法与应用 [J]. 油气地质与采收率, 2020, 27 (1): 126-133.

[26] 王海妹. CO_2 驱油技术适应性分析及在不同类型油藏的应用——以华东油气分公司为例 [J]. 石油地质与工程, 2018, 32 (5): 63-65.

（本文原刊于《油气藏评价与开发》2020年第3期）

我国碳捕集利用与封存技术发展研究

张贤[1]，李阳[2]，马乔[3]，刘玲娜[4]

（1.中国21世纪议程管理中心；2.中国石油化工股份有限公司；3.燃煤污染物减排国家工程实验室；4.中国地质大学（北京）经济管理学院）

摘　要：碳捕集利用与封存（CCUS）是实现碳中和目标不可或缺的重要技术选择。为了系统梳理技术发展现状、明确未来发展方向，本文对我国CCUS技术水平、示范进展、成本效益、潜力需求等进行了全面评估。我国CCUS技术发展迅速，与国际整体发展水平相当，目前处于工业化示范阶段，但部分关键技术落后于国际先进水平。在工业示范方面，我国具备了大规模捕集利用与封存的工程能力，但在项目规模、技术集成、海底封存、工业应用等方面与国际先进水平还存在差距。在减排潜力与需求方面，我国理论封存容量和行业减排需求极大，考虑源汇匹配之后不同地区陆上封存潜力差异较大。在成本效益方面，尽管当前CCUS技术成本较高，但未来可有效降低实现碳中和目标的整体减排成本。为此建议，加快构建CCUS技术体系，推进全链条集成示范，加快管网布局和基础设施建设，完善财税激励政策和法律法规体系。

关键词：碳中和；CCUS；技术研发与示范；减排潜力；成本与效益

Development of Carbon Capture, Utilization and Storage Technology in China

ZHANG Xian[1], LI Yang[2], MA Qiao[3], LIU Lingna[4]

(1.The Administrative Center for China's Agenda 21; 2.China Petroleum & Chemical Corporation; 3.National Engineering Laboratory for Reducing Emissions from Coal Combustion; 4.School of Economics and Management, China University of Geosciences (Beijing))

Abstract: Carbon capture, utilization and storage (CCUS) is an indispensable option for achieving carbon neutrality.This study evaluates the technical development level, demonstration progress, cost effectiveness, and CO_2 reduction potential of CCUS in China to review the status of CCUS and identify its future direction of development.The conclusion indicates that China's deployment of CCUS projects has developed rapidly and is generally at the stage of industrialized demonstration; although the overall development is comparable to international counterparts, some key technologies still lag behind the international advanced level.In terms

---

资助项目：中国工程院咨询项目"我国碳达峰、碳中和战略及路径研究"（2021-HYZD-16）。

of industrial demonstration, China already has the engineering capabilities for large-scale projects; however, there remains a gap between China and the advanced countries regarding the scale of demonstration projects, technology integration, off-shore storage, and industrial application.In terms of reduction potential and demand, the theoretical storage capacity of CCUS and the demand for industrial emission reduction in China are huge.However, the onshore storage potentials in different regions are significantly varied when source-sink matching is considered.In terms of cost and benefit, although the current cost of CCUS technology is high, CCUS remains a cost-effective emission-reduction option for achieving carbon neutrality in the future.It is necessary to develop the CCUS technology system, promote full-chain integrated demonstration, accelerate the pipeline network layout and infrastructure construction, and improve the fiscal and tax incentive policies and the legal and regulatory framework.

Key words: carbon neutrality; carbon capture, utilization and storage (CCUS); technology research and demonstration; potential of emission reduction; cost and benefit

1 简介

二氧化碳捕集利用与封存（CCUS）指将 CO_2 从能源利用、工业过程等排放源或空气中捕集分离，通过罐车、管道、船舶等输送到适宜的场地加以利用或封存（图1），最终实现 CO_2 减排的技术手段，是我国实现碳达峰、碳中和目标技术组合不可或缺的重要构成部分。CCUS 技术不仅可以实现化石能源利用近零排放，促进钢铁、水泥等难减排行业的深度减排，而且在碳约束条件下增强电力系统灵活性、保障电力安全稳定供应、抵消难减排的 CO_2 和非二氧化碳温室气体排放、最终实现碳中和目标等方面具有重要意义。

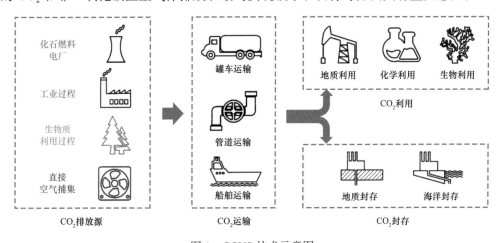

图 1 CCUS 技术示意图

近年来，我国高度重视 CCUS 技术发展，相关技术成熟度快速提高，系列示范项目落地运行，呈现出新技术不断涌现、效率持续提高、能耗成本逐步降低的发展态势。与此同时，CCUS 技术的内涵和外延进一步丰富和拓展。《"十四五"规划和2035年远景目标纲要》明确将 CCUS 技术作为重大示范项目进行引导支持，未来 CCUS 技术在我国实现碳中和目标、保障国家能源安全、促进经济社会发展全面绿色转型、推进生态文明建设的过程中将会发挥更为重要的作用。

《中国碳捕集利用与封存技术发展路线图》《中国二氧化碳捕集利用与封存（CCUS）年度报告（2021）》对我国 CCUS 技术现状进行了总结与梳理，提出了政策建议与发展路径[1-3]。《第三次气候变化国家评估报告》《中国二氧化碳利用技术评估报告》从技术角度阐述了 CO_2 利用技术的成熟度、减排潜力和发展趋势[4]。国际能源署、政府间气候变化专门委员会（IPCC）对 CCUS 在全球范围内的减排潜力进行了评估，2070 年全球要实现近零排放，CCUS 技术累计减排约 15% 的排放量[5]；2100 年要实现 1.5℃ 温升控制目标，全球 CCUS 累计减排 $5.5×10^{11}$~$1.017×10^{12}$ t CO_2[6]。在碳中和情景下，2060 年我国 CCUS 捕集量可达约 $1.6×10^9$ t CO_2[7]。

近期，全球 CCUS 研究院对世界 CCUS 设施现状与发展趋势进行了梳理[8, 9]，国内部分示范工程被纳入其中；但有关我国 CCUS 技术示范的整体情况仍待全面梳理。针对于此，本文对截至 2021 年 7 月我国已投运和建设中的 CCUS 示范项目进行系统调研，立足经济社会发展的基本国情和应对气候变化的战略需求，总结我国 CCUS 技术水平、示范工程进展、成本效益现状、减排潜力态势；进一步开展中外 CCUS 技术发展比较分析，评价我国 CCUS 技术发展情况，据此提出"双碳"目标下 CCUS 技术发展的对策建议。

2 中国 CCUS 技术发展现状

"十一五"时期以来，国家自然科学基金、"973"计划、"863"计划、国家重点研发计划等科技计划持续支持 CCUS 技术研发，通过加强基础研究、关键技术攻关、项目集成示范，CO_2 捕集、运输、利用、封存等各技术环节发展迅速，取得了系列成果。尤其是燃烧前捕集、运输、化工利用、强化深部咸水开采与封存、集成优化类的技术近十年来发展迅速。与国际对比分析表明（图 2），我国 CCUS 技术与国际先进水平整体相当，但捕集、运输、封存环节的个别关键技术及商业化集成水平有所滞后。

CO_2 捕集技术指利用吸收、吸附、膜分离、低温分馏、富氧燃烧等方式将不同排放源的 CO_2 进行分离和富集的过程，是 CCUS 技术发展的基础和前提。现阶段，我国第一代捕集技术研究取得了显著进展，大部分技术已从概念或基础研究阶段发展到工业示范水平，部分技术已经具备商业化应用能力，但大规模系统集成优化缺乏工程经验；第二代捕集技术处于实验室研发或小试阶段❶。我国燃烧前捕集技术发展比较成熟，整体上处于工业示范阶段，与国际先进水平同步；燃烧后捕集技术处于中试或工业示范阶段，相比国际先进水平发展有所滞后，特别是对于目前 CO_2 捕集潜力最大的燃烧后化学吸收法，国际上已经处于商业化应用阶段，我国仍停留在工业示范阶段。富氧燃烧技术方面国内外均处于中试阶段，整体发展较为缓慢，尤其是增压富氧燃烧技术仍处于基础研究阶段。随着第二代

---

❶ 第一代捕集技术是已经能够进行大规模示范的技术，如胺基吸收剂、常压富氧燃烧等，第二代技术在技术成熟后能耗与成本可比第一代技术降低 30% 以上，如新型膜分离技术，新型吸附技术，增压富氧燃烧技术，化学链燃烧技术等。

低成本捕集技术的不断发展成熟，成本与能耗将明显低于第一代捕集技术；为了进一步降低 CO_2 捕集成本，捕集技术的代际更替应加快推进。

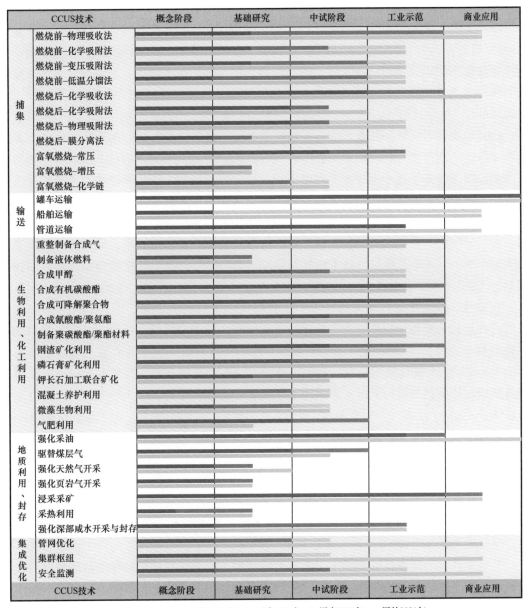

■ 国内2011年； ■ 国内2018年； ■ 国内2021年； ■ 国外2021年

图 2　国内外 CCUS 各环节主要技术的发展水平[2]

概念阶段表示提出概念和应用设想；基础研究表示完成实验室环境下的部件或小型系统的功能验证；中试阶段表示完成中等规模全流程装置的试验；工业示范表示 1~4 个工业规模的全流程装置正在运行或者完成试验；商业应用表示 5 个以上工业规模正在或者完成运行。

运输指将捕集的 CO_2 运送到可利用或封存场地的过程，主要包括罐车、船舶、管道运输等方式。通常小规模和短距离运输考虑选用罐车，长距离规模化运输或 CCUS 产业集群优先考虑管道运输。在我国，罐车和船舶运输技术都已开展商业应用，与国际先进水平同步，而输送潜力最大的管道运输技术刚开展相关示范，相比处于商业应用阶段的国际水平差距显著。

CO_2 生物与化工利用技术指利用 CO_2 的不同理化特征，生产具有商业价值的产品并实现减排的过程。国内外技术发展水平基本同步，整体上处于工业示范阶段。近十年来，各项生物与化工利用技术均有所发展，尤其是部分化工利用技术进展显著；发展水平最高的是利用 CO_2 合成化学材料技术，如合成有机碳酸酯、可降解聚合物及氰酸酯/聚氨酯，制备聚碳酸酯/聚酯材料等。

CO_2 地质利用与封存技术指通过工程技术手段将捕集的 CO_2 进行地质利用或注入深部地质储层，实现与大气长期隔绝的技术，封存方式分为陆上和离岸两种。在地质利用与封存方面，国内外各项技术发展水平参差不齐。从全球范围看，强化采油和浸采采矿技术发展较快，已开始商业化应用；其余技术中，除强化深部咸水开采与封存技术正在开展工业示范以外，其他技术均处在中试及以下阶段。我国地质利用与封存技术在近十年均有所发展，尤其是强化深部咸水开采技术已从概念阶段发展到工业示范水平，但仍整体落后于世界先进水平；尽管驱替煤层气技术略处于领先状态，但经济效益较好的 CO_2 强化采油技术（CO_2-EOR）在我国仍处于工业示范阶段，相比进入商业化应用阶段的国际水平差距明显。

在 CCUS 集成优化技术方面，近十年我国取得了较大的进步。国外 CCUS 集成优化技术已普遍处于商业化应用阶段，相比之下我国有关技术发展仍显落后，尤其是管网优化和集群枢纽两类技术仅处在中试阶段。上述各环节的关键技术发展水平不足以支撑我国 CCUS 集成耦合与优化技术研究，制约了我国 CCUS 大规模示范工程的开展，而大规模全链条集成示范项目的缺失又进一步限制了集成优化技术的提升。

3　中国 CCUS 技术示范工程进展

根据科学技术部向全国征集 CCUS 示范项目的统计结果，自 2004 年我国第一个 CCUS 示范项目在山西投运以来，已投运和建设中的 CCUS 示范项目共有 49 个，集中在华东和华北地区；已建成的 38 个 CCUS 示范项目，累计注入封存 CO_2 超过 2×10^6 t，形成 CO_2 捕集能力 2.96×10^6 t/a、注入能力 1.21×10^6 t/a。

从技术环节分布看，捕集类、化工与生物利用类、地质利用与封存类示范项目的占比分别为 39%（15 个）、24%（9 个）、37%（14 个）。在 15 个捕集类示范项目中，中低浓度排放源 CO_2 捕集项目有 14 个，高浓度排放源捕集项目仅有 1 个。

从行业分布看，主要工业行业均有涉及，覆盖电力、煤化工、石油化工、水泥、钢铁等领域。在 15 个捕集类项目中，11 个来自电力行业，3 个来自水泥行业，1 个来自煤化工行业（图 3）。地质利用与封存技术的驱油类项目通常与化工行业结合，13 个项目中有 5 个来自煤化工行业，2 个来自石油化工。钢铁行业的 CCUS 示范项目处于起步阶段，2020 年在西昌投运的 CO_2 矿化脱硫渣关键技术与万吨级工业试验项目对钢铁企业烧结烟气进行捕集并矿化利用。

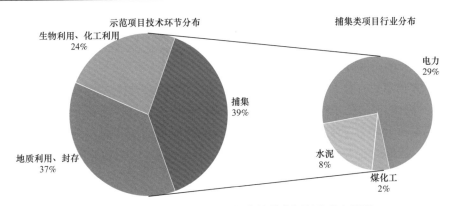

图 3　我国 CCUS 技术环节及细分的捕集源行业分布情况

从整体规模看，虽然目前已投运项目规模普遍较小，但是我国正在规划的项目规模逐渐增大。在已投运的 CCUS 示范项目中，29 个在 10 万吨级及以下，仅有中国石油化工集团有限公司中原石油勘探局的 CO_2 埋存驱油、中国石油天然气股份有限公司吉林油田分公司的 CO_2-EOR 两个示范项目在 50 万吨级及以上，尚无百万吨级项目。2021 年 7 月，中国石油化工股份有限公司胜利油田分公司的 CCUS 全流程示范项目启动建设，预计 2021 年年底投运，将成为我国首个年捕集封存 CO_2 百万吨以上项目；国家能源投资集团有限责任公司泰州发电有限公司的 50 万吨级碳捕集与资源化利用项目、新疆哈密百万吨级 CO_2 捕集与驱油项目处于筹备建设阶段。值得指出的是，部分项目建成后并未持续投入运行，而是处于停运或间歇运行的状态。目前 CCUS 示范项目成本高、收益低，有能力维持运营的项目主要来自大型国有企业或少数几个拥有相关产业链的大型企业。

目前，全球 CCUS 项目发展迅速，截至 2021 年 9 月规划、在建和运行中的商业化 CCUS 设施的数量达到 135 个，比 2020 年增加一倍以上，全部建成后每年可捕集 CO_2 约 $1.5×10^8$ t [9]。相关设施的单体捕集量呈现增加趋势，数个项目超过百万吨级；CCUS 的产业集群化发展趋势明显，促进了项目成本降低。与国际先进水平相比，我国 CCUS 技术在大规模示范项目的整体规模、集成程度、离岸封存、工业应用等方面存在较大差距。

一是大规模商业化示范项目较少。全球处于建设阶段或运行阶段的大规模 CCUS 项目共有 31 个，分布在美国（13 个）、中国（5 个）、加拿大（4 个）、欧洲（4 个）、中东（3 个）、澳大利亚（1 个）、巴西（1 个）[9]；2021 年新建了多个千万吨级 CCUS 产业集群，其中最大的是"休斯敦航道 CCUS 创新区"，旨在利用多个 CCUS 工业碳源并在墨西哥湾近海地层每年封存 $1×10^8$ t CO_2 [9]；处于开发后期或运行中的 CCUS 产业集群数量达到 24 个，分布在美国（6 个）、英国（6 个）、荷兰（4 个）、希腊（1 个）、挪威（1 个）、丹麦（1 个）、加拿大（1 个）、中国（1 个）、中东（1 个）、澳大利亚（1 个）、巴西（1 个）[9]。CCUS 产业集群体现了规模经济效应，通过提高压缩、脱水、管道和封存规模来大幅降低碳减排的单位成本。我国新疆 CCUS 产业中心计划建设规模为 $2×10^5$ ~ $3×10^6$ t CO_2/a [8]。

二是尚未开展百万吨级全流程集成示范。目前，国内多数项目都是针对 CCUS 单一技术环节，与拥有多个全流程 CCUS 技术示范项目经验的发达国家相比差距明显。截至 2021 年 10 月，美国在建和运行中的百万吨级以上的商业化全流程集成运营设施有 5 个，加拿大有 3 个[9]；美国、英国、荷兰、挪威、阿联酋等国家建设的 CCUS 产业集群，不仅重视 CCUS 全链条技术环节的集成，而且通常涉及电力、石油、钢铁等多个工业行业，统筹考虑跨产业的协同发展。

三是 CO_2 离岸封存技术示范滞后。我国目前还没有海底封存示范项目运行和建设。截至 2021 年，挪威、美国、巴西、日本等国家都已开展不同规模的离岸封存示范项目，全球海底封存量累计超过了 2.5×10^7 t CO_2[9]；挪威政府近期批准的长船项目，将从垃圾焚烧厂和水泥厂捕集的 CO_2 运输到北海近海地下的封存地点进行永久封存，初期每年可注入和封存 1.5×10^6 t CO_2。

四是工业难减排领域的 CCUS 技术示范基础薄弱。国内已有的 CCUS 示范项目行业分布不均衡，多数应用于电力、化工行业，没有长期稳定运行的水泥、钢铁行业大规模一体化示范项目。多个国家已经开始开展钢铁、水泥等难减排工业领域的大型示范项目。例如，阿联酋 Al Reyadah CCUS 项目从钢铁厂排放的烟气中捕集 CO_2 并用于强化石油开采，构成了该国 CCUS 大型网络枢纽的一部分，每年捕集、运输和注入 8×10^5 t CO_2。

4 我国 CCUS 技术的成本与效益

4.1 CCUS 技术成本

已投运 CCUS 示范项目净减排成本统计显示，我国 CCUS 技术推广依然面临高能耗、高成本的挑战。CCUS 技术的能耗及成本因排放源类型及 CO_2 浓度不同有明显差异，通常 CO_2 浓度越高，捕集能耗和成本越低，CCUS 减排技术的 CO_2 避免成本越低。在已投运的 CCUS 示范项目中（图 4），水泥行业受到技术成熟度的影响具有最高的捕集能耗，达到 6.3GJ/t CO_2；电力行业捕集能耗为 1.6~3.2GJ/t CO_2；煤化工行业由于捕集源和捕集技术的差异性，能耗为 0.7~2.5GJ/t CO_2；石油化工行业的捕集能耗最低，约为 0.65GJ/t CO_2。

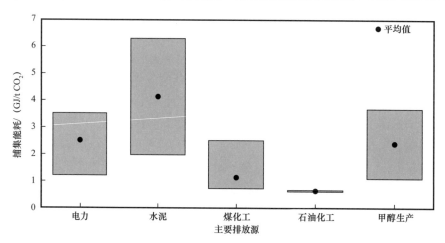

图 4 我国主要排放源已投运 CCUS 示范项目的捕集能耗
资料来源于国内现行 39 个示范项目成本和能耗统计数据

电力、水泥是我国减排成本较高的行业，净减排成本分别为 300~600 元 /t CO_2、180~730 元 /t CO_2。煤化工和石油化工领域的一体化驱油示范项目净减排成本最低可达到 120 元 /t CO_2（图 5）。结合项目成本来看，捕集能耗高的行业 CCUS 示范项目成本也较高，降低 CCUS 捕集能耗对降低我国 CCUS 示范项目成本十分重要。

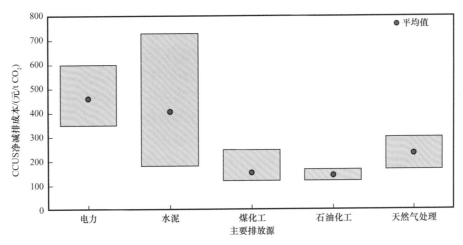

图 5　我国主要排放源已投运 CCUS 示范项目净减排成本
资料来源于国内现行 39 个示范项目成本和能耗统计数据

就 CCUS 全链条技术而言，现阶段全球主要碳源（煤电厂、燃气电厂、煤化工厂、天然气加工厂、钢铁厂、水泥厂）的 CO_2 避免成本为 20~194 美元 /t[10]，我国的 CCUS 成本整体处于世界较低水平（图 6）。我国传统电厂、整体煤气化联合循环发电系统（IGCC）电厂的避免成本分别为 60 美元 /t CO_2、81 美元 /t CO_2，相比 60~121 美元 /t CO_2、81~148 美元 /t CO_2 的世界平均水平处于国际最低水平。我国钢铁、化肥生产的避免成本分别为 74 美元 /t CO_2、28 美元 /t CO_2，相比于 67~119 美元 /t CO_2、23~33 美元 /t

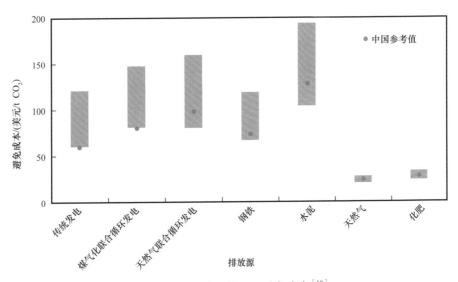

图 6　不同排放源的 CO_2 避免成本[10]

CO_2 的世界平均水平接近国际最低水平。我国天然气循环联合发电（NGCC）、水泥行业的避免成本为 99 美元 /t CO_2、129 美元 /t CO_2，相比 80～160 美元 /t CO_2、104～194 美元 /t CO_2 的世界平均水平处于低位。我国天然气加工行业的避免成本为 24 美元 /t CO_2，相比 20～27 美元 /t CO_2 的世界平均水平处于中等位置。

4.2 CCUS 技术效益

联合国政府间气候变化专门委员会（IPCC）研究认为，如果不采用 CCUS 技术，大部分模式都无法实现到 21 世纪末 2℃ 的温升控制目标；即使可以实现，减排成本也会成倍增加，预计增幅平均高达 138%[11]。长期以来，受高能耗、高成本、技术不成熟等因素的影响，在大部分情景下 CCUS 技术经济性尚不具备与其他低碳技术竞争的能力；但从实现碳中和目标的整体减排成本角度看，CCUS 与能效提升、终端节能、储能、氢能等的共同组合是实现碳中和最为经济可行的解决方案[12]。未来 CCUS 技术将展现巨大的经济社会潜力，主要表现以下五方面。

一是 CCUS 技术具有负成本的早期机会，合理的碳定价机制可使 CCUS 技术具有更好的经济可行性。在特定条件下，依靠 CO_2 化工、生物、地质利用带来的可观经济收益便能够抵消捕集、运输、封存环节的相关成本，实现 CCUS 技术的负成本应用[13]。例如，CO_2 的地质利用可在实现碳减排的同时，通过注入 CO_2 驱替或置换油、气、水等产品带来收益。在源汇匹配条件适宜的情况下，我国部分 CCUS 项目成本低于强化采油（EOR）驱油收益，具有负成本减排潜力。在碳定价机制等外在收益存在的情况下，CCUS 也可以通过获得的额外减排收益抵消部分成本而实现经济性[14-15]。在合理的碳价水平下，CCUS 技术同样存在实现盈利的可能性[16]。

二是 CCUS 技术可避免大量的基础设施搁浅成本。利用 CCUS 技术对能源、工业部门的基础设施改造，能够大规模降低现有设施的碳排放，避免碳约束下大量基础设施提前退役而产生的高额搁浅成本。我国是世界上最大的煤电、钢铁、水泥生产国，这些重点排放源的现有基础设施运行年限不长；考虑到基础设施的使用寿命一般为 40 年以上，若不采取减排措施，在碳中和目标下这些设施几乎不可能运行至寿命期结束。运用 CCUS 技术进行改造，不仅可以避免已经投产的设施提前退役，还能减少因建设其他低碳基础设施产生的额外投资，从而显著降低实现碳中和目标的经济成本。据估算[17]，我国煤电搁浅资产规模可能高达（3.08～7.2）×10^{12} 元，相当于我国 2015 年国内生产总值的 4.1%～9.5%。

三是在特定区域和条件下，火电厂加装 CCUS 的发电成本比燃气电厂、可再生能源发电技术更具竞争力。一方面，当 CCUS 技术与燃煤电厂耦合发电实现与燃气电厂相同的排放水平时，较低的捕集率、适宜的输送距离和方式可使燃煤发电成为比燃气发电更具经济性的发电技术。国家能源投资集团有限责任公司 36 家燃煤电厂的全流程 CCUS 改造总平准化发电成本（TLCOE）分析表明，以成本最低为目标对电厂与封存地进行源汇匹配后，在 50% 净捕集率条件下，75% 的燃煤电厂 TLCOE 低于我国 2018 年燃气电厂标杆上网电价的下限 [77.5 美元 /（MW·h）]，100% 的燃煤电厂 TLCOE 低于燃气电厂标杆上

网电价的上限 [110 美元 /（MW·h）]；燃煤电厂加装 CCUS 比燃气电厂更有成本竞争优势[18]。考虑 CCUS 技术进步、激励政策效应之后，可能实现更高捕集率条件下的成本竞争优势。另一方面，燃煤发电耦合 CCUS 技术目前处于示范阶段，不同煤炭价格下我国燃煤电厂 CCUS 的平准化度电成本（LCOE）为 0.4~1.2 元 /（kW·h），整体上与太阳能、风能、生物质发电水平相当[19]。当燃煤电厂耦合 CCUS 处在煤炭资源较为丰富、CO_2 运输距离较短的理想条件下，燃煤电厂耦合 CCUS 与可再生能源发电技术存在比较竞争优势。国家能源投资集团有限责任公司燃煤电厂 CCUS 改造的成本经济性研究表明，与风电相比，在燃煤电厂净捕集率为 85% 的条件下，44% 的电厂改造后总减排电价低于最小风电价格，56% 的电厂改造后总减排电价低于最高风电价格[18]。CCUS 技术成本会随着技术进步、基础设施完善、商业模式创新以及政策健全而逐渐降低[5]，在可再生能源补贴力度持续退坡之后，未来燃煤电厂 CCUS 发电成本优于可再生能源发电技术的可能性将进一步提高。

四是生物能与 CCUS 耦合（BECCS）、直接空气捕集（DAC）可有效降低碳实现中和目标的边际减排成本。作为重要的负排放技术，BECCS、DAC 技术在深度减排进程中可降低碳中和目标实现的总成本[20]。BECCS 技术的成本为 100~200 美元 /t CO_2，DAC 技术的成本约为 100~600 美元 /t CO_2[21-22]。英国研究案例表明，以 BECCS、DAC 技术实现电力部门的深度脱碳，要比以间歇性可再生能源、储能为主导的系统总投资成本减少 37%~48%[4]；在更加严格的 CO_2 减排目标下，负排放技术的部署可通过取代中远期更为昂贵的减排措施来实现 35%~80% 的成本降低[23]。因此，部署以 BECCS 为主的负排放技术将是助力我国碳中和目标实现的重要保障[24]。

五是 CCUS 技术在实现碳减排的同时还具有良好的社会效益。CCUS 技术在降低气候变化损失、增加工业产值与就业机会、保障能源安全、提高生态环境综合治理能力、解决区域发展瓶颈等方面具有协同效益[25-28]。油气行业气候倡议组织（OGCI）研究表明，到 2050 年，部署 CCUS 可以累计创造 $4×10^6$~$1.2×10^7$ 个工作岗位[29]。

5 我国 CCUS 技术的减排潜力

5.1 封存理论容量与分布

我国东北、华北、西北地区具有较好的 CO_2 地质利用与封存条件，陆上地质利用与封存技术的理论总容量为 $1.5×10^{12}$~$3.0×10^{12}$ t CO_2，海洋也有万亿吨量级的理论封存容量[30]。CCUS 技术的理论封存潜力巨大，但受制于 CCUS 技术成本、排放源距离、环境因素等外部条件制约，减排潜力难以完全释放。当前，我国地质利用与封存场地集中在东北、华北、西北地区的松辽盆地、渤海湾盆地、准噶尔盆地、塔里木盆地等沉积盆地。

5.2 各行业 CCUS 技术的减排需求及潜力

综合国内外的相关研究结果，同时考虑 CCUS 技术在电力、工业等部门的应用及其未来减排潜力，碳中和目标下我国CCUS总体减排需求在2030年为$2\times10^{7}\sim4.08\times10^{8}$ t CO_2，2050年为$6\times10^{8}\sim1.45\times10^{9}$ t CO_2，2060年为$1\times10^{9}\sim1.82\times10^{9}$ t CO_2[3]。分行业来看，一是CCUS技术在能源电力部门未来的减排贡献将随着我国电力总体需求的增加、低碳转型进程的加快而逐渐增大。多项研究报告指出，我国电力需求到2050年将增长到$1.2\times10^{13}\sim1.5\times10^{13}$ kW·h[31-32]，同时火电（燃煤发电、燃气发电）占比将大幅缩减至15%以下[7]，由此核算电力系统将产生$4.32\times10^{8}\sim1.64\times10^{9}$ t CO_2。根据国际能源署电力运维平台CCUS特别报告，在可持续发展情景下，我国CCUS减排容量预计将快速增长，到2030年电力部门CCUS捕集规模约为1.9×10^{8} t CO_2/a，到2050年捕集量约为7.7×10^{8} t CO_2/a；到2070年将超过1.2×10^{9} t CO_2/a[5]。二是CCUS技术对钢铁、水泥等难减排的工业行业的贡献将更加突出。据中长期预测数据分析，2070年前CCUS技术将在工业部门碳减排方面持续发挥作用，预计到2030年CCUS对我国工业碳减排贡献约为$8\times10^{7}\sim2\times10^{8}$ t CO_2/a，到2050年达到$2.5\times10^{8}\sim6.5\times10^{8}$ t CO_2/a，2070年缓慢抬升至$6.7\times10^{8}\sim6.8\times10^{8}$ t CO_2/a[5, 33-35]。三是石化和化工领域高浓度排放源可为早期CCUS示范提供低成本发展机遇。2030年石化和化工行业的CCUS减排需求约为5×10^{7} t CO_2，2040年后保持同等水平并逐渐降低[3]。四是BECCS等负排放技术不可或缺。以农业剩余物、林业剩余物、能源作物作为典型生物质燃料，预计到2050年我国相关资源潜力可达6×10^{8} tce[36]，对应CO_2负排放潜力可达$3.6\times10^{8}\sim5.9\times10^{8}$ t[37-38]。

5.3 源汇匹配情况

CCUS源汇匹配主要考虑排放源和封存场地之间的地理位置关系与环境适宜性，即评估每个碳源是否有地质条件合适且成本可行的CO_2封存场地，这是CCUS技术推广的重要约束条件。在无国家骨干管网和公共管网的情景下，250km是不需要建设中继压缩站的最长管道距离，因建设成本较低而作为CCUS项目建设源汇匹配的距离上限。

从区域分布情况看，新疆、内蒙古、陕西等中西部地区省份的化石资源丰富，与东北、华北、西北地区的陆上封存地匹配度较高，能源与工业原料生产可通过CCUS实现较低成本的低碳化。东部、沿海地区是能源和工业原料的消费地区，特别是福建、广东、广西等省份能够用于封存的沉积盆地面积小、分布零散、地质条件相对较差，加之陆上封存潜力相对有限，源汇空间错位且匹配难度较大；在毗邻海域的沉积盆地实施离岸封存是重要的备选方案。

从行业分布情况看，准噶尔盆地、吐鲁番-哈密盆地、鄂尔多斯盆地、松辽盆地、渤海湾盆地是火电行业部署CCUS技术（含CO_2-EOR）的重点区域，适宜优先开展CCUS早期集成示范项目，推动CCUS技术大规模、商业化发展。但在50km的运输范围内，火电行业源汇匹配情况不佳，未来CCUS产业集群发展存在挑战。对于钢铁、水泥等行业，现阶段分布于渤海湾盆地、准噶尔盆地、江汉盆地、鄂尔多斯盆地等地及其附近的排放源数量多、CO_2排放量大、封存场地适宜性较高，源汇匹配情况较好；相比之下，南方、沿海及其他区域的排放源距离陆上盆地较远，后期需要考虑实施离岸封存[3]。

6 我国 CCUS 技术发展建议

6.1 构建面向碳中和目标的 CCUS 技术体系

超前部署第二代 CCUS 技术研发项目，驱动第二代技术成本和能耗显著下降，争取 2035 年前具备第二代捕集技术商业化应用能力。明确碳中和目标下 CCUS 技术需求，针对碳捕集、运输、利用、封存、监测各个环节开展核心技术攻关。发挥 CCUS 在多能互补的能源系统和工业领域中的关键减排作用，包括结合 CCUS 与新兴能源与工业系统、培育 CCUS 发展的新技术经济范式、识别 CCUS 与可再生能源和储能系统集成可行性及发展潜力、探索可再生能源/储能+CCUS 的集成技术新方向等，全面构建功能多元的 CCUS 技术体系。

6.2 推进 CCUS 全链条集成示范及商业化应用进程

优先部署海底封存示范项目，开展 CCUS 在工业领域应用示范，补齐 CCUS 技术环节示范短板。开展大规模全链条集成示范工程，加速推进 CCUS 产业化集群建设。加快突破全流程工程技术优化方法，争取在"十四五"时期建成 3~5 个百万吨级 CCUS 全链条示范项目。以驱油/气、固体废物矿化、化工利用等 CO_2 利用技术的大规模示范为牵引，积极支持油气、能源、化工等相关行业 CCUS 产业示范区建设，逐步将 CCUS 技术纳入能源、矿业的绿色发展技术支撑体系以及战略性新兴产业序列。

6.3 加快 CCUS 技术管网规划布局和集群基础设施建设

加大 CCUS 相关基础设施投入，加强运输管网建设，优化设施管理模式，建立合作共享机制，带动形成以管网设施和封存场地为基础的区域 CCUS 产业促进中心。合理规划未来 CCUS 产业集群分布，对已初步形成的基于源汇分布地域特点的 CCUS 集群进行布局完善，充分发挥相关集群在基础设施共享、项目系统集成、能量资源交互利用、工业示范与商业应用衔接等方面的优势，降低综合减排成本。

6.4 完善财税激励政策和法律法规体系

借鉴对太阳能、风能、生物质能等清洁能源技术发展的支持方式，探索制定适合国情、面向碳中和目标的 CCUS 税收优惠和补贴激励政策；给予超前部署的新一代低成本、低能耗技术以及与新能源耦合的负排放技术同等政策激励。加速推动 CCUS 投融资以加速商业化步伐，将 CCUS 纳入产业和技术发展目录，探索政府与市场有机结合的 CCUS 商业化投融资机制，积极利用绿色金融、气候债券、低碳基金等多种方式支持 CCUS 项目示范。提供稳定持续的科技创新政策支持，提升 CCUS 的技术成熟度、经济性和安全性，特别是先进技术和具备负排放效益技术的研发示范。完善法律法规体系，制定 CCUS 行业规范、制度法规框架体系以及科学合理的建设、运营、监管、终止标准体系，建立并完善 CCUS 建设运营所需的技术规范。

参 考 文 献

[1] 科学技术部社会发展科技司，中国 21 世纪议程管理中心. 中国碳捕集利用与封存技术发展路线图（2011）[M]. 北京：科学出版社，2011.

[2] 科学技术部社会发展科技司，中国 21 世纪议程管理中心. 中国碳捕集利用与封存技术发展路线图（2019）[M]. 北京：科学出版社，2019.

[3] 蔡博峰，李琦，张贤，等. 中国二氧化碳捕集利用与封存（CCUS）年度报告（2021）—中国 CCUS 路径研究 [R]. 北京：生态环境部环境规划院，中国科学院武汉岩土力学研究所，中国 21 世纪议程管理中心，2021.

[4] 中国 21 世纪议程管理中心. 中国二氧化碳利用技术评估报告 [M]. 北京：科学出版社，2014.

[5] IEA. Energy technology perspectives 2020: Special report on carbon capture, utilization and storage [R]. Paris: IEA, 2020.

[6] World Meteorological Organization. Global warming of 1.5℃: An IPCC special report on the impacts of global warming of 1.5℃ above pre-industrial levels and related global green house gas emission pathways, in the context of strengthening the global response to the threat of climate change, sustainable development, and efforts to eradicate poverty [R]. Geneva: World Meteorological Organization, 2018.

[7] 清华大学. 中国低碳发展战略与转型路径研究 [R]. 北京：清华大学，2020.

[8] GCCSI. Global status of CCS 2020 [R]. Melbourne: Global CCS Institute, 2020.

[9] GCCSI. Global status of CCS 2021 [R]. Melbourne: Global CCS Institute, 2021.

[10] GCCSI. Global costs of carbon capture and storage 2017 [R]. Melbourne: Global CCS Institute, 2017.

[11] IPCC. Climate change 2014 [M]. UK: Cambridge University Press, 2014.

[12] 张贤，郭偲悦，孔慧，等. 碳中和愿景的科技需求与技术路径 [J]. 中国环境管理，2021，13（1）：65-70.

[13] Li X C, Wei N, Fang Z M, et al. Early opportunities of carbon capture and storage in China [J]. Energy Procedia, 2011, 4: 6029-6036.

[14] Daggash H A, Heuberger C F, Mac Dowell N. The role and value of negative emissions technologies in decarbonising the UK energy system [J]. International Journal of Greenhouse Gas Control, 2019, 81: 181-198.

[15] Li J Q, Yu B Y, Tang B J, et al. Investment in carbon dioxide capture and storage combined with enhanced water recovery [J]. International Journal of Greenhouse Gas Control, 2020, 94: 102848.

[16] Yang L, Xu M, Yang Y T, et al. Comparison of subsidy schemes for carbon capture utilization and storage (CCUS) investment based on real option approach: Evidence from China [J]. Applied Energy, 2019, 255: 113828.

[17] 光大证券. 碳中和深度报告（二）：碳中和与大重构：供给侧改革、能源革命与产业升级 [R]. 上海：光大证券，2021.

[18] 魏宁，姜大霖，刘胜男，等. 国家能源集团燃煤电厂 CCUS 改造的成本竞争力分析 [J]. 中国电机工程学报，2020，40（4）：1258-1265.

[19] Fan J L, Wei S J, Yang L, et al. Comparison of the LCOE between coal-fifired power plants with CCS and main low-carbon generation technologies: Evidence from China [J]. Energy, 2019, 176: 143-155.

[20] Miao Y H, He Z J, Zhu X C, et al. Operating temperatures affect direct air capture of CO_2 in polyamine-

loaded mesoporous silica [J]. Chemical Engineering Journal, 2021, 426: 131875.

[21] Fuss S, Lamb W F, Callaghan M W, et al. Negative emissions-Part 2: Costs, potentials and side effects [J]. Environment Research Letters, 2018, 13: 63002.

[22] Minx J C, Lamb W F, Callaghan M W, et al. Negative emissions-Part 1: Research landscape and synthesis [J]. Environment Research Letters, 2018, 13: 63001.

[23] Lemoine D M, Fuss S, Szolgayova J, et al. The influence of negative emission technologies and technology policies on the optimal climate mitigation portfolio [J]. Climate Change, 2012, 113: 141–162.

[24] 张贤, 李凯, 马乔, 等. 碳中和目标下CCUS技术发展定位与展望 [J]. 中国人口·资源与环境, 2021, 31 (9): 29–33.

[25] Zhang X H, Gan D M, Wang Y L, et al. The impact of price and revenue floors on carbon emission reduction investment by coal-fired power plants [J]. Technological Forecasting & Social Change, 2020, 154: 119961.

[26] Jiang Y, Lei Y L, Yan X. Employment impact assessment of carbon capture and storage (CCS) in China's power sector based on input-output model [J]. Environmental Science and Pollution Re-search, 2019, 26 (15): 15665–15676.

[27] National Research Council. Emerging workforce trends in the U. S. energy and mining industries: A call to action [M]. Washington DC: The National Academies Press, 2013.

[28] 张元春, 张媛媛, 陆诗建, 等. 浅谈在西部地区发展二氧化碳驱替咸水及其资源化利用技术 [J]. 山东化工, 2015, 44 (15): 189–190.

[29] OGCI. Oil & gas climate initiative [R]. Houston: OGCI, 2021.

[30] GCCSI. Storage-global CCS institute [EB/OL]. (2019-10-17) [2021-10-29]. http://CO2RE.co/StorageData.

[31] 国家可再生能源中心. 中国2050高比例可再生能源发展情景暨途径研究 [R]. 北京: 国家可再生能源中心, 2015.

[32] 国网能源研究院. 中国能源电力发展展望2019 [R]. 北京: 国网能源研究院, 2019.

[33] Yu S, Horing J, Liu Q, et al. CCUS in China's mitigation strategy: Insights from integrated assessment modeling [J]. International Journal of Greenhouse Gas Control, 2019, 84: 204–218.

[34] Zhou W, Jiang D, Chen D, et al. Capturing CO_2 from cement plants: A priority for reducing CO_2 emissions in China [J]. Energy, 2016, 106: 464–474.

[35] Huang Y, Yi Q, Kang J X, et al. Investigation and optimization analysis on deployment of China coal chemical industry under carbon emission constraints [J]. Applied Energy, 2019, 254: 113684.

[36] 国家可再生能源中心. 可再生能源数据手册 [R]. 北京: 国家可再生能源中心, 2019.

[37] 樊静丽, 李佳, 晏水平, 等. 我国生物质能–碳捕集与封存技术应用潜力分析 [J]. 热力发电, 2021, 50 (1): 7–17.

[38] Huang X D, Chang S Y, Zheng D Q, et al. The role of BECCS in deep decarbonization of China's economy: A computable general equilibrium analysis [J]. Energy Economics, 2020, 92: 104968.

（本文原刊于《中国工程科学》2021年第6期）

IPCC AR6 报告解读：全球碳捕集利用与封存（CCUS）技术发展评估

彭雪婷[1]，吕昊东[2]，张贤[1]

（1. 中国21世纪议程管理中心；2. 中国地质大学（北京））

摘　要：近年来，碳捕集利用与封存（CCUS）作为减缓气候变化的关键技术之一，得到国际社会广泛关注。政府间气候变化专门委员会（IPCC）第六次评估报告（AR6）第三工作组报告对CCUS进行了重新定位，并围绕减排潜力、减排成本、综合效益及应用前景等方面，对CCUS相关技术进行了系统全面评估。结论显示，CCUS技术是全球气候目标实现不可或缺的减排技术组合，到21世纪中叶有潜力实现累计千亿吨级减排效应，但当前CCUS技术成熟度整体处于示范阶段，成本较高，减排潜力有待进一步释放。综合考虑CCUS可以有效降低巨额资产搁浅风险、具有良好社会环境效益等因素，我国应结合自身"富煤、贫油、少气"的资源禀赋和基本国情，将CCUS作为战略性技术，统筹政策顶层设计、加速技术体系构建、探索市场激励机制、加强国际科技合作，促进CCUS技术发展。

关键词：碳捕集利用与封存（CCUS）；技术评估；减排潜力；综合效益

Interpretation of IPCC AR6 Report on Carbon Capture, Utilization and Storage (CCUS) Technology Development

PENG Xueting[1], LYU Haodong[2], ZHANG Xian[1]

(1.The Administrative Center for China's Agenda 21; 2.China University of Geosciences (Beijing))

Abstract: In recent years, carbon capture, utilization and storage (CCUS), as one of the key technologies to address climate change, has attracted extensive attention from the international community.The Working Group III contribution to the IPCC Sixth Assessment Report (AR6) has repositioned CCUS, and assessed carbon capture and storage (CCS), carbon capture and utilization (CCU), bioenergy with carbon capture and storage (BECCS), direct air carbon capture and storage (DACCS) systematically and comprehensively, with focusing on mitigation potential and cost, comprehensive benefits and application prospects.The results show

---

资助项目：科技创新战略研究专项项目"碳中和科技发展路线图"（ZLY202122）。

that CCUS is an indispensable combination of emission reduction technologies for the realization of global climate targets, which has the potential to achieve cumulative hundred-billion tons reduction effects by the middle of the 21st century.However, the current maturity of CCUS technology is overall at the demonstration stage and the cost is high, with mitigation potential to be further released.Considering CCUS can effectively reduce the risk of huge amount of stranded assets and has good social and environmental benefits, it's necessary for China to regard CCUS as a strategic technology under the context of its own resource endowment.To promote the development of CCUS, China should coordinate top design, accelerate the construction of technology system, explore market incentive mechanism, and strengthen international cooperation.

Key words: carbon capture, utilization and storage (CCUS); technology assessment; mitigation potential; integrative benefit

碳捕集利用与封存（CCUS）技术是指将 CO_2 从能源利用、工业过程或大气中分离出来，输送到适宜场地加以利用或封存，以实现减排的过程[1-2]。CCUS 作为一项关键的减缓气候变化技术，在国际气候变化科学与谈判中的重要性逐渐成为共识，是 IPCC 历次评估报告的关注点之一。

IPCC 第六次评估报告（AR6）第三工作组报告[3]根据碳捕集源、碳去向、减碳效应等方面的差异，将 CCUS 分为碳捕集与封存（CCS），碳捕集与利用（CCU），以及生物质能碳捕集与封存（BECCS）、直接空气捕集与封存（DACCS），并进行了全面系统评估。本文根据 AR6 第三工作组报告第 3 章长期目标下减缓路径、第 6 章能源系统、第 11 章工业部门、第 12 章跨部门视角等相关内容，对 CCUS 的技术定位、减排潜力、减排成本、综合效益及应用前景进行分析，结合历次 IPCC 报告和相关文献梳理剖析 CCUS 技术发展历程，探讨了对我国 CCUS 发展的启示，以期为我国 CCUS 技术发展及气候谈判等提供支撑。

1 CCUS 作为全球减缓气候变化技术的角色与定位不断得到强化

《巴黎协定》签订标志着全球应对气候变化目标共识凝聚，减缓气候变化行动从无刚性排放约束，到开展对标基准年的相对量减排，再到提出净零排放的绝对量减排，最终明确提出了碳中和目标，社会各界对 CCUS 技术的重视程度也随之逐渐增强。在过去历次 IPCC 评估报告对 CCUS 技术认识不断深入的基础上，近期发布的 AR6 第三工作组报告将 CCUS 技术体系分为包括 CCS、CCU、BECCS、DACCS 在内的系列技术组合❶（图1），CCUS 技术的定位也相应发生变化。历次 IPCC 评估报告中，CCUS 技术定位演变大致可以分为三个阶段（表1）。

---

❶ 早期的 IPCC 评估报告多用 CCS，随着 CO_2 利用技术被业内广泛关注，国际上常将 CCUS 和 CCS 通用，本文系统考虑 CCUS 技术内涵，将 CCUS 定义为包括 CCS、CCU、BECCS、DACCS 等在内的技术体系。

表 1 IPCC 历次报告中 CCUS 技术定位演变

阶段	时间	IPCC 报告	评估结论	定位演变
第一阶段 （1992— 2004 年）	1992 年	FAR 补充报告	CO_2 的分离和地质或海洋处置是一种中长期温室气体减排方案	探索阶段
	1995 年	SAR	碳捕集与处置是指将能源转换过程中产生的 CO_2 还原、收集并隔绝于大气的过程	早期定义
	2001 年	TAR	捕集 CO_2 并将其长期封存作为一种切实可行的温室气体减排方案被纳入多个减排情景中	可行方案
第二阶段 （2005— 2014 年）	2005 年	TAR 特别报告 SRCCS	正式提出 CCS 的定义，是指把 CO_2 从工业或能源相关的排放源分离出来，输送到适宜封存的地点，并且长期与大气隔绝的过程	系统定义
	2014 年	AR5	如果不考虑生物能源、CCS 及其组合 BECCS，大多气候模式评估结论显示，21 世纪末升温难以控制在 2℃ 以内	关键技术
第三阶段 （2015 年至今）	2018 年	AR6 特别报告 SR1.5	包括 CCS、BECCS 在内的技术手段将能够实现全球温控 1.5℃ 目标所需要的减排量	温控目标不可或缺
	2021— 2022 年	AR6 第一、第三工作组报告	CCS 是化石能源系统和工业部门大规模减排的技术选择。BECCS、DACCS 等碳移除技术是实现净零排放的重要工具	净零排放重要方案

注：FAR、SAR、TAR、AR5 分别为 IPCC 第一次、第二次、第三次、第五次评估报告，SRCCS 为 IPCC 特别报告《CO_2 捕集与封存》。

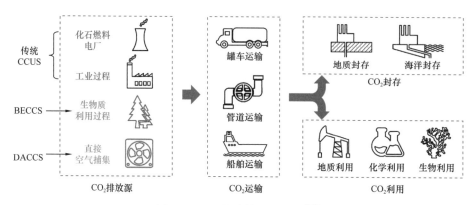

图 1 CCUS 技术体系示意图[4]

第一阶段：1992—2004 年，CCUS 作为应对气候变化可行方案，被纳入多个全球减排情景评估。1990 年发布的 IPCC 第一次评估报告（FAR）主报告未提及 CCUS 技术，但在 1992 年补充报告[5]中给出了"CO_2 分离和地质或海洋处置"可以成为一种中长期温室气体减排方案的描述，探索性地提出了 CCUS 技术。到 1995 年 IPCC 第二次评估报告（SAR）第二工作组报告[6]发布，给出了 CCUS 的早期定义，即碳捕集与处置是指"将能源转换过程中产生的CO_2还原、收集并隔绝于大气的过程"。随着越来越多的减排情景研究将CCS纳入分析，2001年IPCC第三次评估报告（TAR）[7]把CCS认定成为一种切实可行的温室气体减排方案，IPCC TAR第三工作组在2002年专门举行CCS技术研讨会[8]，讨论其角色和定位，强调CCS是减缓气候变化的可行方案。

第二阶段：2005—2014年，CCUS技术定义正式提出，并作为减排关键技术得到业界广泛认可。2005年IPCC特别报告《CO_2捕集与封存》（SRCCS）[9]第一次对CCUS技术进行了较全面的评估，正式把CCS技术定义为CO_2从工业或能源相关的源分离出来，输送到适宜封存的地点，并且长期与大气隔绝的过程。2011年，IPCC特别报告《可再生能源与减缓气候变化》[10]中对BECCS的负排放效应进行了评估，生物质能源与CCS结合作为深度减排方案得到关注。2014年，IPCC第五次评估报告（AR5）[11]结论显示，如果不考虑生物质能源、CCS及其组合技术（BECCS）等减缓技术，大多气候模式模拟结果表明，到2100年都不能实现将CO_2大气浓度水平控制在$450×10^{-6}$以下，即使可以实现，平均减排成本将会增加138%。AR5在强调CCS和BECCS是实现21世纪末全球2℃温控目标的关键技术手段的同时，也指出BECCS处于早期研发阶段，其规模化应用还存在不确定性和一定风险。

第三阶段：从2015年至今，CCUS技术被明确作为全球气候目标实现不可或缺的减排技术组合。IPCC特别报告《全球升温1.5℃》（SR1.5）[12]评估显示，须采用包括CCS和BECCS在内的技术手段才能够实现全球温控1.5℃目标所需要的减排量。2021年，IPCC AR6在第一工作组报告[13]再次重申了DACCS和BECCS等碳移除技术负排放效应对实现全球温控目标的重要性，并在2022年发布的第三工作组报告中，从减碳、零碳、负碳三个维度，拓展了CCUS技术体系的内涵和外延并对其进行重新定位：CCUS技术不仅是化石能源系统净零排放的关键技术，还是工业部门大规模减排的重要选择，具有大规模负碳效应。其中，CCS、CCU、BECCS、DACCS共用多个技术环节，区别主要在于捕集的CO_2源自化石燃料/原料碳、生物质碳、空气碳等不同类型，选择地质、陆地生物圈、海洋碳库或工业产品等不同封存方式[3]。CCU利用捕集的CO_2作为原料合成具有经济价值的产品，可实现化石原料替代脱碳，从而减少碳排放；CCS将捕集的CO_2返回到地层内且保持长期封存，是实现近零排放或零排放的关键过程；BECCS和DACCS分别从生物质能源转换过程和大气中直接捕集CO_2，通过永久封存实现负排放。AR6对CCUS技术体系的定位，对碳中和目标下准确把握CCUS在零碳能源系统重塑、零碳工业流程重构过程中的作用具有重要意义。

2 全球温控目标的实现对CCUS技术需求巨大

AR6报告结论显示，要实现全球《巴黎协定》温控目标，累计需要CCUS贡献千亿吨级的碳减排量。IPCC SR1.5和AR6几乎所有温升预测模型结果都表明，如果没有CCS、BECCS、DACCS等CCUS技术，将无法实现到21世纪末将全球温升控制在2℃或1.5℃以内。SR1.5评估结果表明，约90种情景都需要CCS的参与才能够实现1.5℃温控目标。AR6 估算，到 21 世纪末将全球温升控制在 2℃、1.5℃ 且没有或有限过冲的情景下，2020—2100 年间，CCS 累计减排量分别需达到约 2550×10^8 t CO_2、3350×10^8 t CO_2。国际能源署（IEA）关于全球温控目标下 CCUS 技术减排贡献评估结果基本相当。在 IEA[14] 全球能源系统可持续发展情景下，到 2070 年全球实现能源系统净零排放，CCUS 技术累计需贡献 15% 的减排潜力，约 2400×10^8 t CO_2；IEA《能源技术展望 2017》[15] 中，在将全球温升控制在 2℃ 和远低于 2℃ 的情景下，到 2060 年 CCS 的累计减排量分别约为 1064×10^8 t CO_2 和 2432×10^8 t CO_2。

AR6 认为 CCUS 的减排贡献需求在 2030 年开始超过每年 1×10^8 t CO_2，后续随时间推移迅速增长。到 2030 年，各机构评估在不同情景中的全球 CCUS 减排量为 $(1\sim16.7)\times10^8$ t CO_2[14, 16]（图 2），平均为 4.9×10^8 t CO_2。其中，根据 IPCC SR1.5 和 AR6 在 2030 年不同路径下评估结果，CCUS 的减排量为 $(1\sim10)\times10^8$ t CO_2，平均为 3.4×10^8 t CO_2；IEA 全球能源系统净零排放情景中评估的 CCUS 减排潜力最大，为 16.7×10^8 t CO_2，来自化石燃料及工业过程的减排约为 13.25×10^8 t CO_2。

根据 IPCC SR1.5 和 AR6 第三工作组报告[3, 12]，2050 年不同路径 CCUS 的减排量为 $(11\sim52)\times10^8$ tCO_2/a。综合考虑 IPCC SR1.5、AR6 第三工作组报告、IEA[14, 16]、全球碳捕集与封存研究院（GCCSI）[17]、国际可再生能源机构（IRENA）[18] 等机构研判，2050 年 CCUS 减排贡献为 $(11\sim76)\times10^8$ tCO_2/a，平均减排水平为 45.8×10^8 t CO_2/a（图 2）。其中，评估的 CCUS 最低和最高减排贡献分别来自 IPCC AR6 中低于 2℃ 且有限 /

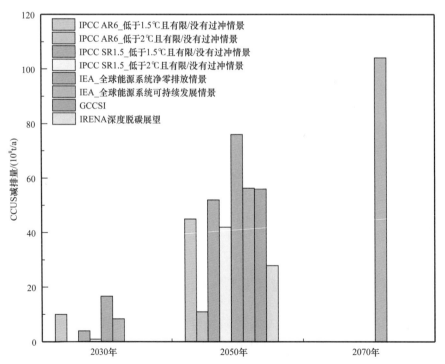

图 2 全球主要机构在不同情景下的 CCUS 减排贡献量[3, 12, 14, 16-18]
图中缺失的信息均表示该机构或该情景未做评估，故为空值

没有过冲情景和 IEA 全球能源系统净零排放情景。IEA 可持续发展情景中 2050 年 CCUS 减排潜力与 GCCSI 的评估结果一致，均约为 56×10^8 t CO_2/a。需要指出的是 IEA 可持续发展情景中到 2070 年实现能源部门净零排放时 CCUS 减排量将达到 104×10^8 t CO_2/a。

AR6 报告对 BECCS 和 DACCS 给予了特别关注，提出 21 世纪中叶后必须高度重视 BECCS、DACCS 等碳移除技术的负排放效应。实现 2℃ 温升控制目标，2030 年所需 BECCS 和 DACCS 减排贡献相对较小，BECCS 和 DACCS 部署规模分别为（0～10.9）× 10^8 t CO_2/a、（0～0.2）× 10^8 t CO_2/a；到 2050 年，BECCS 和 DACCS 减排贡献大幅增加，部署规模分别有望达到（5.2～94.5）× 10^8 t CO_2/a（中位数为 27.5×10^8 t）和（0～17.4）× 10^8 t CO_2/a（中位数为 0.2×10^8 t）；到 2070 年，在可持续发展情景下能源系统净零时 BECCS 和 DACCS 可分别实现 26×10^8 t CO_2/a 和 2.7×10^8 t CO_2/a 的减排潜力；到 21 世纪末，部署规模将可能达到（26.3～161.5）× 10^8 t CO_2/a（中位数为 89.6×10^8 t）和（0～12）× 10^8 t CO_2/a（中位数为 10×10^8 t）。

3 当前全球 CCUS 技术发展水平相对滞后，减排潜力有待释放

CCUS 理论减排潜力较大，超过 1.5℃ 情景所需要的 CO_2 减排量，但实际贡献需要考虑市场规模、源汇匹配等多种因素的制约。全球 CCUS 理论减排潜力为万亿吨级 CO_2，CCU 当前理论减排潜力为（10～20）× 10^8 t CO_2/a，如果将 CO_2 作为产品原料及替代化石原料，到 2050 年 CCU 理论减排潜力大约达到 200×10^8 t/a。在 2050 年实现能源系统净零排放情景下，CO_2 强化石油开采（CO_2-EOR）技术理论潜力可满足（260～270）× 10^8 t/a 的 CO_2 利用需求，燃料中 CO_2 利用理论减排潜力可达到（10～42）× 10^8 t CO_2/a，基于工业碱性固体废弃物的 CO_2 矿化技术固碳量可达到 40×10^8 t CO_2/a，利用 CO_2 生产化学品到 2030 年可减少 35×10^8 t CO_2 当量 /a 的温室气体排放。但受源汇匹配、应用行业成本等因素的影响[2, 19]，以及碳捕集率、利用产品寿命、替代生产路线等因素的约束，CCUS 实际减排贡献的量级将远远低于理论减排潜力。

CCUS 技术发展水平取得了阶段性进展，成熟度整体处于示范阶段。AR6 第三工作组报告重点对工业领域 CCUS 技术成熟度进行了评估（图 3），钢铁工业加装 CCUS 的整体成熟度跨度较大，为 TRL6～9 级；其中成熟度最高的是合成气、直接还原铁、电炉耦合 CCUS 技术（TRL9 级），电解氢 + 直接还原铁耦合 CCUS 生产工艺成熟度处于中等水平（TRL7 级），高炉 - 转炉法耦合 CCUS 生产工艺成熟度较低（TRL6～7 级）。水泥加装 CCUS 整体成熟度水平不高（TRL6～8 级），有不同的捕集技术类型，包括胺洗涤和膜辅助 CO_2 液化等燃烧后技术、低氮/零氮环境氧燃烧技术、以及钙循环技术；另外过程加热和 $CaCO_3$ 煅烧耦合 CCUS 的生产工艺成熟度为 TRL5～7 级。有色金属行业中水力/电解熔炼耦合 CCUS 技术水平差异较大，成熟度为 TRL3～9 级。跨行业部门耦合 CCUS 的成熟度相对较高，平均水平处于 TRL7 级以上。以塑料终端使用和回收耦合 CCUS 为主的化工行业 CCUS 成熟度最低（TRL5～6 级）。以 BECCS 和 DACCS 为主的负排放技术成熟度普遍较低；其中，BECCS 技术发展水平取决于先进生物能源技术的投资和推广，当前

成熟度为 TRL5~6 级，DACCS 技术研发类型包括含碳酸钙的水溶性钾溶剂和含热再生的固体吸附剂，技术成熟度约为 TRL6 级，未来将持续开发新的液体溶剂、新的固体吸附剂和新的设备或系统设计，技术研发空间较大[20-21]。在 CCUS 技术环节层面，膜分离法、富氧燃烧等新型捕集技术在加速研发；CO_2 转化液体燃料、制备有机化学品等利用技术，以及强化采油（EOR）、浸采采矿等封存技术成熟度较高。在行业层面，天然气处理、驱油领域的 CCUS 技术成熟度较高，已广泛推广，并逐渐应用于化工、水泥、钢铁、生物质发电等行业。AR6 未对能源部门耦合 CCUS 技术成熟度进行评估，但根据 GCCSI 发布的《CCS 技术装备与成本》[22]评估结果，燃煤电厂、天然气电厂、煤气化电厂等能源系统耦合 CCUS 成熟度较高，均达到 TRL9 级，特别是基于化学溶剂法的碳捕集技术，目前已广泛应用于电力部门的天然气脱硫和燃烧后捕集过程。

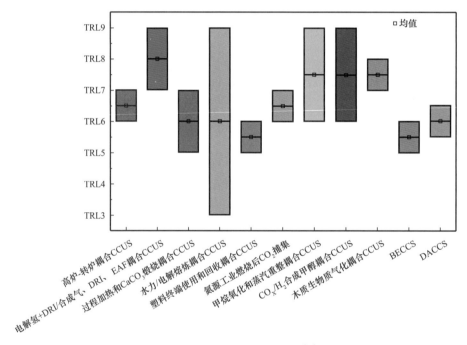

图 3 工业 CCUS 技术成熟度[3]

TRL—技术成熟度；DRI—直接还原铁；EAF—电炉

当前，CCUS 全球部署程度远低于控制全球温升在 1.5℃ 或 2℃ 以内的需求。虽然全球新规划的 CCUS 示范项目数量在《巴黎协定》通过后逐年增加，CCUS 项目的行业覆盖面逐渐扩大，但 AR6 的评估结论显示全球 CCUS 技术的减排规模与全球温升控制目标实现的需求相比差距巨大。根据 GCCSI 的研究，截至 2021 年底，全球处于规划、建设和运行阶段的大规模 CCUS 设施达到 135 个，其中处于建设和运行阶段的商业 CCUS 设施共 31 个，累计捕集能力不足 $4000 \times 10^4 t\ CO_2/a$，即使全部建成运行后 CO_2 捕集规模也仅有约 $1.5 \times 10^8 t/a$，相比全球 2℃ 目标下，CCUS 技术到 2070 年需要达到 $104 \times 10^8 t\ CO_2/a$ 的减排贡献量仍有较大差距。

4 高成本是制约CCUS技术商业化发展的关键挑战

CCUS技术的广泛推广面临高成本挑战，其中捕集环节成本的降低是重点。从技术环节来看，捕集技术成本在CCUS全流程中占比最大，在60%～80%[14, 23-24]。对于不同技术类型和应用场景，CO_2捕集成本大多高于50美元/t CO_2，能源基础设施加装CCS的捕集成本在60～105美元/t CO_2（表2）。其中，整体煤气化联合循环（IGCC）电厂、煤电厂加装CCS捕集成本分别约61美元/t CO_2、63美元/t CO_2；天然气联合循环（NGCC）电厂、石油燃料联合循环电厂加装CCUS捕集成本相对较高，分别约91美元/t CO_2、105美元/t CO_2。BECCS、DACCS的成本目前较高，BECCS捕集成本为15～400美元/t，DACCS为100～300美元/t CO_2。AR6评估显示，减排成本低于100美元/t CO_2的减缓技术可以实现在2030年将全球温室气体相比2019年减少一半，其中成本低于20美元/t CO_2的减缓技术占该潜力的一半以上；可以看出，当前CCUS技术成本与大多数减缓技术相比不具备竞争优势。

表2 全球不同机构的CCUS减排成本评估

单位：美元/t

技术类型和应用场景	CO_2捕集成本		CO_2减排成本	
	IPCC评估[3]	IEA评估[14]	IPCC评估[3]	GCCSI评估[25-26]
煤基燃料蒸汽电厂+CCS	63	—	88	60～121
IGCC+CCS	61	—	106	81～148
NGCC+CCS	91	—	33	80～160
石油燃料联合循环电厂+CCS	105	—	95	—
煤电厂耦合BECCS	66～72	54～64	242～244	88～288
其他燃料耦合BECCS	15～400	15～30	—	20～175
工业耦合BECCS	15～400	79～85	—	20～70
DACCS	100～300	135～345	—	300～600

注：空白表示IPCC未做评估。

综合AR6、GCCSI[25]等对CCUS的成本评估（表2、图4），现阶段，全球主要能源基础设施碳排放源加装CCUS的CO_2减排成本为20～288美元/t。具体而言，传统电厂、IGCC电厂、NGCC电厂、石油燃料联合循环电厂加装CCUS的CO_2减排成本分别为60～121美元/t、81～148美元/t、33～160美元/t、约95美元/t，煤电厂和工业耦合BECCS的成本分别为88～288美元/t CO_2、20～70美元/t CO_2。在工业部门，加装CCUS的CO_2减排成本约为20～194美元/t。天然气加工、化肥生产加装CCUS的减排成本较低，分别为20～27美元/t CO_2、23～33美元/t CO_2；钢铁、水泥行业加装CCUS的减排成本较高，分别达到67～119美元/t CO_2、104～194美元/t CO_2。此外，采用CCS技术的煤炭或天然气发电设施的初始投资约为不采用 CCS 技术的两倍，额外能耗增加 13%～44%，导致成本进一步增加。

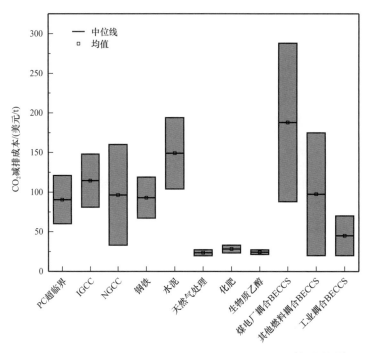

图 4　全球主要碳排放源加装 CCUS 的 CO_2 减排成本[3, 14, 25-26]

未来随着技术成熟度的提升和规模化效益的显现，CCUS 低成本或可投资机会将逐渐增多。CCUS 成本受技术成熟度、排放源 CO_2 浓度、工业流程、项目布局、碳价等多因素影响。根据碳收集领导人论坛（CSLF）发布的 CCUS 路线图报告，到 2050 年，新一代捕集技术将发展成熟并实现商业化推广，相比当前技术可实现能耗和成本均降低 30%以上。届时 CCU 技术产业化需求大幅增加，随着多个产业集群的形成，规模化效应将逐步显现。CO_2 用于驱油（EOR）、化工产品、混凝土建筑材料的成本将显著下降，预计分别为 –60～–45 美元/t CO_2、–80～320 美元/t CO_2、–30～70 美元/t CO_2，具有可盈利机会（表 3）。此外，未来全球碳价的增长，可有效提升 CCUS 技术的收益空间，大大改善 CCUS 技术经济可行性。

表 3　2050 年 CO_2 不同利用路径成本与潜力评估[3]

CO_2 利用路径	全球 CO_2 移除潜力/ （10^8t CO_2/a）	全球 CO_2 利用潜力/ （10^8t CO_2/a）	CO_2 利用成本/ （美元/t CO_2）
化工产品	10～30	300～600	–80～320
燃料	0	1000～4210	0～670
微藻	0	200～900	230～920
混凝土建筑材料	100～1400	100～1400	–30～70

续表

CO₂ 利用路径	全球 CO₂ 移除潜力 / (10^8t CO₂/a)	全球 CO₂ 利用潜力 / (10^8t CO₂/a)	CO₂ 利用成本 / (美元 /t CO₂)
驱油	100～1800	100～1800	−60～−45
BECCS	500～5000	500～5000	60～160
增强风化	2000～4000	—	<200
林业技术	500～3600	70～1100	−40～10
土地管理	2300～5300	900～1900	−90～−20
生物炭	300～2000	170～1000	−70～−60

注：CO_2 利用成本表示每吨 CO_2 利用的盈亏平衡成本，故有正负之分。

5 CCUS 综合效益和潜在影响

AR6 强调了在可持续发展背景下加强减缓行动的重要性，并对 CCUS 与可持续发展目标（SDGs）的协同效益或权衡取舍关系进行了评估。

在避免资产搁浅风险方面，CCUS 技术可实现化石能源基础设施低碳利用，大幅降低全球综合减排成本。CCUS 可以实现化石能源基础设施近零排放，避免碳约束下大量基础设施提前退役带来的巨额资产搁浅风险，为能源结构调整和传统行业绿色低碳转型提供缓冲。AR6 评估表明，如果不加装 CCUS，实现全球升温控制在相比工业化前 2℃ 的情景下，需要减少 100% 的煤炭、50% 的天然气和 20% 的石油消费量，由此带来 2015—2050 年间大量能源、工业等基础设施提前退役，造成（1～4）×10^{12} 美元或更高的资产搁浅。此外，以 BECCS、DACCS 技术实现电力部门的深度脱碳，要比以间歇性可再生能源、储能为主导的系统总投资成本减少 37%～48%。

在实现碳污同治和降低资源依赖方面，CCUS 技术发展可对生态系统等产生积极影响。CCUS 技术发展可在实现 CO_2 减排的同时减少空气污染物（SDG 3）排放。以化石能源为主的能源结构导致 CO_2 与主要大气污染物的排放具有很强的"同根、同源、同过程"特征，火电加装 CCUS 有助于推进 CO_2 和大气污染物的协同治理。CO_2 驱水技术为解决水资源短缺问题提供新方案。通过利用该技术将捕集到的 CO_2 注入咸水层，可以驱替深部咸水并淡化利用[27]；同时该项技术可以降低地下压力，有助于实现干旱地区的清洁水目标（SDG 6），提高 CO_2 封存工程的安全性。生物质利用与 CCUS 技术结合可以进一步增加土壤碳储量、提升土壤健康、增强生物多样性。

在促进公平转型方面，CCUS 有利于保障传统行业绿色低碳转型和增加就业机会。在电力、钢铁、水泥等行业推广 CCUS 应用，可避免能源结构过激调整，实现传统行业平稳低碳转型，在增加工业产值与就业机会方面具有协同效益。CCUS 设施设计、建设、运维各环节以及下游产品均需要大量劳动力，油气行业气候倡议组织（OGCI）研究表明，到 2050 年部署 CCUS 累计将创造至少数百万个工作岗位[28]，在多元政策工具支撑下，CCUS 技术推广将激发更多社会效益，促进传统行业公平转型。

过度依赖 CCUS 技术会对可持续发展产生负面影响。当前业界对于 CCUS 大规模部署还存在一定争议，包括过度强调 CCUS 会增加社会发展对化石能源的依赖，不利于全球低碳转型；大规模部署 BECCS 会大幅增加对土地资源和水资源的需求，造成与农业争地和争水的现象，存在影响粮食生产的潜在风险。碳捕集过程可能对水资源产生影响，例如加装 CCUS 的电厂取水量比未加装 CCUS 的电厂高 25%～200%，将增加水资源短缺地区的用水压力。陆地或海洋 CO_2 封存可能会面临潜在泄漏风险，对实现清洁饮水和卫生设施（SDG6）、水下生物（SDG14）和陆地生物（SDG15）等目标造成影响。

6　对我国的启示

全球应对气候变化形势日益紧迫，减排行动刻不容缓。本文系统梳理了 IPCC 评估报告对 CCUS 技术的角色定位、减排潜力、减排成本、综合效益及应用前景等方面的评估结果，结论显示，到 21 世纪中叶 CCUS 有潜力实现累计千亿吨级减排效应，但当前 CCUS 技术成熟度整体处于示范阶段，成本较高，减排潜力有待进一步释放。

当前，我国处于社会主义现代化强国建设的关键时期，以化石能源为主的能源结构短期难以改变，一段时期内碳排放总量和强度"双高"的情况仍将持续。碳中和目标的提出对实现构建零碳能源系统、重塑零碳工艺流程、建立负碳技术体系提出迫切需求，应从战略技术角度重新定位 CCUS[29]，以促进实现碳中和目标、保障能源安全、促进经济社会可持续发展。综合多家研究机构预测，2060 年我国实现碳中和目标 CCUS 减排贡献量需要达到（5～29）×10^8 t CO_2/a[29]。CCUS 技术已经成为未来保障我国碳中和目标实现不可或缺的关键技术选择。

近年来，我国 CCUS 技术发展较快，在技术成熟度方面已整体进入工业化示范阶段，但减排贡献与我国减排需求相比还远远不足[4, 24]。低成本低能耗的二代捕集技术、输送能力较强的管道运输技术、经济效益较好的 CO_2 强化采油技术、封存潜力较大的海底封存技术、BECCS 和 DACCS 等负排放技术等与国际先进水平仍存在差距[4, 24]。在示范项目方面，据不完全统计，我国已投运和规划中的示范项目达到 50 个，捕集能力仅为（200～300）×10^4 t CO_2/a，注入能力不足 150×10^4 t CO_2/a，覆盖天然气处理、电力、煤化工、石油化工等多个行业，但水泥、钢铁行业示范刚刚起步，单体规模不超过百万吨。在减排成本方面，多数 CCUS 项目净减排成本为 300～700 元/t CO_2，制约技术推广应用；我国传统电厂、IGCC 电厂、NGCC 电厂加装 CCUS 减排成本分别约 60、81、99 美元/t CO_2，钢铁、水泥加装 CCUS 减排成本分别约 74、129 美元/t CO_2[1]，加装 CCUS 技术将对相关产业发展造成较大压力。在政策激励方面，开展 CCUS 等重大项目示范被写入国家"十四五"规划和 2035 年远景目标纲要，《中共中央国务院关于完整准确全面贯彻新发展理念做好碳达峰碳中和工作的意见》指出，要推进规模化 CCUS 技术研发、示范和产业化应用，加大对 CCUS 项目的支持力度；但目前 CCUS 相关政策侧重宏观设计，审批、安全监管等法规有待完善，专门支持CCUS的财政激励政策尚属空白。结合我国CCUS技术发展现状和超前部署的需求，提出建议如下。

一是加快构建CCUS技术体系，明确碳中和目标下CCUS技术需求，针对各个环节开展核心技术攻关，超前部署低成本低能耗捕集技术研发，补齐DACCS、制备燃料、海底封存、集群枢纽、安全监测等技术短板和缺项。二是推进CCUS全链条集成示范及商业化应用进程，针对化石能源基础设施，建设全流程、集成化、规模化CCUS示范项目，优化管网布局，明晰利益相关方收益分享、责任分担和风险分摊机制，确立产业链和价值链的盈利模式，加速推进CCUS产业化集群建设，降低减排成本。三是加强CCUS针对性的政策激励，在碳达峰碳中和"1+N"政策体系框架下，进一步制定CCUS行业规范、制度法规，以及科学合理的建设、运营、监管、终止标准体系，制定适合我国国情的面向碳中和目标的CCUS税收优惠和补贴激励政策，探索将CCUS纳入碳市场，完善投融资渠道，引导投资机构加大投资力度。四是深化国际合作，创立CCUS知识体系，在IEA、GCCSI、CSLF、清洁能源部长级会议（CEM）、创新使命部长级会议（MI）等框架下开展联合研发和知识共享，加强中美、中英等双边CCUS技术合作，开展技术交流与转移，缩短研发周期，鼓励中国CCUS领域学者积极参加IPCC等，强化我国CCUS国际知识贡献。

参 考 文 献

[1] 张贤，李阳，马乔，等.我国碳捕集利用与封存技术发展研究[J].中国工程科学，2021，23（6）：70-80.

[2] Wei Y M, Kang J N, Liu L C, et al. A proposed global layout of carbon capture and storage in line with a 2℃ climate target [J]. Nature Climate Change，2021，11（2）：112-118.

[3] IPCC. Climate change 2022：mitigation of climate change [M/OL]. 2022 [2022-06-01]. https：//www.ipcc.ch/working-group/wg3/#FullReport.

[4] 蔡博峰，李琦，张贤，等.中国二氧化碳捕集利用与封存（CCUS）年度报告（2021）：中国CCUS路径研究[R].生态环境部环境规划院，中国科学院武汉岩土力学研究所，中国21世纪议程管理中心，2021.

[5] IPCC. Climate change：the IPCC 1990 and 1992 assessments [M]. Cambridge：Cambridge University Press，1992.

[6] IPCC. SAR climate change 1995：impacts，adaptations and mitigation of climate change：scientific-technical analyses [M]. Cambridge：Cambridge University Press，1995.

[7] IPCC. TAR climate change 2001：synthesis report [M]. Cambridge：Cambridge University Press，2001.

[8] IPCC. Workshop on carbon dioxide capture and storage proceedings [R/OL]. 2002 [2022-06-01]. https：//archive.ipcc.ch/pdf/supporting-material/ipcc-workshop-proceedings-cdcs-regina-2002.pdf.

[9] IPCC. Special Report on Carbon Dioxide Capture and Storage（SRCCS）[M]. Cambridge：Cambridge University Press，2005.

[10] IPCC. Special report on renewable energy sources and climate change mitigation（SRREN）[M]. Cambridge：Cambridge University Press，2011.

[11] IPCC. AR5 synthesis report：climate change 2014 [M]. Cambridge：Cambridge University Press，2014.

[12] IPCC. Global warming of 1.5℃（SR1.5）[M]. Cambridge：Cambridge University Press，2018.

[13] IPCC. Climate change 2021：the physical science basis [M]. Cambridge：Cambridge University Press，2021.

[14] International Energy Agency. CCUS in clean energy transitions [R/OL]. Paris：International Energy Agency, 2020 [2022-06-01]. https：//www.iea.org/reports/ccus-in-clean-energy-transitions.

[15] International Energy Agency. Energy technology perspectives 2017 [R/OL]. Paris：International Energy Agency, 2017 [2022-06-01]. https：//www.iea.org/reports/energy-technology-perspectives-2017.

[16] International Energy Agency. Net Zero by 2050：a roadmap for the global energy sector [R/OL]. Paris：International Energy Agency, 2021 [2022-06-01]. https：//www.iea.org/events/net-zero-by-2050-a-roadmap-for-the-global-energy-system.

[17] Global CCS Institute. The global status of CCS report 2021 [M/OL]. 2021 [2022-06-01]. https：//www.globalccsinstitute.com/resources/global-status-report/.

[18] The International Renewable Energy Agency. Reaching zero with renewables：Eliminating CO_2 emissions from industry and transport in line with the 1.5℃ climate goal [R/OL]. 2020 [2022-06-01]. https：//www.irena.org/publications/2020/Sep/Reaching-Zero-with-Renewables.

[19] Wei N, Jiao Z S, Ellett K, et al. Decarbonizing the coal-fired power sector in China via carbon capture, geological utilization, and storage technology [J]. Environmental Science & Technology, 2021, 55(19)：13164-13173.

[20] Wang T, Wang X R, Hou C L, et al. Quaternary functionalized mesoporous adsorbents for ultra-high kinetics of CO_2 capture from air [J]. Scientific Reports, 2020, 10(1)：21429.

[21] 王涛, 董昊, 侯成龙, 等. 直接空气捕集CO_2吸附剂综述 [J]. 浙江大学学报：工学版, 2022, 56(3)：462-475.

[22] Global CCS Institute. Technology readiness and costs of CCS [M/OL]. 2021 [2022-06-01]. https：//www.globalccsinstitute.com/resources/publications-reports-research/technology-readiness-and-costs-of-ccs/.

[23] 魏一鸣. 气候工程管理：碳捕集与封存技术管理 [M]. 北京：科学出版社, 2020.

[24] 黄晶, 陈其针, 仲平, 等. 中国碳捕集利用与封存技术评估报告 [M]. 北京：科学出版社, 2021.

[25] Global CCS Institute. Global costs of carbon capture and storage [M/OL]. 2017 [2022-06-01]. https：//www.globalccsinstitute.com/archive/hub/publications/201688/global-ccs-cost-updatev4.pdf.

[26] Global CCS Institute. Bioenergy and carbon capture and storage [M/OL]. 2019 [2022-06-01]. https：//www.globalccsinstitute.com/wp-content/uploads/2020/04/BIOENERGY-AND-CARBON-CAPTURE-AND-STORAGE_Perspective_New-Template.pdf.

[27] 魏宁, 刘胜男, 李小春. 中国煤化工行业开展CO_2强化深部咸水开采技术的潜力评价 [J]. 气候变化研究进展, 2021, 17(1)：70-78.

[28] Oil and Gas Climate Initiative. Oil & gas climate initiative [M/OL]. 2021 [2022-06-01]. https：//www.ogci.com/.

[29] 张贤, 李凯, 马乔, 等. 碳中和目标下CCUS技术发展定位与展望 [J]. 中国人口·资源与环境, 2021, 31(9)：29-33.

（本文原刊于《气候变化研究进展》2022年第5期）

CO_2 捕集与输送

二氧化碳捕集技术及适宜场景浅析

胡道成[1]，王睿[2]，赵瑞[3]，孙楠楠[4]，徐冬[3]，刘丽影[2]

（1.国家能源投资集团有限责任公司；2.国家环境保护与生态工业重点实验室（东北大学）；3.国家能源集团新能源技术研究院有限公司；4.中国科学院上海高等研究院）

摘　要：工业的发展带来了CO_2的大量排放，在实现碳达峰碳中和目标的过程中，二氧化碳捕集利用与封存（CCUS）技术是不可或缺的关键技术。现阶段技术成熟度较高且未来发展潜力大的碳捕集方法为燃烧后碳捕集技术，主要有吸收法、吸附法、膜法以及深冷法等。本文对最常用的四种碳捕集方法的发展与工业应用情况进行简要介绍，浅析了几种方法的工业适用情况，尤其是目前正在运行的大型碳捕集项目中应用最多的化学吸收法与物理吸附法，在最后进行总结与展望。化学吸收法、吸附法以及膜法碳捕集技术的未来发展潜力巨大，能够快速推进双碳目标的达成，助力碳的近零排放。

关键词：二氧化碳捕集；吸收法；吸附法；膜法；深冷法；工业适用情况

Research on carbon dioxide capture technology and suitable scenarios

HU Daocheng[1], WANG Rui[2], ZHAO Rui[3], SUN Nannan[4], XU Dong[3], LIU Liying[2]

（1.China Energy Corporation Group Co.，Ltd.；2.SEP Key Laboratory of Eco-industry（Northeastern University）；3.New Energy Technology Research Institute，China Energy；4.Shanghai Advanced Research Institute，Chinese Academy of Sciences）

Abstract：The development of industry has brought a large amount of CO_2 emissions.In the process of achieving the goal of carbon peak and carbon neutralization，carbon dio-xide capture，utilization and storage（CCUS）technology is an indispensable key technology. The carbon capture method with high technology maturity at this stage and great development potential in the future is post combustion carbon capture technology，mainly including solvent absorption，adsorption，membrane method and cryogenic distillation.In this paper，the development and industrial application of the four most commonly used carbon capture methods are briefly introduced，and the industrial applicability of several methods is analyzed，especially the chemical absorption method and physical adsorption method，which are most widely used in large-scale carbon capture projects currently running.Finally，the summary and prospect are

---

基金项目：国家重点研发计划（2017YFB0603305）；国家能源投资集团有限责任公司项目：（GJNY-21-51）。

made.Chemical absorption method, adsorption method and membrane carbon capture technology have great development potential in the future, which can quickly promote the achievement of the goal of double carbon and help the near-zero emission of carbon.

Key words: carbon dioxide capture; absorption method; adsorption method; membrane method; cryogenic distillation; industrial applicability

自工业革命以来，化石燃料的使用量逐年增加，CO_2 的大量排放引起的温室效应造成了气候变化、极端天气频发等一系列环境破坏，已经成为全球范围内亟待解决的重要问题。巴黎协定提出了将全球平均气温较工业化时期上升幅度控制在 2℃ 以内，并努力控制在 1.5℃ 之内作为长期目标[1]。根据《BP 世界能源统计年鉴 2021》，2020 年全球 CO_2 排放总量约 $322.84×10^8$t，中国 2020 年 CO_2 排放总量为 $102.43×10^8$t[2]。习总书记宣布我国 CO_2 排放力争在 2030 年前达到峰值，努力争取 2060 年之前实现碳中和。目前，控制 CO_2 的排放主要依靠三种方法：提高能源使用效率，实现用更少的能源消耗达更好的效果；大力发展清洁可再生能源，减轻传统化石能源消耗量大的压力，调整能源结构，以期未来取代化石能源在能源消耗方面的主体地位；布置碳捕集利用与封存（CCUS）项目，将 CO_2 从工业过程、能源利用过程中分离出来并加以利用[3]。根据国际能源署（IEA）的预测，要达到巴黎协定 2℃ 的气候目标，到 2060 年，累计减排量的 14% 来自于 CCUS，且任何额外减排量的 37% 也来自 CCUS[4]。中国能源消费结构以煤为主，碳排放量居于世界第一，在未来实现碳达峰和碳中和目标的进程中，CCUS 至关重要，不可或缺[5]。

1 捕集技术的发展

CCUS 按照技术流程包括 CO_2 捕集，运输以及利用与封存过程，CO_2 捕集指的是将 CO_2 从工业生产、能源利用以及大气中直接分离出来的过程[6]。捕集方式包括燃烧前碳捕集，富氧燃烧，燃烧后碳捕集，化学链捕集，生物质能碳捕集，直接空气碳捕集等。其中，研究较多的燃烧后捕集方式主要包括吸收法，吸附法，膜法以及深冷法。

1.1 吸收法

吸收法经过长时间的研究已经在 CCUS 工业示范工程以及商业化上得到了广泛的应用。在全球正在运行的 CCUS 项目中，大多数采用的 CO_2 分离方法为吸收法，而吸收法又包括化学吸收法与物理吸收法。

1.1.1 化学吸收法

化学吸收法通过呈碱性的化学吸收剂或其水溶液在一定条件下与酸性的二氧化碳气体反应，将 CO_2 从气源中分离出来，反应后的溶液经过加热等再生方法将 CO_2 释放，吸收剂得以循环使用。有机醇胺溶液、氨水、碳酸钾水溶液是应用最广泛的化学吸收剂。

有机胺法经过长时间的研究已经形成了单一胺、混合胺、两相吸收剂、离子液体等多种体系。早期单一胺溶液典型的溶剂有一乙醇胺（MEA），二乙醇胺（DEA），N-甲基二乙醇胺（MDEA）等。其中，伯胺、仲胺的反应速率快，吸收容量约 0.5mol CO_2/mol 胺，其反应原理为伯胺、仲胺先与 CO_2 反应生成两性离子，后继续反应为氨基甲酸盐与质子化碱；叔胺由于氨基上没有氢，与 CO_2 反应生成碳酸氢盐，反应速率慢但吸收容量大，约 1mol CO_2/mol 胺。

其反应原理分别为[7]

伯胺与仲胺：$2R_1R_2NH + CO_2 \longleftrightarrow R_1R_2NH_2^+ + R_1R_2NCOO^-$（$R_1$，$R_2$ 为烷基或氢）

叔胺：$R_1R_2N + CO_2 + H_2O \longleftrightarrow R_1R_2NH^+ + HCO_3^-$（$R_1$，$R_2$ 为烷基），在低温的环境下吸收 CO_2，在高温下解吸释放 CO_2。

1985 年，混合胺的概念被提出，旨在将单一胺的优势结合起来，达到更好的综合吸收性能[8]。此后，将伯胺、仲胺和叔胺混合，以开发更有效的胺吸收剂方面引起了广泛的关注[9]，MEA/MDEA[10]，DEA/MDEA[11] 等混合吸收剂相继提出。之后环胺哌嗪（PZ[12]），多元胺（AEEA[13]、BDA、MAPA[14]），空间位阻胺（AMP[15]），烯胺[16]（DETA，TETA），HMPD[17] 等新型有机胺被发现，复合胺溶液得到充分的研究与广泛应用。例如，挪威 Snøhvit 气田 CO_2 捕集项目、澳大利亚 Gorgon Carbon Dioxide Injection 项目使用活化的 MDEA 溶液（aMDEA）作为吸收剂，目前全球最大的燃烧后碳捕集美国 Petra Nova 碳捕集项目使用 KS-1 混合胺吸收剂，中国锦界电厂 15×10^4t/a CCUS 示范项目使用南化院的 MA 系列吸收剂进行燃烧后碳捕集。

图 1　国能锦界 15×10^4t/a CCUS 示范项目

混合胺吸收剂是目前有机胺法吸收 CO_2 的主要吸收剂，它具有烟气适应性好，捕集效率高，工艺成熟的优点，但存在胺逃逸问题。

氨水法是指在 NH_3-CO_2-H_2O 系统中，氨水与 CO_2 发生反应生成碳酸铵、碳酸氢铵。氨水法吸收 CO_2 的吸收容量较大且再生能耗低，但氨逃逸问题依然限制该法的发展。后续提出了冷氨法即在 0～20℃ 的环境下对 CO_2 进行分离以限制氨逃逸，但反应生成的碳酸氢铵与碳酸铵易变为沉浆而对设备造成腐蚀堵塞[18]。

碳酸钾在低温下溶解度较低，作为吸收剂与 CO_2 反应时需要在 50～80℃ 的环境下进行，因此又被称为热钾碱法。

解吸时高温加热富液使碳酸氢钾释放 CO_2 变为碳酸钾循环使用。热钾碱法的优势在于其成本较低、耐降解、再生能耗低，但其吸收容量不理想且吸收速率慢[19]。目前使用碳酸钾作为吸收剂时通常向其中添加活化剂如二乙醇胺（DEA），哌嗪（PZ）等醇胺有机物以增大其吸收速率以及吸收容量[20]。美国 Enid Fertilizer 化肥厂利用哌嗪作为活化剂的本菲尔法进行 CO_2 捕集，年捕集量约为 $70×10^4$t。

总的来说，化学吸收法的能耗较高，腐蚀降解问题较严重但其 CO_2 捕集效率高，分离出的 CO_2 产品气的纯度高，适合应用于大规模的 CCUS 项目中，是现阶段布置 CCUS 项目中最具潜力的方法。

表1　化学吸收法不同吸收剂的特点

方法	优点	不足
氨水法	吸收容量较大，再生能耗相对较低，协同脱除其他酸性气体	吸收速率极慢；氨逃逸损失大，难于控制
热钾碱法	吸收成本低，再生能耗相对较小，稳定性好	吸收速率慢需要添加活化剂，吸收容量小
醇胺法	吸收容量大，吸收速率快，适合低浓度低分压 CO_2 气源的碳捕集	投资成本较大，再生能耗较高，腐蚀性问题不容忽略

1.1.2　物理吸收法

物理吸收法依靠 CO_2 与气源中其他组分的溶解度差异实现 CO_2 分离脱除。物理吸收剂对 CO_2 进行吸收分离的过程中遵循亨利定律即 CO_2 在气源中的平衡分压越高，其溶解度越大[21]。低温高压是物理吸收法的最佳操作条件，在众多物理吸收剂中，发展较好应用广泛的吸收剂包括甲醇（低温甲醇洗 Restisol 法），聚乙二醇二甲醚（Seloxol 法），N-甲基吡咯烷酮（Purisol 法），碳酸丙烯酯（Flour 法）[22]。目前全球正在运行的 CCUS 项目中使用的物理吸收方法主要是 Restisol 法与 Seloxol 法，Restisol 法使用的甲醇吸收剂不易降解，黏度小且有较高的稳定性，但必须在低温的环境下操作运行，工艺较复杂；Seloxol 法的 CO_2 分离能耗较低，化学性质稳定，不足之处在于黏度较大，传质速度较慢[23]。物理吸收法目前主要应用于天然气开采以及处理加工领域。

1.2　吸附法

吸附法利用多孔固体材料在其表面选择性捕获 CO_2，随后通过温度，压力的变化释放 CO_2，吸附法包括物理吸附和化学吸附。物理吸附通过固体吸附剂与气体的分子间弱作用力以及范德华力表现出对 CO_2 的优先吸附，在低温或者高压的环境下进行吸附，在高温或者减压的环境下解吸。化学吸附中 CO_2 与吸附剂之间发生化学反应，例如在固体吸附剂的表面负载能与 CO_2 发生化学反应的化学剂如胺基负载吸附剂，PEI 等物质，或者直接使用金属氧化物进行吸附[24]。

根据不同的解吸机理，吸附法工艺包括有变压吸附（PSA）[25]、真空变压吸附（VPSA）[26]、变温吸附（TSA）、变温变压耦合吸附（PTSA）以及变电吸附（ESA）[27]等。常用的吸附剂包括沸石、炭基材料[28]、金属有机骨架（MOFs）[29]、活性氧化铝等材料，其中沸石是目前应用最广泛的固体吸附剂，常用的沸石吸附剂有 5A 沸石与 13X 沸石[30]等。

表 2 不同吸附工艺的特点

方法	优点	不足
PSA/VPSA	工艺成熟，应用场景广泛，吸附材料使用周期长	吸附剂需求量大，设备多，占地大
TSA	能够对低品位余热资源有效利用，再生程度高	升温慢，循环吸附时间长，能耗高对吸附剂的损伤大
ESA	加热迅速升温速率独立控制吸附系统紧凑[31]	吸附剂需要具有适宜的导电性
PTSA	再生程度彻底解吸附快，循环周期短	能量消耗较高对吸附剂要求较高

物理吸附法的优势在于解吸能耗较小，流程较简单，无腐蚀挥发等方面的顾虑，对环境友好[32]，但限制吸附法发展的主要原因有：(1) 目前常用吸附剂的吸附容量较小，在对气源中的 CO_2 进行分离时吸附解吸频繁，对吸附装置和解吸设备如真空泵的要求高，应用于规模较大的碳捕集项目的难度较高。(2) 吸附容量高，功能调控方便的新型吸附剂造价成本高，尚未能量产[33]。(3) 当气源中的水含量较多时会严重影响常规吸附剂如沸石、MOFs 的吸附效果，水是强吸附组分，吸附剂会优先吸附水分子从而导致吸附 CO_2 的能力下降，部分吸附剂在吸附水分子后自身结构会被破坏[34]。

未来，吸附法分离 CO_2 的研究方向应着眼于开发吸附容量高、吸附动力学快、再生稳定性好并且能够量产的吸附剂[35]；以及研究在高湿烟气中吸附能力不受影响的吸附剂或开发能够将进入吸附床的气源中的水分充分干燥的工艺。

1.3 膜法

膜分离法利用气源中各种气体组分的渗透速率的差异实现 CO_2 的分离，分离过程的推动力为膜两侧的压力差，分离效果取决于膜材料的结构、膜对不同气体的选择性（渗透系数、分离系数）、气源中的气体组成成分以及气体压力的大小等[36]。

膜材料包括有机聚合物膜、无机膜、混合基质膜、促进传递膜和一些新型的膜材料[37]。有机膜材料有聚砜醚、聚氧乙烯、聚苯醚等，有机膜的稳定性尤其是耐热性能较差，应用受到限制[38]。无机膜的膜材料有沸石、MoS_2、MOFs、氧化石墨烯等，与有机膜相比无机膜的化学稳定性好，但是成本较高并且柔软性欠缺。混合基质膜将无机颗粒分散到有机聚合物基质中，兼具良好渗透性、选择性以及稳定性能[39]。但目前技术成熟度不高，需要进一步地研究。

膜分离法的能耗较低、设备体积较小、易维护，与气源的接触面积大[40]，但是现有的膜材料的分离结果较差，对气源的要求较高，热稳定性与机械稳定性不理想，难以适应工业上大规模连续运行。膜分离法发展除了要开发分离效果更好的膜材料之外，也需要探索与其他分离方法联合使用，如膜法与化学吸收法结合[41]。

1.4 深冷法

深冷法又称低温分离法，利用原料气中各气体组分的沸点不同，在高压低温的条件下将气体冷却至液化温度，之后通过蒸馏工艺分离 CO_2。Davy Mckee 公司利用 N_2/CO_2 低温蒸馏-吸收法能够回收质量分数为90%的CO_2，产品气纯度达97%[42]。深冷法分离CO_2的纯度高，工艺中没有化学试剂的参与，对环境友好、耗水少，但深冷法也存在其固有的缺陷，由于要将气源冷却到液化温度因此需要较大的能源消耗且设备一般较大，由此可见适合应用于温度低，气源压力大且CO_2浓度高的情况[43]。

表3 不同碳捕集方法的特点

方法	优点	不足	发展方向
化学吸收法	烟气处理量大； 分离效率高； 产品气中CO_2纯度高； 工艺技术成熟度高	吸收剂成本较高； 解吸过程能耗大，影响电厂的发电效率； 胺损失与腐蚀情况严重	研究有效的节能工艺； 优化工艺流程，降低成本； 开发新型低能耗吸收剂并逐步实现其工业化应用
物理吸收法	吸收剂化学性质稳定，不易降解； 对环境影响小； 能耗较低； 技术成熟度高	CO_2脱除效率低； 吸收剂成本高； 只有在低温高压环境下吸收效率高； 产品气纯度易受H_2S的影响	对现有的几种物理吸收法工艺进行改进或综合目前的物理吸收法工艺的优点发展新工艺； 寻找理化性能与稳定性能更好，对CO_2溶解度更大的吸收剂
吸附法	对环境友好； 能耗低； 工艺流程较简单，自动化程度高	对CO_2的选择性较低，分离效率不高； 不耐高湿气源； 吸附剂在运输及使用过程中易损耗	开发高吸附选择性及性能更稳定的吸附剂； 开发适用于高湿烟气的吸附剂及其配套工艺
膜法	运行过程能耗低； 设备紧凑性好； 工艺简单易维护	对气源要求大； 不耐高温，尚未能连续作业； 分离容量小； 技术成熟度不高	寻找或合成适用的膜材料，主要是膜的选择透过性与耐热耐高温性能； 研究与其他方法的耦合使用
深冷法	工艺耗水少； 对环境无污染	冷凝过程能耗大； 设备庞大	探寻效率更高，效果更好的制冷工艺

2 各技术适用场景浅析

2.1 化学吸收法

化学吸收法中最常用的是有机醇胺法，通过呈现弱碱性的醇胺溶液与CO_2反应，与CO_2的结合能力强，反应生成的物质稳定，适用于中低浓度，低CO_2分压的气源。此外化学吸收法在低分压下对湿烟气中的CO_2具有高吸收率[44]。因此，化学吸收法适合应用于燃烧后烟气的CO_2分离。燃烧后的烟气经历脱硫以及脱硝工序后，NO_x与SO_2的浓度达到排放要求值，使得进入吸收塔烟气中能够影响到CO_2吸收的杂质气体含量降低到最小。

天然气发电厂与燃煤电厂的烟气中N_2是主要的成分，同时N_2会稀释CO_2使得CO_2所占的百分比较低[45]，CO_2的含量分别为4%~8%与12%~15%，烟气温度在

50～100℃，分压较低（一般≤0.15atm），属于低浓度与低分压的 CO_2 气源[46]，在低分压下化学吸收法尤其是有机胺法能够很容易通过快速键合与 CO_2 反应[47]。加拿大 Boundary Dam $100×10^6$t/a 碳捕集项目、美国 Petra Nova $140×10^6$t/a 碳捕集项目、美国 Powerspan 20t/d CO_2 化学吸收工程；国内国能锦界公司 $15×10^4$t/a 碳捕集示范项目、华能上海石洞口 $12×10^4$t/a CCS 项目、中石化胜利燃煤电厂 $4×10^4$t/a 碳捕集项目、中国电力投资集团 $1×10^4$t/a 碳捕集工业示范项目、江苏华electric句容 $1×10^4$t/a 碳捕集示范工程、华能北京热电厂 3000t/a 碳捕集工程[48]，大唐北京高井热电厂 1500t/a 碳捕集项目[49]等均为燃烧后烟气碳捕集的工业应用。此外，同样适用于此法的还有水泥回转窑的烟气，其 CO_2 的含量相对较高，为 14%～33%，且含有比重较高的水分（约 13%）[50-51]，安徽海螺白马山水泥厂通过胺法化学吸收对回转窑烟气进行粗分离，之后辅以精分离措施，可获得食品级 CO_2 $3×10^4$t/a，工业级 CO_2 $2×10^4$t/a[52]；在垃圾焚烧领域，其排放的烟气中除占比最大的 N_2 之外还含有 7%～14% 的 CO_2 与大于 10% 的水蒸气；钢铁厂高炉煤气余压透平发电装置（Blast Furnace Top Gas Recovery Turbine Unit，TRT）后，石灰窑以及自备电厂的烟气的温度较低，CO_2 浓度在 14%～20%[53]，阿联酋的 Abu Dhabi CCS 第一阶段碳捕集项目应用于钢铁工业的碳排放，通过有机胺化学吸收法对来自直接铁还原反应堆的 CO_2 进行捕集，年捕集量可达 $80×10^4$t[54]。

除处理燃烧后烟气中 CO_2 外，化学吸收法也适用于燃烧前碳捕集如天然气精炼脱碳领域。由于所处地域的不同，开采出的天然气中杂质气体 CO_2 的含量有较大差别，从 5% 到 70% 不等[46]，气源中的 CO_2 浓度较低时可使用化学吸收法对 CO_2 进行分离。

综上，化学吸收法非常适合于燃烧后低浓度（一般<20%）、低分压的碳捕集，如发电厂、燃煤电厂、水泥窑、垃圾焚烧、钢铁厂等烟气中的 CO_2 分离，因为它们通常烟气流量大，烟气中 CO_2 的浓度与分压较低。除此之外可以应用于天然气的脱碳过程，在此方面的应用包括阿尔及利亚 In Salah 气田、挪威 Sleipner CO_2 Storage $100×10^4$t/a、Snøhvit CO_2 Storage $70×10^4$t/a、Gorgon CO_2 Injection $340×10^4$t/a CCS 项目，沙特阿拉伯的 Uthmaniyah CO_2-EOR Demonstration $80×10^4$t/a 项目以及我国吉林油田 CO_2-EOR 项目，东方气田等。

2.2 物理吸收法

物理吸收剂不与 CO_2 发生化学反应，与 CO_2 的结合能力弱，因此不适合应用于浓度较低的气源。吸收过程遵循亨利定律，因此物理吸收法适合应用于 CO_2 在气源中浓度较大且气源中的其他气体与 CO_2 相比溶解度差异较高的情况，理想的操作条件为低温高压[55]。

天然气田开采出的原料气中含有 CO_2 杂质，部分气田中 CO_2 杂质含量极高，如印度尼西亚的纳土纳气田，估计可采储量为 $46×10^{12}$ 立方英尺但其中 CO_2 含量高达 71%[56]。气田开采过程中会产生大量的 CO_2 废气，物理溶剂吸收法的再生能耗低，不会为开采过程增加昂贵的成本，但它的净化程度不理想，很难满足高净化度的分离要求，因此该方法适合处理中、高 CO_2 分压原料气[57]。已应用于工业化的项目有 Terrell 天然气处理厂、Shute

Creek 700×10^{4}t/a 天然气处理碳捕集、Great Plains 合成燃料厂 300×10^{4}t/a、Century Plant 840×10^{4}t/a 碳捕集项目、Lost Cabin Gas Plant 90×10^{4}t/a 碳捕集项目等。

IGCC 电站的合成气的压力较高（2.5~5MPa），可燃气体 CO 与 H$_2$ 的含量高，约占75%，剩余成分中大部分为 CO$_2$，小部分为甲烷与硫化物，物理吸收法如低温甲醇洗能够通过溶解度的不同吸收多种杂质气体，并通过条件的改变释放吸收的气体，有效去除多种杂质并分离 CO$_2$。根据美国 Wabash river 煤气化发电项目以及 Tampa electric IGCC 项目，煤经过气化产生的合成气中 CO$_2$ 浓度不高（14%~17%）[58]，但不适合使用化学吸收法进行分离，因为除 CO$_2$ 之外的酸性气体会对吸收剂造成损失，且气体夹带吸收剂与水会影响后续的清洁燃烧效果，进一步经过水气变换反应后合成气中 CO$_2$ 含量达到 35%~40%[59]。在化肥制造领域如氮肥生产中也有成熟的工业应用：Coffeyville Gasification 工厂 100Mt/a CCUS 项目，美国 PCS Nitrogen 36×10^{4}t/a CCS 项目。此外生物质沼气气源如生活垃圾、污水处理厂污泥、农业废弃物以及农业食品工业的食物残渣等产生的沼气中主要是高浓度的 CH$_4$ 与 CO$_2$，CH$_4$ 浓度在 50%~75%，CO$_2$ 浓度普遍接近 30%[60]，通过物理吸收法能够达到高效的 CO$_2$ 的去除。

总之，物理吸收法适用于气源压力大的燃烧前碳捕集过程，如中、高 CO$_2$ 分压天然气原料气开采、天然气精炼以及其延伸的煤化工行业、生物质气领域以及其延伸的化肥制造工业、合成气中 CO$_2$ 的捕集分离等。

2.3 吸附法

在吸附工艺中，变压吸附法（PSA）是发展最成熟的方法，通过压力的改变进行吸附与解吸，对吸附剂友好且该法的自动化程度高，较变温吸附法（TSA）相比能耗可节 1~2 倍[61]，通过增加吸附床的数量能够增大 CO$_2$ 处理能力，此外，多层变压吸附可以达到处理气源中水分的效果[62]。根据吸附法的反应原理与特点，工业中吸附法适合于压强大、低流量、高 CO$_2$ 浓度、其他杂质气体组分少且水分含量低的气源。变压吸附法技术在我国的化肥制造、制氢工业、合成氨等领域发展较成熟。在天然气净化领域，吸附法表现出其优良的性能，吉林油田 CO$_2$ 含量为 26%（摩尔分数）的黑 79 区块天然气气田采用 12 塔操作、3 塔进料、12 次均压降、12 次均压升的 PSA 工艺，吸附压力为 2.8 MPa，解吸压力 0.1MPa，回收的 CO$_2$ 纯度≥95%[63]。美国 Tidelands 石油公司以及 Xebec 公司开发了能够应用于海上平台小规模天然气净化的变压吸附工艺[64]。吸附法同样适用于制氢工业，美国的 Port Arthur 项目、Air Products Steam Methane Reformer

图2 国能锦界千吨级吸附工业示范装置

项目采用真空变压吸附工艺对制氢过程合成气中的 CO_2 进行捕集,年 CO_2 捕集量能够达到 $100×10^4 t$。此外荷兰 KTI、英国 ICI 公司在合成氨以及尿素生产领域使用变压吸附法进行碳捕集。前面所述 IGCC 煤气化后的合成气中水含量极低,H_2 与 CO 的含量高,合成气的压强很大,经过水煤气变换单元的合成气中 H_2 与 CO_2 占 90% 以上,适宜应用吸附法进行 CO_2 的分离。

在燃烧后烟气碳捕集方面,日本建成了一套移动床固体胺吸附装置,CO_2 处理量可达千吨级[65];我国山西瑞光热电公司 3000t/a CO_2 捕集项目通过变压/变温吸附进行碳捕集;国能锦界公司建成千吨级吸附工业示范装置。

2.4 膜法

膜分离法需要气源中 CO_2 的分压高,气源中杂质少且与 CO_2 的渗透速率差异较大的情况中,由此可见膜分离法不适合应用于燃烧后烟气的 CO_2 分离。根据膜法的原理与特性,膜分离法适于低温、高压的操作环境。

对于燃烧前碳捕集,在 IGCC 工艺中,水煤气变换单元后合成气主要为 H_2 与 CO_2 的混合气,两者的分子动力学直径相差小致使分离选择性较低,加之变换反应是在高温进行的,现今的膜材料在高温的环境下稳定性差,不能够做到长时间连续工作[36]。另一种情况为天然气以及油田伴生气的脱碳,目前报道的有机膜材料如聚酰亚胺能够达到 42.8 的 CO_2/CH_4 分离系数[66],而一些沸石膜如 SAPO-34 沸石膜,疏水性 DDR 型沸石膜的选择性也很可观[67]。目前商业化的膜法脱碳材料仍以有机膜为主,包括 W.R.Grace 公司、Cynara 公司生产的各向异性膜,Separex 公司生产的膜材料应用于年 CO_2 捕集量为 $460×10^4 t$ 的巴西 Petrobras Santos Basin Pre-Salt 油田 CCS 项目中,对于高 CO_2 浓度和中低气量的天然气脱碳过程,与有机化学吸收法相比,气体分离膜技术具有更明显的优势[68]。因此膜分离法适用于中高 CO_2 浓度的中低气体总量的天然气脱碳过程以及油田伴生气的脱碳过程中。

目前在燃烧后烟气碳捕集领域,膜法尚处于起步阶段,进行过相关研究的包括美国 MTR 公司的 Polaris 膜、挪威 NUST 的 PVAm 膜、德国 HZG 的 PolyActive 膜、俄亥俄州立大学的含胺徐进传质膜(FTM),它们的 CO_2 处理量小,膜面积小($<10m^2$),烟气进入膜组件之前需经过脱硝、脱硫以及烟气干燥的过程,保证最后进入膜组件的气体为 CO_2 与 N_2 的混合气[69]。膜法应用于燃烧后碳捕集技术成熟度低,还需要进行进一步的实验探究。

2.5 深冷法

深冷法是利用气源中各组分的沸点不同,在低温下将气体中各组分按工艺要求冷凝下来,然后依照各类物质蒸发温度的不同用蒸馏法逐一加以分离。深冷法适用于气源中 CO_2 的浓度含量高、分压大的情况,以降低制冷压缩过程所需的能量消耗。如富氧燃烧后烟气的 CO_2 分离,CO_2 含量很大(70%~80%)的天然气气井开采[70]的脱碳以及油田伴生气中的 CO_2 回收[57]。代表性的工艺有美国 KPS 公司研发的 Ryan Holmes 三塔和四塔工艺、Cool Energy 公司的 CryoCell 工艺以及埃克森美孚公司的 Controlled Freeze Zone 示范工厂。

表 4　各方法适用场景浅析小结

方法	适用气源	适用场景
	适合于中低 CO_2 浓度气源；低 CO_2 分压湿气源	燃烧后烟气（一般 CO_2 浓度<20%），包括：燃煤电厂烟气、天然气发电厂烟气、水泥窑烟气、垃圾焚烧厂烟气、钢铁厂直接铁还原烟气；燃烧前：低 CO_2 浓度天然气脱碳
物理吸收法	适合于压强大，气源中其他气体与 CO_2 的溶解度差异大的气源	燃烧前：① 中高 CO_2 浓度天然气脱碳（CO_2 浓度>30%）；② 生物质沼气、化肥厂（生活垃圾、污泥、农业废弃物、食物残渣）（CO_2 浓度 30%~40%）；③ IGCC 合成气［煤气化后的合成气（CO_2 浓度约 15%）；水煤气变换单元后的合成气（CO_2 浓度>35%）］
吸附法	压强大、低流量、杂质气体组分少的低湿气源	燃烧前：① 小规模中等浓度天然气气田开采（CO_2 浓度>30%）；② IGCC 合成气（煤气化后的合成气（CO_2 浓度约 15%）；水煤气变换单元后的合成气（CO_2 浓度>35%）。燃烧后：干燥后的燃烧后烟气（CO_2 浓度 15%~20%）
膜法	压强大，CO_2 分压高，气源杂质气体少且与 CO_2 的渗透速率差异较大的气源	燃烧前：① 中高 CO_2 浓度和中低气量的天然气脱碳（CO_2 浓度>30%）；② 油田伴生气脱碳。燃烧后：经过脱硫脱硝以及干燥的燃烧后烟气
深冷法	压强大，CO_2 浓度很高的气源（CO_2 浓度>60%）	① 富氧燃烧后烟气中 CO_2 分离② CO_2 含量很大的天然气井开采

3　结论

本文对常用的碳捕集方法包括化学吸收法、物理吸收法、吸附法、膜法以及深冷法进行了简要介绍，浅析了几种技术的适用场景。

化学吸收法吸收剂与 CO_2 的结合能力强，因此适用于中低 CO_2 浓度、低 CO_2 分压的气源，如燃烧后的烟气与低 CO_2 浓度天然气脱碳。化学吸收法的核心是吸收剂，常用的吸收剂包括有机烷醇胺溶液、氨基酸盐溶液、氨水、碳酸钾溶液等。混合有机胺溶液是目前研究最多，应用最广泛的吸收剂，它的 CO_2 吸收能力强，处理量大，产品气的纯度高，但其腐蚀与胺逃逸问题较严重。此外，化学吸收剂的高再生能耗导致经济性较差，限制了进一步大规模应用。未来化学吸收法技术需向着低能耗吸收剂方向发展包括新型的两相吸收剂、离子液体复配吸收剂、纳米流体吸收剂等。目前几种新型吸收剂的技术成熟度不高，需要进一步的开发研究；在工艺流程方面，优化集成控制技术、研究节能工艺、降低因布置 CCUS 设备造成的能量损失和能耗成本。通过"边做边学"的方法，积攒目前的工程经验，为以后布置更大规模的碳捕集工程打基础、做准备。

物理吸收法依据其原理适用于压强大、中高 CO_2 浓度、气源中其他气体与 CO_2 的溶解度差异较大的情况之中，包括中高 CO_2 浓度天然气脱碳、生物质沼气与化肥厂烟气以及合成气的脱碳中。全球正在运行的 CCUS 项目中，通过物理吸收法进行碳捕集的项目占比最高，常用的方法为 Restisol 法与 Seloxol 法。

与吸收法相比，吸附法具有对环境友好、能耗低、投资少的优点，吸附法的工艺多样、吸附剂种类繁多，适用于压强大、流量低、CO_2 浓度高杂质组分少且水分含量低的情况，如规模较小的中等浓度天然气开采工业以及 IGCC 合成气的脱碳。吸附剂是决定吸附工艺运行与其经济性的关键，目前传统吸附剂的吸附选择性较差，分离效果不理想，且当烟气中的水含量较大时（>5%），吸附性能会出现大幅下降甚至自身结构损坏。吸附法需要开发更高性能的吸附材料如 MOFs 以及能够应用于高湿烟气情况下的耐湿吸附剂，增大吸附容量以适用于大流量的气源的处理，提高选择性使得产品气中 CO_2 纯度更高，开发耐湿吸附剂以节省掉处理高湿烟气之前的干燥工艺，降低投入与工艺复杂程度。但目前高性能吸附剂的生产成本高、技术成熟度不高、停留在实验室以及小试阶段，限制了其规模化的应用。

膜法适用于压强大、CO_2 浓度高、气源中其他气体成分与 CO_2 的渗透差异率较大的情况，如中高 CO_2 浓度天然气开采过程以及油田伴生气的脱碳过程。膜法未来的发展应集中于膜材料优化，与其他方法如化学吸收法的耦合使用以及膜法 CO_2 捕集的完成技术链的研究。膜法暂时工业应用的实例较少，在燃烧后领域膜法尚处于实验室研究阶段，在未来发展的过程中需要借助结构调控，微观模拟等方法开发分离性能优良的膜材料与结构，以期未来制备出能够规模化制备并能够工业化应用的膜材料，在工程方面要研究其配套的工艺包，获得相应的工艺参数，从小试开始逐渐增大规模。

深冷法适合于压强大、CO_2 浓度很高的气源，包括富氧燃烧后的烟气以及高浓度 CO_2 的天然气田的开采，目前的工业应用少，制冷过程的能耗问题是其主要问题，未来制冷法的发展须着眼于效率更高的制冷工艺以减小制冷过程中的能量消耗并缩小设备体积。

参 考 文 献

[1] 巴黎气候变化协定［EB/OL］.（2016-11-4）［2022-3-4］. https：//www. un. org/zh/documents/treaty/files/FCCC-CP-2015-L. 9-Rev. 1. shtml

[2] BP. BP 世界能源统计年鉴［M］，伦敦，2021.

[3] 王丹. 二氧化碳捕集、利用与封存技术全链分析与集成优化研究［D］. 北京：中国科学院大学（中国科学院工程热物理研究所），2020.

[4] IEA. Energy Technology Perspectives 2017［EB/OL］.（2017-6-30）［2022-3-4］.（https：//www. iea. org/reports/energy-technology-perspectives-2017.

[5] 张九天，张璐. 面向碳中和目标的碳捕集、利用与封存发展初步探讨［J］. 热力发电，2021，50（01）：1-6.

[6] 蔡博峰，李琦，张贤，等. 中国二氧化碳捕集、利用与封存（CCUS）年度报告（2021）——中国 CCUS 路径研究［R］. 北京：生态环境部环境规划院，中国科学院武汉岩土力学研究所，中国 21 世纪议程管理中心，2021.

[7] KANG M K, JEON S B, CHO J H, et al. Characterization and comparison of the CO_2 absorption

performance into aqueous, quasi-aqueous and non-aqueous MEA solutions [J]. International Journal of Greenhouse Gas Control, 2017, 63: 281-288.

[8] CHAKRAVARTY T, PHUKAN U K, WEILUND R H. Reaction of acid gases with mixtures of amines [J]. Chem. Eng. Prog.; (United States), 1985, 81 (4).

[9] OH S Y, BINNS M, CHO H, et al. Energy minimization of MEA-based CO_2 capture process [J]. Applied Energy, 2016, 169: 353-362.

[10] IDEM R, WILSON M, TONTIWACHWUTHIKUL P, et al. Pilot plant studies of the CO_2 capture performance of aqueous MEA and mixed MEA/MDEA solvents at the University of Regina CO_2 capture technology development plant and the boundary dam CO_2 capture demonstration plant [J]. Industrial & engineering chemistry research, 2006, 45 (8): 2414-2420.

[11] LIN C Y, SORIANO A N, LI M H. Kinetics study of carbon dioxide absorption into aqueous solutions containing N-methyldiethanolamine + diethanolamine [J]. Journal of the Taiwan Institute of Chemical Engineers, 2009, 40 (4): 403-412.

[12] ZHANG R, ZHANG X, YANG Q, et al. Analysis of the reduction of energy cost by using MEA-MDEA-PZ solvent for post-combustion carbon dioxide capture (PCC) [J]. Applied Energy, 2017, 205: 1002-1011.

[13] WANG T, LIU F, GE K, et al. Reaction kinetics of carbon dioxide absorption in aqueous solutions of piperazine, N-(2-aminoethyl) ethanolamine and their blends [J]. Chemical Engineering Journal, 2017, 314: 123-131.

[14] GARCIA M, KNUUTILA H K, GU S. Determination of kinetics of CO_2 absorption in unloaded and loaded DEEA+ MAPA blend [J]. Energy Procedia, 2017, 114: 1772-1784.

[15] HÜSER N, SCHMITZ O, KENIG E Y. A comparative study of different amine-based solvents for CO_2-capture using the rate-based approach [J]. Chemical Engineering Science, 2017, 157: 221-231.

[16] 李誉. 三乙烯四胺/有机溶剂吸收剂捕集 CO_2 基础性能研究 [D]. 杭州: 浙江大学, 2021.

[17] YANG D, WANG Y, ROCHELLE G T. Piperazine/4-Hydroxy-1-methylpiperidine for CO_2 Capture [J]. Chemical Engineering Journal, 2017, 307.

[18] DARDE V, THOMSEN K, VAN WELL W J M, et al. Chilled ammonia process for CO_2 capture [J]. Energy procedia, 2009, 1 (1): 1035-1042.

[19] 徐志明, 王颖聪, 部时旺, 等. 碳酸钾溶液捕集 CO_2 的吸收热研究 [J]. 中国电机工程学报, 2015, 35 (09): 2254-2260.

[20] 张艺峰, 王茹洁, 邱明英, 等. CO_2 捕集技术的研究现状 [J]. 应用化工, 2021, 50 (04): 1082-1086.

[21] YU C H, HUANG C H, TAN C S. A review of CO_2 capture by absorption and adsorption [J]. Aerosol and Air Quality Research, 2012, 12 (5): 745-769.

[22] WILBERFORCE T, BAROUTAJI A, SOUDAN B, et al. Outlook of carbon capture technology and challenges [J]. Science of the total environment, 2019, 657: 56-72.

[23] 王泽平, 周涛, 张记刚, 等. 电厂二氧化碳捕捉技术对比研究 [J]. 环境科学与技术, 2011, 34 (11): 83-87.

[24] 王霏. 金属氧化物负载型吸附剂的制备及其 CO_2 吸附性能的研究 [D]. 青岛: 青岛科技大学, 2021.

[25] SUBRAVETI S G, PAI K N, RAJAGOPALAN A K, et al. Cycle design and optimization of pressure

swing adsorption cycles for pre-combustion CO₂ capture [J]. Applied energy, 2019, 254: 113624.

[26] Maring B J, Webley P A. A new simplified pressure/vacuum swing adsorption model for rapid adsorbent screening for CO₂ capture applications [J]. International Journal of Greenhouse Gas Control, 2013, 15: 16-31.

[27] ZHAO Q, WU F, XIE K, et al. Synthesis of a novel hybrid adsorbent which combines activated carbon and zeolite NaUSY for CO₂ capture by electric swing adsorption (ESA) [J]. Chemical Engineering Journal, 2018, 336: 659-668.

[28] ZHAO H, LUO X, ZHANG H, et al. Carbon-based adsorbents for post-combustion capture: a review [J]. Greenhouse Gases: Science and Technology, 2018, 8 (1): 11-36.

[29] ADHIKARI A K, LIN K S. Improving CO₂ adsorption capacities and CO₂/N₂ separation efficiencies of MOF-74 (Ni, Co) by doping palladium-containing activated carbon [J]. Chemical Engineering Journal, 2016, 284: 1348-1360.

[30] BOYCHEVA S, ZGUREVA D, LAZAROVA H, et al. Comparative studies of carbon capture onto coal fly ash zeolites Na-X and Na-Ca-X [J]. Chemosphere, 2021, 271: 129505.

[31] RIBEIRO R, GRANDE C A, RODRIGUES A E. Electric swing adsorption for gas separation and purification: a review [J]. Separation Science and Technology, 2014, 49 (13): 1985-2002.

[32] MACDOWELL N, FLORIN N, BUCHARD A, et al. An overview of CO₂ capture technologies [J]. Energy & Environmental Science, 2010, 3 (11): 1645-1669.

[33] 陈旭, 杜涛, 李刚, 等. 吸附工艺在碳捕集中的应用现状 [J]. 中国电机工程学报, 2019, 39 (S1): 155-163.

[34] 刘丽影, 宫赫, 王哲, 等. 捕集高湿烟气中CO₂的变压吸附技术 [J]. 化学进展, 2018, 30 (06): 872-878.

[35] 朱炫灿, 葛天舒, 吴俊晔, 等. 吸附法碳捕集技术的规模化应用和挑战 [J]. 科学通报, 2021, 66 (22): 2861-2877.

[36] 罗双江, 白璐, 单玲珑, 等. 膜法二氧化碳分离技术研究进展及展望 [J]. 中国电机工程学报, 2021, 41 (04): 1209-1216, 1527.

[37] LUIS P, GERNEN T V, BRUGGEN B V D. Recent developments in membrane-based technologies for CO₂ capture [J]. Progress in Energy & Combustion Science, 2012, 38 (3): 419-448.

[38] ZOU X, ZHU G. Microporous organic materials for membrane based gas separation [J]. Advanced Materials, 2018, 30 (3): 1700750.

[39] 孙亚伟, 谢美连, 刘庆岭, 等. 膜法分离燃煤电厂烟气中CO₂的研究现状及进展 [J]. 化工进展, 2017, 36 (05): 1880-1889.

[40] KOROS W J, ZHANG C. Materials for next-generation molecularly selective synthetic membranes [J]. Nature materials, 2017, 16 (3): 289-297.

[41] ZHANG Z. Comparisons of various absorbent effects on carbon dioxide capture in membrane gas absorption (MGA) process [J]. Journal of Natural Gas Science and Engineering, 2016, 31: 589-595.

[42] 李小森, 鲁涛. 二氧化碳分离技术在烟气分离中的发展现状 [J]. 现代化工, 2009, 29 (04): 25-30.

[43] 张书勤, 胡耀强, 张春威, 等. 油井采收气中CO₂分离技术 [J]. 应用化工, 2018, 47 (06):

1241-1245.

［44］VERRECCHIA G，CAFIERO L，DE CAPRARIIS B，et al. Study of the parameters of zeolites synthesis from coal fly ash in order to optimize their CO_2 adsorption［J］. Fuel，2020，276：118041.

［45］陆诗建，黄凤敏，李清方，等. 燃烧后 CO_2 捕集技术与工程进展［J］. 现代化工，2015，35（06）：48-52.

［46］WANG S，LI X，WU H，et al. Advances in high permeability polymer-based membrane materials for CO_2 separations［J］. Energy & Environmental Science，2016，9（6）：1863-1890.

［47］DE AQUINO T F，ESTEVAM S T，VIOLA V O，et al. CO_2 adsorption capacity of zeolites synthesized from coal fly ashes［J］. Fuel，2020，276：118143.

［48］黄斌，许世森，郜时旺，等. 华能北京热电厂 CO_2 捕集工业试验研究［J］. 中国电机工程学报，2009，29（17）：14-20.

［49］刘飞. 胺基两相吸收剂捕集二氧化碳机理研究［D］. 杭州：浙江大学，2020.

［50］National Energy Technology Laboratory（U.S.）. Cement Kiln Flue Gas Recovery Scrubber Project［R］. Pennsylvania：National Energy Technology Laboratory，2001.

［51］刘仁越. 产业发展仍具韧性 碳中和目标实现之路径［J］. 水泥工程，2021（02）：1-7.

［52］吴涛，桑圣欢，祁亚军，等. 水泥厂碳捕集工艺技术［J］. 水泥技术，2020（04）：90-95.

［53］王尧. 基于钢铁厂碳捕集的 CCUS-EOR 全流程项目技术经济评价研究［D］. 北京：华北电力大学（北京），2018.

［54］Saini D. Simultaneous CO_2-EOR and Storage Projects［M］// Engineering Aspects of Geologic CO_2 Storage. Springer，Cham，2017：11-19.

［55］梁嘉能. 工业碳捕集与封存（CCS）和人工林固碳的对比分析［D］. 广州：华南理工大学，2017.

［56］TAN L S，SHARIFF A M，LAU K K，et al. Impact of high pressure on high concentration carbon dioxide capture from natural gas by monoethanolamine/N-methyl-2-pyrrolidone solvent in absorption packed column［J］. International Journal of Greenhouse Gas Control，2015，34：25-30.

［57］洪宗平，叶楚梅，吴洪，等. 天然气脱碳技术研究进展［J］. 化工学报，2021，72（12）：6030-6048.

［58］U.S. Department of Energy. Tampa Electric Integrated Gasification Combined-Cycle Project［EB/OL］.（2000-7-31）［2022-3-4］. https：//www.netl.doe.gov/research/Coal/energy-systems/gasification/gasifipedia/tampa.

［59］闫振宇. 吸收水合法回收 IGCC 合成气中 CO_2 的基础研究［D］. 北京：中国石油大学（北京），2017.

［60］LASHAKI M J，KHIAVI S，SAYARI A. Stability of amine-functionalized CO_2 adsorbents：a multifaceted puzzle［J］. Chemical Society Reviews，2019，48（12）：3320-3405.

［61］RUFFORD T E，SMART S，WATSON G C Y，et al. The removal of CO_2 and N_2 from natural gas：A review of conventional and emerging process technologies［J］. Journal of Petroleum Science and Engineering，2012，94：123-154.

［62］LI G，XIAO P，ZHANG J，et al. The role of water on postcombustion CO_2 capture by vacuum swing adsorption：Bed layering and purge to feed ratio［J］. AIChE Journal，2014，60（2）：673-689.

［63］任德庆，高洪波，纪文明. 变压吸附脱碳技术在高含二氧化碳天然气开发应用［J］. 中国石油和化工标准与质量，2012，33（16）：146-147.

[64] 黄绍兰, 童华, 王京刚, 等. CO_2捕集回收技术研究[J]. 环境污染与防治, 2008, 30(12): 77-82.

[65] OKUMURA T, YOSHIZAWA K, NUMAGUCHI R, et al. Demonstration Plant of the Kawasaki CO_2 Capture (KCC) System with Solid Sorbent for Coal-Fired Power Station[C]//14th Greenhouse Gas Control Technologies Conference Melbourne. 2018: 21-26.

[66] TAGLIABUE M, FARRUSSENG D, VALENCIA S, et al. Natural gas treating by selective adsorption: Material science and chemical engineering interplay[J]. Chemical Engineering Journal, 2009, 155(3): 553-566.

[67] CARREON M A, LI S, FALCONER J L, et al. Alumina-supported SAPO-34 membranes for CO_2/CH_4 separation[J]. Journal of the American Chemical Society, 2008, 130(16): 5412-5413.

[68] BAKER R W, LOKHANDWALA K. Natural gas processing with membranes: an overview[J]. Industrial & Engineering Chemistry Research, 2008, 47(7): 2109-2121.

[69] HAN Y, SALIM W, CHEN K K, et al. Field trial of spiral-wound facilitated transport membrane module for CO_2 capture from flue gas[J]. Journal of Membrane Science, 2019, 575: 242-251.

[70] MAQSOOD K, MULLICK A, ALI A, et al. Cryogenic carbon dioxide separation from natural gas: a review based on conventional and novel emerging technologies[J]. Reviews in Chemical Engineering, 2014, 30(5): 453-477.

基于 TRIZ 理论的碳捕集工艺设计创新方案

刘练波[1]，方梦祥[1]，许世森[2]，郭东方[2]

（1. 能源清洁利用国家重点实验室（浙江大学）；2. 二氧化碳捕集与处理北京市重点实验室（中国华能集团清洁能源技术研究院有限公司））

摘　要：基于发明问题解决理论（Theory of Inventive Problem Solving，TRIZ）的系统化创新方法，提出了一种用于对化石燃料燃烧后 CO_2 捕集工艺进行改造创新的综合方法。通过有效工艺建模，将 CO_2 捕集工艺过程转化为由多组件构成的 TRIZ 分析模型，并通过分析模型各组件特征、组件连接关系等内容，采用 TRIZ 原理的功能分析、组件裁减、矛盾知识库、功能知识库等工具，解决 CO_2 捕集工艺改造设计过程中的矛盾和问题，最终得到 4 套最终设计方案。结合 CO_2 捕集的工艺需求与实际，分析设计方案，其中 2 套方案从工艺提升角度，分别运用膜分离技术与低温分离技术实现工艺提升，另 2 套方案从溶剂角度，提出了新溶剂的研发思路，具备降低碳捕集工艺热耗的潜力。

关键词：发明问题解决理论（TRIZ）；创新方法；方案；CO_2 捕集；工艺；热耗

TRIZ-based Design Innovative Solutions for Carbon Capture Process

LIU Lianbo[1], FANG Mengxiang[1], XU Shisen[2], GUO Dongfang[2]

(1.State Key Laboratory of Clean Energy Utilization (Zhejiang University); 2.Beijing Key Laboratory of CO_2 Capture and Treatment (China Huaneng Group Clean Energy Research Institute))

Abstract: Based on a creativity analysis method called theory of inventive problem solving (TRIZ) -theory, an innovative approach was presented for the design of post-combustion carbon capture process.Through an effective modelling, the carbon capture process was transformed into a TRIZ analysis model with multi-components.By analyzing the components' characteristics of the model and the relationship between the key components, the function analysis, components trimming, contradiction matrix, and Function- Oriented Search were adopted to solve the contradictions and problems in process optimization.As a result, four set of schemes were obtained and analyzed based on process demand and realistic.Two sets of solutions were put forward by using membrane separation technology and low-temperature separation technology to improve the performance from the perspective of process improvement.The other

---

基金项目：国家重点研发计划（2018YFE0116800）；华能集团总部科技项目（HNKJ17-H03）。

two sets of solutions propose a new solvent development idea from the solvent point of view, and have the potential to reduce the heat consumption of the carbon capture process.

Key words: theory of inventive problem solving (TRIZ); innovative approach; solution; carbon capture; process; heat consumption

作为一项应对气候变化的减碳技术，二氧化碳捕集与封存（Carbon Capture and Storage，CCS）技术取得了长足的进步，全球已建成多个示范工程。2018年，联合国政府间气候变化专门委员会（Intergovernmental Panel on Climate Change，IPCC）发布了《IPCC全球升温1.5℃特别报告》，将原来的2℃目标调整为1.5℃，意味着全球气候行动亟待加速，报告还特别强调将CCS技术纳入负碳减排技术，更加凸显了CCS技术在实现全球CO_2减排目标过程中的重要性。然而，由于现有的主流CO_2捕集工艺存在能耗高的问题，造成系统运行成本高，限制了CCS技术的广泛应用。在国内外科研工作者的努力下，各类新型的技术路线与工艺系统应运而生，其中不乏一些具有很大应用潜力的革命性技术及应用[1-10]。但是由于这些新技术应用了全新的技术理念，需要大量的实验室研发与中试测试，距离商业化应用还有很长一段路要走。因此，如何基于现有的主流工艺系统进行有限的改造与革新，使其能在短时间内实现技术的进步，在前述的革命性技术能真正应用前起到过渡的作用，是摆在工程技术人员面前的课题。本文运用发明问题解决理论（Theory of Inventive Problem Solving，TRIZ），建立化学吸收法CO_2捕集工艺的创新模型，并提出新的工艺方案。

1 TRIZ 方法

工艺改造的本质是提高已建设备或装置的性能，在不改变或较少改变的基础上实现工艺性能提升的目的。由于要在已有的工艺及设备基础上实现不一样或者更优的目标，而现有设备或子系统存在一定的条件限制，工艺改造往往比重新设计难度更大。针对工艺的改造提升，传统上采用的方法主要有启发性演化、热力学分析方法以及数学规划等，而近代则出现了更为先进的处理办法，如多目标分析以及热力学和算法相结合的方法，然而，这些方法在处理多个目标和技术限制之间的矛盾与冲突时，都不能很好地解决在对工艺创新改造时面临的问题。TRIZ是一种源于苏联的发明问题解决理论，是目前全世界推广范围较大的一种实用方法，其提供了一种系统化创新的方法，采用系统化的思维方式和结构化的工具来构建解决方案。本文在碳捕集工艺改造过程中运用TRIZ方法，提出新的技术创新方案。

TRIZ方法的主要思路是消除在解决发明问题时所发现的矛盾，建立在对专利信息进行广泛研究的基础上。迄今，TRIZ已经分析了超过1500万个专利，形成了39×39个适用于任何一个技术系统的通用特征和40个矛盾解决原则或创新原理，为发明问题的解决提供一般性的建议，这些特征和原则构成了一个复杂的矛盾矩阵。在创新过程中，同时改进某些特征一般会导致其他部分特征出现恶化，产生许多与已有条件之间的矛盾和冲突，即性能还不如改造前。基于 TRIZ 的方法就是要系统化确定改造目标,通过收集碳捕集工艺中的所有特征和工艺设计原则,建立矛盾矩阵,然后通过所有可行原则进行检查和验证来消除矛盾。当所明确的冲突得以解决后,就形成了最后的解决方案[11-16]。

2 方案研究

以目前工业成熟的化学吸收法 CO_2 捕集与再生工艺为实例进行研究,该工艺系统的作用对象是 CO_2,基本原理是捕集吸收剂低温下吸收 CO_2、高温下再生 CO_2,吸收剂循环往复实现连续吸收与再生。在现有的工艺流程及采用的吸收溶剂技术体系中,吸收剂再生所消耗蒸汽热能在整个系统能耗中占到了绝大比重,造成捕集成本高。本研究的主要目的是解决现有工艺系统能耗高的问题,提高能源利用效率和降低装置运行成本。

2.1 工艺流程与问题描述

典型的化学吸收法 CO_2 捕集工艺流程如图 1 所示,利用碱性的捕集吸收剂与酸性的 CO_2 发生可逆反应,即在较低温度下(一般 40℃左右)吸收 CO_2,生成可再生中间产物,然后升温至较高温度(一般 110℃左右)时发生逆向反应,解析出 CO_2,完成 CO_2 的富集。其中捕集吸收剂是一种有机胺的水溶液,水含量为 70%~80%。逆向反应的升温过程需要将吸收了 CO_2 的捕集吸收剂加热,热源一般来自蒸汽,通过再生塔底部的再沸器与吸收剂溶液换热。再生以后的混合气体(主要是水汽和 CO_2)在再生塔出口通过冷却回收蒸发的水汽,得到高纯度的 CO_2 气体,实现 CO_2 的捕集回收。

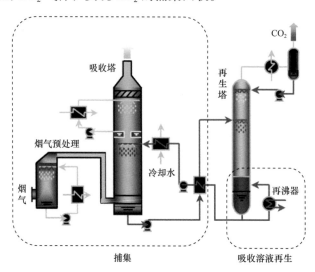

图 1 典型化学吸收法 CO_2 捕集工艺流程示意图

根据现有的技术原理,再生过程中必须把吸收 CO_2 以后的捕集吸收溶液加热到 110℃以上,才能实现 CO_2 的生成和溶液的再生。由于温度目标大于水的沸点温度(常压或略加压状态),CO_2 释放出来的同时,溶液中的水分也会大量蒸发,由于水的汽化潜热较高,会吸收大量的热量,造成蒸汽需求量高。根据 TRIZ 理论对问题出现条件的定义,该问题属于固有的问题,即上述问题的出现没有特定的条件和时间,只要工艺系统正常运行就会出现的固有问题,并且该问题并不会影响系统的正常工作,即不会影响系统运行的稳定性和 CO_2 的捕集率、纯度等指标,只是造成系统的能耗较高。

针对该问题,工业领域或学术界也提出过一些解决方案(表1),但可靠性或效果并不高,或者需要付出较高的成本代价,技术经济可行性不高[17-23]。

表 1 问题的现有解决方案及其缺陷

序号	方案描述	成本	难易程度	可靠性或效果
1	吸收塔内部冷却	很低	很低	低
2	富液循环、贫液分流	很低	很低	低
3	机械蒸汽再压缩	较高	高	较高
4	直接蒸汽解吸	中	中	中
5	降低再生温度	很低	很低	很低
6	提高再生压力	较低	较低	很低

林海舟等对表1中提到的吸收塔内部冷却、富液循环、贫液分流等改进工艺做了综述性介绍,总结了国内外主要的研究成果。方梦祥等对表1中的直接蒸汽解吸工艺以实验为基础进行了深入的研究,发现该工艺可以有效降低热再生能耗计算过程中气化潜热部分能耗,在最优化情况下能耗可以达到 2.6GJ/t(CO_2)。

表1中的机械蒸汽再压缩(Mechanical Vapor Recompression,MVR)工艺,可通过回收部分热贫液的热量,消耗一部分电力来降低蒸汽的消耗,该工艺已通过中试验证,可使单位 CO_2 再生蒸汽消耗量可下降 10%～25%[24]。若基准工艺中采用的主流吸收剂的再生热耗约 3.0GJ/t(CO_2)时,通过引入 MVR 工艺、热泵等,再生热耗有望降至 2.4GJ/t(CO_2)左右。

CO_2 吸收剂是化学吸收工艺的核心,以典型的 MEA 吸收剂为例,其再生热耗约为 4.0GJ/t(CO_2),占到整个工艺系统能耗的 70% 左右。郭东方等曾应用真实热流量热仪分析基准 20% 浓度 MEA 水溶液在 CO_2 再生过程中的能耗分布,通过分析溶液的升温曲线、热流曲线和冷流曲线,结果显示 20% 浓度 MEA 水溶液在 CO_2 的再生过程中,水的升温和挥发消耗的热量占总热量的 50% 以上[25],直接用于 CO_2 解吸反应的热量仅为总热量的一半不到,理论上印证了再生热耗下降的巨大潜力。

基于工艺改造提升的目的,依托现有的主体工艺流程,以吸收剂为重点,提出对改造后的要求:寻求新的捕集吸收剂形式及适应的工艺,既能保证溶液中 CO_2 的再生,又不会造成过多或无用的蒸汽消耗。

2.2 问题分析

运用 TRIZ 理论方法,首先通过系统功能分析 SVOP(主语 Subject+ 谓语 Verb+ 宾语

Object+ 参数 Parameter）来对系统组件进行拆分，按照超系统组件（主要为客观要素，一般无法进行改进）、组件及子组件进行划分，见表 2。

表 2 系统组件列表

超系统组件	组件	子组件
二氧化碳烟气	捕集单元	—
蒸汽（能量源）	吸收溶液	吸收剂、水（呈现液态及气态两种状态）
冷却水（冷源）	再生单元	再沸器

根据工艺原理及提取出的子组件，按照规范化的功能描述方式绘制出表达功能模型的初始系统图，如图 2（a）所示。系统图展示了各组件间的所有功能关系，并通过标准作用、不足作用、过度作用与有害作用等来描述组件及其之间的相互关系，确定导致问题存在的功能因素，其中梳理出 2 个负面功能：

（1）负面功能 1，吸收溶液中的水在被加热后生成水蒸气，属于过度作用。

（2）负面功能 2，水蒸气混入从吸收剂分解出的 CO_2 碳，属于有害作用。

2.3 问题转化与求解

在 TRIZ 理论体系中，通过对有害/负面功能相关的组件进行裁剪，然后把该组件提供的有用功能分配到其他剩余的组件上，来实现改善技术系统的目的。

如图 2（b）裁减构思图所示，组件"水蒸气"同属于两个负面功能的节点上，属于首当其冲被裁减的组件。通过裁减并形成图 2（c）裁减系统图Ⅰ。但裁减后从组件"吸收剂"到处理对象"二氧化碳"的分解程度将会大幅减弱，且组件"水"经加热后天然会形成"水蒸气"，因此可以考虑采用组件"其他稀释剂"代替组件"水"，作为吸收剂的稀释剂，如图 2（d）裁减系统图Ⅱ。

通过以上裁减与重构，基于图 2（d）裁剪系统图Ⅱ，形成了初步方案（方案 1），但同时也带了新的技术矛盾，可以表述为：为了改善系统的水蒸发造成过多能量消耗，用"其他稀释剂"代替"水"来稀释吸收剂，由于"其他稀释剂"稀释后的吸收剂黏性可能增加，传质性能可能变差，会导致系统的吸收剂对 CO_2 的"吸收性能"恶化。同时，在重构的过程中可能会出现尽管消除或减少了水蒸气的存在但增加了其他能量消耗形式的情况，如电耗等。这种情况需要进一步分析，通过与蒸汽形式的能耗对比，来确定是否属于潜在的求解方案。

根据 TRIZ 理论，通过矛盾矩阵的方式来解决这种"此消彼长"的新矛盾的出现。将出现的技术矛盾用矛盾矩阵中定义的工程参数来描述，根据"改善的参数"与"恶化的参数"，可以对应地查询出具有潜力的发明原理，以便进一步衍生出解决方案。根据以上分析，可以精确地描述出系统中现存的问题和矛盾，即捕集再生过程能量消耗大的问题，以及能量消耗与生产率（CO_2 再生度）之间的矛盾。据此，用工程参数描述技术矛盾并查询 2003 矛盾矩阵，形成如表 3 所示的源于矛盾矩阵分析的发明原理。

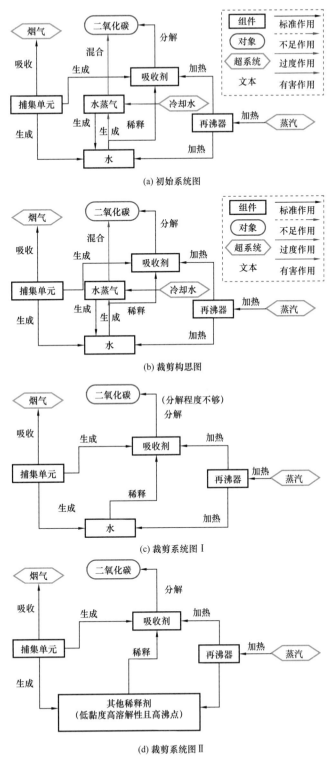

图 2 系统功能分析与系统裁剪图

表3 源于矛盾矩阵分析的发明原理

改善的参数	恶化的参数	对应的发明原理编号
No.27 能量的浪费	No.44 生产率	No.10 预先作用原理
		No.2 抽取原理
		No.35 状态和参数变化原理
		No.3 局部特性原理
		No.6 多用性原理

基于上述通过矛盾矩阵分析所对应的发明原理，选取并运用发明原理 No.10 预先作用原理及 No.2 抽取原理，产生新的概念方案（方案 2），即考虑一种新型的非水"其他稀释剂"稀释吸收剂，在捕集单元以较低的吸收剂浓度吸收 CO_2，吸收了 CO_2 的吸收剂在进入再生单元被再沸器中的蒸汽加热之前，通过某种办法将"其他稀释剂"与含有 CO_2 的吸收剂提前分离，然后含有 CO_2 的吸收剂再进入再生单元加热再生出 CO_2（图 3）。

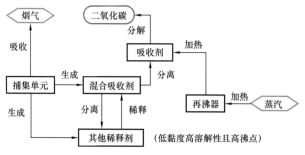

图 3 通过矛盾矩阵分析得到的概念方案

以上通过裁减、重构以及矛盾矩阵的应用，从方案 1 逐渐衍生至方案 2，逐步消除了技术矛盾，形成的技术方案方向逐步清晰，可以看出目前解决问题的核心在于如何实现将 CO_2 从混合吸收剂中"分离"出来这一功能。

结合本文前述分析，在功能知识库中需要输入的条件为：拟实现的功能为"分离"及处理对象性状为"液体"。经查询科学效应知识库中的功能知识库，检索出的知识（科学效应）有 98 个，如 A16 活性炭、B21 沸腾、S18 分离等。经分析这 98 项科学效应的基本原理、应用范围及特性，结合本文研究工艺的特点与可操作性，初步筛选出可利用的 5 个效应，具体如下：C25 离心分离、D35 蒸馏、F16 过滤器（物理）、L25 液液提取法、F44 冷冻干燥等，并以这些筛选出的效应为例，进一步分析其可衍生出来的不同方案。

方案 3——运用科学效应"C25 离心分离"。该效应的基本原理是：一种利用离心力来分离混合物的方法，应用于工业和实验室环境。混合物离心分离后，密度大的成分偏离旋转轴分布在外侧，密度小的成分靠近旋转轴分布在内侧。该效应的一个突出特点是液相环境中有固相的存在。运用该效应，形成新的概念方案，即在吸收剂中考虑添加絮凝成分，捕集 CO_2 后形成的吸收溶液成为稠浆状态，通过带有离心分离功能的设备将溶液中的水分尽可能地分离，提高吸收溶液浓度，然后进入再生流程，减少水的蒸发。

方案4——运用科学效应"D35蒸馏"。该效应的基本原理是：一种基于不同成分在沸腾液体中具有不同挥发性特点的分离混合物的方法。该效应的原理与本文研究对象的基础工艺类似，即在使用常规吸收剂的情况下，将吸收 CO_2 后的溶液加热至沸腾状态，实现 CO_2 的再生与分离。

方案5——运用科学效应"F16过滤器（物理）"。该效应的基本原理是：阻止某些特定的物体或物质进入而让其余物质通过的设备（通常是一个膜或层）。运用上述效应，联想到膜分离技术，形成新的概念方案，即选用合适的选择性 CO_2 分离膜，装入再生塔内，同时辅以外部加热，再生后的 CO_2 气体通过分离膜，蒸发的水分由于不能通过分离膜，分压高，抑制了水的进一步蒸发，减少了系统能耗。

方案6——运用科学效应"L25液液提取法"。该效应的基本原理是：用于分离化合物，此方法基于化合物相对两种不可混溶的液体之间的溶解性，通常为水和有机溶剂，这种提取方法令物质由一种溶液移至另一种溶液。运用上述效应，形成新的概念方案，即在已有溶剂基础上再引入一种能溶解吸收剂吸收 CO_2 后反应产物且与已有溶剂实现分相的有机溶剂，使 CO_2 与吸收剂的反应产物进入有机溶剂中，完成"脱水"的过程。然后将有机溶剂及脱碳反应产物进入再生流程再生 CO_2。

方案7——运用科学效应"F44冷冻干燥"。该效应的基本原理是：指一种脱水过程，通过冷冻材料，降低周围压力，并增加足够热量，使材料中的冷冻水直接从固体升华成气体。运用上述效应，并延伸联想到低温分离的原理，形成新的概念方案，即完全打破之前的思路，将烟气逐步冷冻到约 -100℃（CO_2 常压凝固点 -79℃），实现包括 CO_2 的主要污染物，如 SO_2、NO_x、汞等在不同的温度点分离出来。

2.4 方案分析

由于方案1与方案2属于渐进衍生关系且凝练出了最终的核心功能需求，因此方案3至方案7属于可选方案，而方案4运用的科学效应与本研究的基础方案类似，因此最终形成了4种技术方案，总结如下：

方案3，定义为稠浆型工艺，采用稠浆型溶剂及预先作用离心分离，实现溶液再生前脱水。

方案5，定义为膜分离再生工艺，再生过程中采用膜分离方式，采用选择性膜材料，分隔再生出的 CO_2 气体与水蒸气，通过分压抑制水蒸气的产生。

方案6，定义为萃取分相工艺，常规工艺基础上再额外添加某种有机溶剂，实现吸收 CO_2 后反应产物全部或大部分萃取到某一种溶剂中，然后将富 CO_2 相送入再生装置再生。

方案7，定义为低温分离工艺，对烟气进行整体低温凝结处理并按不同沸点或凝固点分离不同烟气组分。

这4种方案中，方案5与方案7侧重于工艺角度提升性能。从TRIZ理论角度，这两个方案属于通过绕开核心功能，从而将相应的有害功能（水参与再生的过程）和相关成本（水蒸发的热耗）降为最低甚至零，也即不再通过捕集与再生来实现 CO_2 的富集。具体来说，方案5通过纯物理隔绝的方式减少水的参与度。浙江大学提出了一种基于类似概念的CO_2膜减压再生工艺，针对不同的吸收溶液开展了实验研究，表明了该工艺可以在较低温度下实现更高的再生程度，且相比传统热再生工艺具有明显的降耗潜能[26-28]。方案7借鉴了空气分离的基本思路，利用各气体组分沸点不同的特点在低温下进行分离。Jensen等提出了一种低温外循环碳捕集工艺（External Cooling Loop Cryogenic Carbon Capture，CCC-ECL），通过用低温循环液洗涤烟气，将烟气降温至−120°左右，即CO_2的凝华温度以下，烟气中的CO_2凝华后随着低温循环液排出，并经固液分离而得到CO_2干冰，实现CO_2的分离与富集[29]。

方案3与方案6侧重于溶剂角度提升工艺性能，在TRIZ理论中属于通过去除有害功能达到实现理想解的情况。目前应用于化学吸收技术的吸收剂主要有有机胺溶液、氨水、氨基酸盐和碳酸盐溶液等。由于化石燃料烟气量大、CO_2分压低的特点，有机胺由于循环容量较大，在实际工艺运行过程中适应性更好。但是单一的有机胺溶剂配方，由于受反应速率、吸收容量和反应热等的限制，实际应用仍然面临很多问题，如一元胺（以一乙醇胺为代表）反应快，但吸收容量低且反应热较大，造成再生能耗较高；而三元胺（以甲基二乙醇胺为代表）吸收容量大、反应热低，但是吸收速率较低，造成了设备尺寸和投资大幅增加。因此，将具有两个及以上优点的胺吸收剂进行混合，有望获得具有高吸收速率与容量、低再生能耗与损耗的新型吸收剂。这种混合胺吸收剂再生能耗的降低主要在于整体上降低了反应热，而为了进一步降低吸收剂再生能耗，有必要降低混合胺吸收剂再生过程中的升温显热和蒸发潜热。本文的最终解决方案3与方案6正是通过减少吸收剂中水的参与度，达到了降低升温显热和蒸发潜热的目的，进一步降低了吸收溶液的再生热耗。特别是基于方案6的两相吸收剂，具有大幅度降低再生能耗的潜力，近年来作为一种新型吸收剂研发思路，正受到国内外众多研究者的关注。

表4对以上4个方案进行了综合评价，列出了目前所属的研发阶段，从技术难度、工艺复杂度、操作难度、投资运行成本等方面，按高、中、低进行了初步评估。其中投资成本主要依据新方案相对原有方案的改造程度来判断，变动越大投资成本越高。运行成本的判断依据则是根据方案自身的特点，如稠浆型与萃取分相工艺仅是对溶液本身的改良，而对于防止新溶液成分流失的问题上，传统工艺的水洗系统可以回收绝大部分逃逸的溶剂成分，工艺运行成本无明显增加，但工艺中需增加分相设备，整体设备投资会有所增加；低温分离工艺由于需将所有烟气降至沸点温度以下，类似于深冷空气分离，预计运行成本会出现较大增幅。但是，详细的成本数据还需要开展进一步的实验与技术经济研究。

表4 最终技术方案评价表

工艺方案	研发阶段	技术难度	工艺复杂度	能耗	操作难度	投资成本	运行成本	综合评价
稠浆型工艺	小试	中	中	低	高	中	低	再生过程水量减少，能耗较低，具体数据需要实验室进一步评估；技术、工艺难度不高，但需解决固液两相分离及固相输送稳定性问题

续表

工艺方案	研发阶段	技术难度	工艺复杂度	能耗	操作难度	投资成本	运行成本	综合评价
膜分离再生工艺	小试	高	低	较低	低	中	中	水的参与未减少，但引入膜后水蒸发受到抑制，能耗较低，具体数据需要实验室进一步评估；膜材料稳定性与寿命是工艺可行性的关键
萃取分相工艺	小试	中	中	低	中	低	低	由于参与再生的溶液量少，用于再生的蒸汽消耗较低，具体数据需要实验室进一步评估；分相溶剂开发是关键
低温分离工艺	概念	低	高	高	高	高	高	技术本身不复杂，但实现难度大，制冷压缩工艺能耗高，成本高；若考虑多污染物综合脱除成本，可能有一定竞争力

3 结论

TRIZ 创新分析方法是一种基于模型化方法实现发明过程的理论，在创新过程中通过发现并消除所发现的矛盾与冲突，结合已有的创新知识库，形成新的创新思路与解决方案。本文以化学吸收法 CO_2 捕集再生工艺为研究对象，针对现有工艺系统能耗高的问题，建立 TRIZ 分析模型，通过裁减、矛盾知识库、功能知识库等工具构建了最终解决方案 4 套。主要结论如下：

（1）通过分析模型的建立与功能分析，梳理出了系统中的负面功能，即溶剂中水被加热生成水蒸气并混入分解出的 CO_2 气体中，造成了系统能耗的增高。

（2）利用裁减工具，去除掉负面功能并重构出新的基础方案，同时分析存在的技术矛盾并通过矛盾矩阵工具查询出可采用的发明原理 5 个，并运用预先作用原理、抽取原理等构建出新的衍生方案，初步形成了采用混合吸收剂预先分离水与含 CO_2 吸收剂的解题思路。

（3）采用科学效应知识库中的功能分析工具，通过检索出的科学效应的基本原理进一步构建工艺方案，最终筛选出稠浆型工艺、膜分离再生工艺、萃取分相工艺、低温分离工艺等 4 种具有进一步研究潜力的新型技术方案。

（4）系统组件分析、矛盾提取以及筛选条件设置可能有不合理性，可能会造成筛选出的技术方案不满足最初的目标，或有潜力的技术方案不在求解方案中。尽管如此，进一步深入的研究工作，如模拟、实验室小试以及中试等，对开展详细的能耗与成本评价还是非常必要的。

参 考 文 献

[1] Seader J D, Henley E J. Separation process principles [M]. 2nd ed. New York, NY, USA: John Wiley

& Sons, 2006.

[2] Rochelle G T. Amine scrubbing for CO_2 capture [J]. Science, 2009, 325 (5948): 1652-1654.

[3] 刘练波, 郜时旺, 牛红伟. 烟气 CO_2 捕集工艺过程关键问题分析 [J]. 中国电力, 2014, 47 (2): 130-134.

[4] 刘练波, 郜时旺, 许世森. 燃煤烟气 CO_2 捕集系统与电厂系统集成分析 [J]. 中国电机工程学报, 2014, 34 (23): 3843-3848.

[5] 刘练波, 汪世清, 郭东方, 等. CO_2 捕集测试装置能量平衡分析 [J]. 中国电机工程学报, 2017, 37 (11): 3201-3206.

[6] 王晓龙, 刘蓉, 纪龙, 等. 利用粉煤灰与可循环碳酸盐直接捕集固定电厂烟气中二氧化碳的液相矿化法 [J]. 中国电机工程学报, 2018, 38 (19): 5787-5794.

[7] 魏宁, 姜大霖, 刘胜男, 等. 国家能源集团燃煤电厂 CCUS 改造的成本竞争力分析 [J]. 中国电机工程学报, 2020, 40 (4): 1258-1265, 1416.

[8] 杨宁, 孔德皓, 周云龙. 改进型太阳能-干法碳酸盐系统的燃煤电站灵活性碳捕集方案分析 [J/OL]. 中国电机工程学报: 1-14. https: //doi.org/10.13334/j.0258-8013.pcsee.191471.

[9] 姜大霖, 杨琳, 魏宁, 等. 燃煤电厂实施 CCUS 改造适宜性评估: 以原神华集团电厂为例 [J]. 中国电机工程学报, 2019, 39 (19): 5835-5842.

[10] 陈旭, 杜涛, 李刚, 等. 吸附工艺在碳捕集中的应用现状 [J]. 中国电机工程学报, 2019, 39 (S1): 155-163.

[11] 牛占文, 徐燕申, 林岳, 等. 发明创造的科学方法论-TRIZ [J]. 中国机械工程, 1999, 19 (1): 84-89.

[12] 马怀宇, 孟明辰. 基于 TRIZ/QFD/FA 的产品概念设计过程模型 [J]. 清华大学学报 (自然科学版), 2001, 41 (11): 56-59.

[13] 姚威, 韩旭. C-K 理论视角下的理想化创新方法 CAFE-TRIZ [J]. 科技管理研究, 2018, 38 (8): 8-17.

[14] Spreafico C, Russo D. TRIZ industrial case studies: a critical survey [J]. Procedia CIRP, 2016, 39: 51-56.

[15] Abramov O, Kogan S, Mitnik-Gankin L, et al. TRIZ-based approach for accelerating innovation in chemical engineering [J]. Chemical Engineering Research and Design, 2015, 103: 25-31.

[16] Deimel M. Relationships between TRIZ and classical design methodology [J]. Procedia Engineering, 2011, 9: 512-527.

[17] 刘练波, 黄斌, 郜时旺, 等. 燃煤电站 3000~5000t/a CO_2 捕集示范装置工艺及关键设备 [J]. 电力设备, 2008, 9 (5): 21-24.

[18] 林海周, 裴爱国, 方梦祥. 燃煤电厂烟气二氧化碳胺法捕集工艺改进研究进展 [J]. 化工进展, 2018, 37 (12): 4874-4886.

[19] 郭东方, 王金意, Silva G D, et al. CO_2 捕集溶剂氨基酸的反应活性与机制探讨 [J]. 中国电机工程学报, 2013, 33 (32): 29-33.

[20] 方梦祥, 周旭萍, 王涛, 等. CO_2 化学吸收剂 [J]. 化学进展, 2015, 27 (12): 1808-1814.

[21] 汪明喜, 方梦祥, 汪桢, 等. 相变吸收剂对 CO_2 吸收与再生特性 [J]. 浙江大学学报 (工学版), 2013, 47 (4): 662-668.

[22] 方梦祥, 江文敏, 王涛, 等. 基于实验的直接蒸气再生 CO_2 系统模拟及优化 [J]. 浙江大学学报

（工学版），2015，49（8）：1565-1571.

[23] 项群扬，方梦祥，王涛，等.新型CO_2直接蒸汽再生实验和模拟研究[J].动力工程学报，2015，35（11）：912-917.

[24] 郭东方，刘练波，王金意，等.燃气烟气1000t/a CO_2捕集中试试验研究[J].中国电机工程学报，2014，34（23）：3849-3855.

[25] 郭东方，郜时旺，罗伟亮，等.环丁砜对乙醇胺溶液吸收和解吸CO_2的影响[J].化工学报，2016，67（12）：5244-5251.

[26] 汪桢.基于中空纤维膜技术的二氧化碳吸收和解吸研究[D].杭州：浙江大学，2014.

[27] 潘一力，方梦祥，汪桢，等.混合吸收剂膜减压再生特性的试验研究[J].中国电机工程学报，2013，33（5）：61-67.

[28] 张超昱，曾伟强，方梦祥，等.氨水富液溶液的CO_2膜减压再生试验研究[J].能源工程，2012（3）：37-42.

[29] Jensen M J，Russell C S，Bergeson D，et al. Prediction and validation of external cooling loop cryogenic carbon capture（CCC-ECL）for full-scale coal-fired power plant retrofit[J]. International Journal of Greenhouse Gas Control，2015，42：200-212.

（本文原刊于《中国电机工程学报》2020年第20期）

MA-2 吸收剂在某电厂 15×10⁴t/a 碳捕集装置上应用研究

黄钟斌[1]，郭本帅[1]，叶宁[1]，陈曦[1]，周志斌[1]，马敏[1]，江洋洋[2]，毛松柏[1]

(1. 中石化南京化工研究院有限公司；2. 中国石化集团南京化学工业有限公司)

摘　要：由中石化南京化工研究院开发的 MA 系列（用于低分压碳捕集）吸收剂已经在国内近 10 套万吨级示范装置上成功运行。本文较为详细地讨论了该系列中 MA-2 吸收剂在某电厂 15×10⁴t/a 装置上的运行情况，在设计进气量条件下，考察了气液比、捕集率等因素对再生能耗的影响并确定了较优值分别为 34m³/m³ 及 95.2%，对应再生能耗最低为 2.72GJ/t（CO_2）。在上述条件下又逐步考察半富液级间冷却、富液分流、贫液 MVR 等节能工艺对再生能耗的影响并确定较优值，即当富液分流比为 5%、级间冷却为 40℃、MVR 压差为 50kPa 时，装置再生能耗最低仅为 2.30GJ/t（CO_2）。此外，还考察了不同工况下 MA-2 吸收剂的逃逸损耗情况，并测得为 31~59mg/m³。

关键词：二氧化碳；捕集；MA-2 吸收剂

Research for MA-2 Absorbent on 150000t/a Carbon Capture Device of a Power Plant

HUANG Zhongbin[1], GUO Benshuai[1], YE Ning[1], CHEN Xi[1], ZHOU Zhibin[1], MA Min[1], JIANG Yangyang[2], MAO Songbai[1]

(1.SINOPEC Nanjing Research Institute of Chemical Industry Limited Company；2.SINOPEC Nanjing Chemical Industry Co., Ltd)

Abstract：MA series (applied in low partial pressure carbon capture) absorbents developed by SINOPEC Nanjing Research Institute of chemical industry have been successfully operated on nearly 10 ten-thousand-class units in China. This paper discusses in detail the operation of MA-2 absorbent in the 150000t/a unit of a power plant. Under the condition of design air intake, the effects of gas-liquid ratio, capture rate and other factors on regeneration energy consumption are investigated, and the optimal values are 34 m³/m³ and 95.2% respectively, with the lowest regeneration energy consumption of 2.72 GJ/t (CO_2). Under the above conditions, the influence of energy-saving processes such as semi rich liquid inter-stage cooling, rich liquid diversion and lean liquid MVR on regeneration energy consumption is gradually investigated and a better

---

基金项目："十三五"国家重点研发计划项目"低能耗吸收剂研发及其规模化制备"（2017YFB0603301）资助。

value is determined, that is, when the rich liquid diversion ratio is 5%, inter-stage cooling is 40℃, MVR pressure difference is 50 kPa, the minimum regeneration energy consumption of the device is only 2.30 GJ/t（CO_2）.In addition, the escape loss of MA-2 absorbent under different working conditions was also investigated, and the measured value was 31-59 mg/Nm^3.

Key words：carbon dioxide；capture；MA-2 absorbent

1 简介

近几年来，特别是在2020年9月中国政府正式提出"碳达峰、碳中和"目标之后，作为实现"双碳目标"的重要措施之一的CO_2捕集技术成为了炙手可热的研究焦点[1]。在各种二氧化碳排放气源中，化石燃料燃烧后所产生的烟气占比最大，同时其压力低、浓度低的特点使得捕集能耗居高不下，也成为主要的技术难点[2]。

湿法碳捕集技术组作为目前仅有的能够大规模工业应用的技术，其捕集工艺的核心为吸收剂[3]。国内较早提出并已较大规模应用的吸收剂有[4-5]：中石化南京化工研究院有限公司（以下简称南化院）的MA系列吸收剂、华能HNC吸收剂、大连理工AEA吸收剂等，均已在万吨级的装置上开车运行。其中MA系列吸收剂在胜利电厂$4×10^4$t/a碳捕集示范装置、四川维尼纶厂$5×10^4$t/a装置、华电句容$1×10^4$t/a示范装置、浙江大学300m^3/h中试装置、华润海丰$1.5×10^4$t/a试验平台上成功运行，均取得了较好的效果。

依托"十三五"国家重点研发专项——煤炭清洁高效利用和新型节能技术—低能耗CO_2吸收/吸附技术工业示范和验证，由中石化江汉石油工程公司设计、南化院及浙江大学技术支持的某厂$15×10^4$t/a碳捕集装置是目前国内最大的已开车装置。该装置在传统的湿法工艺基础之上，增加了级间冷却、富液分级、贫液MVR等节能工艺。所采用的吸收剂为南化院提供的MA-2吸收剂。

2 试验部分

2.1 设计参数

设计规模$15×10^4$t/a，烟气进气量100000m^3/h，CO_2含量11.1%，捕集率90%，运行时间8000h/a，再生能耗小于2.4GJ/t（CO_2）。

2.2 捕集工艺

来自脱硫吸收塔出口的烟道气，经碱洗预处理后，进入捕集纯化装置进行脱碳处理，选用不同的捕集吸收剂（包括复合胺吸收剂、相变吸收剂、离子液体等）吸收烟气中的CO_2烟道气由塔底进入吸收塔，与吸收液逆向接触，利用级间冷却工艺降低反应热、提高吸收效率，吸收CO_2后的富液由塔底经泵送入贫富液换热器，回收热量后送入再生塔。解吸出的CO_2连同水蒸气分离除去水分后得到纯度99.5%（干基）以上的产品CO_2气，进入后序压缩流程。再生气中被冷凝分离出来的冷凝水回地下槽,采用补液泵定期给再生塔补液。

富液从再生塔上部和中部分流进入,通过汽提解吸部分 CO_2,然后进入再沸器,使其中的 CO_2 进一步解吸。解吸 CO_2 后的贫液由再生塔底流出,经闪蒸罐闪蒸出部分蒸汽加压回收回到解吸塔回收热量;闪蒸罐流出贫液经贫富液换热器回收热量后,用泵送至贫液冷却器,冷却后进入吸收塔。溶剂往返循环构成连续吸收和解吸 CO_2 的工艺过程,CO_2 的捕集率在 90% 以上。另外,该项目新上超重力再生机,与再生塔并行设计,两者具有相同的处理量。超重力再生机不在本次试验中启用。

图 1 所示为某厂 15×10^4 t/a 碳捕集装置捕集段示意图。

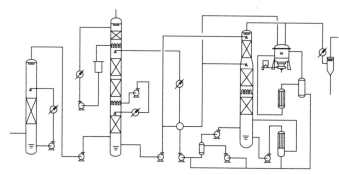

图 1 某厂 15×10^4 t/a 碳捕集装置捕集段示意图

3 结果与讨论

3.1 气液比对捕集率的影响

气液比作为工艺条件优化最重要的参数之一,也是衡量装置设计以及吸收剂能力的重要指标。由于实际烟气中 CO_2 含量会有一定范围波动,故此处将气液比中的气定义为烟气中 CO_2 的体积流量,即气液比 =CO_2 的体积流量 / 贫液体积流量,m^3/m^3。试验中保持进气量基本不变(以 CO_2 计),调整贫液流量以获得不同气液比。

从图 2 中可见,在各气液比条件下,捕集率均能够达到较高的水平,最低为 87.3%,其余均在 90% 以上。随着气液比增大,捕集率呈现先缓慢上升后较快下降的趋势,当气液比为 $34m^3/m^3$ 时,捕集率达到最高的 95.2%。这表明此时吸收剂已经发挥出最佳的捕集能力(贫富液酸气含量差值)。在气液比由 $34m^3/m^3$ 降至 $28m^3/m^3$ 过程中,即贫液流量增大提高了喷淋密度,有利于对 CO_2 的吸收,但由于流量增大需增加相应的冷却水量以保证其进吸收塔的温度,则系统被冷却水带走更多热量,在相同蒸汽量条件下,再生塔温度下降或沸腾不剧烈,进而使得贫液再生不充分,当再次进吸收塔后对 CO_2 的吸收效果略有变差。故而总体表现为捕集率略有下降;在气液比 $34m^3/m^3$ 升至 $40m^3/m^3$ 过程中,即贫液流量减小,降低了喷淋密度,而此时吸收剂的最佳捕集能力已达上限,故而对 CO_2 的捕集率下降较快。

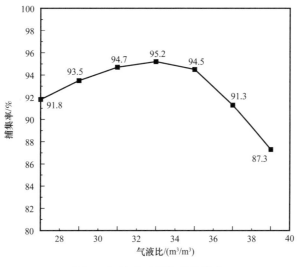

图 2 气液比对捕集率的影响

3.2 不同捕集率对再生能耗的影响

通常工业装置由于其规模较大，传质传热均有一定规律性的影响。在较优条件下，考察捕集率与再生能耗的关系，能够衡量一套碳捕集装置运行过程中较佳工况的区间。

从图 3 中可见，在 87.3%～95.2% 的捕集率下，再生能耗均小于 2.9GJ/t（CO_2），且当捕集率在 95.2% 左右时，再生能耗处于最低 2.72GJ/t。如图 3（a）是通过在较高的气液比（34～40m^3/m^3）下减小循环量来实现降低捕集率，对应再生能耗缓慢增大。这是由于捕集率尽管下降，产品气量下降，但同时由于系统热损失也相应减少，故而保持相同的再生塔温所用蒸汽使用量也略有减少，总体而言再生能耗略有增加；如图 3（b）是通过较低的气液比（34～28m^3/m^3）下增大循环量而实现捕集率的下降，对应再生能耗较快增大，这由于循环量的增大需对应增加贫液冷却水用量，从而热损失变大。同时 CO_2 产品气量也变少导致单位再生能耗有显著增大。

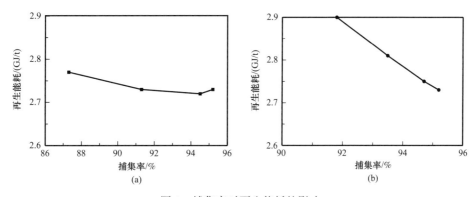

图 3 捕集率对再生能耗的影响

3.3 工艺优化

3.3.1 级间冷却

在典型工艺条件中,气液比为34m³/m³、贫液进吸收塔温度为40℃,但由于吸收过程为放热过程,吸收塔的塔温会显著升高,温度升高则不利于CO_2进入液相吸收剂,故而采用级间冷却吸收剂的方式,控制半富液的温度,同时也优化吸收塔的温度场,使得吸收剂发挥出最佳的吸收能力。

如图4所示,级间冷却的温度从46℃降至40℃,对比不开级间冷却时58℃所对应的捕集率均有上升,从94.5%上升到97.1%,增加了2.75%,这是由于级间冷却优化了吸收塔的温度分布,使得CO_2平衡倾向于液相吸收剂,从而捕集率有所升高;同时,再生能耗从2.72GJ/t下降至2.67GJ/t,即下降了1.84%,这是由于捕集率的上升可增加CO_2产品气的量,故而在再生蒸汽量不变的条件下,CO_2再生能耗则有所下降。

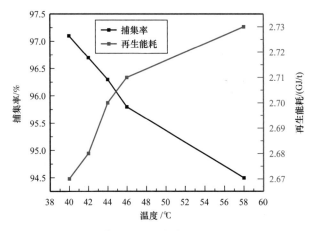

图4 级间冷却温度对捕集率及再生能耗的影响

3.3.2 富液分级流

富液出吸收塔后分流,分别进贫富液换热器换热升温,以及进再生塔顶(称为冷液)冷却,再生气减少水蒸气带出热量。在气液比34m³/m³、级间冷却40℃条件下,考察富液分流比(等于冷富液量/总富液量)对再生能耗的影响。

从图5中可见,随着富液分流比的增大,再生能耗逐渐增大,当富液分流比为10%,再生能耗为2.68GJ/t,比未开分级流能耗2.67GJ/t大,这表明富液分流比小于10%时该工艺才能发挥出效果。在本试验中富液分流比为5%时,再生能耗最低可达2.62GJ/t,即下降了1.87%。这是由于冷富液可降低再生塔顶部温度,从而减少水蒸气热量的溢出,同时富液分流比较小,则对贫富液换热影响不大,不会明显增大贫液冷却水用量。

3.3.3 贫液MVR

机械蒸汽再压缩热泵技术(MVR)是蒸发领域已知的最先进高效环保的节能技术。

通过对贫液闪蒸出的蒸汽进行压缩，提高温度后再回至再生塔内以提高再生塔内温度，则可减少一部分的蒸汽用量，从而达到降低再生能耗的目的。

在气液比 34m³/m³、级间冷却 40℃、富液分流比 5% 条件下，考察贫液 MVR 压差对再生能耗的影响。从图 6 中可见，随着 MVR 压差的增大，再生能耗快速下降，当压差为 50kPa 时，能耗仅为 2.30GJ/t，较未开 MVR 时下降了 0.32GJ/t，即下降了 12.2%。

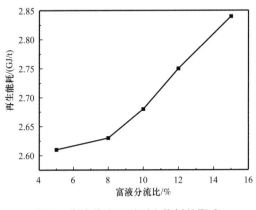

图 5　富液分流比对再生能耗的影响

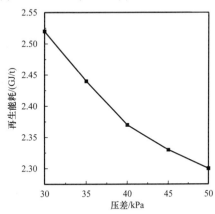

图 6　MVR 压差对再生能耗的影响

3.4　分析胺逃逸情况

有机胺作为吸收剂在运行过程中会有一定的损失，包括降解、挥发夹带、烟气中 SO_x 对有机胺中和损耗等。有研究表明[6-8]，挥发夹带由于其饱和蒸汽压的存在往往难以避免，并且实际装置运行时夹带也难以完全控制[9]。这不仅带来吸收剂的损耗，还会引起环境不友好的问题。

从表 1 可见，对试验过程中不同工况下净化气中有机胺含量进行测定，含量范围在 31～59mg/m³，随着气液比增大，则有机胺含量越高；节能工艺的开启对净化气中有机胺含量没有显著的影响。

表 1　不同工况下净化气中有机胺的含量

测定工况	气液比（未开节能工艺）/（m³/m³）				气液比 34m³/m³ + 节能工艺		
	28	32	36	40	级间冷却	级间冷却 + 富液分级流	级间冷却 + 富液分级流 + 贫液 MVR
有机胺含量 /（mg/m³）	31	44	43	59	42	51	46

4　结论

采用南化院 MA-2 吸收剂，在设计进气量条件下，考察了气液比对捕集率的影响，气液比增大，捕集率呈现先缓慢上升后较快下降的趋势，当气液比为 $34m^3/m^3$ 时，吸收剂对 CO_2 的捕集率达到最大 95.2%；不开节能工艺，在 87.3%～95.2% 的捕集率下，再生能耗均小于 2.9GJ/t（CO_2），且当捕集率在 95.2% 左右时，再生能耗处于最低 2.72GJ/t。在此的基础上，开启节能工艺级间冷却（冷却温度 40℃）可降低至 2.67GJ/t，增加富液分流（富液分流比为 5%）工艺进一步降低至 2.62GJ/t，再开启贫液 MVR 后则最低可降至 2.30GJ/t；在满负荷下，初步考察了不同工况下吸收剂的逃逸损耗，为 31～59mg/m^3。

参 考 文 献

［1］ 生态环境部环境规划院，中国科学院武汉岩土力学研究所，中国 21 世纪议程管理中心．中国二氧化碳捕集利用与封存（CCUS）年度报告（2021）—中国 CCUS 路径研究［R/OL］.［2021-07-25］.

［2］李海涛，毛松柏，陈曦，等．燃煤电厂烟气 CO_2 捕集过程中再生能耗的研究［J］．应用化工，2017，46（10）：1925-1928，1945.

［3］Cummings A L，Smith G D，Nelsen D K. Advances in amine reclaiming-why there's no excuse to operate a dirty amine system: Laruance Reid Gas Conditioning Conferenee［C］．Norman，Oklahoma，USA: the university of Oklahoma，2007.

［4］谢辉．二氧化碳捕集技术应用现状及研究进展［J］．化肥设计．2021，59（6）：1-9.

［5］毛松柏，江洋洋，叶宁，等．新型高效低耗 CO_2 捕集配方溶剂的开发及工业应用［J］．化学反应工程与工艺，2016，32（6）：559-564.

［6］林海周，杨辉，罗海中，等．烟气二氧化碳捕集胺类吸收剂研究进展［J］．南方能源建设，2019，6（1）：16-21.

［7］雷轩邈，王甫，朱先会，等．胺法碳捕集胺的降解与抑制方式的研究进展［J］．高校化学工程学报，2021，35（6）：966-978.

［8］方梦祥，狄闻韬，易宁彤，等．CO_2 化学吸收系统污染物排放与控制研究进展［J］．洁净煤技术，2021，27（2）：8-16.

［9］Rao A B，Rubin E S，Keith D W. Evaluation of potential cost reductions from improved amine-based CO_2 capture systems［J］．Energy Policy，2006，34（18）：3765-3772.

Potassium Carbonate Slurry-Based CO_2 Capture Technology

GAO Shiwang[1], GUO Dongfang[2], JIN Hongguang[1], LI Sheng[1], WANG Jinyi[2], WANG Shiqing[2]

(1.Institute of Engineering Thermophysics, Chinese Academy of Sciences; 2.Huaneng Clean Energy Research Institute)

Abstract: Carbonate slurry process is considered to be one of the potential technologies for large-scale CO_2 capture from coal-based power stations, as it can reduce the participation of water in stripper. In this paper, constant volume method was adopted to measure the CO_2 loading in aqueous potassium carbonate solutions at the temperature of 40 ℃, 70 ℃ and 120 ℃ for CO_2 partial pressure from 0.4kPa to 240kPa. Absorption heats of CO_2 in aqueous solutions of K_2CO_3, MEA and MDEA were measured and compared using true heat flow method. The cyclic CO_2 equilibrium loading increases with K_2CO_3 concentration increase, which is benefit for CO_2 capture. However, the increased viscosity leads to decrease of apparent absorption rate. Absorption heat depends on temperature, K_2CO_3 concentration and CO_2 loading. Compared to MEA, potassium carbonate solution has lower absorption heat. Generated potassium bicarbonate crystallization can enhance CO_2 absorption, but also increase absorption heat. Slurry desorption can reduce 34% regeneration energy and 37% cooling duty of CO_2 rich gas compared to traditional carbonate process without precipitation at the same regeneration condition of temperature elevation from 70 ℃ to 130 ℃.

Key words: potassium carbonate; carbon dioxide; CO_2 loading; heat of absorption; slurry process

Chemical absorption process is widely used for removal of acidic gases such as CO_2 and H_2S. Meanwhile, it is the most mature technology for CO_2 emission reduction at present, and it is expected to be a prospective technology for large scale commercialization[1-4]. In conventional chemical absorption process, the capture and separation of CO_2 from gas mixture is achieved due to the variation of CO_2 solubility at different temperatures. Specifically, absorption process occurs at low temperature and desorption occurs at high temperature. Common chemical absorbents include ethanolamine, carbonate, amino-acid salt, piperazine and their derivatives[4-5].

Previous studies show that the operation cost of power generation unit will increase 0.212RMB/(kW/h) if monoethanolamine (MEA) is used as the solvent for CO_2 removal in the power plant, which is about 70%~80% higher than that of conventional power generation unit[6].Chemical absorption process, as illustrated in Figure 1, requires more energy for CO_2 regeneration and results in higher operation cost[2, 7], which is mainly due to the high water content in solvent (usually above 70%).A large part of the energy is consumed by heating and evaporating the water in the solvent.Therefore, developing new absorption process and reducing the water involvement in the regeneration process are effective approaches to lower energycost.

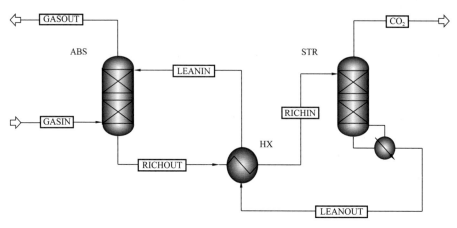

Figure 1　Traditional CO_2 Capture Process by Chemical Absorption

K_2CO_3 solution is widely used for CO_2 capture in ammonia synthesis, hydrogen production and natural gas industries[8-11].K_2CO_3 mass fraction in conventional hot potassium carbonate process is normally 30%, and the full process only involves with gas phase and liquid phase flows.Absorption reaction is shown below:

$$CO_{2(g)} + H_2O + K_2CO_3 \longrightarrow 2KHCO_3 \qquad (1)$$

K_2CO_3 slurry-based CO_2 absorption technology is a CO_2 capture process that involves with gas, solid and liquid phases.The solubility difference between K_2CO_3 and $KHCO_3$ allow for deposit of $KHCO_3$ by means of crystallization, and the concentrated $KHCO_3$ slurry is regenerated for the purpose of lowering water involvement during regeneration, which is expected to significantly reduce the energy cost for desorption.Clare Anderson, et al.[12] studied the K_2CO_3 slurry-based CO_2 capture process by commercial simulation tool ASPEN.Simulation results indicated that the desorption energy of K_2CO_3 slurry-based CO_2 capture process is within 2.0~2.5 GJ/t CO_2 when the CO_2 concentration in coal-fired flue gas is 11% and CO_2 capture efficiency is 90%.Normally, the desorption energy is about 4.0GJ/t CO_2 for conventional MEA absorption process.Kathryn Smith et al.[13] conducted bench scale test on K_2CO_3 slurry-based CO_2 capture process, and studied the performance parameters such as pressure drop, liquid holdup and CO_2 removal efficiency.

Studies on thermodynamics and kinetics of CO_2 absorption in concentrated K_2CO_3 solution are quite limited.Experimental data for CO_2 loading and absorption heat is not available.This work measured equilibrium CO_2 loading and heat of absorption in K_2CO_3 solutions in different concentrations, utilizing gas-liquid equilibrium reactor and real heat flux method, which provides critical basic parameters for design of K_2CO_3 slurry-based CO_2 capture process and assessment of process energy consumption in Figure 2.

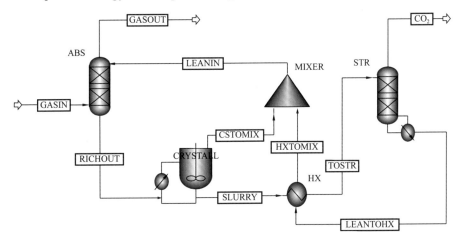

Figure 2   Novel CO_2 capture process by carbonate slurry

1 Experimental Setup

1.1 Gas-liquid equilibrium reactor

Constant volume method is used to determine how much gas is absorbed by measuring the volume of gas before and after absorption, which can avoid disturbing the established gas-liquid equilibrium due to gas phase and liquid phase sampling. This method has many other advantages such as high precision, simple operation and analysis [14-16].

Constant volume method is used to measure CO_2 equilibrium loading in this work. As shown in Figure 3, the device is mainly composed of gas-liquid reactor, gas holder, data acquisition system and other supported equipment. The gas-liquid reactor is thread hermetically sealed and the temperature is controlled by electric heating. A gas-liquid agitator is installed inside the reactor. The gas holder is used to store CO_2 from cylinders, and its temperature is controlled by electric heating. Reactor and gas holder are both fabricated by 316L stainless steel. The temperatures are measured by resistance thermometer Pt100, and the pressures are measured by diffused silicon pressure sensor. Parameters such as temperature, pressure and agitating speed are acquired by on-line and rea-time measurements that controlled by computers.

During the test, nitrogen is first used to purge the reactor, and then a certain volume of K_2CO_3 solution with known concentration is injected into the reactor and kept at a constant temperature for approximately 10h after which the solution can be considered in gas-liquid equilibrium status.The corresponding pressure is assumed as the initial pressure (p_v) of the system.Then, CO_2 is injected into reactor from gas holder, and reacted with K_2CO_3 in solution. The pressure in reactor continuously drops until new gas-liquid equilibrium is reached, and the pressure is indicated as p_T.

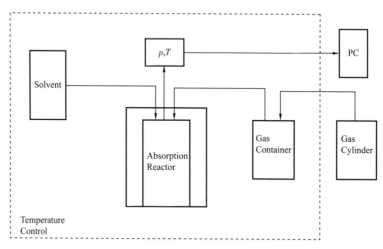

Figure 3　Diagram of Vapor-liquid Equilibrium Apparatus

The partial pressure of CO_2 in the gas phase at equilibrium, p_E, is calculated by equation below:

$$p_E = p_T - p_V \qquad (2)$$

n_{CO_2} and $n^g_{CO_2}$ are the molar quantity of CO_2 in gas holder before and after the CO_2 injection, which can be calculated by PR equation of state.

CO_2 loading in solution is calculated by the equation below:

$$\alpha_{CO_2} = \frac{n_{CO_2} - n^g_{CO_2}}{n_{K_2CO_3}} \qquad (3)$$

Where $n_{K_2CO_3}$ refers to the initial molar quantity of K_2CO_3.CO_2 equilibrium loading includes both dissolved CO_2 and reacted CO_2.

1.2　True heat flux calorimeter

True heat flux calorimeter is used to measure the heat of absorption and heat of desorption of CO_2 in K_2CO_3 solution and ethanolamine solution[17-19].True heat flux calorimeter can conduct real-time monitoring and recording on the heat flux, temperature and pressure during the process of reaction.In this work, a ChemsiSens CPA201 calorimeter is used to precisely measure the heat variation in the reactor.

The reactor in CPA201 calorimeter has an effective volume of 250ml.The baseplate and head are fabricated by 316L stainless steel, and blade agitator is installed inside.The reactor has a two-layer glass wall with vacuum inside.During test, the reactor is submerged into a liquid at constant temperature.The liquid temperature is properly controlled to be always consistent with the temperature in reactor in the process of reaction.As shown in Figure 4, the calorimeter setup includes CPA201 calorimeter, VCR202 dose controller, gas mass flow controller and automatic process control software.

When measuring the absorption heat of CO_2 in K_2CO_3 solution, the heat recorded by true heat flux calorimeter, Q_0, includes the following parts:

(1) Heat required to increase the CO_2 temperature from room temperature to reaction temperature, Q_1

$$Q_1 = cm(T_2 - T_1) \tag{4}$$

Where, c refers to the specific heat of CO_2, J/(g·K); m refers to the mass of CO_2 injected, g; T_2 refers to reaction temperature; T_1 refers to room temperature

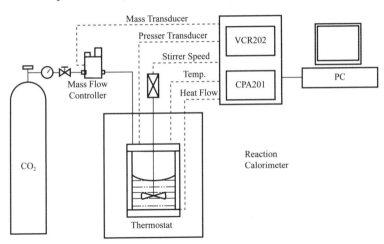

Figure 4 Diagram of Reaction Calorimeter Apparatus

(2) Heat generated by adiabatic compression, Q_2

$$Q_2 = \Delta p \cdot V \tag{5}$$

Where, Δp refers to pressure change in reactor, Pa; V refers to the gas phase volume in reactor, m³.

(3) Heat generated by physical dissolution of CO_2 in solution.
(4) Heat generated by chemical reactions between CO_2 and K_2CO_3.
(5) Heat generated by $KHCO_3$ crystallization.

Absorption heat ($-\Delta H_{abs}$) is defined as:

$$-\Delta H_{abs} = \frac{Q}{n_{abs}} = \frac{Q_0 - Q_1 - Q_2}{n_{abs}} \tag{6}$$

Where, Q refers to the heat released due to absorption reaction in reactor, kJ; n_{abs} refers to absorbed CO_2, mol.

Integral heat ($-\Delta H_{int}$) is defined as the ratio of total heat released to total CO_2 absorbed (kJ/mol CO_2) during the absorption process, starting from the first CO_2 injection. The differential heat ($-\Delta H_{diff}$) is defined as the ratio of the heat released to CO_2 absorbed during single CO_2 injection (kJ/mol CO_2)[19].

In desorption test on rich solution, a condenser is provided for calorimeter. The heat fluxes of both hot flow and cold flow are recorded at the same time during the desorption process.

2 Results and Discussion

2.1 Equilibrium CO_2 loading in K_2CO_3 solution

Tables 1 and Table 2 give the CO_2 equilibrium loading in 30% and 50% K_2CO_3 solutions respectively, which are measured by constant volume method (solution concentration refers to mass concentration unless otherwise specified), and can agree with literature's data by Tosh et al.[20]

Table 1 CO_2 Equilibrium Loading in 30% K_2CO_3 Solutions

40℃		70℃		120℃	
p_{CO_2}/kPa	α_{CO_2}	p_{CO_2}/kPa	α_{CO_2}	p_{CO_2}/kPa	α_{CO_2}
0.57	0.28	0.37	0.133	6.8	0.140
0.90	0.332	1.99	0.278	15.9	0.235
1.26	0.372	4.53	0.383	28.3	0.292
1.72	0.409	10.33	0.503	39.3	0.351
2.32	0.452	23.35	0.629	56.1	0.417
3.36	0.498	40.85	0.719	72.8	0.481
5.52	0.574	83.43	0.812	105.1	0.546
7.48	0.647			134.3	0.592
10.75	0.710			154.2	0.622
				185.3	0.655
				216.3	0.681
				237.9	0.698

Table 2 CO₂ Equilibrium Loading in 50% K₂CO₃ Solutions

40℃		70℃		120℃	
p_{CO_2}/kPa	α_{CO_2}	p_{CO_2}/kPa	α_{CO_2}	p_{CO_2}/kPa	α_{CO_2}
0.36	0.448	0.37	0.347	11.5	0.163
0.51	0.531	0.94	0.421	21.6	0.219
0.75	0.613	3.50	0.496	29.7	0.266
1.64	0.693	7.14	0.580	42.6	0.323
4.08	0.772	15.07	0.659	57.3	0.374
		28.02	0.730	74.2	0.415
		59.74	0.790	88.2	0.456
				110.8	0.497
				135.8	0.533
				166.3	0.567

As illustrated in Figure 5, if the K_2CO_3 concentration keeps constant, equilibrium curve moves towards left and CO_2 loading decreases when increasing temperature. The CO_2 is captured and separated by absorbing CO_2 at low temperature and desorbing CO_2 at high temperature in K_2CO_3 slurry-based CO_2 capture process. At 40℃ and 70℃, equilibrium CO_2 loading curve for 50% K_2CO_3 solution moves towards right compared to that of 30% K_2CO_3 solution, which indicates that the CO_2 loading increases with K_2CO_3 concentration under constant CO_2 partial pressure. At 120℃, CO_2 equilibrium loading curve for 50% K_2CO_3 solution moves towards left,

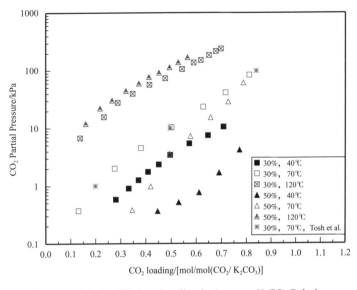

Figure 5 CO₂ Equilibrium Loading in Aqueous K₂CO₃ Solutions

which indicates that CO_2 loading is small at high temperature. Results show that solution with high K_2CO_3 concentration can provide high CO_2 equilibrium loading. However, the viscosity of solution will increase and other physical properties such as surface extension, heat capacity and crystallization effect will change when increasing the K_2CO_3 concentration. All these factors will impose impact on process parameters such as apparent absorption rate and heat load.

2.2 Effect of K_2CO_3 concentration on CO_2 absorption rate

Pressure changes during the CO_2 absorption in 30% and 50% K_2CO_3 solution at 70 ℃ are given in Figure 6, where the vertical coordinate, p/p_0, expresses the ratio of the reactor pressure to initial pressure after injection of CO_2.

As illustrated in Figure 6, the apparent CO_2 absorption rate of K_2CO_3 solution with a concentration higher than 30% is lower than that of conventional K_2CO_3 solution which has a concentration lower than 30%. This finding is consistent with the studies by Hanna Knuutila et al.[21-22] Increasing reagents concentrations should lead to higher reaction rate. However, we found that CO_2 absorption rate decreases with K_2CO_3 concentration increase. It should be caused by the increased viscosity under higher K_2CO_3 concentration condition, which would lead to diffusion coefficient of CO_2 into liquid phase increases significantly, and results a lower CO_2 absorption rate. Therefore, it is critical to select proper activator to increase absorption rate for K_2CO_3 slurry-based CO_2 capture process. Development of absorber packing with high performance can also increase CO_2 absorption efficiency.

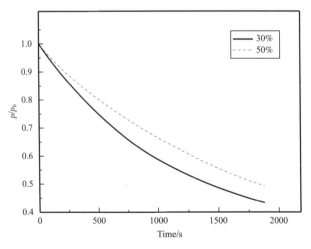

Figure 6　Pressure Change during CO_2 Absorption

2.3 Absorption heat of CO_2 in K_2CO_3 solution

The pressure and heat flux recorded by the calorimeter in the process of CO_2 absorption in 30% K_2CO_3 solution at 40℃ and 70℃ are given in Figure 7 and 8, respectively. 1g CO_2 is injected each time.The valley point on the pressure and heat flux curves can be approximately considered as the reaction equilibrium point after which CO_2 is injected again. At 40℃ (Figure 7), the peak shape of heat flux diverges after the 7th CO_2 injection, and the peak value of heat flux increases significantly.Crystallization is observed in the reactor of calorimeter, and the corresponding valley point of pressure drops significantly, which indicates that crystallization enhances CO_2 absorption.At 70℃ (Figure 8), the valley point on pressure curve rises after each CO_2 injection, and the peak value of heat flux drops gradually.No crystallization is observed during the entire absorption process.

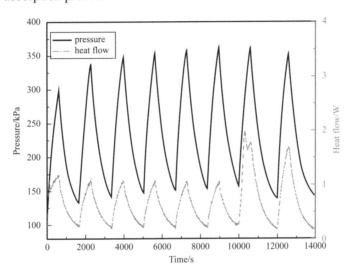

Figure 7　Pressure and Heat Flow during CO_2 Absorption into 30% Potassium Carbonate Solutions at 40℃

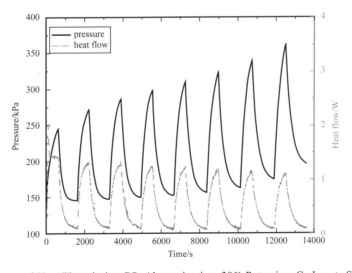

Figure 8　Pressure and Heat Flow during CO_2 Absorption into 30% Potassium Carbonate Solutions at 70℃

True heat flux calorimeter is used to measure the absorption heat of CO_2 in MEA, MDEA and K_2CO_3 solutions.A comparison of the measured absorption heat of CO_2 in these three solutions is given in Table 3 and Figure 9.It is obvious that the absorption heat is smallest in K_2CO_3 solution.At 40℃, the absorption heat of CO_2 in 30% K_2CO_3 solution drops first and then rises, which is due to the heat released from crystallization.In the case without crystallization, the absorption heat of CO_2 in K_2CO_3 and ethanolamine solutions decreases with increasing CO_2 loading.

Table 3 Heat of CO_2 Absorption into Different Solutions at 40℃

30% K_2CO_3		30% MDEA		30% MEA	
α	$-\Delta H_{int}$	α	$-\Delta H_{int}$	α	$-\Delta H_{int}$
0.076	55.0	0.090	67.4	0.045	107.9
0.157	49.6	0.173	67.5	0.090	101.4
0.238	47.4	0.256	67.3	0.133	100.9
0.318	46.4	0.340	66.8	0.174	101.2
0.400	45.5	0.423	66.6	0.219	99.7
0.481	44.9	0.506	66.3	0.265	98.6
0.567	49.2	0.589	65.9	0.311	97.3
0.648	51.3	0.668	65.7	0.354	97.3
0.727	52.8	0.743	65.5	0.398	96.9
0.804	53.8	0.812	65.2	0.441	96.5
				0.484	94.9
				0.525	92.3

Note：α— CO_2 Loading, mol/mol (CO_2/K_2CO_3); $-\Delta H_{int}$— Integral heat, kJ/mol (CO_2).

The integral heat and differential heat of CO_2 absorption in K_2CO_3 solutions with different concentrations at 70℃ are given in Table 4 and Figure 10.Under constant temperature, both integral heat and differential heat increase with increasing K_2CO_3 concentration.For 40% and 50% K_2CO_3 solutions, the integral heat first drops and then increases with increasing the CO_2 loading; the differential heat increases suddenly and then drops gradually with increasing CO_2 loading, but it still maintains at a higher level.This is caused by the heat released from $KHCO_3$ crystallization in the process of CO_2 absorption in highly concentrated K_2CO_3 solution.

Absorption heat is directly related to energy required for CO_2 regeneration.However, other factors such as viscosity, reaction rate and CO_2 loading should also be considered when selecting absorbents.In concentrated K_2CO_3 slurry-based CO_2 capture process, CO_2 loading in solution cycle is increased, less solution is cycled, and less water is involved in CO_2 regeneration, but viscosity of solution is increased, more cooling water is required due to crystallization heat, and additional heat is required for dissolving the crystals in the desorption process. All these factors should be considered for assessment of operating cost.

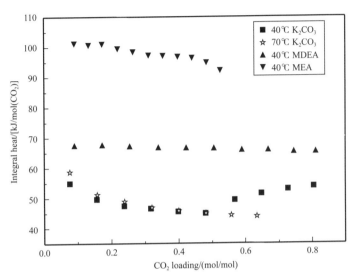

Figure 9 Integral Heat of CO_2 Absorption into Different Solutions (30% Concentration)

Table 4 Heat of CO_2 Absorption into K_2CO_3 Solutions at 70℃

30% K_2CO_3			40% K_2CO_3			50% K_2CO_3		
α	$-\Delta H_{diff}$	$-\Delta H_{int}$	α	$-\Delta H_{diff}$	$-\Delta H_{int}$	α	$-\Delta H_{diff}$	$-\Delta H_{int}$
0.076	58.7	58.7	0.077	53.1	53.1	0.078	75.0	75.0
0.158	44.4	51.3	0.156	50.6	51.9	0.157	68.4	71.7
0.239	44.3	48.9	0.235	51.1	51.6	0.235	90.8	78.0
0.320	41.1	46.9	0.313	50.8	51.4	0.314	98.5	83.2
0.400	41.4	45.8	0.391	60.2	53.2	0.392	96.9	85.9
0.480	40.8	45.0	0.470	75.8	57.0	0.470	90.7	86.7
0.558	41.0	44.4	0.548	74.4	59.5	0.548	84.4	86.4
0.634	40.6	44.0	0.625	72.6	61.1	0.627	77.6	85.3
			0.700	70.4	62.1			
			0.773	67.6	62.6			

Note: α—CO_2 Loading, mol/mol (CO_2/K_2CO_3); $-\Delta H_{diff}$—differential heat, kJ/mol (CO_2); $-\Delta H_{int}$—Integral heat (kJ/mol CO_2).

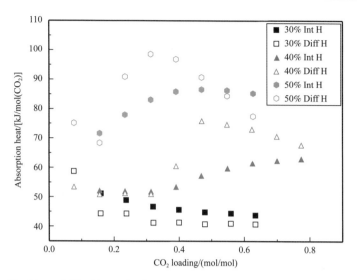

Figure 10 Heat of CO_2 Absorption into K_2CO_3 Solutions with Different Concentrations

2.4 Desorption heat of rich solvent

During the CO_2 desorption process, external heat is needed to increase the rich solvent, maintain its temperature at a relative high level, and compensate the heat consumed by endothermic desorption reaction.The condenser at the top of stripper is used to cool down the steam and desorbed CO_2.True heat flux method is used to simulate the CO_2 regeneration process. The effect of various desorption methods on regeneration energy is analyzed and compared.

The process of preparing rich solvent is similar to that of the absorption heat measurement. Rich solvent for desorption experiments is prepared based on CO_2 loading under simulated flue gas conditions, and then it is heated up for desorption test.Rich solvent with a K_2CO_3 concentration of 40% and a CO_2 loading of 0.418 is used for regeneration test.Such a CO_2 loading is consistent with the equilibrium loading under simulated flue gas conditions.In the K_2CO_3 slurry-based CO_2 capture process, the CO_2-rich crystal slurry which is produced by crystallization of such rich solvent at 35℃.

Figure 11 and Figure 12 show the heat flux recorded during the process of CO_2 desorption from rich solvent and from crystal slurry, respectively.For CO_2 desorption from crystal slurry, the water involvement is reduced since water content is lowered.The effect of reactor pressure on cooling water heat flux is also reduced.Therefore, the effect of pressure on required regeneration heat flux is very small in K_2CO_3 slurry-based CO_2 capture process.

Table 5 gives the data of heat recoded during the process of CO_2 desorption from rich solvent and from crystal slurry, respectively.#1 is the data obtained from the first desorption test and CO_2 is released, #2 is the data obtained from the desorption test after the first test, and no CO_2 is released.

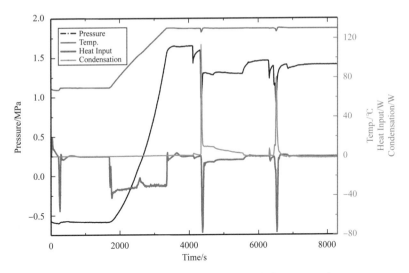

Figure 11　Heat Curves of CO_2 Rich Solution Desorption

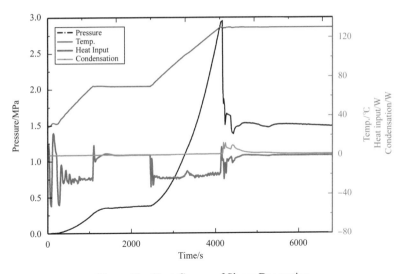

Figure 12　Heat Curves of Slurry Desorption

Table 5　Heat of CO_2 Desorption Measured by Calorimeter Apparatus

Item		Start time/s	End time/s	ΔTime/s	Heat input/J	Condensation /J	Sum /J	Note
rich solution desorption	#1	1680	3360	1680	−50884	782	−50102	70℃ up to 130℃
		1680	5740	4060	−60086	12073	−48013	70℃ up to 130℃, then maintain some time
	#2	1980	3610	1630	−50173	448	−49724	70℃ up to 130℃
		1980	6040	4060	−50532	1757	−48775	70℃ up to 130℃, then maintain some time

Continued

Item		Start time/s	End time/s	ΔTime/s	Heat input/J	Condensation /J	Sum /J	Note
crystal slurry desorption	#1	2440	4140	1700	−36080	926	−35153	70℃ up to 130℃
		2440	6500	4060	−39666	7616	−32050	70℃ up to 130℃, then maintain some time
	#2	2660	4310	1650	−35301	933	−34368	70℃ up to 130℃
		2660	6720	4060	−35995	3000	−32995	70℃ up to 130℃, then maintain some time

Note: Sum: Heat input plus condensation.

When temperature is increased from 70 ℃ to 130 ℃, heat required for heating up crystal slurry is 36080J, which is lower than the heat required for heating up rich solvent (50884J). During the heating-up process, the cooling duty for stripped gases for both cases are very small. During a period of 4060s, the integral heat of CO_2 desorption from crystal slurry is 39666J which is 34% lower than the integral heat of CO_2 desorption from rich solvent (60086J). Meanwhile, the cooling duty for stripped gases is reduced by 37%. These data indicates that water involvement is reduced, and desorption of crystal slurry significantly reduces the energy required for CO_2 regeneration and cooling duty for stripped gases. For both desorption methods, the second desorption (#2) process has a faster heating-up rate, lower energy cost and lower cooling duty compared to the first desorption process (#1), which also indicates that the reduction of water involvement in regeneration process can reduce the energy cost effectively.

In conventional process, the temperature of rich solvent from absorber is approximately 70℃. In K_2CO_3 slurry-based CO_2 capture process, rich solvent is cooled down to about 30~40 ℃ for the purpose of crystallization. Lower temperature will generate more crystal, but it requires larger cooling duty during crystallization process and higher heating duty during the heating process before entering the stripper. Therefore, the optimization of heating duty and cooling duty in the K_2CO_3 slurry-based CO_2 capture process is of critical importance. Related studies, such as heat recovery from the lean solvent at the bottom of stripper and from the condensed liquid of reboiler, are still needed to be done.

3 Conclusions

Gas-liquid equilibrium reactor and true heat flux method are used to measure equilibrium CO_2 loading and absorption heat in K_2CO_3 solutions with different concentrations. Major conclusions of this work are as follows:

(1) When increasing K_2CO_3 concentration, the CO_2 equilibrium loading will increase

during absorption and decrease during desorption. With higher K_2CO_3 concentration, the CO_2 loading in solution cycle is larger and the less solution is cycled, which is better for CO_2 capture and separation.

(2) Under high K_2CO_3 concentration condition, the viscosity of solution will increase and the dispersion coefficients of components will decrease with increasing K_2CO_3 concentration, resulting a lower CO_2 absorption rate.

(3) Absorption heat of CO_2 in K_2CO_3 solution is affected by temperature, concentration, CO_2 loading and $KHCO_3$ crystallization. The heat generated by $KHCO_3$ crystallization will cause the increase of absorption heat. Absorption heat of CO_2 in K_2CO_3 solution is lower than that in ethanolamine solvent such as MEA.

(4) When the solvent temperature is increased from 70℃ to desorption temperature 130℃, the desorption energy can be reduced by 34% and the cooling water for stripped gases can be reduced by 37% when the CO_2 is desorbed from crystal slurry instead of conventional rich solvent.

References

[1] Rochelle G T. Amine Scrubbing for CO_2 Capture [J]. Science, 2009, 325 (5948): 1652-1654.

[2] Fei Weiyang, Ai Ning, Chen Jian. Capture and Separation of Greenhouse Gases CO_2—The Challenge and Opportunity for Separation Technology [J]. Chemical Industry and Engineering Progress, 2005, 24 (1): 1-4 (in Chinese).

[3] Figueroa J D, Fout T, Plasynski S, et al.. Advances in CO_2 capture technology-The U. S. Department of energy's carbon sequestration program [J]. International Journal of Greenhouse Gas Control. 2008, 2 (1): 9-20.

[4] U. S. Department of Energy. International energy outlook 2004 [R]. Washington, USA: U. S. Department of Energy, 2004.

[5] Guo Dongfang, Wang Jinyi, Gabriel da Silva, et al.. Reactivity and Mechanism Study of CO_2 With Amino Acids as Carbon Capture Solvents. Proceedings of the CSEE (in Chinese), 2013, 33 (32), 29-33.

[6] Liu Yanfeng, Zhu Luping, Yan Weiping, Economic Assessment for the CO_2 Capture Technologies Applied in the Coal-firing Power Plant [J]. Proceedings of the CSEE, 2010, S1: 59-64.

[7] Qin Feng, Wang Shujuan, Hallvard F Svendsen, et al.. Research on heat requirement of aqua ammonia regeneration for CO_2 capture [J]. Ciesc Journal, 2010, 05: 1233-1240.

[8] Rochelle G T, Seibe, Rt F, Closmann F, et al.. CO_2 Capture by Absorption with Potassium Carbonate-final Roport [R]. Saskatchewan: The University of Taxas at Austin and the University of Regina, 2007.

[9] Guo D, Thee H, da Silva G, et al.. Borate-Catalyzed Carbon Dioxide Hydration via the Carbonic Anhydrase Mechanism. Environmental Science & Technology, 2011. 45 (11): 4802-4807.

[10] Guo Dongfang, Gao Shiwang, Cai Ming, et al.. Effect of Borate Catalysis on CO_2 Absorption by Potassium Carbonate Solutions. Proceedings of the CSEE, 2014, 34 (11): 1741-1747.

[11] Mumford K A, Smith K H, Anderson C J, et al.. Post-combustion capture of CO_2: Results from the

solvent absorption capture plant at hazewood power station using potassium carbonate solvent [J]. Energy & Fuels, 2012, 26: 138-146.

[12] Clare Anderson, Trent Harkin, Minh Ho, et al.. Developments in the CO_2CRC UNO MK3 process: A multi-component solvent process for large scale CO_2 capture. Energy Procedia, 2013.

[13] Kathryn Smith, Andrew Lee, Kathryn Mumford. Pilot plant results for a precipitating potassium carbonate solvent absorption process promoted with glycine for enhanced CO_2 capture [OL]. Fuel processing technology, 2014, http://dx.doi.org/10.1016/j.fuproc.2014-10-13.

[14] Dong Lihu, Chen Jian, Gao Guanghua. Solubility of carbon dioxide in aqueous solutions of 3-amino-1-propanol [J]. J. Chem. Eng. Data, 2010, 55, 1030-1034.

[15] Ai Ning, Chen Jian, Fei Weiyang. Solubility of carbon dioxide in four mixed solvents [J]. J. Chem. Eng. Data, 2005, 50, 492-496.

[16] Sholeh M, Roger N, Hallvard F S. Solubility of carbon dioxide in 30 mass % monoethanolamine and 50 mass % methyldiethanolamine solutions [J]. J. Chem. Eng. Data, 2005, 50, 630-634.

[17] Kierzkowska-Pawlak H, Zarzycki R. Calorimetric measurements of CO_2 absorption into aqueous N-methyldiethanolamine solutions [J]. Chemical Papers Chemicke Zvesti, 2002, 56 (4): 219-227.

[18] Inna Kim, Hallvard F Svendsen. Comparative study of the heat of absorption of post-combustion CO_2 absorbents [J]. International Journal of Greenhouse Gas Control, 2011, 5: 390-395.

[19] CPA User Dr. Holger Nilsson. CO_2 absorption in 30% aqueous Methyldiethanolamine (MDEA) [R]. Report from Reaction Calorimetry experiments, ChemiSens AB, Sweden, 2011.

[20] Tosh J S, Field J H, Benson H E, et al.. Equilibrium study of the system potassium carbonate, potassium bicarbonate, carbon dioxide, and water [R]. United States Bureau of Mines. 1959, 5484.

[21] Hanna Knuutila, Hallvard F Svendsen, Olav Juliussen. Kinetics of carbonate based CO_2 capture systems [R]. Energy Procedia, 2009: 1011-1018.

[22] Hanna Knuutila, Olav Juliussen, Hallvard F. Svendsen. Kinetics of the reaction of carbon dioxide with aqueous sodium and potassium carbonate solutions [J]. Chemical Engineering Science, 2010, 65: 6077-6088.

工况突变下的天然气脱碳装置动态响应模拟

毕逢东[1]，王玉娟[2,3]，唐建峰[2]，花亦怀[4]，许义飞[2]，王铭[2]，孙培源[2]

（1.中国石油天然气与管道分公司；2.中国石油大学（华东）储运与建筑工程学院；3.中国石化 青岛液化天然气有限责任公司；4.中海石油气电集团有限责任公司技术研发中心）

摘 要：由于气田来料及环境差异较大，而这些工况波动极易造成工艺参数无法达到最优状态、设备运行能耗增加等。依据现有的天然气脱碳循环装置，建立 Aspen HYSYS 动态模型进行响应特性研究，探究工况突变下单一因素及因素间交互作用，分析关键影响因素。研究结果表明：单一因素突变工况中，各关键参数均可较快回稳。但是由于贫液入塔流量固定，无法对工况突变做出自动响应。同时，进气压力发生突变时，吸收塔塔顶压力及塔釜液位会出现过度调节。因此以吸收塔塔釜液位波动幅度为目标响应值，借助响应面分析法对非单一因素突变工况进行动态响应模拟研究及优化改进，发现新控制方案下，各参数总体波动幅度降低了 15%～40%，响应时间缩短了 10%～20%。

关键词：天然气脱碳；醇胺法；Aspen HYSYS 软件；工况突变；动态模拟；响应特性；响应面分析法

Dynamic Response Simulations of the Natural Gas Decarbonization Device Under Sudden Operating Condition Changes

BI Fengdong[1], WANG Yujuan[2,3], TANG Jianfeng[2], HUA Yihuai[4], XU Yifei[2], WANG Ming[2], SUN Peiyuan[2]

（1.PetroChina Natural Gas Marketing Company；2.College of Pipeline and Civil Engineering, China University of Petroleum；3.Qingdao Liquefied Natural Gas Co., Ltd；4. Research & Development Center, CNOOC Gas & Power Group）

Abstract: Due to the large differences in the incoming materials and environment of the gas field, the fluctuation of these working conditions is easy to cause the problems that the process parameters cannot reach the optimal state and the energy consumption of the equipment increases. Based on the existing natural gas decarburization cycle device, the Aspen HYSYS dynamic model is established to study the single factors and the interactions between factors under the mutation of working conditions, and to analyze the key influencing factors.The results show that in the case of single factor mutation, the key parameters are quickly stabilized.However, due to the fixed flow rate of lean liquid into the tower, it is unable to make automatic response to the sudden change of working conditions. At the same time, when the inlet pressure changes suddenly, the top pressure of the absorption tower and the level of the tower kettle are over-regulated.Therefore, taking the liquid level fluctuation amplitude of absorber tower kettle as the target response value, the dynamic response simulation research and optimization improvement of non-single factor mutation condition are carried out by the response surface analysis method. The results show that under the new control scheme, the overall fluctuation amplitude of each parameter is reduced by 15%～40%, and the response time is shortened by 10%～20%.

Key words: natural gas decarbonization; alcohol amine; Aspen HYSYS software; abrupt condition; dynamic simulation; response characteristic; response surface methodology

天然气作为一种清洁、高效的能源[1-3]，被普遍应用于城市燃气、新能源汽车等领域[4]，在目前的能源结构中具有举足轻重的地位[5-6]。天然气必须经过脱碳装置才能向下游输送[7]，胺法脱碳因具有处理量大[8-9]、净化度高[10]等特点被广泛地应用于天然气预处理工艺[11-12]。在实际生产运行中，由于不同气田的气质差异、环境变化等因素的影响[13-14]，气田来料气质、气量等都存在一定的波动[15]，而在不同工况下如果不能及时响应，则会造成吸收塔内温度及液位异常[16-17]，影响正常运行[18]。因此，控制好塔温度、液位是系统操作的关键。为了更加快速、方便、有效地分析装置受干扰后的动态响应，以保证装置在运行工况发生突变时仍能安全稳定地运行，以一套天然气脱碳循环装置现有运行状况为基础，建立脱碳装置对应的动态模型，利用动态模拟手段研究天然气脱碳系统在遇到原料气流量、进气压力、贫液进塔流量及进塔温度发生突变波动时应对各突变工况的响应特性。

1 天然气脱碳循环装置 HYSYS 动态工艺模型

基于国内某天然气脱碳工艺终端自建一套天然气脱碳循环装置，用以仿真现场实际工艺，经论证，该装置可有效反映现场实际生产情况，因此，依据现有天然气脱碳循环装置进行模型建立研究，可有效指导现场实际运行。

1.1 天然气脱碳循环装置动态模拟控制方案

该天然气脱碳装置主要采用 PID 反馈控制，依据实际实验装置控制方案进行设置，主要控制回路包括原料气流量控制、塔底液位控制、闪蒸罐压力控制、闪蒸罐液位控制、再生塔底液位控制、塔顶压力控制、贫液温度控制、循环胺液流量控制等，基本控制方案见表1。

表 1 天然气脱碳循环装置基本控制方案

Control loop	Control variable	Operating variable	Action direction
1	Feed gas flow	Feed gas flow	Reverse
2	Lean solution temperature	Cooling capacity	Direct

续表

Control loop	Control variable	Operating variable	Action direction
3	Circulating flow rate of amine solution	Flow rate of lean solution entering tower	Reverse
4	The bottom liquid level of absorption tower	Rich solution flow at bottom of absorption tower	Direct
5	Flash tank pressure	Flash gas flow	Direct
6	Liquid level of flash tank	Rich solution flow	Direct
7	Reboiler liquid level	Flow rate of lean solution at bottom of regeneration tower	Direct
8	Tower top pressure of regeneration tower	Acid gas flow	Direct

1.2 天然气脱碳循环装置动态工艺模型建立

基于天然气脱碳循环装置，利用 Aspen HYSYS 软件建立对应的动态响应模型。采用酸气包（Acid gas）流体物性包对天然气脱碳工艺在不同温度、压力下的特定组分进行模拟研究，实际气体状态方程采用 PR 方程。设定主要设备尺寸，并结合装置实际控制方案添加相应的控制器，天然气脱碳循环装置对应的动态工艺模型如图 1 所示。

为了在动态模拟中获得合适的控制参数，采用 HYSYS 软件提供的控制器自整定技术得出自整定参数，结果见表 2。

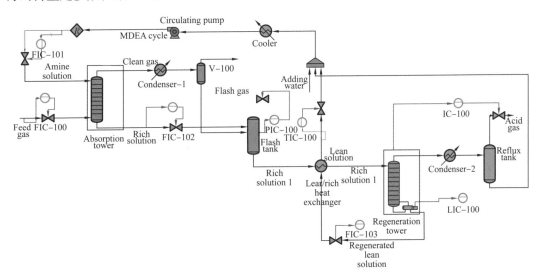

图 1 天然气脱碳循环装置动态模型示意图

FIC-100— Feed gas flow control；FIC-101—Amine solution circulation flow control；FIC-102— Flow control of rich liquid at the bottom of absorption tower；FIC-103—Rich liquid flow control；PIC-100—Lean liquid flow control at the bottom of regeneration tower；TIC-100—Lean liquid temperature control；LIC-100—Reboiler level control；IC-100—Regeneration tower top pressure control；V-100—Gas-liquid separation tank

表2 控制器参数整定结果

Control loop	K_c	t_i/min	t_d/min
FIC-100	0.3	0.5	—
TIC-100	4.0	5.0	3.0
FIC-101	0.1	0.2	—
FIC-102	2.0	—	—
PIC-100	1.4	0.5	—
FIC-103	4.0	6.0	—
LIC-100	1.7	—	—
IC-100	1.4	2.0	—

K_c—Proportional gain; t_i—Integration time; t_d—Differential time

1.3 天然气脱碳循环装置模型准确性验证

将天然气脱碳循环装置模型动态、稳态模拟结果进行对比,结果如表3所示。由表3可以看出,动态、稳态模拟结果之间有较高相似度。同时,将开车工况下动态模拟结果与实验响应结果进行对比验证,结果如表4所示。选取开车工况为原料气流量7.5L/min、进气压力3MPa、贫液进塔温度50℃、贫液入塔流量40mL/min时进行动态模拟结果与实验结果的响应特性准确性对比,结果如图2所示。由图2可以看出,动态模拟结果与实验结果的响应特性准确性之间吻合度较高,可以用于后续动态响应特性研究。

表3 天然气脱碳循环装置模型动态模拟与稳态模拟结果对比

Material stream	T/℃		F_G/(m³/h)		F_L/(mL/min)		x_{CO_2}/%	
	Dynamic	Steady-state	Dynamic	Steady-state	Dynamic	Steady-state	Dynamic	Steady-state
Feed gas	16	16	0.18	0.18	—	—	35.00	35.00
Lean solution	50	50	—	—	40.00	40.00	0.0002	0.0002
Clean gas	61.16	60.11	65.08	64.79	—	—	3.79	3.80
Rich solution	65.82	64.25	—	—	42.30	42.10	—	—
Acid gas	62.23	60.87	0.0595	0.0597	—	—	84.28	83.73

T—Temperature; F_G—Gas flow; F_L—Liquid flow; x_{CO_2}—CO_2 mole fraction

表4 天然气脱碳循环实验装置模型动态模拟与实验结果对比

Start-up conditions	t_T/min		t_L/min	
	Dynamic	Experimental	Dynamic	Experimental
Q_{Gas}=7.5L/min, p_{Gas}=2MPa, T_{Lean}=45℃	26.9	27.1	24.9	25.0
Q_{Gas}=7.5L/min, p_{Gas}=3MPa, T_{Lean}=50℃	22.1	22.2	17.0	17.0
Q_{Gas}=10.0L/min, p_{Gas}=3MPa, T_{Lean}=55℃	30.8	31.0	28.1	28.0

t_T—Basic stable time of tower kettle temperature; t_L—Basic stable time of tower kettle liquid level; Q_{Gas}—Feed gas flow; p_{Gas}—Feed gas pressure; T_{Lean}—Lean solution inlet temperature

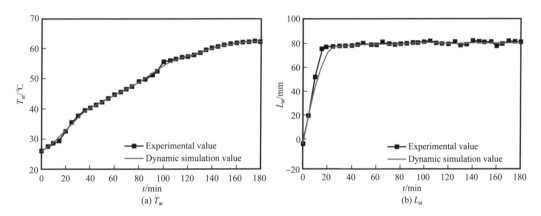

图2 开车工况下动态模拟与实验结果响应特性准确性对比

Q_{Lean}=40mL/min; p_{Gas}=3MPa; T_{Lean}=50℃;

T_{at}—Temperature of absorption tower kettle; L_{at}—Liquid level of absorption tower kettle

2 结果与讨论

2.1 原料气流量波动对系统响应特性的影响

天然气脱碳循环装置的净化效果会受到质量守恒、热量守恒等方程的约束作用。对于原料气流量在7.5L/min的气相进料工况稳定运行一段时间后,分别将原料气流量调至5.0、10.0L/min,探究净化气CO_2含量、吸收塔塔顶压力、吸收塔塔釜温度、吸收塔塔釜液位以及富液酸气负荷随时间的变化,分析响应特性。

固定原料气摩尔分数为35% CO_2+65% N_2,贫液入塔流量40mL/min,吸收压力3MPa,贫液进塔温度50℃,对摩尔分数为36% N-甲基二乙醇胺(MDEA)+4% 哌嗪(PZ)的混合胺液进行动态模拟,在模拟稳定运行20min后,通过模拟中的干扰单元对天然气脱碳系统施加扰动,将原料气流量由7.5L/min分别调至5、10L/min,装置各关键参数随时间的变化规律如图3所示。

由图 3 可以看出：原料气流量突降至 5L/min 以后，净化气 CO_2 摩尔分数在 22min 后由 3.82% 逐渐降至 3.26%；吸收塔塔顶压力在 27min 内先由 3.010MPa 降至 2.999MPa，然后又逐渐回升至 3.010MPa；吸收塔塔釜温度在 33min 内由 62.31℃ 逐渐降至 61.48℃，吸收塔塔釜液位在经过 29min 的波动后最终回稳至之前的液位 80.78mm，富液酸气负荷由 0.71mol CO_2/mol amine 逐渐下降，在 23min 后降至 0.62mol CO_2/mol amine。这是因为，原料气流量下降 25% 以后，吸收塔内的传质推动力增大，CO_2 的脱除深度增加，同时，进入吸收塔的酸性气体总量会随着原料气流量的减少而减少，进而导致酸性气体吸收总量降

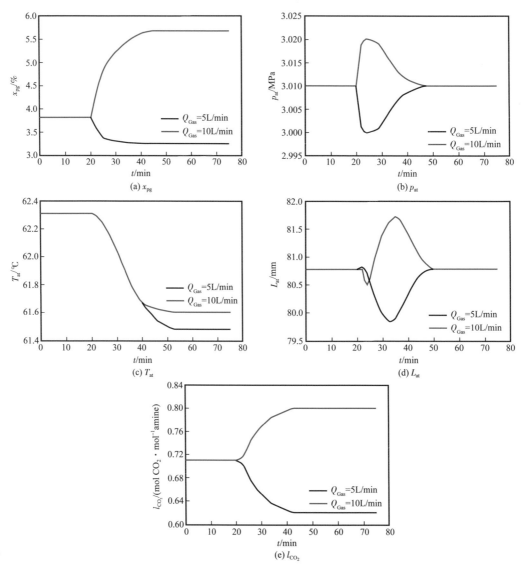

图 3　原料气流量突变时装置响应特性曲线

Q_{Lean}=40mL/min；p_{Gas}=3MPa；T_{Lean}=50℃；

x_{pg}—CO_2 mole fraction of purified gas；p_{at}—Top pressure of absorption tower；T_{at}—Temperature of absorption tower kettle；L_{at}—Liquid level of absorption tower kettle；l_{CO_2}—Acid gas load of rich solution

低，吸收富液酸气负荷下降，塔内温度由于反应热的减少也出现轻微的下降。此外，原料气流量的突然降低还会引起吸收塔内压力的下降，进而造成富液流量减小，吸收塔塔釜液位也因此会出现短暂的上升。但是在控制器的逐渐调节作用下，吸收塔塔顶压力以及吸收塔塔釜液位均在发生小幅度波动后最终回到初始值。

原料气流量突升至 10L/min 以后，净化气 CO_2 摩尔分数在 21min 后由 3.82% 逐渐上升至 5.68%。吸收塔塔顶压力在 28min 内先由 3.010MPa 上升至 3.020MPa 后又逐渐回落至 3.010MPa；吸收塔塔釜温度在 34min 内由 62.31℃ 逐渐降至 61.6℃，吸收塔塔釜液位在经过 28min 的波动后最终回稳至之前的液位 80.78mm，富液酸气负荷由 0.71mol CO_2/mol amine 逐渐上升，在 23min 后降至 0.80mol CO_2/mol amine。这主要是由于原料气流量突然增加后，吸收塔内的气/液比加大，降低了传质过程的推动力，混合胺液对 CO_2 净化程度下降，但是对于原料气中 CO_2 的吸收总量却有所上升，而由于胺液配方本身及其他操作条件的限制使得其吸收能力有限，因此出口 CO_2 含量最终有所升高。此外，由于原料气流量突然增大，而吸收塔塔顶压力控制阀未能及时响应动作，造成气体在吸收塔内出现一定的积累，进而导致吸收塔内气相压力出现短暂的上升，富液出塔流量也随之上升，吸收塔塔釜液位则出现短暂的下降。但是在吸收塔塔顶压力控制器的响应调节作用下，吸收塔内压力在波动后最终稳定在初始值 3.010MPa，吸收塔塔底液位下降后塔釜液位控制器也会相应动作，调节吸收塔塔底富液出塔流量，保证塔釜液位维持在初始水平。

2.2 贫液入塔流量波动对装置响应特性的影响

在应对外界干扰时，贫液入塔流量作为常用调节手段之一。另外，贫液入塔流量的变化直接与吸收塔内气液传质相关。在液相进料工况稳定运行一定时间后，分别将贫液入塔流量由 40mL/min 调至 30mL/min 和 50mL/min，探究其动态响应特性。保持原料气 35% CO_2+65% N_2 的进气流量为 7.5L/min，在吸收压力 3MPa、贫液进塔温度 50℃ 的工况条件，针对 36% MDEA+4% PZ 的混合胺液进行动态模拟，在模拟稳定运行 20min 后，将贫液入塔流量由 40mL/min 突变至 30.50mL/min，装置各关键参数随时间的变化规律如图 4 所示。

由图 4 可知，贫液入塔流量突降至 30mL/min 以后，净化气 CO_2 摩尔分数在 15min 后由 3.82% 逐渐上升至 6.48%，吸收塔塔顶压力在 16min 内先由 3.010MPa 快速下降至 3.0075MPa，又逐渐回升至 3.010MPa，吸收塔塔釜温度在 21min 内由 62.31℃ 逐渐降至 61.50℃，吸收塔塔釜液位短时间内降至 76.5mm，在 11min 波动后，最终回升至初始液位 80.78mm，富液酸气负荷由 0.71mol CO_2/mol amine 逐渐上升，18min 后稳定在 0.78 mol CO_2/mol amine。贫液入塔流量的突降直接导致酸性气体的吸收量和吸收塔内液体总量下降，导致吸收塔出口 CO_2 含量上升以及吸收塔塔底液位出现剧烈下降，吸收塔塔釜温度也由于反应激烈程度的降低而降低。另外，贫液入塔流量突然降低，造成吸收塔内气相空间瞬时增大，气相压力下降，因此吸收塔塔顶压力在随时间变化时出现尖峰。

贫液入塔流量突增至 50mL/min 后，净化气 CO_2 摩尔分数在 15min 后由 3.82% 逐渐下降至 3.35%，吸收塔塔顶压力在 17min 内先由 3.010MPa 急速上升至 3.0125MPa，又逐渐回落至 3.010MPa，吸收塔塔釜温度在 22min 内由 62.31℃ 逐渐上升至 63.11℃，吸收塔塔釜液位短时间内突增至 84.2mm，12min 后回归至初始液位，富液酸气负荷由 0.71mol CO_2/mol amine 逐渐下降，17min 后稳定在 0.61mol CO_2/mol amine。

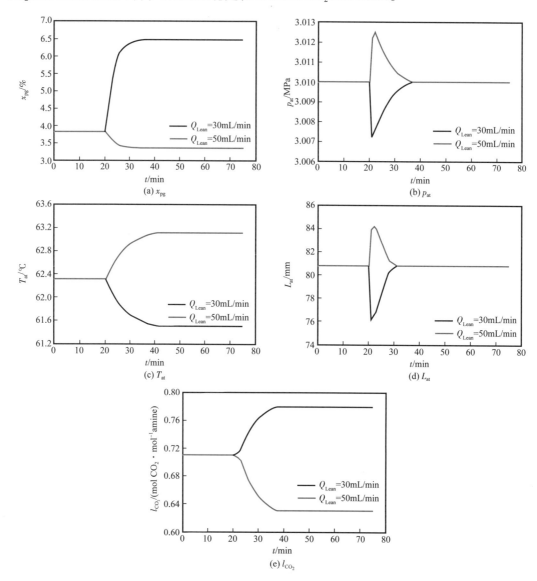

图 4 贫液入塔流量突变时装置响应特性曲线

Q_{Gas}=7.5L/min；p_{Gas}=3MPa；T_{Lean}=50℃；

x_{pg}—CO_2 mole fraction of purified gas；p_{at}—Top pressure of absorption tower；T_{at}—Temperature of absorption tower kettle；L_{at}—Liquid level of absorption tower kettle；l_{CO_2}—Acid gas load of rich solution

贫液入塔流量的突增对气-液传质产生较大影响，这主要是由于，一方面，贫液入塔流量增加，造成吸收塔内气/液比下降并偏离平衡线，根据吸收原理，增大传质推动力对混合胺液吸收 CO_2 的进程有促进作用；另一方面，贫液入塔流量的增加也会引起塔内液相湍动程度的加剧，气、液接触面中液相的更新速率加快，CO_2 与混合胺液的碰撞频率也相应加大，并且贫液入塔流量的增加会促使反应平衡正向移动，反应也随之放出更多热量，因此，贫液入塔流量由 40mL/min 阶跃至 50mL/min 后，酸性气体吸收总量以及吸收塔塔釜温度均上升，净化气中 CO_2 含量下降。而由于富液酸气负荷取决于酸性气体吸收总量和总胺含量，但是贫液入塔流量增加带来的酸性气体吸收总量的影响不及对塔内总胺含量的影响，因此富液酸气负荷降低。另外，贫液入塔流量的增加会对塔内气相空间造成一定的挤压，导致吸收塔内压力瞬间上升，但由于挤压程度较轻，因此吸收塔顶压力出现的峰值在幅度及持续性方面均相对较小。此外，贫液入塔的流量突增，而吸收塔塔底的液位控制又未能及时动作响应，导致吸收塔内液体累积，吸收塔塔釜液位出现短暂上升现象。

2.3 进气压力波动对装置响应特性的影响

进气压力波动直接影响塔内吸收压力，对吸收塔内气体的运动状态以及气-液传质均会产生影响，从而改变反应平衡或平衡极限。在保持塔内压力稳定运行一定时间后，分别将进气压力由 3MPa 调至 2MPa 和 4MPa，探究系统的动态响应特性。

控制原料气 35% CO_2+65% N_2 的进气流量为 7.5L/min，液相流量 40mL/min，贫液进塔温度 50℃ 不变，对 36% MDEA+4% PZ 的混合胺液进行模拟，在动态模拟稳定运行 20min 后，施加扰动使吸收塔气相进料压力由 3MPa 突变至 2、4MPa，装置各关键参数随时间的变化规律如图 5 所示。

由图 5 可知，当进气压力突降至 2MPa 时，净化气 CO_2 摩尔分数在 18min 后由 3.82% 逐渐升至 4.94%，吸收塔塔顶压力在 13min 内由 3.010MPa 快速下降至 2MPa 左右后出现上下波动，吸收塔塔釜温度在 19min 内由 62.31℃ 逐渐降至 60.7℃，吸收塔塔釜液位在 18min 内先短时间内降至 78.8mm 后又回升至初始液位，但其间存在一定的波动，富液酸气负荷由 0.71mol CO_2/mol amine 逐渐下降，17min 后稳定在 0.68mol CO_2/mol amine。这是因为，进气压力突降导致塔内吸收压力下降，对塔内气体的运动状态产生影响，塔内气、液接触推动力减小，同时，压力降低使得单位体积内的分子数量减少，塔内酸性气体总量减少，造成反应平衡逆向移动，因此净化气 CO_2 含量上升、富液酸气负荷下降、吸收塔塔釜温度降低。但是由于进气压力的突降，造成塔底富液出塔流量减少，进而出现一定的液体累积，因此液位短时间内上升，而随着压力的逐渐降低，吸收塔内为尽快达到目标吸收压力，液位会出现一定幅度的下降，并且由于吸收塔塔顶压力控制器和塔釜液位控制器动作响应存在一定的过度调节，导致吸收塔内压力以及塔釜液位出现轻微波动，也与不同开车工况下实验研究得出的吸收压力对该装置系统会产生较为显著的影响相一致。

当进气压力突增至 4MPa 时，净化气 CO_2 摩尔分数在 18min 后由 3.82% 逐渐升至 9.73%，吸收塔塔顶压力在 14min 内由 3.010MPa 快速升至 4MPa 左右后出现轻微波动，吸收塔塔釜温度在 19min 内由 62.31℃ 逐渐升至 63.8℃，吸收塔塔釜液位在 17min 内先急速升至 82.65mm 后又出现波动并回归至初始液位，富液酸气负荷逐渐上升，在经过 17min 后稳定在 0.75mol CO_2/mol amine。这主要是因为，进气压力突增意味着吸收塔内压力升高，单位体积内的分子数量增加，反应推动力上升，更多的酸性气体进入液相，塔底富液酸气负荷以及塔釜温度均呈现小幅度上升，但是受限于该混合胺液本身的吸收能力，其对CO_2净化深度下降，导致出口CO_2含量升高。另外，由于进气压力的突增，导致塔底富液出塔流量增加，因此液位短时间内下降，而吸收塔塔顶压力控制器和塔釜液位控制器动作响应不及时，导致吸收塔内压力以及塔釜液位出现上下波动，而这也与不同开车工况得出的吸收压力对该装置系统的影响最为显著的结论相一致。

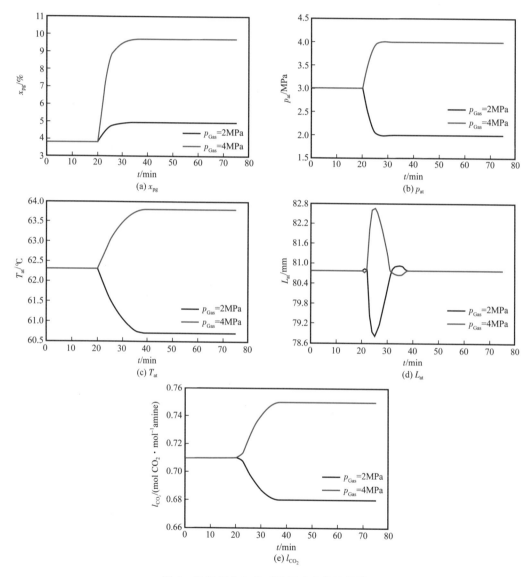

图 5 进气压力突变时装置响应特性曲线

Q_{Gas}=7.5L/min；Q_{Lean}=40mL/min；T_{Lean}=50℃；

x_{pg}—CO_2 mole fraction of purified gas；p_{at}—Top pressure of absorption tower；T_{at}—Temperature of absorption tower kettle；L_{at}—Liquid level of absorption tower kettle；l_{CO_2}—Acid gas load of rich solution

2.4 贫液进塔温度波动对装置响应特性的影响

贫液进塔温度对吸收温度起到重要影响，同时会对气－液间传质速率以及平衡极限产生影响，因此，针对36% MDEA+4% PZ 的混合胺液，在原料气 35% CO_2+65% N_2 的进气流量为7.5L/min、吸收压力3MPa、贫液入塔流量40mL/min 工况下进行动态模拟，在稳定运行20min 后，将贫液进塔温度由50℃分别调至45、55℃，考察其动态响应特性，装置各关键参数随时间的变化规律如图6所示。

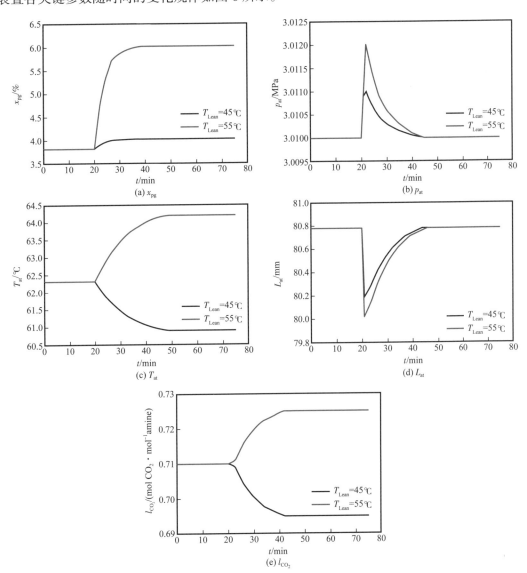

图6 贫液进塔温度突变时装置响应特性曲线

Q_{Gas}=7.5L/min；Q_{Lean}=40mL/min；p_{Gas}=3MPa；

x_{pg}—CO_2 mole fraction of purified gas；p_{at}—Top pressure of absorption tower；T_{at}—Temperature of absorption tower kettle；L_{at}—Liquid level of absorption tower kettle；l_{CO_2}—Acid gas load of rich solution

从图 6 可以看出，贫液进塔温度突降至 45℃ 后，净化气 CO_2 摩尔分数在 19min 后由 3.82% 逐渐上升至 4.03%，吸收塔塔顶压力在 25min 内先由 3.010MPa 快速升至 3.011MPa 后逐渐回落至初始压力，吸收塔塔釜温度在 29min 内由 62.31℃ 逐渐降至 60.9℃，吸收塔塔釜液位出现轻微下降，降至 80.23mm，并在波动 24min 后，回升至初始液位，富液酸气负荷在 21min 内由 0.71mol CO_2/mol amine 逐渐降至 0.695mol CO_2/mol amine。这主要是因为，贫液进塔温度突降，塔内温度场受到较大扰动，贫液吸收速率会有所下降，导致塔内气体产生一定量的累积，塔内压力升高，造成吸收塔塔釜温度及液位下降，净化气 CO_2 含量升高，但吸收温度降低有助于混合胺液对酸性气体的溶解，对 CO_2 吸收起到一定的促进作用，因此下降幅度较小。

贫液进塔温度突增至 55℃ 后，净化气 CO_2 摩尔分数在 18min 后由 3.82% 上升至 6.02%，吸收塔塔顶压力在 26min 内先由 3.010MPa 急速上升至 3.012MPa 又逐渐回落至 3.010MPa，吸收塔塔釜温度在 28min 内由 62.31℃ 逐渐上升至 64.2℃，吸收塔塔釜液位出现轻微下降，27min 后回稳，富液酸气负荷出现轻微上升，22min 后稳定在 0.725mol CO_2/mol amine。贫液进塔温度突升将会增大吸收塔内酸性气体与混合胺液之间的传质速率，但是也会引起其中酸性气体平衡溶解度的下降，因此贫液进塔温度升高后，在动力学和热力学的双重作用下，净化气 CO_2 含量和塔顶压力会出现上升。而贫液进塔温度的升高增加了塔内液态水的蒸发率，导致富液酸气负荷出现小幅度的上升。另外，受贫液进塔温度上升的影响，塔内气体迅速膨胀，气、液湍动剧烈，气、液相传热速率增大，吸收塔塔顶压力和吸收塔塔底液位产生波动，并在波动起始段均短暂地出现了一个尖峰。

2.5 天然气脱碳循环装置响应特性优化

基于上述分析，在现有控制方案中，一是，在工况突变模拟研究中，该装置系统在应对由于吸收压力变化造成的工况突变时，其动作响应存在一定滞后问题，造成吸收塔内压力及液位出现上下波动；二是，由于贫液入塔流量未与吸收塔气相及液相进料之间建立相应的控制方案，导致工况突变后贫液入塔流量无法自动调节。因此，针对这些问题进行优化改进，以提升装置运行的安全稳定性，降低运行成本。

2.5.1 控制方案分析优化

为实现吸收塔塔釜液位与进气流量、吸收压力、贫液进塔温度直接的关联，同时降低进气压力波动对吸收塔塔顶压力及塔釜液位的影响，以吸收塔塔釜液位波动幅度为目标响应值，针对工况突变中原料气流量、贫液入塔流量、进气压力、贫液进塔温度突变对吸收塔塔釜液位波动幅度的影响进行响应面分析，采用 BBD 四因素三水平设计法进行多因素耦合，对非单一因素突变工况进行动态模拟研究。

（1）响应面模型建立。

以原料气流量（A）、进气压力（B）、贫液进塔温度（C）、贫液入塔流量（D）为主要工艺参数，各突变工况对应的工艺参数的因素水平见表 5。利用 Design Expert12 设计的 25 种具体模拟工况及响应结果如表 6 所示。

表 5 突变工况因素水平

Factor level	A/(L/min)	B/MPa	C/℃	D/(mL/min)
−1	5.0	2	45	30
0	7.5	3	50	40
1	10.0	4	55	50

A—Q_{Gas}, feed gas flow; B—p_{Gas}, feed gas pressure; C—T_{Lean}, lean solution inlet temperature; D—Q_{Lean}, lean solution into the tower flow

通过对工况模拟结果进行拟合,得到原料气流量、进气压力、贫液进塔温度、贫液入塔流量对吸收塔塔釜液位波动幅度影响的回归方程如式(1)所示。

$$H=166.93417-3.918A-3.918B-2.37667C-3.28667D+0.376AB- \\ 0.0064AC+0.0376AD-0.016BC+0.1925BD-0.0016CD+0.101467A^2+ \\ 1.12667B^2+0.025367C^2+0.030517D^2 \quad (1)$$

式中 H——工况突变后吸收塔塔釜液位波动高度,mm。

表 6 响应面模拟结果

Run	Simulated condition				H/mm
	A/(L/min)	B/MPa	C/℃	D/(mL/min)	
1	0	1	1	0	1.16
2	−1	0	0	−1	5.22
3	0	−1	1	0	2.69
4	0	0	1	−1	4.99
5	0	1	−1	0	1.32
6	−1	0	−1	0	1.49
7	−1	−1	0	0	2.92
8	1	1	0	0	2.81
9	1	0	−1	0	0.39
10	0	−1	−1	0	2.53
11	−1	0	0	1	2.48
12	1	0	0	−1	3.34
13	0	0	−1	1	2.87
14	1	0	1	0	0.23
15	0	−1	0	−1	6.26
16	1	−1	0	0	1.04

续表

Run	Simulated condition				H/mm
	A/(L/min)	B/MPa	C/℃	D/(mL/min)	
17	1	0	0	1	4.36
18	0	0	−1	−1	4.83
19	0	0	1	1	2.71
20	0	1	0	−1	2.41
21	0	−1	0	1	1.44
22	−1	0	1	0	1.65
23	0	1	0	1	5.29
24	−1	1	0	0	0.93
25	0	0	0	0	0

A—Q_{Gas}, feed gas flow; B—p_{Gas}, feed gas pressure; C—T_{Lean}, lean solution inlet temperature; D—Q_{Lean}, lean solution into the tower flow; H—Fluctuation amplitude of liquid level in tower kettle

（2）响应面模型拟合度分析。

对模型方差进行分析，以检验吸收塔塔釜液位波动幅度响应模型的准确性和拟合程度，结果见表7。

表7 响应面模型误差分析

Sum of square	D_f	Mean square	F value	P value	Adeq precision	R^2
67.31	14	4.81	10.72	0.0003	13.5101	0.9375

D_f—Degree of freedom; R_2—Correlation coefficient

从表7可以发现：该模型P小于0.01，说明此回归模型的拟合准确度较高；模型的相关性系数R_2=0.9375，接近于1，说明误差影响并不显著；同时，回归模型的信噪比为13.5101（大于4），也说明模型可信度较高。综上所述，该模型可以用于后续优化改进。

由于在实际生产运行中，原料气气质波动特别是原料气流量波动是最为常见的复杂工况，因此在进行控制方案优化时，将贫液入塔流量与原料气流量进行关联，建立两者之间的比例关系，如式（2）所示。

$$Q'_l = Q_l \times (Q'_{Gas}/Q_{Gas}) \quad (2)$$

式中 Q'_l——新工况下贫液入塔流量，mL/min；
Q_l——原工况下贫液入塔流量，mL/min；
Q'_{Gas}——新工况下原料气流量，L/min；
Q_{Gas}——原工况下原料气流量，L/min。

2.5.2 优化后响应特性分析

将式（1）、式（2）添加到原控制方案中进行优化改进。由于在原有控制方案研究中，当发生进气压力波动工况时，装置响应特性相对更差，装置的稳定性更易受到影响，因此，针对进气压力突变工况，采用优化后的控制方案，再次对装置进行动态响应特性模拟研究。

保持模拟运行工况不变，在动态模拟稳定运行 20min 后，施加扰动使吸收塔气相进料压力由 3MPa 突变至 2、4MPa，考察各工艺参数随时间的变化情况，探究装置的动态响应特性，结果如图 7 所示。

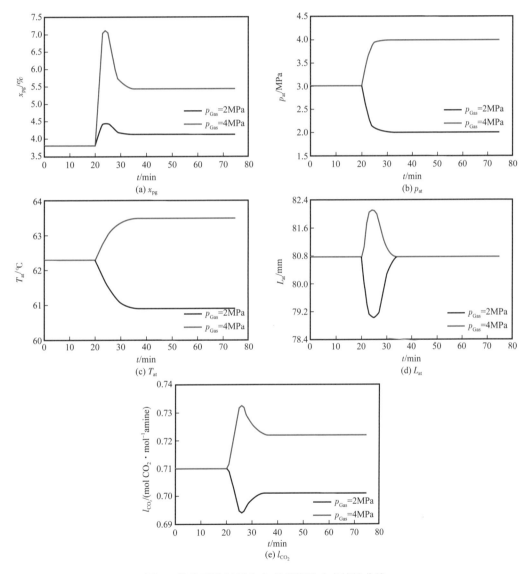

图 7 优化后进气压力突变时装置响应特性曲线

Q_{Gas}=7.5L/min；Q_{Lean}=40mL/min；T_{Lean}=50℃；

x_{pg}—CO_2 mole fraction of purified gas；p_{at}—Top pressure of absorption tower；T_{at}—Temperature of absorption tower kettle；L_{at}—Liquid level of absorption tower kettle；l_{CO_2}—Acid gas load of rich solution

根据图7可知：当进气压力突降至2MPa时，净化气CO_2摩尔分数在15min后由3.82%逐渐升至4.45%，但随后又回落至4.13%；吸收塔塔顶压力在13min内由3.010MPa快速下降至2MPa左右，并逐渐趋于平稳；吸收塔塔釜温度在17min内由62.31℃逐渐降至60.9℃，与优化前基本相同；吸收塔塔釜液位在14min内先短时间内降至79.02mm，后又回升至初始液位；富液酸气负荷由0.71mol CO_2/mol amine逐渐下降，15min后稳定在0.701mol CO_2/mol amine。对比图5和图7可以看出，与装置控制系统优化前相比，优化后，净化气CO_2含量以及富液酸气负荷均出现一定回落或回升现象，吸收塔塔顶压力及吸收塔塔釜液位在进气压力突降后也未发生上下波动，且净化气CO_2含量、吸收塔塔顶压力、吸收塔塔釜温度、吸收塔塔釜液位以及富液酸气负荷总体波动幅度相对降低，响应变化时间也有一定缩短。

当进气压力突增至4MPa时，净化气CO_2摩尔分数在14min后由3.82%逐渐升至7.12%，又回落至5.45%；吸收塔塔顶压力在14min内由3.010MPa快速升至4MPa左右后未出现上下波动；吸收塔塔釜温度在17min内由62.31℃逐渐升至63.5℃；吸收塔塔釜液位在14min内先急速升至82.13mm，后又逐渐回归至初始液位，与优化前相比也未波动；富液酸气负荷平稳上升，并在15min以后稳定在0.733mol CO_2/mol amine。对比图5和图7可以发现，优化以后，净化气CO_2含量、富液酸气负荷均出现回落，吸收塔塔顶压力及塔釜液位在工况突变后也未出现波动，装置各关键参数波动幅度及响应变化时间相对降低，说明优化后的控制方案可以起到更好的响应动作，保证装置的稳定安全运行。

3 结论

（1）在对不同因素下的突变工况进行动态模拟时，各关键参数虽然会发生一定波动，但均可以较快速地回稳，说明该控制响应在总体上可以适应本研究范围内的工况突变。

（2）吸收塔塔釜温度由于受进塔流体状态及塔内反应程度的双重影响，因此回稳时间较长。同时，由于贫液入塔流量固定，无法对工况突变做出自动响应。另外，在遇到进气压力突变时，吸收塔塔顶压力及塔釜液位会出现过渡调节现象，造成塔内压力及液位上下波动，而这可能导致在更剧烈的工况突变下，造成液位过高引发泛塔现象或液位过低引起高、低压串气。

（3）针对原控制方案存在的吸收塔塔釜液位受进气压力影响较大的问题，对吸收塔塔釜液位与原料气气质及贫液进塔温度、流量进行多因素耦合优化。采用优化后的控制方案，对进气压力突变时装置响应特性进行研究，发现添加控制关联后，净化气CO_2含量、吸收塔塔顶压力、吸收塔塔釜温度、吸收塔塔釜液位以及富液酸气负荷总体波动幅度降低15%～40%，响应时间缩短10%～20%，提高了装置的稳定性及安全性。

参 考 文 献

[1] 陈赓良. 醇胺法脱硫脱碳工艺的回顾与展望[J]. 石油与天然气化工，2003，32（3）：134-138.
[2] 姜鹏. 醇胺法脱碳工艺模拟与装置运行研究[D]. 大连：大连理工大学，2009.

[3] 王保文,李贺宇,王维,等.部分氧解耦煤化学链燃烧中硫的演化与分布[J].石油学报(石油加工),2020,36(6):1129-1139.

[4] 陈杰,郭清,花亦怀,等.MDEA+MEA/DEA混合胺液脱碳性能实验研究[J].天然气工业,2014,34(5):137-143.

[5] 唐建峰,刘云飞,张媛媛,等.半贫液工艺再生过程闪蒸及能耗模拟优化[J].石油学报(石油加工),2021,37(5):1050-1059.

[6] 田文爽,孟硕,张海滨,等.MDEA脱碳装置模拟与优化[J].天然气与石油,2018,36(1):48-54.

[7] 花亦怀,刘倩玉,丁御,等.哌嗪活化N-甲基二乙醇胺半贫液脱碳工艺配方优选及参数优化[J].石油学报(石油加工),2020,36(4):812-822.

[8] 陈杰,唐建峰,金新明,等.醇胺法脱碳工艺参数中试实验与模拟优化[J].石油学报(石油加工),2017,33(5):966-974.

[9] 诸林,邓骥,杨洋,等.基于响应面的天然气三甘醇脱水装置用能优化[J].化学工程,2015,43(2):40-43,48.

[10] 温崇荣.川东北高含硫天然气脱硫净化技术研究[D].重庆:重庆大学,2007:7-10.

[11] SUENSON M M, GEORGAKIS C, EVANS L B. Steady-state and dynamic modeling of a gas absorberstripper system[J]. Industrial & engineering chemistry fundamentals, 1985, 24(3): 288-295.

[12] 郑成明,张国欣.某活化MDEA脱碳装置能耗分析及节能潜力分析[J].石化技术,2019,26(1):268-269.

[13] ROMANO M C, CHIESA P, LOZZA G. Pre-combustion CO_2 capture from natural gas power plants, with ATR and MDEA processes[J]. International Journal of Greenhouse Gas Control, 2010, 4(5): 785-797.

[14] MOIOLI S, PELLEGRINI L A. Pre-combustion CO_2 removal in IGCC plant by MDEA scrubbing: Modifications to the process flowsheet for energy saving[J]. Energy Procedia, 2017, 114: 2136-2145.

[15] 李成勇,蒋裕强,伍勇,等.多层合采气藏井底压力响应模型通解[J].天然气工业,2010,30(9):39-41,122.

[16] 姚丽蓉,赵德银,崔伟,等.基于响应面分析法的天然气脱氮工艺优化[J].天然气化工(C1化学与化工),2020,45(6):75-81.

[17] 唐建峰,李晶,陈杰,等.TEA+DETA混合胺液脱除天然气中H_2S性能优选[J].石油学报,2015,36(8):1004-1011,1017.

[18] 杨洋,郭芸菲,邓骥,等.基于响应面法的煤气化工艺优化[J].洁净煤技术,2014,20(2):60-63,116.

(本文原刊于《石油学报(石油加工)》2022年第5期)

低分压 CO_2 捕集系统换热网络分析与节能优化

王辉[1]，李清方[1]，刘海丽[1]，张克舫[2]，王伟健[1]，陈宏福[1]，
于惠娟[1]，张舒漫[1]，张建[1]

（1. 中石化石油工程设计有限公司；2. 中国石油大学（华东）新能源学院）

摘　要：国内外针对燃煤烟气等低分压 CO_2 气源多采用醇胺溶液吸收法进行碳捕集，但该法目前存在捕集热耗高、冷却水量大等问题，对工艺过程进行用能评价和节能优化意义重大。本文以燃煤电厂大规模 CO_2 捕集系统为研究对象，完成了系统内换热网络夹点分析，找出了用能不合理之处和最大节能潜力点。基于夹点分析原则，对高温的 CO_2 压缩气和塔顶再生气等余热资源进行回收，提出 3 项节能措施：（1）对低温胺回收液和 CO_2 压缩气体匹配换热，将胺回收液由 66℃加热到 106.27℃；（2）对塔顶再生气和分流 5%的富液匹配换热，将该股富液由 59℃加热到 104℃；（3）对解吸塔补液和塔顶气匹配换热，将 43℃补液加热到夹点温度 95℃。如此调整碳捕集系统内部换热网络，节能率可达 13.72%，大大减少公用加热蒸汽的用量。有效减少了碳捕集系统运行成本，提高了碳捕集系统减排量，增加了碳捕集系统的经济效益和环境效益，对实现大规模烟气碳捕集工业化推广具有重要意义。

关键词：低分压；CO_2 捕集；换热网络；夹点分析；余热回收

Analysis of Heat Exchange Network and Energy-Saving Optimization for CO_2 Capture System with Low Partial Pressure

WANG Hui[1], LI Qingfang[1], LIU Haili[1], ZHANG Kefang[2], WANG Weijian[1],
CHEN Hongfu[1], YU Huijuan[1], ZHANG Shuman[1], ZHANG Jian[1]

(1.SINOPEC Petroleum Engineering Corporation; 2. School of New Energy, China University of Petroleum (East China))

Abstract: For low partial pressure CO_2 gas sources such as coal-fired flue gas, the MEA solution absorption method is mostly used for carbon capture. There are some problems with this approach, such as high heat energy and large cooling water consumption. These problems are significant for energy evaluation and energy-saving optimization of the process. In this paper,

---

基金项目：国家学部重大项目子课题"面向碳中和的负碳能源技术工程科技发展战略研究"（2021-XBZD-13-52）；中国石化集团公司科技攻关项目"高效溶剂捕集 CO_2 工业应用及 200 万吨/年工艺包开发"（321120）。

the large-scale CO_2 capture system of coal-fired power plant is taken as the research object, and the pinch point analysis of the heat exchange network in the system is carried out. The inadequacies of energy system and the maximum energy-saving potential are identified. Based on the principle of pinch point method, three energy-saving measures are proposed to recover waste heat resources such as high-temperature CO_2 compressed gas and tower top regeneration gas. Specific measures are as follows: (1) Match the heat exchange of the low-temperature amine recovery liquid and compressed CO_2 gas, so that the amine recovery solution is heated from 66℃ to 106℃; (2) Match the heat exchange of the regeneration gas at the top of the tower and the 5% rich amine liquid, so that the rich amine liquid is heated from 59℃ to 104℃; (3) Match the heat exchange between the desorption tower make-up fluid and the tower top gas, so that the make-up fluid is heated from the pinch temperature (43℃) to 95℃. In this way, the internal heat exchange network of the carbon capture system is adjusted, and the energy-saving rate can reach 13.72%, which greatly reduces the amount of public heating steam. It effectively decreases the operating cost of carbon capture system, improves the emission reduction of carbon capture system, increases the economic and environmental benefits of carbon capture system, and is of great significance for the industrialization and promotion of large-scale flue gas carbon capture.

Key words: low partial pressure; CO_2 capture; heat exchange network; pinch point analysis; waste heat recovery

我国电力、钢铁及水泥这三类行业CO_2排放量占比达到工业总碳排75%，是碳捕集的重点关注行业。但其排放的尾气具有CO_2压力低、浓度低的特点，相对于浓度气源而言捕集难度大，业内多采用以醇胺溶液为主的化学吸收工艺。该工艺特点是在吸收塔内相对低温条件下进行CO_2吸收，在再生塔内高温条件下进行CO_2解吸，通过吸收溶液的循环流动和反复加热冷却实现CO_2连续吸收和解吸，因此整个工艺过程需要消耗大量的蒸汽和冷却水用于物料的加热冷却。导致整个碳捕集过程能耗成本居高不下，限制了大规模烟气碳捕集项目的工业化推广。考虑到CO_2捕集系统本身虽然能耗较高，但大量高低温余热被排出系统外。主要在于能量的利用没有从总能系统角度考虑考虑协调优化，因此系统能量的分配和利用存在相当不合理的地方。所以当务之急是找出二氧化碳捕集系统能量利用不合理的地方，开展节能节水工艺优化研究，形成更为合理的用能系统。为此，国内外企业和高校对此开展了大量研究工作。刘练波等[1]基于能量守恒定律对CO_2捕集测试装置进行了能量平衡分析，从能量利用角度出发提出了两项改进工艺性能的技术措施。该法虽然可有效提高系统能量利用率，但提效空间有限，并无法完全确定能量利用的合理性。郇春雷[2]则在碳捕集系统能量平衡模型的基础上进一步建立了[㶲]平衡分析模型，不仅求出了有效能损失大小，还能从[㶲]效率判断热力学完善程度，但不能解决供用能之间的最优匹配问题[3]。王照量等[4]利用夹点分析对碳捕集系统中的换热网络进行了分析优化，刘中良等[5]在此基础上进一步考虑了高温烟气的冷却需求，重新优化了碳捕集系统换热网络，但没有充分考虑碳捕集与电厂热力系统的能量耦合。本文拟针对某电厂百万吨级CO_2捕集系统工艺能耗进行分析诊断，找出用能薄弱环节，挖掘节能潜力，充分考虑与电厂热力系统的整合，开展不同工艺方案的技术和经济性分析，提出优化的工艺方案，进而为后续的节能降耗工作做铺垫。

1 烟气碳捕集工艺流程及物流数据

1.1 碳捕集主要工艺流程

图1所示为某电厂规划建设的一套产能规模为 200×10^4 t/a 的碳捕集系统主要工艺流程,主要包括吸收单元、解吸单元、冷却单元、压缩单元。

经过电厂烟气处理系统除尘、脱硫脱硝并冷却降温之后的 45℃ 低温烟气,通过风机提压后送入吸收塔。在吸收塔中,烟气与塔内的吸收液接触,使 CO_2 得到脱除,净化后的脱碳烟气从塔顶排出,吸收了 CO_2 的富液通过富液泵加压送至解吸塔。富液从解吸塔上部进入,通过汽提解吸出部分 CO_2,然后进入再沸器,使其中的 CO_2 进一步解吸。解吸 CO_2 后的高温贫液由解吸塔底流出,用泵加压后经贫富液换热器换热,再通过贫液冷却器冷却后进入吸收塔,溶剂往返循环构成连续吸收和解吸 CO_2 的工艺过程。从解吸塔顶出来的再生气(CO_2 及蒸汽混合物)通过冷却器冷凝至 50℃,经由分离器汽水分离除去水分后得到 CO_2 气体,再经过中间干燥后送入压缩机,并压缩到超临界状态(11MPa),冷却后经管道外输至目的地。

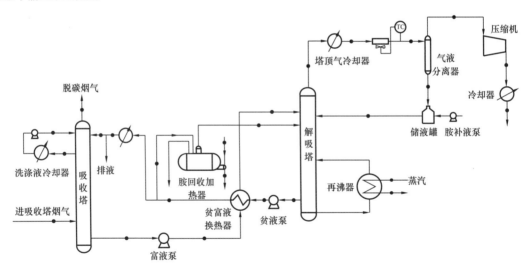

图1 某电厂烟气碳捕集系统主要工艺流程示意图

1.2 碳捕集系统冷热物流数据

根据图1所示 CO_2 捕集工艺流程以及设计参数,提取了8个物流的数据,热物流分别是贫胺液、塔顶气、尾气洗涤液、CO_2 压缩气体,冷物流分别是胺回收液、解吸溶液、富液、解吸塔补液。考虑到各物流匹配换热的传热温差相差大,为便于下文进行夹点分析,确定夹点时采用冷、热物流的温差贡献值处理方法[4,6]计算各物流温差贡献值。

表 1 CO_2 捕集系统冷热物流数据

物流类型	物流编号	初始温度 / ℃	目标温度 / ℃	热容流率 / kW/℃	冷热负荷 / MW	温差贡献 / ℃
热物流	H_1 CO_2 压缩气	264	50	131.38	28.12	5
	H_2 贫胺液	107	40	5164.96	346.05	3
	H_3 塔顶气	100	50	934.94	46.75	5
	H_4 尾气洗涤液	45	40	3254.4	16.27	5
冷物流	C_1 胺回收液	61	135	492.43	36.44	5
	C_2 再生溶液	107	107.1	1607710	160.77	5
	C_3 富胺液	56	107	5438.6	277.37	3
	C_4 解吸塔补液	40	107	163.36	10.95	3

2 碳捕集系统换热网络夹点分析

由图 1 和表 1 可以看出，碳捕集过程涉及大量换热装置，冷、热物流通过复杂换热网络进行能量交换，能流关系十分复杂。利用夹点技术对过程能量进行分析可以取得很好的节能效果。本小节拟通过夹点分析，从冷热物流总复合曲线的特点找出用能薄弱环节。

2.1 温区划分

由于实际系统中热、冷物流间的传热温差各不相同，全过程系统不能采用单一的最小传热温差 ΔT_{min} 作夹点计算，为此，采用"虚拟温度法"进行夹点分析[7]。其中热物流的虚拟温度为实际温度与温差贡献值之差，冷物流的虚拟温度为实际温度与温差贡献值之和。将所有冷热物流的虚拟初温、虚拟终温按升序排列，温度与温度之间作为一温度区间，最终可以得到 13 个温区，相应的温区划分如图 2 所示。

2.2 热量衡算

在每个温区中，依据焓平衡确定热能的净盈值或净亏值。对于任何温区 k 的焓平衡计算式为：

$$D_k = (T_k - T_{k+1})(\sum CP_H - \sum CP_C) \quad (1)$$

$$O_k = I_k - D_k \quad (2)$$

式中　k——温区数，$k=1, 2, \cdots, 13$；

D_k——该网络为满足热平衡时所需外加的净热量，kW；

I_k——由外界或其他温区供给第 k 个温区的热量，kW；

O_k——第 k 个温区向外界或其他温区排出的热量，kW。

D_k 值为正时,表示需要由外界供热,D_k 值为负时,则表示该温区有剩余热量可以输出。

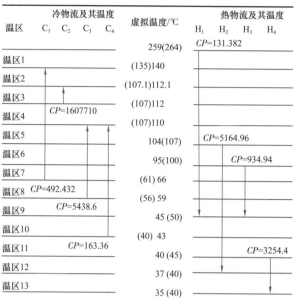

图 2 温区划分

2.3 热通量级联

考虑外界无热量输入时各温区之间的热通量。通过计算可以得到各个温区的净加热量 D_k 和净排热量 O_k 结果。温区(k)内所获得的一切热能都可以给温区 $k+1$ 内所有负荷供热。由此,可以建立起如图 3(a)所示的热通量级联图。假设没有热能从热公用工程供给最热的温区 1,那么盈余的 15.64MW 作为热通量传到温区 2;在温区 2 中,它合并自身亏缺的 10.07MW 热量,于是就有 5.57W 的热量盈余作为热通量流入温度温区 3;温区 3 具有 160.81MW 的热量亏缺,抵消温区 2 所流入的热量,还有 155.24MW 的热量亏缺,将其作为热通量传给温区 4;然后依次在温区 5—温区 13 中,热量得到累加,最后,有 -49.35MW 的热量传给冷公用工程。很明显,温区 3—温区 13 中的热通量均为负值,意为有热量从低温区向高温区传递,从热力学角度出发,这是不合理、不可行的。为了使热通量更符合热力学规律,必须从热公用工程加入最小的热公用工程量。取绝对值最大的负的热通量的绝对值即为所需外界加入的最小热量,即最小加热公用工程用量。由图 3(a)可以看出,温区 6 和温区 7 之间的热通量为负的绝对值最大(-199.22MW),即最小的公用工程加热量为 199.22MW。

2.4 确定夹点温度

以最小加热公用工程用量再从第一个温区输入,然后再计算各温区之间的热通量,计算结果如图 3(b)所示。由最后一个温区流出的热量,就是最小冷却公用工程用量。计算得到最小冷却公用工程负荷为149.87MW。通过计算可以确定热量盈亏量为0的区界，即夹点的位置。可以看出，温区6和温区7之间的热通量为0，该处即为夹点，夹点平均虚拟温度为95℃。

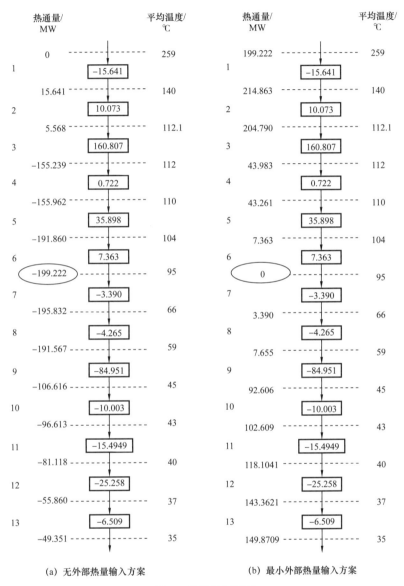

图 3　热通量级联图

2.5　初始换热网络诊断分析

由表1可以看出，需要冷却的热物流有4股，即H_1—H_4；需要加热的冷物流有4股，即C_1—C_4。碳捕集系统配套的加热公用工程为144℃和170℃的饱和蒸汽，冷却公用工程为50℃空冷和32~42℃循环冷却水。CO_2捕集系统初始换热网络如图4所示，CO_2捕集系统内部仅有贫液和富液内部物流换热，贫富液换热器热负荷为239.3MW，其余冷物流依靠汽轮机的抽汽来加热，消耗的公用工程加热量为246.233MW，再生气和循环冷却水进行冷却，公用工程冷却量为197.893MW。根据表1所示的冷热物流数据，以及贫富液的换热量数据，可以确定换热网络的最大节能潜力为：

$$246.23-199.22=47.01MW$$

由此可以计算得出最大节能率为：

$$47.01/246.23\times100\%=19.09\%$$

对一个换热网络进行用能诊断，就是根据现有换热网络格子图确定：（1）是否有穿越夹点而设置的换热器；（2）在夹点之上是否有冷却器；（3）在夹点之下是否有加热器。如果在系统中存在以上3种现象，就可以推断系统的用能不合理[7]，应加以改进。CO_2捕集系统用能有几处不合理，具体如下：

（1）H_1热物流CO_2压缩气体降温需求（虚拟温度259℃→45℃），在冷却器1中被冷却水即公用冷却工程冷却。259℃在夹点温度95℃之上，不应该采用公用冷却工程冷却。

（2）C_1冷物流胺回收液加热需求（虚拟温度66℃→140℃），是在胺回收加热器中采用外部蒸汽（热公用工程）加热到140℃。由于66℃在夹点温度95℃之下，此段不应该采用外部蒸汽加热。

（3）C_4冷物流解吸塔补液43℃→110℃，43℃在夹点温度95℃之下，此段不应该采用热公用工程加热。上述换热流程的设置违反了夹点分析基本准则[7]，造成了能量的浪费，需要加以改进优化。

3 换热网络调优与简化

3.1 换热网络调整优化

对换热网络（图4）进行改进，应以夹点位置为分界线，分别对夹点以上和夹点以下的冷、热物流进行重新匹配。根据夹点技术设计准则[8]，换热网络需按照实际物流特性进行调优，这样得到的换热网络简单、操作性强。图5是调优后的换热网络的格子图，冷物流在上方，从右流向左，热物流在下方，从左流向右，两物流的匹配换热用热、冷物流上的方块的连线表示为此，实施了以下4点优化措施：

（1）增加换热器2，将胺回收液和CO_2压缩气体匹配换热，CO_2（先通过换热器5温降到217℃）再在换热器2中从217℃温降到66℃，66℃低于夹点温度可用公用冷却工程冷却。胺溶液由66℃温升到106.27℃，106.27℃高于夹点温度，可以用公用加热负荷加热，再进入胺回收加热器，可减少加热蒸汽用量。

（2）增加了换热器3，通过换热器3从塔顶气中吸热12.31MW，通过贫富液换热器1从贫液中吸热232.43MW。具体采用富液分流实现，使95%的富液进入贫富液换热器1

被贫液加热，另5%的富液进入换热器3被塔顶气加热。使富液由59℃被塔顶气加热到104℃，再进解吸塔，减少了公用工程加热负荷。塔顶气由81.83℃温降到72.73℃，可减少公用冷却负荷。

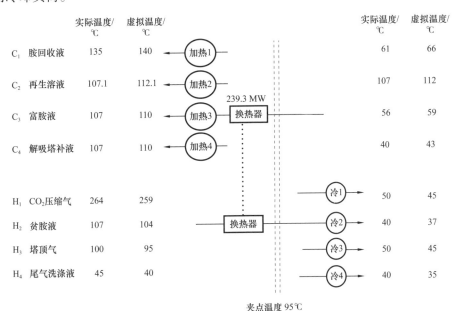

图4 初始换热网络

（3）增加了换热器4，使解吸塔补液与塔顶气换热，由原来的43℃进入解吸塔吸热温升到110℃，变化为被塔顶气加热到夹点温度95℃，再进解吸塔，减少了公用工程加热负荷。塔顶气由81.83℃温降到72.73℃，可减少公用冷却负荷。

（4）增加了换热器5，使CO_2压缩气体与再生溶液匹配换热，使CO_2压缩气体温降到217℃，同时使再生溶液温升到110.0℃，减少再沸器热负荷。

根据以上分析，先用系统中的再生溶液C_3将CO_2压缩气体H_1冷却到222℃，再利用胺回收液C_1将CO_2压缩气体H_1冷却到71℃；先利用塔顶气H_3将解吸塔补液C_4从40℃加热到92℃，再进入再沸器中采用蒸汽加热到107℃。

可见，调优后的系统增加了4个换热器，系统中冷、热物流间的换热过程增加，回收了更多系统余热，减少了加热蒸汽用量，也减少了循环冷却水用量。公用工程加热负荷为206.93MW，公用工程冷却负荷为158.59MW，与初始换热网络相比，调优后的换热网络节能率为15.96%，与夹点分析得到的理想结果19.09%相差不大，节能完善度达到83.6%。

3.2 调优换热网络的简化

图5所示调优的换热网络可以进行进一步简化。因CO_2压缩气体为气体状态，再生溶液为液体状态，气液之间总传热系数较小，相应的换热器的传热面积大，而且对再生溶液的加热量相对较低（温度从107℃加热到107.1℃）。换热器5的热负荷为5.53MW，

在 4 个换热器中减小热公用工程的贡献最小，仅为 12%（换热器 2、换热器 3 和换热器 4 分别为 42.95%、26.67% 和 18.4%）。因此可以不回收此热量，不设置换热器 5（热负荷 5.53MW）。调优换热网络的简化使系统减少了一个换热器，保留了换热器 2、换热器 3 和换热器 4，系统公用工程加热负荷变为 212.46MW，公用工程冷却负荷为 164.12MW，调优简化后的换热网络节能率为 13.72%，节能完善度达到 71.87%。图 6 为调优简化后的捕集系统主要工艺流程图。表 2 列出了夹点分析、调优、简化前后换热网络的公用工程量以及与原换热网络相比公用工程加热负荷的节能率。

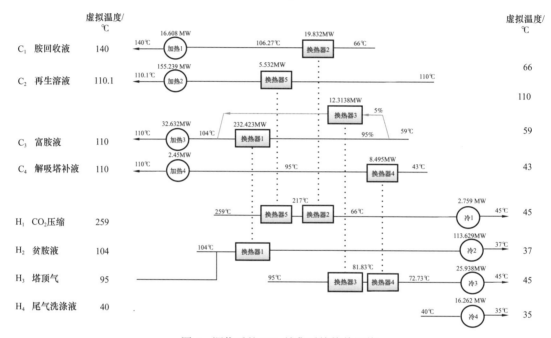

图 5　调优后的 CO_2 捕集系统换热网络

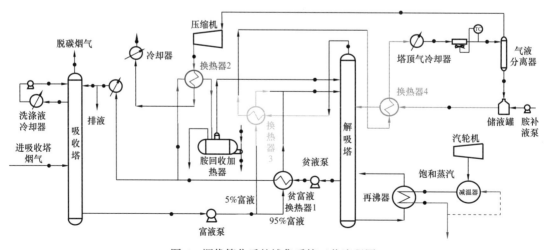

图 6　调优简化后的捕集系统工艺流程图

表 2 CO_2 捕集系统公用工程负荷以及节能率

换热网络模型	公用工程冷却负荷 / MW	公用工程加热负荷 / MW	加热负荷节能率 / %
系统初始换热网络	197.893	246.233	—
最大潜力换热网络	149.8709	199.222	19.09
调优之后换热网络	158.588	206.929	15.96
简化之后换热网络	164.12	212.461	13.72

4 结论

对某电厂 200×10^4 t/a 的碳捕集系统用能情况和换热网络进行了夹点分析和优化简化，结果表明：

（1）换热网络夹点温度为 95℃，最小的公用工程加热量为 199.22MW，最小冷却公用工程负荷为 149.87MW；

（2）初始换热网络用能不合理之处在于夹点之上热源采用了冷却公用工程，夹点之下冷源采用了热公用工程，存在跨越夹点的热量传递；

（3）换热网络调优之后公用工程加热负荷为 206.93MW，公用工程冷却负荷为 158.59MW，与初始换热网络相比，调优后的换热网络节能率为 15.96%；

（4）调优换热网络再经简化之后，公用工程加热负荷变为 212.46MW，公用工程冷却负荷为 164.12MW，换热网络节能率为 13.72%，更加具备可实施性。

参 考 文 献

[1] 刘练波，汪世清，郭东方，等. CO_2 捕集测试装置能量平衡分析[J]. 中国电机工程学报，2017，37（11）：6.

[2] 邬春雷. 百万吨二氧化碳捕集系统能耗分析[D]. 青岛：中国石油大学（华东），2012.

[3] 王辉，徐明海，张建，等. 注采输系统用能分析及优化方法研究进展[C]. 2015 年中国化工学会年会论文集，2015.

[4] 王照亮，王成运，李清方，等. 电厂 CO_2 捕集工艺夹点分析与过程集成节能[J]. 化工学报，2012，63（2）：6.

[5] 刘中良，王远亚，张克舫，等. 基于夹点技术的烟气处理系统的优化与评价[J]. 化工进展，2014，33（10）：5.

[6] 姚平经. 全过程系统能量优化综合[M]. 大连：大连理工大学出版社，1995.

[7] 李有润，朱漫. 夹点理论及其在换热网络优化综合中的应用[J]. 化学工程师，1991（1）：6.

[8] 冯霄，李勤凌. 化工节能原理与技术[M]. 北京：化学工业出版社，1998.

[9] 范卫东，李会泉，姚平经，等. 化工过程系统用能诊断和调优的"夹点分析法"[J]. 高校化学工程

学报，1997，11（2）：178-183.

[10] 华贲. 过程能量综合的研究进展与展望 [J]. 石油化工，1996，25：62-62.

[11] 华贲. 工艺过程用能分析及综合 [M]. 北京：中国轻工业出版社，1989：71-79.

[12] 华贲. 过程系统的能量综合和优化 [J]. 化工进展，1994（3）：6-15.

The Full Chain Demonstration Project in China—Status of the CCS Development in Coal-fired Power Generation in GuoNeng Jinjie

ZHAO Rui[1], ZHANG Yi[2], ZHANG Shuai[1], LI Yan[1], HAN Tao[1], GAO Li[3]

(1.Guoneng Guohua (Beijing) Electric Power Research Institute Co.Ltd. ; 2.China Energy Investment Group Co.Ltd. ; 3.Shaanxi Guohua Jinjie Energy Co.Ltd.)

Abstract: Carbon Capture and Storage (CCS) is essential to achieve global cumulative CO_2 reductions to meet the two degree scenario in 2050.To accelerate the development of CCS technology in China, the biggest full chain demonstration project is under construction in Guoneng Jinjie Power plant.This facility is designed to capture 150000 tons of CO_2 per year from coal fired PC boiler flue gas for EOR.The advanced amine absorbents combined with the integrated processes such as inter-cooling, rich solution split process and Mechanical Vapor Recompression flashing (MVR flashing) were used to reduce the energy penalty and operating costs.The system can attain following parameters including the CO_2 capture rate>90%, captured CO_2 purity>99% and regeneration energy penalty<2.4GJ/t CO_2.

Key words: coal-fired power plant; CCS; full chain demonstration project; advanced amine absorbents; integrated processes

1 Introduction

Global carbon emission is now becoming an urgent global climate issue.The main purpose of "Paris Agreement" is to control the global average temperature increment less than 2℃ in comparison to the pre-industrial level.[1] According to the agreement, China intends to achieve the peaking of CO_2 emissions around 2030 and carbon neutrality by 2060, which is very challenging for China.Considering the energy structure of China dominated by coal and the electricity supplied mainly from coal-fired power plants in a long time, carbon capture and storage (CCS) would be an important measure for China to control CO_2 emission for coal-fired power plants[2].

Currently, the existing post-combustion CO_2 capture technologies for flue gas of coal-fired power plants mainly include absorption, adsorption, membrane separation, and cryogenic separation method, in which chemical absorption is regarded as the most promising choice. Recently, the advanced Amine Process for CO_2 capture has been developed[3-7].The related demonstration projects, such as the Petra Nova[8], Boundary Dam[9] projects, and Fortum Oslo Varme[10], the demonstration projects of Gaobeidian Thermal Power Plant and Shanghai Shidongkou Power Plant in China, are all based on the amine chemical absorption method, and most of the captured CO_2 is used for EOR.However, it is still difficult for industrization in most of coal-fired power plants due to the high energy penalty and high cost in the CO_2 capture process[11-12].To accelerate the development of CCS technology and reduce the associated energy penalty and costs, the demonstration of new generation of full-chain CCS project of coal-fired power plants in China should be done.

A 150000t/a full-chain CCS demonstration project using amine-based absorbent was built in the subcritical coal-fired power plant of Guoneng Jinjie Power plant, and the relative studies such as advanced chemical absorption and integrated processes were carried out.

2 CO_2 Capture System Introduction

2.1 Coal-fired unit description

Guoneng Jinjie Power plant, a coal-based integrated coal-electricity energy enterprise, is located in Jinjie Industrial Park, Shenmu City, Shaanxi Province.The power plant is a pithead power station, and has 6×600MW subcritical coal-fired units.The constructed post-combustion CO_2 capture project is China's largest demonstration projects, the scale is 150000t/a CO_2, and the captured CO_2 will be transported to the nearby Yanchang oil wells for enhanced oil recovery (EOR).Figure 1 shows the aerial photo of the demonstration project.The flow chart process and the basic index of CO_2 capture system is shown in Figure 2 and Table 1 respectively.

Figure 1　Aerial photo of the demonstration project

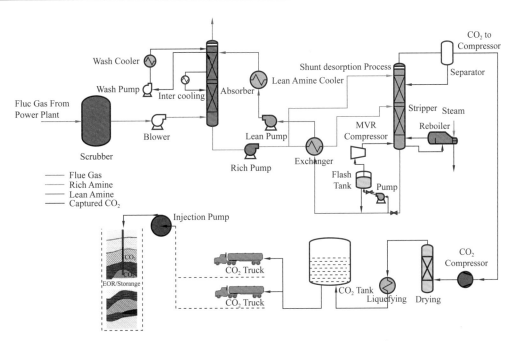

Figure 2　The Flow Chart Process of Demonstration Project

Table 1　The Basic Index of Demonstration Project

No.	Index	Value
1	Flue gas volume/ (m³/h)	~100000
2	Inlet CO_2 content/ (vol%)	~11.1
3	Regeneration temperature/℃	~105
4	CO_2 content (product) / (vol%)	≥99.5

The flue gas is extracted from the desulfurization outlet pipeline of Unit 1. Unit 1 was in commission in 2006, and the power plant's boiler efficiency is about 93.8%. The boiler of Unit 1 was manufactured by Shanghai Boiler Factory, which is a subcritical ∏-type boiler and four-corner tangential combustion method. The boiler temperature is 541℃ and the pressure is 4.09MPa. The steam turbine was produced by Shanghai Steam Turbine Factory, which is a three-cylinder, four-exhaust, direct air-condensing steam turbine. The unit adopted many environmental protection facilities for flue gas purification, including Selective Catalytic Reduction (SCR) deNOx device, electrostatic precipitator (ESP), limestone wet flue gas desulfurization device (FGD), The purified flue gas is discharged through the stack. The ultra-low emission transformation was completed in 2017 and was the first coal-fired power plants in Shaanxi Province to achieve ultra-low emissions. The current indicators of dust, SO_2, and NO_x are far below the requirements of China's environmental protection standard (GB 13223—2011).

As for the CO_2 capture process, the exhaust gas from WFGD is firstly routed to the scrubber to deep washing and desulfurization using caustic soda to further reduce the SO_x content below 10 mg/L, in the meantime the flue gas temperature is cooled down and controlled to below 40℃.

A booster fan provides the pressure necessary to drive the flue gas through the bottom of CO_2 absorber to top part, during which the CO_2 reacts with the lean solution flowing counter-current. Then the treated gas exits at the top of the absorber after water washing to minimize absorbent vapor losses. The absorber is consist of several stainless steel packing and modified plastics packing. Regular distribution trays are placed between the packed beds to evenly distribute the gas and liquid.

The rich solution goes out of the absorber and then sends to the stripper via a pump and heat exchanger. The CO_2 in the rich solution is desorbed under the heating of reboiler, and the amine solution is regenerated and sent back to the absorber for further absorption, thus completing a continuous cycle of absorbing and desorbing CO_2. The stripper contains stainless steel packed material and is thermally driven with stripping steam. The rich solution flows down counter-currently to rising steam extracted from the Unit 1. The desorbed CO_2 is discharged from the top of the stripper, and the purity of 99.5% (dry) is obtained after gas-liquid separation and cooling. Then the CO_2 product gas enters compression and other post-sequence sections for further processing.

In order to further study the performance of various processes and equipment in the demonstration project, more than 460 online analysis instruments are installed, and many sampling points are reserved for the subsequent test of various absorbents and processes.

2.2 Flue gas conditions

The designed flue gas volume of the demonstration project is 100000 m^3/h, the device can be operated smoothly within the range of 50%~110% for 8000 hours per year. The flue gas composition is shown in Table 2, which is facilitated for subsequent CO_2 capture.

Table 2 The Flue Gas Composition Prior to CO_2 Capture

Components	Molecular Weight/ (g/mol)	Mole Fraction/%
CO_2	44.011	11.1
O_2	31.999	6.1
N_2	28.014	70.7
SO_2	64.065	35 mg/m^3
SO_3	80.064	—
dust	—	<10 mg/m^3

Continued

Components	Molecular Weight/ (g/mol)	Mole Fraction/%
HCl	36.461	0.0001
HF	20.006	0.0001
H_2O	18.015	12.1
NO_x	—	50 mg/m^3

3 Absorption Unit

3.1 Low regeneration duty solvent

The absorbent's performances were tested in a 200m^3/h pilot platform at Zhejiang University. The steam volume, solution circulation volume and energy-saving technological measures (inter cooling and rich solution split process) were studied. The demonstration project used advanced amines absorbents (as shown in Table 3), which are consists of several organic amines, such as the $(CH_2)_n OHNR_1R_2$ and p_z supplemented with antioxidants, corrosion inhibitors, etc., to ensure the fast absorption, large absorption capacity, and good desorption effect.

Table 3 The Basic Information of the Advanced Amine Absorbent

The New Type Absorbent	Value	Unit	Note
Density	0.96~1.05	g/cm^3	30~80℃
Viscosity	0.68~2.56	cP	30~80℃
Regeneration duty	2.7	GJ/t (CO_2)	—

3.2 Absorber with intercooling process

The packed absorber with small pressure drop is 52 meters high and the CO_2 absorption efficiency is designed to be over 90%. In the absorber, the absorption of the absorbent and CO_2 is an exothermic reaction. With the accumulation of reaction heat, the high temperature will not be conducive to the CO_2 absorption. In order to enhance the capture efficiency, the inter cooling process is applied and optimized based on the traditional basic process, as shown in Figure 3. The optimum location of the solvent extractions along the absorber is confirmed above the first packing bed. After cooling, the extracted solution is then pumped back to the adjacent section of the absorber.Another modification is the replacement of part stainless steel packing by modified plastic packing (Figure 3), as plastic packing is much cheaper than stainless steel packing.

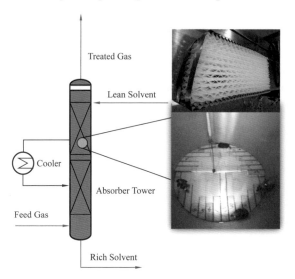

Figure 3　The Flow Chart of the Inter-cooling Process and the Modified Plastic Packing

The inter cooling process can improve the absorption performance by smoothing the temperature distribution of the absorber, thereby increasing the CO_2 load of the rich solution by 0.10～0.25mol (CO_2) /L solution leaving the absorber and in the regeneration process, lower energy will be needed to achieve the reduction goal of regeneration energy penalty.Also, the required absorbent flow can be reduced.To investigate the engineering practical effect of inter cooling process, a flexible adjustment design is used to achieve the adjustment test within the range of 0～100% according to the temperature needs.

Due to the amine volatilization and the treated gas droplet carrier, water wash and demister at the top of the absorber are adopted to reduce the solvent losses. Recovery of the amine solution is necessary for cost reduction and the adjustment of water balance in the system.

In order to analysis amine volatilization, VOCs will be sampled and tested online, which will be the first VOC monitoring in carbon capture device to provide engineering experience for solvent volatilization and recovery.

3.3　Solution regeneration process

To reduce the system regeneration energy penalty, the rich solution split process, and Mechanical Vapor Recompression (MVR) process are mainly adopted in the desorption process, Figure 4 shows the flow chart of these two processes.

The rich solution split process refers to dividing the rich solution at the outlet of the absorber into two strands, in which one strand with about 80%～90% of rich solution sends to the lean-rich cross heat exchanger and then goes to the stripper, whereas another one with about

10%~20% of rich solution directly enters the stripper to recover the heat of regeneration gas and condense the water vapor, which can effectively recover the system heat and reduce the regeneration gas.

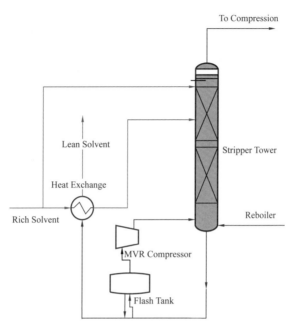

Figure 4   The Flow Chart of Rich Solution Split Process and the MVR Process

The MVR process directly flashes the high-temperature lean solution from the bottom of the stripper through the flash tank.The recycled steam is pressurized by the compressor and then send to the stripper circularly.The MVR process can be operated with the flash temperature of about 90 ℃ under the 0~100% operating conditions by switching the regulator.The process recovers the flash steam heat from the lean solution at the bottom of the stripper.According to the simulation results, the MVR process can save about 16.9% of energy, thereby reducing the boiler heating steam consumption and reducing the system regeneration energy penalty.

The diameter is 4.0 meter in the bottom and reduced to 3.2 meter on the top. The neck shrinkage process of the stripper can reduce the use of stainless-steel materials.

In the absorption-desorption cycle, the reboiler is important for the The steam consumption Generally, there are mainly two types of reboilers: vertical thermosyphon reboiler and horizontal kettle reboiler.In this project, tubular falling film reboiler is adopted (as shown in Figure 5), which can improve the regeneration efficiency at 110~120℃.

To investigate the energy-saving effects of MVR process, rich-split process, inter-cooling and other processes, Aspen Plus was used for the process simulation and optimization, and the result is shown in Table 4.The combined process of "rich solution split process + MVR process+inter cooling process" shows the best energy-saving effect with the energy saving efficiency of 20% achieved.

Figure 5　The Capture Unit and the Tubular Falling Film Reboiler

Table 4　Calculated Energy Saving Effect of New Processes

Process	30% MEA regeneration duty/ (GJ/t CO_2)	New solvents regeneration duty/ (GJ/t CO_2)	New solvents regeneration duty saving/%
Basic process	3.63	2.90	—
Rich solution split process	3.52	2.75	5.17
MVR process	3.03	2.40	17.24
Inter-cooling process	3.556	2.80	3.45
Rich solution split process desorption + MVR + inter cooling	2.93	2.32	20.00

4　The Subsequent Units after Carbon Capture Process

The project consists of eight main components that are connected in series after the carbon capture process, including the compression unit, drying and liquefaction unit, Buffer tank unit, transportation, and EOR / storage Unit.

4.1　Compression unit

The captured CO_2 gas from the top of stripper firstly went through a gas-liquid separator to remove the free water, which is recycled back to the stripper, and then flows into the compression unit. In this project, screw compressor with two-stage compression and the sliding valve adjustment in the range of 15%～100% is selected considering the factors such as flue gas volume, adjustment function and product scale. After the compression, the CO_2 gas is pressurized to 2.5MPa（g）and the temperature is at 30～40℃.

4.2 Drying and liquefaction unit

The drying unit is a key step for the subsequent transportation and utilization of carbon dioxide.It mainly composed of drying tower, heat exchanger, heater, cooler, separator, and control instrument to achieve the functions of dehydration, desiccant regeneration, and cooling, which is shown in Figure 6.The system contains three drying towers, named as tower A, B and C.During the system operation, 2+1 mode is adopted, i.e., two conventional drying towers（A and B）achieve the alternate dehydration and regeneration, whereas tower C is used as an auxiliary tower.

In this project, the solid adsorption method that is commonly used in engineering is adopted for dehydration.It contains pressure swing adsorption（PSA）and temperature swing adsorption（TSA）period.PSA cycle period is short but the adsorbent utilization rate is high, TSA has a long cycle period but could achieve a thorough regeneration of desiccant after removing the water and trace impurities.Through the optimization and programmed control, the desiccant can be regenerated in-site and operate continuously.After dehydration, the water dew point of CO_2 is supposed to reach $\leqslant -40℃$.

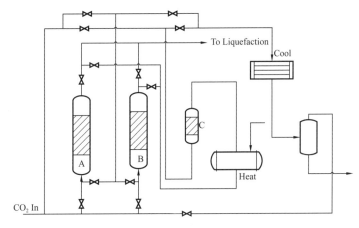

Figure 6　The Process of Drying Unit

After the drying process, the dried CO_2 gas is sent into the subsequent liquefaction unit.With regard to the liquefaction refrigerant selection, it should meet the requirements of safety, economy, environmental protection, and the national design standards.In conclusion, the refrigerant R507 is adopted.The liquefaction unit contains compressors, refrigerators, evaporators, and other equipment.After liquefaction, the CO_2 gas is turned into liquid, and the outlet temperature is in the range of $-25\sim-20℃$ and the pressure is 2.2～2.5MPa.The liquefaction capacity can be flexibly adjusted according to the load demand.

4.3 Buffer tank unit

The liquid CO_2 after the liquefaction unit flows into the buffer tank unit, which includes the storage tanks and unloading system. As spherical tank has smaller surface area and less steel consumption compared to vertical cylindrical storage tank, two spherical storage tanks with the volume of 650m^3 and the diameter of 10.7m are adopted. The maximum storage capacity of these two tanks is 3 days. The liquid CO_2 in the storage tank can be loaded into a tank truck (Figure 7).

Figure 7　The Two Built Buffer Tanks

5　Investment

The investment of the Carbon capture demonstration mainly includes the cost of design fee, construction fee, equipment costs and other. The mainly distribution proportion as shown in Figure 8. The construction fee mainly includes the foundation construction, equipment installation and supervision fee, about 50% of the overall investment. Equipment fee mainly

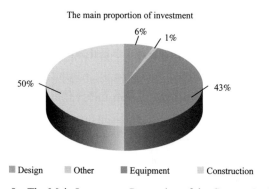

Figure 8　The Main Investment Proportion of the Capture Project

includes the capture device, such as the pumps, fan, heat exchanger, about 43% of the overall investment. Design fee include feasibility study report, preliminary design, construction drawing design and design review fee, accounting for about 6% of the overall investment.Other expenses are mainly used for publicity and indirect expenses, accounting for about 1%.

6 Transport and Enhanced Oil Recovery (EOR) /Storage

A reliable, safe, and economically feasible system of CO_2 transport is needed for CCS project[13].A variety of transport means such as road tankers, ships and pipelines can be chosen dependent on the CO_2 volumes.Pipelines are the most viable method for onshore transport, and the most efficient way for CO_2 transport in a long-term time.However, considering there is no dedicated pipeline currently, road tankers transport will be used in the early stage, the pressure of liquid CO_2 in road tankers is about 2.5MPa.With regard to the use of liquid CO_2, it will be injected into the oil reservoirs nearby Jinjie Power Plant for EOR, such as the Huaziping oil area in Xingzichuan oil field and Qiaojiawa oil area in Jingbian oil field of Yanchang Petroleum Group.The storage sites are about 200~300km away from the capture site, and the transportation cost will be under 1 RMB/ [t (CO_2) · km].

7 Outlook

Currently, there have a variety of technological approaches to reduce atmospheric CO_2, including the energy efficiency improvement of coal-fired power plant, developing renewable energy, and implementing CCS, in which CCS is a crucial technology to reduce the greenhouse gas emission, especially for coal-fired power plants.CO_2 reduction will be the bottleneck for the development of coal power in the future, but CCS is difficult to be widely deployed because of the high energy penalty and costs.One of the most promising approaches to reduce energy penalty is the heat integration between power plant and CO_2 capture system, using the MVR process, inter cooling process and rich solution split process can promote the reduction of regenerative heat consumption of CO_2 capture system.The modified plastic packing and the neck shrinkage process can reduce the cost of CO_2 capture system.

After the completion of the 150000t/a CCS demonstration project, testing and research on the key technologies of the relevant chemical absorption method will be carried out.The capture device can be used as a large-scale verification and experimental platform for key technologies and equipment.

In order to ensure the continuous operation, research on the multi-channel utilization of CO_2 will be carried out.

Acknowledgments

We gratefully acknowledge the financial support from the National Key R&D Program of China (No.2017YFB0603305). The research group of prof.Mengxiang Fang in Zhejiang University for the test on the energy saving process is also gratefully acknowledged.

References

[1] Rogelj J, den Elzen M, Höhne N, et al. Paris Agreement climate proposals need a boost to keep warming well below 2 ℃. Nature, 2016, 534: 631–639.

[2] Keni Zhanga, Jian Xie, Cai Li, et al. A full chain CCS demonstration project in northeast Ordos Basin, China: Operational experience and challenges [J]. International Journal of Greenhouse Gas Control, 2016, 50: 218–230.

[3] Frederic Vitsea, Barath Baburaoa, Ross Dugasb. Technology and Pilot Plant Results of the Advanced Amine Process [J]. Energy Procedia, 2011, 4: 5527–5533.

[4] Takashi Kamijo, Yoshiki Sorimachi, Daisuke Shimada, et al. Result of the 60 t/d CO_2 capture pilot plant in European coal power plant with KS−1TM solvent [J], Energy Procedia, 2013, 37: 813 – 816.

[5] Liu Fei, Fang Mengxiang, Dong Wenfeng, et al. Carbon dioxide absorption in aqueous alkanolamine blends for biphasic solvents screening and evaluation [J]. Applied Energy, 2019, 233: 468–477.

[6] Zhiwu Henry Liang, Teerawat Sanpasertparnich, Paitoon P T. Part 1: Design, modeling and simulation of post−combustion CO_2 capture systems using reactive solvents, Carbon Management [J]. Carbon Management, 2011, 2: 265–288.

[7] Fang Mengxiang, Yi Ningtong, Di Wentao, et al. Emission and control of flue gas pollutants in CO_2 chemical absorption system – A review [J]. International Journal of Greenhouse Gas Control, 2020, 93: 102904.

[8] Hari C Mantripragada, Haibo Zhai, Edward S Rubin, Boundary Dam or Petra Nova – Which is a better model for CCS energy supply [J] International Journal of Greenhouse Gas Control, 2019, 82: 59–68.

[9] Reitenbach G. Carbon Capture at Coal−Fired Power Plants: SaskPower's Boundary Dam Project and Beyond, Carbon Management Technology Conference, 2015.

[10] Johan F, Ron Z, Jørgen T, et al. Performance of an amine−based CO_2 capture pilot plant at the Fortum Oslo Varme Waste to Energy plant in Oslo, Norway. International Journal of Greenhouse Gas Control, 2021, 106: 103242.

[11] Luis M Romeo, Irene Bolea, Jesu's M Escosa. Integration of power plant and amine scrubbing to reduce CO_2 capture costs [J]. Applied Thermal Engineering, 2008, 28: 1039–1046.

[12] Tony E, Arthur L, Ana Paula S, et al. The CO_2 Capture Project: 20 Years of Innovation [C]. Proceedings of the 15th Greenhouse Gas Control Technologies Conference, 2021.

[13] Zhong Ping, Giancarlo Benelli, Zhang Jiutian, et al. The application of CCS technology in China: lesson from the Sino−Italy collaboration on coal fired power plants [J], Energy Procedia, 2014, 63: 8116–8133.

含杂质超临界 CO_2 管道减压波波速的预测模型

李玉星,王财林,胡其会,龚霁昱

(中国石油大学(华东))

摘 要:超临界 CO_2 管道断裂会在裂纹两端产生减压波,其波速计算是预测和控制管道断裂的关键。基于 GERG-2008 状态方程,结合均相流动模型与气液两相流声速计算模型,建立了含杂质超临界 CO_2 管道的减压波波速预测模型,并开发了相应的计算程序,分析了单元非极性杂质、单元极性杂质、多元混合杂质对超临界 CO_2 管道减压波曲线的影响。结果表明,非极性杂质的混入使超临界 CO_2 管道减压波曲线的平台压力升高,更易与管道断裂曲线相交,加剧管道断裂风险;极性杂质的存在能够小幅度降低超临界 CO_2 管道减压波曲线的平台压力,减小管道断裂风险。该模型可为管道止裂及杂质成分控制提供理论依据。

关键词:超临界 CO_2 管道;减压波;断裂;杂质

Prediction Model of Decompression Wave Velocity in Supercritical CO_2 Pipelines Containing Impurities

LI Yuxing, WANG Cailin, HU Qihui, GONG Jiyu

China University of Petroleum (East China)

Abstract: Once a supercritical CO_2 pipeline fractures, decompression wave will appear at both end of the crack. Hence, the calculation of the decompression wave velocity during the pipeline fracturing is critical for the prediction and control of pipeline fracture. Based on the GERG-2008 equation of state, a decompression wave velocity prediction model for the supercritical CO_2 pipelines containing impurities was established with reference to the homogeneous flow model and the sound velocity calculation model for gas-liquid two-phase flow, and a calculation procedure thereof was developed. In addition, the effects of single-component non-polar impurities, single-component polar impurities and multi-component mixed impurities on the decompression wave curve of the supercritical CO_2 pipelines were studied. The results show that the addition of non-polar impurities increases the plateau pressure of the decompression wave curve, and thus the decompression wave is more likely to intersect with the pipeline fracture curve, increasing the risk of pipeline fracture. However, the presence of polar impurities can slightly reduce the plateau pressure of the decompression wave curve of the supercritical CO_2 pipelines, further reducing the risk of pipeline fracture. Therefore, this model could provide a theoretical basis for pipeline crack arrest and impurity composition control. (4 Figures, 2 Tables, 25 References)

Key words: supercritical CO_2 pipeline; decompression wave; fracturing, impurities

---

基金项目:国家科技重大专项"吉林油田 CO_2 驱油与埋存工业化应用技术研究",2016ZX05016-002。

近年来，随着温室气体的大量排放，大气中以 CO_2 为主的温室气体浓度大幅增加，导致全球温室效应日益加剧。碳捕集与封存技术（Carbon Capture and Storage，CCS）能够大幅减少工业规模 CO_2 的排放，是缓解全球温室效应、减少 CO_2 排放的有效方式[1-3]。CO_2 的输送是 CCS 技术链中的重要一环[4-6]，相比其他输送方式，管道输送具有经济、高效等优点，因此成为 CO_2 输送的首选方式，且通常采用超临界 CO_2 状态进行输送[7-10]。然而，目前超临界 CO_2 管道的输送技术尚未成熟，管道在安装及运行过程中可能会由于外界的机械损伤、管壁腐蚀、材料缺陷等产生裂纹及断裂[11]。超临界 CO_2 管道一旦发生断裂，后果十分严重，影响范围甚广，甚至导致重大事故的发生。管道产生裂纹后，在管道开裂处会向裂纹两端发出减压波，减压波的传播速度与裂纹的扩展速度共同决定了管道裂纹是持续扩展还是止裂[12]，因此，管道断裂过程中减压波波速的预测是管道断裂控制的关键。

目前，国内外的专家学者已经对 CO_2 管道减压波的传播特性开展了大量研究。Elshahomi 等[13]基于 GERG-2008 状态方程，建立了可用于预测超临界 CO_2 管道减压波传播特性的二维模型，分析了单组分杂质 H_2、CO、N_2 及 O_2 对超临界 CO_2 减压波曲线的影响。Dall'Acqua 等[14]利用 PR 方程并结合 Nichita 等[15]的等熵声速计算模型，建立了两相流中声速计算模型及含杂质 CO_2 输送管道中的减压波波速预测模型。Botros 等[16-17]进行了大量的激波管实验，分别采用 GERG-2008 方程、PR 方程，计算了纯 CO_2 管道及含杂质 CO_2 管道的减压波曲线，发现 GERG-2008 方程对 CO_2 管道减压波曲线平台压力的预测具有更高的精度。Teng 等[18]通过特征线法计算了不同相态 CO_2 管道的减压波传播特性，考虑了 N_2 对气态 CO_2 管道减压特性的影响，并提出了用弹性系数来表征减压波波速。上述减压波预测模型大多只考虑了单组分杂质对超临界 CO_2 管道减压波曲线的影响，但由于 CO_2 捕集技术的局限，CO_2 烟气中通常会混有 N_2、CH_4、H_2S 等多种杂质[19]，目前有关含多元杂质 CO_2 管道减压波传播特性的研究还比较少。

基于 GERG-2008 状态方程，结合均相流动模型及气液两相流声速计算模型，建立了适用于含多元杂质的超临界 CO_2 管道减压波的预测模型，分析了单元非极性杂质（N_2、CH_4）、单元极性杂质（H_2S）、二元混合杂质对超临界 CO_2 管道减压波曲线的影响规律，并提出了合理化的建议，研究成果可为管道止裂及杂质控制提供理论依据。

1 预测模型

1.1 模型建立

超临界 CO_2 管道一旦发生断裂，管内的 CO_2 将从开裂处以很高的流速流向大气，假设泄漏流动过程为绝热流动，与外界的换热可以忽略不计，因此整个介质泄放过程可以近似为等熵降压。管道发生断裂后，其减压波前沿的传播速度不依赖于裂纹的开裂速度[12]，为了简化计算，假设：（1）管内 CO_2 为一维水平流动，与管径、高程无关；（2）管内流体始终处于热力学平衡状态；（3）气液两相之间不存在滑移；（4）管内流动为绝热流动，不考虑传热、摩擦的影响。含多元杂质的超临界 CO_2 管道减压波波速预测模型包括相态计算和减压波波速计算。

1.1.1 相态计算模型

管道断裂可以近似为等熵降压过程。当管道内压力降至管内介质的饱和压力时,管内介质会发生相变,进入气液两相区。此时可以将管道内的气液两相流动假定为均相流动[20],气液两相的流速和温度相等,压力为饱和压力。气液两相混合物的焓、熵、比容的表达式分别为:

$$h = w_g h_g + (1-w_g) h_l \tag{1}$$

$$s = w_g s_g + (1-w_g) s_l \tag{2}$$

$$v = w_g v_g + (1-w_g) v_l \tag{3}$$

式中　h、h_g、h_l——气液混合物、气相、液相的焓,J/kg;

s、s_g、s_l——气液混合物、气相、液相的熵,J/(kg·K);

v、v_g、v_l——气液混合物、气相、液相的比容,m³/kg;

w_g——气相质量分数。

为预测超临界 CO_2 管道断裂后的减压波波速,必须准确计算管道内介质的热物性。目前用于计算超临界 CO_2 热物性的状态方程主要有 BWRS[21]、GERG-2008[13]、PR[22]、SRK[23]等,但尚无一个特定的状态方程可用于计算含不同杂质 CO_2 混合物的相关物性。Liu 等[24]研究表明 GERG-2008 方程能够准确预测含杂质超临界 CO_2 的相关热物性,并且满足工程应用的需求。因此,基于 GERG-2008 状态方程预测超临界 CO_2 及其混合物的减压波曲线,借助美国标准技术研究所(NIST)开发的 REFPROP8.0 物性分析软件计算 CO_2 及其混合物的热物性。

1.1.2 减压波波速计算模型

在管道等熵降压的初始阶段,CO_2 仍为超临界态(单相),此时声速是温度 T 的函数,单相 CO_2 的声速表达式为:

$$u = \sqrt{\frac{\Delta p}{\Delta \rho}} \tag{4}$$

式中　u——超临界状态下单相 CO_2 的声速,m/s;

Δp——单项 CO_2 的瞬时压力变化,kPa;

$\Delta \rho$——单项 CO_2 的瞬时密度变化,kg/m³。

当管道内为气液两相流动、压力为平衡状态时,气液混合相的声速表达式为:

$$u_p^2 = \rho \left(\frac{\varphi_g}{\rho_g u_g^2} + \frac{1-\varphi_g}{\rho_l u_l^2} \right) \tag{5}$$

式中　u_p——压力平衡时气液混合相的声速,m/s;

φ_g——气相体积分数;

u_g、u_l——气相、液相的绝热声速，m/s；

ρ、ρ_g、ρ_l——气液混合相、气相、液相的密度，kg/m³。

当管道内气液两相的温度、压力都处于平衡状态时，气液混合相的声速表达式为：

$$\frac{1}{u_m^2} = \frac{1}{u_p^2} + \frac{\rho}{T} \frac{c_{pg}c_{pl}\left[\left(\frac{\partial T}{\partial p}\right)_{s_l} - \left(\frac{\partial T}{\partial p}\right)_{s_g}\right]^2}{c_{pg} + c_{pl}} \quad (6)$$

式中 u_m——温度、压力都处于平衡状态时气液混合相的声速，m/s；

c_{pg}、c_{pl}——气相、液相的定压比热容，J/(m³·K)；

s_l、s_g——气相等熵、液相等熵。

模型假设超临界CO_2管道内气液两相流动为均相流动，温度、压力均处于平衡状态，因此，用u_m表示气液混合相的声速。管道断裂后，管内介质立即从开裂处高速流向大气，等熵条件下介质出流速度u_s的表达式为：

$$u_s = -\int_{p_i}^{p_0} \frac{u}{\rho} d\rho \quad (7)$$

式中 p_i——等熵降压过程中第i次迭代后的管内介质压力，kPa（$i=0$，1，2，…，$i=0$时，p_0为管内介质的初始压力）。

将式（6）、式（7）的计算结果代入式（8），即可得到超临界CO_2管道断裂过程中介质的减压波波速W，其表达式为：

$$W = u_m - u_s \quad (8)$$

1.2 模型求解

由于CO_2具有极强的焦-汤姆森效应，在等熵降压过程中会产生较大的温降[6]，根据含多元杂质超临界CO_2管道的减压波波速计算程序（图1），以管道断裂的初始温度T_0为基准，每下降T（取1K），对压力进行迭代试算，直至前后两个温度对应的熵值相等，输出压力p_{i+1}。根据每一次输出压力、温度判断管道内CO_2混合物的相态，并计算热物性。再结合管道断裂处出流速度的计算公式，计算相应压力、温度条件下的减压波传播速度。当程序输出$W \leq 0$时，程序终止。

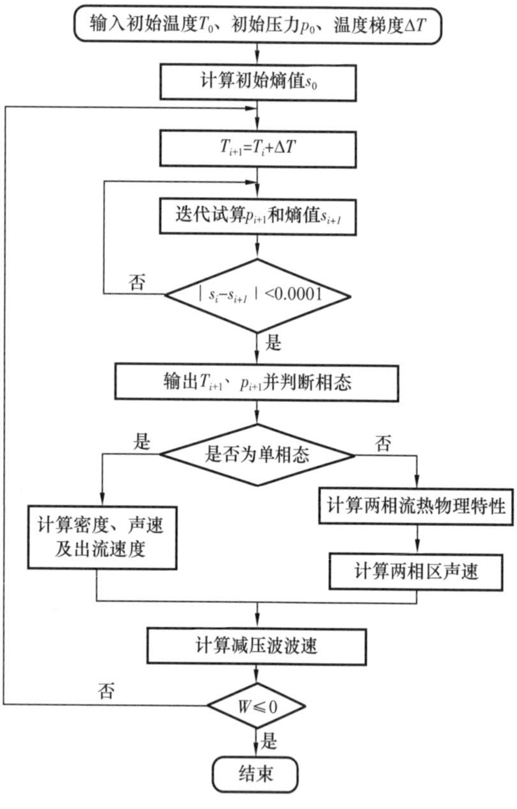

图1 含多元杂质的超临界CO_2管道减压波波速计算程序框图

1.3 模型验证

根据文献[17]可知,某超临界CO_2管道断裂实验的初始压力为14.828MPa,温度为309.05K,管输介质组分为CO_2(94.027%)、N_2(5.82%)、O_2(0.127%)、He(0.025%),进而得到该工况下超临界CO_2管道的减压波特性曲线。为验证所建立的含多元杂质超临界CO_2管道减压波波速预测模型的准确性,基于文献[17]的工况,对减压波波速进行计算,得到含三元杂质的超临界CO_2管道减压波波速模型预测值,并与文献[17]实验值进行对比(图2)。可见,由预测模型得到的减压波波速与实验值趋势一致,压力平台位置也与实验结果吻合度较高。与实验值对比,预测模型的计算误差均在10%以内,因此所建预测模型具有较好的准确性,满足工程误差要求。

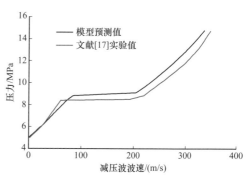

图2 含三元杂质的超临界CO_2管道减压波波速模型预测值与文献[17]实验值对比曲线

2 模拟结果

2.1 工况计算

由于捕集方式的局限,CO_2烟气中通常会混有N_2、CH_4、O_2、H_2S等杂质[19],因此在模型计算过程中需考虑以上杂质对CO_2减压波传播特性的影响。假设有以下8组含不同杂质的超临界CO_2管道运行工况(表1),管内CO_2流体的初始相态均为超临界态,管道初始温度为308.75K,初始压力为14.94MPa。利用含多元杂质的超临界CO_2管道减压波波速预测模型分别对这8组运行工况进行计算,即可得到含不同杂质的超临界CO_2管道的减压波曲线(图3)。

表1 含不同杂质的超临界CO_2管道运行工况

工况编号	管输介质各组分摩尔分数/%				含杂质类型
	CO_2	N_2	CH_4	H_2S	
工况1	100	0	0	0	无
工况2	96	4	0	0	单元非极性杂质
工况3	96	0	4	0	单元非极性杂质
工况4	96	0	0	4	单元极性杂质
工况5	96	2	2	0	二元非极性杂质
工况6	96	2	0	2	二元非极性杂质+极性杂质
工况7	98	1	1	0	二元非极性杂质
工况8	94	3	3	0	二元非极性杂质

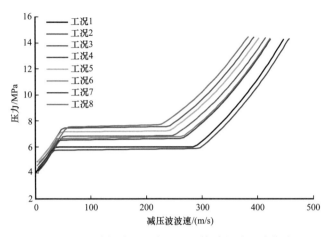

图 3　含不同杂质的超临界 CO_2 管道的减压波曲线

2.2　单组分杂质对减压波曲线的影响

为研究单组分杂质对超临界 CO_2 管道减压波曲线的影响，对比图 3 中工况 1～工况 4 的减压波曲线可见，非极性杂质（N_2、CH_4）的混入使减压波曲线的平台压力升高，减小了管道断裂的初始减压波波速，而极性杂质（H_2S）的混入对超临界 CO_2 管道减压平台的影响较小，管道平台压力及初始减压波波速几乎相同。减压波曲线上的平台压力主要由管道等熵降压过程中管内介质进入气液两相区处的压力决定。根据含不同杂质超临界 CO_2 的相包线（图 4）可见，非极性杂质 N_2、CH_4 的混入增大了 CO_2 的临界压力及其泡点。泡点线的升高，使得超临界 CO_2 在等熵降压过程中进入气液两相区的压力升高，从而增大了减压波曲线平台压力。由双曲线模型可知[25]，超临界 CO_2 管道减压波曲线位置越高，越易与管道的断裂曲线相交，更易发生断裂，因此，超临界 CO_2 管道中混有的少量 N_2、CH_4 等非极性杂质会加剧管道发生断裂的风险。由于极性杂质 H_2S 的混入略微降低了 CO_2 的饱和线，表明极性杂质 H_2S 的存在能在一定程度上降低超临界 CO_2 管道发生断裂的风险。

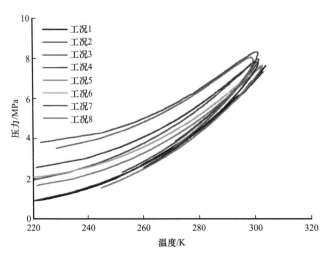

图 4　含不同杂质的超临界 CO_2 管道气质相包线

2.3 二元杂质对减压波曲线的影响

CO_2 烟气中通常不只含有一种杂质，多组分杂质的存在会使得超临界 CO_2 的热物性发生巨大变化，从而影响管道的减压波传播特性。对比图 3 中工况 1、工况 2、工况 3、工况 5 的减压波曲线可见，二元非极性杂质的影响与单元非极性杂质的影响类似，提高了平台压力，减小了管道断裂的初始减压波波速。同时，工况 5 的减压波曲线位于工况 2 和工况 3 曲线中间，且更靠近工况 3，表明当管内 CO_2 含量一定时，降低 N_2 的含量，更利于管道止裂。对比图 3 中工况 1、工况 2、工况 4、工况 6 的减压波曲线可见，二元非极性杂质 + 极性杂质的混入提高了超临界 CO_2 管道的减压波曲线位置，但工况 2 的曲线位置最高，表明当超临界 CO_2 管道中混有非极性杂质时，加入极性杂质能够有效抑制管道的断裂扩展。

2.4 二元杂质含量对减压波曲线的影响

杂质含量的不同对超临界 CO_2 热物性的影响程度不同，进而会对减压波特性产生影响。对比图 3 中工况 1、工况 5、工况 7、工况 8 的减压波曲线可见，二元非极性杂质的摩尔分数越高，含杂质超临界 CO_2 的减压波曲线的位置越高。对比图 4 中工况 1、工况 5、工况 7、工况 8 的泡点线可见，含杂质超临界 CO_2 的泡点线随 N_2 与 CH_4 含量的增大而逐渐升高，管内介质等熵降压过程中进入气液两相区的压力也随之升高，进一步导致减压波曲线的平台压力升高。此外，根据不同工况下管道断裂处管内介质的初始当地声速（表 2）可见，N_2 与 CH_4 含量越高，CO_2-N_2-CH_4 混合物的当地声速越小，根据式（8），当地声速减小会导致起始减压波波速降低。由以上分析可知，二元杂质含量增加会加大超临界 CO_2 管道的断裂风险。

表 2 管道断裂开始时管内介质的当地声速

工况编号	当地声速/（m/s）
工况 1	449.71
工况 5	406.28
工况 7	427.60
工况 8	386.30

3 结论

建立了含杂质超临界 CO_2 管道减压波波速预测模型，并通过预测模型分析了单元非极性杂质、单元极性杂质、多元混合杂质以及杂质含量对超临界 CO_2 管道减压波曲线的影响规律，进一步阐明了杂质对管道断裂安全的影响。非极性杂质（N_2、CH_4）的存在增大了超临界 CO_2 管道减压波曲线的平台压力，加剧了管道的断裂风险；极性杂质（H_2S）能够小幅度降低减压波曲线的平台压力，减小管道断裂风险。含二元杂质超临界 CO_2 管道的减压波曲线位于两条含单元杂质减压波曲线中间，因此，在含非极性杂质体系内增加极性杂质的含量，能够有效抑制管道裂纹扩展。

参 考 文 献

[1] BOOT HANDFORD M E, ABANADES J C, ANTHONY E J.Carbon capture and storage update[J]. Energy & Environmental Science, 2014, 7(1): 130-189.

[2] GU S W, GAO B B, TENG L, et al. Monte Carlo simulation of supercritical carbon dioxide adsorption in carbon slit pores[J]. Energy & Fuels, 2017, 31(9): 9717-9724.

[3] 喻健良, 郑阳光, 闫兴清, 等.工业规模 CO_2 管道大孔泄漏过程中的射流膨胀及扩散规律[J].化工学报, 2017, 68(6): 2298-2305.

[4] WAREING C J, FAIRWEATHER M, FALLE S A E G, et al. Validation of a model of gas and dense phase CO_2 jet releases for carbon capture and storage application[J]. International Journal of Greenhouse Gas Control, 2014, 20: 254-271.

[5] 张大同, 滕霖, 李玉星, 等.管输 CO_2 焦耳-汤姆逊系数计算方法[J].油气储运, 2018, 37(1): 35-39.

[6] TENG L, ZHANG D T, LI Y X, et al. Multiphase mixture model to predict temperature drop in highly choked conditions in CO_2 enhanced oil recovery[J]. Applied Thermal Engineering, 2016, 108: 670-679.

[7] BUMB P, DESIDERI U, QUATTROCCHI F, et al. Cost optimized CO_2 pipeline transportation grid: a case study from Italian industries[J]. World Academy of Science, Engineering and Technology, 2009, 58: 138-145.

[8] 赵青, 李玉星, 李顺丽.超临界二氧化碳管道杂质对节流温降的影响[J].石油学报, 2016, 37(1): 111-116.

[9] 陆诗建, 张金鑫, 高丽娟, 等.不同管径和温压条件下的 CO_2 管道输送特性[J].油气储运, 2019, 38(2): 151-158, 166.

[10] 陈兵, 徐源, 白世星.管输超临界 CO_2 泄漏过程管内瞬变特性研究[J].石油机械, 2020, 48(8): 136-142.

[11] MAHGEREFTEH H, BROWN S, DENTON G. Modelling the impact of stream impurities on ductile fractures in CO_2 pipelines[J]. Chemical Engineering Science, 2012, 74: 200-210.

[12] 陈福来, 帅健, 冯耀荣, 等.高压天然气输送管道断裂过程中气体减压波速的计算[J].中国石油大学学报(自然科学版), 2009, 33(4): 130-135.

[13] ELSHAHOMI A, LU C, MICHAL G, et al. Decompression wave speed in CO_2 mixtures: CFD modelling with the GERG-2008 equation of state[J]. Applied Energy, 2015, 140: 20-32.

[14] DALL'ACQUA D, TEREN Z I A, LEP ORINI M, et al. A new tool for modelling the decompression behaviour of CO_2 with impurities using the Peng-Robinson equation of state[J]. Applied Energy, 2017, 206: 1432-1445.

[15] NICHITA D V, KHALID P, BROSETA D. Calculation of isentropic compressibility and sound velocity in two-phase fluids[J]. Fluid Phase Equilibria, 2010, 291(1): 95-102.

[16] BOTROS K K, GEERLIGS J, ROTHWELL B, et al. Measurements of decompression wave speed in pure carbon dioxide and comparison with predictions by equation of state [J]. Journal of Pressure Vessel Technology, 2016, 138(3): 031302.

[17] BOTROS K K, GEERLIGS J, ROTHWELL B, et al. Measurements of decompression wave speed in binary mixtures of carbon dioxide and impurities [J]. Journal of Pressure Vessel Technology, 2017, 139(2): 021301.

[18] TENG L, LI Y X, ZHAO Q, et al. Decompression characteristics of CO_2 pipelines following rupture [J]. Journal of Natural Gas Science and Engineering, 2016, 36(Part A): 213-223.

[19] DEMETRIADES T A, GRAHAM R S. A new equation of state for CCS pipeline transport: calibration of mixing rules for binary mixtures of CO_2 with N_2, O_2 and H_2 [J]. The Journal of Chemical Thermodynamics, 2016, 93: 294-304.

[20] MUNKEJORD S T, HAMMER M. Depressurization of CO_2-rich mixtures in pipes: two-phase flow modelling and comparison with experiments [J]. International Journal of Greenhouse Gas Control, 2015, 37: 398-411.

[21] STARLING K E, POWERS J E. Enthalpy of mixtures by modified BWR equation [J]. Industrial & Engineering Chemistry Fundamentals, 1970, 9(4): 531-537.

[22] PENG D Y, ROBINSON D B. A new two-constant equation of state [J]. Industrial & Engineering Chemistry Fundamentals, 1976, 15(1): 59-64.

[23] SOAVE G. Equilibrium constants from a modified Redlich-Kwong equation of state [J]. Chemical Engineering Science, 1972, 27(6): 1197-1203.

[24] LIU B, LIU X, LU C, GODBOLE A, et al. Decompression modelling of pipelines carrying CO_2-N_2 mixture and the influence of non-equilibrium phase transition [J]. Energy Procedia, 2017, 105: 4204-4209.

[25] KIEFNER J F, MAXEY W A, EIBER R J, et al. Failure stress levels of flaws in pressurized cylinders [M] // KAUFMAN J, SWEDLOW J, CORTEN H, et al. Progress in Flaw Growth and Fracture Toughness Testing. West Conshohocken: ASTM International, 1973: 461-481.

（本文原刊于《油气储运》2021年第9期）

不同输送相态下埋地二氧化碳管道周围土壤温度场特性研究

张湘玮[1]，范振宁[1]，梁海宁[1]，张艳[1]，张钧晖[1]，苗青[2]，欧阳欣[2]

（1.中石化石油工程设计有限公司；2.国家石油天然气管网集团有限公司科学技术研究总院）

摘 要：为了研究埋地二氧化碳管道周围土壤温度场的分布规律，基于中石化齐鲁石化—胜利油田百万吨级CCUS示范项目二氧化碳输送管道建立管道周围土壤温度场数值模型，用Fluent软件对二氧化碳三种输送相态（低压液相、高压液相、超临界相）下的典型工况土壤温度场进行计算，在低压液相输送的基础上分析管道周围土壤冻结范围的季节变化规律及不同埋深、不同运行温度对管道周围土壤冻结范围的影响。研究结果表明，随着埋深增大，管道周围多年冻土范围增大，季节性冻土范围受影响较小；而随着起点温度的升高，管道周围多年冻土和季节性冻土范围都减小，当温度升高至0℃时将不再形成冻土。在高压液相输送和超临界相输送的基础上，以小麦为例分析管道运行温度变化对地表植被的影响。结果表明，为使土壤温度能满足沿线农作物生长需求，二氧化碳以高压液相输送时，其管输介质温度不宜低于5℃，以超临界相输送时不宜高于50℃。

关键词：二氧化碳管道；土壤温度场；CCUS；数值模拟

Research on the Soil Temperature Field around Buried CO₂ Pipelines under Different Transport Phases

ZHANG Xiangwei[1], FAN Zhenning[1], LIANG Haining[1], ZHANG Yan[1], ZHANG Junhui[1], MIAO Qing[2], OUYang Xin[2]

（1. SINOPEC Petroleum Engineering Corporation；
2. Research Institute of Science and Technology Co., Ltd., Pipe China）

Abstract: In order to study the distribution of the soil temperature around the buried carbon dioxide pipeline, a numerical model of the soil temperature around the pipeline is established based on the carbon dioxide transmission pipeline of Sinopec Qilu Petrochemical-Shengli Oilfield million ton CCUS demonstration project, and the soil temperature in the base case under three kinds of carbon dioxide transmission states (low pressure liquid phase, high pressure liquid phase, supercritical) is calculated with FLUENT, On the basis of low pressure liquid phase transportation, the seasonal variation of soil freezing range around the pipeline and the influence of different buried depth and different operating temperature on the soil freezing range around the pipeline are analyzed. The results show that with the increase of buried depth, the range of permafrost around the pipeline increases, and the range of seasonal permafrost is less affected; With the increase of the starting temperature, the range of permafrost and seasonal frozen soil around the pipeline decreases, and frozen soil will no longer form when the temperature rises to 0℃. On the basis of high pressure liquid phase transportation and supercritical transportation, the influence of pipeline operating temperature on surface vegetation is analyzed as an example. The results show that, in order to make the soil temperature meet the growth requirements of crops, the temperature should not be lower than 5℃ during high pressure liquid Phase transportation, and should not be higher than 50℃ during supercritical transportation.

Key words: CO_2 pipeline; soil temperature field; CCUS; numerical simulation

在全球积极应对气候变化和国内"双碳"战略目标的导向下，二氧化碳捕集、输送与封存利用（Carbon Capture, Utilization and Storage, CCUS）被广泛认为是实现全球温控目标和我国碳中和愿景不可或缺的关键途径。二氧化碳管输作为连接CCUS上游捕集和下游封存的最高效方式，是CCUS技术的重要组成部分。国外二氧化碳管道建设起步较早，在役长度超过10000km，主要分布于美国、加拿大等地，输送相态以液相和超临界为主。国内已建二氧化碳管道以小规模、短距离气相输送为主，近年来逐渐向输送能力百万吨、输送长度百公里级别发展，如中石化齐鲁石化—胜利油田百万吨级CCUS示范项目二氧化碳输送管道工程、胜利电厂200×10^4t/a二氧化碳输送管道工程等。受限于国内二氧化碳管输技术成熟度和碳源碳汇的空间分布格局[1]，我国现阶段规划或在建二氧化碳管道项目多位于东部排放源密集区域，输往百公里范围的油田进行驱油利用和地质封存，管道沿线生态环境复杂，地表植被丰富。且当二氧化碳以液相输送时，为避免发生相变，管输温度有时需要保持在0℃以下，可能会导致土壤冻结，不利于环境保护与管道安全运行；以超临界相输送时，管输温度可能高达40~50℃，高温同样会影响地表农作物生长。在此背景下，二氧化碳管输方案的确定势必要考虑管道运行对周围土壤温度场的影响。目前国内外虽然已经开展了一系列关于埋地管道周围土壤温度场的研究[2-6]，但是大多针对热油管道与周围土壤换热[7-9]，或以多年冻土区长输管道周边土壤的冻胀问题为研究对象[10,11]。二氧化碳以液相或超临界相输送时密度与原油和成品油介质密度相近，但黏度更接近气体黏度[12]，除了提高二氧化碳管输效率、降低沿程摩阻外，也使二氧化碳与周围环境的换热效率有别于传统油气管道[13,14]。目前缺乏与二氧化碳输送管道工程实际情况相近的埋地管道土壤热力系统的数值模拟研究，无法为示范工程的开展提供技术支持及决策参考。

本文依托于中国石化齐鲁石化—胜利油田百万吨级CCUS示范项目在建二氧化碳输送管道，在前人研究成果的基础上，建立埋地二氧化碳管道周围土壤温度场的数值模型。充分结合二氧化碳介质特点，将不同相态二氧化碳输送方案考虑在内，从冻土形成与沿线植被生长角度，分析管道埋深、输送温度等参数变化对管道周围土壤温度场的影响，以期为二氧化碳管道工程建设提供技术指导。本文的成果已在齐鲁石化—胜利油田百万吨级CCUS示范项目二氧化碳输送管道工程上得到了应用，并且对于其他二氧化碳管输工程也有一定的借鉴意义。

1 数值模型建立

1.1 物理模型

齐鲁石化—胜利油田百万吨级 CCUS 示范项目二氧化碳输送管道位于山东省淄博市境内。管道基础参数如下：外径 $D=323.9$mm，壁厚 $\delta=12.5$mm，管顶浮土高度 $h=1.5$m。根据以上数据，建立埋地管道土壤温度场计算的物理模型，如图1所示。通常将埋地管道水平轴线方向 10m 外的土壤换热情况视为绝热[15]，考虑到管道土壤物理模型的对称性故使用半模型（沿着管道中心线竖直面剖开）[16]。

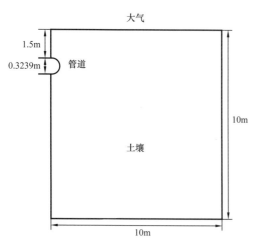

图 1 埋地管道土壤温度场计算物理模型

1.2 理论模型

管道周围土壤冻土相变、土壤内水分迁移和土壤变形等因素均会对埋地二氧化碳管道周边土壤传热造成影响。因此本文在确保求解结果精度的基础上进行如下假设，以便将土壤温度场的计算转化为易于求解的数学模型：

（1）假设温度场计算模型中土壤为不可压缩介质；
（2）忽略管道与土壤间的接触热阻；
（3）假设温度场计算模型中土壤为各向同性介质；
（4）假设土壤边界没有水分补给及排泄现象，不考虑水分的迁移。

基于以上假设，确定埋地二氧化碳管道周围土壤瞬态温度场热力学方程为[17]：

$$\rho C \frac{\partial T}{\partial t} = \frac{\partial}{\partial x}\left(\lambda \frac{\partial T}{\partial x}\right) + \frac{\partial}{\partial y}\left(\lambda \frac{\partial T}{\partial y}\right) + \frac{\partial}{\partial z}\left(\lambda \frac{\partial T}{\partial z}\right) \tag{1}$$

式中 ρ——土壤密度，kg/m³；

C——土壤比热容，J/(kg·℃)；

λ——土壤导热系数，W/(m·℃)；

t——时间，s；

T——土壤温度，℃。

考虑土壤冻融状态对热参数的影响，式（1）中土壤比热容 C 可由式（2）计算[17]：

$$C = \begin{cases} C_s & T \leqslant T_1 \\ C_s + \dfrac{C_1 - C_2}{T_1 - T_2}(T - T_1) + \dfrac{L}{1+W}\dfrac{\Delta W}{\Delta T} & T_1 \leqslant T \leqslant T_2 \\ C_1 & T \geqslant T_2 \end{cases} \tag{2}$$

土壤导热系数 λ 可由式（3）计算[17]：

$$\lambda = \begin{cases} \lambda_s & T \leq T_1 \\ \lambda_s + \dfrac{\lambda_1 - \lambda_2}{T_1 - T_2}(T - T_1) + & T_1 \leq T \leq T_2 \\ \lambda_1 & T \geq T_2 \end{cases} \quad (3)$$

式中　C_s，C_t——土壤冻结、融化时的比热容，J/（kg·℃）；

　　　λ_s，λ_1——土壤冻结、融化状态下的导热系数，W/（m·℃）；

　　　L——水的相变潜热，kJ/kg；

　　　T_1——冻土剧烈相变区下界温度，这里取 −20℃；

　　　T_2——冻土剧烈相变区上界温度，这里取 0℃；

　　　ΔT——温度的微小变化，℃；

　　　W——冻土总含水量，%；

　　　ΔW——温度的微小变化范围内，未冻结土的含水量变化，%。

建立模型时，还需要确定土壤恒温层深度和温度，前人已有大量研究表明[18]，当土壤深度超过 10m 后其温度场受季节变化的影响已非常小。因此设定土壤恒温层深度 H=10m，温度 T_h=15℃。这里采用了文献［19］中的计算方法，详细计算过程不再赘述。

1.3　边界条件

边界条件主要结合图 1 的二氧化碳管道周围土壤温度场物理模型进行说明，从上到下、从左至右依次为上、下、前、后和管壁边界条件。

（1）上边界条件。

上边界条件主要为二氧化碳管道地表与大气的对流传热问题，地表温度随大气温度的变化在管道全年运行过程中不断变化，这里将上边界设定为第三类边界条件：

$$\lambda_s \dfrac{\partial T}{\partial z}\bigg|_{z=R+\delta+H_1} = \alpha(T_w - T_f) \quad (4)$$

（2）下边界条件。

已有大量研究表明大气温度对土壤温度场的影响深度有限，可将地表以下一定深度的土壤温度看作恒定值[18]，因此将下边界归类为第一类边界条件：

$$T\big|_{z=H} = \cos t \quad (5)$$

（3）前边界条件。

因为对称性，管道及土壤中心线竖直面的热流密度均为 0，设定为于第二类边界条件：

$$\dfrac{\partial T}{\partial y} = 0 \quad (6)$$

(4) 后边界条件。

由于土壤温度场模型中的侧边边界距管道中心线的距离大于管道周围土壤热力影响区的距离，因此将其设定为绝热边界，即第二类边界条件：

$$\left.\frac{\partial T}{\partial x}\right| = 0 \tag{7}$$

(5) 管道内壁边界条件。

管道内壁边界条件是管壁与二氧化碳流体之间的对流换热问题，受管输二氧化碳相态、温度、压力、流量等诸多因素影响，为第三类边界条件：

$$\left.\lambda\frac{\partial T}{\partial r}\right|_{r=R,\tau=0} = \alpha_{\text{in}}\left(T_{\text{in}} - T_{\text{g}}\right) \tag{8}$$

式中　x——管道轴向热力影响范围，m；
　　　y——垂直于管道轴向的水平热力影响范围，m；
　　　z——垂直于管道轴向的竖直热力影响范围，m；
　　　R——管道内径，m；
　　　δ——管壁厚，m；
　　　H_1——管外壁至地表深度，m；
　　　H_2——管外壁下侧至土壤恒温层厚度，m；
　　　H——恒温层深度，m；
　　　z——管壁导热系数，W/(m·℃)；
　　　T_w——土壤温度，℃；
　　　T_f——大气温度，℃；
　　　T_{in}——管内壁温度，℃；
　　　T_g——管内流体温度，℃；
　　　α——地表换热系数，W/(m²·℃)；
　　　α_{in}——管内壁换热系数，W/(m²·℃)。

1.4　模型验证

因缺少实际运行的二氧化碳管道周围土壤温度场实测数据，现依据文献［20］中数据，采取上述方法进行建模计算，对比1月、4月、7月和9月的实测数据与模拟结果。其中，建立两种不同的土壤温度场计算模型，分别为模型Ⅰ和模型Ⅱ，如图2所示，模型Ⅰ建立了完整的管壁和防腐层结构，模型Ⅱ则忽略防腐层热阻，将管壁简化为单一曲面，采用虚拟壁厚进行计算。模型Ⅱ中，管道内壁边界条件采用对流传热模型（模型Ⅱ-a）和恒壁温模型（模型Ⅱ-b）两种，通过比较与实测数据的误差来优选边界条件。模拟结果与实测数据的误差图3如所示。由计算结果可知，土壤温度场实测与计算数据的误差较小，管道内壁采用对流传热模型时误差保持在1.5℃内，证明数值模拟的结果具有一定的可靠度。管道内壁采用恒壁温模型时误差基本高于采用对流传热模型，而是否考虑管道壁厚和防腐层对误差的影响不大。因此，后文的计算中对模型进行一定程度的简化，采用模型Ⅱ和对流传热边界条件，提升了计算速度。

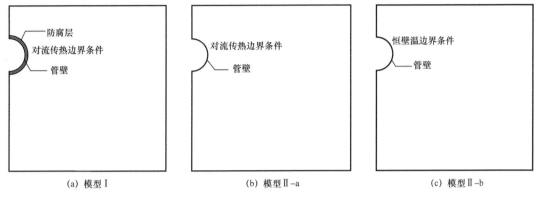

图 2　土壤温度场计算模型示意图

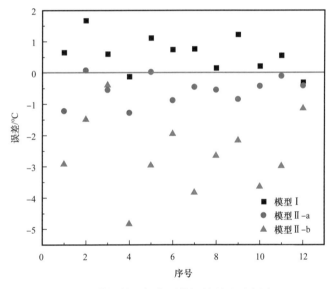

图 3　模拟结果与实测数据的误差示意图

2　数值计算结果

2.1　典型工况参数设置

典型工况各参数设定如下。

（1）二氧化碳管输参数。

纯二氧化碳临界压力为 7.38MPa，临界温度为 31.4℃，三相点压力为 0.52MPa，温度 −56℃，其相态可分为超临界相、高压液相、低压液相、气相、固相 5 个区域，如图 4 所示。

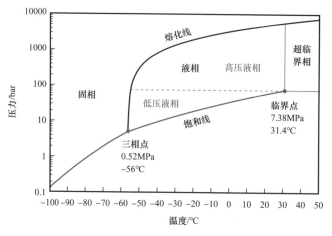

图 4 纯二氧化碳相图

管输二氧化碳可以是气相、液相、超临界相,但为防止二氧化碳性质发生阶跃式突变,管输过程应避免发生相变,并控制压力不落在临界压力 1.1 倍区域内[21]。前人研究[22-24]普遍认为管输液相和超临界相二氧化碳更为经济,尽管也有学者认为输送气相的二氧化碳在较低质量流量和短距离管道中具有成本效益[25],但是本文的研究背景是基于百万吨、百公里级别二氧化碳输送管道的,故从三种典型工况展开研究:

典型工况 1,低压液相输送,管输二氧化碳温度 $T_1=-20℃$,压力 $p_1=6.0\text{MPa}$;

典型工况 2,高压液相输送,管输二氧化碳温度 $T_2=0℃$,压力 $p_2=10.0\text{MPa}$;

典型工况 3,超临界输送,管输二氧化碳温度 $T_3=40℃$,压力 $p_3=10.0\text{MPa}$。

三种典型工况下的二氧化碳输量均按 $100\times10^4\text{t/a}$ 考虑。

(2)大气温度。

大气温度的变化可能会影响管道周围土壤温度场分布情况,因此考虑大气温度的周期性变化。在中国气象网中获取管道所处区域内全年的大气温度数据,取每个月的平均温度作为当月的温度值。获得的月平均气温见表 1。

表 1 月平均气温

月份	1	2	3	4	5	6	7	8	9	10	11	12
平均温度 /℃	−5	0	4	10	16	21	24	22	19	10	3	−1

(3)土壤导热系数。

土壤热参数的确定需结合管道沿线地质资料,具体设置如下:密度 $\rho_s=1480\text{kg/m}^3$,导热系数 $\lambda_s=1.65\text{W/}(\text{m}\cdot℃)$,比热容 $C_{Ps}=1070\text{J/}(\text{kg}\cdot℃)$。

(4)土壤和大气对流传热系数 α_s。

地面风速大小处于强迫对流($v\geqslant0.15\text{m/s}$)时的风速和对流换热系数经验关系式如下[17]:

$$\alpha=Bv^n \tag{9}$$

式中 B——经验系数,在风直接接触区域附近 $B=18.3$;

n——速度指数,一般取 0.06。

α_s 的确定需要结合管道所处地区各月的风力数据,这里取 $\alpha_s=18W/(m^2 \cdot ℃)$。

(5)管道参数。

管道相关参数选择如下:密度 $\rho_p=7900kg/m^3$,导热系数 $\lambda_p=76.6W/(m \cdot ℃)$,比热容 $C_{Pp}=450J/(kg \cdot ℃)$。

(6)土壤温度初场。

在实际运行中土壤温度场不是稳态的,而是随着季节温度的变化而不断变化的。为使计算结果尽量与实际接近,在考虑二氧化碳管道运行的影响之前,利用 FLUENT 软件进行 10 年的非稳态计算,其中非稳态步长设定为 86400s(1 天),以 30 天为节点监测土壤温度场的变化,直到相同年份相同位置的土壤温度不再发生变化,此时的温度场作为计算时的土壤温度初场[26],如图 5 所示。

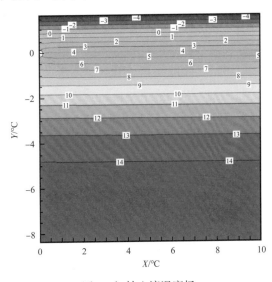

图 5 初始土壤温度场

在 Fluent 软件中设置上述边界条件、基础数据并进行数值模拟,根据计算结果分析埋地二氧化碳管道周围土壤温度场的变化规律。

2.2 典型工况计算结果

2.2.1 工况 1:低压液相输送

二氧化碳低压液相输送工况下不同月份管道周围土壤温度场分布如图 6 所示。在全年 1—12 月份大气条件和管道运行工况下,根据管道周围温度场云图可知,土壤温度场整体表现为靠近管壁和地表处等温线比较密集,且除了 1 月和 2 月,其余月份地表温度基本都在 0℃ 以上。且 1—12 月管道周围都会形成低于 0℃ 区域,其半径在 1~3m 不等。总体可见此工况下二氧化碳管道运行会对周围土壤温度场产生较大影响。

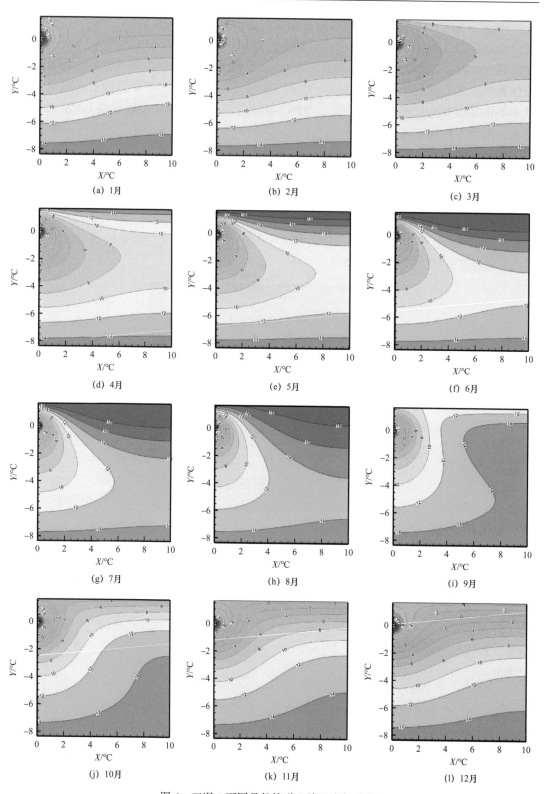

图 6　工况 1 不同月份管道土壤温度场分布

图 7 是不同月份管道周围土壤温度场的冻结范围。由图 7 可知，在大气温度和管道输送介质温度的共同作用下，1 月管道周围温度场冻结面积最大。管道下方纵向最大冻结深度出现在 4 月，此时大气平均温度大于 0℃，说明管道周围土壤温度场主要受管道内低温流体影响。之后管道周围季节性冻土开始不断融化，6 月、7 月和 8 月管道周围冻土范围基本不再发生变化。模拟结果表明，基础工况下管道周围土壤会形成半径 1m 左右的多年冻土，而季节性冻土范围为 2～4m，在最严重的 1 月和 2 月，土壤发生严重冻结现象且冻结区域已连成片。

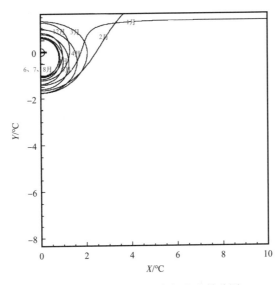

图 7 不同月份土壤温度场的冻结范围

管道周围冻土的存在一方面造成冻胀、融沉进而破坏管道结构，另一方面也会对管道沿线地表植被生长情况造成损害。因此有必要进一步研究管道周围土壤温度场的影响因素，总结其变化规律，为控制措施的选取提供依据。

2.2.2 工况 2：高压液相输送

二氧化碳高压液相输送工况下不同月份管道周围土壤温度场分布如图 8 所示。计算结果表明，高压液相输送时，管道运行对土壤温度场的影响相对较小。即使在大气温度较低的 1 月和 12 月，管道周围也不会有冻土生成。但是管道周围土壤温度仍低于管道运行前温度，靠近管道位置土壤温度比运行前平均下降了 2℃ 左右。因此还需进一步分析，来确定管道运行对地表植被的影响。

2.2.3 工况 3：超临界输送

二氧化碳超临界输送工况下不同月份管道周围土壤温度场分布如图 9 所示。二氧化碳超临界输送时，管道影响范围内土壤温度显著升高，靠近管道位置土壤温度比运行前平均上升了 10℃ 左右，管道运行对地表植被的影响还需进一步分析。

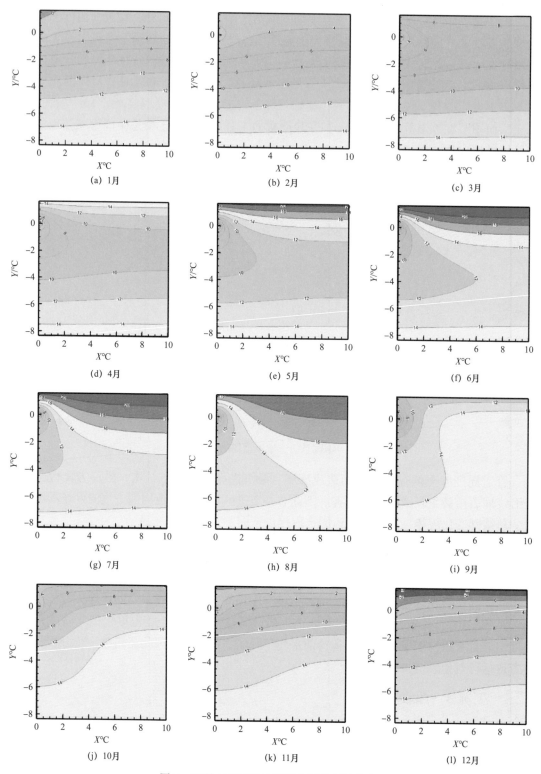

图 8　工况 2 不同月份管道土壤温度场分布

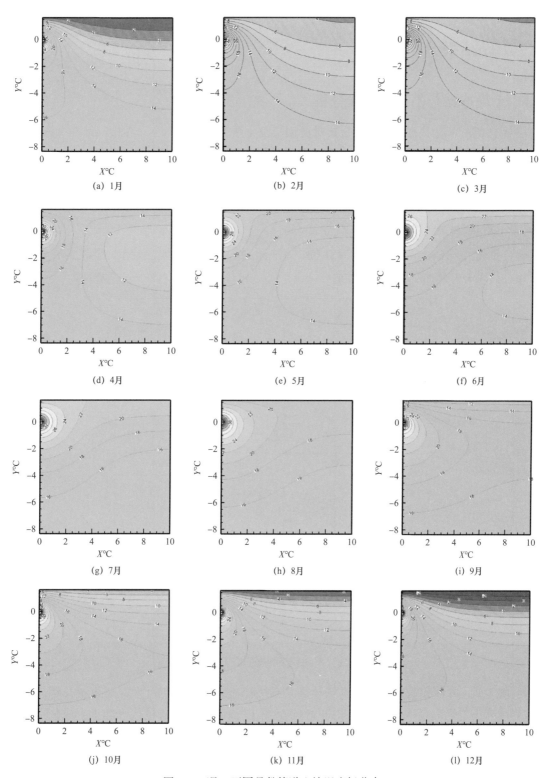

图 9 工况 3 不同月份管道土壤温度场分布

3 计算结果分析

3.1 土壤冻结范围影响因素分析

对土壤冻结范围的分析主要是针对典型工况 1 展开的。

管道周围冻土类型可分为季节性冻土和多年冻土。季节性冻土受季节低温影响，冬季冻结并在夏季全部融化；而多年冻土为常年保持低温冰冻状态的土壤，形成多年冻土的年平均温度 $-2.5 \sim -0.1℃$，最低可达 $-5 \sim -4℃$ [27]。

3.1.1 管道埋深的影响

分别建立管道上方覆土层深度 1.0m、1.5m、2m 和 2.5m 的二氧化碳管道周围土壤温度场计算模型并求解，如图 10 所示。

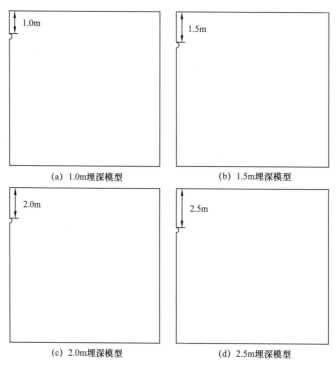

(a) 1.0m埋深模型　　(b) 1.5m埋深模型

(c) 2.0m埋深模型　　(d) 2.5m埋深模型

图 10 不同埋深管道周围土壤模型

取 1 月、2 月和 8 月土壤温度场计算结果进行比较，分析管道埋深对土壤长年冻土和季节性冻土的影响情况。计算结果如图 11 至图 13 所示，其中蓝色代表冻土生成范围。计算结果显示，增大管道埋深对缓解土壤冻结没有帮助：随着管道埋深的增加，季节性冻土半径变化较小，在大气温度的共同作用下依然会出现大面积冻结现象；并且随着管道埋深的增加，管道周围多年冻土半径也增大。其原因可能是埋深增加导致大气温度对管道周围温度场的影响程度减弱，导致部分冻土无法在夏季融化。

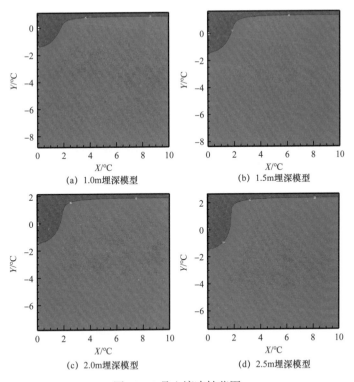

图 11　1月土壤冻结范围

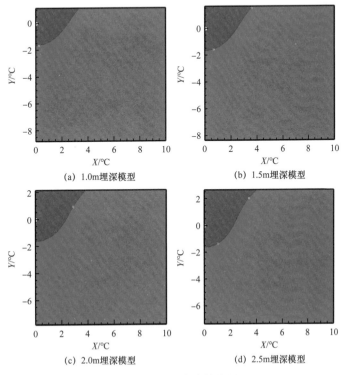

图 12　2月土壤冻结范围

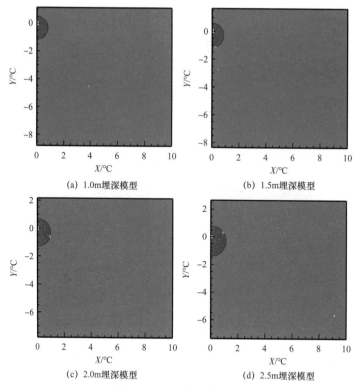

(a) 1.0m埋深模型 (b) 1.5m埋深模型
(c) 2.0m埋深模型 (d) 2.5m埋深模型

图13 8月土壤冻结范围

3.1.2 输送温度的影响

调整二氧化碳输送温度为 $-20℃$、$-15℃$、$-10℃$、$-5℃$ 和 $0℃$ 并对管道周围土壤温度场进行数值模拟。计算结果如图14至图16所示，从左至右、从上至下依次为 $-20℃$、$-15℃$、$-10℃$、$-5℃$ 和 $0℃$ 出站时1月、2月和8月土壤冻结范围。由计算结果可知，输送温度变化对管道周围土壤冻结范围有较大影响。季节性冻土和多年冻土半径均显著减小。当温度大于 $-10℃$ 时，管道周围形成的多年冻土半径小于0.5m；但是在冬季仍会形成较大范围的季节性冻土；当输送温度增加到 $0℃$ 时，管道周围土壤已不会形成冻土，此时土壤温度场主要受大气温度的影响。

3.2 输送温度对地表植被的影响

齐鲁石化—胜利油田百万吨级CCUS示范项目二氧化碳输送管道所处地区主要以旱地（主要为小麦）为主，故本文以小麦为例，分析管道运行对地表植被的影响。小麦的根系主要分布在地表下方0.5m的区域，已有研究表明冬小麦根区温度为 $2\sim4℃$，根系有微弱的生长。$10℃$ 以上根系生长比较活跃。$12\sim16℃$ 生长最好。超过 $30\sim35℃$ 根系生长受到阻碍[28]。故本文设定土壤温度最小容许值为 $2℃$，最大容许值为 $30℃$。分别改变典型工况2和工况3下的输送温度，分析地表以下0.5m处土壤温度值。

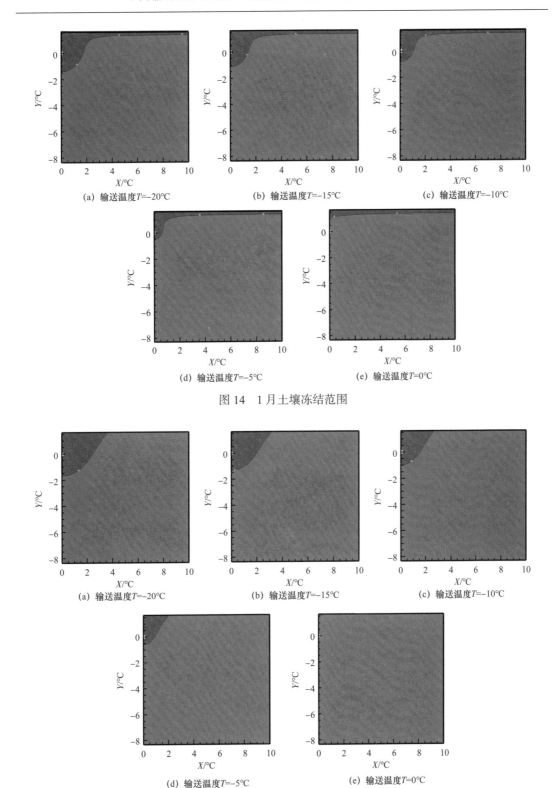

图 14　1 月土壤冻结范围

图 15　2 月土壤冻结范围

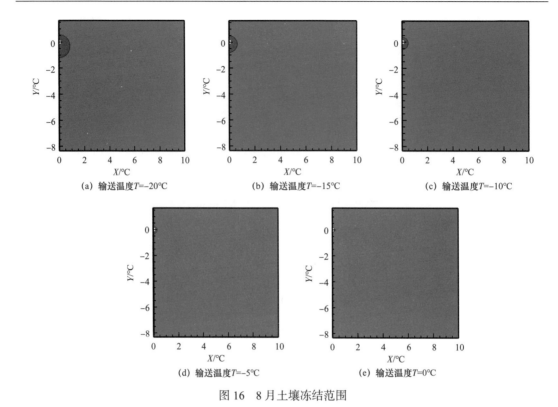

图 16 8 月土壤冻结范围

3.2.1 高压液相输送

调整二氧化碳输送温度为 0℃、5℃ 和 10℃ 并进行数值模拟，每隔 30 天监测管道中心线处地表以下 0.5m 处土壤温度，得到该处全年土壤温度变化示意图，如图 17 所示。输送温度为 0℃ 时，管道中心线处地表以下 0.5m 处土壤温度区间为 1~18℃，其中 1 月最低温度低于 2℃，全年有 6 个月温度低于 10℃，分别是 1—4 月、11—12 月；输送温度为 5℃ 时，管道中心线处地表以下 0.5m 处土壤温度区间为 2~18℃，位于小麦生长容许温度区间内，其中 1—4 月和 12 月温度低于 10℃；输送温度为 10℃ 时，管道中心线处地表以下 0.5m 处土壤温度区间为 4~18℃，其中 1—4 月和 12 月温度低于 10℃，总体温度有所升高。由此可见，为使管道运行不对地表植被造成太大影响，二氧化碳高压液相输送时，其管输介质温度不宜低于 5℃。

3.2.2 超临界相输送

调整二氧化碳输送温度为 40℃、50℃ 和 60℃ 并进行数值计算，每隔 30 天监测管道中心线处地表以下 0.5m 处土壤温度，得到该处全年土壤温度变化示意图，如图 18 所示。输送温度为 40℃ 时，管道中心线处地表以下 0.5m 处土壤温度区间为 10~28℃，位于小麦生长容许温度区间内，其中 3—9 月温度高于 16℃；输送温度为 50℃ 时，管道中心线处地表以下 0.5m 处土壤温度区间为 14~30℃，位于小麦生长容许温度区间内，其中 2—10

月温度高于 16℃；输送温度为 60℃ 时，管道中心线处地表以下 0.5m 处土壤温度区间为 16~34℃，其中 6 月、7 月和 8 月土壤温度超过 30℃，除 12 月外，其余月份温度均高于 16℃。由此可见，为使管道运行不对地表植被造成太大影响，二氧化碳超临界相输送时，其管输介质温度不宜高于 50℃。

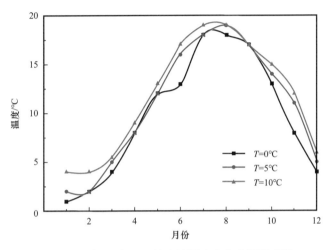

图 17 地表以下 0.5m 处土壤温度变化范围示意图

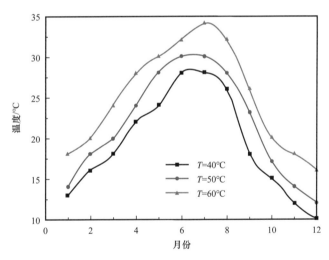

图 18 地表以下 0.5m 处土壤温度变化范围示意图

4 结论

本文建立埋地二氧化碳管道与周围土壤的数值模型，在保证计算精度的前提下对模型进行简化、优选边界条件并通过实测数据验证了计算模型的准确性；考虑大气温度周期性变化条件下，对二氧化碳低压液相、高压液相、超临界相埋地输送管道周围土壤温度场进行计算，得到其全年瞬态温度变化情况并进行分析，得出以下结论：

（1）以低压液相输送时，埋地二氧化碳管道周围会形成冻土。增大管道埋深对缓解土壤冻结作用不大，反而会增大管道周围多年冻土半径；而改变出站温度能有效改善管道周围土壤冻结问题，当输送温度升高到 0℃ 时，管道周围将不会形成冻土。

（2）以小麦为例分析二氧化碳管道运行对沿线植被的影响，结果表明，以高压液相输送时，当管输二氧化碳温度低于 5℃ 时，地表以下 0.5m 处的土壤温度低于小麦生长的容许下限值；以超临界相输送时，当管输二氧化碳温度高于 50℃ 时，地表以下 0.5m 处的土壤温度高于小麦生长的容许上限值。为使土壤温度能满足沿线农作物生长需求，高压液相输送时输送温度宜不小于 5℃，超临界输送时输送温度宜不大于 50℃。

参 考 文 献

[1] 张贤，李阳，马乔，等.我国碳捕集利用与封存技术发展研究［J］.中国工程科学，2021，23（6）：70-80.

[2] Harlan R L. Analysis of coupled heat-fluid transport in partially frozen soil［J］. Journal Water Resources Research, 1973, 19（5）: 1314-1323.

[3] Bonacina C, Comini G, Fasano A, et al. Numerical solution of phase change problems［J］. International Journal of Heat and Mass Transfer, 1973, 16（10）: 1825-1832.

[4] Comini G, Guidice S D, Lewis R W, et al. Finite element solution of non-linear heat conduction problems with special reference to phase change［J］. International Journal for Numerical Methods in Engineering, 1974, 8（3）: 613-624.

[5] Lunar Dini V J, Phase change around insulated buried pipes: quasi-steady method［J］. Journal of Energy Resources Technology, 1981, 103（3）: 201-207.

[6] Zarling J P, Goering D J.Performance of insulating systems for buried pipe［J］. Regions Environmental Engineering Conference, Fairbanks, AK, 1983: 29-42.

[7] 崔慧.热油管道热力非稳态工况的数值模拟研究［D］.中国石油大学，2006.

[8] 李南生，李洪升，丁德文.浅埋集输油管线拟稳态温度场及其热工计算［J］.冰川冻土，1997（1）：67-74.

[9] 李长俊，曾自强，江茂泽.埋地输油管道的温度计算［J］.石油石化节能，1999（2）：59-62.

[10] 陈友昌，宋永涛，丁德文.冻土区埋地集油管线周围土壤的温度场模拟计算［J］.油气田地面工程，1994（2）：4-7.

[11] 何树生，喻文兵，陈文国，等.东北多年冻土区埋地式输油管道周围温度场特征非线性分析［J］.冰川冻土，2008（2）：287-295.

[12] 鲁芩.CO_2 管道输送规律及运行参数［J］.油气储运，2015，34（5）：493-496.

[13] Wetenhall B, Race J M, Aghajani H, et al.The main factors affecting heat transfer along dense phase CO_2 pipelines［J］. International Journal of Greenhouse Gas Control, 2017, 63: 86-94.

[14] Olugunwa B, J Race, Tezdogan T.The Influence of Burial Depth and Soil Thermal Conductivity on Heat Transfer in Buried CO_2 Pipelines for CCS: A Parametric Study［C］// 2020 13th International Pipeline Conference. 2020.

[15] 崔慧，吴长春.热油管道非稳态工况传热与流动的耦合计算模型［J］.石油大学学报（自然科学版），2005（3）：101-105.

[16] 刘晓燕，庞丽萍，王振.庆哈埋地管道允许停输时间的计算［J］.油气储运，2003，22（5）：18-21.

[17] 赵留康. 基于燃气调压站土壤冻胀的管道失效分析及防护方法研究 [D]. 北京: 中国石油大学 (北京), 2021.

[18] 吴国忠, 庞丽萍, 卢丽冰, 等. 埋地输油管道非稳态热力计算模型研究 [J]. 油气田地面工程, 2002 (1): 95-96.

[19] Miller D R. Freezing and heaving of saturated and unsaturated soils [J]. Highway Research Record, 1972 (393): 1-11.

[20] 王紫怡. 埋地燃气管道及其周围土壤温度场的数值模拟 [D]. 北京: 中国石油大学 (北京), 2020.

[21] SH/T 3202—2018 二氧化碳输送管道工程设计标准 [S].

[22] Zhang Z X, Wang G X, Massarotto P, et al. Optimization of pipeline transport for CO_2 sequestration [J]. Energy Conversion and Management, 2006, 47 (6): 702-715.

[23] Teh C J, Barifcani A, Pack D, et al. The importance of ground temperature to a liquid carbon dioxide pipeline [J]. International Journal of Greenhouse Gas Control, 2015, 39: 463-469.

[24] Wang D, Zhang Y D, Adu E, et al. Influence of Dense Phase CO_2 Pipeline Transportation Parameters [J]. International Journal of Heat and Technology, 2016, 34 (3): 479-484.

[25] Knoope M, A Ramírez, Faaij A. Economic Optimization of CO_2 Pipeline Configurations [J]. Energy Procedia, 2013, 37: 3105-3112.

[26] 刘高灵. 漠大一线温度场分析与近中期结构安全性评价 [D]. 北京: 中国石油大学 (北京), 2020.

[27] Malt BY T C, Calla dine C R. An investigation into upheaval buckling of buried pipelines-II: Theory and analysis of experimental observations [J]. International Journal of Mechanical Sciences, 1995, 37 (9): 965-983.

[28] 刘炜, 杨君林, 许安民, 等. 不同根区温度对冬小麦生长发育及养分吸收的影响 [J]. 干旱地区农业研究, 2010, 28 (4): 197-201.

CCUS 中 CO_2 运输环节的技术及经济性分析

徐冬[1]，刘建国[2]，王立敏[3]，魏宁[4]，高腾飞[1]，杨阳[1]，陈换军[1]

（1. 国家能源集团新能源技术研究院有限公司；2. 中国宏观经济研究院能源研究所；
3. 中国石油集团经济技术研究院；4. 中国科学院武汉岩土力学研究所）

摘 要：在实现"碳达峰"和"碳中和"目标背景下，CO_2 捕集、利用与封存（CCUS）技术大有可为。CO_2 运输是 CCUS 技术运用中的一个重要环节，当前主要有管道运输、船舶运输、公路槽车运输和铁路槽车运输 4 种运输方式。分析不同运输方式的发展现状、特点、经济性、优缺点和适用条件，着重分析应用场景较大的管道运输的成本降低趋势，以及气相、一般液相、密相和超临界相 4 类管道运输方式的特点。公路槽车运输和铁路槽车运输因运输量小、成本较高等原因很难被大规模采用。船舶运输适合海上低容量远距离的 CO_2 运输。管道运输因运输量大、成本较低等原因已经被大规模采用，技术趋于成熟，可以通过提高规模经济、对现有油气管道改造、技术创新和数字化推广等方式降低管道运输成本。未来管道运输和船舶运输仍是陆上和海上最主要的 CO_2 运输方式。在管道运输中，超临界相和密相管道运输的单位投资低，杂质影响小，有效运输距离长，长距离压降小，适合于远距离、大输量、人口少的情况；气相管道运输对管道材质、CO_2 杂质和耐压等级等要求较低，安全性高，适合于短距离、低输量、人口众多的情况。

关键词：CO_2 运输；管道；船舶；密相；超临界相；优缺点

Technical and Economic Analysis of CO_2 Transportation Link in CCUS

XU Dong[1], LIU Jianguo[2], WANG Limin[3], WEI Ning[4], GAO Tengfei[1],
YANG Yang[1], CHEN Huanjun[1]

(1. CHN Energy New Energy Technology Research Institute Co., Ltd.; 2. Energy Research Institute, China Macroeconomic Research Institute; 3. CNPC Economic and Technology Research Institute; 4. Institute of Rock and Soil Mechanics, Chinese Academy of Sciences)

Abstract: In the context of achieving the goals of "carbon peak" and "carbon neutrality", CO_2 capture, utilization and storage (CCUS) technology is promising. Carbon dioxide transportation is an important link in the application of CCUS technology. At present, there are mainly four transportation methods: pipelines, ships, road tankers and railway tankers. This paper analyzes the current situation, characteristics, economy, advantages, disadvantages and applicable conditions of different transportation modes in detail, and focuses on the application status, cost reduction modes of pipeline transportation with larger application scenarios in the future, as well as the characteristics of four pipeline transportation modes such as gas phase, general liquid phase, dense phase and supercritical phase. Road tanker transportation and railway tanker transportation are difficult to be adopted on a large scale due to small transportation volume and high cost. Ship transportation is suitable for low-capacity long-distance CO_2 transportation at sea. Pipeline transportation has been adopted on a large scale due to large transportation volume and low cost, and the technology is becoming mature. The cost of pipeline transportation can be reduced by increasing scale economy, existing oil and natural gas pipeline transformation, technical innovation and digitization. In the future, pipeline transportation and ship transportation will continue to be the most important CO_2 transportation methods on land and sea. In pipeline transportation, supercritical and dense phase pipeline transportation have low investment in the same capacity, little influence of impurities, long effective transportation distance and small pressure drop over long distance, which are suitable for long distance transportation with large capacity and small population. Gas phase pipeline transportation has low requirements on pipeline material and pressure level, and high safety, which is suitable for the situation of short distance, low throughput and large population.

Key words：CO_2 transportation；pipeline；ship；dense phase；supercritical；advantages and disadvantages

我国"碳达峰"与"碳中和"目标的实现需要大幅度优化现有能源结构和经济发展方式，同时也需要一定规模的二氧化碳（CO_2）捕集、利用与封存（CCUS）技术，用以回收较难用可再生能源替代部门的 CO_2 排放。国际能源署（IEA）建议，"要实现碳中和目标，中国需要对化石能源与消费行业的基础设施进行 CCUS 技术改造"[1]。国际能源署发布的《能源技术展望 2020 报告》[2]也提出，未来 50 年，CCUS 技术能够在电力和工业行业减排 $6000×10^8 t\ CO_2$，相当于人类 17 年的排放总量。

CCUS 是指将 CO_2 从工业、能源利用或大气中分离出来，直接加以利用，或注入地层以实现 CO_2 减排的工业过程。CCUS 技术可与生物质、空气捕集等组成"负排放"技术，抵消那些在经济或技术上较难实现碳中和的碳排放，对全球以及我国的应对气候变化工作具有重要意义。

CO_2 运输是 CCUS 的一个关键环节。目前 CO_2 运输主要有管道运输、船舶运输、公路槽车运输和铁路槽车运输 4 种方式，这 4 种运输方式适用场景各不相同，各具优缺点。具体运输方式的选择需要综合考虑运输起点与终点的位置和距离、CO_2 的运输量、CO_2 品质、CO_2 的温度和压力、运输过程成本以及运输设备等[3]。

1 CO_2 船舶运输特点与发展现状

当前，全球大规模的 CO_2 船舶运输仍处于开发试验阶段，运输低温液态 CO_2 采用小型船只，尚未有大型船舶参与 CO_2 运输。而油气运输工业已经实现液化石油气（LPG）和液化天然气（LNG）船舶运输的商业化，日本和挪威等正在参考 LPG 和 LNG 运输船舶的理念和经验，研发用于规模化 CO_2 运输的大型船舶。

通常情况下，油气船舶运输主要包括液化、装载、运输、卸载和返港几个主要步骤，船舶运输CO_2与船舶运输LPG和LNG有相似之处。首先都必须将气体液化并储存在罐中，然后再装载到船上运输，目的地可能是其他港口或离岸封存站点。根据现有经验，在岸上卸载相对简单。然而，无论是在处理和注入之前将CO_2卸载到海上平台，还是在船上处理后直接将CO_2注入到封存地点，都还没有经过验证，而且工艺仍不太成熟[4]。油气运输船舶按不同温度和压力参数可分为3种类型：低温型、高压型和半冷藏型[5]。低温型船舶是在常压下，通过低温控制使油气处于液态或固态；高压型船舶是在常温下，通过高压控制使油气处于液态；半冷藏型船舶是在压力与温度共同作用下使油气处于液态。现有CO_2船舶运输一般采用半冷藏型船，压力为1.4~1.7MPa，温度-30~-25℃[6]。

参照运输LPG和LNG的经验，单艘船舶运输1×10^4~10×10^4/t CO_2是可行的[7]。主要运输公司正在进行设计研发工作，例如，丹麦马士基公司（Mærsk）、挪威雅苒公司（Yara）、荷兰安东尼·韦德公司（Anthony Veder）和日本千代田公司（Chiyoda）。在欧洲，已经有小规模的CO_2船运将食品级的CO_2从大型点源运输到沿海的配送终端。其中，挪威雅苒公司建有欧洲最大的储存罐，公司有3艘运营中的CO_2运输船，将荷兰斯勒伊斯基尔（Sluiskil）港口、挪威波什格伦市、丹麦腓特烈西亚港、德国多尔马根和英国威尔特郡的雅苒生产基地，与德国汉堡市、法国蒙托伊尔港和英国白金汉郡的配送终端连接起来[8]。拉尔维克（Larvik）航运公司同样运营着3艘食品级CO_2运输船，将CO_2从拉尔维克的雅苒化肥厂运输到欧洲的终端[7]。荷兰安东尼·韦德公司也经营着1艘CO_2运输船。

现有小型CO_2运输船舶容量为850~1400t，无法满足CCUS大规模应用的需要，必须开发大容量的CO_2运输船舶。据挪威STP/Navion项目组研究[9]，CO_2运输船舶目前的最大设计容量可达$3\times10^4 m^3$。随着CO_2容量的增加，运输成本将随之下降，大容量船舶在未来CO_2运输中具有经济竞争力[10]。

当CO_2封存或利用场所在海上时，通过船舶运输CO_2灵活便捷，可有效降低运输成本。若拥有多个可接收CO_2的离岸封存设施和系泊装置，船舶运输CO_2的灵活性更大。运输的灵活性便于在现有CO_2设施基础上，随时添加新的捕集点、封存点和利用点，而不需要增加建设成本。随着CO_2捕集点的增多，运输容量将增长，未来管道运输成本低于船舶运输成本后，这些捕集、封存和利用站点可以相互连接并建设运输管网。近年来，挪威、日本和韩国等沿海国家已提议在海上封存CO_2，船舶运输CO_2正在成为最重要选项，但运输网络尚未完全建成。

2 公路槽车和铁路槽车运输特点与发展现状

在陆上，公路槽车和铁路槽车运输是除了管道运输外最重要的CO_2运输方式。槽车运输技术相对成熟，但应用范围较窄，仅用在小型驱油实验及食品加工领域，主要有干冰、低温绝热容器和非绝热高压瓶3种装载运输方式[11]。公路槽车的运输容量为2~30t，运输压力为1.7~2.08MPa，温度为-30~-18℃[12]；铁路槽车可以实现CO_2的长距离大规模运输，一节槽车的CO_2容量为50~60t，运输压力约为2.6MPa[12]。低温液态CO_2运输需要增加额外的压缩（低温精馏）成本，即使运输成本降低，全链条 CCUS 的成本也相对较高。

美国 Science Applications 公司[9]曾对比研究公路槽车和铁路槽车运输与管道运输的经济性，发现当运输距离超过 160km、运输量超过 $7.9 \times 10^4 m^3/d$ 时，公路和铁路槽车运输的经济性比管道运输差；高压槽车比低压槽车有优势，低压制冷槽车比低压不制冷槽车有优势。与管道相比，公路槽车和铁路槽车的运输成本相对较高。据估计，一辆容量为 15t 的 CO_2 公路槽车，运输成本高达 1 元/（t·km）[6]。

成本因素和储运条件（储存和装卸麻烦，占用时间多）限制了公路槽车和铁路槽车 CO_2 运输的发展。除了小规模、短距离的碳捕集与封存（CCS）机会和试点项目外，公路槽车和铁路槽车运输不太可能在大规模 CCS 部署中发挥重要作用。

3 管道运输特点与发展现状

1972 年，全球第一条 CO_2 运输管道建成投运，至今已有 40 余年的 CO_2 管道建设及运营经验，管道运输 CO_2 技术已经比较成熟。CO_2 运输管道可分为陆上管道和海上管道，陆上管道主要集中在北美地区，海上管道主要集中在北欧地区（表 1）。

表 1 全世界主要 CO_2 管道运输系统

国家	系统	长度 /km	容量 /（10^4t/a）
美国[13-14]	二叠盆地（得克萨斯州、新墨西哥州、科罗拉多州）	4180	
	墨西哥海岸（密西西比州、路易斯安那州、得克萨斯州）	1190	
	洛基山脉（科罗拉多州、怀俄明州、蒙大拿州）	1175	
	中陆（俄克拉荷马州、堪萨斯州）	770	
	其他（达科他州、密歇根州）	345	
加拿大	艾伯塔省碳干线[15]	240	1460
	北达科他州——韦本油田[16]	328	50
	奎斯特[16]	84	120
	萨斯喀彻温省[17]	66	120
沙特阿拉伯	哈维亚[17]	70	
阿联酋	阿布扎比[17]	45	80
中国	大庆油田[18]	6.5	
	胜利油田[19]	70	50
挪威	哈默菲斯特-斯诺维特油田[20]	153	70
荷兰	鹿特丹[17]	85	40

一般情况下，物质存在固、液、气以及超临界4种相态。CO_2的三相点压力为0.52MPa，温度为-56℃；临界点压力为7.38MPa，临界温度为31.1℃。管道内多相流动的压降大，CO_2易相变并造成管道空蚀，故管道运输中CO_2为单相[21]。按照运输的CO_2的相态，可将管道运输分为气相、低温液相、密相（液态和超临界之间）和超临界相4种运输模式。

不同状态的CO_2管道运输也存在较大差异。

（1）相态。不同相态的物理性质不同，气相压降显著远大于其他相态。液相短距离内压降与距离呈线性关系，压降变化较小，管线长度增加后CO_2发生汽化，导致液相运输压降骤然上升。超临界相压降与距离呈线性关系，压降小于液态，大于密相。密相压降与距离呈线性关系，压降最小[9, 22-23]。

（2）杂质影响[21, 23]。对CO_2管道运输能力影响较大的杂质是甲烷和氮气[24]。氮气和甲烷对一般液相管输温降和压降的影响最大，液相CO_2更易发生汽化。相同条件下，超临界压降比运输纯CO_2时的压降降低[23]。甲烷和氮气对密相运输的影响最小。

（3）有效距离[21]。气相的入口条件为压力4MPa，温度25℃，总压降为进口压力的5%时，有效距离为37.5km。低温液相的入口条件为压力5MPa，温度-20℃，压力降低导致气体产生，压降和摩擦阻力显著增大时，经济有效运输距离为200km左右。超临界相的入口条件为压力13~15MPa，温度40℃左右，有效距离为128.1km左右。若管道长度继续增加，增压站是重要选择，此时为密相运输，若压降为进口压力的5%，管道长度可以达到1010km。

（4）投资[19]。CO_2运输量越大、管径越大，单位投资越低。相同运输量时，管道单位投资由高到低依次为气相、低温液相、密相、超临界相。

（5）安全性[19]。在截止阀设计间距和安全系数设置相同情况下，管道运行压力越高，事故导致的泄漏量越大、影响区域越大、影响时间越长，对生命和财产的影响越大。气相运输方案的危险性最低，密相和超临界相的危险性最高。

管道运输应该根据管道所处地理位置、运输容量、运输距离和公众安全等问题，选择最适合的运输状态[5]。超临界相或密相运输方案投资较低，远距离运输压降小，对杂质耐受力大，没有液化要求，捕集净化和压缩成本低；大规模运输时，相同管径下，超临界相或密相运输方案的运输容量大，运输成本低适合于远距离、大输量、人口稀少的情况。在低压条件下，气态CO_2运输体积庞大，长距离运输不经济。但在人口稠密的情况下，气相运输压力低，满足现有法律法规对安全性需求，若采用密相运输方案，需要设置大量的截至阀、阀室以保障安全，或按法律法规要求大量拆迁以控制安全间距，这将提高管道运输的成本和难度。因此，现有法律法规条件下，气相管道运输更加适合短距离、低输量、人口众多的情况。

4 各种运输方式的优缺点及经济性比较

4.1 各种运输方式的优缺点比较

管道运输、船舶运输、公路运输和铁路运输4种运输方式各具优缺点，见表2。

表2 CO$_2$运输方式优缺点对比

方式	优点	缺点
管道运输	（1）连续性强，安全性高； （2）运输量大，运行成本低； （3）大多为地下管道，节约土地资源，不受天气影响； （4）CO$_2$泄漏量极少，对环境污染小	（1）灵活性差，只适用于固定地点之间的运输； （2）管道不容易扩展，有时需船舶和槽车协助； （3）初始投资大； （4）运输前必须净化CO$_2$，以免杂质造成管道损坏； （5）过程中需要控制压力和温度，防止因相变致运输瘫痪
船舶运输	（1）运输灵活便捷； （2）适用于河网密集和近海CO$_2$捕集中心的初步开发； （3）中小规模与远距离的CO$_2$运输成本低； （4）离岸封存的重要选择	（1）间歇性运输，连续性差； （2）受地理限制，仅适用于内河与海洋运输； （3）装载卸载与临时存储等中间环节多，导致交付成本增加； （4）大规模近距离时，船舶运输经济性较差； （5）要求低温液化甚至固态化运输； （6）温液态CO$_2$增加捕集与压缩能耗与成本
公路槽车运输	（1）运输灵活，不受运输地点限制； （2）不需要前期大量投入； （3）适应性强，方便可靠； （4）运输网络比较发达，机动性强； （5）各个环节之间的衔接灵活，可动态调整	（1）单次性运输量少，单位运输成本高； （2）连续性差，对规模大小不敏感，不适用于CCUS等大规模的工业系统； （3）远距离运输安全性差，对汽车运输安全要求高； （4）存在保温和操作上的泄漏，CO$_2$泄漏量较大，存在环境污染； （5）易受不利天气和交通状况影响而中断； （6）温液态CO$_2$增加捕集与压缩能耗与成本
铁路槽车运输	（1）比公路运输距离长，通行能力大，成本相对较低，接近官网的成本； （2）捕集点和利用点靠近铁路时，可利用现有设施降低成本	（1）运输不连续，运输成本比管道运输高； （2）受现存铁路设施影响，地域限制大，需要罐车和船舶运作为辅助； （3）必要时需要铺设专用铁路，增加运输成本； （4）沿线需要装卸、临时存储设备，增加运输费用； （5）温液态CO$_2$增加捕集与压缩能耗与成本

4.2 各种运输方式的经济性比较

尽管与CO$_2$捕获和储存的成本相比，CO$_2$运输的成本相对较低，CO$_2$运输管道大规模部署所需投资还是巨大的[25]。CO$_2$运输管道的成本因项目而异，主要取决于要运输的CO$_2$容量，管道的直径、长度和材料，人工成本和系统预期寿命等[26]。管道容量存在明显的规模经济效应，单位成本随着CO$_2$容量的增加而显著降低。对于相同运输容量的管道系统，单位成本随着管道长度的增大而接近线性增加。此外，CO$_2$运输管道的成本受其位置的影响很大（选线和征地）。例如，与位于人口稠密地区的管道相比，位于偏远和人口稀少地区的管道的成本要低50%~80%[26]。由于管线的铺设深度和铺管设备直接影响成本，海上建造管道比建陆上管道贵40%~70%[27]。不同地区的管道成本会有很大差异，亚洲新建管道的成本通常比欧洲低30%[28]，而我国新建管道成本可比北美低35%以上[29]。Ioannis等[30]对比了管网式和点对点式管道的建设和运营成本，发现随着CO$_2$运输时间和运输容量的增长，管网式管道的运营成本会大幅下降，比点对点式管道更适合于大规模CCUS系统应用。

CO$_2$管道运输成本主要分为初始建设成本、运行维护成本以及其他辅助成本。其中，初始建设成本是最主要的成本，包括材料、人力、路权和其他成本。美国管道运输的材料成本占比为22.4%～34.3%[31]。据中海石油研究中心估计，密相和超临界相运输管道的材料成本占比为35%，一般液相运输管道的材料成本占比为30%[9]。

乜君兴[32]分析了2012年国内容量为7×10^4t/a、距离为8km的陆上CO_2管道运输案例，发现CO_2运输成本为37.2元/t。白冰等[33]估计了2013年中国CO_2陆上管道运输成本，发现容量为146×10^4t/a、距离为300km的CO_2管道运输成本分别为47元/t和68.5元/t，两者差异是因路权成本不同导致的。魏宁[34]也研究了类似的陆上CO_2管道运输成本主要集中在0.05～0.4元/(t·km)。高蓝宇等[6,10]分析了2011年天津滨海新区临港IGCC电站捕获的CO_2运输至山东省东营市胜利油田的CO_2运输案例，容量为146×10^4t/a，分别采用管道、船舶、铁路槽车运输。其中，管道和船舶运输距离均为300km；由于需要采用现有铁路系统，铁路槽车运输距离为600km；超临界相管道运输、船舶运输、铁路槽车运输的成本分别为43.13元/t、54.95元/t和92.82元/t。由此可见，短距离内管道运输成本低于船舶运输成本，远低于铁路槽车运输成本。

Kang等[35]使用工程经济模型估算了2014年韩国海上管道运输成本，运输容量为100×10^4t/a的成本为180元/t，运输容量为300×10^4t/a的成本为86元/t。Knoope等[36]分析了2010年海上一般液相管道运输案例，容量为500×10^4t/a、距离为100km的管道运输成本为3.6～13.5元/t。魏宁等[37]建立了适用于中国的CO_2海上管道的技术经济模型，发现容量为100×10^4～2000×10^4t/a、距离为100km和500km的海上密相运输管道的建设成本分别为7.8亿～13.9亿元、33.7亿～65.7亿元。随着运输距离增加，运输成本增加；随着运输容量增加，管道运输成本先大幅降低，随后降低幅度逐渐减小。

政府间气候变化专门委员会（IPCC）、欧洲零排放化石燃料发电厂技术平台（ZEP）和美国能源部分别在不同时间发布了关于不同CO_2运输容量的陆上和海上管道的运输成本的估计（图1）。虽然不同机构给出的CO_2运输成本不同，但整体变化规律相同。海上管道运输成本高于陆上管道运输，管道运输成本随着运输容量的增多而显著降低。

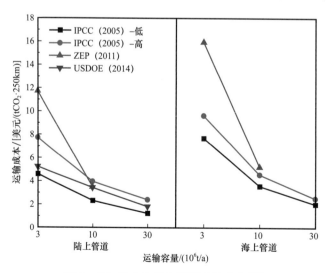

图1　CO_2陆上和海上管道运输成本[38]

图2展示了不同CO_2运输容量和运输距离时,采用船舶运输和海上管道运输的运输成本对比。可以看出,海上管道运输成本随着运输距离的增加呈线性增加,船舶运输成本仅随着运输距离的增加而适度增加,因此随着运输距离的增加,船舶运输成本最终将低于海上管道运输成本。随着CO_2运输容量的减小,海上管道运输成本显著提高,而船舶运输成本仅有少量增加,因此随着运输容量的减小,船舶运输成本会更快地低于海上管道运输成本。在现有技术条件下,低容量、远距离的CO_2运输,船舶运输成本低于海上管道运输;高容量、近距离的运输,海上管道运输成本低于船舶运输。具体成本需要结合CO_2运输距离和容量一起分析。

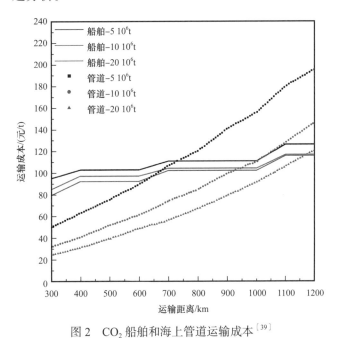

图2 CO_2船舶和海上管道运输成本[39]

5 降低CO_2运输成本的主要方式

目前,降低CO_2运输成本的方向主要有3个:一是开发具有共享基础架构的产业集群,利用规模经济进行集中运输来降低运输成本。二是利用现有油气管道基础设施来降低建设成本。三是彻底改变行业的技术创新和数字化推广,技术管理水平提升,同时通过合理的法律法规调整(征地和安全保障费用),推动整体成本下降。与此同时,为降低CO_2运输成本,应根据管线条件选择CO_2的运输状态,包括压力、黏度等参数的选取(超临界状态的管道运行成本最低)。

另外,应从CCUS技术全链条考虑成本,而不仅是运输成本最低。例如,压力选择低可以降低CO_2压缩的成本;液态运输的主要问题在于压缩段能耗与成本;杂质气体对捕集压缩和运输成本影响较大,要选择适当的杂质浓度。

5.1 构建共享基础架构的骨干管网或产业集群

将几个较小的 CO_2 源与大型运输干线相结合,投资建设大型 CO_2 干线和小型输配管线,可显著降低 CO_2 运输的单位成本,并具有降低投资风险的商业协同效应。在美国,开发用于长途 CO_2 输配系统的大型干线已经被证明是成功的,这些干线将多个工业 CO_2 源连接到多个大型成熟油田,用于强化采油。美国的经验说明,从区域角度(而不是点对点系统)考虑 CO_2 运输基础设施的重要性。

2020年6月,加拿大直径16in、长240km的艾伯塔碳干线[15](ACTL)投入使用。CO_2 从各种排放源收集起来,例如,燃煤发电厂、精炼厂、石化和天然气加工厂,然后运输到该省南部的枯竭油藏进行强化采油。ACTL 项目满负荷生产后,每年将封存 $1460×10^4$ t CO_2,最终可封存 $20×10^8 \sim 30×10^8$ t CO_2,并利用 CO_2 提高采收率,可生产 $10×10^8$ bbl 优质轻质原油,ACTL 项目将成为加拿大最大的 CCUS 项目。从工业装置集群而不是单一来源捕获 CO_2,并为后续的 CO_2 运输和储存网络使用共享的现有基础设施,将降低整个 CCUS 系统的单位成本。

苏格兰地区大约80%的大型点源 CO_2 都在"Feeder 10"管道的40km 范围内,通过铺设小型输配管线,将新建点源与干线联结起来,可将 CO_2 捕获量从 $200×10^4$ t/a 增加到 $800×10^4$ t/a。

除上述管道以外,全球还有许多规模型 CO_2 运输网络正在建设,包括荷兰的鹿特丹项目、澳大利亚的碳网和西南枢纽项目、英国的约克郡—提赛德—苏格兰项目和阿布扎比的马斯达尔项目,这些项目正处于不同发展阶段。

5.2 改造现有油气管道

转换利用现有天然气或石油管道通常比建造一条新管道便宜。转换现有管道所需的初期投资估计为建造新管道的成本的 $1\% \sim 10\%$[40],可大大降低 CO_2 基础设施的初期投入。而且,调整管道用途可以避免管道提前退役带来的浪费[41]。英国议会碳捕集与封存咨询小组和 CCUS 成本挑战工作组强调,将石油和天然气基础设施用于 CO_2 运输具有优势。

化石燃料生产地区存在广泛的管道网络。截至2018年年底,全球油气长输管道总里程超过 $250×10^4$ km,其中美国约 $68×10^4$ km、俄罗斯约 $25×10^4$ km、中国约 $14×10^4$ km;其中,天然气管道约占60%、原油管道约占24%、成品油管道约占16%[42]。

尽管天然气和 CO_2 的特性不同导致其运输管道有着不同的设计规格,但两者仍有着许多相似之处。设计压力和剩余使用寿命是评估现有石油和天然气管道用途的两个主要考虑因素。石油和天然气管道通常在较低的压力下运行,而 CO_2 运输管道通常设计压力较高,压力降低会导致 CO_2 运输能力下降。此外,许多现有的石油和天然气管道已经运行了20多年,需要分别进行个案分析以评估其剩余寿命,尤其要考虑内部腐蚀和残余寿命[43]。

石油和天然气管道的许多技术因素决定了再利用的可能性,特别是 CO_2 的压力和水分含量必须适合管道[44]。管道还需要合理地靠近枯竭油气藏或合适的盐水储层。重新利用现有石油和天然气管道的条件还取决于地区的能源转型速度及油气需求等。

英国和挪威在北海地区拥有 850 条管道，总长 7500km，计划在未来 10 年内退役，退役成本估计为 10 亿英镑[45]。英国的 Acorn CCS 项目[45]计划调整上述管线用途，用于在北海封存 CO_2。澳大利亚昆士兰州碳运输和封存公司也在计划重新利用现有管道。

5.3 技术创新和风险管理

技术创新和数字化正在彻底改变石油和天然气行业，CO_2 运输有望从当前变革中受益。先进的传感和实时监控技术可改进跟踪和预测性维护，减少停机时间、及早发现 CO_2 迁移或泄漏[46]；采用无人机、机器人技术和自动化运维系统，可以大大降低对劳动力的需求；智能钻孔和地震分析技术的发展可以加速现场评估并降低成本，确保管道安全并大幅度降低运输的不确定性成本。预计到 2040 年，新建 CCUS 项目的成本将因采用新技术下降 20%~25%[47]。

6 总结与展望

为实现我国"碳达峰"目标与"碳中和"愿景，迫切需要大规模部署 CCUS 项目，以实现"难减排"行业的碳减排或近零排放。鉴于 CO_2 运输是 CCUS 全链条流程的一个至关重要环节，本文从运输特点、发展现状以及经济性等角度，分析了管道运输、船舶运输、公路槽车运输和铁路槽车运输 4 种 CO_2 运输方式。相关文献表明，管道运输因运输量大、成本低、连续性强已经被大规模采用，其运输成本与管道容量、压力、直径、长度、材料等多种因素有关，可通过对现有石油天然气管道的改造、技术创新和数字化推广等方式进一步降低运输成本。相较于管道运输，船舶运输为间歇性运输，适合海上中小规模、远距离的 CO_2 运输，且具有很高的灵活性。公路/铁路槽车运输受 CO_2 品质、运量小、成本高等原因限制，目前仅用于少量食品级 CO_2 运输和 CCUS 示范工程，并且由于其运输连续性差，对规模大小不敏感，不适合未来大规模 CCUS 系统的运输链环。

参 考 文 献

[1] Dunn Katherine. To meet net zero emissions targets, China—and the rest of the world—needs these technologies [EB/OL]. Fortune [2020-09-24]. https://fortune.com/2020/09/24/net-zero-emissionscarbon-capture-utilization-storage-iea-china/.

[2] IEA. Energy Technology Perspectives 2020 [R]. IEA, 2020.

[3] King G G. Here are key design Considerations for CO_2 pipelines [J]. Oil and Gas Journal, 1982, 80: 39.

[4] IEAGHG (2020b). The status and challenges of CO_2 shipping infrastructures [R]. IEAGHG, 2020.

[5] 陈兵, 白世星. 二氧化碳输送与封存方式利弊分析 [J]. 天然气化工（C1 化学与化工）, 2018, 43（2）: 114-118.

[6] 高蓝宇, 方梦祥, 程乐鸣. CO_2 吸附和输送技术研究 [D]. 杭州: 浙江大学, 2011.

［7］Brownsort P. Ship transport of CO_2 for enhanced oil recovery-literature survey［R］. Edinburgh：Scottish Carbon Capture & Storage，2015.

［8］Yara. New liquid CO_2 ship for Yara［R］.Yara，2015.

［9］郭秀丽. 东方1-1气田 CO_2 储存与输送方案优化分析［D］.青岛：中国石油大学（华东），2009.

［10］Gao L，Fang M，Li H，et al. Cost analysis of CO_2 transportation：case study in china［J］. Energy Procedia，2011，4：5974-5981.

［11］吴秀章. 中国二氧化碳捕集与地质封存［M］.北京：科学出版社，2013.

［12］绿色煤电有限公司. 挑战全球气候变化［M］.北京：中国水利水电出版社，2008.

［13］Wallace M，Goudarzi L，Cllahan K，et al. A Review of the CO_2 pipeline infrastructure in the US［R］. 2015.

［14］Kuuskraa V，Wallace M. CO_2-EOR set for growth as new CO_2 supplies emerge［J］. Oil and Gas Journal，2014.

［15］Cole S，Itani S. The Alberta Carbon Trunk Line and the Benefits of CO_2［J］. Energy Procedia，2013，37：6133-6139.

［16］Global CCS Institute. The Global Status of CCS［R］.2019.

［17］Global CCS Institute. The Global Status of CCS［R］.2014.

［18］谢尚贤，韩培慧，钱昱. 大庆油田萨南东部过渡带注 CO_2 驱油先导性矿场试验研究［J］.油气采收率技术，1997，4（3）：1319.

［19］李家强，梁海宁，刘建武. 国内二氧化碳长输管道建设安全性分析［J］.油气田地面工程，2014，33（4）：30-31.

［20］Chih-wei Lin，Mahmoud Nazeri，George Spicer，M. Mercedes Maroto-Valer，Apparatus and method for calibrating a Coriolis mass flow meter for carbon dioxide at pressure and temperature conditions represented to CCS pipeline operations［J］. Applied Energy，2016，165：759-764.

［21］龙安厚，狄向东，孙瑞艳. 超临界二氧化碳管道输送参数的影响因素［J］.油气储运，2013，32（1）：15-19.

［22］张春威，柳亭. 二氧化碳管道密相输送工艺适用性分析［J］.内蒙古石油化工，2013（4）：51-52.

［23］张萍. 二氧化碳液化及输送技术研究［D］.青岛：中国石油大学（华东），2008.

［24］叶健，杨精伟. 液态二氧化碳输送管道的设计要点［J］.油气田地面工程，2010（4）：37-38.

［25］Garnham P J，Tucker O D. The Longannet to Goldeneye Project：Challenges in Developing an End-to-End CCS Scheme［J］. Carbon Management Technology Conference，2012.

［26］Onyebuchi V E，Kolios A，Hanak D P，et al. A systematic review of key challenges of CO_2 transport via pipelines［J］. Renewable & Sustainable Energy Reviews，2017，81.

［27］Mccollum D L，Ogden J M. Techno-economic models for carbon dioxide compression, transport, and storage & correlations for estimating carbon dioxide density and viscosity［M］. Davis：University of California，2006.

［28］World Bank. Carbon Capture and Storage for Coal-Fired Power Plants in Indonesia［R］.2015.

［29］杜磊，湛哲，徐发龙. 大规模管道长输 CO_2 技术发展现状［J］.油气储运，2010（2）：86-89.

［30］Ioannis C，Pau L Z，Mark B，et al. Assessing issues of financing a CO_2 transportation pipeline infrastructure［J］. Physics Procedia，2009，1（1）：1625-1632.

［31］Kerr R A. Climate change. Yes, it's been getting warmer in here since the CO_2 began to rise［J］.

Science, 2006, 312 (5782): 1854-1854.
[32] 乜君兴. 我国 CO_2 驱油与封存评价及 CCS 发展前景探讨 [D]. 北京: 清华大学, 2012.
[33] Bai B, Li X, Yuan Y. A new cost estimate methodology for onshore pipeline transport of CO_2 in China [J]. Energy Procedia, 2013, 37: 7633-7638.
[34] Wei N, et al. Budget-type techno-economic model for onshore CO_2 pipeline transportation in China [J]. International Journal of Greenhouse Gas Control, 2016, 51: 176-192.
[35] Kang K, Huh C, Kang S G, et al. Estimation of CO_2 pipeline transport cost in South Korea based on the scenarios [J]. Energy Procedia, 2014, 63: 2475-2480.
[36] Knoope M M J, Ramírez A, Faaij A P C. A state-of-the-art review of techno-economic models predicting the costs of CO_2 pipeline transport [J]. International Journal of Greenhouse Gas Control, 2013, 16: 241-270.
[37] 魏宁, 王倩, 李小春, 等. CO_2 海洋管道运输的技术经济分析 [J]. 油气储运, 2015, 34 (11): 1141-1146.
[38] Rubin E S, Davison J E, Herzog H J. The cost of CO_2 capture and storage [J]. International Journal of Greenhouse Gas Control, 2015, 40: 378-400.
[39] Jan, Kjärstad, Ragnhild, et al. Ship transport—A low cost and low risk CO_2 transport option in the Nordic countries [J]. International Journal of Greenhouse Gas Control, 2016.
[40] Acorn. The case for re-using infrastructure for CO_2 transport and storage [R]. 2020.
[41] Government of the United Kingdom. Re-use of oil and gas assets for carbon capture usage and storage projects [R]. 2019.
[42] 2018 年中国油气管道里程统计及行业"十四五"投资展望 [EB/OL]. 中国产业信息, https://www.chyxx.com/industry/201910/794075.html. [2019-10-17].
[43] JRC. Technical and Economic Characteristics of a CO_2 Transmission Pipeline Infrastructure [R]. 2011.
[44] IEAGHG (2018a). Re-use of oil and gas facilities for CO_2 transport and storage [R]. 2018.
[45] ZEP. A Trans-European CO_2 Transportation Infrastructure for CCUS: Opportunities & Challenges [R]. 2020.
[46] IEA. Digitalisation and Energy [R]. 2017.
[47] IEAGHG (2020a). Value of emerging and enabling technologies in reducing costs, risks & timescales for CCS -BLOG [R]. 2020.

（本文原刊于《国际石油经济》2021 年第 6 期）

二氧化碳输送管道泄漏后果及风险分析

时利香,景龙祥,范振宁

(中石化石油工程设计有限公司)

摘　要:在全球积极应对气候变化和国内"双碳"战略目标的导向下,碳捕获、利用与封存(Carbon Capture、Utilization and Storage,CCUS)被广泛认为是实现全球温控目标和我国碳中和愿景不可或缺的关键途径。在CCUS技术中,CO_2主要是通过高压管道进行输送。CO_2作为一种新兴的输送介质,其泄漏理论分析存在空白。本文以某项目为例,利用PHAST和SAFETI软件分析某液态CO_2输送管道高后果区管段泄漏的影响范围和风险,同时对比分析不同相态CO_2管道输送后果的差异性。发现随着泄漏孔径的增大,CO_2泄漏引起的扩散和毒性致死率影响范围也增大,且扩散范围明显大于致死率范围;CO_2泄漏后首先高速向高空喷射,后由于其密度原因下沉至地面;液态CO_2的扩散和毒性范围均大于气态,但是在实际运行中要结合项目实际情况,选择合适的输送相态;该高后果区的个人风险和社会风险水平均可接受,但在项目建设期仍要采取必要措施进行风险防护。

关键词:定量风险评价;二氧化碳;CO_2管道

Consequences and Risk Analysis of Carbon Dioxide Transmission Pipeline

SHI Lixiang, JING Longxiang, FAN Zhenning

(SINOPEC Petroleum Engineering Corporation)

Abstract: Under the guidance of the global active response to climate change and the domestic "dual carbon" strategic goal, Carbon Capture, Utilization and Storage (CCUS) is widely considered to be an indispensable part of achieving global temperature control goals. In CCUS technology, CO_2 is mainly transported through high-pressure pipelines. As an emerging transport medium, CO_2 has a gap in leakage theoretical analysis. Thus, taking a project as an example, PHAST and SAFETI software were used to analyze the influence scope and leakage risk in a high consequence area of liquid CO_2 transmission pipeline, and compares the consequence differences between the different phase CO_2 pipelines. It was found that with the increase of the leakage aperture, the influence range of diffusion and toxic lethality also increased, and the diffusion range was significantly larger than the lethality range. carbon dioxide first spews into the air at high speed and then sinks to the ground due to its density. The diffusion and toxicity range of liquid CO_2 are larger than those of gaseous state, but in actual operation, it is necessary to select the appropriate transport phase according to the actual situation of the project; the personal risk and social risk level of this high consequence area are acceptable, but in the project construction necessary measures must be taken to protect against risks.

Key words: quantitative risk assessment; carbon dioxide; CO_2 pipeline

随着能源的多元化发展和绿色清洁能源的开发利用，我国提出"双碳"目标，全力推进碳减排工作。CO_2 捕集与封存（Carbon Capture and Sequestration，CCS）技术是有效降低碳排放的关键技术之一[1]。其中，CO_2 输送是开展碳减排工作的重要环节，管道作为输送量大、输送距离远、高效的输送方式，被广泛应用到工业生产中。因此管道运输安全变得至关重要，一旦管道失效，不仅会影响正常运输，还易导致火灾、爆炸或中毒事故，对周围群众的生命财产安全构成严重威胁[2-4]，因此明确 CO_2 长输管道泄漏产生的后果与风险变得尤为重要。本文采用定量风险评价方法研究了 CO_2 输送管道发生泄漏后对周围环境的影响，为后续管道建设、管道完整性管理的实施提供理论指导。

本文介绍了 CO_2 泄漏后对周围环境和人身安全造成的毒性危害和健康伤害，然后以某 CO_2 输送管道高后果区为例，利用挪威船级社（DET NORSKE VERITAS，简称 DNV）独立开发的 PHAST 和 SAFETI 软件[5]，分析液态 CO_2 泄漏后的扩散和毒性影响范围，同时对比分析液态和气态 CO_2 输送管道泄漏的后果差异性，最后基于上述的后果结果评价该高后果区的个人风险和社会风险水平，为后续 CO_2 长输管道风险评价工作提供了技术指导和理论支持，具有重要的研究意义。

1 CO_2 危害

1.1 急性健康危害

CO_2 对人体造成危害的方式主要是通过排挤空气中的氧气，降低氧气浓度[6]；同时提高血液中 CO_2 的浓度，造成呼气系统、神经系统方面的损伤[7]。

表 1 是美国国家职业安全卫生研究所（National Institute for Occupational Safety and Health，NIOSH）提供的数据[8]，给出了人体暴露于不同浓度的 CO_2 环境中，不同的暴露时间，所引起的人体不适症状。从表 1 中可以看出，当 CO_2 在空气中的体积浓度高于 4% 时，人体暴露于空气几分钟即可呼吸困难，危及生命健康。

表 1 吸入高浓度 CO_2 的急性健康影响

CO_2 在空气中的浓度 /%（体积分数）	暴露时间	对人的影响
2	几小时	头疼，轻度用力呼吸困难
3	1 小时	轻度头疼，出汗，静止呼吸困难
4~5	几分钟内	头疼，头晕，血压上升，呼吸困难
	1~2min	听觉和视觉障碍

续表

CO_2在空气中的浓度 /%（体积分数）	暴露时间	对人的影响
6	≤16min	头疼，呼吸困难
	几小时	战栗
7～10	1.5min	无意识，接近无意识
	数分钟至1h	头疼、心跳加速、呼吸急促、头晕、出汗
>10～15	1min至几分钟	头晕、困倦、剧烈肌肉抽搐、无意识
17～30	1min内	失去控制和有目的的活动能力、无意识、抽搐、昏迷、死亡

1.2 毒性危害

正常情况下CO_2不具有毒性，当空气中的浓度超过2%时才会使肌体产生中毒现象，高浓度的CO_2则会让人窒息。

根据Eisenberg Probit方程，参考有毒气体影响计算方法，根据气体浓度及接触时间计算产生的人员死亡概率。

$$P_r = A + B \cdot \ln(c^N \cdot t)$$

式中 P_r——致死率；

c——有毒物质浓度；

t——接触时间；

A，B，N——常数，取决于物质性质。

对于CO_2这一物质，A，B和N这三个参数数值分别为 −90.778、1.01和8，是风险计算软件SAFETI中确定的数值，该数值是根据英国健康与安全委员会HSE提出的SLOT（小概率1%～5%死亡事件）和SLOD（概率为50%的死亡事件）计算得到。

2 定量风险评价流程

定量风险评价（Quantitative Risk Assessment，QRA）是管道风险评价的高级阶段，将管道失效频率与事故后果进行定量计算，实现了对高后果区管道风险的精确描述，通过数值表明所评价对象的危险程度，并通过与国家或行业标准规定的风险可接受标准进行对比，科学地确定风险防控和消减措施，最大程度减少事故发生后所造成的经济损失、人员伤亡、环境破坏[9-11]。

风险评价首先是识别风险因素，在得到风险因素的基础上，考虑管道失效的可能性以及管道失效带来的损失等其他因素，综合分析得到系统的风险大小，然后将风险值与规定的风险评价准则相比较，得到最终风险评价的结果，最后根据结果来决定采取怎样的风险缓解措施[12-13]。基本流程应包含以下步骤，详细流程图如图1所示。

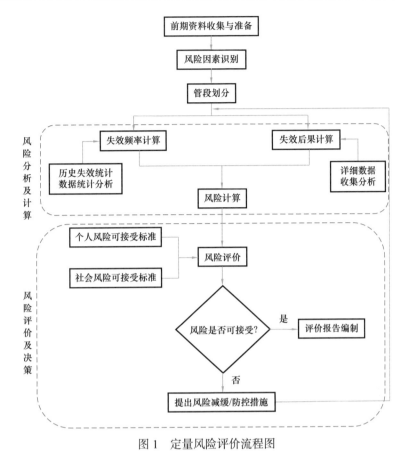

图 1 定量风险评价流程图

（1）前期准备与资料收集；
（2）风险因素识别；
（3）管段划分；
（4）失效频率计算；
（5）失效后果计算；
（6）失效风险计算；
（7）失效风险评价；
（8）风险消减措施和设计方案优化；
（9）评价报告编制。

3 工程实例

3.1 工程概况

以某 CO_2 输送管道工程为例进行应用。该项目主要是将齐鲁石化第二化肥厂液态 CO_2 产品通过管道运输至胜利油田，以提高油气采收率。根据 SH/T 3202—2018《CO_2 输送管道工程设计标准》中 CO_2 管道高后果区管段识别准则,本工程管道共有 16 个高后果区管段,以其中某高后果区为例进行定量风险评估,从而提出风险消减措施。

该高后果区位于淄博市临淄区,长度为 9.7km,管道外径 323.9mm,壁厚 12mm,设计压力 12MPa。此段路由总体走向为西向北方向,管道周围 200m 范围内有槐行村、临淄大道、淄源路、纬四路等场所。整体走向示意图如图 2 所示。

图 2　某 CO_2 输送管道工程高后果区示意图

表 2 和表 3 为管道所处临淄区基本气象参数及风频数据。

表 2　临淄区基本气象参数

序号	参数	描述	备注
1	环境温度 /℃	13.7	年平均温度
2	相对湿度 /%	64	年平均湿度
3	大气压力 /kPa	101.07	年平均气压
4	风速 /(m/s)	2.3	年平均风速

3.2　失效后果分析

应用 PHAST 软件对高后果区管线泄漏事故产生的后果进行模拟,分析不同泄漏孔径、不同天气类型下 CO_2 的扩散及毒性影响范围。

表3 临淄区风频数据列表

	风向	频率	单位
累年各风向频率	N	3	%
	NNE	3	%
	NE	4	%
	ENE	5	%
	E	6	%
	ESE	10	%
	SE	4	%
	SSE	3	%
	S	4	%
	SSW	9	%
	SW	6	%
	WSW	7	%
	W	5	%
	WNW	5	%
	NW	4	%
	NNW	4	%

3.2.1 不同泄漏场景对扩散范围的影响

研究了 CO_2 液相输送时管道发生断裂泄漏后在风速为 5m/s，大气稳定度为 D（中性）时不同泄漏孔径（小孔：2mm、中孔：50mm、大孔：100mm、完全破裂：300mm）下 CO_2 浓度限分别为 10%、5%、2% 和 1% 的影响区域最大尺寸。从图3至图6和表4中可以看出，CO_2 发生泄漏后急速向高空扩散，随着下风距离的增大，CO_2 逐渐下沉直至地面。这是因为 CO_2 的远场扩散具有重气扩散特征。一般长距离 CO_2 管道的输送压力通常高于 10MPa，而大气压力为 0.1MPa。在泄漏过程中，由于管内外的巨大压差，导致 CO_2 向空气中膨胀喷射而出。同时，喷射出来的 CO_2 由于强节流效应温度也会急剧下降，所以在喷射口附近会有干冰的存在。喷射到空气中的 CO_2 随着压力和温度的下降转换为气态，又由于 CO_2 的密度比空气重，从而在图中呈现出下沉的趋势。

各浓度下 CO_2 扩散距离数据统计见表4。根据表可知，下风向是扩散主流方向。随着泄漏口尺寸的增大，三个方向的扩散影响范围逐渐增大。当泄漏口尺寸为 10mm（小孔泄漏）时，1% 及以上浓度的影响区域均很小。当完全破裂时，1% 浓度的 CO_2 下风向影响范围达到 1015m，高度达到 72m；2% 浓度的 CO_2 下风向影响范围达到 529m，高度达到 66m；5% 浓度的 CO_2 下风向影响范围达到 54m，高度达到 55m；10% 浓度的 CO_2 下风向影响范围达到 15m，高度达到 38m。泄漏口径越大，泄漏所产生的危害越大。

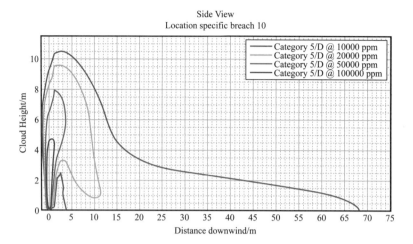

图 3 　CO_2 液相输送时管道小孔泄漏扩散影响范围

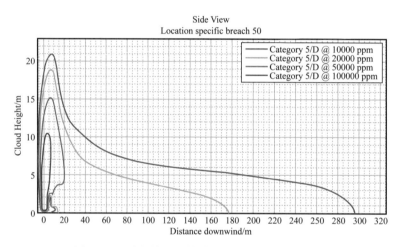

图 4 　CO_2 液相输送时管道中孔泄漏扩散影响范围

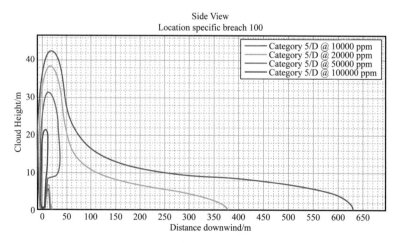

图 5 　CO_2 液相输送时管道大孔泄漏扩散影响范围

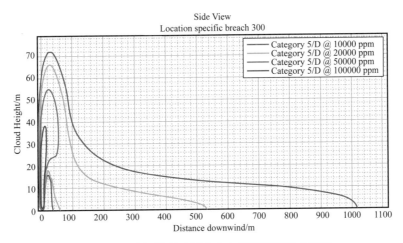

图 6 CO_2 液相输送时管道完全破裂扩散影响范围

表 4 各泄漏场景下 CO_2 扩散距离与浓度的关系

泄漏场景	1%CO_2浓度范围 /m			2%CO_2浓度范围 /m			5%CO_2浓度范围 /m			10%CO_2浓度范围 /m		
	高度	上风向	下风向	高度	上风向	下风向	高度	上风向	下风向	高度	上风向	下风向
小孔泄漏	10.47	1.62	68.19	9.58	1.32	11.28	7.92	0.89	3.60	4.73	0.55	1.23
中孔泄漏	20.95	5.80	295.18	18.82	4.92	176.72	15.20	3.69	19.69	10.43	2.56	6.27
大孔泄漏	42.44	9.55	630.02	38.43	8.03	376.05	31.38	5.76	34.94	21.42	3.93	10.38
完全破裂	71.75	11.84	1015.06	66.07	9.71	528.52	55.04	6.73	53.92	38.38	4.54	14.98

3.2.2 不同泄漏场景对毒性范围的影响

CO_2 泄漏后，主要事故后果是 CO_2 气体对人员产生的窒息和健康影响，图7至图10给出了不同泄漏场景下可能产生 0.1%、1%、10% 和 99% 致死率的影响范围。从图中可以看出，当泄漏孔径为 10mm 时，0.1%、1%、10% 和 99% 的致死率影响面积分别为 4.2m²、3.7m² 和 2.8m² 和 0.11m²，影响范围较小；当泄漏孔径为 50mm 时，0.1%、1%、10% 和 99% 的致死率影响面积分别为 32.3m²、31.3m²、29.4m² 和 22.7m²，最大影响尺寸为下风向 3.5m；当泄漏孔径为 100mm 时，0.1%、1%、10% 和 99% 的致死率影响面积分别为 59.3m²、58.1m² 和 56.0m² 和 43.4m²，最大影响尺寸为下风向 4.6m；当完全破裂时，0.1%、1%、10% 和 99% 的致死率影响面积分别为 67.0m²、65.6m²、63.0m² 和 48.8m²，最大影响尺寸为下风向 4.6m。随着泄漏口径的增大，不同致死率的影响面积均相应的增大。但是与扩散影响范围相比，毒性影响范围相对较小，说明虽然扩散距离大，但是对人的致命伤害较小。因此在选取管道路由时，要保证管道毒性致死范围内无人口分布，尽量远离人口密集区，避免造成人身威胁。

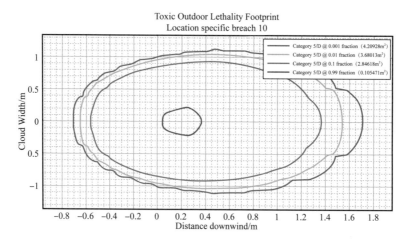

图 7 CO_2 液相输送时管道小孔泄漏毒性影响范围

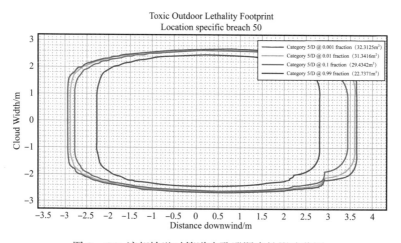

图 8 CO_2 液相输送时管道中孔泄漏毒性影响范围

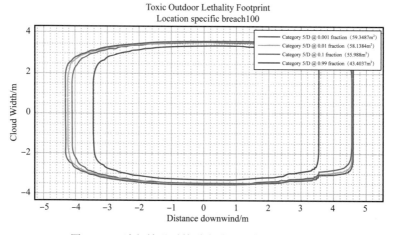

图 9 CO_2 液相输送时管道大孔泄漏毒性影响范围

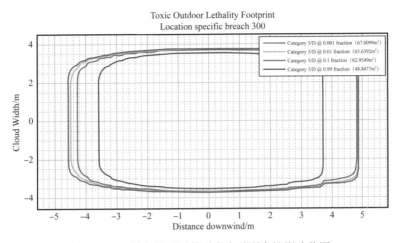

图 10　CO_2 液相输送时管道完全破裂毒性影响范围

3.3　液态与气态 CO_2 泄漏后果对比

CO_2 的相态具有一定的特殊性，温度和压力的小幅变化都有可能导致相态发生变化。在管道输送时，若没有采取合适的输送压力和温度，输送过程中极有可能发生相态变化，影响管道的安全运行。因此本文对比研究了液态与气态 CO_2 管道泄漏后的扩散和毒性影响范围，对比其后果差异，为后续选择合适的相态输送提供理论基础。

3.3.1　扩散差异性

对比研究了 CO_2 液相和气相输送时管道发生断裂泄漏后在风速为 5m/s，大气稳定度为 D（中性）时完全破裂情景下 CO_2 浓度限为 4% 的影响区域。图 11 至图 12 给出了完全破裂情景下液相和气相达到 4% 浓度 CO_2 的影响区域，从图中可以看出，液相 CO_2 输送时，当 CO_2 的浓度达到 4% 时，下风向最远距离为 6.5m；气相 CO_2 输送时，当 CO_2 的浓度达到 4% 时，下风向最远距离为 4.1m。相同工况下，液态 CO_2 的扩散范围大于气态 CO_2 的扩散范围。

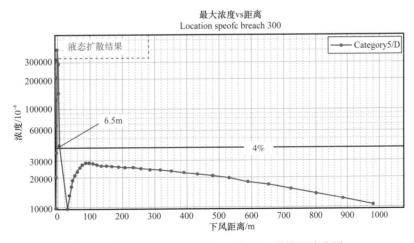

图 11　管道完全破裂液相 4% 浓度 CO_2 扩散影响范围

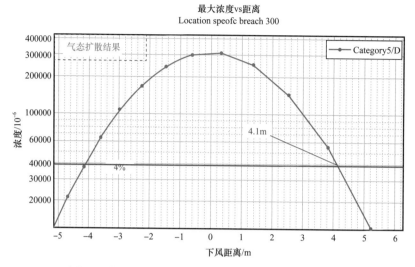

图 12　管道完全破裂气相 4% 浓度 CO_2 扩散影响范围

3.3.2　毒性差异性

对比研究了 CO_2 液相和气相输送时管道发生断裂泄漏后在风速为 5m/s，大气稳定度为 D（中性）时完全破裂情景下 CO_2 毒性影响区域。图 13 至图 14 给出了完全破裂情景下液相和气相 CO_2 的毒性影响区域。从图中可以看出，当毒性致死率达到 99% 时，液相 CO_2 的影响面积为 $48.8m^2$；气相 CO_2 的影响面积为 $20.4m^2$。相同工况下，液态 CO_2 的毒性影响面积大于气态 CO_2 的影响面积，几乎是 CO_2 影响面积的 2 倍。

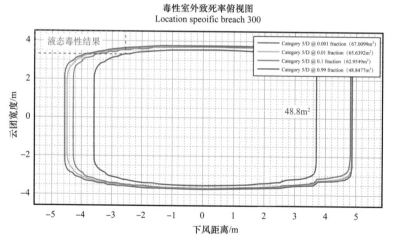

图 13　管道完全破裂液相 4% 浓度 CO_2 毒性影响范围

综上所述，液态 CO_2 输送比气态 CO_2 的危害较大，影响范围更广，但是在本项目中，考虑管道上下游两端产品均为液态 CO_2，管道作为中间环节需要做好上游端和下游端的匹配，因此该项目选择液相输送方式。

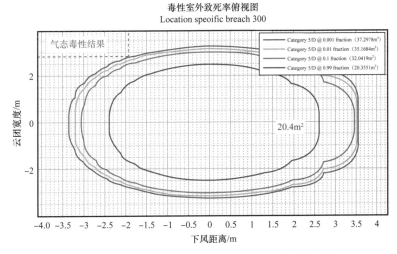

图 14 管道完全破裂气相 4% 浓度 CO_2 毒性影响范围

3.4 失效风险分析

3.4.1 社会风险分析

社会风险表示的是在某一给定地区,当危险发生时所造成的死亡人数(N)和累积失效概率(F)之间的关系[14],以 $F—N$ 曲线形式表示。社会风险与危险发生地点无关,与管道周围的人口密度有关。因此,如果当危险发生时附近没有人群存在,则社会风险为零,而个体风险可能很高[15]。

应用 SAFETI 软件对高后果区管线泄漏事故产生的风险进行模拟,模拟结果如下。

高后果区社会风险 $F—N$ 曲线计算结果如图 15 所示,从图中可以看出,根据 SY/T 6859—2020《油气输送管道风险评价导则》规定的社会风险基准,$F—N$ 曲线落在了"可接受区"内,符合规定的社会风险可接受标准。

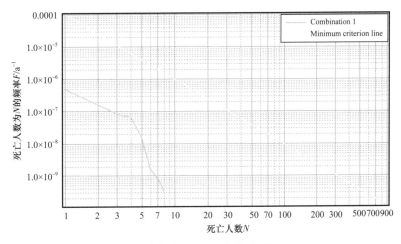

图 15 社会风险 $F—N$ 曲线(经修正)

3.4.2 个人风险分析

个体风险表示的是当危险发生时所引起的位于管道附近某一点的个体死亡率[16]，该风险依赖于危险发生点的地理位置，与人是否存在于该点无关[17-18]，因此个体风险给出的是管道周围的不同地点的风险分布。

SY/T 6859—2020《油气输送管道风险评价导则》将油气输送管道的个人风险以容许上限 $10^{-4}a^{-1}$ 和容许下限 $10^{-6}a^{-1}$ 为界分为不可接受区、可接受区和广泛接受区。若个体风险水平基于上限和下限之间，需考虑风险的成本与效益，采取降低风险的措施，使风险水平"尽可能低"。从个人风险等高线图中可看出并未出现 $10^{-4}a^{-1}$ 和 $10^{-6}a^{-1}$ 等高线，即整个区域的个人风险值均低于 $10^{-6}a^{-1}$，没有进入不可接受区域。

该高后果区个人风险等高线如图 16 所示，图中黄色和红色曲线分别为 3×10^{-8} 和 3×10^{-9} 风险等高线，值低于 GB 36894—2018《危险化学品生产装置和储存设施风险基准》规定的数值，虽然部分陈家庄落在等值线以内，但是由于其风险值较低，可忽略。

图 16　个人风险等高线

4　结论及展望

4.1　结论

采用 PHAST 和 SAFETI 风险计算软件分析液态 CO_2 泄漏对管道周围人口及环境的影响。得到主要结论如下：

（1）CO_2 发生泄漏时，下风向是主要扩散方向。随着泄漏口径的增大，CO_2 泄漏所产生的影响范围也越大。与气态 CO_2 相比，液态 CO_2 管道的泄漏持续时间较长[19]，主要是因为液态 CO_2 的密度较气态 CO_2 的密度大，管内介质的初始质量也更大，从而导致泄漏持续时间长。

（2）随着泄漏口径的增大，不同毒性致死率的影响范围也变大，但是相较于扩散影响范围而言范围较小，说明虽然扩散距离大，但是对人的致命伤害较小。

（3）液态 CO_2 的扩散和毒性影响范围均大于气态 CO_2，但是在实际运行中，确定输送相态时要结合项目实际情况，考虑管道敷设环境温度、管道上下游建设情况和经济性，选择合适的输送相态。

（4）该高后果区的个人风险概率低于标准规定值，社会风险曲线落在"可接受区"，说明该段管道的风险可接受，但是在项目施工期间仍要采取减缓措施，如增加管道埋深、增设安全监控、加密地面标识等措施。

4.2 展望

本文在模拟计算过程中也存在一些不足：

（1）由于CO_2的特殊物性，其节流效应明显，在管道泄漏到大气的过程中流体温度会降低，在泄漏口处聚积干冰，引起人体机体各系统一系列生理变化，重者可造成局部性或全身性损伤，如冻伤或冻僵，甚至死亡。因此在后续管道安全管理中要着重防护干冰对人体的伤害。

（2）本次计算过程中存在一些问题，如受到软件限制，泄漏介质按照纯CO_2来计算，没有考虑杂质如H_2S、CO和H_2O等对CO_2泄漏的影响，在未来应着重开展这方面的研究。

（3）重点研究CO_2释放过程中的相态变化，分析释放后压力、温度随时间的变化规律。继续深入分析不同相态（密相和超临界）CO_2输送管道泄漏扩散和毒性影响范围。

参 考 文 献

［1］胡其会，李玉星，张建，等."双碳"战略下中国CCUS技术现状及发展建议［J］.油气储运，2022，41（4）：361-371.

［2］吕奎，孔益平，周宇，等.天然气管道风险分析及应急管理［J］.安全与环境工程，2012，19（2）：117-121，124.

［3］Duncan，Ian J，Wang，Hui. Estimating the likelihood of pipeline failure in CO_2 transmission pipelines：New insights on risks of carbon capture and storage［J］. International Journal of Greenhouse Gas Control，2014，2149-60.

［4］王天瑜.天然气管道风险分析与安全距离计算方法研究［D］.北京：中国矿业大学（北京），2017.

［5］梁韬，陈国华，张瑞华，等.SAFETI在LPG储罐事故后果评价中的应用［J］.油气储运，2006（2）：53-58，62，5.

［6］滕霖.超临界CO_2管道泄漏扩散特性及定量风险评估研究［D］.青岛：中国石油大学（华东），2019.

［7］Vianello C，Macchietto S，Maschio G. Risk assessment of CO_2 pipeline network for CCS-a UK case study［J］.Chemical Engineering Transactions，2013，31：13-18.

［8］陈兵，崔维刚，郭焕焕，等.风速对超临界-密相二氧化碳泄漏扩散特性的影响［J］.科学技术与工程，2019，19（34）：144-149.

［9］张范辉.油气长输管道风险评价研究［D］.青岛：中国海洋大学，2008.

［10］赵永涛.油气长输管道工程风险评价发展及现状［J］.安全、健康和环境，2007（2）：37-39.

［11］杨慧来.长输油气管道定量风险评价方法研究［D］.兰州：兰州理工大学，2009.

［12］陈利琼.在役油气长输管线定量风险技术研究［D］.成都：西南石油学院，2004.

［13］曹峥.油气集输管道风险评价技术研究［D］.青岛：中国石油大学（华东），2019.

［14］Marszal E M． Tolerable risk guidelines［J］.ISA Transactions，2001，40（4）：391-399.

［15］Bottelberghs P H. Risk analysis and safety policy developments in the Netherlands［J］. Journal of

Hazardous Materials,2000,71(1/3):59-84.

[16] 董玉华,高惠临,周敬恩,等.长输管道定量风险评价方法研究[J].油气储运,2001(08):5-8,58-3.

[17] Bottelberghs P H. Risk analysis and safety policy developments in the Netherlands[J]. Journal of Hazardous Materials,2000,71(1-3):59-84.

[18] Bubbico R. A statistical analysis of causes and consequences of the release of hazardous materials from pipelines[J].Journal of Loss Prevention in the Process Industries,2018,32(11):458-466.

[19] 顾帅威.不同相态CO_2管道减压过程流动与温降特性研究[D].青岛:中国石油大学(华东),2019.

CO_2 利用与封存

高含水后 CO_2 驱油机理的探讨

秦积舜,张可,陈兴隆

(中国石油勘探开发研究院)

摘 要:针对高含水油藏水驱效率低、不流动区域无法波及等问题,利用微观可视模型,研究了 CO_2 超越水的驱油机理、油膜运移特征以及 CO_2 与原油间传质过程,并提出了 CO_2 驱替不连通区域的驱替机制。实验结果表明,在 CO_2 驱油过程中,原油中的蜡不断在孔喉处沉积并堵塞孔喉, CO_2 可以超越孔道中水的阻碍进一步驱替残余油,通过柱面流和柱状流两种流动方式将其中的原油驱替出来,且由于 CO_2 中分子聚集现象的存在,使其具有较强的溶解原油的能力,可从原油中萃取轻烃组分,对原油中重质组分具有一定的溶解能力。

关键词:高含水;二氧化碳驱油机理;油气超越;残余油;分子聚集

Mechanism of the CO_2 Flooding as Reservoirs Containing High Water

QIN Jishun, ZHANG Ke, CHEN Xinglong

(Research Institute of Petroleum Exploration and Development)

Abstract: Aiming at problems of low or no efficiency of water flooding in high water cut reservoirs or stagnant zones the present paper studied the mechanism of supercritical CO_2 miscible flooding migration characteristics of oil film and the mass transfer process between CO_2 and oil by using a high-speed, advanced and visualized camera micro-simulation model, by which the displacement mechanism of transient blind side was observed, and the film migration phenomenon and the mixed phase were also seen. The results have shown that the wax in crude oil continues to be deposited at pore throats and chock up throats, while supercritical CO_2 can surpass water hindrance in pores and further flood the residual oil away in the form of both the cylindrical and columnar flow.Supercritical CO_2 has a strong ability to dissolve oil due to the occurrence of molecular aggregation within it. What is more, it could extract not only light hydrocarbon components but also certain heavy hydrocarbon components from crude oil. Thus, supercritical CO_2 is a kind of good miscible agents for flooding crude oil.

Key words: high water-containing; CO_2 flooding mechanism; overrunning of oil & gas; residual oil; molecular aggregation

---

基金项目:国家重点基础研究发展规划(973)项目(2006CB705804)资助。

关于 CO_2 驱油机理研究，主要集中在混相驱与非混相驱方面，对于水驱后 CO_2 驱油提高采收率的微观机理尚不十分清楚，其中，CO_2 与原油间传质方式，原油在 CO_2 中的运移以及微观渗流机理等鲜见报道[1-3]。笔者以高温高压微观驱替设备为基础，研究了 CO_2 驱油的微观驱替过程、油膜运移特征以及 CO_2 与原油间的传质过程，建立了 CO_2 超越水驱油模型，并运用分子聚集理论对混相机制进行了分析，研究结果为高含水油藏后期 CO_2 驱提高采收率提供了理论支持[4]。

1 实验部分

1.1 实验设备

高温高压微观驱替装置主要由可视高压釜、观察系统和动力系统组成，实验流程如图 1 所示。其中可视高压釜承压为 30MPa，工作温度为室温至 90℃ 之间。观察系统为蔡司体视显微镜以及 Discovery-V8photron 高速摄像机，摄像机最高观察频率为 5000 帧 /s；动力系统为 ISCO 泵以及 RUSKA 泵，其中 ISCO 泵为微观模型提供驱替动力，RUSKA 泵为微观模型提供围压。CO_2 微观驱替实验流程如图 1 所示。

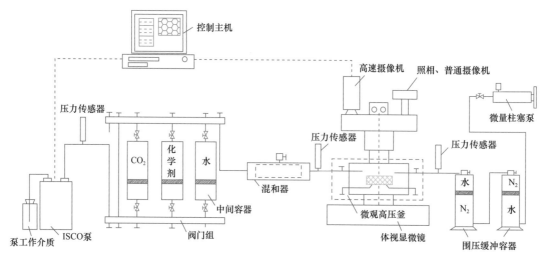

图 1 CO_2 微观驱替实验流程

1.2 实验条件

实验用原油性质参数为：体积系数为 1.1741，密度为 0.7464g/cm³，黏度为 1.67mPa·s，气油比为 36.65m³/m³，泡点压力为 10.41MPa。实验用水性质参数为：$K^+ + Na^+$ 为 2782.9mg/L，Ca^{2+} 为 46.9mg/L，Mg^{2+} 为 8.3mg/L，Cl^- 为 1659.1mg/L，SO_4^{2-} 为 2205.5mg/L，HCO_3^- 为 1913.0mg/L，总矿化度为 8615.7mg/L。CO_2 气体为工业级，纯度为 99.9%，临界压力为 7.38MPa，临界温度为 31.1℃，临界密度为 0.448g/cm³。

实验模型为平板玻璃光刻蚀模型，其孔隙结构与储层岩石孔隙具有相似性。孔隙区域的尺寸为 40mm×50mm，孔隙深度为 20～50μm，孔隙宽度为 10～300μm，孔隙体积约为 65μL。微观模型内压为 9.1MPa，围压为 13MPa，实验温度为 45℃。

1.3 实验步骤

实验步骤为：(1) 将微观模型抽空饱和地层水，然后用模拟地层油驱水（或直接饱和模拟油）；(2) 以适当的速度进行水驱油，用计算机控制高速摄像机，记录驱替过程；(3) 以适当的速度进行 CO_2 驱油，用计算机控制高速摄像机，记录驱替过程；(4) 对驱替过程记录的图像进行理论分析。

2 实验现象与分析

2.1 高含水后残余油分布

从图 2 可以看出，微观模型饱和油后驱替至高含水后，残余油饱和度较高，主要分布在孔道壁的周围和喉道处，水主要分布在孔道的中央与喉道处。这说明水与油之间的黏附力小于油与孔隙壁之间的黏附力[5]。因此，注入水已不能将残余油驱替出来，无法进一步提高采收率。

2.2 CO_2 超越水驱油特征

从图 3 中蓝色圆圈标记部位可以看出，在微观模型饱和油过程中，原油中石蜡的微小颗粒在部分喉道中不断聚集，阻塞孔喉，不利于后续驱替液在孔隙中的渗流。对于此类孔隙结构的储层，CO_2 驱起着显著的效果[6]。CO_2 驱结束后，孔隙中的含油饱和度已经很低，说明 CO_2 驱油可以大幅度提高采收率。CO_2 超越水驱油过程如图 4 所示，图 4 中黄色区域为模拟油，红色区域为水，亮白色的 CO_2，黄白色为 CO_2-原油混相液，颗粒状为蜡质，其余区域为模拟岩石骨架。驱替方向如图 4 中箭头所示。

图 2 高含水区域残余油分布

从图 4 可以看出，在 CO_2 驱替过程中，孔道中的水基本不流动或流动速度很缓慢，CO_2 则是超越水的阻碍继续向前驱替，它并不是推着油或水向前移动，而是绕过水分子（图 4 中方框区域），贴着壁面流动，沿着水与壁面之间的间隙（柱面）流动，逐步将壁面处的剩余油驱替出来，此时，孔隙中的水相当于 CO_2 中的柱状段塞流，只是其速度相对于 CO_2 要慢许多。原因在于[7-8]：(1) 在 CO_2 驱替过程中，孔道壁的润湿性被 CO_2 所改变，原先被油或水占据的孔隙壁被 CO_2 所取代，使得油脱离了孔道壁，为油的运移提供了条件。(2) 在实验条件下,相对于水,CO_2 更容易溶解于油中,油与 CO_2 间的相互传质体使得油与 CO_2 间的密度差异变小,油更易于随 CO_2 一起运移。由于 CO_2 占据了壁面,减小了油与壁面的摩阻,有利于油随 CO_2 流动。(3) 在水无法驱替的孔道(图5),其中虚线处为共流区,CO_2 可以沿着中心轴向进入,将原油挤到壁面上。这其中包括两种流动,进入盲端的中心轴向柱状流与流出盲端的壁面处的柱面流(其中边界层附近存在涡流)。这两种流动构成了盲端驱替机制。随着中心轴向的 CO_2 不断进入,壁面处的油膜就不断被挤出来,最终盲端油被驱替出来。

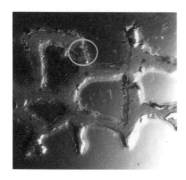
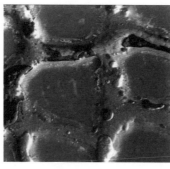
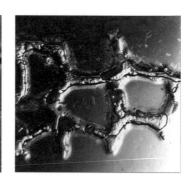

图3 CO_2 驱前后的含油饱和度

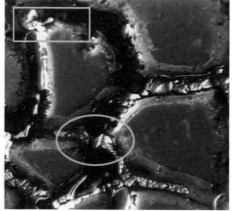

图4 CO_2 超越水驱油过程

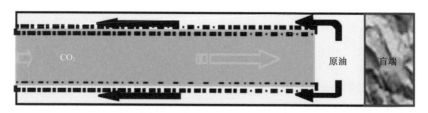

图5 盲端中心轴向柱状流与壁面柱面流

进一步分析可知,CO_2 与原油之间存在一个混合层。该层的流动对壁面处的油流施加一个背向盲端的剪切作用,使得混合层的流速大于壁面处流速,导致边界层内出现流向涡，其涡量大小可由涡量方程确定[9-10]。边界层处形成的流向涡使得壁面处原油相对流速减慢，有效地控制了盲端驱替"舌进"现象，提高了盲端驱替效率。

2.3 CO_2 与原油传质过程

从图 6 可以看出，在 CO_2 贴壁面进入后，在向出口端流动的过程中与原油发生近混相或混相。混相过程中，CO_2 与原油间的界面张力逐渐降低并接近零，形成的油气混合流体向前移动，使得其驱油能力增强。在推进的过程中，不断有新的原油中轻质组分溶解到 CO_2 与原油混相液中，通常为 C_2—C_6 组分，甚至可以包括到 C_{10}，这就极大地丰富了 CO_2 与原油混相液中的轻质组分，使 CO_2 与原油混相液的组分不断向原油组分逼近，而 CO_2 分子又不断地进入原油中，使得原油组分接近 CO_2 与原油混相液组分。这样通过两种方式的共同作用，二者的差异不断地缩小，混相能力逐渐提高，最终达到混相和提高石油采收率的目的。

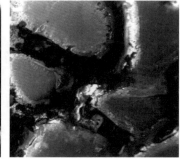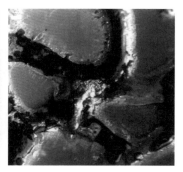

图 6 原油与 CO_2 混相传质

由于在高压下，特别是在超临界条件下，CO_2 具有接近于液体的密度，且 CO_2 在溶质周围的密度可能远远大于溶剂本体的密度。这使其具有很强的溶解低挥发物质的能力，且其黏度与气体接近，分子间扩散系数比液体大，决定其具有良好的传质能力。对于任何大于 CO_2 分子的空间，都可以较容易地进入。因此，CO_2 与原油混相过程主要表现在两个方面：（1）CO_2 不断地从油相中萃取轻烃；（2）CO_2 分子不断地进入油相中稀释原油。这就在一定程度上缓解了水驱油过程中，轻烃组分传质到水中引起的油变重，流度变小的问题[11]。

在孔喉配位数较大的区域，CO_2 将壁面处的原油以连续的"球面油膜"的形式运送到主流道，一部分与主流道壁面处的原油汇合，一部分溶入主流道中的 CO_2 或 CO_2 与原油混相液中，后续的油膜不断地从小的吼道进入孔道，重复上一阶段流动。该流动可以绕过孔隙中的水流，更有利于孔隙中的残余油被驱出，对洗油效率的提高有显著效果。

2.4 界面张力与混相特征

随着 CO_2 压力的升高，原油与 CO_2 的接触面积逐渐减小，界面张力逐渐降低。这说明 CO_2 与原油混相是逐步进行的，是动态的混相过程，即原油最外层不断被 CO_2 高密度流体所饱和并不断溶解到 CO_2 中，原油中轻烃又不断地补充到混相界面层，混相界面层为促进混相的过渡带,且系统压力越高,混相层中的组分溶解速度越快,最终达到完全混相。

3 分子聚集机理

CO_2 流体中存在局域密度的不均匀性,而且 CO_2 流体的许多独特性质都源于密度对压力的高度敏感性。密度是流体最基本的性质之一。由于 CO_2 流体密度的变化较大,尤其是在临界点附近,使得其微观密度和宏观密度不一致。另外,许多实验和理论研究都表明,对于较稀的临界流体溶液,在流体的高度可压缩区,由于分子间的吸引作用,CO_2 流体在溶质周围的密度远远大于溶剂本体的密度,导致局部密度的增强或局域组成的增加。这种现象通常被称为分子间发生了"聚集"或在分子间形成了"聚集体"。以溶剂分子在溶质分子周围的"聚集"为例,该类型的聚集可设想为当溶质加入 CO_2 溶剂中时,溶剂围绕着溶质形成"聚集体",每个聚集体中可包含几十到几百个溶剂分子;在溶质周围溶剂分子的密度比体相中要大。因而,原油相当于 CO_2 中的溶质,CO_2 流体相当于溶剂,原油附近的 CO_2 密度比其他区域大。这有利于 CO_2 萃取原油中的组分,并增加 CO_2 进入原油中的能力,进而降低原油的黏度与密度,并使其体积膨胀,增加原油的弹性能,为后续驱替液的进入提供了有利的条件。

4 结论

(1)对于高含水区域,CO_2 可以超越水的阻碍,改变油与孔隙壁面间的润湿性,并通过柱面流和柱状流两种流动方式将原油驱替出来,且对壁面处的油以连续"球面油膜"的形式推进到主孔道进行运移。

(2)CO_2 流体由于"分子聚集"的存在,使其具有较强的溶解原油的能力,易于混相,并从原油中萃取轻烃组分,形成原油的 CO_2 溶液,且对原油中重质组分具有一定的溶解能力。

(3)CO_2 在驱油过程中,与原油之间存在一个混合层,导致边界层内出现流向涡,有利于壁面处的原油被逐渐驱替出来。

参 考 文 献

[1] 郝永卯,薄启炜,陈月明. CO_2 驱油实验研究 [J]. 石油勘探与开发,2005,32(2):110-112.

[2] 李向良,李振泉. 二氧化碳混相驱的长岩心物理模拟 [J]. 石油勘探与开发,2004,31(5):102-104.

[3] M.A. 克林斯. 二氧化碳驱油机理及工程设计 [M]. 程绍进,译. 北京:石油工业出版社,1989:36-45.

[4] 部国喜,袁士义,宋文杰,等. 超压凝析气藏的流体相态和物理性质 [J]. 石油学报,2004,25(4):71-75.

[5] 孔祥言. 高等流体力学 [M]. 合肥：中国科学技术大学出版社，1999：300-305.

[6] 秦积舜，李爱芬，孙仁远. 油层物理学 [M]. 东营：石油大学出版社，2001：178-180.

[7] Malik Q M, Islam M R. CO_2 injection in the Weyburn Field of Canada: Optimization of enhanced oil recovery and greenhouse gas storage with horizontal wells [R]. SPE59327, 2000.

[8] 谢尚贤. 大庆油田 CO_2 驱油室内实验研究 [J]. 大庆石油地质与开发，1991，10（4）：32-35.

[9] 李孟涛，单文文，刘先贵，等. 超临界二氧化碳混相驱油机理实验研究 [J]. 石油学报，2006，27（4）：80-83.

[10] 陈晓军，涂富华，林保树，等. 应用微观模拟技术研究复合驱驱油特征 [J]. 西北地质，2000，33（2）：14-21.

[11] 杨承志，岳清山，沈平平. 混相驱提高石油采收率 [M]. 北京：石油工业出版社，1991：25-34.

（本文原刊于《石油学报》2010年第5期）

非均质多层储层中 CO_2 驱替方式对驱油效果及储层伤害的影响

王千[1]，杨胜来[1]，拜杰[2]，钱坤[1]，李佳峻[1]

（1.中国石油大学（北京）石油工程学院；2.中国石油长庆油田公司油气工艺研究院）

摘　要：低渗透油藏注 CO_2 开发过程中沥青质沉淀和 CO_2—地层水—岩石相互作用引起的储层堵塞加剧了非均质多层砂岩储层中驱替特征的复杂性，影响 CO_2 和 CO_2—水交替驱（CO_2-WAG）驱油过程中流体在储层中的渗流和最终的原油采收率。研究中的 CO_2 和 CO_2-WAG 驱油实验是在混相条件下（70℃、18MPa）模拟的具有相似物性的多层储层系统中进行的，从油气产量、剩余油分布和渗透率损害 3 方面评价了两种驱替方式。实验结果表明，CO_2 驱后整个系统的采收率较低，产出主要来自高渗透层，剩余油分布在中、低渗透层。CO_2-WAG 驱过程中 CO_2 突破时间较晚，整个系统的原油采收率显著改善。此外，CO_2 驱后高渗透层的渗透率下降了 16.1%，95.1% 的下降幅度是由沥青质沉淀引起。在 CO_2-WAG 驱后，各层的渗透率下降幅度分别为 29.4%、16.8% 和 6.9%，沥青质沉淀仍是主要因素，且引起的储层堵塞更严重，但高渗透层中 CO_2—地层水—岩石相互作用引起的渗透率下降不容忽视，占 20.7% 的因素。因此，对于具有强非均质性的多层储层，CO_2-WAG 具有更好的驱油效果，但是对沥青质沉淀的预防和控制措施是必要的。

关键词：CO_2 驱；CO_2-WAG 驱；剩余油分布；渗透率下降；沥青质沉淀；CO_2—地层水—岩石相互作用；多层非均质储层

Influence of CO_2 Flooding Mode on Oil Displacement Effect and Reservoir Damage in Heterogeneous Multi-layer Reservoirs

WANG Qian[1], YANG Shenglai[1], BAI Jie[2], QIAN Kun[1], LI Jiajun[1]

（1.College of Petroleum Engineering，China University of Petroleum；2.Research Institute of Oil/Gas Technology，PetroChina Changqing Oilfield Company）

Abstract：During the development of low-permeability reservoirs by CO_2 injection, reservoir blockage caused by asphaltene precipitation and CO_2-formation water-rock interaction exacerbates the complexity of displacement characteristics in heterogeneous multilayer sandstone

---

基金项目：国家自然科学基金项目"超深层碎屑岩油气藏渗流物理基础研究"（No.51774300）和国家科技重大专项"CO_2 驱油与埋存关键技术"（2016ZX05016-006-004）资助。

reservoirs, thus affecting the seepage of fluids in reservoirs and final oil recovery during CO_2 and CO_2-WAG flooding.In this study, the CO_2 and CO_2-WAG flooding experiments were conducted in simulated multi-layer reservoir systems with similar physical properties under miscible conditions (70℃, 18MPa).The two displacement modes were evaluated in terms of oil and gas production, remaining oil distribution and permeability damage.The experimental results show that the oil recovery of the entire system is lower after CO_2 flooding, the oil production is mainly from the high permeability layer, the remaining oil is distributed in the medium and low-permeability layers.During the CO_2-WAG flooding, the CO_2 breakthrough time was late, and the oil recovery of the entire system was significantly improved.In addition, the permeability of the high-permeability layer decreased by 16.1% after CO_2 flooding, and 95.1% of the decrease was caused by asphaltene precipitation.However, after CO_2-WAG flooding, the permeability of each layer decreased by 29.4%, 16.8%, and 6.9%, respectively.A sphaltene precipitation is still the main factor and causes even more serious reservoir blockage.Moreover, the permeability decline caused by CO_2-formation water-rock interaction in the high-permeability layer cannot be ignored, contributing 20.7% of the corresponding factors.Therefore, for multi-layer reservoirs with strong heterogeneity, CO_2-WAG flooding has better oil displacement effect, but the prevention and control measures for a sphaltene precipitation are necessary.

Key words: CO_2 flooding; CO_2-WAG flooding; remaining oil distribution; permeability reduction; asphaltene precipitation; CO_2-formation water-rock interaction; multi-layer heterogeneous reservoir

低渗透油藏中注 CO_2 是一种可靠的提高原油采收率方法[1-4]，CO_2 溶解于原油中导致黏度的降低可以有效地提高原油的流动性，其机理还包括界面张力减小、轻烃萃取和原油溶胀效应[5-7]。此外，在混相条件下，CO_2 和原油可以任意比例混合形成单相，消除界面张力从而进一步提高 CO_2 驱油效率[8-9]。

CO_2 驱和 CO_2-水交替驱（CO_2-WAG）是常见的驱油方案[10-11]。每种驱油方式在驱油效果、注入难度和对储层物性变化的影响方面具有不同的特征[12-14]。CO_2 驱油过程中所需的注入压力较小，然而黏度差异和重力分异机制会引发过早的 CO_2 突破，导致较低的 CO_2 利用率和大量未动用的剩余油[15-16]。当实际含油储层是由一系列具有不同渗透性的薄层组成时，在高渗透层中，由于作为阻力的毛细管力较小，会过早地发生 CO_2 突破，渗透率较低的储层则难以被波及[17-18]。CO_2-WAG 驱油可以增加注入流体的波及体积，提高注入 CO_2 的利用率，缓解层间非均质的矛盾。然而高的注入压力和注入成本，是低渗透储层中 CO_2-WAG 驱油的缺点。此外，注入的 CO_2 溶入原油时会触发沥青质沉淀，而 CO_2—地层水—岩石相互作用引起的地层水离子浓度和 pH 值的变化会导致碳酸盐矿物沉淀[19]。沥青质颗粒和碳酸盐矿物沉淀在喉道处被捕获或吸附在孔隙壁面上，导致孔隙和喉道被堵塞[20-22]，特别是对孔喉结构细小的低渗透储层，会造成明显的渗透率下降。另外由于储层的层间非均质性，在驱替过程中流体在不同渗透率储层中的分布差异较大[23]，不同的驱替方式也会增加这种复杂性[24]，这使得预测剩余油分布和储层伤害更加困难。因此，在不同的 CO_2 驱替方式驱替后，多层储层中的剩余油分布和各储层物性变化值得进一步研究，明晰沥青质沉淀和CO_2—地层水—岩石相互作用对各储层物性伤害的机理及程度，为现场开发方案的设计和优化提供理论依据。

目前针对非均质较强的多层砂岩储层，CO_2驱替方式对剩余油分布和储层伤害的影响研究较少，且沥青质沉淀和CO_2—地层水—岩石相互作用对岩石孔隙结构破坏的协同效应以及差异大多被忽略。此外，由于注CO_2过程中CO_2—地层水—岩石相互作用引起的岩石孔隙结构不可逆变化[25]，导致岩心不能在对比实验中重复使用，对比实验对实验材料一致初始物性的要求较难满足。在研究中，通过分割3块岩心获得的6块岩心用于模拟两组物性相似的多层储层，然后在储层温度（70℃）和压力（18MPa）条件下分别在多层系统中进行CO_2和CO_2-WAG驱油实验，评估并比较了多层系统中每块岩心的剩余油分布，以及沥青质沉淀和CO_2—地层水—岩石相互作用对岩石渗透率的损害。

1 实验

1.1 实验材料

实验使用的原油样品来自长庆油田，在实验室配置成活油，原油密度（70℃）为0.7257g/cm^3，黏度（70℃）为3.88mPa·s，溶解气油比为31.4m^3/m^3，泡点压力为7.52MPa。使用高温气相色谱仪（HTGC）测定活油组成的分析结果见表1。根据ASTM D2007-03标准[26]测得原油中正庚烷不溶性沥青质的质量分数为1.32%，基于Flory-Huggins模型计算了沥青质沉淀与原油中溶解的CO_2浓度之间的关系曲线，如图1所示[27]。使用RUSKA-2730型高温高压可视PVT仪的测试数据和预测结果误差小于5%[28]。此外通过不同压力下的细管实验测试CO_2-原油系统的最小混相压力（MMP），得出在70℃时CO_2-原油系统MMP值为16.3MPa（图2），低于储层压力18MPa。实验中使用的CO_2的纯度为99.99%，在18MPa和70℃下，CO_2在原油中的溶解度为58.7mol%。实验过程中使用的地层水为配置的盐水，地层水为氯化钙型（表2）。普通蒸馏水和氘水用于制备两种盐水，即普通盐水和氘盐水。在驱替过程中使用氘水的目的是为了在进行核磁共振（NMR）测试时屏蔽水信号从而获得油在岩心中的分布。

表1 原油样品的气相色谱组成

组分	质量分数/%	组分	质量分数/%	组分	质量分数/%
CO_2	0.08	nC_4	0.47	C_9	6.46
N_2	0.31	iC_5	1.18	C_{10}	5.70
C_1	1.50	nC_5	0.22	C_{11}	4.86
C_2	0.60	C_6	4.86	C_{12}	4.21
C_3	0.49	C_7	5.55	C_{13}	4.28
iC_4	0.25	C_8	6.10	C_{14}	4.45

续表

组分	质量分数 /%	组分	质量分数 /%	组分	质量分数 /%
C_{15}	3.88	C_{21}	1.80	C_{27}	1.58
C_{16}	3.38	C_{22}	1.92	C_{28}	1.48
C_{17}	3.08	C_{23}	1.67	C_{29}	1.40
C_{18}	2.93	C_{24}	1.74	C_{30+}	15.78
C_{19}	2.38	C_{25}	1.59		
C_{20}	2.28	C_{26}	1.56		

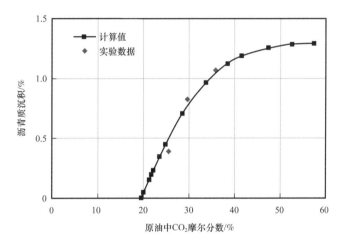

图 1　沥青质沉淀的量与原油中 CO_2 浓度关系

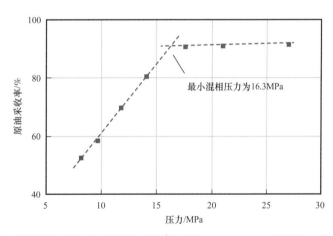

图 2　细管实验测得的累积原油采收率在注入 1.2PV CO_2 时随压力的变化

实验所使用的岩心样品取自不同的未注 CO_2 的储层，岩心为均质砂岩。取样并通过 D8 Focus 型 X 射线衍射仪进行 X 射线衍射测试，测得岩心矿物组成（表 3）。所选的 3 块岩心具有一定的渗透率极差,每块岩心的渗透率代表了模拟的多层系统中每层的平均渗透率。清洗岩心干燥后测量气体渗透率和孔隙度值,之后将每块岩心平均分成2个部分,以获得具有相同长度的两组6块岩心(图3、表4)。

表2 储层地层水基本物性

密度 / (g/cm³)	黏度(25℃)/ (mPa·s)	pH值	离子含量/(mg/L)						总矿化度/ (mg/L)
			K^+	Na^+	Ca^{2+}	Mg^{2+}	Cl^-	SO_4^{2-}	
1.01	1.03	7.04	296	3494	7134	48.2	18433	114	29520

表3 岩心中矿物种类及含量

岩心编号	矿物种类及质量分数/%						
	石英	钾长石	斜长石	方解石	白云石	黏土矿物	其他
Y1	33.5	16.3	31.2	6.5	2.2	6.8	3.5
Y2	41.3	13.4	26.6	7.7	2.8	5.4	2.8
Y3	30.4	18.5	36.2	5.1	1.8	4.9	3.1

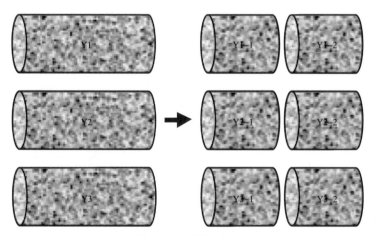

图3 岩心分割示意

将所有岩心在真空下用普通盐水完全饱和24h,并通过核磁共振装置(SPEC-023-B型核磁共振高温高压渗流实验分析仪)对每块岩心进行测试,记录岩心孔隙盐水中氢核的横向弛豫时间(T_2)和信号幅度以获得T_2谱曲线。由于T_2值和相应的信号幅度代表了氢核所在的孔隙空间的大小和数量,因此T_2谱可以被转换为岩心孔隙半径分布,并进行归一化处理[29-31](图4)。本文中所有的NMR测试均是将含有岩心的岩心夹持器一起置于装置中进行测量,使岩心以及其中的流体保持压力。测试结果表明,通过分割一块岩心得到的2块短岩心具有相近的渗透率、孔隙度和孔径分布,可以认为满足实验材料在实验前具有相似初始物性的前提。

表 4　岩心基本物性

岩心编号	长度 /cm	渗透率 /mD	孔隙度 /%	直径 /cm
Y1	6.75	0.589	10.67	2.523
Y1-1	3.15	0.582	10.61	2.523
Y1-2	3.12	0.593	10.68	2.523
Y2	6.58	6.820	16.74	2.525
Y2-1	3.10	6.780	16.69	2.525
Y2-2	3.13	6.920	16.87	2.525
Y3	6.84	63.200	19.91	2.522
Y3-1	3.14	63.600	19.98	2.522
Y3-2	3.13	64.100	19.85	2.522

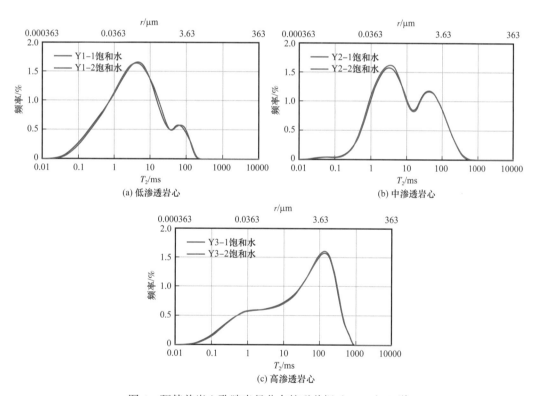

图 4　驱替前岩心孔隙半径分布核磁共振（NMR）T_2 谱

1.2　实验设备与过程

图 5 为研究中用于进行 CO_2 和 CO_2-WAG 驱油实验的高温高压驱油装置的示意图。3 个岩心夹持器并行连接水平放置以模拟多层储层。4 个中间容器中分别是普通盐水、氡盐

水、活油和 CO_2。将所有的岩心夹持器和中间容器放入恒温箱中,调节温度至70℃并维持24h,同时使用ISCO泵将中间容器中流体的压力维持在18MPa。3个气液分离器和3个气体流量计用于收集和计量每个岩心中的产出流体。

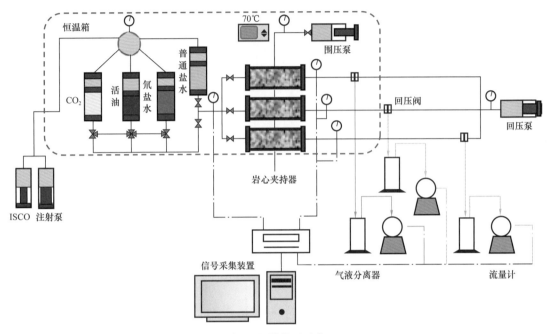

图5 驱替装置示意

为了排除高矿化度盐水对驱替后岩石渗透率的影响,在岩心饱和普通盐水进行NMR测试后被并联进行普通盐水恒速驱替,驱替速度为 $0.02m^3/min$,驱替3个PV后结束,将岩心干燥并测试气测渗透率和孔隙度,之后将岩心及管线清洗并用氮气干燥,清除岩心及驱替装置中的普通盐水后进行驱油实验。驱油实验步骤为:

(1)将岩心Y1-1、Y2-1、Y3-1分别装入岩心夹持器中,抽真空并饱和氘盐水和原油,静置24h后通过NMR测试每块岩心中原油的分布状况,与饱和水的 T_2 谱进行对比,计算每块岩心中的初始含油饱和度(S_{oi})和束缚水饱和度(S_{wc}),计算结果见表5。

表5 驱替前岩心中初始含油饱和度和束缚水饱和度

驱替方式	岩心编号	孔隙体积/cm^3	S_{oi}/%	S_{wc}/%
CO_2-WAG	Y1-1	1.67	62.3	37.7
	Y2-1	2.59	67.1	32.9
	Y3-1	3.13	75.6	24.4
CO_2	Y1-2	1.67	60.2	39.8
	Y2-2	2.64	69.8	30.2
	Y3-2	3.10	78.9	21.1

（2）以气水交替的方式通过共同的入口向 3 块岩心注入 CO_2 和氘盐水，注入速度为恒定的 $0.02cm^3/min$，出口端的压力控制在 18MPa。气水段塞尺寸为 0.1PV，段塞比为 1:1。直至多层系统不再产油时实验停止。在整个驱油期间连续监测和记录注入和生产压力，以及注入和产出流体的体积。实验结束后立即再次通过 NMR 测试每块岩心中剩余油分布。

（3）在岩心 Y1-2、Y2-2、Y3-2 上进行步骤（1）和步骤（2）的操作，然后以相同的恒定流速进行 CO_2 驱油，当多层系统不再有油产出并注入的 CO_2 体积达到步骤（2）中 CO_2 和氘盐水共同的体积后停止实验，然后通过 NMR 测试每块岩心中剩余油的分布。

1.3 实验后对岩心的测试

为了获得并区分有机沉淀（沥青质沉淀）和无机相互作用（CO_2—地层水—岩石相互作用）引起的岩石物性损害，实验后采用了一种改进的岩心清洁方法处理岩心。由于沥青质可溶于芳烃而不溶于烷烃，而原油中的其他成分可与正庚烷充分混合[32]，因此首先使用正庚烷除去驱替后岩心中剩余的流体而保留孔隙喉道中的沥青质沉淀，干燥后测得由沥青质沉淀和 CO_2—地层水—岩石相互作用共同影响的岩心渗透率和孔隙度。最后用甲苯+乙醇清洗岩心除去沥青质沉淀，干燥后测得岩心仅受无机相互作用影响的渗透率和孔隙度[28]。

2 结果和讨论

2.1 驱替压差和产出流体

如图 6 所示，在 CO_2 驱油过程中，驱替压差首先增加随后减小。在高渗透岩心中发生明显的 CO_2 突破后驱替压差迅速下降。CO_2 的降黏作用导致岩心中流体流动阻力的降低和油气驱替前缘推进的共同作用使驱替压差先上升后减小。由于注入的 CO_2 与原油存在较大的黏度差异，黏性指进效应导致 CO_2 突破较快发生，在形成 CO_2 气窜通道后维持驱替所需的压差急剧降低[27]。在 CO_2-WAG 驱油过程中，驱替压差高于 CO_2 驱，但多层系统中 CO_2 突破时间较晚，在 CO_2 突破后驱替压差下降的幅度较小。CO_2-WAG 驱油过程中，由于三相流和盐水相对较高的黏度，较大的驱替阻力导致了较高的驱替压差。此外 CO_2-WAG 驱能有效减弱黏性指进效应，延缓 CO_2 在多层系统中的突破。由于气水交替的注入方式能有效抑制注入流体在高渗透层中形成的气窜通道中的流动，因此在 CO_2 突破之后 CO_2-WAG 驱仍需较高的驱替压差[17]。

表 6 为 2 种驱替方式驱替后多层系统累计流体产出体积。CO_2 驱后多层系统中收集到的产出液体主要来自高渗透层，且产出的液体主要是油，高渗透层贡献了 99.1% 的产气量。中渗透层在 CO_2 突破之前观察到油滴产出，并贡献了剩余 0.9% 的产气量。在低渗透层中始终未观察到明显的油气产出。而 CO_2-WAG 驱后虽然高渗透层的液体和气体产量贡献远高于其他两个岩心，但中渗透层具有明显的液体和气体产量，即使高渗透层中发生了 CO_2 突破之后仍旧如此，最终中渗透层产液和产气贡献率分别达到 13.3% 和 10.1%。油气产量显著高于 CO_2 驱。此外低渗透层中也观察到有油和气体的产出。CO_2 驱过程中，由于

高渗透层中驱替阻力较小，注入的 CO_2 在高渗透层中快速推进并突破，CO_2 较难进入中、低渗透层中，导致中、低渗透层中较高的剩余油比例。CO_2 在多层系统中突破之后出口端未再观察到明显的原油产出。这是由于气窜通道的形成加剧了各层之间渗流阻力的差异，注入 CO_2 的波及体积较难继续扩大，此时主要依靠 CO_2 对原油轻质组分的抽提作用实现原油的生产，但此过程 CO_2 驱油效率较差[17]。与 CO_2 驱相比，CO_2-WAG 驱不仅提高了多层系统中各层的油气产量，而且减小了各层之间产量的差异。CO_2-WAG 驱对注入流体在高渗透通道中流动的抑制使其能进入中、低渗透层和高渗透层中较小的孔隙中驱替原油，即使 CO_2 突破后仍旧能有效地扩大注入流体的波及体积，进而提高多层系统中注入流体的驱油效率[28]。

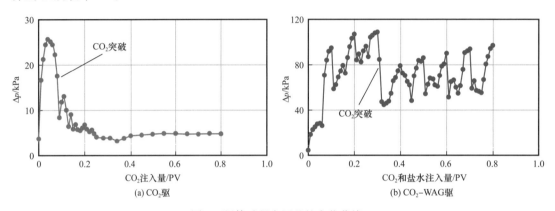

图 6　驱替过程中压差的变化曲线

表 6　驱替结束后每块岩心累积流体产出体积

驱替方式	液体（油 + 水）/mL			气体 /cm³		
	Y1	Y2	Y3	Y1	Y2	Y3
CO_2	—	—	1.2	—	7.3	847.6
CO_2-WAG	—	0.4	2.6	6.4	42.2	370.6

注："—"表示因体积小无法准确测量或为 0。

2.2　剩余油分布

在驱替实验后所有岩心中剩余油的分布和比例如表 7 和图 7 所示。基于剩余油分布计算得出每块岩心的采收率和产油贡献率如图 8 所示。

如图 7 所示，CO_2 驱后多层系统的剩余油主要分布在中、低渗透岩心以及高渗透岩心的小孔隙中。高渗透岩心具有最高的原油采收率和产油贡献率，多层系统的总采收率由高渗透层决定，整个系统的原油采收率仅为 27.64%（图 8）。这主要是由于储层的层间非均质性和高渗透层中的黏性指进效应造成的，导致不同岩心的毛细管阻力存在差异以及高渗透层中过早的 CO_2 突破[33-34]，大量被注入的 CO_2 通过高渗透层中 CO_2 气窜通道流出，降低了 CO_2 的利用率和 CO_2 的驱油效率。

表 7 驱替实验后每块岩心的剩余油比例

驱替方式	剩余油比例 /%			
	Y1	Y2	Y3	整个系统
CO_2-WAG	91.66	77.78	23.14	55.51
CO_2	98.03	94.22	45.40	72.36

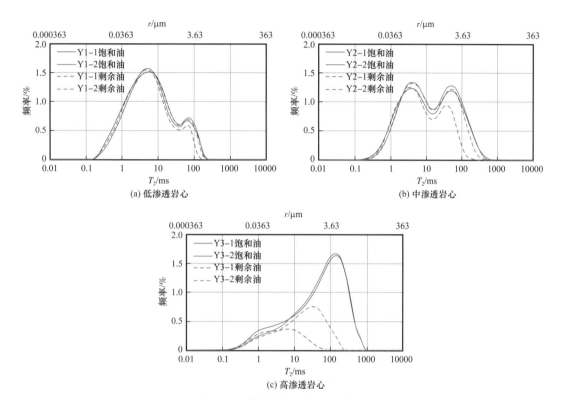

图 7 驱替前后岩心中原油分布

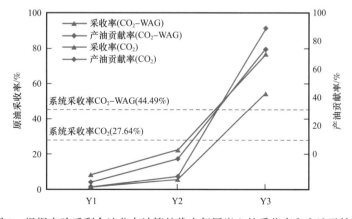

图 8 根据实验后剩余油分布计算的代表每层岩心的采收率和产油贡献率

如表 7 所示，在 CO_2-WAG 驱后的多层系统中，每块岩心中的剩余油少于 CO_2 驱后对应岩心中的剩余油，且高渗透岩心与中、低渗透岩心之间剩余油比例的差异减小，意味着 CO_2-WAG 驱后，多层系统中层间非均质性矛盾被缓解，且整个系统的采收率为 44.49%。此外，CO_2-WAG 驱后高、中、低渗透岩心的采收率分别比 CO_2 驱后高 22.26%、16.45% 和 6.37%，在高渗透岩心中 CO_2-WAG 的驱油效率改善最明显。此外，对于具有相同渗透率的岩心，在 CO_2-WAG 驱替过程中，岩心中可动油对应的孔隙尺寸下限低于 CO_2 驱，而且高渗透岩心拥有最小的下限值。这是由于在高渗透岩心中，较高的驱替压力和气水交替的注入方式使注入的 CO_2 可以进入或溶解在较小孔隙中的原油中，增加了注入流体在岩心中的波及体积和驱油效率。此外，在较高的驱替压力下一部分流体进入中、低渗透岩心，中、低渗透岩心中的波及和驱油效果也得到提高和改善。一般而言，CO_2-WAG 驱不仅提高了各层（尤其是高渗透层）中注入流体的驱油效果，而且减弱了储层层间非均质性对整个系统原油采收率的影响。

2.3 渗透率损害

驱油实验后，岩心的渗透率和孔隙度的变化如表 8 所示，所有岩心的渗透率显示出不同程度的下降，且在同一组实验中初始渗透率越大，渗透率下降幅度越大。CO_2-WAG 驱替后岩心渗透率下降幅度普遍高于 CO_2 驱。但所有岩心的孔隙度变化幅度为 1.0%～3.9%，小于渗透率降低的程度。在普通盐水驱替后岩石渗透率和孔隙度变化为 0.3%～1.2%，处于测量误差范围。

表 8 驱替实验前后岩心的渗透率和孔隙度变化

驱替方式	岩心编号	K_b/mD	K_a/mD	K_w/mD	$[1-(K_a/K_b)]/\%$	$\phi_b/\%$	$\phi_a/\%$	$\phi_w/\%$	$[1-(\phi_a/\phi_b)]/\%$
CO_2-WAG	Y1-1	0.58	0.54	0.57	6.87	10.61	10.26	10.53	3.30
	Y2-1	6.78	5.64	6.75	16.81	16.69	16.21	16.76	2.88
	Y3-1	63.60	44.90	63.80	29.40	19.98	19.21	19.76	3.85
CO_2	Y1-2	0.59	0.58	0.59	1.85	10.68	10.57	10.61	1.03
	Y2-2	6.92	6.48	6.86	6.36	16.87	16.42	16.75	2.67
	Y3-2	64.10	53.80	64.30	16.07	19.85	19.43	19.76	2.12

普通盐水驱替的结果表明，在本文实验条件下该驱替速度并没有引发速敏，可能由黏土矿物的膨胀以及高矿化度盐水引起的无机盐结垢等问题没有对岩石孔隙度和渗透率造成明显的影响，排除了盐水对实验结果的影响。此外。针对此区块其他特低渗透岩心，在仅饱和盐水条件下进行的驱替实验显示：由于无机盐沉淀和结构被破坏的黏土矿物，两块相似物性的饱和地层水的岩心在 150h 的 CO_2 和 CO_2-WAG 驱替后渗透率分别下降 15% 和 32%，表明在实验条件下 CO_2 的注入和高矿化度盐水的长期共同作用才会对岩石物性造成显著的损害[23]。

驱油实验后岩心渗透率的显著下降和岩心孔隙度的轻微变化被认为是由沥青质沉淀和CO_2—地层水—岩石相互作用共同引起的岩石孔喉堵塞导致的[27]。如图1所示,对于实验的CO_2-原油系统,当CO_2注入岩心并且溶入原油摩尔浓度达到19.6%时,沥青质开始从原油中沉积。在驱替过程中沥青质沉淀在流体中相互碰撞并絮凝成沥青质沉淀颗粒[31],在随着岩石孔隙中流体运移的过程中吸附在岩石孔隙表面或在狭窄喉道处被捕获[35]。此外,CO_2—地层水—岩石相互作用导致碳酸盐矿物的溶解和岩石中黏土矿物结构的破坏[式(1)—式(3)][36]。碳酸盐沉淀是由于pH值的变化和岩心中流体金属离子(Ca^{2+}、Mg^{2+})的浓度变化引发的,黏土颗粒因结构不稳定而被释放。如图9所示,上述过程产生的可动颗粒在驱替过程中导致岩石喉道的堵塞,由于喉道是控制岩石渗透率的关键因素,而孔隙决定岩石的孔隙度大小,因此岩石渗透率受到明显的损害,但孔隙度的变化较小[37]。

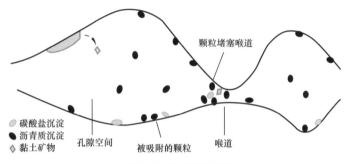

图9 颗粒堵塞孔隙和喉道的示意

对于绿泥石:

$$[Fe/Mg]_5Al_2Si_3O_{10}(OH)_8+5CaCO_3+5CO_2 = 5Ca[Fe/Mg](CO_3)_2+ \\ Al_2Si_2O_5(OH)_4(高岭石)+SiO_2+2H_2O \quad (1)$$

对于碳酸盐矿物:

$$CO_2+H_2O+CaCO_3 = Ca(HCO_3)_2 \quad (2)$$

$$CO_2+H_2O+MgCO_3 = Mg(HCO_3)_2 \quad (3)$$

由于不同渗透率的岩心被并联驱替,注入高渗透岩心的流体体积大于渗透率较低的岩心,这意味着在高渗透岩心中原油和矿物能接触更多注入的流体(CO_2或盐水),流体与流体、流体与岩石之间的相互作用更充分,产生更多的有机、无机沉淀和可动黏土颗粒。此外,大量的流体流过岩心,由流体携带的颗粒在喉部被捕获的概率更高,增强了多孔介质对流体中颗粒的过滤作用[38-39],因此在一组驱替实验中,更多的喉道堵塞导致高渗透岩心的渗透率降低更多。在相同驱替压差下,初始渗透率与流经岩心流体的体积成正比,因此理论上3块岩心渗透率下降幅度之间的比值应该接近于初始渗透率的比值。但同一组驱替实验中3个岩心之间渗透率下降幅度的比值(CO_2驱和CO_2-WAG驱分别为1:3.4:8.7和1:2.4:4.3)远小于初始渗透率(1:11.6:108)的比值差异(图10)。这是由于实验中使用的中、低渗透岩心具有平均较小的孔喉尺寸,其渗透率的变化对由有机、无机沉淀和黏土颗粒引起的堵塞更敏感，少量的驱替流体的渗流就能导致明显的渗透率下降。此外，虽然 CO_2-WAG 驱后 3 块岩心渗透率下降幅度都大于对应的 CO_2 驱后的岩心，但是 CO_2-WAG 驱 3 块岩心渗透率下降幅度之间的差异较小，表明 CO_2-WAG 驱可以减弱层间非均质性对不同层之间渗透率下降幅度差异的影响。此外值得注意的是，对于相同渗透率岩心，CO_2-WAG 驱后岩心渗透率下降幅度与 CO_2 驱后岩心渗透率下降幅度的比值随着初始渗透率的增大而减小。尤其对于高渗透岩心，两种驱替后渗透率下降幅度的差异小于中、低渗透岩心，这是由于无论采用何种驱替方式高渗透岩心均是注入流体的主要渗流通道。

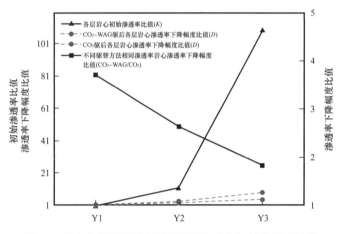

图 10　岩心之间的渗透率下降幅度比值和初始渗透率比值

从图 11 可以看出，CO_2 驱后沥青质沉淀引起渗透率下降的作用占主导地位，超过 95%。前人对组合长岩心进行的 CO_2 和 CO_2-WAG 驱油实验结果表明，沥青质沉淀和碳酸盐沉淀造成的渗透率下降幅度在岩心中呈波浪状分布，且沥青质沉淀造成的渗透率下降幅度高于碳酸盐沉淀[27]。对于水湿岩石，束缚水分布在小孔或以水膜的形式覆盖在岩石矿物表面[40]，注入的 CO_2 为非润湿相分布在孔隙中央，优先与原油接触而难以与盐水接触，形成的碳酸的量较少；对于油湿岩心，由于油膜覆盖在矿物表面，驱替过程中形成的碳酸难以与矿物接触，因此 CO_2—地层水—岩石相互作用对渗透率下降的影响相对较小。相对于长岩心驱油过程，实验中驱替时间相对较短，导致 CO_2—地层水—岩石相互作并不充分[37]，而当原油中的 CO_2 到达一定浓度后，沥青质沉淀则会迅速沉淀，因此在 CO_2 驱后沥青质沉淀造成的渗透率下降幅度远高于 CO_2—地层水—岩石相互作用。

在 CO_2-WAG 驱过程中，CO_2—地层水—岩石相互作用引起的渗透率下降明显高于 CO_2 驱，随着初始渗透率的增加，沥青质沉淀引起的渗透率下降与总渗透率下降幅度的比值下降。这是由于在高渗透岩心中，更多的原油被从岩心中驱出，在 CO_2-WAG 驱替过程中盐水和 CO_2 的分布更广泛，盐水和 CO_2 更容易与矿物接触，CO_2—地层水—岩石相互作用相对较大。但 CO_2-WAG 驱后岩心中由沥青质沉淀引起的渗透率下降幅度值仍然远高于 CO_2 驱。CO_2 驱过程中，注入的 CO_2 主要存在于大孔隙中，较难与较小孔隙中的原油接触。特别是在高渗透岩心中发生 CO_2 突破后，大部分 CO_2 从气窜通道流出，因此在小孔中沥青质沉淀的可能性较小。但是在 CO_2-WAG 驱过程中，即使在 CO_2 突破之后，由于气水交替注入对气窜通道的抑制作用，不仅在高渗透岩心的小孔中，而且在中、低渗透岩心的孔隙中，原油都有机会与 CO_2 接触，导致沥青质在更广泛的孔隙中沉淀，因此 CO_2-WAG 驱后沥青质沉淀导致的岩心渗透率下降幅度普遍大于 CO_2 驱。

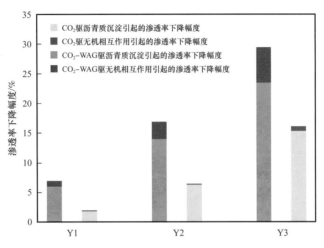

图 11　驱替实验后有机无机因素造成的岩心渗透率下降

综上所述，有机沉淀和无机相互作用对岩心渗透率的破坏受储层初始物性（非均质性、渗透率、孔径分布）和驱替方法（影响驱替过程中流体的分布）控制。

3　结论

（1）在渗透率比为 1：11.6：108 的强非均质多层系统中，CO_2 驱的平均驱替压差低于 CO_2-WAG 驱，且只有高渗透层具有明显的 CO_2 突破，而 CO_2-WAG 驱可以延缓多层系统中 CO_2 突破时间。CO_2 驱后多层系统中 91.4% 的油和 99.1% 的气产量来自高渗透层，中、低渗透层中未被动用原油的比例分别为 94.2% 和 98%。CO_2-WAG 驱改善了 CO_2 在各层中驱油效果，高、中、低渗透层采收率比 CO_2 驱后高 22.23%、16.50% 和 6.40%。此外，中、低渗透层的产油贡献率提高到 17.1% 和 3.8%，减弱了各层油气产量贡献率的差异。

（2）CO_2 驱油后强非均质多层系统中高渗透层的渗透率下降幅度为 16.1%，其中 95.1% 下降幅度由沥青质沉淀造成。CO_2-WAG 驱油后各层的渗透率下降幅度分别比 CO_2 驱后对应层高 13.3%、10.5% 和 5%。虽然沥青质沉淀引起的渗透率下降幅度仍高于 CO_2 驱，但其影响因素所占比例下降，在高渗透层中 20.7% 的渗透率降低由 CO_2—地层水—岩石相互作用引起。

（3）对于强非均质多层储层，CO_2-WAG 驱在提高系统总原油采收率方面具有优势，但会对各层储层的渗透率造成的更严重损害，对有机沉淀和无机相互作用都应采取相应的抑制措施。CO_2 驱时高渗透层中的沥青质沉淀是需要解决的主要矛盾，中、低渗透层则是产油挖潜的对象。

符号注释：

T_2——横向弛豫时间，ms；

r——岩石孔隙半径，μm；

S_{oi}——岩心中初始含油饱和度；

S_{wc}——岩心中束缚水饱和度；

Δp——驱替压差，kPa；

K_b——驱油实验前岩心气测渗透率，mD；

K_a——驱油实验后岩心气测渗透率，mD；

K_w——地层水驱后岩心气测渗透率，mD；

$[1-(K_a/K_b)]$——驱替后渗透率变化幅度；

ϕ_b——驱油实验前岩心气测孔隙度；

ϕ_a——驱油实验后岩心气测孔隙度；

ϕ_w——盐水驱后岩心气测孔隙度；

$[1-(\phi_a/\phi_b)]$——驱替后孔隙度变化幅度；

K_{Y1}——低渗透层的岩心 Y1 渗透率，mD；

K_{Y2}——中渗透层的岩心 Y2 渗透率，mD；

K_{Y3}——高渗透层的岩心 Y3 渗透率，mD；

K——低、中、高渗透层的岩心初始渗透率比值，$K_{Y1}:K_{Y2}:K_{Y3}$；

D——驱替后低、中、高渗透层的岩心渗透率下降幅度比值，$K_{DY1}:K_{DY2}:K_{DY3}$；

K_{DY1}——岩心 Y1 渗透率下降幅度；

K_{DY2}——岩心 Y2 渗透率下降幅度；

K_{DY3}——岩心 Y3 渗透率下降幅度。

参 考 文 献

[1] 胡伟，吕成远，王锐，等.水驱转 CO_2 混相驱渗流机理及传质特征[J].石油学报，2018，39（2）：201−207.

[2] 刘玉章，陈兴隆.低渗油藏 CO_2 驱油混相条件的探讨[J].石油勘探与开发，2010，37（4）：466−470.

[3] GHEDAN S G.Global laboratory experience of CO_2–EOR flooding[R].SPE125581，2009.

[4] AMPOMAH W，BALCH R，CATHER M，et al.Evaluation of CO_2 storage mechanisms in CO_2 enhanced oil recovery sites: application to Morrow sandstone reservoir[J].Energy & Fuels，2016，30（10）：8545−8555.

[5] 胡永乐，郝明强，陈国利，等.中国 CO_2 驱油与埋存技术及实践[J].石油勘探与开发，2019，46（4）：716−727.

[6] 钱坤，杨胜来，窦洪恩，等.注 CO_2 过程中流体性质变化及驱油机理实验研究[J].石油科学通报，2019，4（1）：69−82.

[7] 秦积舜，韩海水，刘晓蕾.美国 CO_2 驱油技术应用及启示[J].石油勘探与开发，2015，42（2）：209−216.

[8] 吕成远, 王锐, 崔茂蕾, 等.高含水条件下 CO_2 混相驱替实验 [J].石油学报, 2017, 38 (11): 1293-1298.

[9] QIAN Kun, YANG Shenglai, DOU Hongen, et al.Experimental investigation on microscopic residual oil distribution during CO_2 Huff-and-Puff process in tight oil reservoirs [J].Energies, 2018, 11 (10): 2843.

[10] TEKLU T W, ALAMERI W, GRAVES R M, et al.Low-salinity water-alternating-CO_2 EOR [J].Journal of Petroleum Science and Engineering, 2016, 142: 101-118.

[11] SEYYEDI M, SOHRABI M.Assessing the Feasibility of Improving the Performance of CO_2 and CO_2-WAG Injection Scenarios by CWI [J].Industrial &Engineering Chemistry Research, 2018, 57 (34): 11617-11624.

[12] 韦琦, 侯吉瑞, 郝宏达, 等.特低渗油藏 CO_2 驱气窜规律研究 [J].石油科学通报, 2019, 4 (2): 145-153.

[13] JABER A K, AWANG M B, LENN C P.Box-Behnken design for assessment proxy model of miscible CO_2-WAG in heterogeneous clastic reservoir [J].Journal of Natural Gas Science and Engineering, 2017, 40: 236-248.

[14] 唐梅荣, 张同伍, 白晓虎, 等.孔喉结构对 CO_2 驱储层伤害程度的影响 [J].岩性油气藏, 2019, 31 (3): 113-119.

[15] HAN Jinju, LEE M, LEE W, et al.Effect of gravity segregation on CO_2 sequestration and oil production during CO_2 flooding [J].Applied Energy, 2016, 161: 85-91.

[16] HAMIDI H, HADDAD A S, MOHAMMADIAN E, et al.Ultrasound-assisted CO_2 flooding to improve oil recovery [J].Ultrasonics Sonochemistry, 2017, 35: 243-250.

[17] LEI Hao, YANG Shenglai, ZU Lihua, et al.Oil recovery performance and CO_2 storage potential of CO_2 water-alternatinggas injection after continuous CO_2 injection in a multilayer formation [J].Energy & Fuels, 2016, 30 (11): 8922-8931.

[18] 崔明明, 李进步, 王宗秀, 等.辫状河三角洲前缘致密砂岩储层特征及优质储层控制因素——以苏里格气田西南部石盒子组8段为例 [J].石油学报, 2019, 40 (3): 279-294.

[19] 王琛, 李天太, 高辉, 等.CO_2—地层水—岩石相互作用对特低渗透砂岩孔喉伤害程度定量评价 [J].西安石油大学学报: 自然科学版, 2017, 32 (6): 66-72.

[20] 王琛, 李天太, 高辉, 等.CO_2 驱沥青质沉积对岩心的微观伤害机理 [J].新疆石油地质, 2017, 38 (5): 602-606.

[21] 黄磊, 沈平平, 贾英, 等.CO_2 注入过程中沥青质沉淀预测 [J].石油勘探与开发, 2010, 37 (3): 349-353.

[22] QIAN Kun, YANG Shenglai, DOU Hong'en, et al.Formation damage due to asphaltene precipitation during CO_2 flooding processes with NMR technique [J].Oil &Gas Science and Technology-Revue d'IFP Energies Nouvelles, 2019, 74: 11.

[23] BIKKINA P, WAN Jiamin, KIM Y, et al.Influence of wettability and permeability heterogeneity on miscible CO_2 flooding efficiency [J].Fuel, 2016, 166: 219-226.

[24] WANG Qian, YANG Shenglai, HAN Haishui, et al.Experimental investigation on the effects of CO_2 displacement methods on Petrophysical property changes of ultra-low permeability sandstone reservoirs near injection wells [J].Energies, 2019, 12 (2): 327.

[25] SAEEDI A, DELLE PIANE C, ESTEBAN L, et al.Flood characteristic and fluid rock interactions of a supercritical CO_2, brine, rock system: south West Hub, Western Australia [J].International Journal of Greenhouse Gas Control, 2016, 54: 309-321.

[26] US-ASTM.Standard test method for characteristic groups in rubber extender and processing oils and other petroleum-derived oils by the clay-gel absorption chromatographic method: ASTM D2007—2003 [S]. West Conshohocken, PA: ASTM International, 2003.

[27] WANG Zhilin, YANG Shenglai, LEI Hao, et al.Oil recovery performance and permeability reduction mechanisms in miscible CO_2 Water-Alternative-Gas (WAG) injection after continuous CO_2 injection: an experimental investigation and modeling approach [J].Journal of Petroleum Science and Engineering, 2017, 150: 376-385.

[28] HU Yufeng, LI Shi, LIU Ning, et al.Measurement and corresponding states modeling of asphaltene precipitation n Jilin reservoir oils [J].Journal of Petroleum Science and Engineering, 2004, 41(1/3): 169-182.

[29] 房涛, 张立宽, 刘乃贵, 等.核磁共振技术定量表征致密砂岩气储层孔隙结构——以临清坳陷东部石炭系—二叠系致密砂岩储层为例 [J].石油学报, 2017, 38(8): 902-915.

[30] 李潮流, 胡法龙, 袁超, 等.利用核磁共振与常规测井联合反演确定致密储层多矿物组分 [J].石油学报, 2018, 39(9): 1019-1027.

[31] 黄兴, 李天太, 王香增, 等.致密砂岩储层可动流体分布特征及影响因素——以鄂尔多斯盆地姬塬油田延长组长8油层组为例 [J].石油学报, 2019, 40(5): 557-567.

[32] ABEDINI A, TORABI F.Oil recovery performance of immiscible and miscible CO_2 huff-and-puff processes [J].Energy & Fuels, 2014, 28(2): 774-784.

[33] ALHAMDAN M R, CINAR Y, SUICMEZ V S, et al.Experimental and numerical study of compositional two-phase displacements in layered porous media [J].Journal of Petroleum Science and Engineering, 2012, 98-99: 107-121.

[34] LEI Hao, YANG Shenglai, QIAN Kun, et al.Experimental investigation and application of the asphaltene precipitation envelope [J].Energy &Fuels, 2015, 29(11): 6920-6927.

[35] UETANI T.Wettability alteration by asphaltene deposition: a field example [R].SPE171788, 2014.

[36] OKWEN R T.Formation damage by CO_2 Asphaltene precipitation [R].SPE98180, 2006.

[37] 朱子涵, 李明远, 林梅钦, 等.储层中CO_2—水—岩石相互作用研究进展 [J].矿物岩石地球化学通报, 2011, 30(1): 104-112.

[38] MENDOZA DE LA CRUZ J L, ARGÜELLES-VIVAS F J, MATÍAS-PÍREZ V, et al.Asphaltene-induced precipitation and deposition during pressure depletion on a porous medium: an experimental investigation and modeling approach [J]. Energy & Fuels, 2009, 23(11): 5611-5625.

[39] MONTEAGUDO J E P, RAJAGOPAL K, LAGE P L C.Simulating oil flow in porous media under asphaltene deposition [J].Chemical Engineering Science, 2002, 57(3): 323-337.

[40] 余义常, 徐怀民, 高兴军, 等.海相碎屑岩储层不同尺度微观剩余油分布及赋存状态——以哈得逊油田东河砂岩为例 [J].石油学报, 2018, 39(12): 1397-1409.

(本文原刊于《石油学报》2020年第7期)

特高含水油藏 CO_2 驱替特征研究及矿场应用

王锐，崔茂蕾，吕成远，赵淑霞，伦增珉，祝仰文

（中国石化石油勘探开发研究院）

摘　要：水驱后 CO_2 驱在现场取得了成功经验，然而，由于高含水条件的存在，导致 CO_2 与原油间的接触方式发生改变，混相过程的发展也受到一定的制约。针对高含水条件对 CO_2 混相驱过程的影响，制作了盲端微观可视化模型，进行了水驱前后 CO_2 混相过程微观实验。结合不同含水条件下的 CO_2 驱替实验及在线核磁驱替实验，明确了高含水条件下 CO_2 驱孔隙流体动用特征，以及含水条件及压力水平对 CO_2 驱油效率的影响。结果表明，高含水条件会对 CO_2 与原油的接触过程产生一定的屏蔽作用，注入的 CO_2 不能直接接触到剩余油，从而导致 CO_2 与原油的混相过程被大幅延缓，进而导致了高含水条件下 CO_2 驱见效时间被推迟。然而，CO_2 能够穿透水膜与原油接触，进而溶解膨胀，排挤水膜。水屏蔽效应在一定程度上能够削弱 CO_2 混相能力或增大混相压力，使得 CO_2 驱油效果变差。在线核磁驱替实验表明，高含水条件下，CO_2 驱不仅能动用水驱波及区域中、大孔隙中的剩余油，而且能够动用水驱未波及区域小孔隙中剩余油。高含水条件下 CO_2 驱替特征呈现出见效时间较晚，产油高峰伴随着 CO_2 大量突破，含水率大幅度下降等。结合濮城油田 CO_2 驱见效特征分析，提出了 CO_2 驱"长效闷井+大段塞水气交替注入"开发模式，有效改善目标油藏 CO_2 驱油效果，实现水驱后进一步提高采收率。

关键词：高含水；CO_2 驱替特征；水屏蔽效应；见效特征；开发模式

Experimental Study and Filed Application of CO_2 Displacement Characteristics for Extra-high Water Cut Reservoirs

WANG Rui, CUI Maolei, LYU Chengyuan, ZHAO Shuxia, LUN Zengmin, ZHU Yangwen

(SINOPEC Petroleum Exploration & Production Research Institute)

Abstract: CO_2 flooding has been successfully applied in water flooded reservoirs. However, the existence of high water content changes the contact form of CO_2 and crude oil, which restricts the miscibility development of CO_2 flooding. Visualization dead end model was made and utilized to observe the miscibility process of CO_2 flooding for post water flood. Additionally, the displacement experiments integrated with in-situ NMR device were implemented to determine the displacement characteristics, and the effects of water cut and pressure level on displacement efficiency. The results show that high water content could shield CO_2 and crude oil. And injection

CO_2 couldn't contact residual oil directly. The miscibility process was also delayed, which indicates later responding time of CO_2 flooding in high water cut reservoirs. However, CO_2 can penetrate water film, dissolve into residual oil, and make it expanse, which will erupt water film. Water shield phenomenon could reduce CO_2 miscibility and increase minimum miscibility pressure, which decreases displacement effect. Furthermore, the results from in-situ NMR indicate that CO_2 flooding can improve oil recovery for extra-high water cut reservoir. It can not only decrease residual oil saturation in medium and large pores, but also reduce that in small and micro pore. The displacement performance of CO_2 flooding in extra-high water cut reservoirs characterizes on lower initial oil rate and higher water cut. As produced GOR starts to increase, water cut decreases sharply, which induces oil rate increasing significantly. Based on the above questions, effective development mode for extra-high water cut reservoirs was proposed to apply long term soaking time and larger CO_2 slug, which has been practiced in Pucheng oildiled.

Key words: high water cut; CO_2 displacement characteristics; water shield phenomenon; production performance; development mode

CO_2驱提高采收率技术始于20世纪50年代。此后，美国、加拿大、匈牙利、土耳其、俄罗斯、中国等陆续开展大量的矿场试验研究。据国际能源署统计，截至2017年年底，CO_2驱占提高采收率项目的42%，预计未来CO_2驱产量将快速提升[1]。目前，美国CO_2驱产量超过$1000×10^4$t，占全年产量的5%左右。其中，水驱后实施CO_2驱的项目占77.1%。国外油田矿场试验表明，中高含水期油藏实施CO_2驱后，日产水量明显降低，且油田平均含水率显著降低，增油效果明显。水驱开发效果好的油藏实施CO_2驱效果也好，表明水驱开发油藏实施CO_2驱，能够进一步提高采收率[2,3]。国内CO_2驱技术主要应用于水驱无法实施或水驱效果差的油藏，对特高含水期中高渗透率油藏研究较少。而我国陆上油田水驱采收率仅为33.6%，水驱过后仍有大量剩余有滞留在储层中。借鉴国外经验，在高（特高）含水油藏中实施CO_2驱，能够大幅提高采收率，具有良好应用前景[4-6]。

高（特高）含水油藏水驱剩余油总体呈现出"整体分散、局部富集"的特征，剩余油高度分散，注入气无法直接接触剩余油，导致CO_2驱油机理复杂化。目前，高含水油藏对CO_2驱油机理的影响研究较少。国外，Tiffin、Walsh、Bijeljic等通过理论计算，分析了水膜对CO_2驱油过程的影响，认为存在一定的水屏蔽效应，延缓CO_2与剩余油的接触[7-14]。国内，秦积舜通过多孔介质微观可视化实验，发现CO_2有超越水的阻碍，驱替剩余油。国殿斌、宋兆杰等通过室内实验和数值模拟研究了水驱油藏转CO_2驱油的开发效果，认为高含水油藏采用CO_2驱能够提高采收率[15-20]。国内外学者关于高含水对驱油过程的影响问题研究，实验方面利用多孔介质微观模型进行过程观察，实验现象难以重复，无法获得规律性认识；从理论上进行推断，缺乏实验验证；数值模拟研究也未考虑含水条件对CO_2驱油机理的影响。本文以濮城油田特高含水油藏为研究对象，从孔隙尺度出发，结合核磁共振和岩心驱替实验，研究了高含水条件对CO_2驱油过程的影响规律，系统阐述了高含水条件下"CO_2能否接触到剩余油、CO_2在油水中如何分配、CO_2驱油效果如何"等制约了高含水油藏CO_2驱技术推广的关键问题，结合目标油藏CO_2驱矿场试验，分析了特高含

水油藏 CO_2 驱替特征，提出了改善目标油藏 CO_2 驱油效果的方法和措施。

1 特高含水条件下 CO_2 微观驱油机理研究

目标油藏为岩性—构造油藏，油层埋深 2280～2437m。油藏孔隙度为 28.1%，油藏平均渗透率为 690mD，油藏温度为 82.5℃，目前地层压力为 20.2MPa，地层水水型为 $CaCl_2$ 型，矿化度 $24×10^4$mg/L，地层原油黏度为 1.74mPa·s。该油藏于 1998 年进入水驱废弃阶段，2008 年开始实施 CO_2 驱先导性试验。CO_2 驱最小混相压力为 18.2MPa，油藏能实现 CO_2 驱混相驱。为了研究含水条件对 CO_2 驱油机理的影响，分别开展孔隙尺度微观可视化实验、油水共存条件下 CO_2 溶解分配规律、在线核磁共振与岩心驱替实验研究，明确了高含水条件下的 CO_2 微观驱油机理。

1.1 高含水条件下孔隙尺度 CO_2 微观驱油实验

1.1.1 实验装置及方法

目前，基于多孔介质仿真模型的微观可视化实验，存在"现象随机、重复性差、难以定量化"等问题，导致高含水条件下 CO_2 微观驱替实验以定性分析为主，无法重复或量化实验规律。针对这一问题，根据相似性原理，制作了基于微米尺度的盲端模型。模型盲端位于主流通道两侧，模型通道直径为 100μm。将盲端模型置于高温高压微观可视化装置中，在高温高压下分别进行 CO_2 驱、水驱后 CO_2 驱实验，水驱过程中需要在盲端形成水膜来封闭盲端剩余油水，进而分析含水对 CO_2 驱油过程的影响，实验装置及盲端模型如图 1、图 2 所示。

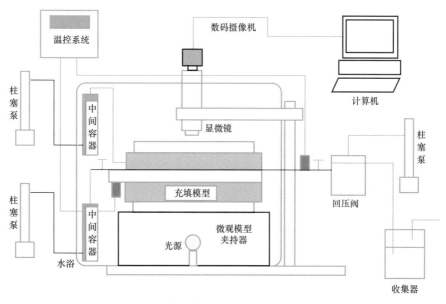

图 1 高温高压微观可视化实验装置

1.1.2 不含水条件 CO_2 微观可视化驱替实验

运用上述盲端微观模型，抽真空后饱和石油醚，然后用地层原油驱替石油醚，饱和地层原油，再进行 CO_2 驱替实验，实验压力为 15~25MPa，实验温度为 82.5℃，结果如图 3 所示：

图 3 分别进行了 3 种不同压力下不含水时的 CO_2 驱替实验。从图 3 中可以看出，注入压力越高，CO_2 溶解抽提能力越强，盲端剩余油颜色越深、组分越重。当注入压力大于混相压力时（25MPa），驱替 11min 后，可达到混相状态，盲端剩余油完全被采出；当注入压力在混相压力附近时（20MPa），驱替 36min 后，能够达到混相状态，盲端剩余油也能被完全采出；当注入压力小于最小混相压力时（15MPa），盲端自始至终都存在剩余油，即非混相状态条件下，CO_2 无法完全采出剩余油。此时，将压力提升至 18.4MPa 后，盲端剩余油逐渐被采出。

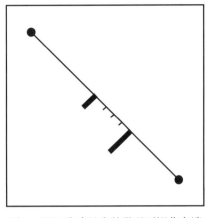

图 2 基于孔隙尺度的微观可视化盲端模型

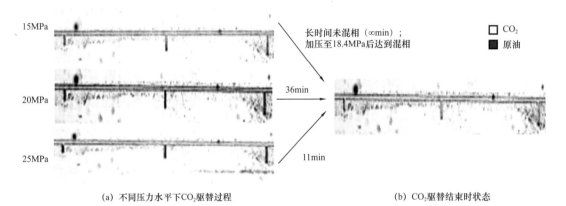

(a) 不同压力水平下 CO_2 驱替过程 (b) CO_2 驱替结束时状态

图 3 不含水条件下盲端模型 CO_2 驱微观可视化实验

图中无色部分代表 CO_2，棕色部分代表原油

1.1.3 含水条件下 CO_2 混相驱微观可视化实验

为了明确高含水条件对混相过程的影响，同样运用盲端模型，饱和原油进行了水驱后，再进行相同压力和温度下的 CO_2 混相驱实验。实验过程中对地层水运用甲基蓝进行染色，盲端处蓝色部分为水膜，棕色部分为原油，无色部分为 CO_2。实验压力为 20MPa，实验温度为 82.5℃。实验结果如图 4 所示。

图 4 是水驱后不同水膜厚度封闭盲端剩余油条件下 CO_2 驱实验，左边盲端水膜厚度较小，右边盲端水膜厚度较大，水膜厚度可以模拟不同的油藏含水条件。从图 4 中可知，水膜的存在明显延缓了 CO_2 与原油的混相过程。左边水膜厚度较小时，CO_2 将水膜封闭盲端剩余油替出需要 106min；右边水膜厚度较大时，需要 388min 才能将盲端剩余油替出。

另外，观察到 CO_2 替出盲端剩余油的过程，首先是 CO_2 穿透水膜后，接触到盲端剩余油，使得原油逐步发生膨胀，将水膜逐步挤出盲端孔隙。随着穿透水膜 CO_2 越多，盲端剩余油溶解 CO_2 越多，原油膨胀作用越明显，最终导致盲端屏蔽 CO_2 与剩余油的水膜完全被挤出盲端，导致后续注入 CO_2 能够直接接触到剩余油，最终将大部分盲端剩余油采出。另外，观察到含水条件下尽管大部分剩余油被采出，但在盲端的远端仍有部分颜色较深的重质组成残留。

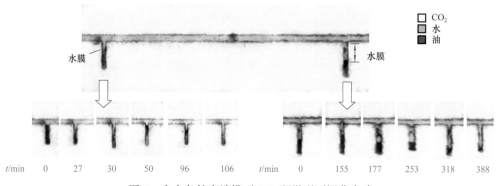

图 4　含水条件盲端模型 CO_2 驱微观可视化实验

1.1.4　高含水条件下屏蔽效应及 CO_2 透水替油机理

通过对于图 3、图 4 两种条件下的 CO_2 微观驱替实验，可以发现，含水条件对 CO_2 产生了一定的屏蔽效应，导致注入 CO_2 不能直接接触到盲端剩余油，延缓了 CO_2 与原油的接触时间。延缓接触时间的程度与水膜厚度有关，水膜厚度越大，延缓接触时间越长。尽管存在一定的水屏蔽效应，但由于 CO_2 在水中具有较大的扩散速度，使得 CO_2 能够快速穿透水膜，其穿透水膜的时间与水膜厚度有关，水膜厚度越大，穿透水膜时间越长。另外，对比不含水和含水条件下的实验结果，发现不含水条件下盲端模型中没有剩余油残留，但含水条件下盲端模型远端有部分重质组分残留，其主要是由 CO_2 混相机理决定的。

CO_2 驱属于多次接触混相，通过蒸发和凝析机理，CO_2 不断与原油间发生质量交换作用，在驱替前缘形成近混相带，最终逐步发展为混相状态。该过程存在两种作用机制：向前接触作用和向后接触作用。向前接触作用是注入气通过蒸发作用，不断与新鲜原油接触，抽提出原油中的较重组成，使得注入气不断富化的过程。向后接触作用是注入气凝析进残留的原油相中，使得滞留原油富化的过程。当驱替前缘与后缘组成接近时，混相带形成。显然，注入气与原油间的质量交换作用，决定了混相过程的发展。然而，在特高含水油藏或水驱废弃油藏中实施 CO_2 驱，注入的 CO_2 往往不能直接接触到剩余油，高含水对 CO_2 产生了一定的屏蔽作用。CO_2 首先需要穿透水膜与原油接触，通过蒸发作用抽提出一部分油相组成。由于抽提出的中间烃组成在水相中的扩散和溶解能力差，其很难反向穿透水体与外部 CO_2 接触，限制了 CO_2 凝析机理的发挥，使得 CO_2 与原油间的混相带难以形成。同时，随着 CO_2 不断注入，透过水膜的 CO_2 量不断增大，原油开始溶解 CO_2 后并发生体积膨胀，进而不断排挤水膜，最终导致水膜被挤走或破灭。此时，后续注入的 CO_2 能够接触到原油,并逐步发展为混相状态。总的来说,高含水条件的存在,延缓了 CO_2 与原油间的混相过程。

1.2 高含水条件下 CO_2 在油水中溶解分配规律研究

1.2.1 实验装置及方法

与 CO_2 在单相油、水中溶解分配不同的是,油水共存条件下的溶解分配规律存在较大差异。通过设计并测定不同压力和不同含水条件下 CO_2 在油水中的分配系数,进行油藏压力下(20.2MPa)一定油水比条件下的 CO_2 溶解分配实验,即在容器中充入一定比例的油水,然后逐步注入 CO_2,同时进行搅拌,使得 CO_2 与油水同时且充分接触,最后通过闪蒸实验,获得 CO_2 在油水中的溶解分配规律。

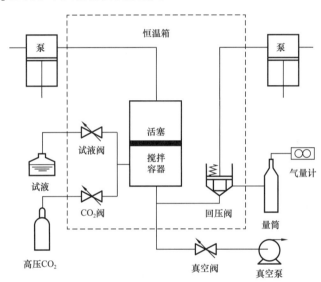

图 5　CO_2 在油水中溶解分配系数测定装置

1.2.2 CO_2 在油水中溶解分配系数测定

首先,定义溶解分配系数,其表示单位注气量条件下,CO_2 在单位体积原油和单位体积地层水中溶解量的比值,如下所示:

$$K = \frac{R_{go}/R_{gw}}{V_g/V_{gmax}} \tag{1}$$

式中　R_{go}——单位体积原油中溶解 CO_2 的体积,mL/mL;
　　　R_{gw}——单位地层水中溶解 CO_2 的体积,mL/mL;
　　　V_g——注气量,mL;
　　　V_{gmax}——油水中溶解的最大气量,mL。

从图 6 中可以看到，随着注气量的增大，CO_2 在油相和水相中的溶解度均呈线性增加趋势，CO_2 在油水中的溶解分配系数为两条直线斜率的比值为一常数，表明其与注气量无关，仅与压力、温度和油水性质等油藏条件有关。根据实验曲线，可计算得到不同含水饱和度下 CO_2 在油水中的溶解分配量比值。濮城油藏条件下 CO_2 在油水中溶解分配系数为 9.973。根据濮城油田油水饱和度变化情况，从图 7 中可知，注入 CO_2 约有 9.1% 溶解损失在地层水中。显然，特高含水油藏中 CO_2 在地层水中的溶解损失不可忽略，且随着含水饱和度越高，溶解损失越大。

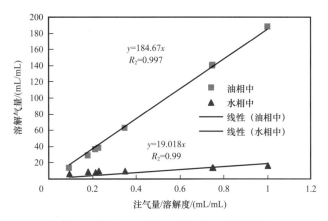

图 6 CO_2 在油水中的溶解分配系数测定

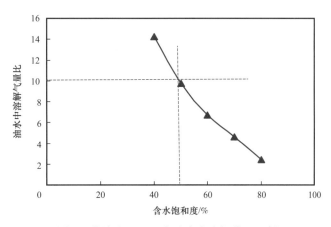

图 7 濮城油田 CO_2 在油水中溶解分配比例

1.3 高含水条件下 CO_2 驱油效果实验研究

1.3.1 实验装置及方法

为了弄清高含水条件下 CO_2 混相驱替特征，需要进行长岩心驱替物理模拟实验。运用长岩心驱替与在线核磁耦合的驱替系统，开展 CO_2 驱替实验，研究高含水条件下 CO_2 驱替特征。利用实际油藏岩心拼接成长岩心，进行岩心驱替实验。首先抽真空饱和地层水，然后饱和原油,形成束缚水状态。水驱至含水率为98%后,进行CO_2驱实验,岩心原始含油饱和度为78.2%,束缚水饱和度为21.8%。

1.3.2 高含水条件下CO_2驱孔隙动用特征

利用上述在线核磁驱替系统,开展水驱后CO_2驱在线核磁监测实验,分析不同孔隙中原油动用情况,结果如图8、图9所示。

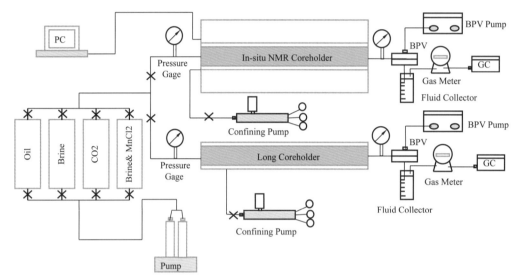

图 8 CO_2驱长岩心驱替与在线核磁驱替实验装置

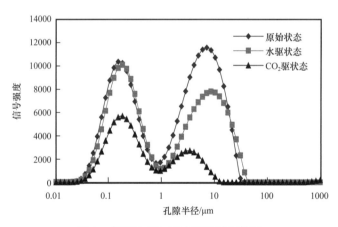

图 9 水驱后CO_2驱中原油动用情况

从图9、图10可知,水驱后,小孔隙(0.1~1.6μm)和微小孔隙中剩余油较为富集,含油饱和度仅降低2.34%;中孔隙(1.6~12.5μm)和大孔隙中的驱油效果较好,含油饱和度降低15.15%。实施CO_2驱后,高孔、中孔、低孔中原油均有较大幅度降低。其中,大孔隙、中孔隙中含油饱和度降低22.28%,小孔隙(0.1~1.6μm)和微孔隙(<0.1μm)中含油饱和度降低15.31%,剩余油大部分集中在小孔隙(0.1~1.6μm)中,剩余油饱和度为

17.37%。水驱能够动用中孔、大孔中的原油,小孔、微小孔隙中的原油动用较少。水驱后实施 CO_2 驱,不仅能够动用大孔隙中的原油,而且能够较大幅度地降低小孔、微小孔隙中的原油。显然,高含水、特高含水阶段,CO_2 驱不仅能提高水驱波及区域驱油效率,而且能够扩大微观波及效率,动用水驱未波及的剩余油。

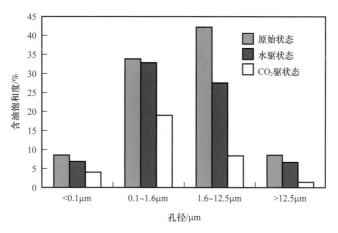

图 10　CO_2 驱不同孔隙中原油动用情况

1.3.3　高含水条件下 CO_2 驱岩心驱替特征实验

运用上述实验装置,开展水驱至特高含水阶段 CO_2 长岩心驱替实验,结果如图 10、图 11、图 12 所示。

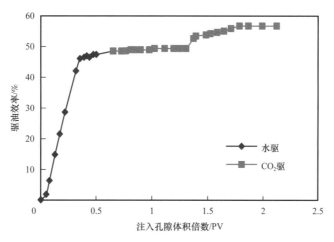

图 11　高含水下 CO_2 驱油效率曲线

从图 11、图 12、图 13 可知,水驱至特高含水阶段后,CO_2 驱仍能大幅度提高原油采收率。CO_2 气体突破前,采油速度较低;当气体突破后,生产气油比大幅上升,同时采油速度大幅提高,并能维持较高采油速度较长时间。另外,注气初期为油水同出阶段,且含水率仍然维持很高的水平,产油量较低;当 CO_2 大量突破时,含水率急剧下降,采油速度增大。显然,高含水条件下 CO_2 混相驱的特征表现为初期含水率较高,采油速度较低。

当 CO_2 突破水体与原油接触后，含水率急剧降低，采油速度迅速提高。另外，由于高含水对 CO_2 与原油接触过程的屏蔽，CO_2 混相驱的见效时间会被不同程度延缓，相比于低含水条件或不含水条件，CO_2 混相驱见效时间较晚。

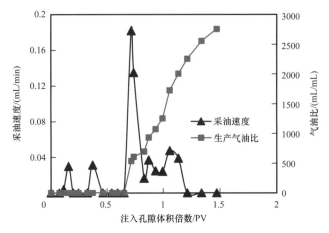

图 12　高含水下 CO_2 驱采油速度和气油比曲线

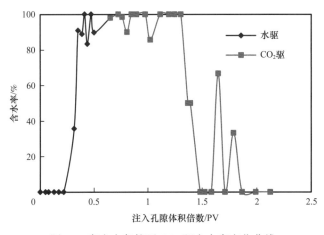

图 13　高含水条件下 CO_2 驱含水率变化曲线

1.3.4　含水对 CO_2 驱油效率影响实验

为了明确含水条件对 CO_2 驱油效率的影响，分别进行了目前地层压力下（20.5MPa）不同含水饱和度及高含水条件下不同压力水平下的 CO_2 驱油效率实验，结果如图13所示。

图14表示在目前地层压力水平下开展的不同含水饱和度条件下的 CO_2 驱油实验。从图13可知，随着含水饱和度的增大，CO_2 驱油效率逐步降低，在含水饱和度小于43%时，CO_2 驱采收率降低幅度较小；当含水率大于43%后，CO_2 驱采收率急剧降低。显然，随着含水饱和度的增大，剩余油饱和度逐步降低，注入的 CO_2 未能及时接触到剩余油，而导致 CO_2 驱油效率降低。图15表示目前含水饱和度条件下开展不同压力水平条件下的 CO_2 驱

油效率实验,并将其与不含水条件下的长细管岩心驱替实验进行比较。从图 15 可知,随着压力水平的增大,高含水条件下 CO_2 驱油效率逐步增大。与长细管驱替不同的是,高含水条件下 CO_2 岩心驱替实验驱油效率与驱替压力呈直线关系,不存在拐点。表明在实际岩心或油藏中,高含水条件导致 CO_2 混相过程被延缓,CO_2 驱混相能力被削弱,或者最小混相压力增大,使得高含水条件下的驱油效率大幅度降低。

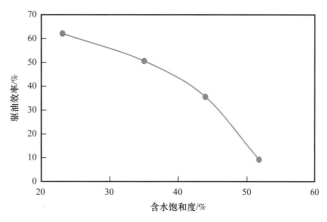

图 14　含水饱和度对 CO_2 驱油效率影响

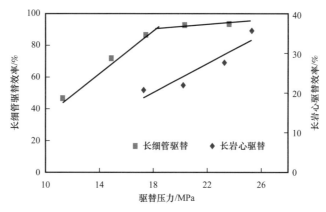

图 15　高含水条件下压力对 CO_2 驱油效率影响

2　特高含水油藏 CO_2 驱替特征及矿场应用

2.1　濮城油田特高含水油藏 CO_2 驱见效特征

濮城油田沙一段下亚段油藏自 1980 年 1 月正式投产,截至 2005 年 8 月水驱废弃。2008 年 3 月 20 日开始实施 CO_2 驱先导性试验,采出程度由试验前的 53.88% 提高到 61.67%。之后,累计注入井组 11 个,累计注气 280393t,对应油井累计增油 60125t,结合上述微观驱油机理研究结果,分析目标油藏 CO_2 驱见效特征。

2.1.1 特高含水油藏 CO_2 驱见效高峰期伴随着 CO_2 大量产出

通过对濮城油田较早实施 CO_2 驱的濮 P1-1 井组生产曲线进行分析（图16），发现 CO_2 驱见效高峰期伴随着 CO_2 大量突破，此时含水率大幅度下降。另外，生产气油比较高时，原油产量仍维持较高水平，且能保持较长时间。

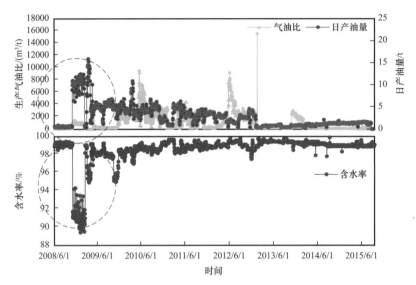

图 16　濮城油田 P1-1 井组 CO_2 驱生产曲线

2.1.2 特高含水油藏 CO_2 驱见效时间较晚

根据现场 CO_2 驱井组见效时间统计，一般见效时间在 0.5~2 年左右。其中，开始见效时间在 1 年以上的占生产井的 90%，开始见效时间在 1.5 年以上的占 70%（表1）。显然，见效时间较晚是特高含水油藏 CO_2 驱的见效特征。由于"水屏蔽效应"的存在，使得 CO_2 与剩余油之间的接触时间被大幅延缓。另外，由于高含水条件下 CO_2 在水中的溶解分配比例较大，注入 CO_2 中部分溶解于地层水中，产生无效溶解损失，导致有效注入 PV 数减小，从而导致见效时间相应推迟。

表 1　濮城油田 CO_2 驱生产井见效时间统计

井组	注入井（2014年10月8日）		对应油井
	注入时间	注入量 /10^4t	见效时间 /a
濮 1-1	2008 年 6 月 1 日	3.43	0.4
濮 1-59	2010 年 7 月 22 日	3.6554	2.0
濮 1-90	2013 年 7 月 24 日	0.9974	1.8
濮 1-88	2013 年 11 月 1 日	1.2675	1.8
濮 1-309	2013 年 12 月 11 日	0.5660	1.8
濮 1-313	2013 年 12 月 28 日	0.4073	1.1

续表

井组	注入井（2014年10月8日）		对应油井
	注入时间	注入量 /10⁴t	见效时间 /a
濮1-26	2014年1月13日	0.6749	1.5
濮1-72	2014年1月14日	0.6998	1.2
濮1-78	2014年3月18日	0.2519	2.0
濮1-312	2014年3月26日	0.7611	2.8
平均			1.64

2.1.3 注入压力较高的井组 CO_2 驱增油趋势显著

通过对濮城油田已实施 CO_2 驱生产井累计增油情况进行统计（表2），发现注入压力较高的生产井，其累计增油量较大，特别是注入压力处于最小混相压力以上的P1-72井，累计增油量最大。究其原因，主要是由于高含水条件改变了 CO_2 驱混相机理，削弱或延缓了 CO_2 混相能力，从而导致压力水平较低时，其驱油效果较差。因此，高含水油藏在实施 CO_2 驱之前，需要尽可能提高地层压力水平，保持较高地层能量，才能获得较好驱油效果。

表2 濮城油田 CO_2 驱生产井累计增油量统计

序号	井组	初期注入压力 /MPa	目前注入压力 /MPa	累计增油量 /t
1	P1-1	5	—	7135.6
2	P1-59	7	—	3898.07
3	P1-90	2.5	3	16767.9
4	P1-88	11	4	13428.1
5	P1-309	6	4	12184.4
6	P1-313	6	6	—
7	P1-26	3	12	17968.9
8	P1-72	2.6	20	43310.4
9	P1-78	3.5	8	1906.5
10	P1-312	8	0	—

2.2 濮城油田特高含水油藏 CO_2 驱有效开发模式

特高含水条件下 CO_2 具有"透水替油"特性，虽然高含水会一定程度上屏蔽 CO_2 与剩余油，但由于 CO_2 在水中具有较强的扩散能力，CO_2 能够穿透水膜，接触到剩余油。与不含水条件相比，含水条件大幅延缓了 CO_2 与原油的接触过程，导致了 CO_2 驱见效时间较晚。另外，高含水条件下 CO_2 在水中的溶解分配比例较大，注入 CO_2 中有部分溶解于地层水中，产生无效溶解损失。上述驱替特征，导致高含水 CO_2 驱油过程会受到一定的影响。尽管如此，核磁监测结果表明，高含水条件下 CO_2 驱不仅能提高水驱波及区剩余油驱油效率，而且能够扩大微观波及效率，动用水驱未波及区域剩余油，进一步提高采收率。另外，岩心驱替实验表明，在特高含水条件下实施 CO_2 驱应该尽量保持含水较低条件或压力较高水平，以获得更好的驱油效果。基于上述机理分析及矿场试验结果，针对高含水条件下存在水屏蔽效应、见效时间晚、水体溶解损失大等问题，常规的水气交替注入和连续注气方式难以发挥好的驱油效果，提出了"CO_2 长效闷井 + 大段塞水气交替注入"的开发模式。长效闷井措施有利于充分发挥 CO_2 的"透水替油"作用，保障 CO_2 有足够的时间穿透水体，接触并溶胀剩余油，实现水驱剩余油的有效动用。另外，大段塞注入可以弥补 CO_2 在水体中的无效溶解损失，满足了 CO_2 所需的有效注入孔隙体积倍数。根据这一思路，对原有的 CO_2 驱提高采收率方案进行调整。调整后全区方案注气井组 22 个，对应油井数 38 口，提高采收率方案 5.9%，换油率 0.326t/t，埋存率 53.7%。该措施在濮城油田进行了矿场试验，使得水驱废弃油藏起死回生，实现了水中捞油，取得了良好的开发效果。

3　结论

（1）高含水条件对 CO_2 与剩余油会产生一定的屏蔽作用，大幅延缓了 CO_2 与原油的接触过程，且水膜厚度越大，混相过程延缓时间越长。随着时间的延长，CO_2 能够穿透水膜与原油接触，原油溶解 CO_2 后体积膨胀，不断挤薄水膜，使得 CO_2 突破水膜。水屏蔽效应导致混相能力被削弱或最小混相压力升高，导致驱油效果变差。

（2）CO_2 在油水中的溶解分配系数与注气量无关，它是一个与压力、温度和油水性质有关的常数。特高含水油藏条件下，CO_2 在水中的溶解分配比例较大，导致有效注入孔隙体积倍数减小。

（3）特高含水条件下 CO_2 驱替特征表现为初期含水率较高、采油速度低等特点，随着气体逐步突破，气油比逐步上升，采油速度急剧增大，即见效期特征为见气见效，主要产油期伴随着气油比的快速升高。

（4）特高含水条件下，CO_2 驱不仅能进一步降低水驱波及区域中孔、大孔隙中的剩余油饱和度，而且能够有效动用水驱未波及区域小孔、微小孔隙中的剩余油。

（5）提出了特高含水油藏"CO_2 长效闷井 + 大段塞水气交替注入"的开发模式，能够有效克服"水屏蔽效应、水体无效溶解损失"等问题，实现特高含水油藏进一步提高采收率。

参 考 文 献

[1] IEA updates EOR project data, doubling output forecast [J]. Oil & Gas Journal, 2019.3.4.
[2] Koottungal Leena. 2014 Worldwide EOR Survey [J]. Oil & Gas Journal, 2014, 5.

[3] Koottungal Leena. 2012 worldwide EOR survey [J]. Oil and Gas Journal, 2012, 4 (2).

[4] 秦积舜, 韩海水, 刘晓蕾. 美国 CO_2 驱油技术应用及启示 [J]. 石油勘探与开发, 2015, 42 (2): 209-216.

[5] 马涛, 汤达桢, 蒋平, 等. 注 CO_2 提高采收率技术现状 [J]. 油田化学, 2007, 24 (4): 379-383.

[6] 计秉玉, 王友启, 聂俊, 等. 中国石化提高采收率技术研究进展与应用 [J]. 石油与天然气地质, 2016: 37 (4): 572-576.

[7] Tiffin D L, Yellig W F. Effect of mobile water on multiple-contact miscible gas displacement [J]. Society of Petroleum Engineers Journal, June 1983, SPE 10687.

[8] Tiffin D L, Sebastian H M, Bergman D F. Displacement mechanism and water shielding phenomena for a rich- gas/crude-oil system [J]. SPE Reservoir Engineering, May 1991.

[9] Walsh M P, Negahban S, Gupta S P. An analysis of water shielding in water-wet porous media [C]. 64th Annual Technical Conference and Exhibition of the Society of Petroleum Engineers held in San Antonio, TX, October 8-11, 1989.

[10] Wylie, Mahanty K. Effect of water saturation on oil recovery by near-miscible gas injection [J]. SPE Reservoir Engineering, November 1997.

[11] Zick A A. A combined condensing/vaporizing mechanism in the displacement of oil by enriched gases [C]. Paper SPE 15493 presented at the 1986 SPE Annual Technical Conference and Exhibition, New Orleans, Oct. 5-8.

[12] Stalkup F I. Displacement behavior of the condensing/vaporizing gas drive process [C]. Paper SPE 16715 presented at the 1987 SPE Annual Technical Conference and Exhibition, Dallas, TX, 27-29 Sept.

[13] Ghedan S. Global laboratory experience of CO_2-EOR flooding [C]. Paper SPE 125581 presented at the 2009 SPE/EAGE Reservoir characterization and simulation Conference held in Abu Dhabi, UAE, 19-21 October 2009.

[14] Bijeljic B, Muggeridge A H, Blunt M J. Multicomponent mass transfer across water films during hydrocarbon gas injection [J]. Chemical Engineering Science, 2003 (58): 2377-2388.

[15] Lun Zengmin, Wang Rui, Lv Chengyuan et al. Study on microscopic residual oil of CO_2 flooding for extra high water cut reservoirs [C]. Paper presented at the 5th International Acid Gas Injection Symposium held in Banff, Alberta, Canada, 19-22 May 2015.

[16] 秦积舜, 张可, 陈兴隆. 高含水后 CO_2 驱油机理的探讨 [J]. 石油学报, 2010, 31 (5): 797-801.

[17] 宋兆杰, 李治平, 赖枫鹏, 等. 水驱油藏转注 CO_2 驱油参数优化与效果评价 [J]. 西安石油大学学报 (自然科学版), 2012, 27 (6): 42-47.

[18] 国殿斌, 房倩, 聂法健. 水驱废弃油藏 CO_2 驱提高采收率技术研究 [J]. 断块油气田, 2012, 19 (2): 187-190.

[19] 吕成远, 王锐, 崔茂蕾, 等. 高含水条件下 CO_2 混相驱替实验 [J]. 石油学报, 2017, 38 (11): 1293-1298.

[20] 崔茂蕾, 王锐, 吕成远, 等. 特高含水油藏 CO_2 微观驱油机制 [J]. 中国石油大学学报 (自然科学版), 2018, 42 (1): 119-125.

用于 CO_2- 原油体系的改进型黏度预测模型

廉黎明[1,2]，秦积舜[1,2]，杨思玉[1,2]，杨永智[1,2]，李实[1,2]，陈兴隆[1,2]

（1. 提高石油采收率国家重点实验室；2. 中国石油勘探开发研究院）

摘　要：针对 LBC（Lohrenz-Bray-Clark）、CS（Pedersen）及 PR（Peng-Robinson）黏度预测模型不能同时兼顾精度、理论性以及计算简便性的问题，考虑温度、压力和组分相互作用等影响因素，对基于 PR 状态方程的黏度预测模型进行了改进，形成了适用于高温高压条件下 CO_2- 原油体系的新黏度预测模型。将模型中的无因次量由常量改进为与体系温度相关联的函数形式，提高了模型的计算精度；引入二元相互作用因子和 CO_2 有效摩尔分数，修正了用于混合体系计算时的黏度混合法则。以油田现场油样实测气相和液相组分数据为基础，在油藏温度和压力条件下，对模型改进前后计算黏度的精度进行了对比。结果表明，新黏度预测模型不仅计算简便，而且精度显著提高，满足工程应用要求。

关键词：CO_2- 原油体系；黏度预测模型；PR 状态方程；黏度混合法则

An improved viscosity model for CO_2-crude system

LIAN Liming[1,2], QIN Jishun[1,2], YANG Siyu[1,2], YANG Yongzhi[1,2], LI Shi[1,2], CHEN Xinglong[1,2]

（1. State Key Laboratory of Enhanced Oil Recovery；
2. Research Institute of Petroleum Exploration & Development）

Abstract：The existing viscosity models, including LBC（Lohrenz-Bray-Clark）Model, CS（Pedersen）Model and PR（based on PR Equation of State）Model, could not take into account accuracy, theory strictness and calculation convenience simultaneously. This study considers temperature, pressure, interaction between components and other affecting factors to improve the viscosity model based on PR EOS（equation of state）and finally establishes a new calculation model for CO_2-crude system under high pressures and high temperatures. The accuracy of the PR model is improved by changing the dimensionless constant in the model into a function related to the system temperature. Furthermore, the mixing-rule in viscosity calculation of mixture is modified through introducing the binary interaction factor and effective mole fraction of CO_2. Based on gas and liquid phase components of field oil samples from actual measurement, the calculation accuracy of models

---

基金项目：国家重点基础研究发展计划（973）项目 04 课题"孔隙介质中相态实验与理论研究"（2011CB707304）；国家油气重大专项"CO_2 驱油与埋存油藏工程技术及应用"（2011ZX05016-002）。

before and after improvement were compared, which shows that the new viscosity model is not only simple in computation, but also much more accurate, meets the industrial requirements.

Key words: CO_2-crude system; viscosity model; PR EOS; viscosity mixing-rule

油藏条件下，注入的 CO_2 与原油会发生组分传质，导致油、气的组分发生变化[1-2]。对 CO_2-原油体系进行研究时，当温度、压力或者体系组成变化后，需要对其重新进行相平衡计算[3-4]。计算过程中，需确定相态改变后体系密度、黏度及组分含量等参数。

在油藏特别是低渗透油藏的开发中，CO_2-原油体系黏度直接关系到油田注入能力以及地下流体的流动能力，是油藏开发过程中的重要参数之一。目前实际使用的黏度预测模型分为两类：一类是具有统一形式可同时应用于气、液相的黏度模型，包括基于对应状态原理的黏度模型［LBC（Lohrenz-Bray-Clark）模型[5]、CS（Pedersen）模型等[6]］和基于状态方程的黏度模型；另一类则是只用于描述气相或液相某一相的黏度模型，包括用于描述气相的黏度模型（Carr-Kobayashi-Burrows[7]、Dempsey[8]、Dean-Stiel[9]、Lee-Gonzalez-Eakin[10]、Standing[11]等）和用于描述液相的黏度模型（基于 Eyring 理论[12]和 LVIS 理论[13]等）。这些模型各具优势，但也存在不足:（1）对应状态模型存在参考流体选择难及对密度敏感等问题；（2）基于状态方程的模型存在临界点无法还原及模拟非理想体系受限等问题[14]；（3）单相流体黏度模型只能用于气液两相其中一相的计算，对另外一相的适用性较差。因此，本文在现有常用黏度模型分析的基础上，基于 PR（Peng-Robinson）状态方程的黏度模型[15]，通过修正模型无因次量的函数形式及改进黏度混合法则，提高黏度计算精度。

1 现有常用黏度模型分析

目前，工程应用较多的是对应状态模型（LBC、CS 为主）和基于状态方程的模型（PR 为主）。由于单相流体黏度模型模拟对象单一，暂未考虑用于描述地下流体。

1.1 LBC 模型

Lohrenz 等[5]将高压、高密度下的黏度与低密度黏度和体系相对密度相关联，得到如下方程：

$$\left[\left(\mu-\mu^*\right)\zeta+10^{-4}\right]^{1/4}=a_1+a_2\rho_r+a_3\rho_r^2+a_4\rho_r^3+a_5\rho_r^4 \tag{1}$$

其中关联系数 $a_1 \sim a_5$ 由实验测定，通常取 a_1=0.1023，a_2=0.023364，a_3=0.058533，a_4=-0.40758，a_5=0.0093324。

本模型形式简单、变量少，便于工程应用。但模型对相对密度十分敏感，在研究高黏、高密或临界流体时尤其明显；同时，不同目标体系关联系数不一定通用，多数情况下需重新测定，也限制了其应用。

1.2 CS 模型（Pedersen 模型）

Pedersen[6]在 1987 年提出了广义对应状态的 CS 模型，认为性质相近 2 种流体的黏度之比与两者的临界温度之比、临界压力之比、分子摩尔质量之比及耦合系数之比存在一定的函数关系，方程如下：

$$\mu(p,T)=\left(\frac{T_c}{T_{c0}}\right)^{-1/6}\left(\frac{p_c}{p_{c0}}\right)^{2/3}\left(\frac{M_{W_c}}{M_{W_{c0}}}\right)^{1/2}\frac{a_c}{a_{c0}}\mu_0(p_0,T_0) \qquad (2)$$

本模型结构简单，计算过程中累计误差较小，但需要用到与目标物质具有相似性质的参比物质，否则计算精度不高。这样在迭代计算过程中需要频繁更换参比物质进行比较，导致整个计算过程复杂烦冗。

1.3 PR 黏度模型

郭绪强等[15]建立了基于 PR 状态方程的黏度模型（PR 黏度模型），基于 T–μ–p 图像和 p–V–T 图像的相似性，可将 PR 方程中的温度和压力进行数值上的互换并用黏度替代体积，得到 PR 黏度模型[15]：

$$T=\frac{R'p}{\mu-b''}-\frac{a'}{\mu(\mu+b')+b'(\mu-b')} \qquad (3)$$

其中

$$a'=\Omega_a\frac{R_c'^2 p_c^2}{T_c};$$

$$b'=\Omega_b\frac{R_c' p_c}{T_c};$$

$$\Omega_a=0.457235;$$

$$\Omega_b=0.077796;$$

$$b''=b'\varphi(T_r,p_r);$$

$$R'=R_c'\tau(T_r,p_r);$$

$$R_c'=\frac{\mu_c T_c}{p_c Z_c};$$

$$\mu_c=7.7T_c^{-1/6}M_w^{1/2}p_c^{2/3};$$

$$\tau(T_r,p_r)=\left[1+A_1\left(\sqrt{p_r T_r}-1\right)\right]^{-2};$$

$$\varphi(T_r,p_r)=\exp\left[A_2\left(\sqrt{T_r}-1\right)+A_3\left(\sqrt{p_r}-1\right)\right]^2$$

$$A_1 = \begin{cases} 0.829599 + 0.350857\omega - 0.74768\omega^2 & (\omega < 0.3) \\ 0.956763 + 0.192829\omega - 0.303189\omega^2 & (\omega \geq 0.3) \end{cases}$$

$$A_2 = \begin{cases} 1.94546 - 3.19777\omega + 2.80193\omega^2 & (\omega < 0.3) \\ -0.258789 - 37.1071\omega + 20.551\omega^2 & (\omega \geq 0.3) \end{cases}$$

$$A_3 = \begin{cases} 0.299757 + 2.20855\omega - 6.64959\omega^2 & (\omega < 0.3) \\ 5.16307 - 12.8207\omega + 11.0109\omega^2 & (\omega \geq 0.3) \end{cases}$$

式（3）展开后可求得3个根，但并非都是所求黏度值，不同条件下，黏度值判据如下：在气液两相区，饱和气、液相的黏度分别为大于b''的最小实根和最大实根；在液相和超临界区，流体的黏度取方程的最大实根；在气相区，流体黏度为大于b''的最小实根[16-17]。

该模型的优势在于计算过程中可以实现对状态方程和黏度方程的同时求解，受假设条件和密度的影响较小。但当模型用于CO_2-原油这类非理想性体系时[18]，模型计算精度不足。

2 改进的PR黏度模型

PR模型对CO_2-原油体系预测精度不高的原因主要在于其未能充分考虑体系中各个组分间的性质和相互作用。原方程中直接将无因次量Ω_a、Ω_b定为常数而未能与组分相关联，与实际情况不符。为使模型能够进一步体现组分特性，对每个组分，将Ω_a、Ω_b处理成与黏度有较强相关性的温度参量的函数，且为了保持无因次形式，关联为对比温度的函数。具体形式可由实验数据回归得出（图1、图2）。

关联对比温度并改进后所得黏度模型变为：

$$T_i = \frac{R_i' p_i}{\mu_i - b_i''} - \frac{a_i'}{\mu_i(\mu_i + b_i') + b_i'(\mu_i - b_i')} \tag{4}$$

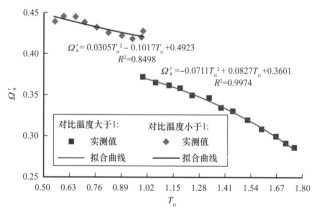

图1 Ω_a'与T_{ri}关系曲线

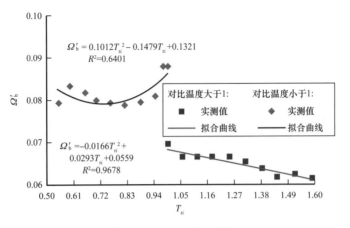

图 2　Ω_b' 与 T_{ri} 关系曲线

其中：

$$a_i' = \Omega_a' \frac{R_{ci}'^2 p_{ci}^2}{T_{ci}};$$

$$b_i' = \Omega_b' \frac{R_{ci}' p_{ci}}{T_{ci}}$$

$$\Omega_a' = \begin{cases} 0.0305 T_{ri}^2 - 0.1017 T_{ri} + 0.4923 & (T_{ri} < 1) \\ -0.0711 T_{ri}^2 + 0.0827 T_{ri} + 0.3601 & (T_{ri} \geq 1) \end{cases}$$

$$\Omega_b' = \begin{cases} 0.1012 T_{ri}^2 - 0.1479 T_{ri} + 0.1321 & (T_{ri} < 1) \\ -0.0166 T_{ri}^2 + 0.0293 T_{ri} + 0.0559 & (T_{ri} \geq 1) \end{cases}$$

修正后的模型在临界条件下仍然可以还原为PR状态方程，因而其在理论上是可行的。不同条件下，流体黏度取值的判据沿用原黏度模型的判据。

3　修正的黏度模型混合规则

上述改进的黏度模型只给出了其应用于各个组分时的形式，而在应用于混合体系时，可以通过黏度计算混合法则对模型进行修正，原混合法则[15]为：

$$T = \frac{R_m' p_m}{\mu_m - b_m''} - \frac{a_m'}{\mu_m(\mu_m + b_m') + b_m'(\mu_m - b_m')} \tag{5}$$

其中：

$$a_m' = \sum_i x_i a_i' \quad b_m' = \sum_i x_i b_i'$$

$$b_m'' = \sum_i \sum_j \left[x_i x_j \sqrt{b_i'' b_j''}(1 - K_{ij}) \right] \quad R_m' = \sum_i x_i R_i'$$

CO_2-原油体系非理想性强,上述黏度混合法则不能精确描述,需要对法则做出修正。由于曲线的相似性,在进行混合法则计算时,作用系数不应影响模型的构型,因此可在原混合规则的基础上引入交互作用系数和斥力作用系数进行修正[19]。依据作用系数与温度和压力的关系可以得到修正后的混合法则:

$$T = \frac{R'_{m_{new}} p_m}{\mu_m - b''_{m_{new}}} - \frac{a'_{m_{new}}}{\mu_m (\mu_m + b'_{m_{new}}) + b'_{m_{new}} (\mu_m - b'_{m_{new}})} \tag{6}$$

其中:

$$a'_{m_{new}} = \sum_i \sum_j x_i x_j \sqrt{a'_i a'_j} (1 - K_{ij})$$

$$b'_{m_{new}} = \sum_i \sum_j x_i x_j \sqrt{b'_i b'_j} (1 - D_{ij})$$

$$b''_{m_{new}} = \sum_i \sum_j x_i x_j \sqrt{b''_i b''_j} \left[(1 - K_{ij})^{1/2} (1 - D_{ij})^{3/2} \right]^{1/2}$$

$$R'_{m_{new}} = \sum_i \sum_j x_i x_j \sqrt{R'_i R'_j} \left[(1 - K_{ij})^{3/2} (1 - D_{ij})^{1/2} \right]^{-1/2}$$

根据对应状态原理,混合物质可看作一类虚拟的纯物质,具有一套按一定规则求出的拟临界参数,其计算方法与纯物质类似。模型中涉及的混合物质临界参数(临界压力、临界温度)可由 Kesler-Lee 经验关系式求出[20]。

对于 CO_2 组分,前人在针对 LBC 模型的改进过程中[21]引入 CO_2 的有效摩尔分数代替实际的 CO_2 摩尔分数,同时对体系中所有组分的摩尔分数进行归一,得到其他组分的有效摩尔分数。

由于 CO_2 与原油中其他有机组分的性质不同,使 CO_2-原油体系的黏度预测难度加大,现将 LBC 模型改进过程中引入的 CO_2 有效摩尔分数概念扩展到本文修正后的黏度模型中。

通过回归计算得到 CO_2 有效摩尔分数的计算关联式如下:

$$x_{CO_2}' = B_0 + B_1 x_{CO_2} + B_2 x_{CO_2}^2 \tag{7}$$

其中普适化系数 B_0、B_1、B_2 可由实验回归得出:

$$B_0 = 0.1435362 - 4.75358 \times 10^{-5} M_{C_{7+}} + 5.59327 \times 10^{-8} M_{C_{7+}}^2$$

$$B_1 = 0.05692891 + 3.5366 \times 10^{-4} M_{C_{7+}} - 5.9555 \times 10^{-7} M_{C_{7+}}^2$$

$$B_2 = 0.03306904 - 1.70171 \times 10^{-4} M_{C_{7+}} + 4.88704 \times 10^{-7} M_{C_{7+}}^2$$

由于本文中修正的黏度模型基于状态方程提出，因而也可以通过还原为第二维里系数的相关形式来证明修正后的黏度混合法则在理论上具有严格性[22]；而相互作用引力和斥力参数及 CO_2 有效摩尔分数的引入，也使得模型对于非理想性较强的 CO_2- 原油体系有更好的精度和适应性。

4 实例计算与分析

选取实际油田 8 个区块（S301、B14、Qf、HE79、D、HO75、HU129 和 F18）的 8 个油样（表 1 至表 3）。分别利用原 PR 黏度预测模型、改进的 PR 黏度预测模型、LBC 模型和 CS 模型对实际油样的黏度进行预测，并比较其计算结果（图 3）和相对误差（图 4）。结果表明，在 CO_2- 原油体系的黏度计算过程中，非烃组分的存在影响体系黏度的计算，且 LBC 模型对体系密度异常敏感，因而 LBC 模型计算结果的相对误差非常大，超过了 500%；CS 模型对体系黏度的计算精确度提高，但是由于模型对参比物质的选取过于敏感，因而计算误差仍然超过 50%；原 PR 黏度模型在计算过程中，由于受到 CO_2 项的影响，相对误差也接近 50%；而利用本文改进后的 PR 黏度模型进行计算时，由于状态方程的各相参数都修正为适用于 CO_2- 原油体系的参数，并且模型应用与混合物的混合计算法则也根据 CO_2- 原油体系的性质进行了改进，因而所得结果与实际数值最为接近，相对误差为 5% 左右，满足工程计算的精度要求。

表 1 实际油样组成及基本参数

组分	相对分子质量	临界压力 /MPa	临界温度 /K	偏心因子
N_2	28.0	33.99	126.44	0.040
C_1	16.0	46.04	190.76	0.010
C_2	30.0	48.80	305.61	0.099
CO_2	44.0	73.84	304.39	0.225
C_3	44.0	42.49	370.01	0.152
iC_4	58.0	36.48	408.32	0.185
nC_4	58.0	37.97	425.36	0.201
iC_5	72.0	33.81	460.61	0.222
nC_5	72.0	33.69	469.83	0.254
C_6	86.0	33.30	512.78	0.250
C_7	100.0	31.23	547.22	0.280
C_8	114.0	28.89	575.56	0.312
C_9	128.0	26.41	602.78	0.348

续表

组分	相对分子质量	临界压力/MPa	临界温度/K	偏心因子
C_{10}	134.0	24.20	626.67	0.385
C_{11}	147.0	22.41	647.78	0.419
C_{12}	161.0	20.82	668.33	0.454
C_{13}	175.0	19.72	686.67	0.484
C_{14}	190.0	18.62	705.56	0.516
C_{15}	206.0	17.58	724.44	0.550
C_{16}	222.0	16.62	740.00	0.582
C_{17}	237.0	15.86	755.56	0.613
C_{18}	251.0	15.31	766.67	0.638
C_{19}	263.0	14.75	777.78	0.662
C_{20}	275.0	14.27	789.44	0.690
C_{21}	291.0	13.79	801.11	0.717
C_{22}	300.0	13.31	811.67	0.743
C_{23}	312.0	12.96	822.22	0.768
C_{24}	324.0	12.55	831.67	0.793
C_{25}	337.0	12.20	841.67	0.819
C_{26}	349.0	11.93	850.56	0.844
C_{27}	360.0	11.65	859.44	0.868
C_{28}	372.0	11.38	867.78	0.894
C_{29}	382.0	11.10	874.44	0.915
C_{30}	394.0	10.89	882.78	0.941
C_{31}	404.0	9.86	890.56	0.897
C_{32}	415.0	9.51	897.78	0.909
C_{33}	426.0	9.24	905.00	0.921
C_{34}	437.0	8.96	911.11	0.932
C_{35}	445.0	8.76	917.22	0.942
C_{36+}	674.2	7.45	945.56	0.994

表2 实际油样组分摩尔分数表

组分	油样组分摩尔分数 /%							
	S301	B14	Qf	HE79	D	HO75	HU129	F18
H_2S	0	0	0	0	0	0	0	0
CO_2	7.71	0.21	0.03	0.15	0.38	0.55	0.01	0.03
N_2	0.95	0.66	1.84	2.82	2.03	1.83	0.99	0.50
C_1	16.88	13.05	23.51	16.19	27.83	23.73	17.80	10.98
C_2	1.49	1.35	3.80	3.94	0.59	4.47	4.38	0.98
C_3	4.28	2.31	2.55	3.22	0.42	2.38	6.93	0.75
iC_4	1.01	0.71	0.25	1.68	0.11	0.39	1.03	0.10
nC_4	3.71	2.08	2.13	2.98	0.26	1.49	3.30	0.89
iC_5	1.43	0.96	0.56	0.90	0.09	0.43	1.47	0.92
nC_5	2.52	1.93	1.47	2.59	0.11	1.29	1.80	1.80
C_6	2.84	2.47	1.61	2.43	0.58	2.02	2.91	1.67
C_7	4.98	3.60	1.74	3.84	0.11	2.34	4.87	1.70
C_8	6.35	8.12	3.64	5.13	0.06	3.44	4.75	4.22
C_9	4.90	5.53	4.32	4.23	0.15	3.45	3.47	5.09
C_{10}	4.07	5.22	3.92	3.90	1.64	3.42	2.90	4.47
C_{11}	3.05	3.55	3.65	3.36	2.46	3.37	3.37	3.86
C_{12}	2.94	4.14	3.43	3.26	3.07	3.59	3.23	3.59
C_{13}	2.68	3.91	3.18	3.27	3.19	3.02	3.39	3.92
C_{14}	2.58	2.88	2.67	2.70	3.41	2.71	2.76	2.92
C_{15}	2.50	3.44	2.84	2.75	2.97	3.02	2.67	3.25
C_{16}	2.07	2.75	2.44	2.21	3.05	2.57	2.83	2.82
C_{17}	2.00	2.56	2.34	2.25	2.67	1.96	2.27	2.51
C_{18}	1.77	2.54	2.18	2.00	2.33	2.06	1.83	2.72
C_{19}	1.76	2.43	2.08	1.92	2.23	2.00	1.74	2.59
C_{20}	1.64	2.32	1.99	1.76	2.17	1.88	1.53	2.34
C_{21}	1.46	1.94	1.77	1.60	2.04	1.70	1.50	2.26

续表

组分	油样组分摩尔分数 /%							
	S301	B14	Qf	HE79	D	HO75	HU129	F18
C_{22}	1.26	1.88	1.68	1.55	1.96	1.59	1.26	2.24
C_{23}	1.14	1.65	1.68	1.43	1.74	1.49	1.30	2.17
C_{24}	0.98	1.50	1.49	1.39	1.71	1.51	1.33	2.10
C_{25}	0.84	1.32	1.18	1.23	1.58	1.28	1.36	1.80
C_{26}	0.81	1.17	1.25	1.15	1.51	1.30	1.24	1.87
C_{27}	0.74	1.02	1.09	1.06	1.47	0.98	1.04	1.64
C_{28}	0.72	0.99	1.05	1.02	1.39	1.05	0.82	1.70
C_{29}	0.67	0.95	0.94	0.94	1.30	0.95	0.69	1.63
C_{30}	0.59	0.86	0.84	0.91	1.14	0.84	0.57	1.49
C_{31}	0.51	0.79	0.74	0.70	1.03	0.69	0.53	1.26
C_{32}	0.42	0.70	0.66	0.72	0.91	0.67	0.47	1.23
C_{33}	0.34	0.61	0.64	0.55	0.84	0.65	0.42	1.05
C_{34}	0.31	0.56	0.55	0.53	0.75	0.56	0.37	0.94
C_{35}	0.29	0.52	0.50	0.48	0.71	0.53	0.34	0.85
C_{36+}	2.81	4.80	5.80	5.28	17.99	6.80	4.53	11.13

表3 实际油样温度压力条件

实际油样	地层温度 /℃	地层压力 /MPa	泡点压力 /MPa
S301	76.00	19.97	5.77
B14	71.00	16.70	4.19
Qf	76.00	13.95	9.11
HE79	97.30	23.11	7.16
D	62.00	12.50	10.09
HO75	108.40	21.26	10.14
HU129	71.56	12.94	5.60
F18	83.80	24.17	3.63

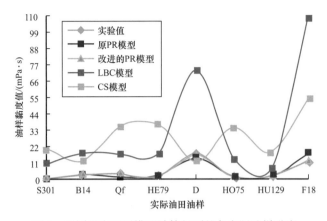

图 3　不同黏度预测模型计算得到的各实际油样黏度

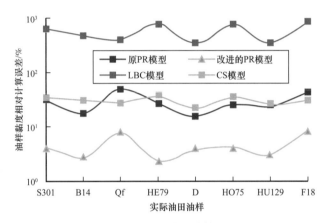

图 4　不同黏度预测模型计算相对误差

5　结语

本文改进后的黏度模型临界点可严格恢复为 PR 状态方程形式，理论严谨；模型形式变化不大，计算简便性与原模型相同，便于实用。

本模型利用温度、压力、组分性质等参量直接对黏度进行计算，相比其他常用模型，减小了间接计算过程中由于假设形成的累计误差；在高温高压条件下，非理想性增强时，比原混合规则更具有优势。

符号注释：

μ——体系黏度，Pa·s；

μ^*——低密度下的体系黏度，Pa·s；

ζ——黏度系数；

ρ_r——体系相对密度；

p——体系压力，Pa；

T——体系温度，K；

T_c——目标体系临界温度，K；
T_{c0}——参比物质临界温度，K；
p_c——目标体系临界压力，Pa；
p_{c0}——参比物质临界压力，Pa；
M_{Wc}——目标体系分子摩尔质量，g/mol；
M_{Wc0}——参比物质分子摩尔质量，g/mol；
a_c——目标体系耦合系数；
a_{c0}——参比物质耦合系数；
μ_0——参比物质的黏度，Pa·s；
p_0——参比物质的压力，Pa；
T_0——参比物质的温度，K；
V——体积，m³；
a'、b'——与黏度相关的引力和体积修正系数；
b''——与黏度相关的体积修正系数中间变量；
Ω_a，Ω_b——无量纲系数；
R'——与黏度相关的变量；
R_c'——临界黏度常量；
p_r，T_r——无量纲对比压力和温度；
$\tau(T_r, p_r)$，$\varphi(T_r, p_r)$——关于对比温度和对比压力的中间函数；
μ_c——临界黏度，Pa·s；
Z_c——临界气体压缩因子；
M_W——分子摩尔质量，g/mol；
ω——偏心因子；
A_1，A_2，A_3——普遍化系数；
Ω_a'，Ω_b'——改进后的无量纲系数；
x——组分的摩尔分数；
K_{ij}——二元相互作用系数；
D_{ij}——二元斥力作用系数；
x_{CO_2}，x_{CO_2}'——修正前、后的 CO_2 有效摩尔分数；
B_0，B_1，B_2——普适化系数；
$M_{C_{7+}}$——C_{7+} 组分的平均相对分子质量；
下标：i，j——组分；
m——混合物质；
m_{new}——混合物质改进后的参数。

参 考 文 献

[1]沈平平，廖新维.二氧化碳地质埋存与提高石油采收率技术[M].北京：石油工业出版社，2009.

[2] 姬泽敏, 秦积舜, 陈兴隆, 等. 链/环状烃类-CO_2体系界面张力等效碳数换算[J]. 石油勘探与开发, 2014, 41 (2): 223-226, 238.

[3] 高云丛, 赵密福, 王建波, 等. 特低渗油藏CO_2非混相驱生产特征与气窜规律[J]. 石油勘探与开发, 2014, 41 (1): 79-85.

[4] 廉黎明, 秦积舜, 杨思玉, 等. 二氧化碳驱数学模型研究进展及发展方向[J]. 油气地质与采收率, 2013, 20 (2): 77-82.

[5] Lohrenz J, Bray B G, Clark C R. Calculating viscosities of reservoir fluids from their compositions [J]. Journal of Petroleum Technology, 1964, 6 (10): 1171-1176.

[6] Pedersen K S. An improved corresponding states model for the prediction of oil and gas viscosities and thermal conductivities [J]. Chemical Engineering Science, 1987, 42 (1): 182-186.

[7] Carr N L, Kobayashi R, Burrows D B. Viscosity of hydrocarbon gases under pressure [J]. Journal of Petroleum Technology, 1954, 6 (10): 47-55.

[8] Stockman F D, Dempsey J R, Preston F W. Practical application of a two-dimensional numerical model for gas reservoir studies [J]. Journal of Petroleum Technology, 1967, 19 (9): 1127-1136.

[9] 宁英男, 张海燕, 刘春天, 等. Dean-Stiel粘度模型的改进[J]. 大庆石油学院学报, 1999, 23 (2): 30-32.

[10] Lee A L, Gonzalez M H, Eakin B E. The viscosity of natural gases [J]. Journal of Petroleum Technology, 1966, 18 (8): 997-1000.

[11] Standing M B, Katz D L. Vapor-liquid equilibrium of natural gas-crude oil systems [J]. Trans. AIME, 1944, 155 (1): 232-245.

[12] Glasstone S, Laidler K J, Eyring H. Theory of rate process [M]. New York: McGraw-Hill, 1941.

[13] 杜连贵, 郭天民. 半理论LVIS粘度模型应用于油藏原油[J]. 化工学报, 1993, 44 (2): 236-239.

[14] 王利生, 郭天民. 基于Patel-Teja状态方程的统一粘度模型(Ⅱ): 应用于油气藏流体粘度的预测[J]. 化工学报, 1993, 44 (6): 685-691.

[15] 郭绪强, 荣淑霞, 杨继涛. 基于PR状态方程的粘度模型[J]. 石油学报, 1999, 20 (3): 56-61.

[16] Little J E, Kennedy H T. A correlation of the viscosity of hydrocarbon system with pressure temperature and composition [J]. SPEJ, 1968, 8 (2): 157-159.

[17] Lawal A S. Prediction of vapor and liquid viscosities from the Lawal-Lake-Silberberg equation of state [R]. SPE 14926-MS, 1986.

[18] Peng D Y, Robinson D B, Bishnoi P R. The use of the Soave-Redlich-Kwong Equation of state for predicting condensate fluid behaviour [R]. WPC 16339, 1975.

[19] 廉黎明, 秦积舜, 刘同敬, 等. 修正混合规则的BWRS型状态方程及其在CO_2-原油体系相态计算中的应用[J]. 中国石油大学学报: 自然科学版, 2013, 37 (2): 1-8.

[20] 贾虎, 赵金洲, 杨怀军, 等. 轻质油藏空气驱机理数值模拟[J]. 石油勘探与开发, 2014, 41 (2): 215-222.

[21] 郭天民. 多元气—液平衡和精馏[M]. 北京: 石油工业出版社, 2002: 11-140.

[22] 薛卫东, 朱正和, 邹乐西, 等. 超临界CO_2热力学性质的理论计算[J]. 原子与分子物理学报, 2004, 21 (2): 295-300.

(本文原刊于《石油勘探与开发》2014年第5期)

页岩油储集层二氧化碳吞吐纳米孔隙原油微观动用特征

黄兴[1,2]，李响[1,3]，张益[1]，李天太[1,2]，张荣军[1,4]

（1. 西安石油大学石油工程学院；2. 陕西省非常规油气勘探开发协同创新中心；
3. Tulsa 大学石油工程系；4. 西安市致密油（页岩油）开发重点实验室）

摘　要：采用低温氮气吸附实验分析页岩岩样孔径分布、比表面积和孔体积等参数，进而对弛豫时间（T_2）与孔径间的转换系数进行标定，在此基础上开展了页岩CO_2吞吐核磁共振实验，从微观尺度研究了注气压力、闷井时间和裂缝对页岩孔隙中原油动用特征的影响，定量评价了孔径不大于50nm的小孔和孔径大于50nm的大孔的动用程度。结果表明：非混相条件下大孔中原油的采出程度随注入压力的增加快速升高，混相条件下注入压力的增加对大孔采出程度的影响减弱；无论是否混相，小孔中原油的采出程度随注入压力的增加基本保持线性增长，且随着注气压力的增大，CO_2可动用孔径下限不断降低；随着闷井时间的增加，大孔中原油的采出程度增速逐渐降低，小孔中原油的采出程度增速呈先升后降趋势，实验条件下最佳闷井时间约为10h；裂缝的存在能够大幅提高小孔和大孔中原油的采出程度。

关键词：页岩油；CO_2吞吐；核磁共振；微观孔隙结构；驱油效率；影响因素

Microscopic Production Characteristics of Crude Oil in Nano-Pores of Shale Oil Reservoirs during CO$_2$ Huff and Puff

HUANG Xing[1,2], LI Xiang[1,3], ZHANG Yi[1], LI Tiantai[1,2], ZHANG Rongjun[1,4]

（1. School of Petroleum Engineering, Xi'an Shiyou University; 2. Cooperative Innovation Center of Unconventional Oil and Gas Exploration and Development; 3. School of Petroleum Engineering, the University of Tulsa; 4. Xi'an Key Laboratory of Tight oil (Shale oil) Development）

Abstract: The parameters such as pore size distribution, specific surface area and pore volume of shale rock samples are analyzed by low-temperature nitrogen adsorption experiment, and

---

基金项目：国家自然科学基金青年项目"页岩油藏超临界CO_2吞吐对微观孔隙结构及吸附特性作用机制研究"（52004221）；国家自然科学基金面上项目"陆相页岩油藏CO_2压裂复杂缝网形成机制及增产机理"（5207042143）；陕西省教育厅科研计划项目"超临界CO_2复合压裂混合流体吞吐提高页岩油采收率机理"（21JY034）。

then the conversion coefficient between relaxation time (T_2) and pore size is calibrated. Nuclear magnetic resonance experiments of CO_2 huff and puff in shale samples are carried out to study the effects of gas injection pressure, soaking time and fractures on the oil production characteristics of shale pores from the micro scale. The the recovery degrees of small pores (less than or equal to 50nm) and large pores (greater than 50nm) are quantitatively evaluated. The experimental results show that the recovery degree of crude oil in large pores increases rapidly with the increase of injection pressure under non-miscible conditions, and the effect of injection pressure rise on recovery degree of large pores decreases under miscible conditions; whether miscible or not, the recovery degree of crude oil in small pores basically maintains a linear increase with the increase of injection pressure, and the lower size limit of pores in which oil can be recovered by CO_2 decreases with the increase of gas injection pressure; with the increase of soaking time, the recovery degree of crude oil in large pores increases slowly gradually, while the recovery degree of crude oil in small pores increases faster first and then decelerates, and the best soaking time in the experiments is about 10 h; the existence of fractures can enhance the recovery degrees of crude oil in small pores and large pores noticeably.

Key words: shale oil; CO_2 huff and puff; nuclear magnetic resonance; micro-pore structure; oil displacement efficiency; influence factor

CO_2 埋存与提高采收率技术是中国重大战略目标之一。CO_2 注入方式主要有驱替与吞吐两种,水力压裂后的页岩储层,采用 CO_2 驱替方式,则 CO_2 会沿裂缝或高渗透通道直接向生产井突破,气驱采收率较低;而 CO_2 吞吐则能通过注气、闷井和生产3个阶段有效避免气窜,具有针对性强、周期短、见效快、采收率较高等优点[1-2]。

近年来,CO_2 吞吐技术已经在低渗透—致密油气开发中得到广泛应用,但其在页岩油储层中的应用还处于室内研究和现场试验阶段。Gamadi 等[3]采用页岩油和鹰滩(Eagle Ford)页岩岩样开展了单井循环 CO_2 注入实验,通过调整注入速度、注入压力及循环次数等参数,使页岩油采收率提高 33%~85%。Li 等[4]分别开展了页岩油注 N_2 和 CO_2 吞吐实验,对比了注 N_2 和 CO_2 下的开采效果,验证了 CO_2 在提高页岩油采收率方面的巨大潜力。Li 等[5]采用古近系潜江组页岩油开展了 CO_2 吞吐实验,研究了渗透率、裂缝、注入压力、混相条件和闷井时间对吞吐效果的影响。由于页岩油储层非常致密,孔喉细小,毛细管压力巨大,实验研究难度非常大,因而部分学者采用数值模拟方法研究注入压力、注入速度、闷井时间、采油速度及裂缝等因素对 CO_2 吞吐效果的影响[6-7]。此外,目前大部分研究主要集中在页岩油 CO_2 吞吐采收率及注入参数的优化上,而鲜少有从页岩的孔隙结构角度揭示 CO_2 吞吐过程中微观孔隙中原油的动用规律及特征。

目前开展 CO_2 吞吐实验主要以 CT 技术与常规实验装置为主。CT 扫描只能给予定性分析,并不能进行定量评价[8-9];常规实验装置在计量页岩油产出量时误差较大,严重影响实验结果的精度。近几年,核磁共振技术在岩心实验中得到成功应用,不但提高了实验计量精度,还能从微观尺度定量分析岩心孔隙中的流体分布状况[10-11]。然而如何准确确定 T_2(横向弛豫时间)与孔隙直径之间的转换系数是目前核磁共振技术的一大难点。基于横向弛豫时间与孔径之间一一对应的关系,多数学者采用压汞法来标定 T_2 谱分布[12-13],

但由于压汞实验测定的是孔喉的连通体积,而核磁共振测定的则是孔隙体积,两者表征的内容存在差异,导致该方法的准确性不高。因此,部分学者采用离心实验来标定孔隙动用下限对应的 T_2 值,从而获取转换系数[14],但该方法对常规砂岩适用性较好,对致密砂岩与页岩储层的适用性较差,具有很大的局限性。

基于以上问题,本文选取鄂尔多斯盆地三叠系延长组 7 段(简称长 7 段)页岩储集层岩样,采用低温氮气吸附实验测定岩样的孔径分布、比表面积和孔体积等参数,同时采用与岩样平均孔径大小相近的 4A 型分子筛标定 T_2 值与孔径之间的转换系数,最后开展 CO_2 吞吐核磁共振扫描实验,从微观尺度研究注气压力、闷井时间与裂缝对页岩微观孔隙中原油动用特征的影响。

1 实验设计

1.1 实验材料

页岩岩样:取自鄂尔多斯盆地长 7 段页岩储集层。取样深度 2171～2184m;页岩岩样 TOC(有机碳含量)值为 2.06%～3.41%,有机质成熟度为 1.89%～2.18%;平均渗透率为 0.0031mD;矿物类型以石英、方解石与黏土矿物为主,其中黏土矿物含量较高,质量分数达到 43.3%(表 1)。此外,为研究裂缝对 CO_2 吞吐效果的影响,在页岩岩样完成低温 N_2 吸附实验后,将 3# 页岩岩样从端面纵向进行等体积切割,模拟裂缝的影响。

表 1 实验岩心基本物性及孔隙结构参数

岩心编号	直径/cm	长度/cm	TOC/%	有机质成熟度/%	孔隙度/%	渗透率/mD	矿物质量分数/%					
							石英	钠长石	方解石	白云石	黄铁矿	黏土矿物
1	3.82	6.85	2.06	2.18	3.11	0.0052	34.1	3.4	11.2	3.7	2.3	45.3
2	3.80	6.93	3.41	1.89	4.48	0.0016	41.6	4.3	14.4	2.9	4.5	32.3
3	3.82	6.92	2.12	1.96	3.23	0.0028	27.8	4.7	9.2	3.1	2.8	52.4

实验原油:取自庆城油田油井分离器,地面条件下(25℃)原油黏度为 3.74mPa·s,地层条件下(75℃)原油黏度为 1.84mPa·s,原油密度为 $0.833\times10^3 kg/m^3$。

实验气体:CO_2 和 N_2 均为商业气体,其纯度分别为 99.950% 和 99.999%。细管(细管长度 15.2m,直径 4.58mm)实验结果(图 1)表明,地层原油与 CO_2 的最小混相压力(MMP)为 13.4MPa。

4A 分子筛:材质为条状微孔型立方晶格硅铝酸盐,颗粒度 1.6～2.5mm,堆积密度 0.69g/mL。根据页岩岩样低温氮气吸附实验结果,选择孔隙直径为 5～15nm 的 4A 分子筛。

1.2 实验装置

主要包括:MiroMR 型核磁共振分析仪,扫描过程中采用 Carr-Purcell-Meiboom-

Gill 脉冲序列消除磁场不均匀性对仪器的影响和误差；D/max-2500PC 型全自动粉末 X 射线衍射仪；ASAP2020 型低温气体吸附比表面分析仪，其中 N_2 测试孔径为 1.2～350.0nm；ASM380 型 ADIXEN 分子真空泵，真空度高（10×10^{-4}～11×10^{-4}MPa）。此外，还有 ISCO 驱替泵、高压岩心夹持器、烘箱等。

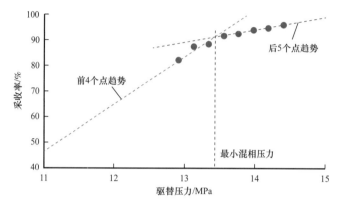

图 1　细管实验中 CO_2 驱替压力与原油采收率的关系

1.3　实验步骤

低温 N_2 吸附实验：(1) 将页岩岩样用甲苯、石油醚、乙二醇清洗后，放置于高压密闭容器中，加温至 200℃ 的同时对密闭容器抽真空 12h，完全去除页岩岩样中残留的水与空气；(2) 将抽真空后的密闭容器放置在杜瓦瓶中，向杜瓦瓶中加液氮降温至 -197℃ 并保持恒定；(3) 在不同压力下向密闭容器中注入 N_2，测定页岩的吸附量，并绘制 N_2 的等温吸附—解吸曲线，计算页岩的孔隙直径、孔隙体积和比表面积等参数。

T_2 值与孔径转换系数标定实验：(1) 选取孔隙直径为 5～15nm 的 4A 分子筛作为标定岩心，将其放入岩心夹持器并从两端抽真空 12h，然后在恒压 20MPa 下向分子筛中注入去离子水，至注入体积不再变化时，完成饱和过程；(2) 将饱和水后的分子筛从夹持器中取出进行核磁共振 T_2 谱采样；(3) 根据分子筛在饱和水状态下的 T_2 谱分布及其已知的孔径大小，计算出孔隙直径与横向弛豫时间之间的转换系数。

CO_2 吞吐实验：实验前，依次向索式提取器中加入甲苯、石油醚、乙二醇，抽提式泡洗页岩岩样 5～6d 完成岩样清洗；同时采用孔隙度和渗透率较大、易饱和油的致密岩心对核磁共振信号与饱和油量进行标定，并设定采集参数。当岩心在不同饱和油量下的计量值与总信号幅度值之间的斜率相等或相差小于 5% 时，则认为采集参数设定完成。本次测试中考虑到样品中纳米孔发育，短弛豫时间孔隙占比高，主要采集参数分别设为等待时间 1.5s，回波间隔 0.069ms，回波次数 8192 次，扫描次数 64 次。设定好参数后开始吞吐实验：(1) 将清洗后的岩心放入 120℃ 的烘箱中烘干 48h，同时采用分子真空泵对页岩抽真空，充分去除水分子的影响；(2) 对岩心进行核磁共振扫描，获取页岩的基础信号；(3) 将页岩岩样放置于高压容器腔内，加热至实验温度 75℃，同时抽真空 24h，然后向高压容器中以恒压 50MPa 注入实验原油对岩样进行原油饱和，至注入体积不再变化时，完成饱和油;(4)将饱和原油后的岩样封存在热缩套中固定并加热,防止后续实验中岩样碎裂,同时对此状态下的岩样进行 T_2 谱采样,随后将页岩放入岩心夹持器中进行 CO_2 吞吐实验;(5)分别选取 1# 和 3# 页岩岩样,以 6MPa 的注入压力恒压向岩样中注入 CO_2 至岩样压力稳定为 6MPa 为止。闷井 5h 后逐级降压至大气压力生产,直至岩心不出油为止,记录压力、产油(气)量,并对岩样进行 T_2 谱采样,完成 CO_2 吞吐;(6)分别清洗 1# 和 3# 页岩岩样,重复第(1)、(3)、(4)步;(7)改变注入压力为 9MPa、12MPa、15MPa、18MPa,分别对 1# 和 3# 页岩岩样重复第(5)步;(8)选取 2# 页岩岩样,以 15MPa 注入压力注入 CO_2 至岩样压力稳定为 15MPa 为止。闷井 1h 后逐级降压至大气压力生产,直至岩心不出油为止,记录压力、产油(气)量,并对岩样进行 T_2 谱采样,完成 CO_2 吞吐;(9)清洗 2# 页岩岩样,重复第(1)、(3)、(4)步;(10)改变闷井时间为 5h、10h、20h、40h,重复第(8)步。

2 微观孔隙结构特征

根据国际应用化学联合会(IUPAC)对 6 种物理吸附曲线的分类标准[15],3 块页岩的吸附等温线与Ⅳ型相似,整体呈横"S"形(图 2)。由图可知,随相对压力(在相同温度下,页岩岩样的吸附气体平衡压力与吸附气体饱和蒸汽压之比)的升高,N_2 吸附量(定义为单位质量岩样的吸附体积)在吸附初期上升较快,主要表现为氮分子在页岩表面以单层吸附,页岩中的介孔被逐渐填满;中期上升较缓,表现为氮分子以多层吸附形式在页岩表面大量吸附;吸附后期快速上升,主要表现为液氮进一步充填孔隙内部的介孔和宏孔。由于毛细管的冷凝作用,即使相对压力接近 1.0,页岩孔隙也不会出现吸附饱和现象,同时页岩岩样的吸附线与解吸线不重合(相对压力大于 0.3),形成了明显的滞后环线,这说明在解吸过程中并非所有吸附的 N_2 都能被释放出来。根据 IUPAC 分类标准,3 块页岩的滞后环线属于典型的 H4 型,说明页岩岩样至少存在 2 种以上的孔隙类型,孔隙结构特征复杂。分析认为,岩样孔隙结构主要由粉粒状和柱状孔隙组成。

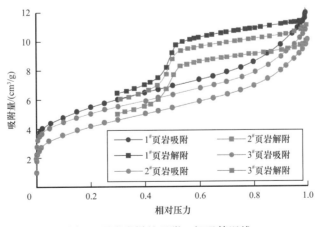

图 2 页岩岩样的吸附—解吸等温线

表2为采用BJH（Barret-Joyner-Halenda）法计算的实验页岩岩样的孔隙体积和孔隙直径，以及采用BET（Brunauer-Emmett-Teller）法[16]计算的比表面积。可以看到，岩样的孔隙体积相差较小，页岩孔隙体积仅为25.48×10^{-3}mL/g；平均孔径为5.34～7.26nm，均值为6.29nm；比表面积为17.68～21.45m²/g，均值为19.13m²/g。根据IUPAC孔隙分类方法，3块页岩岩样的微孔（孔径小于2nm）、介孔（孔径2～50nm）和大孔（孔径大于50nm）占总孔隙体积比例的均值分别为5.11%、71.31%和23.58%，介孔对总孔隙体积的贡献率最大，1#岩样介孔贡献率最低，其比例也达到了68.34%。

表2 低温N_2吸附法测页岩孔隙结构参数

岩样编号	BJH法计算页岩孔隙体积/(10^{-3}mL/g)	平均孔径/nm	不同孔径孔隙体积占总孔隙体积的比例/%			BET法计算页岩比表面积/(m²/g)
			<2nm	2～50nm	>50nm	
1	25.25	7.26	4.64	68.34	27.02	17.68
2	27.58	5.34	6.33	72.16	21.51	21.45
3	23.62	6.28	4.37	73.42	22.21	18.26
均值	25.48	6.29	5.11	71.31	23.58	19.13

采用孔隙体积随孔径的变化率[17]表征页岩岩样孔隙结构（图3），可以看到，曲线整体呈单调下降型，最高处对应孔径主要集中在1.5～7.5nm，页岩总孔隙对应的孔径分布范围为1.3～210.0nm，说明3块岩样的介孔发育程度较好，大孔次之，而微孔发育程度较差。

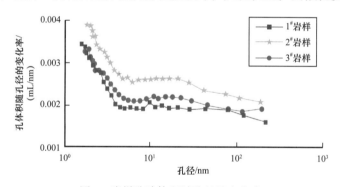

图3 岩样孔隙体积随孔径的变化率

3 T_2值与孔径转换系数标定

由低温N_2吸附实验可知，岩样的平均孔径范围为5.34～7.26nm，且介孔孔隙体积平均占比达到71.31%。因此在转换系数标定实验中，选取孔径为5～15nm的4A分子筛作为标定岩心。当分子筛中饱和去离子水后，可以测得去离子水在该孔径尺寸分子筛中的横向弛豫时间T_2值。根据低场核磁共振原理，大孔径孔隙内水的弛豫速度慢，对应弛豫时间T_2值较大，而小孔径孔隙内水的弛豫速度快，对应弛豫时间T_2值较小，即孔隙中水的弛豫时间

T_2 与孔径具有正相关性，可表示为[18]：

$$T_2 = Cd \quad (1)$$

根据标定实验中分子筛饱和水后的 T_2 谱分布（图4），采用横向弛豫时间与信号幅度值加权平均的方法可以得到饱和去离子水分子筛的平均弛豫时间为4.73ms。同时，由于分子筛中颗粒直径分选性好，孔径分布均匀，且饱和去离子水的 T_2 谱分布符合正态分布特征，因此，可以根据分子筛的已知孔径范围（5～15nm），

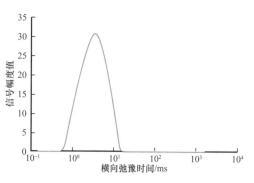

图4 饱和去离子水后分子筛 T_2 谱分布

从5nm开始以1nm为单位，依次增加孔径，取11个点孔径平均，可以得到分子筛的平均孔隙直径为10nm。由式（1）可以计算得到孔隙直径与横向弛豫时间之间的转换系数为0.473ms/nm。

4 微观孔隙动用特征及影响因素

4.1 注气压力

图5为不同注气压力下 1# 岩样 CO_2 吞吐后的 T_2 谱分布。根据 1# 岩样初始饱和油时的 T_2 谱分布（黑线）可知，原油主要赋存于孔径为1～1350nm的孔隙中，其中孔径小于50nm孔隙中原油的赋存比例达到73.4%，这与低温 N_2 吸附测得的微孔和介孔占总孔隙体积的比例（72.98%）基本一致，说明原油饱和非常充分。

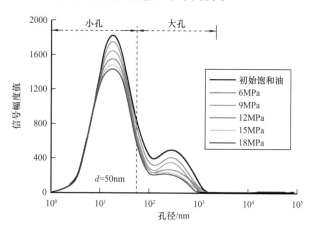

图5 1# 岩样不同注入压力下 CO_2 吞吐后 T_2 谱分布

为便于后续分析和表述不同孔径孔隙中原油的动用特征，按照IUPAC的孔隙分类方法，并结合 T_2 谱分布形态，将 1# 岩样的孔隙类型划分为小孔（孔径不大于50nm）和大孔（孔径大于50nm）。由图5可以看出，在 CO_2 吞吐过程中，当注气压力增大时，左峰信号幅度峰值不断降低，且从吞吐前后的 T_2 谱信号数据可以看出，曲线开始降低时对应

的孔径（CO_2 可动用孔径下限）在不断下降，由 6MPa 对应的 15nm，降低至 18MPa 对应的 8nm。根据低场岩心核磁共振原理，"孔径与横向弛豫时间成正比"及"空间维度上信号幅度值之和与孔隙中原油赋存量成正比"[19]，由此可知，如果某一孔径小孔中的原油赋存量减少，将导致该孔径孔隙对应的原油信号幅度值降低。CO_2 可动用孔径下限不断下降的原因是因为随着注入压力的增大，CO_2 与原油间界面张力不断降低，CO_2 进入小孔的阻力大幅降低，使得其中原油能够被动用。

根据页岩在 CO_2 吞吐前后测得的 T_2 谱曲线，可以计算不同孔径孔隙中的原油采出程度。图 6 为 1# 岩样 CO_2 吞吐不同孔径孔隙采出程度与注入压力的关系曲线。由图 6 可知，小孔和大孔采出程度存在差异，这主要与 CO_2 在页岩孔隙中的运移方式和赋存位置有关。由于 CO_2 为非润湿相，在一定压差下会优先进入毛细管压力较小的大孔，然后再在闷井阶段缓慢扩散至与大孔相连通的小孔中，在生产阶段也是大孔中的原油优先排出，进而压降传导至小孔，并逐步动用。在注入压力由 12MPa 增大至 15MPa 再至 18MPa 的过程中，大孔采出程度的增速呈现先增大后减小的趋势，而小孔采出程度仍线性增加。这是由于当注入压力升高至最小混相压力（13.4MPa）时，CO_2 抽提萃取强度大幅增加，大孔是 CO_2 的主要富集和流通区域，其中的 CO_2 能够与原油充分接触，进而大幅提高其采出程度。而小孔孔喉细小，CO_2 主要依靠扩散作用进入小孔，虽然增大注入压力能够提高扩散和组分传质速度，但进入小孔的 CO_2 总量始终有限，且降压生产阶段小孔压力传导缓慢，溶解气驱效果较弱，因此小孔采出程度较低。当注入压力高于最小混相压力后，由于油气已经达到混相条件且界面张力几乎降至 0，继续增压除了能增大 CO_2 在原油中的溶解度外，并不能再次大幅提高大孔采出程度，而小孔中 CO_2 的进入量相对较小，其采出程度受注入压力增加的影响相对较小。

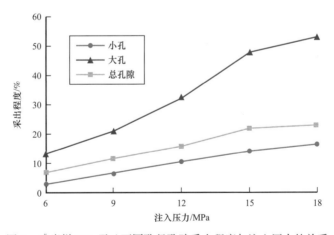

图 6　1# 岩样 CO_2 吞吐不同孔径孔隙采出程度与注入压力的关系

图 7 为 1# 岩样 CO_2 吞吐采出程度、产出油黏度随注气压力的变化关系。从中可以看出，当注气压力达到最小混相压力后，采出程度的增速随注气压力的增加明显减小，即注气压力对采出程度的影响程度减弱。与注气压力为 9MPa 时相比，注气压力为 15MPa 时产出油黏度降幅度达 66.5%；当注气压力继续升至 18MPa 时，产出油黏度降幅达到

74.3%。这是因为在较低压力下，原油主要靠溶解气驱的膨胀作用排出，因而产出油黏度变化较小。而随着注气压力继续升高，CO_2 抽提萃取能力也随之增强，油气间组分传质速度加快，当降压生产时，CO_2 携带出来的主要为原油中的轻质组分，导致产出油黏度大幅下降。当注气压力超过最小混相压力后，CO_2 抽提萃取强度也达到最大，对产出油黏度的影响也逐渐降低。

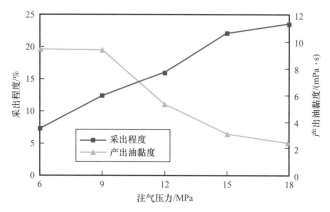

图 7 1# 岩样 CO_2 吞吐采出程度及产出油黏度随注气压力的变化

4.2 焖井时间

焖井时间过短会导致 CO_2 与原油接触不足，影响溶解气驱效果；而焖井时间过长则会导致 CO_2 扩散距离过远，影响生产井附近原油的动用，时间成本增加。图 8 为 2# 岩样在 15MPa 注入压力下不同焖井时间 CO_2 吞吐的 T_2 谱分布。当焖井时间达到 10h 后，大孔对应信号幅度值基本不再下降，小孔对应信号幅度值的降低幅度也逐渐减小，说明焖井时间并非越长越好，而是存在一个最佳时间。此外，随着焖井时间的增加，小孔可动用孔径下限降低幅度同样逐渐减小，说明当注气压力一定时，延长焖井时间对降低可动用孔径下限的作用有限。

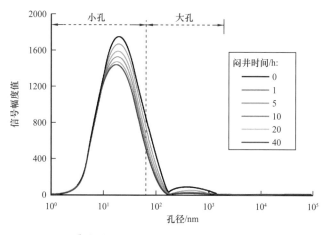

图 8 2# 岩样不同焖井时间 CO_2 吞吐后 T_2 谱分布

图 9 为 2# 岩样 CO_2 吞吐不同孔径孔隙采出程度与闷井时间的关系曲线。可以看到，随着闷井时间从 1h 增加至 5h，大孔中原油采出程度快速增加，闷井时间为 5h 时采出程度达到 51.4%；而小孔中原油采出程度增加较缓，闷井时间为 5h 时仅为 8.6%。这说明大孔中的原油能够在相对更短时间内与 CO_2 充分反应。闷井时间从 10h 增至 20h，大孔中原油采出程度增幅逐渐趋于平缓，采出程度仅增加了 10.5%，而小孔采出程度增加了 32.4%，说明延长闷井时间能够有效提高小孔原油采出程度；闷井时间由 20h 增至 40h，小孔和大孔中原油采出程度仅提高 15.1% 和 4.3%。继续延长闷井时间，无论是对小孔还是大孔，提高采出程度的效果越来越弱。

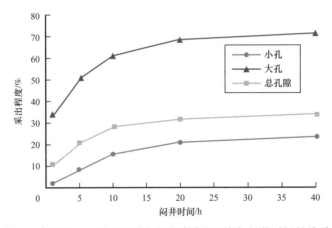

图 9 2# 岩样 CO_2 吞吐不同孔径孔隙采出程度与闷井时间的关系

为了评价闷井时间对吞吐开发效果的影响，这里定义单轮吞吐采出程度增速为两个闷井时间下 CO_2 吞吐采出程度之差与闷井时间之差的比值。从图 10 可以看出，单轮吞吐采出程度增速随闷井时间的增加先快速降低后趋于平缓，当闷井时间延长至 10h 后，单轮吞吐采出程度增速几乎下降至 $0.01h^{-1}$ 以下，因此可初步认为 10h 为最佳闷井时间。

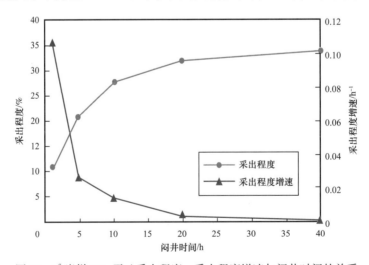

图 10 2# 岩样 CO_2 吞吐采出程度、采出程度增速与闷井时间的关系

4.3 裂缝

图 11 为 3# 岩样（有裂缝）在不同注入压力下 CO_2 吞吐后的 T_2 谱分布。由图 11 可知，与 1# 岩样核磁共振 T_2 谱分布不同，3# 岩样在孔径大于 1300nm 的孔隙中出现核磁信号，且信号幅度值随注气压力的增大无明显规律性变化，这是降压生产后裂缝中剩余油的核磁信号，故可将孔径大于 1300nm 的孔隙定义为裂缝。当有裂缝存在时，在不同注气压力下吞吐后，3# 岩样小孔和大孔对应的信号幅度值下降幅度均明显大于 1# 岩样（图 5），这说明裂缝能够大幅提高页岩小孔和大孔中原油的采出程度。

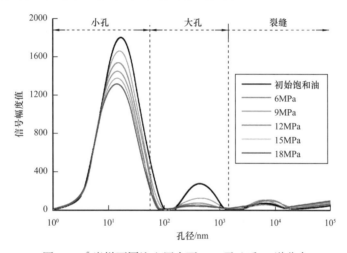

图 11　3# 岩样不同注入压力下 CO_2 吞吐后 T_2 谱分布

通过与 1# 岩样（无裂缝）CO_2 吞吐不同孔径孔隙中原油的采出程度对比（图 12）可知，裂缝的存在能够大幅提高页岩小孔和大孔中原油的采出程度，且随着注入压力的增加，裂缝的优势更加明显。这是因为当页岩中存在裂缝时，CO_2 在注入阶段就能在压差作

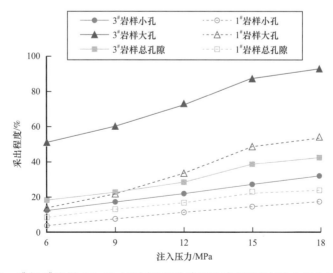

图 12　3# 与 1# 岩样 CO_2 吞吐不同孔径孔隙原油采出程度与注入压力的关系

用下以驱替方式驱排出靠近裂缝周围大孔中的原油，并迅速将压力传导至基质中，使裂缝及大孔中的 CO_2 快速向小孔扩散；在降压生产阶段，大孔中溶有 CO_2 的原油能够迅速进入裂缝，而小孔原油流经大孔进入裂缝的路程及其所需克服的渗流阻力也大幅减小，故其采出程度大幅提高。此外，3#岩样中小孔和大孔的采出程度随注入压力的变化趋势与1#岩样基本相似：非混相条件下，大孔中的原油采出程度随注入压力的增加而快速升高；混相条件下，注入压力增加对大孔采出程度的影响减弱；而小孔中的采出程度则随注入压力的增加保持线性增长。说明注入压力是影响大孔、小孔中原油动用方式的主要因素，而裂缝主要起到了扩大 CO_2 波及体积，增大油气接触面积和基质泄油面积，降低基质产出油渗流距离和渗流阻力的作用。

5 结论

对于页岩油储层 CO_2 吞吐，非混相条件下，大孔中原油的采出程度随注入压力的增加快速升高，混相条件下，注入压力的增加对大孔采出程度的影响减弱；无论是否混相，小孔中原油的采出程度随注入压力的增加基本保持线性增长，且随着注气压力的增大， CO_2 可动用孔径下限不断降低。

随着闷井时间的增加，大孔中原油的采出程度增速逐渐降低，小孔中原油的采出程度增速呈先升后降趋势；延长闷井时间能够有效提高小孔中原油的采出程度，但总体采出程度增速降低，时间成本增加，实验优化最佳闷井时间约为10h。

裂缝的存在能够扩大 CO_2 波及体积，增大基质泄油面积，降低基质产出油渗流距离和阻力，大幅提高小孔和大孔中原油的采出程度。

符号注释：

T_2——横向弛豫时间，ms；

d——孔隙直径，nm；

C——转换系数，ms/nm。

参 考 文 献

[1] 汤翔，李宜强，韩雪，等. 致密油二氧化碳吞吐动态特征及影响因素 [J]. 石油勘探与开发，2021，48 (4)：817-824.

[2] MA J H, WANG X Z, GAO R M, et al. Enhanced light oil recovery from tight formations through CO_2 huff 'n' puff processes [J]. Fuel, 2015, 154: 35-44.

[3] GAMADI T D, SHENG J J, SOLIMAN M Y, et al. An experimental study of cyclic CO_2 injection to improve shale oil recovery [R]. SPE 169142-MS, 2014.

[4] LI L, SHENG J J. Numerical analysis of cyclic CH_4 injection in liquid-rich shale reservoirs based on the experiments using different-diameter shale cores and crude oil [J]. Journal of Natural Gas Science and Engineering, 2017, 39: 1-14.

[5] LI L, SU Y L, HAO Y M, et al. A comparative study of CO_2 and N_2 huff-n-puff EOR performance in shale oil production [J]. Journal of Petroleum Science and Engineering, 2019, 181: 106174.

[6] YU H Y, XU H, FU W R, et al. Extraction of shale oil with supercritical CO_2: Effects of number of fractures and injection pressure [J]. Fuel, 2021, 285: 118977.

[7] YU W, LASHGARI H R, WU K, et al. CO_2 injection for enhanced oil recovery in Bakken tight oil reservoirs [J]. Fuel, 2015, 159: 354-363.

[8] AL-YASERI A Z, LEBEDEV M, VOGT S J, et al. Pore-scale analysis of formation damage in Bentheimer sandstone with in-situ NMR and micro-computed tomography experiments [J]. Journal of Petroleum Science and Engineering, 2015, 129: 48-57.

[9] YANG F, NING Z F, WANG Q, et al. Pore structure characteristics of lower Silurian shales in the southern Sichuan Basin, China: Insights to pore development and gas storage mechanism [J]. International Journal of Coal Geology, 2016, 156: 12-24.

[10] HUANG X, ZHANG Y, HE M Q, et al. Asphaltene precipitation and reservoir damage characteristics of CO_2 flooding in different microscopic structure types in tight light oil reservoirs [J]. Fuel, 2022, 312: 122943.

[11] 黄兴, 倪军, 李响, 等. 致密油藏不同微观孔隙结构储层CO_2驱动用特征及影响因素 [J]. 石油学报, 2020, 41(7): 853-864.

[12] 肖佃师, 卢双舫, 陆正元, 等. 联合核磁共振和恒速压汞方法测定致密砂岩孔喉结构 [J]. 石油勘探与开发, 2016, 43(6): 961-970.

[13] YAO Y B, LIU D M, CAI Y D, et al. Advanced characterization of pores and fractures in coals by nuclear magnetic resonance and X-ray computed tomography [J]. Science China Earth Sciences, 2010, 53(6): 854-862.

[14] LYU C, NING Z F, WANG Q, et al. Application of NMR T_2 to pore size distribution and movable fluid distribution in tight sandstones [J]. Energy & Fuels, 2018, 32(2): 1395-1405.

[15] YAO Y B, LIU D M. Comparison of low-field NMR and mercury intrusion porosimetry in characterizing pore size distributions of coals [J]. Fuel, 2012, 95: 152-158.

[16] 中华人民共和国国家质量监督检验检疫总局, 中国国家标准化管理委员会. 气体吸附BET法测定固态物质比表面积: GB/T 19587—2017 [S]. 北京: 中国标准出版社, 2017.

[17] HUANG X, GU L J, LI S S, et al. Absolute adsorption of light hydrocarbons on organic-rich shale: An efficient determination method [J]. Fuel, 2022, 308: 121998.

[18] 钟吉彬, 阎荣辉, 张海涛, 等. 核磁共振横向弛豫时间谱分解法识别流体性质 [J]. 石油勘探与开发, 2020, 47(4): 691-702.

[19] 郎东江, 伦增珉, 吕成远, 等. 页岩油注二氧化碳提高采收率影响因素核磁共振实验 [J]. 石油勘探与开发, 2021, 48(3): 603-612.

(本文原刊于《石油勘探与开发》2022年第6期)

混相段塞法降低二氧化碳驱混相压力技术研究

刘勇[1,2]，彭树锴[3]，张江[1,2]，孙文静[1,2]，吴永鑫[1,2]，肖鲁川[1,2]，杨文璐[1,2]

（1. 大庆油田勘探开发研究院；2. 黑龙江省油层物理与渗流力学重点实验室；
3. 大庆油田技术发展部）

摘 要：地层原油混相压力高是制约二氧化碳驱油技术在我国推广应用的主要因素，针对大庆外围油田地层原油二氧化碳驱混相压力高，地层压力下难以混相的问题，采用物理模拟实验和数值模拟相结合的方法研究了混相段塞法降低混相压力技术。优选出一种大庆外围油田的轻质脱气原油作为混相段塞，地层温度90℃以下油藏可以实现16MPa下的二氧化碳混相驱；优化了混相段塞注入量，评价了技术适应性，室内长岩心实验表明混相段塞的注入使榆树林原油采出程度较直接二氧化碳驱提高了8个百分点，数值模拟研究表明可提高采出程度4.42个百分点。混相段塞法降低混相压力技术使长垣外围油田适合二氧化碳驱地质储量由 $2270×10^4 t$ 增加到 $11208×10^4 t$，预计增加可采储量 $1163×10^4 t$，具有极大应用前景。

关键词：二氧化碳驱；混相压力；混相段塞

The Study of Reducing Minimum Miscibility Pressure for Carbon Dioxide Flooding by Miscibility Slug

LIU Yong[1,2], PENG Shukai[3], ZHANG Jiang[1,2], SUN Wenjing[1,2], WU Yongxin[1,2],
XIAO Luchuan[1,2], YANG Wenlu[1,2]

(1. Exploration and Development Research Institute of Daqing Oilfield Co. Ltd；2. Heilongjiang Provincial Key Laboratory of Reservoir Physics & Fluid Mechanics in Porous Medium；
3. Technology Development of Daqing Oilfield Co. Ltd)

Abstract：High minimum miscibility pressure for carbon dioxide flooding restricts application scale of carbon dioxide flooding in china. In order to solve this problem at Daqing Outlying Oilfield, reducing minimum miscibility pressure for carbon dioxide flooding by miscibility slug was studied using physical simulation and numerical simulation. A light dead oil was screened and was used as miscibility slug. The reservoir below 90℃ can achieve carbon dioxide miscibility flooding at 16MPa. The injection quantity of miscibility slug was optimized, and the technical adaptability was evaluated. The long core experiment showed that the Yushulin oil recovery increased 8 percentage by injecting of the miscibility slug more than the direct carbon dioxide flooding, and the numerical simulation study showed that the recovery increased 4.42 percentage. The suitable carbon dioxide flooding Geological reserves increases from $227×10^4 t$ to $11208×10^4 t$ at Daqing Outlying Oilfield by the miscibility slug reducing the miscibility pressure technology, and the recoverable reserves increases $1163×10^4$t.

Key words: carbon dioxide flooding; minimum miscibility pressure; miscibility slug

大庆外围特低渗透扶杨油层储量达 $3.8×10^8$t。由于孔隙喉道窄小复杂，启动压力梯度大，注水开发渗流阻力大，难以建立有效驱动体系。已开发区块水驱开发效果差、油井产量低、采油速度低、油田最终采收率低，未动用储量中可水驱动用储量低。为了探索特低渗透扶杨油层有效动用技术，大庆油田先后在芳48、树101等区块开展了二氧化碳驱油矿场试验。这些试验表明：二氧化碳驱渗流阻力小，油层吸气能力强，油井不压裂投产仍具有较高的产能，地层压力补充迅速，解决了特低渗透油层未动用储量注水开发难以有效动用的难题。外围已开发低渗透油田也面临着水驱后进一步提高采收率问题。因此，注二氧化碳驱油必将成为大庆外围特低渗透油层未开发难采储量有效动用的开发技术和已开发特低渗透油层提高采收率的有效技术[1]。

二氧化碳驱矿场试验在取得较好效果的同时也暴露出一些问题：由于试验区原油二氧化碳驱混相压力高，地层压力下无法直接实现二氧化碳混相驱。室内研究和矿场试验均表明二氧化碳非混相驱原油采收率较低，气体突破时间早。外围油田二氧化碳驱最低混相压力调查表明外围油田地层原油混相压力普遍较高，难以直接实现二氧化碳混相驱。为此开展了外围高混相压力油藏降低混相压力方法研究。

关于降低二氧化碳驱最低混相压力技术研究国内外主要有两种技术路线，一是通过向二氧化碳中添加表面活性剂降低混相压力，由于二氧化碳与原油间两相性质差别较小，该方法无法大幅降低混相压力；二是采用轻烃富化的方法降低混相压力，该方法虽然可以大幅降低混相压力，但轻烃回收困难[2-6]。大量的细管实验研究表明，在混相驱的情况下，气体突破前的驱油效率已超过90%，大部分原油没有与二氧化碳接触的机会，这表明在混相驱的情况下，渗流通道内的二氧化碳呈近活塞式推进，因此提出采用加入双向混相段塞的方法降低混相压力技术路线，并开展了详细的研究。

1 混相段塞的优选及技术路线的验证

1.1 混相段塞的优选

利用由法国ST公司引进的长管物理模拟装置，通过细管实验测试了十几个样品在90℃时的二氧化碳驱最低混相压力，其中混相压力较低的四个样品及其最低混相压力值见表1。其中，脱气原油样品1效果最佳，90℃时最低混相压力为15.96MPa。优选作为混相段塞开展后续研究。

1.2 混相段塞法技术路线的验证研究

以大庆外围油田某区块地层原油为例研究了混相段塞法降解混相压力技术路线的可行性。首先在90℃下细管法测试该样品的二氧化碳驱最低混相压力为31.75MPa，16MPa下为非混相驱，16MPa的注入压力时二氧化碳驱油效率及气油比随注入孔隙体积倍数的变化关系如图 1 所示，可以看出 16MPa 下直接注入二氧化碳时，注入 0.6PV 时二氧化碳突破，注入 1.2PV 时的累计驱油效率 66.48%。

表 1 90℃下各物质二氧化碳驱最低混相压力

物质	最低混相压力 /MPa
脱气原油 1	15.96
煤油	19.13
脱气原油 2	19.42
脱气原油 3	20.16

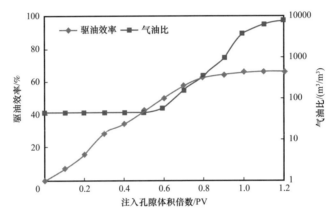

图 1 16MPa 注入压力下二氧化碳累计驱油效率与注入孔隙体积倍数关系曲线

相同实验温度和注入压力下，该样品首先注入 0.12PV 混相段塞后注入 1.2PV 二氧化碳，驱油效率及气油比随注入孔隙体积倍数的变化关系如图 2 所示，可见累计注入 1.1PV 时气体突破，最终原油收率 97.23%，混相段塞收率 103.5%，混相段塞 + 地层原油总收率 97.93%；混相段塞的注入使驱油效率提高了 31 个百分点，混相压力 31.75MPa 的原油实现了 16MPa 下的二氧化碳混相驱。由此验证了混相段塞法降低混相压力技术路线的可行性。

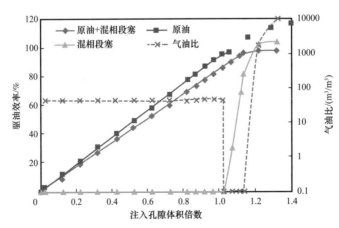

图 2 16MPa 注入压力下混相段塞二氧化碳累计驱油效率与注入孔隙体积倍数关系曲线

2 混相段塞注入量影响因素研究

2.1 实现的混相压力对混相段塞注入量的影响

以大庆外围油田某地层原油为例通过细管实验优化研究了混相段塞物质的注入量。细管实验研究表明该地层原油原始地层温度下二氧化碳驱最低混相压力为30.65MPa，原始地层温度、18MPa注入压力、注入1.2PV时细管实验累计驱油效率为57.94%。在相同温度压力下分别首先注入0.01PV、0.02PV、0.03PV、0.04PV和0.06PV混相段塞后再注入1.2PV二氧化碳，扣除等质量混相段塞后的驱油效率与混相段塞注入量关系曲线如图3所示。

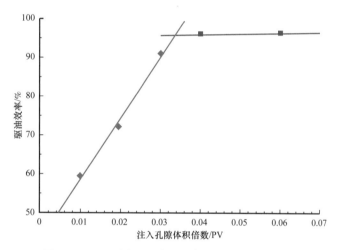

图3 18MPa下注入段塞的量与累计驱油效率关系

由图3可以看出混相段塞注入量小于0.033PV时，随着混相段塞注入量的增加累计驱油效率逐渐升高，0.033PV后驱油效率无明显增加。因此实现18MPa下二氧化碳混相驱合理的混相段塞注入量为0.033PV。

采用该方法确定了该地层原油在22.6MPa的注入压力下实现混相需要的混相段塞最低注入量。实验结果表明：实现22.6MPa的混相驱需要的混相段塞最低注入量为0.025PV。由此可见，混相段塞的最低注入量与要求的最低混相压力有关，实现的混相压力越低，要求的混相段塞注入量越大。

2.2 是否注气对混相段塞注入量的影响

以该区块地层原油为例研究了已注气油藏采用混相段塞法降低混相压力的可行性，实验方案及结果见表2。研究表明：相同实验条件下首先注入0.2PV二氧化碳后再注入0.02PV混相段塞+1.2PV二氧化碳最终累计驱油效率较直接注入混相段塞和二氧化碳的低7.5个百分点。但混相段塞的注入量增加到0.04PV后累计驱油效率基本没有差异，累计驱油效率96%，实现了混相驱。这说明已注气油藏利用混相段塞法依然可以降低二氧化碳驱最低混相压力，但实现相同混相压力的条件下，已注气油藏需要的混相段塞量要高于未注气油藏，因此混相段塞较佳的利用方式为用于没有注气开发过的油藏，作为前置段塞注入，改善高混相压力油藏二氧化碳驱开发效果。

表2 不同注入方案下的驱油效率

注入方案	驱替压力 /MPa	驱油效率 /%
0.02PV 混相段塞 +1.2PV 二氧化碳	18	72.30
0.2PV 二氧化碳 +0.02PV 混相段塞 +1.2PV 二氧化碳	18	64.82
0.04PV 混相段塞 +1.2PV 二氧化碳	18	95.98
0.2PV 二氧化碳 +0.04PV 混相段塞 +1.2PV 二氧化碳	18	96.02

3 树101区块混相段塞法应用效果研究

以树101区块树96-碳13井组未动用的扶余油层F313小层为研究对象，开展物理模拟和数值模拟研究，评价了树101区块混相段塞法应用效果。

3.1 长岩心驱替实验研究

树101区块地层温度为108℃，原始地层压力为22.6MPa，地层原油二氧化碳驱最低混相压力为30.65MPa。采用ϕ2.5×100cm贝雷岩心开展长岩心驱替物理模拟实验，长岩心气测渗透率为30mD。在原始地层温度和地层压力下开展实验，注入方案及实验结果见表3。研究表明：混相段塞的注入使气体突破时间由注入0.5HCPV 二氧化碳延迟至0.6HCPV 二氧化碳，在混相段塞100%回收的情况下，与直接二氧化碳驱相比采出程度提高了8个百分点。

表3 长岩心驱替实验注入方案及实验结果

注入方案		气体突破时间 / HCPV	突破时采出程度 /%	累计注入 2.2HCPV	
				含水率 /%	采出程度 /%
方案一	0.8HCPV 二氧化碳 +0.2HCPV 地层水 + 注入 0.5HCPV 二氧化碳 +0.2HCPV 地层水 + 注入 0.5HCPV 二氧化碳	0.5	43.21	93.21	71.06
方案二	0.1HCPV 混相段塞 +0.8HCPV 二氧化碳 +0.2HCPV 地层水 + 注入 0.5HCPV 二氧化碳 +0.2HCPV 地层水 + 注入 0.5HCPV 二氧化碳	0.6	54.21	92.72	79.11

3.2 数值模拟优化预测

以树101区块树96-碳13井组未动用的扶余油层F313小层实际地质模型为例，使用Eclipse软件通过数值模拟优化了混相段塞注入量，数值模拟预测结果见表4，在扣除等质量混相段塞后，注入0.04HCPV混相段塞时比二氧化碳驱可提高采出程度4.42%。

表4 各方案生产指标对比

方案	注段塞量/HCPV	累计注入量/HCPV	阶段累计产油量/t	纯增油量/t	阶段采出程度/%	提高采出程度/%
方案1	0	1.0	9763.53	—	35.21	—
方案2	0.01	1.0	10917.043	895.46	38.40	3.19
方案3	0.02	1.0	11337.732	1048.30	38.94	3.74
方案4	0.03	1.0	11733.019	1176.64	39.40	4.19
方案5	0.04	1.0	12066.205	1241.62	39.63	4.42
方案6	0.05	1.0	12324.305	1230.83	39.59	4.14
方案7	0.07	1.0	12587.94	1032.99	38.89	3.59

3.3 长混相段塞法应用潜力评价

依据大庆外围油田二氧化碳驱油筛选标准，油价70美元时长垣外围仅有榆树林3个区块可开展二氧化碳驱，地质储量$2270×10^4$t。通过降低混相压力技术，取消相对混相程度大于0.6的限制后，油价70美元/bbl时长垣外围油田适合二氧化碳驱地质储量$11208×10^4$t，增加可采储量$1163×10^4$t。

4 结论

通过加入双向混相段塞实现了二氧化碳混相驱，优选了脱气原油作为混相段塞，优化了混相段塞注入量，地层温度90℃以下油藏可以实现16MPa下的二氧化碳混相驱；室内长岩心实验表明：在产物中扣除等质量的混相段塞后，混相段塞的注入使榆树林原油采出程度较直接二氧化碳驱提高了8个百分点，数值模拟研究表明可提高采出程度4.42个百分点。与现有的表面活性剂降低混相压力相比，混相段塞法降低混相压力技术可以更大幅度地降低混相压力，满足大庆外围高混相压力油藏降低混相压力的需求；与轻烃或液化气富化方法相比，不需要增加新的回收处理设施的情况下混相段塞即可实现百分百的回收利用。混相段塞法降低混相压力技术使大庆长垣外围油田适合二氧化碳驱地质储量由$2270×10^4$t增加到$11208×10^4$t，预计增加可采储量$1163×10^4$t。该项技术可推广到国内其他高混相压力油藏，具有极大应用前景。

参 考 文 献

[1] 沈平平. 二氧化碳地质埋存与提高采收率技术 [M]. 北京: 石油工业出版社, 2009: 132-187.

[2] 赵跃军, 宋考平, 范广娟, 等. 酯类化合物降低原油与二氧化碳体系最小混相压力实验 [J]. 石油学报, 2017, 38 (9): 1066-1072.

[3] 彭超, 刘建仪, 张广东, 等. 降低 CO_2 驱油最小混相压力新方法 [J]. 重庆科技学院学报: 自然科学版, 2012, 14 (1): 48-51.

[4] 齐桂雪, 李华斌, 谭肖, 等. 混相压力调节剂提高 CO_2 驱采收率室内研究 [J]. 科学技术与工程, 2016, 16 (24): 167-170.

[5] 吴莎, 何佳, 李遵照, 等. 降低 CO_2 驱最小混相压力的调节剂研究 [J]. 中国科技论文, 2015, (18): 2161-2164.

[6] 陈浩, 张贤松, 唐赫, 等. 添加轻质组分法调控 CO_2 近混相压力区间 [J]. 科学技术与工程, 2018, 18 (1): 12-17.

二氧化碳驱过程中无机盐沉淀对油藏采收率的影响
——以长庆油田长 8 区块为例

袁舟[1,2]，廖新维[2]，张快乐[2]，赵晓亮[2]，陈志明[2]

（1. 中国石化石油工程技术研究院；2. 中国石油大学（北京）石油工程学院）

摘 要：以长庆油田长 8 区块为例，采用室内静态实验与动态驱替实验，定量研究 CO_2 驱过程中 CO_2 与地层水在不同温度、压差、成垢离子质量浓度条件下产生的沉淀量，以及沉淀作用对储集层物性的影响，建立了相应的数学表征模型。采用数学表征方程对 Eclipse 数值模拟软件 E300 模块的数值模拟模型进行了修正，在此基础上模拟了研究区块 CO_2 连续气驱过程中无机盐沉淀物的分布规律，预测了无机盐沉淀物对油田采收率的影响。CO_2—地层水反应过程中生成的无机盐沉淀主要是 $CaCO_3$，且压差、成垢离子质量浓度与沉淀量呈正比，温度与沉淀量呈反比。CO_2 驱替前后岩心孔隙度变化率与温度、驱替压差呈正相关性，由于沉淀作用影响，地层水组（CO_2—地层水—岩石反应组）的岩心孔隙度增加幅度始终低于蒸馏水组（CO_2—蒸馏水—岩石反应组）的岩心。随着 CO_2 的不断注入，最终在生产井附近产生的沉淀最多。由于沉淀物在井组内广泛沉积，导致油田开发效果变差，考虑沉淀作用时 CO_2 驱 20 年后区块采收率为 33.45%，不考虑沉淀作用时采收率为 37.64%。

关键词：CO_2 驱；成垢离子；无机盐沉淀；储层物性；提高采收率

The Effect of Inorganic Salt Precipitation on Oil Recovery During CO₂ Flooding：A Case Study of Chang 8 Block in Changqing Oilfield，NW China

YUAN Zhou[1,2]，LIAO Xinwei[2]，ZHANG Kuaile[2]，ZHAO Xiaoliang[2]，CHEN Zhiming[2]

（1. Sinopec Research Institute of Petroleum Engineering；
2. China University of Petroleum（Beijing））

Abstract：Static experiments and dynamic displacement experiments were conducted to quantitatively determine the amount of precipitate generated by the CO_2-formation water reaction at different temperatures，pressures，and scaling ion concentrations during CO_2 flooding in the Chang 8 block of Changqing Oilfield，the influence of precipitate on the physical properties of reservoirs was investigated, and the corresponding mathematical characterization model was established. The mathematical characterization equation was used to correct the numerical simulation model of E300 module in Eclipse software. The distribution pattern of inorganic salt precipitates during continuous CO_2 flooding in Chang 8 block was simulated, and the influence of inorganic salt precipitates on oil recovery was predicted. The inorganic salt precipitate generated during CO_2-formation water reaction was mainly $CaCO_3$, and the pressure difference and scaling ion concentration were proportional to the amount of precipitate generated, while the temperature was inversely proportional to the amount of precipitate. The rate of core porosity change before and after CO_2 flooding was positively correlated with temperature and flooding pressure difference. The core porosity increase in the CO_2-formation water-core reaction experiment was always lower than that of CO_2-distilled water-core reaction experiment because of precipitation. The area around the production wells had the most precipitates generated with the injection of CO_2. The oil field became poor in development because of the widely distributed precipitate and the recovery decreased to 33.45% from 37.64% after 20-year-CO_2 flooding when considering of precipitation.

Key words: CO_2 flooding; scaling ions; inorganic salt precipitate; reservoir physical properties; EOR

CO_2 驱过程中的化学反应会改变储层的物性，从而影响原油采收率[1-5]。大量研究结果表明 CO_2 驱过程中注入地层的 CO_2 会溶于地层水，继而产生碳酸盐沉淀，导致岩石孔喉的堵塞，降低储层孔隙度和渗透率，从而降低原油采收率[6-9]。温度、压力、地层水中的成垢离子质量浓度是影响 CO_2 与地层水相互作用产生无机盐沉淀的重要因素。

Ross 等[10]通过对英国北海油田的钙质砂岩进行 CO_2—地层水—岩石相互作用实验发现，实验后岩心的渗透率明显低于实验前；肖娜等[11]进行了不同条件下的 CO_2—水—方解石的浸泡实验，发现随着实验压力的升高，岩石的孔隙度呈先升高后降低的趋势；Zeidouni 等[12]、Sbai 等[13]对注入 CO_2 过程中地层水中的盐沉淀进行数值模拟，发现由于盐沉淀的生成，近井带储层的孔隙度降低。

长庆油田长 8 区块储集层为典型的致密油储层，且地层流体矿化度高、钙离子浓度高，在 CO_2 驱开发过程中，由于 CO_2—水—岩石相互作用造成储层的损害，严重制约油田的生产。因此需对 CO_2 驱过程中无机盐沉淀生成规律及其分布规律进行研究。目前，大多数学者主要关注 CO_2—水—岩石相互作用的定性研究，并没有量化不同条件下的沉淀量及沉淀作用对储集层物性的影响。针对前述问题，本文在前人研究成果基础上，进行了不同压差、不同温度、不同成垢离子质量浓度条件下的 CO_2—地层水相互作用静态浸泡实验与动态驱替实验，建立了二者相互作用下产生的沉淀物质量的定量数学表征方程与沉淀作用对储集层物性影响的数学表征方程。采用数学表征方程对 Eclipse 数值模拟软件 E300 模块的数值模拟模型进行了修正，在此基础上研究了长庆油田长 8 区块 CO_2 驱生产过程中生成的无机盐沉淀的分布规律，预测了无机盐沉淀对油田采收率的影响。

1 沉淀量测定

本实验以长庆油田长 8 区块 3 口油井的地层水为介质，其中各水样主要成垢离子质量浓度见表 1。水样成垢离子主要为 Ca^{2+}、Mg^{2+}、Ba^{2+}、Sr^{2+}，其中 Ca^{2+} 含量占比高于 95%，其次是 Mg^{2+}，Ba^{2+}、Sr^{2+} 含量极低，为 $CaCl_2$ 水型。本区块储层岩石以长石类矿物和石英为主，长石主要为钠长石及钾长石。实验所用岩心同样取自长庆油田长 8 区块，平均孔隙度为 10%，渗透率为 0.1~0.4mD。

表 1 不同地层水样主要成垢离子质量浓度

地层水样品	成垢离子质量浓度 /（mg/L）				总矿化度 /（mg/L）
	Ca^{2+}	Mg^{2+}	Ba^{2+}	Sr^{2+}	
1	2 012	198	0.006	19.4	16 090
2	5 145	209	0.057	25.4	32 375
3	10 590	222	0.028	18.8	57 000

1.1 实验机理及方法

1.1.1 沉淀产生机理

气态 CO_2 溶于水中形成 H_2CO_3，并进一步电离形成 CO_3^{2-} 与 HCO_3^-。在常温条件下，酸性（pH 值小于 4.5）溶液中仅存在 H_2CO_3；碱性（pH 值在 8.34~12.00 之间）溶液中，主要存在 CO_3^{2-}；中性、偏酸性、偏碱性的溶液中主要为 HCO_3^-，且不存在 CO_3^{2-}[14-15]。CO_2—地层水相互作用生成沉淀物的过程可用式（1）表示：

$$Ca^{2+} + 2HCO_3^- \rightleftharpoons CaCO_3 + H^+ \tag{1}$$

$CaCO_3$ 只有在过饱和状态时才会析出并沉积，所以只有当溶液中离子含量极高时，$CaCO_3$ 晶核才能生成并析出[7]。根据 David–Stiff 的饱和指数法，饱和指数 I_s 可以用下式表示：

$$I_s = pH - pH_s = pH - \left(K + P_{Ca} + P_{Alk}\right) \tag{2}$$

当 $I_s \leq 0$ 时，水体系中的 $CaCO_3$ 不析出；只有当 $I_s > 0$ 时，$CaCO_3$ 才能在水体系中过饱和并析出。

1.1.2 实验方法

（1）CO_2—地层水相互作用静态实验。

研究不同温度（20℃、30℃、50℃、80℃）与不同压差（8MPa、10MPa、12MPa、16MPa）条件下 CO_2—地层水相互作用生成沉淀物的规律。（1）将足量 CO_2 注入盛有

100mL 地层水的高温高压反应釜中；（2）利用 ISCO 泵给反应釜增压，直到其稳定在所需要的压力值；（3）将高温高压反应釜放入恒温箱，稳定于目标温度静置 6d；（4）6d 后利用 ISCO 泵迅速降压至大气压，静置 24h；（5）打开高温高压反应釜，将反应釜内溶液移至其他容器内用光谱仪器测定离子浓度，通过扫描电镜和能谱仪（EDS）分析沉淀物成分并测得沉淀量；（6）重复实验后得到不同温度、压差、成垢离子质量浓度对沉淀的影响规律。实验装置如图 1 所示。

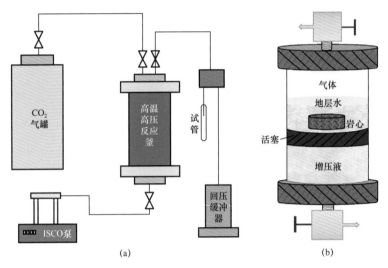

图 1　实验装置示意图（a）及高温高压反应釜示意图（b）

（2）CO_2 驱替实验。

本实验分别进行不同温度（20℃、30℃、50℃、80℃）与不同驱替压力（19MPa、20MPa、21MPa、22MPa）下的 CO_2—蒸馏水—岩石与 CO_2—地层水—岩石相互作用的对比实验，以研究沉淀物对岩心物性的影响。实验用原油为长庆油田脱气原油，具体步骤如下：（1）对岩心抽真空后，置于岩心夹持器进行水驱以清洗岩心内部孔喉，尽量排除岩心内部杂质，再次抽真空并烘干；（2）针对低渗透储层岩心的特点，将已抽真空的岩心放入高温高压反应釜，注入地层水（蒸馏水实验组注入蒸馏水），加压至地层压力（21MPa）放置 12h；再将岩心放入岩心夹持器中，饱和地层水（蒸馏水）；（3）打开通原油的阀门，进行油驱水，直至出口端再无水流出，以达到饱和原油、制造束缚水的目的，随后老化岩心；（4）8～12h 后进行 CO_2 驱替实验，将 ISCO 泵压力调到实验驱替压力，出口端压力设置为 16MPa，进行驱替直至出口端不产出原油为止。实验结束后测试岩心渗透率与孔隙度。实验装置如图 2 所示。

1.2　实验结果

1.2.1　静态实验

将生成的沉淀过滤并干燥，然后通过 EDS 测试元素含量，测定结果如图 3 所示（图 3a

红框代表图 3b 对应的扫描位置）。根据 CO_2 和地层水的反应式可知产生的无机盐沉淀物主要为 $CaCO_3$，而实验中沉淀还包括 $CaCl_2$ 和 $MgCl_2$，三者质量比为 10.00∶0.25∶1.00。$CaCl_2$ 和 $MgCl_2$ 为地层水本身含有的氯化物析出物，而非反应生成的沉淀物。

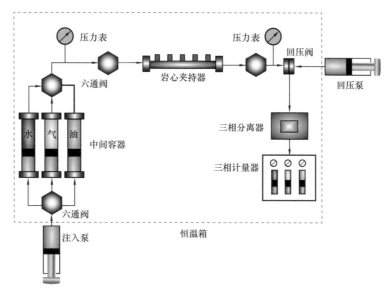

图 2　岩心驱替实验装置

利用光谱分析仪，测定初始地层水和每次实验后从反应釜内取出液体的 Ca^{2+} 浓度，初始地层水的 Ca^{2+} 浓度减去每次实验后取出液体的 Ca^{2+} 浓度，得到不同温度、压差条件下地层水的 Ca^{2+} 浓度降低值，再根据 $CaCO_3$ 的相对分子质量计算沉淀物的质量（按照 1L 水样换算，结果见表 2）。

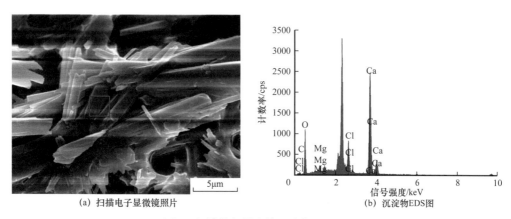

(a) 扫描电子显微镜照片　　(b) 沉淀物EDS图

图 3　沉淀物扫描电镜照片与 EDS 图

根据表 1 和表 2 数据绘制曲线图（图 4）可以看出，温度、压差、钙离子（即成垢离子）质量浓度对沉淀物的产生有很大影响，温度与沉淀量呈反比，压差和成垢离子质量浓度与沉淀量之间呈正比。图中相关系数值高，说明实验结果趋势以指数形式表征是准确的。

表2 不同地层水样在不同压差、温度条件下的反应结果

地层水样品	温度 /℃	压差 /MPa	沉淀量 /mg
1	20	8	310
	20	10	330
	20	12	390
	20	16	510
	30	16	220
	50	16	150
	80	16	70
2	20	8	170
	20	10	200
	20	12	170
	20	16	240
	30	16	190
	50	16	100
	80	16	50
3	20	8	300
	20	10	470
	20	12	480
	20	16	570
	30	16	480
	50	16	240
	80	16	80

1.2.2 驱替实验

分别进行蒸馏水组和地层水组驱替实验。驱替实验前后岩心孔隙度、渗透率测试数据如表3所示。不同温度（驱替压差为6MPa）与不同压差（温度为20℃）条件下蒸馏水组与地层水组实验前后的岩心孔隙度变化曲线如图5所示。从图5中可以看出，孔隙度变化率与压差、温度都呈正相关性。进一步对比发现，地层水组驱替实验结束后岩心的孔隙度增加幅度始终低于蒸馏水组驱替实验岩心，这是由于蒸馏水对岩心仅有溶蚀作用，而地层水组受到了CO_2—水相互作用产生$CaCO_3$的影响，沉淀作用极大影响了CO_2驱过程中的岩心物性。

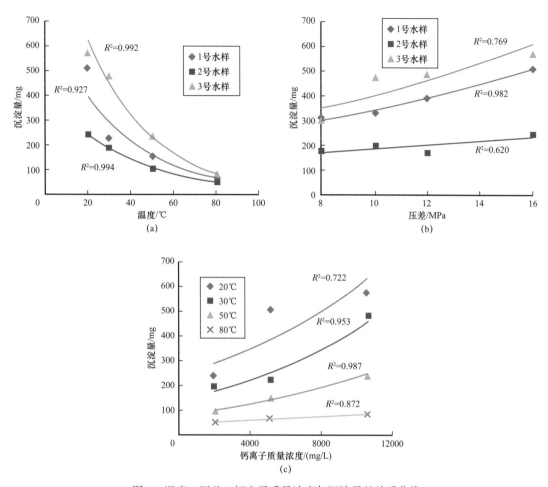

图 4 温度、压差、钙离子质量浓度与沉淀量的关系曲线

表 3 实验前后岩心孔隙度和渗透率测试数据

实验编号	原始饱和流体	温度/℃	驱替压差/MPa	驱替压力/MPa	钙离子质量浓度/(mg/L)	实验前渗透率/mD	实验后渗透率/mD	渗透率变化率/%	实验前孔隙度/%	实验后孔隙度/%	孔隙度变化率/%
1	蒸馏水	20	3	19	0	0.1219	0.1233	1.14848	8.50	8.62	1.41176
2		20	4	20		0.1222	0.1245	1.88216	8.61	8.81	2.32288
3		20	5	21		0.1266	0.1316	3.94944	8.83	9.18	3.96376
4		20	6	22		0.2664	0.2847	6.86936	7.90	8.55	8.22784
5		30	6	22		0.3585	0.3898	8.73082	9.01	10.31	14.42840
6		50	6	22		0.3890	0.4392	12.90480	11.57	13.66	18.06390
7		80	6	22		0.4032	0.5380	33.43250	11.68	15.45	32.27740

续表

实验编号	原始饱和流体	温度/℃	驱替压差/MPa	驱替压力/MPa	钙离子质量浓度/(mg/L)	实验前渗透率/mD	实验后渗透率/mD	渗透率变化率/%	实验前孔隙度/%	实验后孔隙度/%	孔隙度变化率/%
8		20	3	19		0.1294	0.1307	1.00463	8.05	8.10	0.62111
9		20	4	20		0.1299	0.1319	1.53964	8.41	8.49	0.95124
10		20	5	21		0.1316	0.1357	3.11550	8.50	8.59	1.05882
11	地层水	20	6	22	10590	0.2225	0.2350	5.61797	8.96	9.12	1.78571
12		30	6	22		0.3688	0.3920	6.29067	9.82	10.22	4.07332
13		50	6	22		0.3337	0.3589	7.55169	8.52	9.33	9.50704
14		80	6	22		0.3614	0.4678	29.44100	11.48	14.87	29.52960

注：实验岩心平均直径 25.24mm，平均长度 75.44mm，平均质量 72.04g。

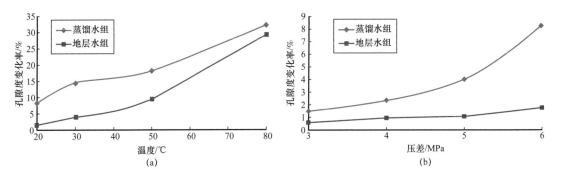

图 5 不同温度（a）、压差（b）条件下蒸馏水组与地层水组驱替实验岩心孔隙度变化率

2 数学表征方法

由图 4 可以看出无机盐沉淀量与温度、压差、成垢离子质量浓度均呈指数关系，图 5 中储层物性变化与温度、压差也呈指数关系。借助 Excel 的数据分析工具进行数学回归，首先建立指数公式：

$$y=be^{aX} \tag{3}$$

将曲线进行直线化处理，对方程两端取对数，则有：

$$\ln y=aX+\ln b \tag{4}$$

对 $\ln y$ 与 X 进行直线回归分析，求得 a、b 值。设 $Y=\ln y$，Y 随 X 的变化而变化，设：

$$Q(a,b)=\sum_{i=1}^{n}\left[Y_i-(aX_i+b)\right]^2 \tag{5}$$

展开式（5）并取 X、Y、XY、X^2、Y^2 的平均数 $\overline{X}$、$\overline{Y}$、$\overline{XY}$、$\overline{X^2}$、$\overline{Y^2}$：

$$Q(a,b) = n\overline{Y^2} - 2an\overline{XY} - 2bn\overline{Y} + a^2n\overline{X^2} + 2abn\overline{X} + nb^2 \tag{6}$$

Q 分别对 a 和 b 求偏导数，令偏导数为零，得出 a 和 b 的求解公式：

$$\begin{cases} a = \dfrac{\overline{X}\,\overline{Y} - \overline{XY}}{\overline{X}^2 - \overline{X^2}} \\ b = \overline{Y} - a\overline{X} \end{cases} \tag{7}$$

2.1 沉淀量的数学表征方程

对表 2 的实验数据按照上述方法回归，得到表征方程：

$$y = 171.55\mathrm{e}^{0.0009M - 0.03t + 0.06\Delta p} \tag{8}$$

成垢离子质量浓度、温度、压差的均方根误差分别为 9×10^{-5}、3×10^{-2}、5×10^{-2}，说明参数精度较高，且其 P 值（假设概率）对应值皆小于 0.0001，故可认为模型的置信度达到 99.99%。

2.2 沉淀对储集层物性影响程度的数学表征方程

同理，对表 3 中蒸馏水组实验岩心孔隙度变化率进行回归，得到孔隙度变化率的定量表征公式，即岩心在溶蚀作用下的孔隙度变化率：

$$\Delta\phi_1 = 6.7\times10^{-7}\mathrm{e}^{0.02t + 0.73\Delta p} \tag{9}$$

对表 3 中地层水组实验岩心孔隙度变化率进行回归，得到孔隙度变化率的定量表征公式，即岩心在溶蚀、沉淀共同作用下的孔隙度变化率：

$$\Delta\phi_2 = 0.14\mathrm{e}^{0.03t + 0.54\Delta p - 9.1\times10^{-5}M} \tag{10}$$

则由沉淀作用引起的孔隙度变化率为：

$$\Delta\phi_3 = \Delta\phi_1 - \Delta\phi_2 = 6.7\times10^{-7}\mathrm{e}^{0.02t + 0.73\Delta p} - 0.14\mathrm{e}^{0.03t + 0.54\Delta p - 9.1\times10^{-5}M} \tag{11}$$

CO_2 驱替后岩心的孔隙度为：

$$\phi_t = \phi_0(1 - \Delta\phi_3) = [1 - (6.7\times10^{-7}\mathrm{e}^{0.02t + 0.73\Delta p} - 0.14\mathrm{e}^{0.03t + 0.54\Delta p - 9.1\times10^{-5}M})]\phi_0 \tag{12}$$

采用 Kozeny-Carman 方程描述孔隙度—渗透率的关系如下[16]：

$$K_t = K_0\left(\dfrac{\phi_t}{\phi_0}\right)^N\left(\dfrac{1-\phi_0}{1-\phi_t}\right)^2 \tag{13}$$

将本文实验数据代入该公式得到 $N=1$，将式（12）代入式（13），则得到渗透率：

$$K_t = K_0\left(1 - 6.7\times10^{-7}\mathrm{e}^{0.02t + 0.73\Delta p} + 0.14\mathrm{e}^{0.03t + 0.54\Delta p - 9.1\times10^{-5}M}\right)^N \times \left[\dfrac{1-\phi_0}{1-\left(1 - 6.7\times10^{-7}\mathrm{e}^{0.02t + 0.73\Delta p} - 0.14\mathrm{e}^{0.03t + 0.54\Delta p - 9.1\times10^{-5}M}\right)\phi_0}\right]^2 \tag{14}$$

3 沉淀对油田采收率的影响

3.1 考虑无机盐沉淀的油藏数值模拟模型

结合研究区块油藏属性建立油藏地质模型；利用研究区块流体性质，建立典型数值模型，采用回归得到的式（8）拟合沉淀量；采用式（12）、式（14）分别拟合孔隙度、渗透率，进而修正并确定了反应物 H_2O 系数、化学反应速度。

研究区块储层平均孔隙度为 10.01%，常压渗透率为 0.3mD，属于致密油，沥青质含量极低，地层水中 Ca^{2+} 含量高，最高为 10590mg/L。油藏埋深 2700~2900m，地层温度 80℃，地层压力 21MPa，采用直井菱形反九点井网水驱开发，目前水驱采收率为 15%，综合含水率 53%。采用 Eclipse 数值模拟软件 E300 模块模拟 CO_2 连续气驱开采方式下 CO_2—地层水相互作用生成沉淀物对油田采收率的影响。

Eclipse 数值模拟软件的 E300 模块中，把固体组分通过化学反应加入流体组分，此时油、气、水的饱和度发生了改变，则流体饱和度方程中包括固体饱和度：

$$S_g+S_w+S_o+S_s=1 \qquad (15)$$

固相在流体中存在吸附沉淀和随着流体由生产井采出两种情况，其中吸附沉淀会降低储层渗透率，对储层物性产生不良影响。假定流体中的固相在产生后全部直接吸附在储层中，不随流体采出，即可等效计算沉淀量。利用式（8）、式（12）、式（14）得到修正后的反应速度系数与反应物 H_2O 系数，然后结合式（15）输出固体沉淀的饱和度，乘以孔隙体积得到沉淀量。模型部分参数见表4。

表 4 模型参数

参数	取值	参数	取值
原油黏度	1.81mPa·s	油藏温度	80 ℃
渗透率	0.2mD	岩石密度	2500kg/m³
孔隙度	10%	溶解气油比	43m³/m³
初始含水饱和度	53%	初始含油饱和度	60%
反应物 CO_2 系数	1	反应速度系数	5×10^{-6}
反应物 H_2O 系数	1280		

3.2 无机盐沉淀对油田采收率影响分析

图 6 为 CO_2 驱 20 年后储层中沉淀物分布，可见沉淀在整个区域内相对均匀分布，在

井底附近沉积了大量沉淀物,这是由于生产井附近压差较大,产生大量无机盐沉淀。图7为CO_2驱20年后孔隙度保留率(孔隙度与原始孔隙度比值)分布与渗透率保留率(渗透率与原始渗透率比值)分布,可见CO_2驱20年后,沉淀在整个井组分布,沉淀的沉积和运移造成孔隙堵塞,降低了储层孔隙度与渗透率。

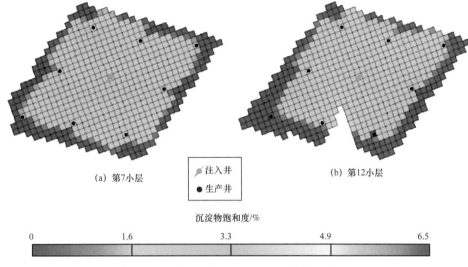

图6 CO_2驱20年后无机盐沉淀分布模拟结果

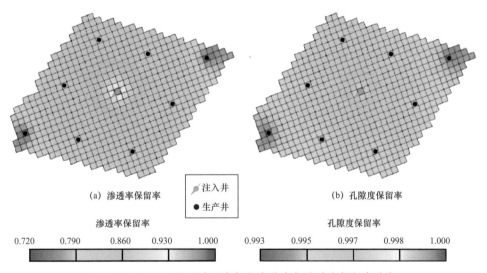

图7 CO_2驱20年后渗透率保留率分布与孔隙度保留率分布

图8为考虑与不考虑沉淀影响时模型预测油田CO_2驱生产20年的采收率曲线,从图8中可看出油田开发至第5年,沉淀开始对采收率产生影响;随着开发的不断进行,产生的沉淀越来越多,堵塞孔喉,降低了采收率。生产20年,不考虑沉淀影响的最终采收率为37.64%,考虑沉淀影响的最终采收率为33.45%。

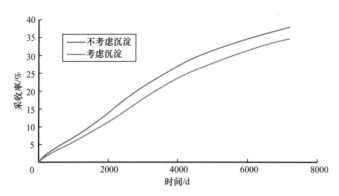

图 8 油田 CO_2 驱生产 20 年考虑与不考虑沉淀影响的采收率

4 结论

CO_2—地层水反应过程中生成的无机盐沉淀主要是 $CaCO_3$，且压差、成垢离子质量浓度与沉淀量成正比，温度与沉淀量成反比。CO_2 驱替前后岩心孔隙度变化率与温度、驱替压差成正相关性，由于沉淀作用影响，地层水组岩心孔隙度增加幅度始终低于蒸馏水组岩心。

随着 CO_2 的不断注入，最终在生产井附近产生的沉淀最多。CO_2 驱开发相比水驱开发效果提升明显，CO_2 驱 20 年后采收率从 15% 提高至 33.45%~37.64%。由于沉淀物在井组内广泛沉积，导致油田开发效果变差，考虑沉淀作用时区块采收率为 33.45%，不考虑沉淀作用时区块采收率为 37.64%。

符号注释：

a，b——系数；

i——影响因素序号；

I_s——饱和指数；

K——体系温度和离子强度的函数；

K_0——岩心初始渗透率，mD；

K_t——CO_2 驱替后岩心渗透率，mD；

M——成垢离子质量浓度，mg/L；

N——关系指数；

n——影响因素个数；

P_{Alk}——总碱度浓度的负对数；

P_{Ca}——Ca^{2+} 浓度的负对数；

pH——水体系的 pH 值；

pH_s——饱和 $CaCO_3$ 时溶液的 pH 值；

$Q(a, b)$——函数；

S_g——气体饱和度，%；

S_o——原油饱和度，%；

S_s——固体饱和度，%；

S_w——水饱和度，%；

t——温度，℃；

X——影响因素；

y——沉淀量，mg；

Δp——压差，MPa；

ϕ_0——岩心初始孔隙度，%；

$\Delta\phi_1$——溶蚀作用下岩心孔隙度变化率，%；

$\Delta\phi_2$——溶蚀和沉淀共同作用下岩心孔隙度变化率，%；

$\Delta\phi_3$——沉淀作用下岩心孔隙度变化率，%；

ϕ_t——CO_2 驱替后岩心的孔隙度，%。

参 考 文 献

[1] 彭军，王雪龙，韩浩东，等. 塔里木盆地寒武系碳酸盐岩溶蚀作用机理模拟实验 [J]. 石油勘探与开发, 2018, 45（3）: 415-425.

[2] 胡永乐，郝明强，陈国利，等. 中国 CO_2 驱油与埋存技术及实践 [J]. 石油勘探与开发, 2019, 46（4）: 716-727.

[3] ZOU Y, LI N, MA X, et al. Experimental study on the growth behavior of supercritical CO_2-induced fractures in a layered tight sandstone formation [J]. Journal of Natural Gas Science and Engineering, 2017, 49: 145-156.

[4] ZHANG X, LU Y, TANG J, et al. Experimental study on fracture initiation and propagation in shale using supercritical carbon dioxide fracturing [J]. Fuel, 2016, 190: 370-378.

[5] LIU B, FU X, LI Z. Impacts of CO_2-brine-rock interaction on sealing efficiency of sand caprock: A case study of Shihezi Formation in Ordos Basin [J]. Advances in Geo-Energy Research, 2018, 2（4）: 380-392.

[6] DONG P, LIAO X, CHEN Z, et al. An improved method for predicting CO_2 minimum miscibility pressure based on artificial neural network [J]. Advances in Geo-Energy Research, 2019, 3（4）: 355-364.

[7] 尹先清，伍家忠，王正良. 油田注入水碳酸钙垢结垢机理分析与结垢预测 [J]. 石油勘探与开发, 2002, 29（3）: 85-87.

[8] 朱子涵，李明宇，林梅钦，等. 储集层中 CO_2—水—岩石相互作用研究进展 [J]. 矿物岩石地球化学通报, 2011（1）: 104-112.

[9] 于志超，杨思玉，刘立，等. 饱和 CO_2 地层水驱过程中的水-岩相互作用实验 [J]. 石油学报, 2012, 33（6）: 1032-1042.

[10] ROSS G D, TODD A C, TWEEDIE J A. The dissolution effects of CO_2-brine systems on the permeability of U.K. and North Sea calcareous sandstones [R]. SPE 10685, 1982.

[11] 肖娜，李实，林梅钦. CO_2-水-方解石相互作用后岩石表观形貌及渗透率变化特征 [J]. 科学技

术与工程，2017，17（24）：38-44.

[12] ZEIDOUNI M，POOLADI-DARVISH M，KEITH D. Analytical solution to evaluate salt precipitation during CO_2 injection in saline aquifers [J]. International Journal of Greenhouse Gas Control，2009，3（5）：600-611.

[13] SBAI M A，AZAROUAL M. Numerical modeling of formation damage by two-phase particulate transport processes during CO_2 injection in deep heterogeneous porous media [J]. Advances in Brine Resources，2011，34（1）：62-82.

[14] 闫志为，刘辉利，陶宗涛. 温度对水中碳酸平衡的影响浅析 [J]. 中国岩溶，2011，30（2）：129-131.

[15] 刘再华，DREYBRODT W，韩军，等. $CaCO_3$-CO_2-H_2O 岩溶系统的平衡化学及其分析 [J]. 中国岩溶，2005，24（1）：1-14.

[16] NGHIEM L，SAMMON P，GRABENSTETTER J，et al. Modeling CO_2 storage in aquifers with a fully-coupled geochemical EOS compositional simulator [R]. SPE 89474，2004.

（本文原刊于《石油勘探与开发》2021年第2期）

大庆外围油田 CO_2 近混相驱特征图版的建立

王鑫,李敏

(大庆油田勘探开发研究院)

摘　要:针对目前大庆外围油田 CO_2 驱油区块采收率主要通过数值模拟预测、没有经验公式的问题,首先建立了基于大庆外围油田基础物性和流体 PVT 参数的混相、近混相、非混相驱非均质理想模型,定义了含碳率—累计产油量、A 型、B 型三种 CO_2 驱特征曲线,利用特征曲线预测模型中的采收率,优选出适合 CO_2 近混相驱的特征曲线计算方法。在此基础上,建立了适合 S 区块的含碳率和采出程度图版,并与 S 区块实际动态相比较,选取 A 型气驱特征曲线进一步建立了 CO_2 近混相驱特征图版,应用改进后的图版预测了 S 区块 CO_2 驱采收率。结果表明:运用 CO_2 近混相驱特征图版预测的采收率与 S 区块现场预测的采收率比较接近,此方法可以简单快捷预测 CO_2 驱采收率,同时对 S 区块及类似区块下一步的开发及评价具有指导意义。

关键词:CO_2 驱;大庆外围油田;近混相驱;特征图版;采收率预测

Establishment of the Characteristic Chart for CO_2 near Miscible Flooding in Peripheral Oilfields of Daqing

WANG Xin, LI Min

(Exploration and Development Research Institute of Daqing Oilfield Co Ltd.)

Abstract: At present, the method of predicting the oil recovery in the CO_2 oil displacement area of the peripheral oil field of Daqing is mainly through numerical simulation with no empirical formulas. To solve this problem, Firstly, an inhomogeneous ideal model of miscible, near miscible and immiscible by CO_2 flooding based on the basic physical properties and PVT parameters of the peripheral oil field in Daqing oilfield is established. Secondly, three kinds of characteristic curves of CO_2 flooding are defined, including carbon content-accumulation of oil, type A and B curves. The feature curve is used to predict the recovery rate in the model, and the calculation method of characteristic curve suitable for CO_2 near miscible flooding modes is optimized. On this basis, the chart of carbon content and recovery degree suitable for S block is established, and compared with the actual performance of S block.The A-type gas drive characteristic curve is selected for further establishing the chart of CO_2 near miscible drive,

---

基金项目:"十三五"重大专项"大庆油气持续有效发展关键技术研究与应用"(2016E-0209)。

and the improved chart is applied to predict the recovery rate of S block. The results show that the recovery rate predicted by the CO_2 near miscible flooding chart is close to that predicted by the field text of S block. This method can predict the recovery rate of CO_2 flooding simply and quickly, and has guiding significance for the next development and evaluation of S block and similar blocks.

Key words: CO_2 flooding; Daqing peripheral oilfield; near miscible flooding; characteristic curve; recovery rate prediction

在注水开发油田中，水驱特征图版已广泛应用于水驱采收率预测[1-3]。但关于CO_2驱替特征图版预测采收率的研究还比较少，常用的方法是通过实验方法或者数值模拟[5-18]。吕成远等[19]建立了低渗透油藏CO_2非混相驱替特征曲线。孙雷等[20]建立了Y区块油藏开发动态的CO_2混相驱规律图版。但这些都不适合大庆外围油田CO_2近混相驱油藏采收率预测。本文建立了基于大庆外围油田基础物性和流体PVT参数的混相、近混相、非混相驱非均质理想模型，定义了含碳率—累计产油量、A型、B型3种CO_2驱特征曲线，优选出适合大庆外围油田近混相驱的A型气驱特征曲线，推导出了CO_2近混相驱特征图版公式，建立了S区块CO_2近混相驱特征图版并进行修正，应用改进后的图版预测了S区块CO_2驱采收率，为同类区块的下一步开发及评价提供技术支撑。

1 不同驱替类型模型建立

1.1 建立不同驱替类型理论模型

通过建立非均质理想组分模型表征CO_2混相驱、近混相驱、非混相驱的动态特征，数据来源于外围油田基础物性和流体PVT参数，模型为300m×250m五点法井网的非均质理想模型，平均渗透率2mD，横向网格步长10m，纵向网格步长5m，模型节点数90×110×1=9900个。非均质模型能更好地表述驱替的指进现象，混相带运移速度更接近实际模型。

1.2 不同驱替类型理论模型检验

采用混相体积系数来定量表征不同类型CO_2驱油过程中的混相状态，可以验证三种理想模型是否符合混相、近混相及非混相驱，验证结果见表1。

表1 不同混相类型CO_2驱模型计算情况表

混相系数	驱替类型	初期	0.04HCPV	0.2HCPV	0.4HCPV	0.6HCPV	1.5HCPV
全混相体积系数/%	混相驱	55.3	63.2	62.9	60.5	61.2	50.4
	近混相驱	4.5	9.6	11.0	10.1	9.6	9.2
	非混相驱	0	0	0	0	0	0

续表

混相系数	驱替类型	初期	0.04HCPV	0.2HCPV	0.4HCPV	0.6HCPV	1.5HCPV
半混相体积系数 /%	混相驱	44.7	36.8	37.2	39.5	38.6	49.7
	近混相驱	84.4	74.0	76.2	88.4	78.5	31.6
	非混相驱	100	96.3	63.2	0.2	0	0
非混相体积系数 /%	混相驱	0	0	0	0	0	0
	近混相驱	11.1	16.3	12.8	1.5	11.9	59.2
	非混相驱	0	3.8	36.8	99.8	99.9	99.9

混相驱模型中，全混相体积系数在50%以上，非混相体积系数为0，可以验证模型为混相驱，可以表征混相驱替特征；近混相模型中，半混相体积系数初期达到80%以上，随着驱替进行逐渐降低，非混相体积系数逐渐增加，全混相体积系数在10%左右，可以验证模型为近混相驱，可以表征近混相驱替特征；非混相模型中，非混相体积系数为100%，可以验证模型为非混相驱，可以表征非混相驱替特征。

2 不同混相类型CO_2驱特征曲线建立

2.1 含碳率—累计产油量关系曲线

将三种不同驱替类型的数据从模型中导出，在半对数坐标系中分别绘制混相驱、近混相驱、非混相驱含碳率f_g与累计产油量N_p关系曲线，判别、选定直线段数据点，不同驱替类型绘制曲线如图1所示。

直线段f_g—N_p线性关系式：

$$\ln f_g = a_1 + b_1 N_p \tag{1}$$

取含碳率98%的可采储量为技术可采储量N_R^T：

$$N_R^T = \frac{(-0.00877 + a_1)}{b_1} \tag{2}$$

计算出采收率：

$$E_R = \frac{N_R^T}{N} \tag{3}$$

式中 f_g——含碳率，%；

N_p——累计产油量，$10^4 m^3$；

a_1——曲线截距；

b_1——曲线斜率；

N_R^T——技术可采储量，$10^4 m^3$；

E_R——采收率；

N——油田的地质储量，$10^4 m^3$。

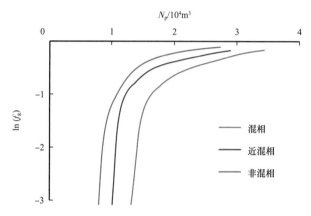

图 1　不同驱替类型含碳率—累计产油量关系曲线

2.2　A 型气驱特征曲线

现场统计表明，CO_2 混相带突破后，累计产气量和累计产油量在半对数坐标中会出现近似直线段，定义为 A 型气驱特征曲线，其表达式为：

$$\ln G_p = a_2 + b_2 N_p \tag{4}$$

将式（4）两边求导得：

$$\frac{1}{G_p}\frac{dG_p}{dt} = b_2 \frac{dN_p}{dt} \tag{5}$$

由于 $\frac{dG_p}{dt}=q_g$；$\frac{dN_p}{dt}=q_o$

公式（5）改写为：

$$bG_p = \frac{q_g}{q_o} \tag{6}$$

$$G_p = \frac{f_g}{1-f_g}\frac{1}{b_2} \tag{7}$$

式（7）代入式（4）中得：

$$b_2 e^{a_2+b_2 N_p} = \frac{f_g}{1-f_g} \tag{8}$$

式（8）两端取对数得到 A 型气驱特征曲线的微分形式：

$$N_{\mathrm{p}} = \frac{\ln \frac{f_{\mathrm{g}}}{1-f_{\mathrm{g}}} - a_2 - \ln b_2}{b_2} \tag{9}$$

由于非混相驱在模型中不存在混相带突破，在半对数坐标系中绘制混相驱、近混相驱累产气 G_{p} 与累计产油量 N_{p} 关系曲线，判别、选定直线段数据点，不同驱替类型绘制曲线如图 2 所示。

取含碳率 98% 的可采储量为技术可采储量 $N_{\mathrm{R}}^{\mathrm{T}}$：

$$N_{\mathrm{R}}^{\mathrm{T}} = \frac{\ln \frac{f_{\mathrm{g}}}{1-f_{\mathrm{g}}} - a_2 - \ln b_2}{b_2} \tag{10}$$

计算出采收率：

$$E_{\mathrm{R}} = \frac{N_{\mathrm{R}}^{\mathrm{T}}}{N}$$

式中　G_{p}——累计产气量，$10^4 \mathrm{m}^3$；
　　　q_{g}——日产气量，$10^4 \mathrm{m}^3$；
　　　q_{o}——日产油量，$10^4 \mathrm{m}^3$；
　　　a_2——曲线截距；
　　　b_2——曲线斜率。

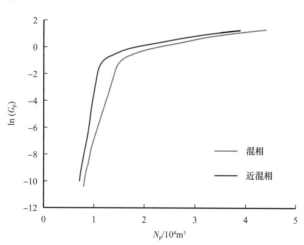

图 2　不同驱替类型 A 型气驱特征曲线

2.3　B 型气驱特征曲线

数值模拟及矿场试验结果表明，注气到一定程度后，累计产油气量与累计产油量在半对数坐标中呈直线关系，将其定义为 B 型气驱特征曲线，其表达式为：

$$\ln L_{\mathrm{p}} = a_3 + b_3 N_{\mathrm{p}} \tag{11}$$

将式（11）两边求导得：

$$\frac{1}{L_p}\frac{dL_p}{dt} = b_3 \frac{dN_p}{dt} \quad (12)$$

由于 $\frac{dL_p}{dt}=q_L$；$\frac{dN_p}{dt}=q_o$，代入公式（12）整理得：

$$bL_p = \frac{q_L}{q_o} = \frac{1}{1-f_g} \quad (13)$$

式（13）代入式（11）中并两端取对数得：

$$N_p = \frac{\ln\frac{1}{1-f_g} - a_3 - \ln b_3}{b_3} \quad (14)$$

将 3 种不同驱替类型的数据从模型中导出，在半对数坐标系中分别绘制混相驱、近混相驱、非混相驱累计产油气量 L_p 与累计产油量 N_p 关系曲线，判别、选定直线段数据点，不同驱替类型曲线如图 3 所示。

拟合出系数 a_3、b_3，取含碳率 98% 的可采储量为技术可采储量 N_R^T：

$$N_R^T = \frac{3.892 - a_3 - \ln b_3}{b_3} \quad (15)$$

计算出采收率：

$$E_R = \frac{N_R^T}{N}$$

式中　L_p——累计产油气量，$10^4 m^3$；

　　　q_L——日产油气量，$10^4 m^3$；

　　　a_2——曲线截距；

　　　b_2——曲线斜率。

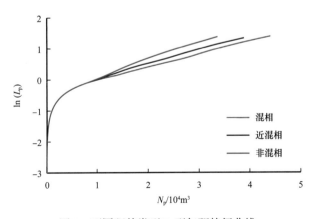

图 3　不同驱替类型 B 型气驱特征曲线

3 CO_2驱特征曲线优选

将上述3种特征曲线计算出的3种不同驱替类型的采收率与数值模拟计算结果相比较，结果表明：混相驱及近混相驱模型中，3种 CO_2 驱特征曲线法计算采收率值误差均较小，在3%以内；非混相驱模型中，含碳率—累计产油量关系曲线法计算采收率值误差较小，在3%以内，计算结果见表2。

表2 CO_2驱特征曲线法采收率计算值与数值模拟值误差表

气驱特征曲线类型	驱替类型	特征曲线法计算采收率/%	数模计算采收率/%	误差/%
含碳率—累计产油量关系曲线	混相驱	26.0	26.2	0.7
	近混相驱	23.2	23.8	2.4
	非混相驱	18.9	19.4	2.2
A 型气驱特征曲线	混相驱	25.6	26.2	2.2
	近混相驱	23.1	23.8	2.3
B 型气驱特征曲线	混相驱	25.5	26.2	2.3
	近混相驱	23.1	23.8	2.7
	非混相驱	16.3	19.4	15.9

4 CO_2近混相驱特征图版公式的推导

4.1 含碳率和采出程度公式推导

在优选出的适合 CO_2 近混相驱的3种特征曲线的基础上，分别推导含碳率和采出程度的关系式。

前面已定义油藏的地质储量 N，累计产油量为 N_p，则采出程度 R_o：

$$R_o = \frac{N_p}{N} \qquad (16)$$

式（16）代入式（1），得到含碳率—累计产油量曲线含碳率和采出程度的关系式：

$$f_g = e^{a_1 + b_1 N R_o} \qquad (17)$$

式（16）代入式（8），得到 A 型气驱特征曲线含碳率和采出程度的关系式：

$$f_g = \frac{b_2 e^{a_2 + b_2 N R_o}}{1 + b_2 e^{a_2 + b_2 N R_o}} \qquad (18)$$

式（16）代入式（14），得到 B 型气驱特征曲线含碳率和采出程度的关系式：

$$f_g = 1 - \frac{1}{e^{(b_3 NR_o + a_3 + \ln b_3)}} \tag{19}$$

由式（17）至式（19）建立含碳率和采出程度图版（图4），并与大庆外围油田近混相驱 S 区块实际动态相比较，从图版看出 A 型气驱特征曲线含碳率和采出程度图版，与 S 区块实际动态趋势最为接近，因此选取 A 型气驱特征曲线进一步建立 CO_2 近混相驱特征图版。

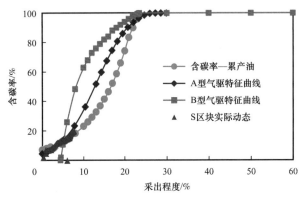

图 4　含碳率和采出程度图版

4.2　CO_2 近混相驱特征图版公式推导

由 A 型气驱特征曲线公式（8）两边求导得出：

$$\ln \frac{f_g}{1-f_g} = a_2 + b_2 N_p + \ln b_2 \tag{20}$$

累计产油量 N_p 为地质储量 N 和采出程度 R_o 的乘积，代入式（20）得：

$$\ln \frac{f_g}{1-f_g} = a_2 + b_2 NR_o + \ln b_2 \tag{21}$$

令 $C=Nb_2$，$D=a_2+\ln b_2$，代入式（21）得：

$$\ln \frac{f_g}{1-f_g} = CR_o + D \tag{22}$$

C 值的求取方法有两种：一是通过地质储量和 A 型气驱特征曲线斜率的乘积；二是由式（22）可以看出 $\ln \frac{f_g}{1-f_g}$ 和采出程度 R_o 在半对数坐标中成直线关系，曲线斜率即为 C 值。

经济极限含碳率 $f_g=E$ 时，对应的采收率为 R_e，则有 $R_o=R_e$，代入式（22），得：

$$\ln\frac{E}{1-E} = CR_e + D \tag{23}$$

式（22）减去式（23）得：

$$\ln\frac{f_g}{1-f_g} = C(R_o - R_e) + \ln\frac{E}{1-E} \tag{24}$$

将确定的 C 值与经济极限含碳率代入式（24），便可得到 CO_2 近混相驱特征图版。

5 CO_2 近混相驱特征图版的应用

大庆外围油田 S 区块平均空气渗透率 1.16mD，平均孔隙度 10.3%，为典型低孔特低渗储层，原始溶解气油比 22.8m³/t，原始地层压力 22.05MPa，最小混相压力 32.2MPa，为 CO_2 近混相驱，该区块 2007 年投产，直接注气开发，进行 CO_2 驱先导性试验，注气井 10 口，采油井 14 口。

5.1 C 值的求取

5.1.1 方法一

S 区块地质储量为 $118.7 \times 10^4 m^3$，将区块数据代入式（3），绘制 S 区块 A 型气驱曲线，求得 $b_2=0.1121$，$C=Nb_2=16.6$。

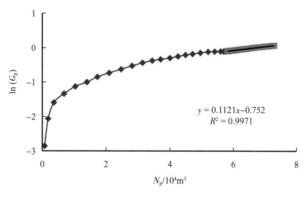

图 5　S 区块 A 型气驱特征曲线

5.1.2 方法二

利用 S 区块实际生产数据，绘制 $\ln\dfrac{f_g}{1-f_g}$ 与采出程度 R_o 的关系曲线，回归 C 值，曲线斜率 $C=17.24$。

将上述两种方法得出的 C 值取平均，求得 $C=16.92$。

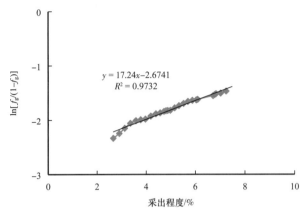

图6　S区块 $\ln[f_g/(1-f_g)]$ 与采出程度 R_o 关系曲线图

5.2 确定经济极限含碳率 f_g

根据盈亏平衡关系可知,当日产油量的收入等于驱油剂成本、日操作成本和税金总和时,此时的油气比就是关井油气比。

$$\frac{P_1+P_2}{P}\frac{1}{C}+R\frac{P_3-P_4}{P}+\frac{P_5}{P}\leqslant 1 \quad (25)$$

式中　P——油价,美元/bbl;

P_1——CO_2 售价,元/t;

P_2——CO_2 注入费,元/t;

P_3——产出 CO_2 处理费,元/t;

P_4——产出 CO_2 售价,元/t;

P_5——操作成本,元/t;

R——油气比,m^3/t;

C——换油率。

根据 S 区块相关经济参数,CO_2 售价 400 元/t,注入费用 100 元/t,产出 CO_2 处理费 150 元/t,操作成本 1211.71 元/t(油)。

计算表明当油价 50 美元/bbl 时,换油率为 0.2 时,油井关井油气比为 $3000m^3/t$。

标况下 CO_2 的密度为 $1.97kg/m^3$,计算出 S 区块经济极限含碳率 $f_g=85.7\%$。

5.3 绘制 S 区块 CO_2 近混相驱特征图版

经济极限含碳率 $f_g=85.7\%$ 时,采出程度 R_o 等于采收率 R_e,代入式(24)得到含碳率、采出程度和采收率的关系式:

$$\ln\frac{f_g}{1-f_g}=16.92(R_o-R_e)+1.79 \quad (26)$$

利用式(26)绘制得到 S 区块 CO_2 近混相驱特征图版(图7a)。

5.4 修正 S 区块 CO_2 近混相驱特征图版

为了提升图版应用的准确性，对 S 区块 CO_2 近混相驱特征图版进行修正，修正后的含碳率、采出程度和采收率的关系式为：

$$\ln\left(\frac{f_g}{1-f_g} + P\right) = 16.92(R_o - R_e) + 1.79 + Q \tag{27}$$

$$P = e^{1.79+16.92(R_i-R_e)-\ln\left[1-e^{16.92(R_i-R_e)}\right]} \tag{28}$$

$$Q = -\ln\left[1 - e^{16.92(R_i-R_e)}\right] \tag{29}$$

式中 P、Q——修正常数，无量纲；
R_i——无气采收率，%。

利用修正后的关系式，修正后的 CO_2 近混相驱特征图版如图 7b 所示。

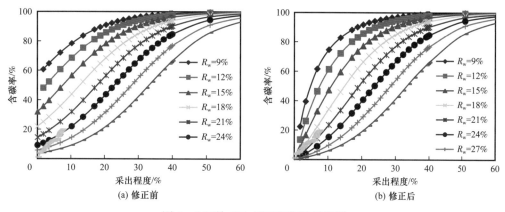

图 7 S 区块 CO_2 近混相驱特征图版

可以看出 S 区块的生产数据符合采收率 21% 曲线趋势，该区块现场预测的采收率为 21.3%，两者比较接近，验证了图版的准确性，可以用来预测 S 区块的采收率和开发效果评价。

修正后的 CO_2 近混相驱特征图版，可以用来进行 CO_2 近混相驱区块的采收率预测和开发效果评价，同时为同类区块的下一步的开发及评价提供技术支撑。

6 结论

（1）采用混相体积系数来定量表征不同类型 CO_2 驱油过程中的混相状态，并验证三种理想模型符合混相、近混相及非混相驱，可以用来建立不同驱替类型特征曲线。

（2）根据混相、近混相、非混相不同驱替类型模型，建立了含碳率—累计产油量、A型、B型 3 种不同驱替类型 CO_2 驱特征曲线，以数值模拟计算的采收率为依据，经过优选，

3 种曲线均能用于近混相驱特征曲线计算。

（3）应用优选出的特征曲线，推导出适合大庆外围油田 CO_2 近混相驱的含碳率和采出程度关系式，建立了适合 S 区块的含碳率和采出程度图版，并与 S 区块实际动态相比较，选取 A 型气驱特征曲线进一步推导出了 CO_2 近混相驱特征图版公式。

（4）应用 CO_2 近混相驱特征图版公式，结合 S 区块生产动态，运用关井气油比上限计算出 S 区块经济极限含碳率，建立了 S 区块 CO_2 近混相驱特征图版并进行修正，应用修正后的图版预测了 S 区块采收率，和现场预测结果接近，表明修正后的图版可以用来进行 CO_2 近混相驱区块的采收率预测和开发效果评价，同时为同类区块的下一步的开发及评价提供技术支撑。

参 考 文 献

[1] 高文君，徐冰涛，黄瑜. 水驱油田含水率预测方法研究及拓展[J]. 石油与天然气地质，38（5）：994-999.

[2] 李立峰，滕世婷，冯绪波，等. 基于水驱开发全过程的新型水驱特征曲线[J]. 特种油气藏，2019，26（3）：85-88.

[3] 杨艳. 低渗透油田童氏参数改进及应用分析[J]. 断块油气田，2018，25（3）：350-353.

[4] 张本艳，周立娟，何学文，等. 鄂尔多斯盆地渭北油田长 3 储层注 CO_2 室内研究[J]. 石油地质与工程，2018，32（3）：87-90.

[5] 商琳琳. 龙虎泡油田高台子致密油层 CO_2 驱实验研究[J]. 石油地质与工程，2018，32（5）：60-62.

[6] 国殿斌，徐怀民. 深层高压低渗油藏 CO_2 驱室内实验研究：以中原油田胡 96 块为例[J]. 石油实验地质，2014，36（1）：102-105.

[7] 鞠斌山，于金彪，吕广忠，等. 低渗透油藏 CO_2 驱油数值模拟方法与应用[J]. 油气地质与采收率，2020，27（1）：126-133.

[8] 陈祖华，吴公益，钱卫明，等. 苏北盆地复杂小断块油藏注 CO_2 提高采收率技术及应用[J]. 油气地质与采收率，2020，27（1）：152-162.

[9] 贾凯锋，计董超，高金栋，等. 低渗透油藏 CO_2 驱油提高原油采收率研究现状[J]. 非常规油气，2019，（1）：107-114，61.

[10] 李剑，段景杰，姚振杰，等. 低渗透油藏水驱后注 CO_2 驱提高采收率影响因素分析[J]. 非常规油气，2017，（6）：45-52.

[11] 王海妹. CO_2 驱油技术适应性分析及在不同类型油藏的应用——以华东油气分公司为例[J]. 石油地质与工程，2018，32（5）：63-65.

[12] 史云清，贾英，潘伟义，等. 低渗致密气藏注超临界 CO_2 驱替机理[J]. 石油与天然气地质，2017，38（3）：610-616.

[13] 王业飞，高苗，谭龙，等. 裂缝—基质模型 CO_2 混相注入提高原油采收率[J]. 油气地质与采收率，2018，25（5）：87-92.

[14] 李阳. 低渗透油藏 CO_2 驱提高采收率技术进展及展望[J]. 油气地质与采收率，2020，27（1）：1-10.

[15] 史云清，贾英，潘伟义，等. 低渗致密气藏注超临界 CO_2 驱替机理[J]. 石油与天然气地质，2017，38（3）：610-616.

［16］李菊花，康凯锋，高文君，等.水气交替驱特征曲线关系式的理论推导及应用［J］.石油天然气学报，2010，32（5）：139-142.

［17］陈志豪，郝永卯，季迎春，韦馨林，曾旭智.CO_2—原油混相带形成机理与表征方法［J］.油气地质与采收率，2020，27（1）：57-61.

［18］王锐，吕成远，伦增珉，王进安，赵淑霞，王欣，许寻.挥发性油藏CO_2驱动态混相特征［J］.油气地质与采收率，2020，27（1）：89-92.

［19］吕成远，王锐，赵淑霞，等.低渗透油藏CO_2非混相驱替特征曲线研究［J］.油气地质与采收率，2017，24（5）：111-114.

［20］孙雷，冯乔，陈国利，等.CO_2混相驱拟含气率与采出程度图版的建立［J］.西南石油大学学报：自然科学版，2014，36（1）：83-88.

低渗透裂缝性油藏 CO_2 驱气窜形成机理及防治技术研究

王石头[1,3]，马国伟[1,3]，郎庆利[2]，杨棠英[1,3]

（1. 中国石油长庆油田分公司油气工艺研究院；2. 中国石油长庆油田分公司第三采油厂；
3. 低渗透油气田勘探开发国家工程实验室）

摘　要：为进一步提高油藏采收率，开展了 CO_2 驱先导性试验，试验结果表明：整体增油降水效果明显，但部分井见气，气窜现象严重，降低了 CO_2 驱增油效果。为了防治气窜，提高低渗透裂缝型油藏 CO_2 驱波及效率，采用纳米凝胶颗粒进行调驱。采用数值模拟方法结合生产动态分析识别储层优势渗流通道，并通过室内试验确定了调驱剂注入后走向及位置、调驱剂质量分数对调驱效果的影响，研究结果表明：采用耐酸耐盐堵剂纳米凝胶颗粒的封堵效果较好，该结果对低渗透裂缝型油藏注气驱方案设计具有指导意义。

关键词：低渗透油藏；优势渗流通道；CO_2 驱；渗透率时变

Study on Formation Mechanism and Prevention Technology of Gas Channeling by CO_2 Flooding in Low Permeability Fractured Reservoirs

WANG Shitou[1,3]，MA Guowei[1,3]，LANG Qingli[2]，YANG Tangying[1,3]

（1. Oil and Gas Technology Research Institute，Changqing Oilfield Company，CNPC；
2. No.3 Oil Production Plant，Changqing Oilfield Company，CNPC；3. National Engineering Laboratory of Low Permeablity Oil and Gas Field Exploratory and Development）

Abstract：In order to further improve the oil recovery of the reservoirs, the CO_2 flooding pilot test is carried out. The test results show that the overall effect of increasing oil and reducing water is obvious, but gas breakthrough is serious in some wells, which reduces the effect of CO_2 flooding. In order to prevent gas channeling and improve the sweep efficiency of CO_2 flooding in low permeability fractured reservoirs, nano gel particles are used for profile control and flooding. The numerical simulation method combined with the production performance analysis is used to identify the preferential percolation paths of the reservoirs. The influence of the injection direction

---

基金项目：中国石油天然气股份有限公司科学研究与技术开发项目"长庆油田低渗透油藏 CO_2 驱油与埋存关键技术研究与应用"（2014E-36）、"二氧化碳规模化捕集、驱油与埋存全产业链关键技术研究及示范"（2021ZZ01）。

and location of the profile control agent after injection and the mass fraction of the profile control agent is determined through the laboratory test. The research results show that the blocking effect of acid and salt resistant plugging agent nano gel particles is better, which have guiding significance for the design of gas injection and flooding scheme in low permeability fractured reservoirs.

Key words: low permeability reservoirs; preferential percolation paths; CO_2 flooding; time-varying permeability

黄 3 长 8 油藏储层位于黄 3 三叠系油藏西北部，非均质性强，已进入中含水开发期。由于注水压力高，不能达标的配注井逐年增多，导致地层压力保持水平较低（压力保持水平 72.4%）。油藏西北部微裂缝较为发育，裂缝型见水井较多，因裂缝影响见水导致日损失产能 18.5t。为了建立有效驱替系统，保持地层压力，进一步提高采收率，2017 年 7 月进行注 CO_2 驱先导性试验，整体效果较好，但部分井见气，气窜现象严重，降低了 CO_2 驱替效果[1-6]。

黄 3 区油藏储层裂缝发育，存在流体优势通道，优势通道的存在会使 CO_2 过早发生指进与气窜，使采出液气油比急剧上升，CO_2 波及体积下降，采收率降低。因此，为了改善 CO_2 驱油效果，提高 CO_2 波及效率，针对黄 3 区油藏长 $_8$ 低渗透储层，通过对地质裂缝特征分析，建立油藏数值模拟模型，开展历史拟合研究与动态分析结合识别并确定典型区块的优势通道分布，此外，通过室内试验分析调驱剂对区块气窜防治效果的影响，开发一套在线气窜防治系统，优化调驱剂注入参数并提高 CO_2 驱波及效率。

1 油藏优势通道模拟及确定

在三维地质模型基础上，结合油藏流体物性，建立了代表黄 3 区 CO_2 试验区油藏地质特征、渗流特征及开发动态的数模模型。试验区网格系统为 $40 \times 46 \times 30$，网格平面步长为 $50m \times 50m$，总的网格数为 55200。结合生产动态分析的方式与油藏数值模拟模型，识别和确定储层优势通道分布[7-9]。

采用电容模型[10]，计算连通体积和注采关联系数，明确调整方向，其假设条件为均质无限大地层。

2 试验部分

为明确纳米凝胶颗粒调驱剂的封窜机理与封窜效果，通过室内试验采用物理模拟方法确定凝胶颗粒运移规律[11-12]。

2.1 主要试验材料及设备

主要试验材料：人工岩心若干（渗透率 0.1～50mD）；地层水；纳米凝胶颗粒；主要

试验设备包括 ISCO 恒速泵、岩心夹持器、渗透率测试仪等。

2.2 试验方法

2.2.1 颗粒质量分数优选试验

设计不同质量分数纳米凝胶颗粒对岩心进行水驱试验，测量驱替一段时间后不同质量分数纳米凝胶颗粒对岩心渗透率的影响。首先将人造岩心充分饱和试验用模拟地层水，饱和 48h 后，再以恒定流量 0.05mL/min 进行驱替饱和，当出液端出液量达到孔隙体积数（PV 数）2~3 后停止，液测岩心渗透率；然后分别以质量分数 0.1%、0.2%、0.3%、0.4% 的凝胶颗粒试样，开展试样驱替流动试验，结束后液测渗透率。

2.2.2 渗透率影响程度试验

将人造岩心充分饱和试验用模拟地层水，饱和 48h 后，再以恒定流量 0.05mL/min 进行驱替饱和，当出液端出液量达到 PV 数 2~3 后停止，液测岩心渗透率；采用质量分数 0.2% 的凝胶颗粒试样，在不同渗透率 0.5mD、2mD、10mD、30mD，不同注入 PV 数（0.5PV、1PV、2PV、3PV）条件下，进行凝胶颗粒体系试样驱替流动试验，测试渗透率。

2.2.3 流体分流试验

设计 8 组不同渗透率级差的岩心进行并联水驱试验，测量恒压驱替一段时间后观察渗透率级差对岩心驱替流量分流的影响。试验过程中将人造岩心充分饱和试验用模拟地层水，饱和 48h 后，设计不同渗透率级差岩心并联，再以恒定压力进行驱替，当出液端出液量达到可对比计量后停止，统计 2 个岩心出液量。

2.2.4 凝胶颗粒分流试验

将不同渗透率级差人造岩心并联，再以恒定压力进行驱替凝胶颗粒溶液，当出液端出液量达到可对比计量后停止，统计 2 个岩心出液量，并测量驱替后岩心渗透率。

2.2.5 响应面方案设计试验

以提高试验区波及效率与采收率为目标，改变不同的注入参数，设计不同段塞总数、不同段塞用量逐段降低倍数、不同注入速率、不同注入时机等参数，模拟计算对比试验区最终采收率。

2.3 调驱剂注入参数优化

在利用原气驱模型的基础上，加入固相模块与渗透率时变模块，模拟调驱剂在储层中的吸附与运移[13-14]。

3 结果与讨论

3.1 油藏优势通道识别

根据前期水驱过程中生产井见水时间识别试验区优势通道，优势通道如图1所示。

由图1可见：在模型中设置优势通道拟合含水。优势通道同储层裂缝方向认识一致，裂缝主要方向为于北东方向与东向之间，次要方向为西北向。

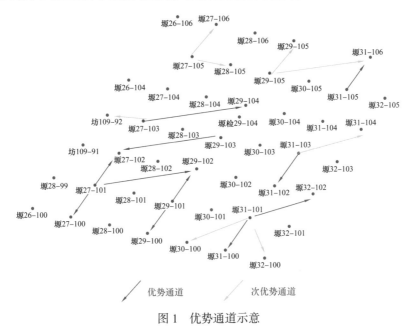

图 1 优势通道示意

建立试验区数模模型，对试验区生产井进行历史拟合研究，得到试验区优势通道分布。

由图2可见：通过建立的数值模拟模型对历史数据拟合得到试验区渗透率分布，拟合得到的优势通道与前期地质认识一致。

黄3试验区采用了井间示踪剂监测方案，监测到第5天、第15天的示踪剂分布结果，结果显示示踪剂渗流前缘及井间渗流推进速率差异较大，渗流优势通道影响明显，结合示踪剂分析结果，修正试验区高渗透通道[15-16]。

通过建立的电容模型，计算出注采井之间的连通系数，试验区高渗透通道分布如图3所示。

通过电容模型计算出每个注采井之间连通系数（表1）。连通系数越大表明连通性越强。

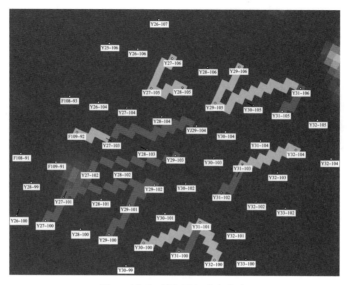

图 2　试验区模型渗透率分布

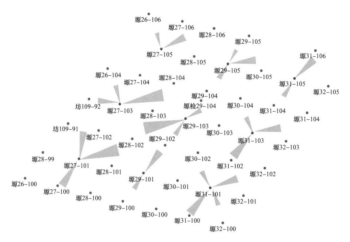

图 3　黄 3 区注采连通关系

表 1　黄 3 区注采连通系数

注水井	对应油井	连通系数
Y27-105	Y26-106	0.06
	Y28-106	0.11
Y29-105	Y29-106	0.05
	Y31-106	0.08
	Y29-104	0.07
Y31-105	Y31-106	0.08
	Y31-104	0.05

续表

注水井	对应油井	连通系数
Y27-103	F109-92	0.07
	Y26-104	0.05
	Y28-104	0.14
Y29-101	Y29-100	0.04
	Y29-102	0.08
Y29-103	Y28-102	0.11
	Y29-102	0.05
	Y29-104	0.06
Y27-101	Y27-100	0.07
	F109-91	0.03
	Y28-102	0.11
Y31-101	Y31-100	0.09
	Y32-102	0.08
	Y32-100	0.04

3.2 调驱剂影响规律试验

3.2.1 颗粒质量分数优选

黄 3 区长 8 油藏储层平均渗透率为 0.47mD，地层中的微裂缝与高渗透条带在注水注气过程中会形成优势通道，为了防止注气过程中气窜，导致波及效果变差，在注气过程中注入一定质量分数的纳米凝胶颗粒，封堵裂缝与优势通道，增加波及体积。在注气过程中注入不同质量分数纳米凝胶颗粒的封堵效果见表2。

表 2　不同质量分数纳米凝胶颗粒的封堵效果

序号	初始渗透率 /mD	驱替质量分数 /%	驱替后渗透率 /mD	封堵率 /%
1	0.66	0.1	0.162	75.45
2	0.58	0.1	0.126	78.28
3	0.71	0.2	0.122	82.82
4	0.53	0.2	0.076	85.66
5	0.44	0.3	0.071	83.86
6	0.46	0.3	0.064	86.09
7	0.52	0.4	0.065	87.52
8	0.63	0.4	0.093	85.23

由表2可见：凝胶颗粒的封堵效率与其质量分数呈正相关性。即随着凝胶颗粒质量分数增大，封堵效果逐步提高；当凝胶颗粒质量分数增加至一定程度，封堵效率的提高速率减缓，从封堵效果与经济效益方面考虑，纳米凝胶颗粒的质量分数优选为0.2%。

3.2.2 渗透率影响程度分析

为了考察采用凝胶颗粒时，不同渗透率及注入量对渗透率的影响，试验结果如图4所示。

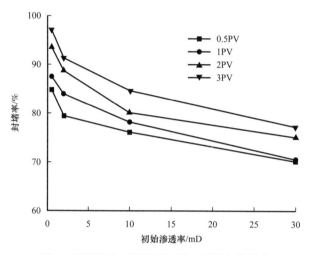

图4 不同渗透率及驱替倍数对封堵率的影响

由图4可见：凝胶颗粒的封堵效率与注入量呈正相关性，即注入量增大，凝胶颗粒体系调驱剂的封堵效果逐步提升；与渗透率呈负相关性，渗透率越低，凝胶颗粒体系调驱剂的封堵效果越好。

3.2.3 流体分流分析

在实际地层中的微裂缝与高渗条带在注水注气过程中会形成优势通道，优势通道与低渗透储层渗透率级差很大，研究不同级差渗透率对注水注气分流的影响，可为防治气窜提供理论依据。不同渗透率级差分流效果见表3。

表3 不同渗透率级差分流效果

序号	渗透率 /mD	渗透率级差	驱替体积 /mL	分流率 /%
1	145.56	14.5	146.10	91.7
	10.06		13.20	8.3
2	130.67	24.7	128.60	82.8
	5.28		26.80	17.2
3	3.72	7.8	15.70	61.6
	0.48		9.80	38.4

续表

序号	渗透率 /mD	渗透率级差	驱替体积 /mL	分流率 /%
4	1.91	12.7	4.60	85.2
4	0.15	12.7	0.80	14.8
5	4.39	3.5	17.50	57.9
5	1.26	3.5	12.70	42.1
6	10.06	141.7	14.50	96.0
6	0.071	141.7	0.61	4.0
7	0.99	1.8	3.80	54.3
7	0.55	1.8	3.20	45.7
8	0.032	2.1	0.94	52.2
8	0.015	2.1	0.86	47.8

由表3可见：当透率级差大于100倍时，高渗透率岩心分流率高达96.0%；渗透率级差降至24.7时，高渗透率岩心分流率为82.8%；渗透率级差继续降至7.8时，高渗透率岩心的分流率降至61.6%；渗透率级差降至2.1时，高渗透率岩心的分流率降至52.2%，表明渗透率级差大于10倍以上，高渗透率岩心流量的分流现象较显著，而随着级差作用的减小，高渗透率岩心和低渗透率岩心在同一个驱替压力下更接近平行状态的等流量流动。

3.2.4 凝胶颗粒分流分析

调驱后不同渗透率级差分流效果见表4。

表4 调驱后不同渗透率级差分流效果表

序号	渗透率 /mD	渗透率级差	驱替体积 /mL	分流率 /%	驱替后渗透率 /mD	驱替后渗透率级差
1	24.31	52.8	6.3	77.8	3.61	11.3
1	0.46	52.8	1.8	22.2	0.32	11.3
2	2.11	2.4	2.2	53.7	0.82	1.2
2	0.94	2.4	1.9	46.3	0.66	1.2
3	5.23	13.8	2.5	69.4	0.85	4
3	0.38	13.8	1.1	30.6	0.21	4
4	4.73	5.5	2.9	58.0	1.15	1.9
4	0.86	5.5	2.1	42.0	0.59	1.9

由表4可见：凝胶溶液驱原始渗透率级差为13.8，高渗透率岩心的分流率为69.4%，结合表3中水驱渗透率级差为12.7时，高渗透率岩心的分流率为85.2%的试验结果，凝胶溶液驱与水驱比较发现，水驱试验第4组与凝胶驱试验第3组渗透率级差接近，凝胶溶

液驱后分流率有很大改善。同时驱替后岩心渗透率变低,并联岩心渗透率级差变小,表明凝胶颗粒封堵效果好,驱替效率提高。

3.3 调驱剂注入参数优化

根据单井参数设计的注入段塞用量结果见表5。

表5 不同井注入段塞用量

井号	厚度/m	孔隙度	连通方向	段塞用量/m³
Y27-101	43	0.045	3	4375
Y27-103	47	0.052	1.5	2763
Y27-105	88	0.041	1	2719
Y29-101	43.6	0.060	2	3943
Y29-103	44	0.066	1	2188
Y29-105	86	0.068	1	4407
Y31-101	40.1	0.063	3	5711
Y31-103	95	0.060	1.5	6443
Y31-105	89	0.040	1	2683

由表5可见:在拟合好模型的基础上,考虑调驱剂吸附与渗透率时变,开展调驱注入参数优化设计,以提高波及体积增加值为目标,优化最佳注入参数和注入方式。

3.3.1 水驱含水率

设计模型基础注入参数,在计算单井注入量基础上,调驱剂质量分数0.2%,注入速率20m³/d,分别在水驱含水率高于75%、80%、85%、90%、95%时注入,通过测定停注调驱剂半年后的二氧化碳波及体积对调驱效果进行对比。

由图5可见:不同水驱含水率对改善波及体积效果影响不大。

建立机理模型,考察水驱含水率对最终采收率的影响,结果如图6所示。

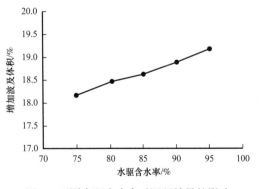

图5 不同水驱含水率对调驱效果的影响

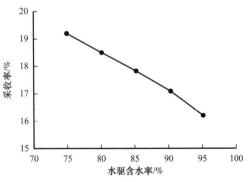

图6 不同水驱含水率注入时机调驱效果

由图6可见：调驱剂注入时机对最终采收率有较大影响，水驱含水率越低时注入对提高采收率效果越好。

3.3.2 注入速率

设计模型基础注入参数，根据计算单井注入量，在调驱剂质量分数0.2%，注入速率分别为10m³/d，15m³/d，20m³/d，25m³/d，30m³/d的条件下，对比调驱效果，结果如图7所示。

由图7可见：注入速率越快，改善波及体积越小。注入速率超过30m³/d时，调驱效果变差。

3.3.3 调驱剂质量分数

设计模型基础注入参数，根据单井注入量，在注入速率20m³/d，调驱剂质量分数分别为0.1%、0.15%、0.2%、0.25%、0.3%、0.35%、0.4%的条件下，对比调驱效果，结果如图8所示。

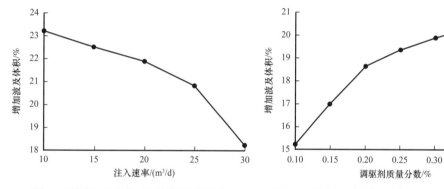

图7 不同注入速率对调驱效果的影响　　图8 不同调驱剂质量分数对调驱效果的影响

由图8可见：当调驱剂质量分数大于0.2%时，调驱效果明显变好，当调驱剂质量分数大于0.2%后，调驱效果增幅不大，调驱剂质量分数优选0.2%~0.3%。

采用响应面试验设计方法，计算段塞总数S（1~6个），段塞用量逐段降低倍数R（0~0.5）、注入速率V（10~30m³/d）、注入时机（0~3a），计算波及体积增加量/增油量[17-18]，结果显示：注入时机越早越好；分4段塞注入；段塞用量逐段降低50%；注入速率15~20m³/d，优势通道多的可适当提高注入速率。

4 结论

（1）通过历史拟合、电容法、示踪剂验证多手段验证优势通道，优势通道同储层裂缝方向认识一致，主要为北东东方向。

（2）通过室内试验得到注入纳米凝胶颗粒质量分数为0.2%时，封堵效率与经济性最好；注入量越大，渗透率越小，凝胶颗粒体系调驱剂的封堵效果越好；此外，纳米凝胶颗粒溶液驱替后岩心渗透率变低，并联岩心渗透率级差变小，封堵效果好，驱替效率提高。

（3）根据室内试验规律进行吸附模型与渗透率时变模型模拟，建立全周期气窜防治模拟系统，结果发现调驱剂注入时机越早越好，分4段塞注入，段塞用量逐段降低50%，注入速率15～20m^3/d。

参 考 文 献

[1]肖朴夫，杨正明，王学武，等.室内注二氧化碳微观驱油机理研究[J].西南石油大学学报（自然科学版），2015，37（4）：161-165.

[2]王学武，王厉强，夏志增，等.致密油藏不同CO_2注入方式下微观驱油机理[J].中国科技论文，2018，13（15）：1754-1758.

[3]张英芝，杨正明，唐立根，等.特低渗油藏注CO_2驱油微观机制[J].科技导报，2012，30（35）：29-32.

[4]孙丽丽，李治平，窦宏恩，等.超低渗透油藏CO_2驱注入参数优化的试验研究[J].科学技术与工程，2018，18（12）：71-75.

[5]赵永攀，赵习森，李剑，等.低渗透油藏CO_2驱油室内试验与矿场应用[J].大庆石油地质与开发，2018，37（1）：128-133.

[6]祝春生，程林松.特低渗透油藏CO_2驱提高原油采收率评价研究[J].钻采工艺，2007，30（6）：55-57.

[7]孟展，杨胜来，王璐，等.致密油藏CO_2吞吐数值模拟研究新进展[J].石油化工高等学校学报，2016，29（6）：39-42.

[8]王鸣川，石成方，朱维耀，等.优势渗流通道识别与精确描述[J].油气地质与采收率，2016，23（1）：79-84.

[9]张艳红.GD油田优势渗流通道演化模拟与识别研究[D].东营：中国石油大学（华东），2016.

[10]李江江，包志伟，薛刚，等.电容模型在低渗透油藏注水受效分析中的应用[J].石化技术，2019，26（5）：323-325.

[11]何应付，周锡生，李敏，等.特低渗透油藏注CO_2驱油注入方式研究[J].石油天然气学报，2010，32（6）：131-134.

[12]赵阳，吴景春，石芳，等.低渗透裂缝型油藏多轮次调驱物理模拟试验研究[J].油气藏评价与开发，2018，8（1）：44-48.

[13]刘慧.二氧化碳驱气窜治理方法研究[J].中国石油和化工标准与质量，2013，33（7）：20-21.

[14]陈祖华，汤勇，王海妹，等.CO_2驱开发后期防气窜综合治理方法研究[J].岩性油气藏，2014，26（5）：102-106，123.

[15]丁帅伟，姜汉桥，赵冀，等.水驱砂岩油藏优势通道识别综述[J].石油地质与工程，2015，29（5）：132-136，149.

[16]王利美，张国萍，胡艳霞，等.井间示踪剂大孔道识别及剩余油饱和度分布技术[J].断块油气田，2003，10（4）：72-73.

[17]韦琦，侯吉瑞，郝宏达，等.特低渗油藏CO_2驱气窜规律研究[J].石油科学通报，2019，4（2）：145-153.

[18]杨大庆，江绍静，尚庆华，等.注气压力对特低渗透油藏CO_2驱气窜的影响规律研究[J].钻采工艺，2014，37（4）：63-65.

（本文原刊于《能源化工》2022年第3期）

黄 3 区低渗透裂缝型油藏提高 CO_2 驱波及对策研究

汤勇[1]，廖松林[1]，雷欣慧[2]，余光明[2]，康兴妹[2]

（1. 西南石油大学油气藏地质及开发国家重点实验室；
2. 中国石油长庆油田分公司勘探开发研究院）

摘 要：黄 3 区低渗透裂缝型油藏开展注 CO_2 驱先导性试验整体增油降水效果明显，但部分井见气，气窜现象严重，降低了 CO_2 驱增油效果。为了提高低渗透裂缝型油藏 CO_2 驱波及效率，采用示踪剂监测结合生产动态分析及数值模拟生产历史拟合的方式识别了储层优势渗流通道。在此基础上获取考虑优势通道的井组数值模拟模型。通过组分油藏数值模拟技术研究优势通道对 CO_2 驱替效果的影响，并模拟对比了 4 种改善波及对策提高驱油效率的措施。结果显示，优势通道使 CO_2 驱原油采收率下降 7%。采用高强度封堵措施封堵优势通道效果最好，RF 提高了 1.8%；优势通道井气窜早期关井效果较好；注水保持地层压力，其次；生产井 GOR 达到 $2000m^3/m^3$ 时关井相对较差，RF 仅提高 0.11%。

关键词：低渗透油藏；优势渗流通道；CO_2 驱；提高波及效率

Study on Improving CO_2 Flooding and Countermeasures in ultra-low-permeability Fractured Reservoirs in Huang 3 Oil Reservior

TANG Yong[1], LIAO Songlin[1], LEI Xinhui[2], YU Guangming[2], KANG Xinmei[2]

（1.State Key Laboratory of Oil and Gas Reservoir Geology and Exploitation, Southwest Petroleum University, Chengdu；2. Exploration and Development Research Institute of PetroChina Changqing Oilfield Company）

Abstract：A CO_2 flooding pilot test was carried on the low-permeability fractured reservoir in the Huang 3 area. The research results indicate that there are obvious oil-increasing effects in the overall area, but gas channeling phenomenon was serious in some wells, which reduced the effect of CO_2 flooding. In order to improve the CO_2 flooding efficiency of low-permeability fractured reservoirs, the reservoir dominant flow channels were identified by tracer monitoring

---

基金项目：四川省教育厅创新团队计划项目"温室气体二氧化碳埋存与资源化利用"（项目编号：16TD0010）和国家科技重大专项"CO_2 捕集、驱油与埋存技术示范工程"（编号：2016ZX05056）联合资助。

combined with production dynamic analysis and numerical simulation of production history fitting. On this basis, a numerical simulation model of the well group considering the dominant channels is obtained. The effects of the dominant channels on the CO_2 displacement effect were studied by the numerical simulation technology of the component reservoirs, and four measures to improve the oil displacement efficiency were simulated. The results show that the dominant channels reduce CO_2 flooding oil recovery by 7%. The best effect is obtained by blocking the dominant channels with high-intensity plugging measures, and the RF has increased by 1.8%; the second effect is that dominant channels wells are shut down early in the gas breakthrough; the third effect is that the water injection maintains the formation pressure; and the worst effect is that the well shut-in condition of the production well, the GOR is $2000m^3/m^3$ when the well is shut in, and the RF only increased by 0.11%

Key words: Ultra-low permeability fractured reservoir; dominant channel; CO_2 flooding; improve sweep efficiency

中国陆上油田新增的原油探明储量中，低渗透油藏所占比例越来越大，低渗透油藏受成岩作用影响，储层物性较差、渗流能力差、渗流规律复杂、采用常规驱替开发方式有效动用难度大、驱替介质易发生窜流，导致油田采收率较低[1-2]。CO_2 作为一种高效驱油剂，在低渗透油藏中具有较高的渗流能力，易注入油藏，可有效恢复地层能量，并能降低原油黏度、膨胀原油体积、与原油混相等，可大幅度提高原油采收率[3-5]。

黄 3 区油藏属于低渗透裂缝型油藏，由于注水压力高，达不到要求的配注井逐年增多，导致地层压力保持水平较低（压力保持水平为 72.4%）；油藏西北部微裂缝较为发育，裂缝型见水井较多，因裂缝影响见水导致日损失产能 18.5t；2017 年 7 月进行注 CO_2 驱先导性试验，整体见效效果较好，但部分井见气，气窜现象严重，降低了 CO_2 驱替效果。

黄 3 区油藏储层裂缝发育，存在流体渗流的优势通道，优势通道的存在会使 CO_2 过早发生指进与气窜，使采出液气油比急剧上升，CO_2 波及体积下降，采收率降低[6-8]。因此，为了改善 CO_2 驱油效果，提高 CO_2 波及效率，针对黄 3 区油藏长$_8$低渗透储层，通过对地质裂缝特征分析，以示踪剂监测结合生产动态分析的方式识别并确定了典型区块的优势通道分布，并采用数值模拟技术建立考虑优势通道的井组机理模型[9]，从而制订相应的对策来改善并提高 CO_2 驱波及效率。

1 黄 3 低渗透油藏优势通道识别

1.1 黄 3 区油藏裂缝特征

黄 3 区低渗透裂缝型油藏油组为三叠系延长组，自下而上分为 10 个油层组，其中长$_6$和长$_8$为本区的主力油层。长$_8$储层岩性主要为细砂岩、中—细砂岩、粉—细砂岩。在同一小层内，微裂缝发育的井段比微裂缝不发育的井段的渗透率高得多，高达 2.13～16.34

倍，显微镜下观测到岩心微裂缝发育情况图1。由表1可以得出黄3区长$_8$储层属于低—特低孔隙度、低渗透率储层并且发育有明显的裂缝。

表1 黄3区长$_8$油藏地质特征描述

黄3区地质特征	特征值
动用地质储量	186.8×10^4t
储层油层组埋深	2750m
储层平均面孔率（岩心分析资料统计）	4.51%
平均孔径（岩心分析资料统计）	10～120μm
储层平均孔隙度（岩心分析数据统计）	8.3%
平均空气渗透率（岩心分析数据统计）	0.27mD
裂缝密度（成像测井图分析）	5～7条/m
构造裂缝倾角（成像测井图分析）	75°～90°
裂缝半长（生产历史数据发现）	196m（井底353h关井压力恢复试井）；75.6m（井口616h关井压力降落试井）

图1 黄3区岩心显微镜下微裂缝

1.2 优势通道的识别

优势渗流通道也称大孔道、窜流通道、高渗透条带。优势渗流通道可以导致无效循环，同时，优势流场、井间连通性也能显示优势渗流通道发育情况[10-13]。优势渗流通道会导致注入水在注采井间无效循环，降低水驱波及效率，同时也会导致注入的CO_2过早发生气窜，严重降低CO_2驱波及效率。针对黄3区长$_8$油藏采用示踪剂监测结合生产动态分析的方式，识别和确定储层优势通道分布。

黄3试验区采用了井间示踪剂监测[16]方案，监测到第5天、第15天示踪剂的分布结果如图2所示，示踪剂的渗流前缘及井间渗流推进速度差异很大，渗流优势通道影响明显；通过分析井组内注水过程中生产动态指标的变化[13]，分析井组内优势通道对水驱动态的响应，进一步明确井组内优势通道的发育情况。根据生产动态指标将井组内含水率上升分为三种类型：

（1）初期快速上升型：水驱初期含水率快速上升且稳定（$f_w>80\%$），该类井受优势通道主控，定义为优势通道井，典型井如 Y29-104（如图3a 所示）；

（2）中后期快速上升型：水驱中后期含水率快速上升，该类井受优势通道的影响相对第一类小，定义为次优势通道井，典型井如 Y30-100 井（如图3b 所示）；

（3）含水率上升相对慢型：水驱过程中含水率相对较低且稳定（$f_w<40\%$），该类井受优势通道的影响较小，定义为优势通道欠发育井，典型井如 Y28-103 井（如图3c 所示）。

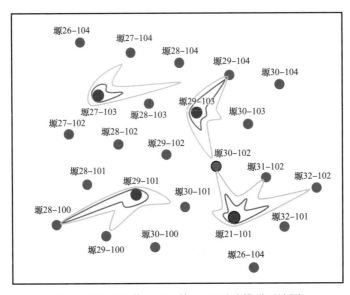

图 2　监测井组第 5 天、第 15 天示踪推进反演图

2　优势通道对 CO_2 驱油效率的影响

选取典型井组，根据已有的油藏物性资料，结合精细数值模拟技术，示踪剂测试、生产动态数据分析确定井组优势通道的分布，建立井组 4 注 21 采菱形九点井网机理模型，分析优势通道对 CO_2 驱油技术的影响。菱形九点井网机理模型参数：平均渗透率为 0.4mD，平均孔隙度为 10%、平均裂缝导流能力为 35mD·m。

优势通道的存在影响了单元内水驱前缘的宏观形态，由于 CO_2 的强流动性，优势通道的存在对于气驱的影响将更加明显。模拟计算井网模型 CO_2 连续注入且气窜后转注，注入量为 0.5PV。模拟结果表明优势通道的存在会降低 CO_2 驱替的水平方向与垂向上的波及效率及洗油效率。存在优势通道时原油采收率为 14.18%，不存在优势通道时为 21.40%，优势通道使得 CO_2 驱油效率下降了 7%。同时驱替过程中优势通道的存在使得生产气油比上升较快（图4），可见优势通道对于气驱开发的不利影响，井组模型优势通道分布如图5所示。

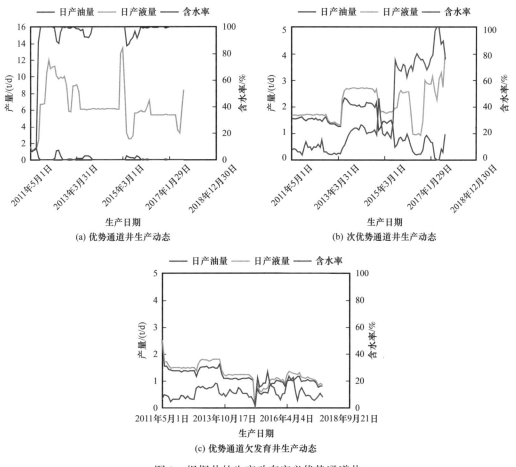

图3 根据井的生产动态定义优势通道井

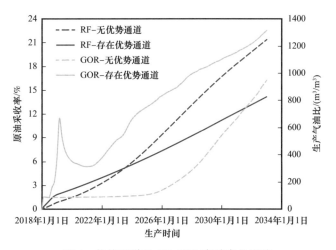

图4 优势通道对 CO_2 驱生产动态的影响

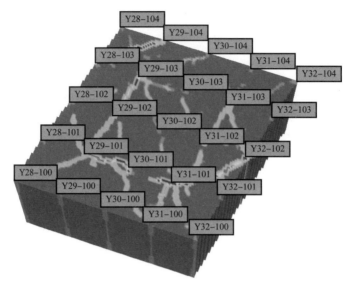

图 5 井组模型优势通道分布图

3 改善 CO_2 驱波及效率对策分析

存在优势通道时 CO_2 驱采收率下降了 7%，严重影响了 CO_2 驱油效果，赵习森等[6]采用封堵优势通道的方式大幅提高了 CO_2 驱波及效率。针对优势通道的分布进行了注入井优势通道封堵、优势通道井气窜关井、注水保持地层压力等改善 CO_2 驱波及效率的措施进行研究，确定 CO_2 驱提高驱油效率的对策。

3.1 优势通道封堵

采用气窜后转排状井网的方式进行注入井优势通道封堵效果评价，模拟注入井采取封堵措施时，有效距离 30m 内，措施引起优势通道渗透率下降的比例定义为封堵程度（K/K_i）。模拟计算 $K/K_i=0.04\sim1$ 时的 CO_2 驱油效率，K/K_i 越小则表示封堵程度越高，措施越有效[14-15]。模型注入量均为 0.5PV，注入速度相同。计算结果表明措施引起的优势通道渗透率降低得越多，采收率和换油率均满足幂函数下降（图 6），封堵程度为 1 时，RF=12.02%；封堵程度为 0.04 时，RF=13.82%，RF 提高了 1.8%，累计产油量增加 0.57×10^4t；对于黄 3 低渗透储层优势通道实施封堵，堵剂封堵性越强，CO_2 驱效果越好，对 CO_2 驱开发效果影响越大。高强度封堵剂有高强度凝胶、淀粉胶、颗粒堵剂等。

3.2 优势通道井气窜关井及关井条件

优势通道井关井效果评价方案见表 2，模拟计算生产井不关井、仅优势通道井气窜关井、优势与次优势通道井关井和优势通道井转注且次优势通道井关井时的驱油效果。各方案注入总量为0.5PV，注入速度相同。计算结果（表2）表明：优势通道井气窜后及时关井RF为14.18%；次优势通道井同时关井时采收率有所降低，RE为13.39%；优势通道井转注且次优势通道井关井时，RF增至14.29%，说明次优势通道井关井时机应相对滞后，RF可提高0.9%，累计产油量增加0.29×10^4t。因此，优势通道井气窜早期关井，次优势通道井气窜后滞后关井能有效改善CO_2驱波及效率，且对CO_2驱开发效果影响很大。

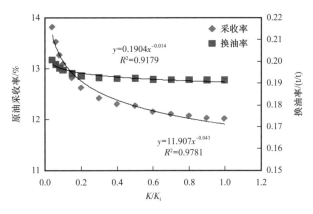

图6 不同封堵程度CO_2驱采收率与换油率

同时，模拟计算了优势通道井气驱过程关井条件为：不关井、关井气油比为500m³/m³、关井气油比为2000m³/m³、关井气油比为4000m³/m³时，分别对比CO_2驱油效果，模型其余条件均一致。计算结果表明（图7）关井气油比为500m³/m³时，RF=12.02%；关井气油比为4000m³/m³时，RF=12.13%，RF提高0.11%，累计产油量增加0.03×10^4t，改善效果不明显，综合考虑建议优势通道井关井气油比为2000m³/m³。同时，明确了关井条件对CO_2波及效率影响较小。

表2 优势通道关井效果评价方案

方案编号	关井条件	RF/%	累计产油量/10^4t	CO_2注入量/10^4t	换油率/(t/t)
1	优势通道井关井	14.18	4.51	20.84	0.217
2	优势与次优势通道井关井	13.39	4.26	22.23	0.192
3	优势通道井转注且次优势通道井关井	14.29	4.55	22.61	0.201

3.3 注水保持地层压力

注入水能够保持地层压力，进而改善CO_2与地层原油的混相性[16-17]。模拟计算水气同注时不同注水压力时的驱油效果。注入时先保持连续注入，气窜后2口优势通道井转注气，4口转注水。模型注入量为0.5PV，各方案注入总量为0.5PV，注入速度相同。计算结果（图8）表明：水气同注时，注水压力为17MPa时，RF=12.75%；注水压力为

21MPa 时，RF=13.57%，RF 提高了 0.82%，累计产油量增加 0.26×10^4t；注水压力越高（17～21MPa），地层压力保持越高，RF 越高，能有效地改善 CO_2 驱油效率，同时应注意注水量不宜过大以便干扰气相流场。

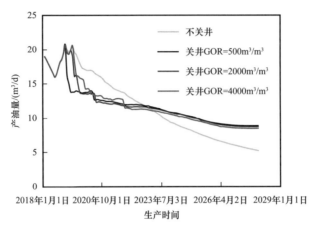

图 7　不同关井条件时产油量曲线

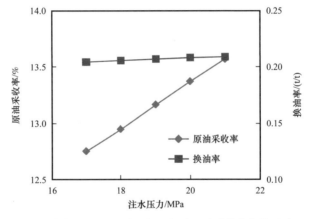

图 8　水气同注时不同注水压力时原油采收率与换油率

4　结论及认识

（1）采用示踪剂监测结合生产动态分析及数值模拟生产历史拟合的方式识别了储层优势渗流通道。

（2）优势通道的存在会加重气窜，但同时也提供了注入流体扩大波及效率的可能。优势通道使 CO_2 驱原油采收率下降了 7%。

（3）提出 4 种提高低渗透裂缝性油藏 CO_2 波及对策方案，其中采用高强度封堵措施封堵优势通道效果最好，RF 提高了 1.8%，增产效果明显；生产井 GOR 达到 $2000m^3/m^3$ 时关井措施效果最差，RF 仅提高 0.11%。

（4）提出了改善黄 3 区低渗透裂缝型油藏 CO_2 驱替技术的有效方法，为现场的实际增产提供新思路新方法。

参 考 文 献

[1] 孙丽丽, 李治平, 窦宏恩, 等. 超低渗透油藏 CO_2 驱注入参数优化的实验研究[J]. 科学技术与工程, 2018, 18, 445（12）: 71-75.

[2] 赵永攀, 赵习森, 李剑, 等. 低渗透油藏 CO_2 驱油室内实验与矿场应用[J]. 大庆石油地质与开发, 2018, 37（1）: 128-133.

[3] 祝春生, 程林松. 低渗透油藏 CO_2 驱提高原油采收率评价研究[J]. 钻采工艺, 2007, 30（6）: 55-57.

[4] Zhao F, Zhang L, Hou J, et al. Profile improvement during CO_2 flooding in ultra-low permeability reservoirs[J]. Petroleum Science, 2014, 11（2）: 279-286.

[5] Khosravi M, Bahramian A, Emadi M. Mechanistic investigation of by passed-oil recovery during CO_2 injection in matrix and fracture[J]. Fuel, 2014, 117（Part A）43-49.

[6] 赵习森, 石立华, 王维波, 等. 非均质低渗透油藏 CO_2 驱气窜规律研究[J]. 西南石油大学学报: 自然科学版, 2017（39）: 139.

[7] Gao Y, Zhao M, Wang J, et al. Performance and gas breakthrough during CO_2 immiscible flooding in ultra-low permeability reservoirs[J]. Petroleum Exploration and Development, 2014, 41（1）: 88-95.

[8] Zhang L, Zhao F L, Hou J R. Experimental Study of Improving the CO_2 Flooding Development Effect in Ultra-Low Permeability Reservoir[J]. Advanced Materials Research, 2012, 594-597: 5.

[9] 孟展, 杨胜来, 王璐, 等. 致密油藏 CO_2 吞吐数值模拟研究新进展[J]. 石油化工高等学校学报, 2016（6）.

[10] 王鸣川, 石成方, 朱维耀, 等. 优势渗流通道识别与精确描述[J]. 油气地质与采收率, 2016, 23（1）: 79-84.

[11] 张艳红. GD 油田优势渗流通道演化模拟与识别研究[D]. 东营: 中国石油大学（华东）, 2016.

[12] 丁帅伟, 姜汉桥, 赵冀, 等. 水驱砂岩油藏优势通道识别综述[J]. 石油地质与工程, 2015, 29（5）: 132-136.

[13] 王利美, 张国萍, 胡艳霞, 等. 井间示踪剂大孔道识别及剩余油饱和度分布技术[J]. 断块油气田, 2003, 10（4）: 72-73.

[14] Liang X. A simple model to infer interwell connectivity only from well-rate fluctuations in waterfloods[J]. Journal of Petroleum Science & Engineering, 2010, 70（1-2）: 35-43.

[15] 葛嵩, 卢祥国, 刘进祥, 等. 无机地质聚合物凝胶封堵效果和储层适应性研究[J]. 油气藏评价与开发, 2018, 8（3）.

[16] 何应付, 周锡生, 李敏, 等. 低渗透油藏注 CO_2 驱油注入方式研究[J]. 石油天然气学报, 2010, 32（6）: 131-134.

[17] 赵阳, 吴景春, 石芳, 等. 低渗透裂缝型油藏多轮次调驱物理模拟实验研究[J]. 油气藏评价与开发, 2018, 8（1）.

（本文原刊于《油气藏评价与开发》2019 年第 3 期）

CO_2 Foam Pilot in a Heterogeneous Carbonate Reservoir: Analysis and Results

Zachary Paul Alcorn, Arne Graue, Metin Karakas

(University of Bergen)

Abstract: A CO_2 foam pilot was conducted in a heterogeneous carbonate reservoir in East Seminole Field, Permian Basin USA. The primary objective was to achieve *in-depth* CO_2 mobility control to increase CO_2 sweep efficiency and improve oil recovery in an inverted 40 acre 5-spot pattern. Foam was injected in a rapid surfactant-alternating-gas (SAG) strategy with 10 days of surfactant solution injection followed by 20 days of CO_2 injection. We implemented a laboratory to field upscaling approach which included foam formulation screening, numerical modeling, and field monitoring to verify foam generation and CO_2 mobility reduction. The monitoring campaign obtained baseline before the pilot and monitored reservoir response to foam injection. This included conducting baseline and pilot phase CO_2 and water injection profile logs, interwell CO_2 tracer tests and collecting injection bottom hole pressure data and flow rates. Transient analysis was also conducted to assess foam development at reservoir conditions. The effectiveness of foam in improving overall recovery was also evaluated.

Results indicate that foam was generated and CO_2 mobility was reduced during the pilot based upon higher differential pressures during the SAG cycles compared to an identical water-alternating-gas (WAG) cycle. CO_2 breakthrough was also delayed with foam compared to the baseline test without foam. Injection profile logs from the foam injector showed that flow increased into unswept reservoir intervals and was diverted from a high permeability streak. The effectiveness of foam in improving the overall oil recovery revealed that the foam pilot produced 30% more oil than the pattern's projected performance without foam, despite injecting at half of the historical rate during the pilot. This work presents the complete field results and analysis from the successful implementation of CO_2 foam mobility control.

Key words: CO_2 foam pilot; SAG; EOR; WAG

A CO_2 foam field pilot was conducted in an inverted 40-acre 5-spot well pattern in the East Seminole Field, Permian Basin, Texas, USA. Tertiary miscible CO_2 injection performance suffered from poor CO_2 sweep efficiency due to reservoir heterogeneity and high CO_2 mobility. Foam was identified as a potential remedy to reduce CO_2 mobility and improve the performance of the ongoing CO_2 flood. The main objective of the pilot was to improve CO_2 sweep efficiency and oil recovery. In addition, we aimed to develop a thorough methodology for verifying foam generation and CO_2 mobility reduction at the field-scale.

CO_2 foam is laboratory verified and field demonstrated technique to reduce CO_2 mobility for improved CO_2 sweep efficiency, oil recovery and increased CO_2 storage potentials [3, 4, 6-8]. Foam is a dispersion of gas in liquid where the liquid is a continuous phase and gas flow is impeded by stable liquid films called lamellae [5, 13]. Water- or CO_2-soluble surface-active agents (surfactants) are often used to stabilize the lamellae. Foam is generated *in-situ* by simultaneous injection of CO_2 and surfactant solution (co-injection) or in alternating slugs of CO_2 and surfactant solution (SAG). Implementation of foam at the field-scale must balance injectivity, mobility reduction, and operational constraints.

Our previous laboratory studies identified a water-soluble nonionic surfactant at a concentration of 0.5 wt% in injection brine for the pilot test [1]. The injection strategy was a rapid surfactant-alternating-gas (SAG) consisting of 10 days of surfactant solution injection followed by 20 days of CO_2 injection. Previous publications describe the laboratory work [1, 9-10, 14], model calibration and history matching [15-16], pilot design and initial reservoir response to foam injection [2, 11]. This work presents the field results and analysis from the successful implementation of CO_2 foam mobility control for enhanced oil recovery (EOR).

1 Field Background

East Seminole Field is in the Permian Basin of west Texas, USA (Figure 1). The field produces from the San Andres Unit, a heterogenous cyclical carbonate with an average permeability and porosity of 13mD and 12%, respectively. The field was discovered in the early 1940s with an estimated 38 million barrels of original oil in place (OOIP). Throughout the 1960s, primary pressure depletion yielded a recovery of 12% OOIP. Waterfloods began in the early 1970s with infill drilling, reducing the well spacing to 40 acres. Waterflooding increased oil recovery resulting in cumulative primary and secondary recoveries of 22% OOIP. See Table 1 for an overview of the reservoir and fluid properties.

As seen in other areas of the Permian Basin, tilted fluid contacts presumed from basin activity and/or a breach of seal have created a deeper residual oil zone (ROZ). These zones have been naturally waterflooded and contain considerable immobile oil (20 to 40% OOIP) which can be mobilized by CO_2 flooding [12]. Therefore, when tertiary CO_2 floods began in 2013, wells in the field were deepened and completed into the ROZ. CO_2 injection initially increased production and reservoir pressure. However, rapid CO_2 breakthrough, high producing gas-oil ratios (GOR) and high amounts of CO_2 cycling was observed in several patterns throughout the field. These issues stemmed from reservoir heterogeneity and the unfavorable mobility ratio between injected CO_2 and reservoir fluids. Well data from throughout the field was reviewed and an inverted 40-acre 5-spot pattern with a central injection well and four surrounding producers was selected for the foam pilot.

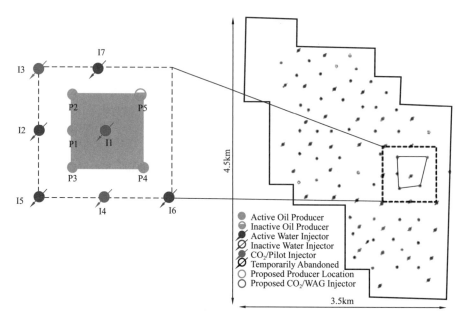

Figure 1　Map of East Seminole field. The selected pilot well pattern is shown at left in the gray shaded area. The foam injector was well I-1 [2]

Table 1　Reservoir and fluid properties at East Seminole

Reservoir Characteristic	Value
Depth	5200ft
Permeability	1~250mD（average：13mD）
Porosity	3%~28%（average：12%）
Pay thickness	110ft
Reservoir pressure（initial）	2500psig
Reservoir pressure（current）	3400psig
Fracture pressure	3900psig
Reservoir temperature	104°F
Oil gravity	31°API
Formation brine salinity	70000mg/L

　　The selected pilot well pattern（Figure 1）consisted of the most offending wells in the field based upon the most rapid CO_2 breakthrough, highest producing GORs and closest proximity[1]. Composite logs from the selected pilot injection well indicated a high permeability streak of 223 mD and baseline injection profile logs（IPL）showed that this zone has taken most of the flow historically（Figure 2）. Therefore, this high permeability zone was targeted because foam was expected to form more readily in high permeability zones and divert flow to unswept regions of the reservoir with lower permeabilities and higher oil saturations.

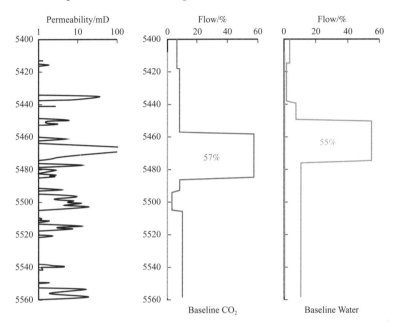

Figure 2　Composite permeability log and baseline CO_2 and water injection profiles for the pilot injection well. Perforated intervals are shown in green

2　Pilot Monitoring and Evaluation

The pilot monitoring program focused on collecting data during foam injection to confirm foam generation, CO_2 mobility reduction, sweep efficiency improvement, and increased oil recovery. Prior to the pilot, baseline data was collected from the pilot pattern wells for comparison. Details of the data collection and monitoring program were reported in Alcorn et al., 2020 and are reviewed here. The baseline data collection program consisted of CO_2 and water injection profile logs (IPLs), an interwell CO_2 tracer test (IWTT) and collection of injection and production flow rates. The injection bottom hole pressure (BHP) and temperature were monitored with a downhole pressure gauge (DHPG). The DHPG was installed two weeks before the start of the pilot and was pulled every other month thereafter to retrieve the pressure and temperature data. Produced fluids were also collected, before the pilot and once a week during the pilot, for chemical analysis to determine surfactant breakthrough time. The pilot monitoring program included repeat IPLs, a second CO_2 IWTT, three-phase production monitoring and collection of BHP data for comparison to the baseline surveys and measurements.

3 Pilot Results and Analysis

3.1 Pilot Injection

The pilot injection strategy was a rapid surfactant-alternating-gas (SAG) with 10 days of surfactant solution injection followed by 20 days of CO_2 injection. The slugs were sized to volumetrically target a foam quality between 60% and 70%, as determined from laboratory studies[1]. Due to the over pressurized state of the reservoir before the pilot and sharp pressure increases that may occur during foam injection, the pilot injection rate was half of the historical injection rate. Therefore, the target injection rate was set at 500rb/day for CO_2 and surfactant solution slugs. The pilot phase injected 11 complete SAG cycles reaching approximately 10% hydrocarbon pore volume (HCPV) injected. Figure 3 shows the injection history during the pilot for the selected injection well (I-1). Pilot injection began on May 23, 2019 and ended August 18, 2020 (black dashed lines). The first seven cycles of the pilot had limited operational interruptions. Disruptions in the injection schedule after the 7th cycle were due to a surfactant delivery issue and a field shut-down (Figure 3, gray areas). After the pilot, a period of water-alternating-gas (WAG) injection was conducted while continuing to collect data.

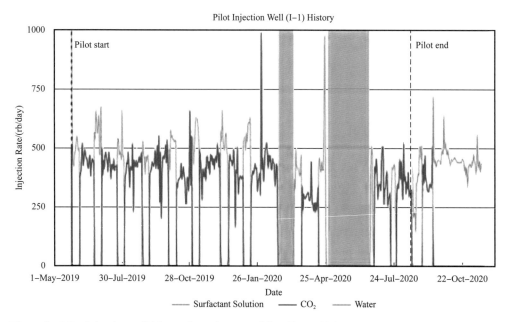

Figure 3 Pilot injection well history from the start of the pilot until the post-pilot period. The red curve corresponds to CO_2 injection. the green curve is surfactant solution injection, and the blue curve is water injection. The gray shaded areas correspond to stoppages in injection due to operational issues

3.2 CO$_2$ Injectivity

The BHP and temperature data from the pilot injector was used to evaluate injectivity before the pilot and during pilot phase surfactant and CO$_2$ injection. Foam was expected to reduce CO$_2$ mobility, which may be indicated by reduced CO$_2$ injectivity after periods of surfactant injection compared to CO$_2$ injectivity after periods of only water injection. Injectivity index was calculated by dividing the injection rate by the difference between the observed BHP and the reservoir pressure. Figure 4 shows the injectivity index for the baseline CO$_2$ injection period (black curve) and for the eleven CO$_2$ slugs during the foam pilot. The baseline CO$_2$ injectivity after a period of water injection was approximately $3 \times 10^3 \text{ft}^3/(\text{d} \cdot \text{psi})$ with a slight increase as CO$_2$ injection continued. During the pilot, CO$_2$ injectivity after surfactant slug injection ranged from initial values of $(1.0 \sim 1.5) \times 10^3 \text{ft}^3/(\text{d} \cdot \text{psi})$. CO$_2$ injectivity gradually increased during the 20-day slugs but did not recover to its baseline injectivity values, as measured before the pilot. Therefore, CO$_2$ injectivity after surfactant slugs was reduced by more than 50%, compared to baseline CO$_2$ injectivity following water injection, indicating reduced CO$_2$ mobility.

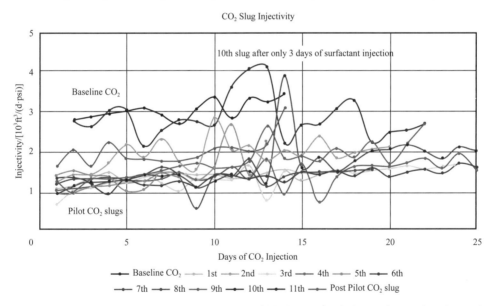

Figure 4　Injectivity index during the baseline CO$_2$ period (black curve), during each CO$_2$ slug after surfactant injection, and during the post-pilot CO$_2$ slug after water injection (red curve)

3.3　Injection Profiles

Baseline and pilot phase injection profile logs (IPL) for the pilot injector were used to analyze injection profile modification and sweep improvement with foam. Injection profiling is a common method to determine injection flow profiles by monitoring the reduction in tracer material as it moves down the well. A slug of radioactive tracer was added to the injection fluid and several gamma ray logs were recorded at well-defined time intervals as it moved down the well. Foam was expected to increase flow into the perforated interval and block the high permeability steak, which carried majority of the flow historically. Figure 5 shows the IPLs for CO_2 and water injection from the baseline period, during the 7th SAG cycle and during the last SAG cycle. The analysis of the profiles through time indicated increased flow into adjacent reservoir intervals and potential blockage of the high permeability streak during foam injection (Figure 5). This may be due to the formation of foam in the high permeability streak and diversion of CO_2 flow into adjacent reservoir intervals, or it could be related to a CO_2 relative permeability reduction in the presence of higher water saturations. Nevertheless, the injection profiles indicated increased flow into previously unswept parts of the reservoir, thus improving sweep efficiency during the pilot.

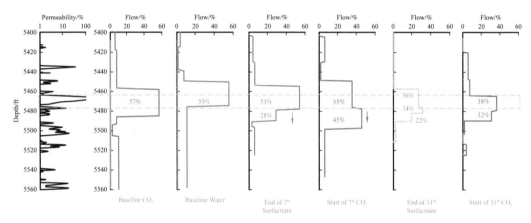

Figure 5   Injection profile logs for the pilot foam injector from before the pilot (baseline CO_2 and water) and for the 7th and 11th cycles of the pilot. Dashed box delineates a high permeability streak shown on the composite log at left

4　CO_2 Interwell Tracer Test (IWTT)

The CO_2 interwell tracer tests aimed to characterize baseline and pilot phase interwell connectivity and determine CO_2 breakthrough time between the pilot injector and surrounding producers. For both the baseline and pilot phase tests, distinct non-radioactive fluorine based tracers were injected in I-1 as a complete slug with a total quantity of 3kg. All peripheral producers were monitored on a 10-month sampling schedule, first focusing on two of the wells that had the most rapid CO_2 breakthrough (P-1 and P-4). Samples from P-1 and P-4 were collected twice a week for the first month with the frequency reduced to once a week, thereafter. The breakthrough time of the baseline test was compared to the results of the repeat pilot phase tracer test to evaluate CO_2 mobility reduction and sweep improvement by foam.

Figure 6 shows the tracer response versus pore volume (PV) injected since the start of tracer injection for production wells P-1 and P-4. CO_2 breakthrough in P-1 was observed at 0.0132PV injected for the baseline test and at 0.0187PV injected for the repeat test (Figure 6, left). Therefore, CO_2 breakthrough has been delayed by 43% with foam compared to the baseline test without foam. CO_2 breakthrough in P-4 was observed at 0.0193PV injected for the baseline and 0.0075 PV injected for the repeat test, indicating limited impact of foam on CO_2 breakthrough from I-1 to P-4. Foam may have diverted CO_2 flow from P-1 to P-4, resulting in the same breakthrough in P-4 from the baseline and repeat tests. In addition, baseline tracers broke through at a higher concentration compared to repeat tracer test, which indicated that tracer mainly went through matrix due to foam reducing CO_2 channeling in a high-permeability zone compared to the baseline. The recovered tracer concentration has also dropped significantly and remained stable in both wells, indicating that majority of the tracer has been recovered.

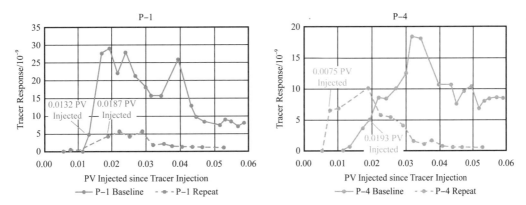

Figure 6 Tracer recovery as a function of pattern pore volume (PV) injected for the baseline (solid curves) and repeat (dashed curves) interwell tracer tests in P-1 (left) and P-4 (right)

5 Transient Analysis

Transient analysis was used to analyze unsteady-state flow at the pilot injector by using the pressure changes for each SAG cycle[11]. Differential pressures (Δp) were calculated by subtracting the absolute values from the last stabilized pressure before each injection cycle. Figure 7 shows Δp through injection time for the first five SAG cycles and the final SAG cycle. Differential pressure (Δp) increased for each subsequent surfactant cycle during pilot injection indicating decreased mobility and a foam bank developing further into the reservoir. The increased pressure buildup during surfactant cycles could also be related to relative permeability and/or viscosity effects when switching between water and CO_2 in a WAG process. A WAG, without surfactant solution, was also conducted to compare the pressure development of a WAG cycle to the SAG cycles (Figure 8). As shown in Figure 8, the Δp during the final SAG cycle was higher than the Δp observed during the WAG cycle (post pilot test). The higher Δp of the SAG cycles compared to the WAG confirmed foam generation and reduced mobility during the SAG cycles.

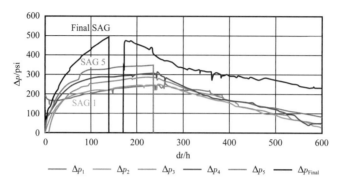

Figure 7　Transient differential bottom hole pressure (Δp) versus injection time for the first five SAG Cycles and the final SAG cycle. Surfactant solution injection was for approximately the first 240 hours, followed by CO_2 injection. Δp_1 corresponds to slug 1, Δp_2 to slug 2, and so on

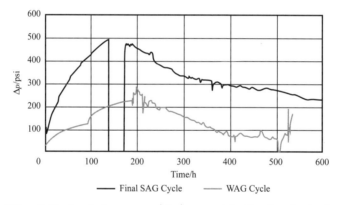

Figure 8　Transient differential bottom hole pressure (Δp) versus injection time for the final SAG cycle (black curve) and for the WAG (blue curve) cycle

6　Production Response

The effectiveness of foam in improving overall recovery by sweep improvement was evaluated by plotting the cumulative oil recovered as a function of pore volume injected in the pilot pattern. To compare the foam pilot performance to the baseline performance, a reliable projection of the baseline performance was established. The baseline period covered approximately 1.5 years prior to the start of the pilot (from January 2018 to May 2019) where there was consistent data and minimal operational disruptions in the pattern. Trend curves were fitted and extended for all four pilot pattern production wells over time to provide a projection of the baseline performance had there been no foam implemented in the pattern (Figure 9, black dashed line). The observed oil production data from all four producers in the pattern was then used to get the cumulative response realized due to foam implementation in the pilot pattern. Figure 9 shows cumulative oil recovered as a function of pore volume injected for the pilot pattern.

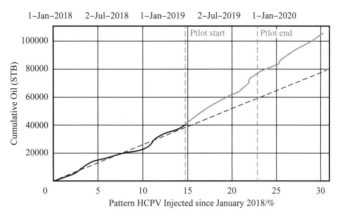

figure 9 Cumulative oil production from the pilot production wells (P-1, P-2, P-3 and P-4) as a function of hydrocarbon pore volume (HCPV) injected for the baseline period (black curve) and the during the pilot (green curve). The black dashed line shows the projected cumulative oil recovery from the baseline period with no foam injection

Figure 9 reveals a positive slope change in the cumulative oil recovery shortly after starting foam injection (green curve). A conservative estimate puts the cumulative incremental oil attributable to the foam pilot to more than 20000 STB after injecting 10% of the pattern HCPV during the pilot. This 30% increase in production, compared to the baseline projection, is quite striking because the pilot injection rates were half of the historical rates, yet production increased. Therefore, the CO_2 utilization factor in this pattern was improved. The increase in production could also be related to the operational changes during the pilot, compared to the baseline period. Nonetheless, the implementation of the foam pilot increased oil recovery despite less pore volumes injected.

The impact of foam was also seen on the oil-cut decline rate for the pattern producers. Figure 10 shows the oil-cut versus cumulative oil produced for each of the pilot pattern producers (P-1, P-2, P-3, P-4) from 1.5 years before the pilot until after the pilot injection phase. The analysis focused on obtaining a projection if no foam was implemented in the field and comparing it to the oil-cut response from the observed data during the pilot. Figure 10 indicates that the oil-cut in all four pattern producers was on decline for approximately 8 months before the start of the pilot (red dashed lines). Shortly after starting pilot injection, the oil-cut in all wells stabilized and the decline was arrested. Thus, the foam pilot had a positive impact on oil-cut in the pattern.

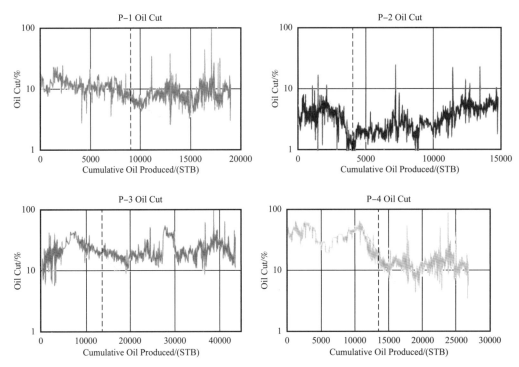

Figure 10 Oil cut versus cumulative oil produced for each of the pilot pattern producers from 1.5 years before the pilot until after the pilot injection phase. The black dashed lines indicate the start of the pilot and the red dashed lines are the decline curves

7 Conclusions

A CO_2 foam field pilot was conducted in East Seminole Field in the Permian Basin of west Texas. A surfactant-stabilized foam was selected to mitigate CO_2 injection challenges by reducing CO_2 mobility to improve sweep efficiency and oil recovery. Foam was injected in a rapid surfactant-alternating-gas (SAG) strategy with 10 days of surfactant solution injection followed by 20 days of CO_2 injection. The data collection and monitoring program aimed to establish baseline in the pilot pattern and monitor the pilot to evaluate reservoir response to foam injection. Surveys included baseline and repeat CO_2 injection profiles, CO_2 tracer tests, collection of injection bottom hole pressures and three-phase production flow rates. Produced water samples were also collected once a week for analysis of surfactant breakthrough time. Field results from the foam pilot indicate:

(1) Foam was generated and CO_2 mobility was reduced during the pilot based upon higher differential pressures during the SAG cycles compared to an identical WAG cycle.

(2) CO_2 and water flow was increased into unswept reservoir intervals and was diverted from a high permeability streak during foam injection based upon changes in injection profile

logs.

(3) CO_2 breakthrough was delayed by 43% with foam compared to the baseline test without foam. Baseline CO_2 tracers also broke through at a higher concentration compared to repeat tracer test, indicating that tracer mainly went through unswept matrix due to foam reducing CO_2 channeling in a high-permeability zone compared to the baseline.

(4) Pilot CO_2 injectivity was reduced by more than 50% with foam, compared to baseline CO_2 injectivity, indicating reduced CO_2 mobility after each surfactant slug.

(5) The effectiveness of foam in improving the overall oil recovery revealed that the foam pilot produced 30% more oil than the pattern's projected performance without foam, despite injecting at half of the historical rate. All wells in the pilot pattern have maintained the same production rates as before the pilot with slight increases in oil-cut, thereby improving the CO_2 utilization factor.

Data collection and interpretation continues and includes three-phase production monitoring, analysis of produced water samples, and simulation work. Simulation work aims to history match the observed production during the pilot and determine the foam propagation rate in the field. Utilizing CO_2 foam during CO_2 EOR and storage operations may potentially increase the volume of CO_2 stored and provide a revenue for industry participating in combined CO_2 storage and CO_2 EOR in carbon capture, utilization, and storage (CCUS). In this pilot, CO_2 foam reduced the operational cost, improved sweep efficiency, produced more oil, and stored more CO_2 than conventional CO_2 injection or WAG. The reported laboratory and field results confirm the beneficial application of foam in CO_2 EOR and CO_2 storage processes.

8 Acknowledgments

The authors wish to acknowledge the Research Council of Norway's CLIMIT and Gassnova programs for financial support under grants 249742 and 618069. The authors also acknowledge industry partners for support; Shell Global Solutions, TOTAL E&P USA, Equinor ASA, and Occidental Petroleum. The authors also thank the field operator, Tabula Rasa.

9 Nomenclature

mD——Millidarcy;
psig——Pound per square inch, gauge;
Mscf——Thousand standard cubic feet;
°API——American Petroleum Institute gravity;

rb/d——Reservoir barrels per day;

Mscf/d——Thousand standard cubic feet per day;

ppm——Parts per million;

ppb——Parts per billion;

S_{or}——Residual oil saturation, fraction of pore volume.

10　Abbreviations

CCUS——Carbon Capture, Utilization and Storage;

EOR——Enhanced Oil Recovery;

SAG——Surfactant Alternating Gas;

WAG——Water Alternating Gas;

DHPG——Downhole Pressure Gauge;

BHP——Bottom Hole Pressure;

IPL——Injection Profile Log;

OOIP——Original Oil in Place;

BT——Breakthrough;

wt%——Weight Percent;

Δp——Differential Pressure;

GOR——Gas-Oil Ratio;

IWTT——Interwell CO_2 tracer test;

PV——Pore Volume;

HCPV——Hydrocarbon Pore Volume;

STB——Stock tank barrel.

11　SI Metric Conversion Factors

Acre × 4.046873	E+03=m²
°API 141.5/ (131.5+°API)	=g/cm³
bbl × 1.589873	E−01=m³
cp × 1.0	E−03=Pa·s
°F (°F−32) /1.8	=℃
ft × 3.048	E−01=m
psi × 6.894757	E+00=kPa

References

[1] Alcorn Z P, Sharma M, Fredriksen S B, et al. An Integrated CO_2 Foam EOR Pilot Program with Combined CCUS in an Onshore Texas Heterogeneous Carbonate Field [J]. SPE Reservoir Evaluation and Engineering, 2019, 22 (4): 1449-1466.

[2] Alcorn Z P, Føyen T, Zhang L, et al. CO_2 Foam Pilot Design and Initial Results [C]. Presented at the SPE Improved Oil Recovery Conference. 31 August-4 September 2020.

[3] Chou S I, Vasicek S L, Pisio D L, et al. CO_2 Foam Field Trial at North Ward Estes [C]. Presented at the 67th SPE Annual Technical Conference and Exhibition, Washington, D.C., October 4-7, 1992.

[4] Enick R M, David K O, James R A, et al. Mobility and Conformance Control for CO_2 EOR via Thickeners, Foams, and Gels-A Literature Review of 40 Years of Research and Pilot Tests [C]. Proc. SPE Improved Oil Recovery Symposium, 14-18 April 2012, Tulsa, Oklahoma, USA. SPE-154122-MS.

[5] Falls A H, Hirasaki G J, Patzek T W, et al. Development of a Mechanistic Foam Simulator: The Population Balance and Generation by Snap-Off [J]. SPE Reservoir Engineering, 1988, 3 (03): 884-892.

[6] Farajzadeh R, Andrianov A, Krastev R, et al. Foam-oil interaction in porous media: Implications for foam assisted enhanced oil recovery [J]. Advances in Colloid and Interface Science 2012, 183-184: 1-13.

[7] Føyen T, Brattekås B, Fernø M A, et al. Increased CO_2 storage capacity using CO_2-foam [C]. International Journal of Greenhouse Gas Control, 2020.

[8] Hoefner M L, Evans E M. CO_2 Foam: Results from Four Developmental Fields Trials [J]. SPE Reservoir Engineering, November, 1995: 273-281.

[9] Jian G, Puerto M C, Wehowsky A. et al. Static Adsorption of an Ethoxylated Nonionic Surfactant on Carbonate Minerals [J]. Langmuir, 2016, 32 (40): 10244-10252.

[10] Jian G, Alcorn Z P, Zhang L, et al. Evaluation of a Nonionic Surfactant Foam for CO_2 Mobility Control in a Heterogeneous Carbonate Reservoir [J]. SPE Journal, September 2020.

[11] Karakas M, Alcorn Z P, Graue A. CO_2 Foam Field Pilot Monitoring Using Transient Pressure Measurements [C]. Presented at the SPE Annual Conference & Exhibition, 26-29 October 2020. SPE 201406.

[12] Melzer L S, Kuuskraa V A, Koperna G J. The Origin and Resource Potential of Residual Oil Zones [C]. Presented at the SPE Annual Technical Conference and Exhibition, San Antonio, Texas, 24-27 September 2006. SPE-102964-MS.

[13] Rossen W R. Foams in Enhanced Oil Recovery [J]. In Foams Theory, Measurements, and Applications. 1996, 57, (11): 414-464, Marcel Dekker, Inc. New York.

[14] Rognmo A, Fredriksen S B, Alcorn Z P, et al. Pore-to- Core EOR Upscaling for CO_2 Foam for CCUS [J]. SPE Journal, July 2019.

[15] Sharma M., Alcorn Z. P, Fredriksen S. B., et al. Numerical Modeling Study for Designing CO_2-foam Field Pilot [C]. IOR 2017-19th European Symposium on Improved Oil Recovery Stavanger, Norway. 2017. 24 April.

[16] Sharma M., Alcorn Z. P, Fredriksen S. B., et al, A. Model Calibration for Forecasting CO_2-Foam EOR Field Pilot Performance in a Carbonate Reservoir [J], Petroleum Geoscience, 2020, 26 (1).

H_2S 分压对 13Cr 不锈钢在 CO_2 驱驻井环空环境中应力腐蚀行为的影响

王峰[1]，韦春艳[2]，黄天杰[1]，崔中雨[3]，李晓刚[3]

（1. 吉林油田公司二氧化碳捕集埋存与提高采收率（CCS-EOR）开发公司；
2. 吉林油田公司扶余采油厂；3. 北京科技大学腐蚀与防护中心）

摘　要：利用高压下的电化学实验及 U 形弯浸泡实验结合微观分析手段，研究了 13Cr 不锈钢在不同 H_2S 分压下 CO_2 驱驻井环空环境模拟液中的电化学特征及应力腐蚀规律。结果表明：油套管钢的刺漏现象及环境中硫酸盐还原菌的存在使得环空环境成为复杂的高压 H_2S-CO_2-Cl^- 环境，13Cr 不锈钢在该种环境下具有明显的应力腐蚀敏感性。随着 H_2S 分压的升高，13Cr 不锈钢击破电位下降，应力腐蚀敏感性增强，这主要因为 H_2S 分压的增大对不锈钢表面膜（钝化膜及腐蚀产物膜）的破坏作用加强。当 H_2S 分压达到 0.2MPa 时，13Cr 不锈钢发生明显的应力腐蚀，断口由沿晶应力腐蚀裂纹（IGSCC）和穿晶应力腐蚀裂纹（TGSCC）组成的混合断口，应力腐蚀受阳极溶解和氢致开裂共同控制。

关键词：13Cr 不锈钢；H_2S/CO_2；应力腐蚀；H_2S 分压

Effect of H_2S partial pressure on stress corrosion cracking behavior of 13Cr stainless steel in the annulus environment around CO_2 injection well

WANG Feng[1], WEI Chunyan[2], HUANG Tianjie[1], CUI Zhongyu[3], LI Xiaogang[3]

（1. Development Company of Carbon Dioxide Capture and Storage and Enhanced Oil Recovery of Petro China Jilin Oil Field Company；2. Fuyu Oil Production Plant, Jilin Oil Field Company；3. Corrosion and Protection Center, University of Science and Technology Beijing）

Abstract: Electrochemical characteristics and stress corrosion cracking（SCC）behavior of 13Cr stainless steel in the simulated annulus environment around CO_2 injection well were investigated by electrochemical measurements, U-bent specimen immersion test and surface analysis technique. The effect of H_2S partial pressure was discussed datailedly. The results showed

---

基金项目：松辽盆地含 CO_2 气藏开发及利用示范工程，项目编号：2012ZX05054；国家自然科学基金重点项目，项目编号：51131001。

that annulus solution around injection well was a complicated $H_2S-CO_2-Cl^-$ environment which generated the SCC of 13Cr stainless steel. Break potential and SCC resistance of 13Cr stainless steel decreased obviously with increasing H_2S partial pressure, which is associated with the deterioration of surface film (passive film and corrosion products scales) on the steel. When the H_2S partial pressure exceeded 0.2MPa (including 0.2MPa), SCC happened on 13Cr steel. The typical transgranular and intergranular fracture morphologies were observed, which indicated that the SCC process was mixed-controlled by both anodic dissolution and hydrogen-induced cracking.

Key Words: 13Cr stainless steel; H_2S/CO_2; stress corrosion cracking; H_2S partial pressure

由于 CO_2 或 H_2S 等苛刻环境的普遍存在，油田装备用油套管钢遇到了严重的腐蚀问题。因此，耐蚀性较好的 13Cr 不锈钢开始广泛应用于油气井中。国内塔里木、胜利、东方等油气田中已经广泛使用了这种不锈钢油套管以确保油气井的安全[1]。目前，相关学者对 13Cr 不锈钢在单一 CO_2 或 H_2S 环境中的腐蚀及应力腐蚀行为进行了大量的研究[2-5]。但是，在油气田实际生产过程中，13Cr 不锈钢经常服役于复杂苛刻的 $CO_2-H_2S-Cl^-$ 环境体系中，而关于 13Cr 不锈钢在这种环境下的腐蚀及应力腐蚀研究相对较少[6-8]。A Ikeda 等[6]研究表明，13Cr 不锈钢在 H_2S 分压大于 0.0003MPa 的湿 CO_2 环境中即具有硫化物应力腐蚀（SSC）敏感性[6]。而 M. Fancia 等[7]研究表明，Cl^- 浓度、H_2S 分压的升高及 pH 值的降低会加速 13Cr 钢的腐蚀速度从而降低其 SSC 敏感性。近年来，国内也陆续发生了多起 13Cr 有关腐蚀失效事故[9,10]，严重威胁了油气田的安全生产。但是，目前的研究基本以油管钢内腐蚀为主，对油管钢环空环境的腐蚀问题研究相对较少。

目前，CO_2 驱油技术因其经济性和环保性已受到世界各国的广泛关注。但是，在实际生产中，长时间服役的油套管钢的刺漏现象及硫酸盐还原菌（SRB）的存在使得 CO_2 驱驻井环空环境成为一个高压环境下复杂的 $CO_2-H_2S-Cl^-$ 环境，油套管钢在该种环境下的腐蚀及应力腐蚀行为的研究对于油气田油套管的选材及安全生产具有重要的现实意义。但是，目前国内关于这方面的研究还是空白。

本文利用高压下的电化学测试技术及 U 形弯浸泡实验研究了不同 H_2S 分压条件下 13Cr 不锈钢在 CO_2 驱驻井环空环境模拟介质中的腐蚀及应力腐蚀行为，以期对油气田实际生产过程中的选材提供参考。

1 实验方法

实验所用材料为 13Cr 不锈钢，其化学成分见表 1。图 1 是 13Cr 不锈钢的金相组织，由图中可以看出，13Cr 不锈钢为典型的马氏体组织。实验所用溶液为某油田 CO_2 驱驻井环空水环境的模拟溶液，其成分组成见表 2。使用分析纯的 $NaHCO_3$、$NaCl$ 和去离子水配置溶液，并用稀释为 5% 的 CH_3COOH 调节 pH 值至 4。实验前，向溶液中通入氮气 2h，以消除环境中氧的影响。

电化学试验（极化曲线和电化学阻抗谱）测试条件见表 3。试验采用三电极体系，其中超级 13Cr 不锈钢为工作电极，Ag/AgCl 电极为参比电极，铂片为辅助电极。试样加工成 10mm×10mm×3mm 的块状试样，利用环氧树脂密封后逐级打磨至 1000#，然后利用丙酮除油、去离子水冲洗并吹干。将试样置于可进行电化学测试的高压釜中，密闭后利用氮气对溶液进行再一次除氧。充分除氧后，按各气体分压高低，依次打压至预定水平，待试样开路点位稳定后进行电化学阻抗谱和极化曲线测试。电化学阻抗谱测试频率范围为 100kHz～10MHz，扰动电位为 10mV。极化曲线测试电位扫描由阴极向阳极进行，扫描范围为 −500～800mV（vs.OCP），扫描速率为 0.5mV/s。

表 1　13Cr 不锈钢的化学组成　　　　单位：%（质量分数）

元素	C	Si	Mn	S	P	Cr	Ni	Mo
含量	0.18	0.03	0.48	0.004	0.02	12.94	0.1	0.013

图 1　13Cr 不锈钢的金相组织

表 2　CO_2 驱驻井环空水环境的模拟溶液组成

成分	NaCl	$NaHCO_3$	Na_2SO_4	缓蚀剂	pH 值
浓度	6.15g/L	2.71g/L	0.33g/L	1000mg/L	4.0

U 形弯浸泡试验与电化学试验的测试条件相同。首先将 U 形弯平板试样压弯至张角为 10°±1°，然后用螺栓加载至张角为 0°（U 形）。对螺栓部位密封并将试样表面进行除油后，将试样置于高压釜中进行浸泡，浸泡时间为 720h。浸泡结束后，先利用线切割机切下观察部位并用丙酮进行除油。然后，将试样置于除锈液（500mL HCl+500mL H_2O+3.5g 六次甲基四胺）中超声清洗去除腐蚀产物，再用丙酮清晰吹干。吹干后，将试样置于 Quanta200 型扫描电子显微镜下进行观察，分析浸泡后的裂纹及断口形貌。

表 3　13Cr 不锈钢电化学测试条件

测试条件	温度 /℃	pH 值	缓蚀剂浓度 /（mg/L）	CO_2 分压 /MPa	总压 /MPa	H_2S 分压 /MPa	p_{CO_2}/p_{H_2S}
1	25	4.0	1000	4.0	9.0	0	—
2						0.05	80

续表

测试条件	温度 /℃	pH 值	缓蚀剂浓度 / (mg/L)	CO_2 分压 /MPa	总压 /MPa	H_2S 分压 /MPa	p_{CO_2}/p_{H_2S}
3						0.10	40
4	25	4.0	1000	4.0	9.0	0.20	20
5						0.30	13.3

2 实验结果

2.1 电化学测试结果

图 2 是 13Cr 不锈钢在五种 H_2S 分压条件下的极化曲线，由图中可以看出，13Cr 不锈钢在无 H_2S 及四种含 H_2S 条件下均出现明显的钝化现象，这与不锈钢在该种条件下产生的钝化膜及腐蚀产物膜有关。添加 H_2S 后，13Cr 不锈钢的腐蚀电位和击破电位降低，电化学活性增强。对比阴极极化曲线可以看出，添加 H_2S 后，阴极电流密度显著增大。阴极电流密度的增加会增加氢原子向钢中的渗入，从而引起钢的氢致开裂；而 H_2S 分压的大小对 13Cr 的阴阳极影响不大。

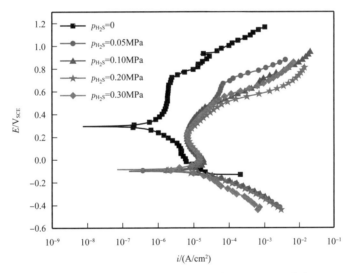

图 2　13Cr 不锈钢在不同 H_2S 分压条件下的极化曲线

图 3 是 13Cr 不锈钢在五种 H_2S 分压条件下的电化学阻抗谱（EIS）。图 3 中表明，随着 H_2S 分压的变化，阻抗弧的形状没有明显的改变。而 H_2S 分压的增加显著减小了阻抗弧的半径。

图 4 是不同 H_2S 分压条件下 13Cr 不锈钢的极化电阻、维钝电流及膜电阻随 H_2S 分压的变化曲线。极化电阻 R_p 与材料的腐蚀速度及耐蚀性密切相关，而膜电阻 R_f 与钢的

钝化膜或腐蚀产物膜的变化有关。由图 4 中可以看出，随着 H_2S 分压的增加，维钝电流增大，极化电阻减小，而膜电阻 R_f 随着 H_2S 分压的增加先减小至一个很小的值后缓慢增大。这说明，H_2S 的加入改变了破坏了钝化膜或产物膜的组成和结构，加速了 13Cr 不锈钢表面膜的破坏过程，为不锈钢的裂纹形核提供了条件，提高了 13Cr 钢的 SCC 敏感性。

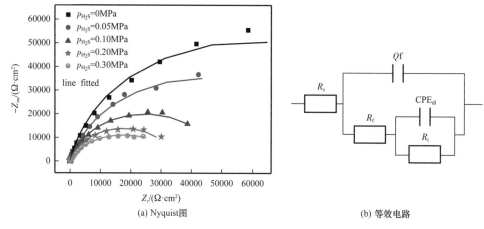

图 3　13Cr 不锈钢在不同 H_2S 分压下的电化学阻抗谱

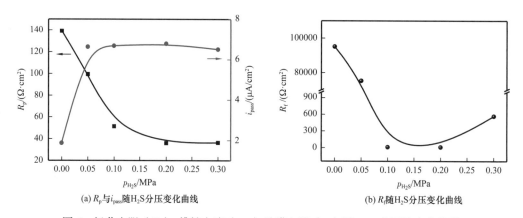

图 4　极化电阻（R_p）、维钝电流（i_{pass}）及膜电阻（R_f）随 H_2S 分压的变化曲线

2.2　U 形弯浸泡结果

U 形弯浸泡实验可以获得恒载荷和恒应变条件下材料发生应力腐蚀（SCC）的机制及扩展模式，判断不同钢发生 SCC 的难易程度及其 SCC 敏感性。因此，本文利用 U 形弯浸泡实验研究了不同 H_2S 分压条件下（p_{H_2S} 分别为 0，0.1MPa，0.2MPa，0.3MPa）13Cr 不锈钢在高压 CO_2-H_2S-Cl^- 环境中的 SCC 行为，探讨 H_2S 分压对 13Cr 不锈钢 SCC 敏感性的影响。

图 5 是四种 H_2S 分压条件下 13Cr 不锈钢 U 形弯浸泡后的宏观形貌。由图 5 中可以看

出，四种条件下的不锈钢表面均保留有明显的金属光泽，腐蚀较为轻微。当 H_2S 分压为 0 和 0.1MPa 时，13Cr 不锈钢 U 形弯均未发生断裂，而当 H_2S 分压为 0.2MPa 和 0.3MPa 时，13Cr 不锈钢发生了明显的断裂。对 U 形试样发生 SCC 前的孕育时间进行统计，结果如图 6 所示，由图 6 中可以看出，13Cr 不锈钢 U 形弯断裂时间随 H_2S 分压的增大而急剧减小。这说明，在该种环境条件下，H_2S 分压的增加提高了 13Cr 不锈钢的 SCC 敏感性。但 H_2S 导致 13Cr 发生 SCC 存在一个分压临界值，高于此分压，13Cr 将发生明显的应力腐蚀开裂。

图 5 13Cr 不锈钢 U 形弯试样浸泡后的宏观形貌

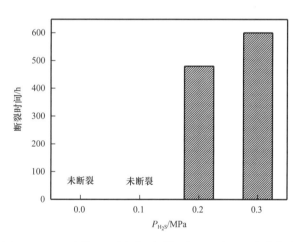

图 6 13Cr 不锈钢 U 形弯断裂时间随 H_2S 分压的变化曲线

图 7 是 H_2S 分压为 0.2MPa 和 0.3MPa 时 13Cr 不锈钢 U 形弯断口形貌。由图 7 中可以看出，13Cr 不锈钢在两种条件下均存在垂直于主断面的二次裂纹。对断口进行放大观察可以看到，断口大部分区域呈冰糖状，属于典型的沿晶断口（IGSCC）。但是，断口局部区域有明显的穿晶断口（TGSCC），并存在由于氢致开裂（HIC）导致的裂纹。综合以上特点，两种 H_2S 分压下的 13Cr 不锈钢断口均属于典型的 SSC 断口。这说明，13Cr 不锈钢在该种条件下发生了明显的硫化物应力腐蚀开裂。

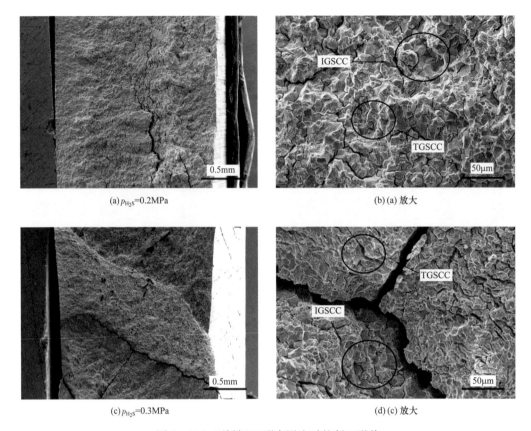

图 7　13Cr 不锈钢 U 形弯浸泡后的断口形貌

3　讨论

3.1　CO_2 驱驻井油管钢在环空环境中的应力腐蚀成因分析

CO_2 驱驻井下油管的腐蚀是一种较新的腐蚀现象，是一种典型的高压 H_2S-CO_2-Cl^- 环境中的应力腐蚀开裂行为。在实际生产过程中，油套管钢普遍存在刺漏现象。特别是随着服役时间的延长，油套管的腐蚀问题导致刺漏点增多和扩大，进而加剧油罐内腐蚀介质或地层水向环空环境中的刺漏。由于油管刺漏点的存在，注入井中的 CO_2 在高压作用下会进入环空保护液中形成游离态的 CO_2。多余的 CO_2 会在环空液中发生反应：

$$CO_2 + H_2O \rightleftharpoons H_2CO_3 \tag{1}$$

$$H_2CO_3 \rightleftharpoons H^+ + HCO_3^- \tag{2}$$

因此，CO_2 的渗入降低了环空液的 pH 值，促进了油管钢的阴极析氢过程，导致油管钢的 SCC 敏感性增大。

另外，由于驱驻井环空环境通常处于静止、密闭状态，这会导致环空内液面以下产生无氧环境，从而使得硫酸盐还原菌（SRB）的活性增强。SRB通过阴极去极化作用消耗硫酸根，进而通过如下反应将其转化为硫化物[11]并在酸性条件下生成H_2S：

$$8H+SO_4^{2-} \longrightarrow S^{2-}+4H_2O \quad (3)$$

$$2H^++S^{2-} \longrightarrow H_2S \quad (4)$$

因此，CO_2驱驻井环空环境是一个含高浓度CO_2、较高浓度H_2S及Cl^-的高压环境，油管钢在该种环境下具有较高的SCC敏感性。

3.2 H_2S分压对13Cr不锈钢在环空环境下电化学行为的影响

在H_2S-CO_2-Cl^-体系中，不同的H_2S分压对材料的腐蚀行为的影响有着显著的差异。早期研究[12]表明，当H_2S浓度低于690Pa时，H_2S会提高材料的耐蚀性；而当H_2S浓度高于690Pa时，H_2S会降低材料的耐蚀性。Choi等[13]研究发现低浓度的H_2S对腐蚀的抑制是由于钢表面生成的FeS膜抑制了金属的阳极溶解。Pots等[14]进一步研究发现H_2S和CO_2共存条件下H_2S含量对材料腐蚀行为的影响取决于CO_2分压和H_2S分压的相对比值。当$p_{CO_2}/p_{H_2S}>500$时，CO_2控制整个腐蚀过程，腐蚀产物主要为$FeCO_3$；当$20<p_{CO_2}/p_{H_2S}<500$时，CO_2、H_2S混合控制，腐蚀产物包含FeS和$FeCO_3$；当$p_{CO_2}/p_{H_2S}<20$时，H_2S控制腐蚀过程，腐蚀产物主要为FeS。在本实验条件下（表3），当H_2S分压为0时，13Cr不锈钢的腐蚀主要为CO_2腐蚀。由极化曲线和EIS结果可知，此时13Cr不锈钢发生明显的钝化，表面生成一层由$Cr(OH)_3$和$FeCO_3$组成的钝化膜[2]，SCC敏感性较低。当H_2S分压介于0.05~0.2MPa之间时，13Cr不锈钢的腐蚀受CO_2和H_2S共同控制。此时溶液中H_2S电离的HS^-及S^{2-}在电极表面具有极强的吸附性，它们可与钝化膜发生反应生成可溶性腐蚀产物从而促进钝化膜的溶解[15-16]。由图4（b）可以看出，H_2S分压为0.1MPa和0.2MPa时，13Cr不锈钢膜电阻降低极低值，表面钝化膜受到了严重的破坏，这就为应力腐蚀裂纹的形核创造了条件。当H_2S分压为0.3MPa时，13Cr不锈钢的腐蚀主要受H_2S控制。此时EIS拟合得到的膜电阻显著增加，这是由于H_2S分压的提高加速了FeS_x产物膜在金属表面的沉积。但较高的H_2S分压降低了体系的pH值，从而加速了腐蚀反应[17]。同时，较高浓度的H_2S促进了钢的阴极反应，增加了渗入钢中H的量，从而引起钢的氢致开裂。

3.3 H_2S分压对13Cr不锈钢在环空环境下应力腐蚀行为的影响

U形弯浸泡结果表明，在缓蚀剂存在的条件下，13Cr钢在无H_2S分压及H_2S分压为0.1MPa时没有发生开裂。而当H_2S分压达到0.2MPa时，13Cr不锈钢发生了明显的SSC。说明在该种环境下，H_2S分压的提高是造成13Cr不锈钢发生应力腐蚀的主要原因。

以往研究表明，马氏体不锈钢在H_2S介质中的SCC主要为氢脆机制，而阳极溶解作用能够促进裂纹尖端的溶解和扩展[18]。由图6的断口形貌可以看出，13Cr不锈钢在该种环境下既有沿晶SCC断口，又有穿晶SCC断口。这说明，阳极溶解和氢致开裂共同作用使钢在H_2S分压为0.2MPa和0.3MPa时发生了SCC。在CO_2驱驻井环空环境中，环空液中的Cl^-会首先破坏不锈钢的表面膜从而诱发金属的阳极溶解。由于晶界的偏析作用，腐蚀首先在晶界上发生并扩展形成沿晶应力腐蚀裂纹。SCC 扩展到足够深度时，由于应力强度因子 K_1 的增加，超过一定程度的 SCC 就会转变为穿晶形式[16]。在酸性环境下，H_2S 的加入对不锈钢的 SCC 行为有重要的影响。首先，H_2S 水解产生的 HS^- 及 S^{2-} 会吸附在钢的表面并加速 H^+ 的还原，同时减缓氢原子结合成氢分子，使析出的 H 在钢的表面聚集并且渗入钢内，促进不锈钢发生 HIC 过程[19]。另外，H_2S 会促进位错发射并富集在钢材的缺陷和应力集中处，从而增加材料的脆性并促进应力腐蚀的发生[20]，图 6（c）中缺陷处的较深裂纹证明了这一现象的发生。

H_2S 分压的大小对 13Cr 不锈钢的 SCC 行为有着重要的影响，这主要与渗入材料中的氢含量有关。Zhou 等[21]研究发现，氢渗透速度与环境中的 H_2S 分压及材料表面的腐蚀产物膜密切相关。随着 H_2S 分压的增大，扩散进入材料中的氢含量会迅速上升。当 H_2S 分压为 0.1MPa 时，由于环境中存在吸附能力更强的 CO_2，材料表面的 H_2S 不足以引起 13Cr 发生 SCC[22]。当 H_2S 分压达到 0.2MPa 时，进入材料中的氢形成的氢压大于裂纹形成的临界氢压值，从而导致材料发生 SCC。因此，在存在缓蚀剂的 CO_2 驱驻井环空环境下，13Cr 不锈钢 SCC 的发生存在一个临界 H_2S 分压，等于或高于此分压（0.2MPa），则 13Cr 发生明显的 SCC 行为。

4 结论

（1）H_2S 分压影响了 13Cr 不锈钢的表面膜（钝化膜和腐蚀产物膜）进而影响了其电化学腐蚀行为。随 H_2S 分压的升高，13Cr 不锈钢的击破电位下降，维钝电流密度增加，为 SCC 裂纹的形核创造了条件，进而导致 13Cr 钢的 SCC 敏感性增加。

（2）13Cr 不锈钢在环空环境下的 SSC 为阳极溶解和氢致开裂共同控制，H_2S 分压加速了钢的阴极析氢过程，从而促进了氢向金属的渗入，增大了 13Cr 不锈钢的 SCC 敏感性。

（4）13Cr 不锈钢在 CO_2 驱驻井环空环境下发生 SSC 存在临界 H_2S 分压。当 H_2S 分压达到 0.2MPa 时，13Cr 不锈钢发生明显的应力腐蚀开裂。

参 考 文 献

[1] 张国超，林冠发，孙育禄，等. 13Cr 不锈钢腐蚀性能的研究现状与进展[J]. 全面腐蚀控制，2011，25（4）：16-20.

[2] 林冠发，骨勋源，白真权，等. 13Cr 油管钢 CO_2 腐蚀产物膜的能谱分析[A]. 第七届全国表面工程学术会议[C]. 武汉，2008：335-340.

[3] 陈尧，白真权，林冠发. 普通 13Cr 钢在高温高压下的抗 CO_2 腐蚀性能[J]. 全面腐蚀控制，2007，21（2）：11-14.

[4] 董晓焕，赵国仙，冯耀荣，等. 13Cr 不锈钢的 CO_2 腐蚀行为研究[J]. 石油矿场机械，2003，32（6）：1-3.

[5] Zhang H, Zhao Y L, Jiang Z D. Effects of temperature on the corrosion behavior of 13Cr martensitic stainless steel during exposure to CO_2 and Cl^- environment[J]. Mater. Lette., 2009, 59（27）：3370-3374.

[6] Ikeda A, Mukai S, Ueda M. Corrosion behavior of 9 to 25% Cr steels in wet CO_2 environments [J]. Corrosion, 1985, 41 (4): 185-192.

[7] Mancia. A. The effect of environmental modification on the sulphide stress corrosion cracking resistance of 13Cr martensitic stainless steel in $H_2S-CO_2-Cl^-$ systerms [J]. Crros. Sci., 1987, 27 (10): 1225-1237.

[8] 韩燕, 李道德, 林冠发, 等. Cl^-, CO_2 和微量 H_2S 共存时 13Cr 不锈钢的腐蚀性能 [J]. 理化检验: 物理分册, 2010, 46 (3): 145-150.

[9] 张亚明, 臧晗宇, 董爱华, 等. 13Cr 钢油管腐蚀原因分析 [J]. 腐蚀科学与防护技术, 2009, 21 (5): 499-501.

[10] 蔡锐, 朱世东, 李发根, 等. 某油井管用 13Cr 油管腐蚀原因分析 [J]. 腐蚀科学与防护技术, 2012, 24 (4): 355-356.

[11] Javaherdashti R. Microbiologically influenced corrosion: an engineering insight [M]. Woodhead publishing Ltd., 2008.

[12] Sardisco J B, Wright W B, Greco E C. Corrosion of lron in on $H_2S-CO_2-Cl^-$ systerm: corrosion film properties on pure lron [J]. Corrosion, 1963, 19 (10): 354-359.

[13] Choi Y S, Nesic S, Ling S. Effect of H_2S on the CO_2 corrosion of carbon steel in acidic solutions [J]. Electrochim. Acta, 2011, 56 (4): 1752-1760.

[14] Pots. F M, Jhon R C, Rippon I J, et al. Improvements on de-Waard Milliams corrosion prediction and application to corrosion management [A]. Corrosion/2002 [C]. Denver: NACE, 2002.

[15] 吕祥鸿, 赵国仙, 王宇, 等. 超级 13Cr 马氏体不锈钢抗 SCC 性能研究 [J]. 材料工程, 2011, 2: 17-25.

[16] 刘智勇, 董超芳, 李晓刚, 等. 硫化氢环境下两种不锈钢的应力腐蚀开裂行为 [J]. 北京科技大学学报, 2009, 31 (3): 319-323.

[17] Kermani B, Esakkul K A, Martin J W. Materials design strategy: effects of H_2S/CO_2 corrosion on materials selection [A]. Corrosion/2006 [C]. San Diego: NACE, 2006.

[18] Qiao L, Mao X. Thermodynamic analysis on the role of hydrogen in anodic stress corrosion cracking [J]. Acta Metall. Mater., 1995, 43 (11): 4001-4006.

[19] 刘智勇, 董超芳, 李晓刚, 等. H_2S 环境中 UNSJ91450 不锈钢的电化学行为对 SCC 的影响 [J]. 电化学, 2009, 15 (2): 157-162.

[20] 刘智勇, 董超芳, 李晓刚, 等. 35CrMo 和 00Cr13Ni5Mo 硫化氢环境应力腐蚀开裂 [J]. 化工学报, 2008, 59 (10): 2561-2567.

[21] Zhou C S, Zheng S Q, Chen C F, et al. The effect of the partial pressure of H_2S on the permeation of hydrogen in low carbon steel [J]. Corros. Sci., 2013, 67: 184-192.

[22] 杨建炜, 张雷, 丁睿明, 等. X60 管线钢在湿气和溶液介质中的 H_2S/CO_2 腐蚀行为 [J]. 金属学报, 2008, 44 (11): 1366-1371.

(本文原刊于《中国腐蚀与防护学报》2014 年第 1 期)

用于 CO_2 注气驱的油井缓蚀剂加注工艺优化研究

张德平[1,2]，马锋[2]，吴雨乐[3]，董泽华[3]

（1. 东北石油大学石油工程学院；2. 中国石油吉林油田公司；
3. 华中科技大学化学与化工学院）

摘　要：吉林某油田 CO_2 注气驱油井受 CO_2 分压、温度、采出液含水率及细菌含量等诸多因素影响，造成井下管柱的严重腐蚀。为减缓腐蚀，当前主要采用井筒加注咪唑啉缓蚀剂来保护油井井筒和井下设备。通过研究 CO_2、SRB 等多因素条件下的腐蚀规律和腐蚀主因素，从降低防腐蚀成本的角度考虑，考察了缓蚀剂类型、加药方式、加药浓度、加药周期对井下油套管腐蚀的抑制效率和长期有效性，并根据现场情况制订了合理的加药制度，提高了缓蚀剂的作用效率，延长了其服役寿命，使区块整体腐蚀速率低于 0.076mm/a，实现了井下腐蚀的防护效率与成本的最优化。通过工艺优化，不仅延长井下设备的服役寿命，还降低了防腐蚀成本。

关键词：CO_2 驱油；提高采收率；CO_2 腐蚀；缓蚀剂；加注工艺

Optimization of Injection Technique of Corrosion Inhibitor in CO_2-flooding Oil Recovery

ZHANG Deping[1,2], MA Feng[2], WU Yule[3], DONG Zehua[3]

(1. School of Petroleum Engineering, Northeast Petroleum University; 2. Jilin Oilfield Company, CNPC; 3. School of Chemistry and Chemical Engineering, Huazhong University of Science and Technology)

Abstract: Severe downhole corrosion occurred during Jilin CO_2 flooding in an oilfield in Jilin due to the high pressure of CO_2, high concentration of saline water and sulfate reducing bacteria (SRB) in the produced fluid. Currently, addition of corrosion inhibitors is one of the common methods to protect the oil well and tubes. Through studies of corrosion mechanism and main factor analysis, the effects of inhibitor type, concentration and injection technique on their filed inhibition efficiency and longterm durability were investigated, aiming at lowering the cost of corrosion management. Then a suitable injection regulation of inhibitor is proposed based on the filed situation in order to improve the long-term efficacy of inhibitor. Injection optimization tests indicate that the corrosion rate has

---

基金项目：国家科技重大专项（2016ZX05016-002）。

been decreased to <0.076mm/a. This optimized injection technique of inhibitor not only increases the service life of downhole device and tubes, but also decrease the cost of corrosion management.

Key words: CO_2 flooding; enhanced oil recovery; CO_2 corrosion; corrosion inhibitor; injection technique

吉林油田采用CO_2驱提高原油采收率，获得了国家"十三五"科技重大专项的支持，将采收率提高了5%～10%，取得了良好的示范效果。然而，高压CO_2溶解到井下流体中，导致井下腐蚀环境的复杂化[1]，在高浓度CO_2、高矿化度地下水和硫酸盐还原菌（Sulfate Reducing Bacteria，SRB）等多因素的交互作用下，给油井管柱带来了严重的腐蚀问题[2-4]，影响了油田的安全生产。吉林大情字井油田属于低渗透、低产油田，主要采用CO_2驱来提高采收率。为缓解井下CO_2腐蚀，当前采取井口加注缓蚀剂[5]，即在油套环空投加CO_2腐蚀缓蚀剂来降低油套管的腐蚀速率[6]。

缓蚀剂效率与油井作业深度及缓蚀剂加注工艺有很大关系。黄雪松等采用油井连续加药来实现防腐蚀[7]，鲁章成等根据油井服役环境和腐蚀主控因素，提出了油井连续加药的配套技术[8]，米力田等提出了相应加注工艺装置设计和流程实施方案[9]。谷坛等通过缓蚀剂残余浓度分析和腐蚀挂片结果相结合的方法[10]，推断出可行的缓蚀剂投加量和对油套管的有效保护周期。龚金海等针对高含H_2S/CO_2天然气气井[11]，采用缓蚀剂预膜+连续雾化注入工艺，实现了缓蚀剂优化加注[12]。然而，如果缓蚀剂加注装置或参数不根据现场条件予以优化，则可能造成井口堵塞，如连续加注缓蚀剂后，重庆气矿部分气井出现有缓蚀剂成分的堵塞物[13]，影响了气井正常生产。

本文重点分析了缓蚀剂在吉林大情字井油田应用过程中存在的问题，根据现场生产工艺参数，提出了相应的解决措施，以指导现场优选缓蚀剂、优化加药工艺、确定加药浓度和加药周期等。

1 CO_2驱多因素腐蚀规律分析

导致油井腐蚀结垢的影响因素众多，通过对试验区块地层流体、腐蚀产物组分等分析，可以弄清腐蚀环境，明确油井腐蚀结垢主控因素。吉林油田CO_2驱区块地层水矿化度为21000mg/L，氯离子含量为7342mg/L，SRB菌量为10^4个/mL，伴生气中CO_2体积分数为60%。可见，水质矿化度、CO_2含量、高含SRB是导致油井腐蚀的主要因素。

井下腐蚀产物表明，CO_2驱试验区块腐蚀环境复杂，矿场油井的主要腐蚀因素为CO_2、SRB腐蚀，二者所占比例高达70%以上（表1）。

结合CO_2驱工矿条件，开展了现场CO_2驱多因素的N80钢腐蚀规律研究。结果表明，在SRB单一因素作用下，SRB对N80钢腐蚀的影响是缓慢的，腐蚀速率较低；有水条件下CO_2具有很强的腐蚀性，腐蚀速率大约是SRB腐蚀的5.5倍；在CO_2、SRB共存时，二者的协同作用促使腐蚀程度进一步加剧，现场N80钢腐蚀速率测量结果如图1所示，这与Fan等对CO_2+SRB协同腐蚀的实验室结果具有一致性[14]。

表 1 CO$_2$ 驱区块不同开采层位油井腐蚀主控因素分析 单位：%

开采层段	碳酸盐	FeS	FeCO$_3$	水合氧化铁	酸不溶物	主控因素
青一段	4.50	38.02	48.28	4.78	4.42	CO$_2$+SRB 腐蚀
青二段	2.50	47.52	20.22	19.11	10.65	CO$_2$+SRB 腐蚀
青一段＋青二段	9.50	20.60	50.92	14.28	4.70	CO$_2$ 腐蚀

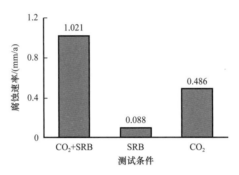

图 1 CO$_2$ 驱油井中细菌和 CO$_2$ 对 N80 钢腐蚀速率的影响

2 CO$_2$ 驱缓蚀剂优选及加药制度优化

根据吉林大情字井油田 CO$_2$ 驱区块的 CO$_2$、SRB 和水质等多因素分析，对咪唑啉缓蚀剂体系的配方进行了优选，采用油酸咪唑啉＋凝析油的复合配方，提升了缓蚀剂在油套管表面的成膜效果。同时，根据缓蚀剂残余浓度和腐蚀监测数据对加药工艺、加药浓度和加药周期进行优化，达到腐蚀控制与缓蚀剂加注成本的平衡，降低生产成本。

2.1 缓蚀剂优选及性能优化

根据 CO$_2$ 驱腐蚀主控因素分析结果，结合采油系统特点，缓蚀剂需具备在多因素复杂腐蚀环境下的良好防护性能。根据 CO$_2$、水质、SRB 细菌含量特点及降低加药强度考虑，通过单剂优选、体系复配形成具有缓蚀和杀菌性能的一体化缓蚀剂体系。从细菌抗药性考虑，优选出了两种不同类型的 JL−1+SJ−1 和 JL−1+SJ−3 缓蚀、杀菌一体化缓蚀剂体系（表 2，CO$_2$ 分压 8MPa，80℃）。井口挂片试验表明：当加注浓度达 150mg/L 时，腐蚀速率降到 0.0365mm/a，杀菌率达到 100%。

表 2 N80 钢缓蚀剂与杀菌剂配方优选试验（72h）

咪唑啉缓蚀剂	添加量 /（mg/L）	腐蚀速率 /（mm/a）	缓蚀效率 /%	杀菌率 /%
无	0	3.2768		
JL−1	150	0.0378	98.85	
JL−1+SJ−1	150	0.0352	98.93	100

续表

咪唑啉缓蚀剂	添加量/(mg/L)	腐蚀速率/(mm/a)	缓蚀效率/%	杀菌率/%
JL-1+SJ-2	150	0.9391	71.34	54
JL-1+SJ-3	150	0.0365	98.89	100

2.2 缓蚀剂加注制度优化

对于井口加注缓蚀剂，影响加药工艺实施的主要因素为缓蚀剂性能和油井生产参数两个方面，缓蚀剂性能包括缓蚀效率和扩散能力，油井生产参数包括套压、动液面等变化情况。

2.2.1 缓蚀剂效率评价

现场缓蚀剂的配方是通过室内电化学与失重法进行初步筛选，以饱和甘示电极（SCE）为参比电极（RE），Pt片为对电极（CE），N80碳钢为工作电极（WE）。为了避免缝隙腐蚀，将截面积为1cm²的N80钢圆柱体嵌入聚四氟乙烯圆环中，并用F51环氧树脂进行封装，待固化后试样暴露面采用400#、600#和800#金相砂纸依次打磨至光亮待用。交流阻抗利用CS350电化学工作站（科思特仪器）进行[15]，阻抗扫描在开路电位（OCP）下进行，采用5mV正弦波激励，对数扫频范围为100.000kHz～0.010Hz，10点/10倍频。腐蚀介质为大情字井油田产出水，并在其中加入JL-1咪唑啉缓蚀剂150mg/L。采用定时扫描来测量电化学阻抗谱（Electrochemical Impedance Spectroscopy，EIS）随时间的变化趋势，进而判断缓蚀剂吸附成膜速度和可能的脱附时间，从而评价缓蚀剂的长期有效性。

图2显示了油酸咪唑啉缓蚀剂在大情宇井油田污水中，从1～7h，缓蚀效率逐步上升，并在7h时面积比阻抗值达到最大，为7500Ω·cm²，此时缓蚀效率达到96%，之后缓蚀效

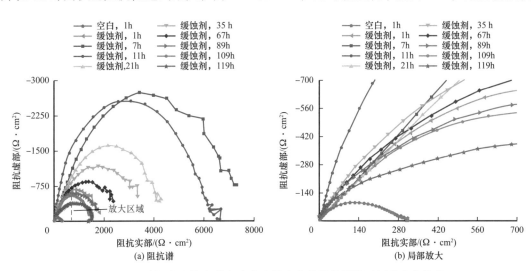

图2　N80碳钢在大情字井产出水中的电化学阻抗谱随时间的变化趋势

率缓慢下降，35h后阻抗仅为3700Ω·cm²，缓蚀效率为91.9%。说明缓蚀剂成膜比较快，具有较好的后效性。然而，由于缓蚀剂吸附损失，或者由于碳钢表面出现了锈蚀，阻碍了缓蚀剂的吸附，导致阻抗半圆环在67h后出现了显著收缩，这可能是因为该缓蚀剂为吸附弱成膜型[16]，在流动冲刷条件下容易从腐蚀产物表面脱附，导致保护效率下降[17]。因此，在防腐加药工艺优选时需要保证井底有一定浓度的缓蚀剂，随时补充损失的缓蚀剂，保证缓蚀剂的长期防腐蚀效果。

2.2.2 扩散性能评价

利用自主研发的缓蚀剂扩散速率模拟评价装置（图3），测试了咪唑啉缓蚀剂在大情字井产出水中的扩散速度。采用UV紫外吸收光谱对各个取样点的缓蚀剂浓度进行监测，实验结果如图4所示。实验表明，该缓蚀剂体系具有较好的扩散性，投药40min就可以完全扩散均匀，因此可采取油套环空投加缓蚀剂的注入工艺。

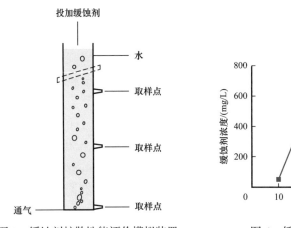
图3 缓蚀剂扩散性能评价模拟装置

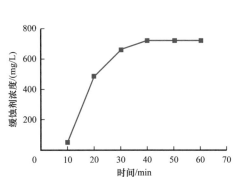
图4 缓蚀剂扩散能力测试曲线

2.2.3 加注工艺优化

井筒缓蚀剂加注包括两部分，其一是周期性预膜，第二连续加药工艺。预膜的目的是要在油套管表面形成一层浸润保护膜，为连续加药提供缓蚀剂成膜条件。预膜工艺所加注缓蚀剂量一般为连续加药浓度的10倍以上。缓蚀剂膜从形成到破坏的时间决定了加药周期，根据缓蚀剂残余浓度分析，确认预膜周期为15d。连续加药仅起到修复和补充缓蚀剂膜的作用，考虑到咪唑啉缓蚀剂附着在油管、套管壁上所形成的保护膜在CO_2气流运动下会逐步散失，因此，后续的连续补加必须在井筒中维持一定的成膜浓度，以达到缓蚀剂膜的动态修复平衡。

根据采油井缓蚀剂加注需求，研发了采油井井口柱塞恒流连续加药装置（图5a），形成了一套现场连续加药工艺。当套压变化大或套压大于连续加药装置额定使用压力时，推荐使用高压加药车进行加注（图5b），这在提高缓蚀剂利用率的同时，保障了井下管柱的保护效果。

(a) 柱塞恒流连续加药装置　　　　　　　(b) 间歇车载缓蚀剂加药装置

图 5　采油井井口缓蚀剂加药装置

2.3　加药浓度的确定

结合矿场采油井工况，研究了缓蚀剂临界使用浓度和原油吸附对缓蚀剂浓度衰减的影响，以确定合理的油井加药浓度和加药周期，避免缓蚀剂的浪费和不足，实现了缓蚀剂的优化加注，降低了防腐蚀成本。

2.3.1　缓蚀剂浓度的影响

图 6 为高温高压动态条件下（3MPa，70℃，CO_2 流量 10t/d，实验时间 7d），采用挂片失重法计算的不同浓度缓蚀剂存在下，缓蚀剂对油管钢 CO_2 腐蚀的保护效率。实验表明，当缓蚀剂浓度为 50mg/L 时，P110 钢的腐蚀速率已降到 0.056mm/a，而空白条件下的 P110 钢的腐蚀速率为 0.640mm/a，缓蚀剂缓蚀效率可以达到 91%。

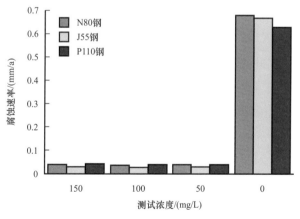

图 6　P110 钢在高温高压失重现场水中的腐蚀实验结果

2.3.2　原油对缓蚀剂吸附的影响

考虑矿场应用环境中，采油井介质属于油水混合系统，研究了不同含水率下原油对缓蚀剂浓度变化的影响（图 7）。研究表明，原油对缓蚀剂具有吸附性，当含水率在 40% 以下时，缓蚀剂浓度大幅度下降，原油对缓蚀剂吸附作用明显。这是因为油酸咪唑啉缓蚀剂属于油溶水分散型，对原油具有更好的亲和性。

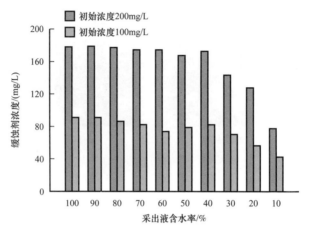

图 7　缓蚀剂浓度随采出液含水率的变化图

由于采油井的介质属于油、气、水三相混合系统，所处环境复杂，杆管表面处于非清洁状态，对缓蚀剂吸附能力要求更高。根据采油井产液量、含水、水质、CO_2 含量、井底流压等生产参数，矿场设计加药浓度应维持在 80～150mg/L 之间。

2.4　加药周期

采用柱塞恒流连续加药装置的采油井加药周期是储药罐中缓蚀剂量的有效使用时间，一般应根据储药罐液位变化情况及时添加缓蚀剂。间歇加药井的加药周期则是根据油井一次性加药后井口采出液中缓蚀剂残余浓度低于有效浓度 50mg/L 所需的时间来确定。

2.4.1　油井生产参数模拟预测

缓蚀剂按一定量加入井底后，会随油井举升返出，假设泵在每一冲程所提升的液体体积 ΔV，冲次为 n，动液面基本恒定时，油套环形空间始终保持的液体体积不变，有：

$$C=m/V \tag{1}$$

$$\Delta V = \frac{Q}{1440n} \tag{2}$$

式中　C——缓蚀剂刚加入时油套环形空间缓蚀剂实际浓度，mg/L；
　　　m——每次所加的药量，g；
　　　V——油套环形空间始终保持的液体体积，m^3；
　　　ΔV——每一冲程所提升的液体体积，m^3；
　　　Q——产液量，m^3/d；
　　　n——冲次，min^{-1}。

第一个冲程后环空井筒缓蚀剂的浓度为：

$$C_1 = C(1 - \Delta V/V) \tag{3}$$

式中 C_1——第一个冲程后环空井筒缓蚀剂的浓度，mg/L。

t 小时以后环空井筒缓蚀剂的浓度为：

$$C_t = C(1 - \Delta V/V)^{60nt} \tag{4}$$

式中 C_t——t 小时后环空井筒缓蚀剂的浓度，mg/L；

t——时间，h。

缓蚀剂残余浓度随产液量的变化趋势见表 3。大情字井区块平均日产液 5m³，对照表 3，拟合运算对比分析可得，加药周期预计为 3~4d。

表 3 环空缓蚀剂残余浓度随产液量的变化趋势

日产液量 /m³	环空体积 /m³	冲次 /min⁻¹	初始浓度 /（mg/L）	残余浓度 /（mg/L）			
				24h	48h	72h	96h
2	5	4	420	282	189	126	85
4	5	4	840	377	170	76	34
6	5	4	1260	379	114	34	10
8	5	4	1680	339	68	14	3
10	5	4	2100	284	38	5	1

2.4.2 井口缓蚀剂残余浓度检测

根据咪唑啉缓蚀剂的紫外吸光度曲线，利用紫外分光光度法检测其在 250nm 处的吸光度，并以此确定井内返出流体中缓蚀剂的残余浓度。综合油井生产参数模拟预测及井口缓蚀剂残余浓度检测结果（图 8），在加药第 4d 后采出液中缓蚀剂的残余浓度低于有效浓度 50mg/L，因此，加药周期设计为 4d。

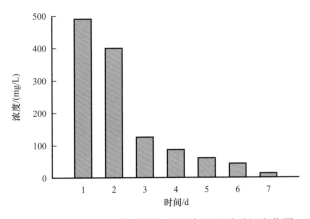

图 8 矿场井口采出液中缓蚀剂残余浓度随时间变化图

3 现场应用情况及效果分析

根据大情字井油田 CO_2 驱油井缓蚀剂类型、加药浓度、加药工艺、加药周期优化结果，结合油井和生产参数（CO_2 含量、含水率等）不同加药类型，形成了一套有针对性的缓蚀剂加药制度（表4，其中，p_{CO_2}——CO_2 分压，MPa；f_w——含水率，%）实现了"一井一策"的腐蚀防护对策，连续加药井缓蚀剂浓度控制在 80～120mg/L，间歇加药井缓蚀剂加药浓度在 100～150mg/L，加药周期为 4d。

表4 油井加药浓度设计

加药井类型	加药量 /（mg/L）		
	$f_w>30\%$；$p_{CO_2}>0.21$	$f_w<30\%$；$p_{CO_2}>0.21$	$f_w<30\%$；$p_{CO_2}<0.21$
连续加药井	120	100	80
间歇加药井	150	120	100

在 CO_2 驱区块连续加药井实施 157 口井，间歇加药井实施 75 口。连续实施 1a 后，部分井筒腐蚀剖面如图9所示。

矿场腐蚀监测表明，不同油井的腐蚀速率均控制在 0.06mm/a 以下，基于缓释剂残余浓度监测的加药工艺可以满足现场需求。

实际生产中，随着采出液中含水率的上升，缓蚀剂的注入量还需要根据腐蚀监测结果进行优化调整。后期需要开展井下腐蚀在线监测试验，实时测量井下油套管腐蚀速率，并建立一套 PID 自动反馈系统来调节缓蚀剂加药泵的加注量，从而实现缓蚀剂加注的全自动控制，这将更有利于缓蚀剂加注工艺的优化。

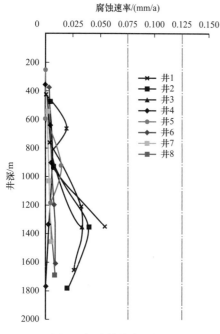

图9 部分井筒腐蚀剖面

4 结论

（1）吉林大情字井油田 CO_2 驱油井腐蚀环境分析表明，影响油套管腐蚀的主要因素是 CO_2 和 SRB 菌，因此，井筒腐蚀控制必须采用缓蚀剂与杀菌剂的复配型药剂。

（2）根据矿场条件，筛选了一类适用于 CO_2 驱的缓蚀杀菌复合药剂。通过缓蚀剂复配，加药方式、加药浓度和加药周期的优化，形成了一套合理的 CO_2 驱矿场加药制度，满足矿场防腐需求。

（3）井筒腐蚀与 CO_2 分压、流体流速、温度、含水率和 SRB 含量关系密切，需要根据矿场条件来及时优化调整缓蚀剂加药制度，保障 CO_2 驱矿场安全平稳生产。

参 考 文 献

[1] 张绍辉，王凯，王玲，等. CO_2 驱注采工艺的应用与发展[J]. 石油钻采工艺，2016，38（6）：869-875.

[2] 张学元. 二氧化碳腐蚀与控制[M]. 北京：化学工业出版社，2001.

[3] 苏屿志. 油气田生产中二氧化碳腐蚀机理与防腐技术探讨[J]. 试采技术，2005，26（2）：52-54.

[4] 王成达，尹志福，李建东，等. 二氧化碳驱油环境中典型管柱材料的腐蚀行为与特征[J]. 腐蚀与防护，2013，34（4）：307-309.

[5] 王珂，张永强，尹志福，等. N80 和 3Cr 油管钢在 CO_2 驱油环境中的腐蚀行为[J]. 腐蚀与防护，2015，36（8）：706-710.

[6] JIANG X. ZHENG Y G, KE W. Corrosion inhibitor performances for carbon dioxide corrosion of N80 steel under static and flowing conditions [J]. Corrosion, 2005, 61（4）326-334.

[7] 黄雪松，蔡彩霞. 油井连续加药防腐蚀技术[J]. 石油化工腐蚀与防护，2003，20（4）：42-45.

[8] 鲁章成，宁顺康，康金成. 油井连续加药配套技术[J]. 江汉石油学报，2002，24（4）：63-64.

[9] 米力田，黄和. 缓蚀剂加注工艺系统研究[J]. 天然气与石油，1998，16（3）：20-30.

[10] 谷坛，康莉. 川东峰七井 CT2-4 缓蚀剂加注工艺及效果监测[J]. 天然气工业，1999，19（6）：72-75.

[11] 龚金海，刘德绪，王晓霖. 普光气田集输系统的腐蚀控制技术[J]. 腐蚀与防护，2012，33（4）：317-319.

[12] 杜威. 抑制 CO_2 腐蚀用咪唑啉类缓蚀剂及机理研究进展[J]. 腐蚀科学与防护技术，2017，28（6）：584-588.

[13] 黎洪珍，林敏，李娅，等. 缓蚀剂加注存在问题分析及应对措施探讨[J]. 石油与天然气化工，2009，38（3）：238-240.

[14] FAN M M, LIU H F, DONG Z H. Microbiologically influenced corrosion of X60 carbon steel in CO_2-saturated oilfield flooding water [J]. Materials and Corrosion, 2011, 64（3）：242-246.

[15] DONG Zehua, SHI Wei, GUO Xingpeng. Initiation and repassivation of pitting corrosion of carbon steel in carbonated concrete pore solution [J]. Corrosion Science, 2011, 53（4）：1322-1330.

[16] ZHANG Huanhuan, PANG Xiaolu, ZHOU Meng, et al. The behavior of pre-corrosion effect on the performance of imidazoline-based inhibitor in 3 wt. % NaCl solution saturated with CO_2 [J]. Applied Surface Science, 2015, 356：63-72.

[17] ZHAO Jingmao, Duan Hanbing, Jiang Ruijing. Synergistic corrosion inhibition effect of quinoline quaternary ammonium salt and Gemini surfactant in H_2S and CO_2 saturated brine solution [J]. Corrosion Science, 2015, 91：108-119.

（本文原刊于西南石油大学学报（自然科学版）2020 年第 2 期）

二氧化碳驱采出井防腐措施研究

刘向斌[1,2,3]，王海静[1,2]，韩重莲[1,2]，王锐[1,2]，黄小会[1,2]

（1. 大庆油田有限责任公司采油工程研究院；2. 黑龙江省油气藏增产增注重点实验室；
3. 东北石油大学机械科学与工程学院）

摘　要：大庆油田二氧化碳试验区部分采出井存在严重腐蚀问题，为此开展了二氧化碳防腐措施研究。首先模拟储层条件采用挂片失重法优选了缓蚀剂配方，腐蚀速率小于0.076mm/a；并利用电化学测量仪对缓蚀剂配方的电化学性质进行了评价，该缓蚀剂配方阻抗较大、极化电流较小，进一步证实其缓蚀效果。此外，通过紫外—可见分光光度法建立了采出液缓蚀剂残余浓度检测方法。该缓蚀剂配方在试验区进行了现场加注，结合定期采出液中缓蚀剂浓度跟踪监测结果，及时对现场加药参数进行优化，现场见到了很好的腐蚀防控效果。

关键词：二氧化碳驱；腐蚀；缓蚀剂；电化学；浓度检测

Research and Application of Corrosion Inhibitor for CO_2 Flooding Production Wells in Daqing Oilfield

LIU Xiangbin[1,2,3], WANG Haijing[1,2], HAN Zhonglian[1,2], WANG Rui[1,2], HUANG Xiaohui[1,2]

(1. Daqing Oilfield Production Technology Institute; 2. Heilongjiang Provincial Key Laboratory of Oil and Gas Reservoir Stimulation; 3. School of Mechanical Science and Engineering of Northeast Petroleum University)

Abstract: Aiming at the corrosion problem exposed in the carbon dioxide flooding test area of Daqing Oilfield, the corrosion inhibitor for production wells was studied. The weight loss method is mainly used to determine the inhibitor formula through the optimization of main agent and additives, and the corrosion rate is less than 0.076mm/a. The electrochemical properties of the inhibitor formula were evaluated by electrochemical measuring instrument. The inhibitor formula has higher impedance, lower polarization current and good inhibition effect. A method for detecting the concentration of residual corrosion inhibitor in produced fluid was established by UV-vis spectrophotometry. The corrosion inhibitor formula was applied in the test area, and the concentration of corrosion inhibitor in the produced fluid was detected periodically. The on-site dosing parameters were adjusted according to the testing results, and a good anti-corrosion effect was achieved on site.

Key words: CO_2 flooding; corrosion; corrosion inhibitor; electrochemistry, concentration testing

二氧化碳驱是实现"碳达峰、碳中和"的重要举措,也是低渗透油田大幅度提高采收率的战略性接替技术。近年大庆油田针对特低渗透油藏水驱难动用、动用效果差和强水敏储层的问题,在多个采油厂开展了二氧化碳驱先导性试验并扩大现场试验,获得了较好的开发效果,提高采收率15%左右。但随着现场试验的进展,二氧化碳驱采出井油管、抽油杆、泵等部位的腐蚀问题逐渐暴露出来,其中水气交替注入和水驱转CO_2驱试验区的采出井腐蚀尤为严重,为此开展了二氧化碳驱采出井防腐措施研究[1]。

1 缓蚀剂配方研究

1.1 实验步骤

(1)先将试片除油脂处理,再利用无水乙醇浸泡,进一步脱脂及脱水。取出试片放置1h后测量尺寸并称重,记录数据。

(2)根据现场水质和主要离子成分配制模拟地层水,加入反应釜内。

(3)在釜内挂置试片3组,试片与容器不能接触。

(4)利用N_2检验反应釜密封性。密封后,用CO_2替挤釜内O_2,持续时间为1h。

(5)根据实际地层要求设定实验温度,并通入CO_2至预设压力值。按照设定实验时间开始实验。

(6)实验结束后取出试片,观察表面腐蚀状态及腐蚀产物黏附情况后,立即用清水处理,擦干拍照。

(7)将试片置于含有缓蚀剂的弱酸处理液中浸泡5min。取出试片,用清水冲洗,再利用去污粉揉搓试片,除去试片表面腐蚀产物;擦净后放入无水乙醇中浸泡5min。取出试片擦干,放入干燥器1h,称重,并记录数据。若有点蚀,记录单位面积的点蚀个数。

(8)根据试片的失重量和实验时间,计算均匀腐蚀速率:

$$V = 1.1 \times \frac{G_0 - G_1}{S \times t} \tag{1}$$

式中 V——腐蚀速率,mm/a;
　　　G_0——试片腐蚀前重量,g;
　　　G_1——试片腐蚀后的重量,g;
　　　S——试片表面积,m^2;
　　　t——实验时间,h。

(9)计算缓蚀率:

$$\eta = \frac{\Delta m_0 - \Delta m_1}{\Delta m_0} \times 100 \tag{2}$$

式中 η——缓蚀率,%;
　　　Δm_0——空白试验中试片的质量损失,g;
　　　Δm_1——加缓蚀剂试验中试片的质量损失,g。

1.2 缓蚀剂配方主剂优选

调研各油田常用缓蚀剂主剂根据大庆二氧化碳驱储层条件采用上述方法进行了缓蚀性能评价，实验结果见表1。

表1 缓蚀剂配方主剂优选

缓蚀剂	浓度（mg/L）	腐蚀速率（mm/a）	失重/g	缓蚀率/%
空白	—	3.4529	0.1036	—
ZY-273	1000	0.3111	0.0094	91.0
MHHG-2	1000	1.7845	0.0541	47.8
DYJY-3	1000	0.6360	0.0193	81.4
YQHS	1000	0.9707	0.0294	71.6
MD	1000	1.1895	0.0356	65.6
MD-9	1000	0.3849	0.0116	88.7
TM200	1000	0.9101	0.0276	73.3
BZYC-2	1000	0.5626	0.0169	83.6
BUCT-Y	1000	0.9992	0.0304	70.6
DZF-QHJ	1000	0.5473	0.0166	83.9
HL-X	1000	1.5624	0.1406	10.1
LS	1000	1.5441	0.1343	16.4

从表1可看出，缓蚀率能达到80%以上的缓蚀剂配方主剂有5个，其主要成分以及有效含量、价格见表2。

表2 缓蚀剂主要成分以及价格

缓蚀剂	缓蚀率/%	主要成分	有效含量/%	价格/（万元/t）
ZY-273	91.0	咪唑啉类	50	1.45
DYJY-3	81.4	咪唑啉类	40	1.7
MD-9	88.7	咪唑啉衍生物	50	2.8
BZYC-2	83.6	咪唑啉衍生物	55	1.8
DZF-QHJ	83.9	改性咪唑啉	10~15	3.8

由上可知，有5种缓蚀剂在1000mg/L使用浓度下缓蚀率能达到80%以上，其中ZY-273的缓蚀率超过90%，抗二氧化碳腐蚀效果最优，且单价相对最低廉，因此，优先选用缓蚀剂ZY-273进行缓蚀剂配方研究。

1.3 缓蚀剂配方添加剂优选

对确定的缓蚀剂主剂 ZY-273 的添加剂进行了优选,结果见表3。从表3中可看出,添加了添加剂 A 后 ZY-273 的缓蚀率增幅最大,因此缓蚀剂 ZY-273 添加剂确定 A 剂。

表3 缓蚀剂配方添加剂优选

缓蚀剂 / (1000mg/L)	添加剂 / (500mg/L)	腐蚀速率 / (mm/a)	失重 / g	缓蚀率 / %	缓蚀率升高幅度 / %
空白	—	3.4529	0.1036	—	
ZY-273	—	0.3111	0.0094	91.0	
	A	0.2636	0.0079	92.4	1.4
	B	0.5243	0.0159	84.7	-6.3
	C	0.3045	0.0091	91.2	0.2
	D	0.3056	0.0092	91.1	0.1

1.4 缓蚀剂配方的确定

对主剂 ZY-273 与添加剂 A 的浓度进行了优化,实验结果见表4,600mg/L 主剂 ZY-273 添加 100mg/L A 剂可达最优性价比。最终确定缓蚀剂配方由主剂、增效剂、互溶剂等组成。

表4 缓蚀剂配方主剂 ZY-273 与添加剂 A 的浓度优化

缓蚀剂		添加剂		腐蚀速率 / (mm/a)	失重 / g	缓蚀率 / %
类型	浓度 /(mg/L)	类型	浓度 /(mg/L)			
空白	—	—	—	3.4529	0.1036	—
ZY-273	400	A	300	0.5614	0.0168	83.8
	500		200	0.4957	0.0150	85.5
	600		100	0.3013	0.0091	91.2
	800		0	0.3111	0.0094	91.0

1.5 缓蚀剂配方性能评价

该缓蚀剂通过分子结构优化和组分间协同增效作用提高防腐效果。分子中极性基团以配位键在金属表面形成双层结构强吸附膜限制缓蚀剂脱附,增加阳极反应活化能,非极性基团在金属表面形成疏水性保护膜阻碍与腐蚀反应有关的电荷或物质转移,最终达到有效抑制腐蚀的目的[2-3,5-7]。

该缓蚀剂具有良好的水溶性、吸附性和热稳定性，使用浓度为 700mg/L 下缓蚀率大于 91%，腐蚀速率小于 0.076mm/a，与油田在用老配方防腐效果相同，用量下降 76%，单井成本下降 84%。

电化学分析（图 1）进一步验证了该新型缓蚀剂的防腐效果。阻抗图谱显示有一个容抗弧，表明仅为吸附引起，加入缓蚀剂后阻抗谱曲线弧度比老配方和空白样大，阻抗更大。从极化曲线上看，E_c 为腐蚀电位（没有外加电流时金属达到一个稳定腐蚀状态时测得的电位），I_c 为腐蚀电流密度（对应于腐蚀电位的电流密度），$E_{c新}$、$E_{c老}$>E_c，表明缓蚀剂为阳极型缓蚀剂，而 $I_{c新}$<$I_{c老}$<I_c，新缓蚀剂极化电流小，缓蚀效果更优。

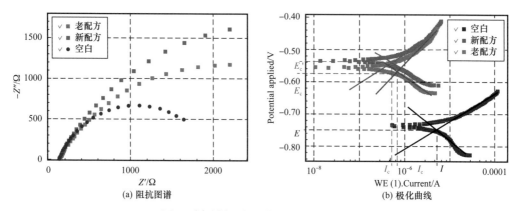

图 1　缓蚀剂配方电化学对比分析结果

2　采出液中缓蚀剂浓度检测

利用紫外—可见分光光度法检测缓蚀剂吸光光谱（图 2）发现，在 235.5nm 处有最大吸收波长，蒸馏水、模拟盐水以及地层采出液配制的缓蚀剂在一定浓度范围内（0~100mg/L），吸光值与浓度具有良好的线性关系。但在现场应用过程中，发现某些井采出液在波长扫描以及浓度测试中存在严重偏差，显色剂是一种能与待测组分形成有色络合物的试剂，合适的显色剂的加入可以增大样品光谱测试灵敏度、降低光谱测试检出下限，因此可通过加入显色剂的方法提高测试灵敏度[4]。

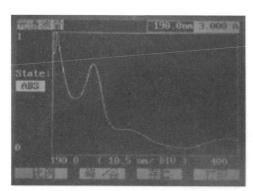

图 2　加显色剂后的图谱

配制不同缓蚀剂浓度模拟水溶液，通过加入不同用量的不同种类显色剂，在不同显色时间测定其吸光度，以确定适宜的显色剂种类、用量及时间（图 3 和图 4）。确定了 CR 显色剂能够获得最大吸光度，且不受现场采出液成分干扰，特征吸收峰波长仍为 235.5nm，显色时间确定为 50min，显色剂用量为 1mL。建立了缓蚀剂浓度与吸光度相互关系（图 5），其线性

回归方程为,

$$y = 112.64x \quad (3)$$

式中　y——缓蚀剂浓度,mg/L;

　　　x——吸光度,A。

$R^2=0.9965$ [R^2 代表现有数据和方程式（趋势线）的拟合度,越接近1说明拟合越好],线性拟合度理想。

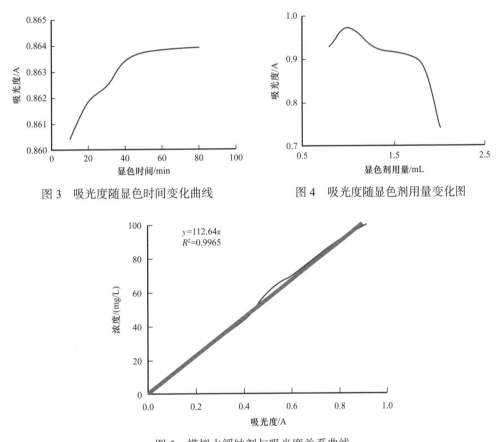

图3　吸光度随显色时间变化曲线　　　　图4　吸光度随显色剂用量变化图

图5　模拟水缓蚀剂与吸光度关系曲线

选取大庆油田二氧化碳驱不同区块的采出液,经过多次过滤、抽滤、离心等处理,用其配制不同缓蚀剂浓度地层水溶液,建立相应的浓度与吸光度关系方程,经过修正,建立了二氧化碳试验区适用的缓蚀剂浓度与吸光度关系曲线,其线性回归方程为$y=89.9x$。

3　现场试验

先后选取二氧化碳试验区含水率较高的20口井进行了缓蚀剂加注,并定期开展采出液缓蚀剂浓度检测,根据缓蚀剂浓度及时调整现场加药参数,保证防腐效果,结果如图6所示。

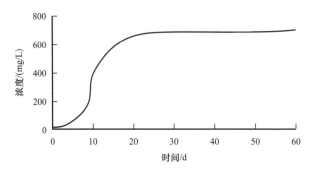

图 6 缓蚀剂浓度检测结果

4 结论

(1) 研发了大庆二氧化碳试验区新型缓蚀剂配方,提高缓蚀率,并大幅降低防腐成本。

(2) 通过采出液缓蚀剂浓度跟踪监测,及时调整加药参数,确保防腐效果。

(3) 建议下一步继续优化配方,降低缓蚀剂使用浓度。

参 考 文 献

[1] 傅海荣,韩重莲,韩洋.大庆油田二氧化碳驱腐蚀规律室内研究[J].采油工程文集,2016,3(3):56-59.

[2] 李敏.深层气田地面二氧化碳腐蚀与防护技术探讨[J].采油工程文集,2009,(4):59-63.

[3] 张学元,王凤平,于海燕,等.二氧化碳腐蚀防护对策研究[J].腐蚀与防护,1996,18(3):8-11.

[4] 郭贤贤.油田采出水介质中咪唑啉缓蚀剂残余浓度的检测[D].武汉:华中科技大学,2012.

[5] 周洁,钱卫明,钟辉高.草舍油田CO_2驱采油井注缓蚀剂高效防腐技术[J].中外能源,2012,17(6):48-51.

[6] 尹伊娜,唐祖友,汪沈阳,等.缓蚀剂防腐蚀技术在中原油田的研究与应用[J].全面腐蚀控制,2012,26(6):15-19.

[7] 董晓焕,姜毅,杨志伟,等.水溶性缓蚀剂在中低二氧化碳气井的应用[J].石油化工腐蚀与防护,2012,29(1):14-17.

二氧化碳驱抗气侵无固相压井液室内性能研究

傅海荣[1,2]，王力[1,2]，卢军[1,2]，刘向斌[1,2,3]，康燕[1,2]

（1. 大庆油田有限责任公司采油工程研究院；2. 黑龙江省油气藏增产增注重点实验室；3. 东北石油大学机械科学与工程学院）

摘　要：针对大庆油田外围低渗油藏二氧化碳驱采出端见气井逐年增多，常规检泵作业无法施工，带压作业成本高的问题，研发了新型无固相压井液平衡地层压力，确保施工安全。该压井液主要由加重剂、缓蚀剂、抗气侵增效剂以及降滤失剂等组成，对其进行了室内性能评价实验。结果表明，该压井液密度在 1.0~2.0g/cm³ 区间可调，腐蚀速率低于 0.070mm/a，防膨率可达 95.9%，API 失水量小于 10mL/30min，二氧化碳气侵后，高温高压（4.1MPa，85℃）失水量小于 10mL/30min，具备了无固相、低腐蚀性、低滤失、防膨性能强、抗气侵等特点，可满足外围低渗油藏二氧化碳驱的压井需求。

关键词：二氧化碳驱；抗气侵；密度；无固相；压井液；性能评价；低滤失

Study on Laboratory Performance Evaluation of Anti-gas Invasion and Solid-free Killing Fluid for Carbon Dioxide Flooding

FU Hairong[1,2], WANG Li[1,2], LU Jun[1,2], LIU Xiangbin[1,2,3], KANG Yan[1,2]

(1. Daqing Oilfield Production Technology Institute; 2. Heilongjiang Provincial Key Laboratory of Oil and Gas Reservoir Stimulation; 3. School of Mechanical Science and Engineering of Northeast Petroleum University)

Abstract: Gas production in the CO_2 flooded production wells of low permeability reservoirs in Daqing Oilfield is increasing year by year, which makes conventional pump inspection operation impossible, and leads to the high cost of the operation with pressure. A new type of solid-free killing fluid is developed to balance formation pressure and ensure the safe field operation. The killing fluid is mainly composed of weighting agent, corrosion inhibitor, anti-gas invasion synergist and filtrate reducer. Laboratory performance evaluation results show that the density of the kill fluid can be adjusted in the range of 1.0~2.0g/cm³, the corrosion rate is less than 0.070mm/a, the anti-swelling rate can reach 95.9%, the API water filtration loss is less than 10mL/30min, and the water loss at high temperature and high pressure (4.1MPa, 85℃) is less than 10mL/30min after CO_2 gas invasion. It has the characteristics of solid-free, low corrosion, low filtration loss, strong anti-swelling, and anti-gas invasion, etc., which can meet the requirement of well killing for CO₂ flooding in peripheral low permeability reservoir.

Key words: CO₂ flooding; anti-gas invasion; density; solid-free; well killing fluid; performance evaluation; low filtration

随着大庆油田外围低渗油藏二氧化碳驱油试验规模的不断扩大，作业井数逐年增多，气窜高压井占比也越来越高，据统计，高压油井检泵井数约占年检泵总井数的15%，其中Ⅰ试验区气油比大于300m³/t的井占16.3%，并且套管气中二氧化碳含量大于50%，Ⅱ试验区部分气窜井最高套压达12.0MPa，导致常规检泵作业无法施工，而带压作业必然会造成检泵成本大幅增加。为了防止高压油井作业过程中发生井喷，通常采用压井液平衡地层压力，确保安全施工。

常规低固相压井液或钻井泥浆，密度虽然可达1.9g/cm³以上，但溶液中含有大量的悬浮物及固相颗粒，对低渗透率储层伤害大，难以应用[1]。无固相压井液主要有氯化钙型无机盐压井液、硝酸盐型压井液和甲酸盐类有机盐压井液等，适当选配盐类可以得到满足大部分地层条件所需的密度，还可通过加入化学处理剂以增加黏度和降低失水量。但常见无固相压井液应用于二氧化碳驱试验区存在各种问题，如低成本的无机氯盐压井液最高密度为1.35g/cm³，无法满足高压井作业需求，且对管柱腐蚀严重；含钙无机盐压井液易造成结垢问题；硝酸盐型压井液虽然腐蚀小、成本低，但对环境和人身健康危害大，且对二氧化碳驱含量高的地层有一定副作用；有机压井液成本高；盐类结晶温度较高，结晶析出会形成堵塞，盐水密度下降，固相多可能使盐水失去可泵性等，尤其影响冬季施工；部分压井液性能受二氧化碳驱气侵影响明显[2-4]。

针对大庆二氧化碳驱储层特点，研发了新型高密度抗气侵无固相压井液，主要由复合二价金属螯合盐类加重剂、耐盐硫脲甲基咪唑啉缓蚀剂、藻酸丙二醇酯抗气侵增效剂、FP-3型防膨剂以及LS-2降滤失剂等组成[5-9]，并对其密度、腐蚀性、防膨性、降滤失、气侵影响以及岩心渗透率伤害率等重要参数进行了室内评价[10-11]，结果证实该压井液具备了无固相、低腐蚀性、滤失小、防膨性能好、抗气侵等特点，可满足油层深度1600~2100m、油层压力38MPa以下的压井需求，为保障大庆油田CCUS示范区的顺利建设提供技术保障。

1 实验部分

1.1 材料与仪器

实验材料：N80钢片：50mm×10mm×3mm；人造岩心：ϕ25mm×25mm，渗透率50mD；工业用氮气瓶：纯度99.99%；工业用二氧化碳气瓶：纯度99.99%；盐酸：分析纯；六次甲基四胺：分析纯；无水乙醇：分析纯；丙酮或石油醚：分析纯。

仪器设备：便携式密度计（0.0~3.0g/cm³；精度为0.0001g/cm³）；腐蚀反应釜：材质耐二氧化碳驱腐蚀，容积300mL；页岩膨胀仪：精度0.01mm；高温中压失水仪或同类产品；高压失水仪或同类产品；气侵模拟装置：自主研发（专利号 ZL201520963292.9），耐温 90℃，耐压≥5MPa；人造岩心气体渗透率测定仪；电子天平：0～4100g，精度 0.01g；电子天平：0～410g，精度 0.001g；电子天平：0～210g，精度 0.0001g；恒温烘箱：室温～300℃，控温精度为 ±1℃；ISCO 泵或同类产品。

1.2 实验方法

1.2.1 试样制备

按照 SY/T 5834《低固相压井液性能指标及评价方法》中的室内样品试样准备方法配制压井液。

1.2.2 评价方法

（1）密度测试。使用便携式密度计，在一定温度下对配制好的压井液进行密度测量，测量次数不少于 3 个，录取平均值确定为密度值。

（2）防腐性能评价。采用高温高压腐蚀反应釜参考 SY/T 0026 中静态暴露法开展腐蚀速率评价实验，根据大庆二氧化碳驱储层条件设定实验温度及二氧化碳压力。

（3）防膨性能评价。按照 SY/T 5971 中页岩膨胀仪法测定压井液防膨率，实验所用岩心粉为油层岩心粉。

（4）降滤失性能评价。通过压井液失水量评估压井液体系的降滤失性能。API 失水量测定按照 GB/T 16783.1《石油天然气工业钻井液现场测试 第 1 部分：水基钻井液》中"7.2 低温低压（API）滤失试验"方法执行。高温高压失水量评价：根据压井液无固相特点和二氧化碳驱低渗储层特性，采用研发的高温高压低渗岩心滤失仪进行测试，其主要组成部分按照 GB/T 16783.1 中高温高压滤失仪设计，在此基础上增加了岩心网杯盖，过滤介质改为规格为 $\phi25mm×25mm$ 的低渗透岩心，可直观评价滤失情况，还可以测试岩心渗透率伤害情况。试验方法参照该标准中"7.3 高温高压（HTHP）失水试验"，温度模拟储层温度。

（5）抗气侵性能评价。实验装置为二氧化碳气侵模拟装置（图 1），由模拟井筒、加药筒、循环水浴等部分组成，可模拟工况条件（空间结构、温度、压力环境等），直观呈现气侵现象，建立以气侵压力来表征压井液抗气侵性能的评价方法，并评估二氧化碳气侵对压井液性能影响程度。

将 $\phi25mm×25mm$ 人造岩心放入岩心夹持器，并连接好岩心夹持器出口与井筒模拟装置进气口，关闭进气口阀门。从井筒模拟装置顶部加样口处加入压井液样品，加满后密封顶盖，并用 ISCO 泵按井筒设计压力恒压驱替活塞容器内压井液给井筒装置顶部加压至稳定，并将液体溢出口处回压阀的压力增至井筒设计压力。设定井筒模拟装置温度为油藏温度，待达到油层温度后，将可调节的压力源连接到岩心加持器进气口处，调节注气压力，观察模拟井筒底部直到出现少量、非连续的小气泡时，认为发生二氧化碳气侵现象，调节注气压力稍低于此时气侵压力至无明显气侵现象，监测此后 24h 内井筒液体溢出口处压井液的溢出量。实验结束后取压井液样品，测定其密度及失水量，通过气侵前后密度及失水量变化评估气侵对压井液性能的影响。

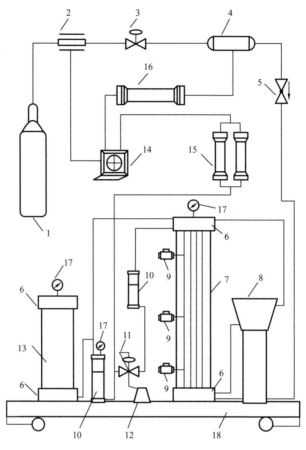

图 1　气侵模拟装置流程图

1—二氧化碳储气罐；2—压力传感器；3—调压阀；4—岩心夹持器；5—单向阀；6—密封接头；7—模拟井筒；8—水浴箱；9—采样器；10—回压阀；11—中间容器；12—加液装置；13—集液器；14—压力控制系统软件；15—ISCO 泵；16—水力增压泵；17—机械压力表；18—移动式底座

（6）低伤害性能评价。采用高温高压低渗岩心滤失仪和人造岩心，测定岩心渗透率伤害率，进一步评价压井液对储层渗透率影响。首先测定人造岩心气测渗透率，然后将人造岩心放入高温高压低渗岩心滤失仪中，按照高温高压失水量测定方法操作，滤失时间为 24h。待滤失实验结束后，取出岩心，再次测气测渗透率。岩心渗透率伤害率计算：

$$R_\mathrm{d} = \left(1 - \frac{K_2}{K_1}\right) \times 100\%$$

式中　R_d——岩心渗透率伤害率，%；
　　　K_1——实验前岩心的气测渗透率，mD；
　　　K_2——实验后岩心的气测渗透率，mD。

2 结果与讨论

2.1 密度

加重剂是决定压井液密度的关键成分。经室内研究，合成一种复合二价金属螯合盐，图 2 为该复合螯合盐结构通式示意图（R^{2+} 代表金属离子），与传统的无机盐或有机盐相比，该螯合盐更易溶于水。

在室温条件下（20℃）测定不同螯合盐加重剂浓度下的压井液密度，如图 3 所示，可见随着加重剂用量增加，密度逐渐变大，可配制压井液最高密度为 2.0g/cm³，但未呈完全线性关系。该加重剂的溶解度随温度升高而逐渐增加，如图 4 所示。

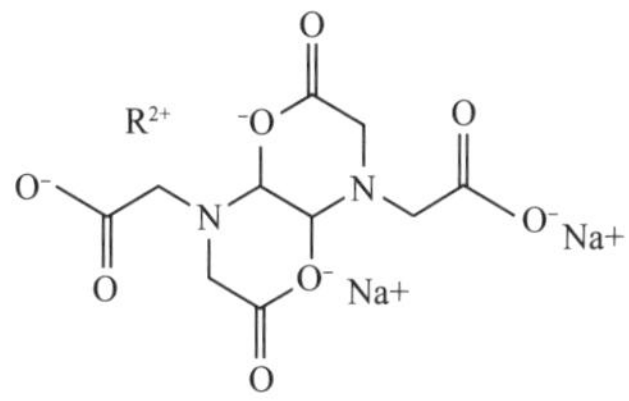

图 2 复合螯合盐结构示意图

该螯合盐的自身结构与增效剂藻酸丙二醇酯协同作用，可形成更为稳定的空间结构，使二氧化碳驱气体难以侵入，从而提升体系抗气侵性能。此外，二价金属离子螯合后，配制的水溶液不易再产生游离金属离子，从而减弱了金属盐本身的无机属性，其理化性质更加倾向于惰性，不易与井内流体反应生成沉淀或结垢，配伍性好，安全无毒，且来源广泛、制备简便。

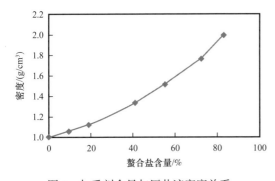

图 3 加重剂含量与压井液密度关系

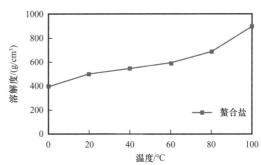

图 4 不同温度下加重剂溶解度变化曲线

2.2 防腐性能

由于压井液矿化度高，对井下管柱存在腐蚀问题，常规缓蚀剂应用中出现不配伍、分层等现象，难以发挥缓蚀作用。室内合成新型耐盐硫脲甲基咪唑啉缓蚀剂（结构式如图 5 所示），与常规缓蚀剂相比，硫脲基团（CH_3N_2S）改性后的咪唑啉缓蚀剂，大幅度提高了其亲水性能，在压井液体系中溶解性良好，可保证缓蚀剂有效含量，同时强化了 N—Fe 配位键与 C—N 中 π 键吸附，在管材表面形成的吸附膜稳定性得以提升，缓蚀性能明显改善。实验结果见表 1，硫脲甲基咪唑啉缓蚀剂可保证不同密度的压井

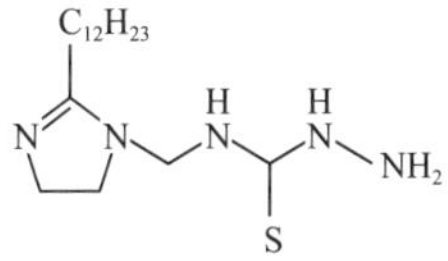

图 5 硫脲甲基咪唑啉

液腐蚀速率小于0.076mm/a，符合石油行业标准要求。

表1 压井液缓蚀剂性能评价结果

缓蚀剂类型	压井液密度 / (g/cm^3)	腐蚀速度 / (mm/a)	实验条件
硫脲甲基咪唑啉	1.3	0.065	实验温度80℃，二氧化碳驱分压5MPa，N80钢片，实验时间72h
	1.6	0.069	
	2.0	0.070	

2.3 防膨性能

通过多种防膨剂筛选与配方优化，确定了FP-3防膨剂防膨性能优良，防膨率可达95.9%，见表2。

表2 压井液防膨性能

防膨剂编号	密度 / (g/cm^3)	防膨率 /%
FP-3	1.3	95.9
	1.6	95.9
	2.0	95.7

2.4 降滤失性能

依据GB/T 16783.1，开展了高分子聚合物、纤维素类等降滤失剂的评价和筛选实验。取配制好的密度分别为1.3g/cm^3、1.6g/cm^3、2.0g/cm^{3}的压井液，按比例加入防膨剂、降滤失剂等添加剂，测量压井液API滤失量（0.7MPa、25℃）和高温高压失水量（用50mD岩心作为过滤介质测量）。由实验结果可知（表3），降滤失剂LS-2的API失水量、高温高压失水量均小于10mL/30min，符合行业标准要求。LS-2是改性纤维素与丙烯腈在一定条件下接枝共聚、水解、磺化而成的一种降滤失剂，具有热稳定性好、对黏切影响小、抗电解质能力强的优点，可作为压井液体系的理想添加剂[5-6]。

表3 压井液降滤失性能

降滤失剂	密度 / (g/cm^3)	API失水量（25℃）/ (mL/30min)	高温高压失水量（4.1MPa、85℃）/ (mL/30min)
LS-2	1.3	7.7	2.5
	1.6	8.0	2.9
	2.0	6.9	2.6

2.5 抗气侵性能

压井液配方优选抗气侵增效剂为藻酸丙二醇酯（图6），具有一定的抗酸性和抗盐析能力。

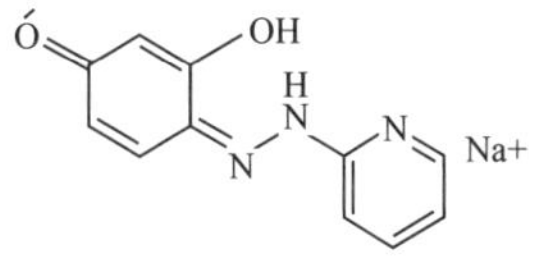

增效剂在高密度、酸性溶液中，仍能保持分子链舒展延伸，并与螯合盐加重剂缔合形成六元环网状稳定结构，能够有效抵抗二氧化碳驱气侵，如图7所示。

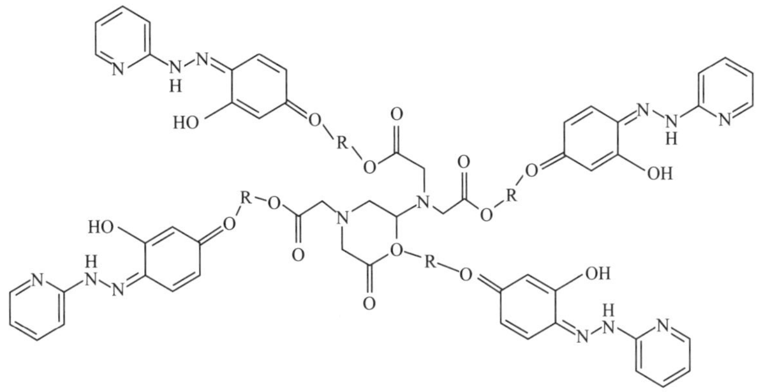

图6 藻酸丙二醇酯结构图

图7 抗气侵结构

室内开展了增效剂在不同使用浓度下抗气侵效果的评价，模拟压井液液柱压力分别为3MPa、5MPa、8MPa，测量对应的二氧化碳驱气体侵入压力，从而计算 Δp（附加压力）$=p_k$（液柱压力）$-p_c$（气侵压力）。

由图8可知，随着增效剂浓度增加，压井液抗气侵附加压力逐渐降低。增效剂浓度在0.2%～0.5%之间，附加压力下降幅度较大。在相同条件下，压井液密度越高附加压力越小。

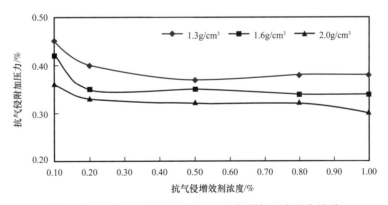

图8 不同抗气侵增效剂浓度与抗气侵附加压力变化关系

由表4可知，气侵对压井液的性能影响较小，密度保留率在99%左右，高温高压失水量略有增加，但仍远低于行业标准要求。

表4 气侵对压井液性能影响

压井液密度			高温高压失水量（4.1MPa、85℃）		
气侵前/(g/cm³)	气侵后/(g/cm³)	保留率/%	气侵前/(mL/30min)	气侵后/(mL/30min)	提高率/%
1.30	1.29	99.2	2.5	2.6	4.0
1.60	1.58	98.8	2.9	3.0	3.4
2.00	1.98	99.0	2.6	2.7	3.8

2.6 低伤害性能

针对压井液体系，开展岩心渗透率伤害率实验，以气测渗透率50mD左右的低渗透岩心作为评价介质，在110℃高温条件下，放入压井液中浸泡24h，模拟液柱与地层静压之间的压差驱注压井液体系后，压井液岩心伤害率小于10%（表5），低于石油行业标准要求，说明对储层伤害较低，满足现场作业需要。

表5 压井液岩心伤害情况

密度/(g/cm³)	岩心直径/cm	岩心长度/cm	渗透率K_1/mD	渗透率K_2/mD	岩心伤害率/%
1.3	2.495	2.497	50.36	45.68	9.3
	2.496	2.498	51.82	47.01	9.28
1.6	2.494	2.499	53.69	48.59	9.49
	2.497	2.498	52.84	47.81	9.51
2	2.491	2.499	52.04	46.9	9.86
	2.493	2.496	51.87	46.75	9.88

综上所述，该1.0~2.0g/cm³密度可调的压井液体系，具备了低伤害、抗气侵等特点，可满足油层深度2100m以内、油层压力38MPa以下压井需求，见表6。

表6 不同密度压井液满足的油层条件

密度/(g/cm³)	不同深度下油层压力/MPa		
	1600m	1800m	2100m
1.30	18.03	20.29	23.67
1.60	22.74	25.58	29.84
2.00	29.01	32.64	38.07

3 结论

该高密度无固相压井液以复合二价金属螯合盐加重剂为主剂,可调密度范围大、配伍性好、安全无毒,且与增效剂藻酸丙二醇酯协同作用抗气侵性能优越;通过与优选出的缓蚀剂、防膨剂和降滤失剂等添加剂的复配形成了新型压井液配方体系,稳定性好,API失水量、高温高压失水量均小于10mL/30min,岩心伤害率小于10%,可用于大庆油田低渗透储层二氧化碳驱高温高压注采井压井作业。下一步将继续针对复杂储层条件开发低成本低伤害无固相压井液体系及其性能评价方法研究。

参 考 文 献

[1] 徐安国.低渗油气藏损害成因及钻完井液技术[J].化工管理,2020(26):192-193.

[2] 周文,王国娜,王铁钢.修井液的选择[J].精细与专用化学品,2020,28(10):22-27.

[3] 尤秋彦,宋晓莉,薛子钰,等.大港油田卤水压井液结垢问题治理研究[J].天然气与石油,2020,38(5):77-82.

[4] 张广华.大庆油田深层耐高温压井液技术[C].中国石油天然气集团公司井下作业工程技术交流会,2009.

[5] 蒋太华,刘传禄.LS-2新型聚合物降滤失剂[J].钻井液与完井液,1992,9(3):40-43.

[6] 毛淋.钻井用降滤失剂的研究进展[J].中国石油和化工标准与质量,2017,(23):97-98.

[7] 杨小平,郭元庆,樊松林,等.高密度低腐蚀无固相压井液研究与应用[J].钻井液与完井液,2010,27(5):51-54.

[8] 强杰,董军,尹瑞新,等.一种新型低成本防结垢复合盐高密度无固相压井液[J].钻井液与完井液,2020(3):129-132.

[9] 陈叙生,王勇,冯彬.适用于气藏的高温高密度低伤害无固相压井液的研究[J].石油天然气学报,2014(7):103-106.

[10] 刘明.高密度无固相压井液抑制粘土膨胀能力实验[J].石化技术,2017(5):88.

[11] 田荣剑,罗健生,王楠,等.钻井完井液储层损害室内评价关键技术[J].钻井液与完井液,2010,27(6):16-19.

基于层次分析法的 CO_2 驱注采工程安全风险评价

张绍辉[1]，王帅[2]，潘若生[3]，耿笑然[3]，王玲[4]

（1. 中国石油勘探开发研究院；2. 中海油研究总院有限责任公司；3. 中国石油吉林油田分公司油气工程研究院；4. 中国石油辽河油田分公司勘探开发研究院）

摘　要：注采工程安全风险管理是 CO_2 驱油技术现场实施的关键环节。为保障 CO_2 驱现场注采施工安全和提高注采工程安全风险管理水平，梳理了注采过程中存在的安全风险，同时应用层次分析法对注采工程安全风险进行量化评价，建立了 CO_2 驱注采工程安全风险层次结构模型。通过构造判断矩阵、一致性检验和权重计算，得出了注采工程安全风险影响因素的排序。CO_2 驱注采工程安全风险可分为注采施工风险、CO_2 腐蚀风险、安全管理风险、环境保护及人身安全风险等类别。CO_2 驱注采安全风险量化评价结果表明，CO_2 腐蚀是 CO_2 驱注采工程安全面临的最大风险，施工人员的安全意识也是影响注采工程安全的重要因素。注采工程安全风险的量化分析与评价为 CO_2 驱油安全风险决策和管理提供可靠依据，能够有效降低 CO_2 驱注采安全风险和指导注采安全施工。

关键词：CO_2 驱；注采工程；安全风险；层次分析法；权重

Evaluation on the Safety Risk in the Injection and Production Engineering of CO_2 Flooding Based on Analytical Hierarchy Process

ZHANG Shaohui[1], WANG Shuai[2], PAN Ruosheng[3], GENG Xiaoran[3], WANG Ling[4]

(1. Research Institute of Petroleum Exploration & Development; 2. CNOOC Research Center; 3. Oil and Gas Engineering Research Institute, PetroChina Jilin Oilfield Company; 4. Exploration and Development Research Institute, PetroChina Liaohe Oilfield Company)

Abstract: Safety risk management of injection and production engineering is the key part of field application of CO_2 flooding technology. To ensure the on-site injection and production safety of CO_2 flooding and improve the safety risk management level of injection and production

---

基金项目：国家科技重大专项"CO_2 捕集、驱油与埋存关键技术及规模应用"（编号：2016ZX05016）。

engineering, the safety risks in the process of injection and production were analyzed. Besides, the safety risks of injection and production engineering were evaluated quantitatively by means of analytical hierarchy process, and the hierarchical structure model of safety risk in the injection and production engineering of CO_2 flooding was established. Then, the factors influencing the safety risks of injection and production engineering were ranked based on structure judgement matrix, consistency check and weight calculation. The safety risks in the injection and production engineering of CO_2 flooding are divided into injection and production risk, CO_2 corrosion risk, safety management risk, and environmental protection and personal safety risk. The quantitative evaluation on the safety risk in injection and production engineering of CO_2 flooding shows that CO_2 corrosion is the greatest safety risk in the injection and production engineering of CO_2 flooding and the constructors' safety consciousness is the main factor influencing the safety of injection and production engineering. The quantitative analysis and evaluation on the safety risk of engineering and production engineering provides the reliable basis for the safety risk decision making and management of CO_2 flooding, decreases the safety risk in the injection and production engineering of CO_2 flooding effectively and provides the guidance for the safe operation of injection and production.

Key words: CO_2 flooding; injection and production engineering; safety risk; analytical hierarchy process; weight

CO_2驱油可以实现提高原油采收率和地质埋存的双重目的，是一项绿色环保的驱油技术。注采工程是CO_2驱油技术的关键组成环节，起着承上启下的重要作用，是完成油藏方案提出开发指标的保证，也是地面工程建设的依据和出发点。

CO_2驱注采工程是一项十分庞大复杂的系统工程，涵盖范围广、种类多、专业性强、工作环境复杂，现场安全辨识和风险控制难度大[1]。随着CO_2驱油技术的不断发展，越来越多的安全风险问题暴露出来。由于CO_2气体的特殊性，CO_2注入及采油过程中涉及的安全风险与常规采油有较大的差别。在CO_2注入以及采油作业过程中，由于设备的缺陷、作业场所的环境污染以及其他不可抗拒因素，造成人员健康伤害、设备及管线损坏、环境污染等问题[2-5]。利用危险可操作性分析、安全检查表、作业条件危险性评价等方法，能够对各生产流程的风险进行辨识和分级[6]。相关学者对CO_2驱油安全方面的研究主要依靠经验和定性分析，缺乏定量分析与综合性评价。科学、合理地分析和评价注采工程安全风险因素是提高和完善CO_2驱油技术安全风险管理的关键环节[7]。

层次分析法是一种很好的定性分析与定量分析相结合的多目标决策分析方法，是在定性认识复杂决策问题中的要素归属、内在联系和本质的基础上，以数学模型的方式表达决策者的决策思想，通过量化计算得出最佳方案，能够实现定性和定量的完美结合[8-9]。作为一种实用的决策工具，层次分析法在工程风险评价、方案优选、经济效益评价等方面得到了广泛应用[10-16]。笔者对CO_2驱注采工程安全风险进行综合分析，并应用层次分析法对安全风险进行量化处理与评价，为CO_2驱油安全风险决策与管理提供可靠依据。

1 CO_2 驱注采工程安全风险分析

CO_2 驱注采施工过程中涉及人员、设备、材料、作业环境、作业信息等多种因素。施工人员的不安全行为、设备的不安全状态、材料的不安全存放和使用、作业环境的不安全因素、信息的不及时识别和沟通都会成为注采施工的安全风险。

通过对 CO_2 驱注采施工现场调查、风险分析及相关标准体系研究,将注采工程安全风险分为注采施工风险、CO_2 腐蚀风险、安全管理风险、环境保护及人身安全风险等方面。

1.1 注采施工风险

在国内实施 CO_2 驱的区块中,大多数为老井转 CO_2 驱。这些老井并不符合 CO_2 驱钻完井要求,未使用气密封丝扣套管,固井水泥返高不够,存在着套外气窜和丝扣漏气的风险。采油过程中,采油井的高压防喷盒由于光杆的磨损使其承压能力降低,易发生刺漏。

由于气体在地层中的移动速度远远大于液体,压力易发生突变,若压力变化不能被及时发现并采取有效控制措施,极易发生井喷失控事故。井控风险是 CO_2 驱面临的主要风险之一。

1.2 CO_2 腐蚀风险

二氧化碳属于弱酸性气体,溶于水后形成碳酸,可与管材、设备中的铁发生化学反应,造成管材、设备的腐蚀破坏,在高温高压条件下,腐蚀现象更为严重。对于老井转 CO_2 驱,使用的是 J55、N80、P110 组合套管,这些套管不防腐,极易发生腐蚀。

目前 CO_2 驱注采井筒采取以化学防腐为主、物理防腐为辅的防腐技术路线,关键部件使用耐腐蚀材料。缓蚀剂配方体系的研发、加药工艺和制度的优选对于腐蚀控制至关重要。

1.3 安全管理风险

注采施工现场作业人员安全意识的高低是决定现场安全管理水平的关键因素。注采作业过程中,应及时进行风险识别,并制定有效的风险控制措施。对于突发事件,应提前制定应急预案。

1.4 环境保护及人身安全风险

在 CO_2 驱井下作业施工过程中,若存在管理不善或防治污染措施不全,易出现井液跑漏情况,造成环境污染。

CO_2 驱能够实现 CO_2 的地质埋存,但也带来了 CO_2 的泄漏风险。若 CO_2 大量泄漏会引起大气系统和生态环境的变化,给健康、安全、环保带来诸多不利影响。CO_2 不属于有毒物质,但吸入后会刺激眼睛及上呼吸道,长时间接触后会引发迟发性肺水肿、成人呼吸窘迫症等,浓度过高会导致人员窒息死亡,液态 CO_2 迅速气化引发低温冻伤。CO_2 注入压力一般在 20MPa 左右,一旦发生泄漏,高压必将对作业人员造成伤害。注入泵房、采油井等区域,若不按操作规程进行作业,易发生机械伤害。

2 层次分析法在 CO_2 驱注采工程安全风险评价中的应用

层次分析法是将决策问题的有关元素分解成目标、准则、方案等层次，把人的思维过程层次化、数量化，并用数学方法为分析、决策、预报或控制提供定量的依据。方法的主要特点是：在对复杂决策问题的本质、影响因素以及内在关系等进行深入分析后，构建一个层次结构模型，然后利用较少的定量信息，把决策的思维过程数学化，从而为求解多目标、多准则或无结构特性的复杂决策问题提供一种简便的决策方法。层次分析法的基本步骤为：建立层次结构模型；专家赋值，建立判断矩阵；单层次排序和一致性检验；总层次排序，如图1所示。

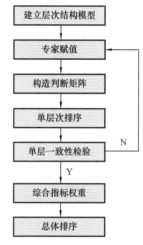

图 1 层次分析法流程

2.1 建立层次结构模型

在安全风险分析的基础上，结合层次分析法，将注采施工、CO_2 腐蚀、安全管理、环境保护及人身安全设为准则层，识别出套外气窜、杆管磨损刺漏、腐蚀监测、施工人员安全意识、井流物排放、高压伤害等 15 种风险作为方案层，建立了 CO_2 驱注采工程安全风险层次结构模型，如图 2 所示。

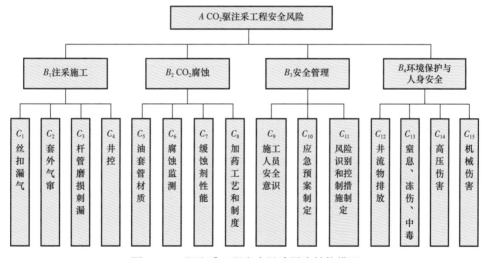

图 2 CO_2 驱注采工程安全风险层次结构模型

2.2 构建判断矩阵

通过比较确定所有评价因素间的相对权重，构建判断矩阵，即每次取 2 个因素 m_i 和 m_j，以 N_{ij} 表示 m_i、m_j 对总体目标的影响大小之比，采用 "1～9" 标度对 N_{ij} 进行赋值，全部比较结果形成判断矩阵，具体含义见表 1。通过求解判断矩阵来获得各指标的相对权重。

表1 "1~9"标度的含义

标度	含义	说明
1	同样重要	两元素同等重要
3	稍微重要	一元素比另一元素稍微重要
5	明显重要	一元素比另一元素明显重要
7	强烈重要	一元素比另一元素强烈重要
9	极端重要	一元素比另一元素极端重要
2, 4 6, 8	相邻判断的折中	上述相邻标度之间折中时的定量标度
上述倒数	反比较	若元素 i 与元素 j 的重要性之比为 a_{ij}，那么元素 j 与元素 i 的重要性之比为 $a_{ji}=1/a_{ij}$

按照已建立的 CO_2 驱注采工程安全风险层次结构模型，分别构建不同层次的判断矩阵，见表2至表6。

表2 CO_2 驱注采工程安全风险重要性判断矩阵

A	B_1	B_2	B_3	B_4
B_1	1	1/3	3	4
B_2	3	1	4	5
B_3	1/3	1/4	1	2
B_4	1/4	1/5	1/2	1

表3 注采施工风险重要性判断矩阵

B_1	C_1	C_2	C_3	C_4
C_1	1	1/2	2	3
C_2	2	1	3	4
C_3	1/2	1/3	1	2
C_4	1/3	1/4	1/2	1

表4 CO_2 腐蚀风险重要性判断矩阵

B_2	C_5	C_6	C_7	C_8
C_5	1	7	5	4
C_6	1/7	1	1/5	1/3
C_7	1/5	5	1	3
C_8	1/4	3	1/3	1

表 5　安全管理风险重要性判断矩阵

B_3	C_9	C_{10}	C_{11}
C_9	1	5	3
C_{10}	1/5	1	1/3
C_{11}	1/3	3	1

表 6　环境保护及人身安全风险重要性判断矩阵

B_4	C_{12}	C_{13}	C_{14}	C_{15}
C_{12}	1	1/3	1/5	1/4
C_{13}	3	1	1/3	1/2
C_{14}	5	3	1	2
C_{15}	4	2	1/2	1

2.3　检验矩阵一致性及计算元素的相对权重

为评价层次排序的有效性，必须对判断矩阵的评定结果进行一致性检验，检验专家对各指标相对权重的判断是否合理。为此，提出随机一致性比值 CR，当 $CR=0$ 时，满足完全一致性；当 $CR<0.1$ 时，认为一致性得到满足；当 $CR \geqslant 0.1$ 时，认为权重值不合理，应返回到专家赋值阶段，直到得到满意的一致性为止。CR 计算公式为

$$CR=CI/RI \tag{1}$$

式中　RI——平均随机一致性指标，与判断矩阵的阶数 n 有关，见表 7；
　　　CI——一致性指标。

表 7　平均随机一致性指标 RI

n	RI	n	RI	n	RI
1	0	6	1.26	11	1.52
2	0	7	1.36	12	1.54
3	0.52	8	1.41	13	1.56
4	0.89	9	1.46	14	1.58
5	1.12	10	1.49	15	1.59

CI 计算公式为：

$$CI=\frac{\lambda_{\max}-n}{n-1} \tag{2}$$

式中 λ_{max}——判断矩阵的最大特征根。

若矩阵符合一致性检验，将其最大特征值对应的特征向量归一化后作为权重向量。上述各矩阵的一致性检验和权重向量计算结果见表8。

表8 矩阵一致性检验和权重向量计算结果

影响因素		相对权重	λ_{max}	CI	RI	CR	是否满足一致性
A	B_1	0.26968	4.1145	0.0382	0.89	0.0429	是
	B_2	0.53487					
	B_3	0.12016					
	B_4	0.07529					
B_1	C_1	0.27721	4.0310	0.0103	0.89	0.0116	是
	C_2	0.46729					
	C_3	0.16009					
	C_4	0.09541					
B_2	C_5	0.60393	4.2576	0.0859	0.89	0.0965	是
	C_6	0.05241					
	C_7	0.22595					
	C_8	0.11771					
B_3	C_9	0.63698	3.0385	0.0193	0.52	0.0370	是
	C_{10}	0.10471					
	C_{11}	0.25831					
B_4	C_{12}	0.07285	4.0511	0.0170	0.89	0.0191	是
	C_{13}	0.16992					
	C_{14}	0.47285					
	C_{15}	0.28438					

2.4 计算元素的合成权重

在确定各层次指标的相对权重后，需要计算最低一层指标权重折算到相对目标层上来，求得指标的合成权重。方案层所有风险因素对CO_2驱注采工程安全的影响程度及总排序见表9。

表9 合成权重及总体排序

影响因素	B_1 0.26968	B_2 0.53487	B_3 0.12016	B_4 0.07529	合成权重	总体排序
C_1	0.27721	0	0	0	0.074758	5
C_2	0.46729	0	0	0	0.126019	2
C_3	0.16009	0	0	0	0.043173	7
C_4	0.09541	0	0	0	0.02573	11
C_5	0	0.60393	0	0	0.323024	1
C_6	0	0.05241	0	0	0.028033	10
C_7	0	0.22595	0	0	0.120854	3
C_8	0	0.11771	0	0	0.06296	6
C_9	0	0	0.63698	0	0.07654	4
C_{10}	0	0	0.10471	0	0.012582	14
C_{11}	0	0	0.25831	0	0.031309	9
C_{12}	0	0	0	0.07285	0.005485	15
C_{13}	0	0	0	0.16992	0.012793	13
C_{14}	0	0	0	0.47285	0.035601	8
C_{15}	0	0	0	0.28438	0.021411	12

在影响CO_2驱注采工程安全的4类风险因素中，风险从高到低排序为：CO_2腐蚀风险、注采施工风险、安全管理风险、环境保护及人身安全风险。CO_2驱注采工程安全风险影响因素合成权重及总体排序结果显示，对注采工程安全影响程度从高到低排序为：油套管材质、套外气窜、缓蚀剂性能、施工人员安全意识、丝扣漏气、加药工艺和制度、杆管磨损刺漏、高压伤害、风险识别和控制措施制定、腐蚀监测、井控、机械伤害、窒息冻伤中毒、应急预案制定、井流物排放。

2.5 结果分析

CO_2腐蚀是CO_2驱注采工程安全面临的最大风险，影响注采工程安全因素排在前3位的油套管材质、套外气窜、缓蚀剂性能都与腐蚀相关。对于CO_2驱新井和转CO_2驱的老井，需做好CO_2腐蚀风险评价与控制。在关键部位选用耐腐蚀材料，做好与地层相适应缓蚀剂配方体系的研发，控制好套外气窜。施工人员的安全意识也是影响注采安全的重要因素。通过开展安全培训与教育，加强对高压高含CO_2油气井施工的认识，提高员工安全风险意识，落实岗位责任制，强化施工过程监督与控制，力求从本质上控制安全风险源。

3 结论及建议

(1) CO_2 驱注采工程存在的主要安全风险包括注采施工风险、CO_2 腐蚀风险、安全管理风险、环境保护和人身安全风险等。

(2) 通过建立 CO_2 驱注采工程安全风险层次结构模型，对施工安全影响因素进行量化评价，CO_2 腐蚀是 CO_2 驱注采工程安全面临的最大风险。应在关键部位选用耐腐蚀材料，做好与地层相适应缓蚀剂配方体系的研发，控制好套外气窜。

(3) 施工人员的安全意识也是影响安全的重要因素。应加强员工安全培训与教育，提高员工安全风险意识，强化施工过程监督与控制，实现本质安全。

(4) 层次分析法在 CO_2 驱注采工程安全风险评价中的应用，量化了注采工程安全风险影响因素，为 CO_2 驱注采工程安全风险决策与管理提供依据。

参 考 文 献

[1] JOHN H. Platform re-design for CO_2 re-injection: process and safety engineering challenges [R]. SPE 125054, 2009.

[2] WANG J, WANG F, ZHANG D P, et al. CO_2 flooding WAG safety control technology [R]. SPE 165751, 2013.

[3] WANG F, LIU C Y, LI Q, et al. Risk assessment technology research on CO_2 injection wellbore [R]. SPE 165745, 2013.

[4] 李兴，刘恒，陈陆钊，等. 二氧化碳驱存在的主要风险和防控对策 [J]. 化工管理，2015 (8): 263.

[5] 李季. 二氧化碳驱油的安全风险分析 [J]. 化工管理，2014 (9): 87.

[6] 李清，曲作明，王刚. 二氧化碳驱油风险评价技术的筛选与应用 [C]. 延吉: 安全责任重在落实——第四届吉林安全生产论坛，2011.

[7] 易俊，李凤. 二氧化碳驱油安全性研究现状及发展趋势 [J]. 工业安全与环保，2014，40 (11): 41-43.

[8] 谭跃进，陈英武，李凤. 系统工程原理 [M]. 北京: 国防科技大学出版社，1999: 66-70.

[9] 张吉军. 现代决策分析方法及其应用 [M]. 成都: 四川大学出版社，2001: 110-122.

[10] 柯珂，管志川，张君亚，等. 西非深水 JDZ-2-1 井钻井工程整体风险分析 [J]. 石油钻采工艺，2009，31 (5): 5-10.

[11] 付利，申瑞臣，屈平，等. 基于层次分析法的煤层气钻完井方式优选 [J]. 石油钻采工艺，2011，33 (4): 10-14.

[12] 吕彦平，吴晓东，李朝霞，等. 层次分析法在螺杆泵井故障诊断中的应用 [J]. 石油钻采工艺，2008，30 (6): 80-82, 87.

[13] 张军华，黄广谭，李军，等. 基于层次分析法的地震有利储层预测 [J]. 特种油气藏，2015，22 (5): 23-27.

[14] 钟仪华，刘雨鑫，林旭旭. 基于马尔科夫链和贝叶斯网络的钻井风险预测 [J]. 石油钻采工艺，2016，38 (3): 291-295.

[15] 李斌,毕永斌,高广亮,等.油田开发规划风险评估与分析[J].特种油气藏,2016,23(2):63-68.
[16] 胜亚楠,管志川,张国辉,等.基于钻前风险预测的井身结构优化方法[J].石油钻采工艺,2016,38(4):415-421.

(本文原刊于《石油钻采工艺》2018年第1期)

二氧化碳气驱稠油层脉冲中子含气量监测方法

范继林[1]，张锋[1,2]，田立立[1]，梁启轩[1]，张笑旸[1]，
方群伟[1]，鲁保平[3]，李向辉[4]

（1. 中国石油大学（华东）地球科学与技术学院；2. 山东省深层油气重点实验室；
3. 中国石油集团测井有限公司技术中心；4. 河南省科学院同位素研究所有限责任公司）

摘　要：提出了一种利用非弹性伽马射线与俘获伽马射线组合定量表征快中子散射截面（σ_f）的方法，从而基于三探测器脉冲中子测井技术实现了注CO_2稠油储层含气饱和度的评价，分析了评价效果的影响因素并利用模拟实例验证了方法的有效性。利用蒙特卡罗模拟方法结合岩石体积物理模型，研究了σ_f与CO_2饱和度的响应关系，并建立饱和度解释模型，分析了地层温度压力、稠油密度、井眼流体及储层CH_4含量对CO_2饱和度评价效果的影响。研究表明，通过次生伽马信息组合对σ_f进行表征可以消除地层岩性的影响；井眼流体与储层CH_4含量是影响CO_2饱和度定量监测的主要因素，地层温度压力和稠油密度的影响可以忽略。模拟实例进一步验证了使用该方法进行注CO_2稠油储层含气饱和度评价的可行性。

关键词：二氧化碳驱；含气饱和度；稠油储集层；脉冲中子测井；快中子散射截面；次生伽马射线；蒙特卡罗模拟

A Method of Monitoring Gas Saturation in Carbon Dioxide Injection Heavy Oil Reservoirs by Pulsed Neutron Logging Technology

FAN Jilin[1], ZHANG Feng[1,2], TIAN Lili[1], LIANG Qixuan[1],
ZHANG Xiaoyang[1], FANG Qunwei[1], LU Baoping[3], LI Xianghui[4]

（1. School of Geosciences, China University of Petroleum; 2. Shandong Provincial Key Laboratory of Deep Oil and Gas; 3. CNPC Well Logging Technology Research Center; 4. Isotope Research Institute of Henan Academy of Sciences Co., Ltd.）

Abstract: A method is proposed to characterize the fast neutron scattering cross-section (σ_f) quantitatively by the combination of inelastic gamma rays and captured gamma rays, so as to realize the gas saturation evaluation of CO_2-injected heavy oil reservoirs based on the three-

---

基金项目：国家自然科学基金（41974127，41974155）；中国石油大学（华东）研究生创新工程资助项目（YCX2020008） detector pulsed neutron logging technology. Factors influencing of the evaluation effect of this method are analyzed and the effectiveness of this method is verified by a simulation example. By using the Monte Carlo simulation method and the physical model of bulk-volume rock, the relationship between σ_f and CO_2 saturation is studied, and the saturation interpretation model is established. The influences of formation temperature and pressure, heavy oil density, borehole fluid and reservoir methane content on the evaluation results of CO_2 saturation are analyzed. The results show that the characterization of σ_f by the combination of secondary gamma information can eliminate the influence of formation lithology, borehole fluid and methane content are the main factors affecting the quantitative monitoring of CO_2 saturation, and the effects of formation temperature and pressure and heavy oil density are negligible. The simulation example verified the feasibility of the method for evaluating the CO_2 saturation of CO_2-injected heavy oil reservoirs.

Key words: CO_2 flooding; gas saturation; heavy oil reservoir; pulsed neutron logging; fast neutron scattering cross-section; secondary gamma-ray; Monte Carlo simulation

CO_2是最常见的温室气体之一,世界各国都希望找到消除其对环境危害的解决方案[1-2]。集中工业排放CO_2并将其注入深部地层中进行长期储存是一种有前景的解决温室效应的方法[3]。CO_2驱提高采收率(CO_2-EOR)技术满足这一要求,同时间接实现了油层的二次开采,可增加油气产量,提高经济效益。阿尔及利亚的In Salah项目在5年内成功向裂缝性砂岩地层注入超过$300×10^4$t CO_2,证明了该方法的可行性和可观的经济价值[4]。

目前,许多监测CO_2储存状态的方法已经成功地应用于世界各地[5],如地震[6-8]、CT[9]、井温测井[10-11]等。在CO_2-EOR技术中,CO_2饱和度是表征其分布和运移的关键参数。脉冲中子测井技术作为核地球物理勘探中评价含气饱和度的重要方法,在注CO_2油藏含气饱和度评价中发挥着不可或缺的作用[12-17]。近几年,斯伦贝谢公司设计了一支多功能脉冲中子测井仪,利用长源距YAP(铝酸钇)晶体探测器结合脉冲中子产额监测器探测实现快中子散射截面(σ_f)的测量,用于储层含气饱和度的定量监测[18]。但是直接利用非弹伽马信息表征14MeV快中子散射截面一定程度上会受到地层岩性影响,导致含气饱和度解释结果存在误差。

本文针对CO_2、水和稠油对快中子减速能力的差异,基于快中子散射及次生伽马分布理论,以三探测器脉冲中子测井技术为基准,提出一种利用次生非弹和俘获伽马信息组合表征σ_f的方法,克服地层岩性对σ_f表征的影响。针对实际地层中存在泥质的情况,给出相对应的CO_2饱和度解释模型,并阐述储层各种因素对σ_f关于地层孔隙度响应的影响,建立更完善的注CO_2稠油储集层含气饱和度定量评价方法。

1 理论与方法

稠油储层孔隙一般被高密度、高黏度的稠油充填,部分储层存在一定的孔隙水。CO_2气驱过程中,孔隙流体逐渐被CO_2所驱替,形成稠油—气双相或稠油—气—水三相流体。

CO_2 的含氢指数为零，其密度、热中子俘获截面、快中子散射截面等参数与地层水、稠油相差较大。因此，注入地层的 CO_2 气体会导致地层的热中子俘获截面和快中子散射截面发生极大变化。作为一种独立于其他中子测量信息的参数[18]，快中子散射截面对定量监测注 CO_2 稠油储层含气饱和度有较好的效果。

1.1 地层介质的快中子散射截面

根据 ENDF/B-VII.0 核数据库获取地层常见元素的微观截面，再根据相关公式求取介质的宏观弹性散射截面[19]。图 1 展示了不同地层骨架矿物和孔隙流体的弹性散射截面与中子能量的关系。可以看出，气体的弹性散射截面明显小于地层骨架矿物和孔隙液相流体，CO_2 的这一特征尤其明显。本文基于地层介质弹性散射截面的差异，将弹性散射截面作为 σ_f，用于定量评价 CO_2 饱和度。

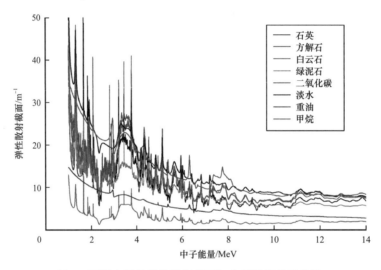

图 1 不同介质的弹性散射截面与中子能量关系曲线

利用数值积分方法计算常见地层骨架矿物与孔隙流体的 σ_f 值，如表 1 所示。可以看出，气体 σ_f 值相对较低，尤其是 CO_2，地层骨架矿物 σ_f 值总体较大且略有差异，淡水和稠油的 σ_f 值更大且较为接近。因此，基于 CO_2 的超低弹性散射截面的特性，将注 CO_2 稠油储层油水气三相流体视作气液两相流体。

表 1 一定密度下不同介质的 σ_f 值

介质	密度/(g/cm³)	σ_f/m⁻¹	介质	密度/(g/cm³)	σ_f/m⁻¹
石英	2.65	9.64	淡水	1.00	14.00
方解石	2.71	11.09	CO_2	0.50	2.53
白云石	2.87	11.82	CH_4	0.20	5.35
绿泥石	2.76	8.64	稠油	0.95	13.50

1.2 利用非弹和俘获伽马信息组合表征快中子散射截面的方法

快中子进入地层与地层原子核相互碰撞而慢化。在此过程中，次生非弹伽马射线产生于快中子与地层元素作用的非弹性散射过程。图 2 所示的球状模型中，氘—氚中子源（D—T）位于图示中心位置 O 点，向四周均匀发射能量为 14MeV 的快中子，半径为 r 的球面用于记录来自地层的非弹伽马射线。

根据快中子散射理论[20]，发生非弹性散射的快中子通量分布如下式所示：

$$\phi_{\mathrm{f}}(r) = \frac{\phi_0}{4\pi r^2} \mathrm{e}^{-\frac{r}{\lambda_{\mathrm{s}}}} = \frac{\phi_0}{4\pi r^2} \mathrm{e}^{-r\sigma_{\mathrm{f}}} \quad (1)$$

非弹伽马射线的强度取决于地层元素的类型及其微观非弹性散射截面。元素 k 在一次碰撞中产生的伽马光子数为 i_k，对应的微观非弹性散射截面为 σ_k，在半径为 r、厚度为 $\mathrm{d}r$ 的球壳中产生的伽马射线数为：

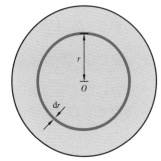

图 2 无限大均匀球状介质模型

$$\mathrm{d}I = \sum i_k \sigma_k 4\pi r^2 \phi_{\mathrm{f}}(r) \mathrm{d}r \quad (2)$$

整个球体模型中的非弹伽马光子数等于 $\mathrm{d}I$ 从 $r=0$ 到 $r=+\infty$ 的积分。考虑伽马衰减的影响，假设地层各处的 σ_f 值相等，其质量衰减系数（μ_m）和一个快中子与地层元素碰撞发生非弹性散射产生的平均伽马光子数（i）为定值，忽略探测器外的伽马光子贡献，根据中子伽马耦合场理论[21]，非弹性伽马通量为：

$$\phi_{\mathrm{in}}(R) = \int_0^R \mathrm{e}^{-\rho\mu_\mathrm{m}|r-R|} \mathrm{d}I = \frac{i\sigma_{\mathrm{in}}\phi_0}{4\pi R^2} \frac{\mathrm{e}^{-R\sigma_\mathrm{f}} - \mathrm{e}^{-\rho\mu_\mathrm{m}R}}{\rho\mu_\mathrm{m} - \sigma_\mathrm{f}} \quad (3)$$

利用拉格朗日中值定理，将式（3）简化为：

$$\phi_{\mathrm{in}}(R) = \frac{i\sigma_{\mathrm{in}}\phi_0}{4\pi R} \mathrm{e}^{-R[(1-\alpha)\sigma_\mathrm{f} + \alpha\rho\mu_\mathrm{m}]} \quad (4)$$

式（4）中，α 为与源距有关的比例因子，对于给定仪器为定值。由式（4）可知，非弹性伽马通量不仅与 σ_f 值有关，还与地层密度有关。因此，可以将 σ_f 视作非弹性伽马计数和地层密度的函数。基于多探测器脉冲中子测井仪，用组合双探测器非弹、俘获伽马计数比表征地层密度[22]：

$$\rho = A \ln \frac{\phi_{\mathrm{in}1}}{\phi_{\mathrm{in}3}} + B \ln \frac{\phi_{\mathrm{cap}1}}{\phi_{\mathrm{cap}3}} + C \quad (5)$$

式（5）中，A、B、C 为常数，通过模拟或刻度井实测数据拟合获得。

将式（4）和式（5）相结合，使用近、远探测器的非弹和俘获伽马计数实现 σ_f 的定量表征：

$$\sigma_\mathrm{f} = K \ln \phi_{\mathrm{in}3} + L \ln \frac{\phi_{\mathrm{in}1}}{\phi_{\mathrm{in}3}} + M \ln \frac{\phi_{\mathrm{cap}1}}{\phi_{\mathrm{cap}3}} + N \quad (6)$$

其中

$$K = \frac{1}{R(\alpha-1)} \qquad L = \frac{A\alpha\mu_m}{\alpha-1}$$

$$M = \frac{B\alpha\mu_m}{\alpha-1} \qquad N = \frac{C\alpha\mu_m}{\alpha-1} + \ln\frac{4\pi R}{i\sigma_{in}\phi_0}$$

式（6）表明，地层 σ_f 可以通过双源距探测器的非弹和俘获伽马信息组合表征得到，其中系数 K、L、M、N 可以通过模拟或刻度井实测数据拟合得出。

1.3 注 CO_2 稠油储层含气饱和度解释模型

σ_f 是储层的宏观物理特性，遵循岩石体积物理模型。利用式（6）获取储层 σ_f 值，针对孔隙中充填 CO_2 和稠油的砂岩储层，宏观 σ_f 满足以下岩石体积物理模型：

$$\sigma_f = \sigma_{f,mat}(1-\phi) + \sigma_{f,gas}\phi S_g + \sigma_{f,oil}\phi(1-S_g) \tag{7}$$

则储层含气饱和度解释模型为：

$$S_g = \frac{\sigma_f - \sigma_{f,mat}(1-\phi) - \sigma_{f,oil}\phi}{\sigma_{f,gas}\phi - \sigma_{f,oil}\phi} \tag{8}$$

纯砂岩储层骨架为理想地层条件，实际地层骨架组分常含有一定比例的泥质或其他固体矿物。以含泥质的地层为研究对象，基于地层泥质与砂岩骨架 σ_f 值的差异，根据岩石体积物理模型，当地层存在泥质时，σ_f 满足下式：

$$\sigma_f = \sigma_{f,mat}(1-\phi)(1-V_{sh}) + \sigma_{f,gas}\phi S_g + \sigma_{f,oil}\phi(1-S_g) + \sigma_{f,sh}(1-\phi)V_{sh} \tag{9}$$

由式（9）可知，泥质的存在会引起岩石体积物理模型的改变。当地层中存在泥质时，需要结合测量点的泥质含量及地层孔隙度来校正式（7）所示砂岩地层模型。因此，含泥质储层含气饱和度解释模型为：

$$S_g = \frac{\sigma_f - \sigma_{f,mat}(1-\phi)(1-V_{sh}) - \sigma_{f,sh}(1-\phi)V_{sh} - \sigma_{f,oil}\phi}{\sigma_{f,gas}\phi - \sigma_{f,oil}\phi} \tag{10}$$

相比于式（8）所示纯砂岩地层条件下的含气饱和度计算公式，式（10）考虑了含泥质的地层条件。当地层含有其他固体矿物时，同样需要对含气饱和度解释模型进行修正，以满足实际地层骨架条件。

2 蒙特卡罗模拟

蒙特卡罗模拟（MCNP）属于随机抽样或统计实验方法，可用于中子、光子、电子及其耦合输运过程的模拟，在放射性测井模拟、仪器制造和响应等方面得到了广泛的应用[23]。本文利用 MCNP 建立仪器地层模型，模拟计算快中子输运的所有过程，包括快中子慢化产生非弹伽马、热中子俘获产生俘获伽马以及伽马射线的衰减。基于MCNP模拟结果，分析σ_f的表征及含气响应，从而实现注CO_2稠油储层含气饱和度的定量监测。

2.1 仪器地层模型建立

图3所示为本文所建立的数值计算模型。地层模型整体设置为高150cm、直径120cm套管井地层条件，井眼直径20cm且充填淡水，地层骨架为砂岩、石灰岩或白云岩。套管为0.7cm厚的不锈钢材料，套管与地层之间充填厚度为3cm的$CaSiO_3$材料水泥环。储层孔隙度从0变化到40%，间隔5%；CO_2饱和度设置为0~100%，地层压力设置为35MPa，50MPa，65MPa，地层温度设置为363.15K，393.15K，423.15K。在地层压力和温度分别为35MPa和363.15K时，CO_2气体、淡水与稠油的密度分别为$0.50g/cm^3$，$1.00g/cm^3$，$0.95g/cm^3$。

采用三探测器脉冲中子测井仪进行CO_2气体饱和度监测。设计中子脉冲发射的时间为40μs，非弹和俘获伽马射线的测量时间分别为0~40μs和50~1000μs。测井仪器的近、中、远3个探测器分别编号为1，2，3，同时记录非弹和俘获伽马计数。源与探测器之间以及相邻探测器之间加屏蔽。采用17-4PH钢作为仪器外壳材料，厚度0.5cm。源为D-T脉冲中子源，向地层均匀发射高能快中子（14MeV）。探测器材料为$LaBr_3$晶体，3个探测器的源距分别为27.5cm，40.0cm，60.0cm。3个探测器的晶体直径为5cm，长度分别为5cm，10cm，10cm。

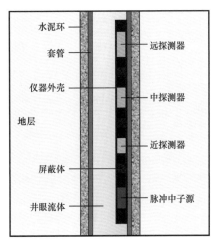

图3 仪器地层模型示意图

2.2 快中子散射截面表征方法

通过对含稠油和CO_2的砂岩、石灰岩和白云岩等不同岩性储层的研究分析，模拟得到了在不同地层岩性（砂岩、石灰岩和白云岩）、孔隙度（0~30%，间隔5%）、含油气性（饱含稠油和饱含CO_2）条件下的三探测器非弹、俘获伽马计数。式（5）所示非弹、俘获伽马计数比组合的目的是消除地层密度的影响，因此综合考虑计数统计性与σ_f表征的准确性，选用近、远探测器信息进行σ_f的定量表征。利用式（6），采用多元线性回归方法，建立了非弹、俘获伽马信息向σ_f转换的表征公式：

$$\sigma_f = -6.567\ln\phi_{in3} - 1.964\ln\frac{\phi_{in1}}{\phi_{in3}} + 1.416\ln\frac{\phi_{cap1}}{\phi_{cap3}} - 74.808 \quad (11)$$

为了验证该公式的适用性，对其计算所得的σ_f值与地层模型设置的σ_f理论值进行对比分析，σ_f计算值与理论值的误差表达式为：

$$\varepsilon = \frac{\sigma_{f,cal} - \sigma_{f,real}}{\sigma_{f,real}} \times 100\% \quad (12)$$

表 2 给出了不同孔隙度下饱含稠油与饱含 CO_2 砂岩储层 σ_f 计算值与理论值误差分析结果，表 3 给出了不同孔隙度下饱含 CO_2 砂岩、灰岩以及白云岩储层 σ_f 计算值与理论值误差分析结果，以验证在不同含油气性、不同岩性条件下表征公式的准确性。可以看出，式（11）能够较为精准地表征地层 σ_f，计算得到的 σ_f 值与地层模型设置的 σ_f 理论值的误差可控制在 ±2% 以内。因此，利用脉冲中子测井仪非弹、俘获伽马信息组合可以实现对注 CO_2 气驱稠油储层 σ_f 的定量表征。

表 2 砂岩储层 σ_f 计算值与理论值误差分析

地层孔隙度 / %	饱含稠油			饱含 CO_2		
	σ_f 理论值 / m^{-1}	σ_f 计算值 / m^{-1}	误差 / %	σ_f 理论值 / m^{-1}	σ_f 计算值 / m^{-1}	误差 / %
0	9.570	9.622	0.54	9.570	9.622	0.54
5	9.766	9.865	1.01	9.217	9.352	1.46
10	9.963	10.105	1.43	8.865	8.949	0.95
15	10.160	10.210	0.49	8.513	8.529	0.19
20	10.357	10.480	1.19	8.161	8.202	0.50
25	10.554	10.721	1.58	7.809	7.738	−0.91
30	10.750	10.916	1.54	7.456	7.492	0.48

表 3 饱含 CO_2 的 3 种岩性储层 σ_f 计算值与理论值误差分析

地层孔隙度 / %	砂岩			灰岩			白云岩		
	σ_f 理论值 / m^{-1}	σ_f 计算值 / m^{-1}	误差 / %	σ_f 理论值 / m^{-1}	σ_f 计算值 / m^{-1}	误差 / %	σ_f 理论值 / m^{-1}	σ_f 计算值 / m^{-1}	误差 / %
0	9.570	9.622	0.54	11.088	11.125	0.33	11.820	11.714	−0.90
5	9.217	9.352	1.46	10.659	10.812	1.44	11.355	11.195	−1.41
10	8.865	8.949	0.95	10.231	10.294	0.62	10.890	10.743	−1.35
15	8.513	8.529	0.19	9.803	9.804	0.01	10.426	10.315	−1.06
20	8.161	8.202	0.50	9.375	9.490	1.23	9.961	9.899	−0.62
25	7.809	7.738	−0.91	8.947	8.934	−0.15	9.496	9.396	−1.05
30	7.456	7.492	0.48	8.519	8.565	0.54	9.032	8.936	−1.06

实际稠油储层中，在地层泥质含量、稠油密度、地层温度和压力以及气体类型等因素的影响下，利用式（11）进行储层 σ_f 的表征可能存在误差。因此，在不同井眼 - 地层因素的影响下，应首先对式（11）获取的 σ_f 值进行校正，保证 σ_f 值的准确性，实现利用 σ_f 评价稠油储层 CO_2 气驱效果的普适性。

2.3 快中子散射截面与 CO_2 饱和度响应

基于蒙特卡罗数值计算方法建立图3所示仪器地层模型，在孔隙含稠油和 CO_2 混合流体的砂岩储层条件下，设置地层孔隙度为 0~40%，间隔 5%，CO_2 饱和度分别为 0，25%，50%，75%，100%。利用给出的储层 σ_f 表征公式，得到不同 CO_2 饱和度条件下 σ_f 与地层孔隙度响应关系，如图4所示。可以看出，储层 CO_2 饱和度对 σ_f 随孔隙度的变化规律影响极大。在低 CO_2 饱和度情况下，稠油为孔隙流体的主要成分，除地层骨架外，稠油对中子的减速作用占主导地位；随着 CO_2 饱和度的增大，孔隙逐渐被 CO_2 气体填充，CO_2 对中子的减速作用逐渐明显直至占主导地位。相对于地层骨架，稠油具有较高的 σ_f 值，CO_2 具有超低 σ_f 特性，因此，在 CO_2 饱和度较低时（0，25%），σ_f 随着地层孔隙度的增大呈现上升趋势；在 CO_2 饱和度较高时（50%，75%，100%），σ_f 随着地层孔隙度的增大呈现明显的下降趋势。基于以上分析可知，在注 CO_2 稠油储层中，地层宏观 σ_f 是由孔隙度、含气饱和度综合决定的。在已知地层孔隙度条件下，利用多探测器信息表征地层宏观 σ_f，结合岩石体积物理模型即可进行注 CO_2 稠油储层含气饱和度的定量监测。

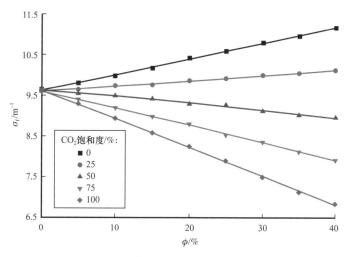

图4 σ_f 与地层孔隙度响应关系

在实际储层中，常含有不同类型的泥质组分，影响整个储层介质对快中子的减速能力。因此，需要根据式（10）进行含泥质储层 CO_2 饱和度计算。以绿泥石为泥质组分研究对象，基于图3所示仪器地层模型，设置砂岩地层中泥质含量为 10%，20%，30%，40%，地层孔隙度为 0~40%，间隔 5%，CO_2 饱和度分别为 0，50%，80%，模拟地层含泥质条件下 σ_f 与地层孔隙度的响应关系，如图5所示。总体来说，泥质类型为绿泥石时，泥质的存在导致地层 σ_f 的计算值明显小于纯砂岩地层。在高 CO_2 饱和度条件下，不同泥质含量下 σ_f 随地层孔隙度呈近似平行变化，在低 CO_2 饱和度条件下，随着孔隙度的增加，泥质含量对 σ_f 的影响逐渐减小。这说明泥质引起的 σ_f 值变化量由地层孔隙度和泥质含量共同决定，同时表明在实际储层中，利用 σ_f 结合含泥质岩石体积物理模型进行 CO_2 饱和度解释较为合理。

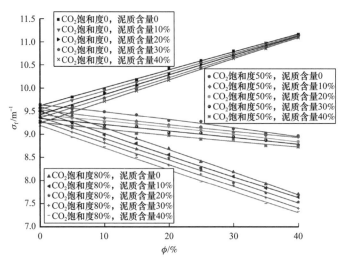

图 5 泥质含量对 σ_f 与孔隙度响应的影响

3 影响因素分析

本文提出了利用 σ_f 评价注 CO_2 稠油储层含气饱和度的定量解释方法。但在实际注 CO_2 稠油储层中，由于测井环境影响因素的不确定性，含气饱和度评价方法有时可能失效。因此，对地层影响因素（如温度、压力、井眼环境等）进行分析和校正是十分必要的，这是保证利用 σ_f 定量监测 CO_2 含气饱和度的适用性的基础。

3.1 储层温度、压力的影响

对于 CO_2 气驱储层，地层温度和压力改变是导致 CO_2 溶于稠油形成混相油的主要因素。由于溶解度的不同，混相油密度在不同温压条件下存在一定的差异。根据 Marra 等[24]的研究，地层压力、温度改变引起的混相油密度变化按照以下两个公式计算：

$$\Delta\rho_p = 0.01602\left[0.145p\left(0.167 + 16.181 \times 10^{-2.65293\rho_0}\right) - 0.01\left(0.299 + 263 \times 10^{-3.764\rho_0}\right)\left(0.145p\right)^2 \right] \quad (13)$$

$$\Delta\rho_t = 0.01602\left[0.0133 + 0.006087\left(\rho_0 + \Delta\rho_p\right)^{-2.45} - 8.1 \times 10^{-6} + 0.0622 \times 10^{4.769\left(\rho_0 + \Delta\rho_p\right)} \right]\left(1.8T - 519.67\right) \quad (14)$$

基于图 3 所示仪器地层模型，在砂岩地层条件下，设置地层孔隙度为 0~40%，间隔5%，CO_2 含气饱和度为 0，50%，80%。固定地层温度为 363.15 K，依次改变地层压力为 35MPa，50MPa，65MPa，研究地层压力的影响；固定地层压力为 35MPa，依次改变地层温度为 363.15K，393.15K，423.15K，研究地层温度的影响。由图 6 可知，地层温压条件对利用 σ_f 计算 CO_2 含气饱和度的效果影响不大。由式（13）和式（14）计算得到，地层温度为363.15K，稠油地层压力从35MPa增加到65MPa时，混相油的密度变化范围为0.950～0.963g/cm³；地层压力为35MPa，地层温度从363.15K增加到423.15K时，混相油的密度从0.950g/cm³增加到0.983g/cm³。地层温压变化引起的混相油密度变化范围较小，对快中子的减速能力基本不变，加之地层骨架因素，整个储层对快中子的减速能力不变。在所研究的地层温度和压力范围内，混相油的密度不会发生剧烈变化，稠油储层温度和压力引起的稠油密度变化并不足以影响整个地层的快中子减速能力。因此，在注CO_2稠油储层中采用σ_f评价CO_2含气饱和度时，可以忽略地层温度和压力的影响。

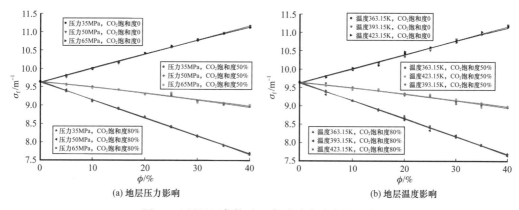

图 6 地层温压条件对 σ_f 与孔隙度响应的影响

3.2 稠油密度的影响

在CO_2气驱稠油储层过程中，由于CO_2溶解度的变化，稠油密度在一定的温度和压力范围内发生变化[25]。当压力从35MPa增加到65MPa，温度为333.15K时，稠油的密度变化范围为0.94～1.00g/cm³。基于图3所示仪器地层模型，改变稠油密度为0.95g/cm³，0.97g/cm³，0.99g/cm³，研究在3种稠油密度情况下σ_f与孔隙度的响应关系。由图7可知，

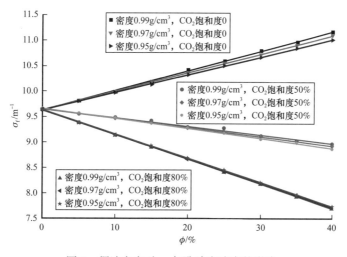

图 7 稠油密度对 σ_f 与孔隙度响应的影响

在低 CO_2 饱和度（0）地层条件下，稠油密度对 σ_f 有一定的影响，随着稠油密度的增加，σ_f 计算值有一定的增大趋势。然而，在高 CO_2 饱和度（80%）储层中，稠油密度影响并不明显，这是由于此时储层流体已经大部分被 CO_2 驱替。对于实际注 CO_2 稠油油藏，多次注入 CO_2 气体后稠油密度的变化范围远小于本文所研究的稠油密度变化范围。因此，注 CO_2 气驱后稠油密度的变化对 CO_2 饱和度的测量影响可以忽略。

3.3 井眼流体性质的影响

稠油储层 CO_2 气驱提高采收率技术常采用连续多次注入或水、CO_2 气体交替注入的形式，因此井筒环境会由钻井液充填改变为稠油、CO_2 或水等多种流体充填的情况。为了研究井眼流体对利用 σ_f 评价储层 CO_2 含气饱和度的影响，基于图 3 所示仪器地层模型，分别将井眼流体类型设置为水、气与稠油，得到不同井眼流体以及储层含气饱和度条件下 σ_f 与地层孔隙度的响应关系，如图 8 所示。可以看出，在任意储层 CO_2 饱和度条件下，不同井眼流体使得 σ_f 关于地层孔隙度呈现平行变化。水和油对快中子的减速能力差异较小，井眼含油条件下 σ_f 值略小于井眼含水条件下 σ_f 值；与水和油相比，气对快中子的减速能力明显减弱，σ_f 值显著减小。因此，在用 σ_f 判断注 CO_2 稠油储层气驱效果时，需要区分井内流体类型，对井眼含气性进行校正。

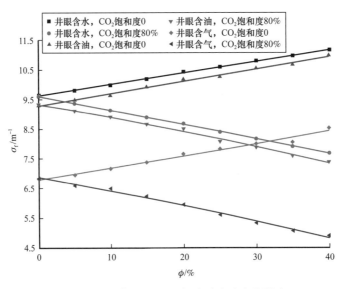

图 8 井眼流体性质对 σ_f 与孔隙度响应的影响

3.4 储层 CH_4 含量的影响

稠油储层多次注入 CO_2 过程中，在储层孔隙中存在 CH_4 的条件下，由于注入的 CO_2 气体与一定比例的 CH_4 气体混合，CH_4 气体将在 CO_2 驱替过程中积聚，对 CO_2 饱和度的测量会产生一定的影响。基于图 3 所示仪器地层模型，设置地层总含气饱和度（CO_2 和 CH_4）分别为 30% 和 80%，改变其中 CH_4 含气饱和度分别为 5%，10%，15%，得到两种气体不同混合比例条件下 σ_f 与地层孔隙度的响应关系，如图 9 所示。可以看出，当总含气饱和度较高时，CH_4 含量的影响较小。总气饱和度较低时（30%），尽管 CH_4 含量的影响增大，但仍不明显。因此，利用 σ_f 进行储层 CO_2 饱和度评价难以区分 CH_4 和 CO_2 两种气体类型。相对于地层骨架、稠油和水，CH_4 和 CO_2 的 σ_f 均为低值，尽管 CH_4 的 σ_f 值略大于 CO_2，但实际地层中两种气体相对地层总体积占比较小，孔隙中 CO_2 存在少量 CH_4 并不影响地层对快中子的宏观减速能力，CO_2 饱和度的计算结果更加接近于 CO_2 和 CH_4 的总饱和度。因此，利用 σ_f 评价储层含气饱和度的方法难以消除 CH_4 气体的存在引起的 CO_2 饱和度计算误差。为了确保在 CO_2-EOR 技术实施期间 CO_2 饱和度监测的准确性，必须严格控制 CO_2 多次注入后的 CH_4 含量。

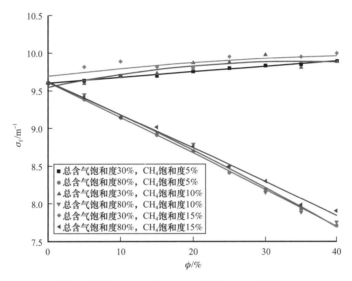

图 9　储层 CH_4 含量对 σ_f 与孔隙度响应的影响

4　模拟实例验证

利用模拟实例验证本文方法的有效性。地层总厚度 234 m，地层之间被黏土层隔开，地层孔隙流体均为稠油、淡水以及 CO_2 气体的不同组合。表 4 给出了各个储层的岩性、孔隙度、密度、泥质含量以及流体性质及饱和度参数。模拟测井过程中，仪器由下至上沿井壁滑动，记录仪器多探测器的非弹、俘获伽马信息，转化为 σ_f，并结合饱和度计算方法和校正方法，得到储层 CO_2 气体饱和度。

由图 10 所示解释结果可知，A—F 层 CO_2 饱和度计算误差分别为 0.3%，1.7%，13.5%，2.9%，2.4%，0.6%。地层岩性及泥质含量不影响该方法评价 CO_2 饱和度的误差，无论地层含泥质与否，CO_2 饱和度的计算误差可控制在 3% 以内。因此，对于含稠油砂岩地层，利用 σ_f 实现 CO_2 饱和度监测是一种有效的方法。当地层存在 CH_4 气体时（C 层），CO_2 饱和度的计算误差偏大，为 13.5%，这一现象也印证了该方法存在难以区分 CO_2 和 CH_4 气体的缺点。

表4 模拟实例各储层基本参数

地层	骨架	孔隙度/%	密度/(g/cm³)	泥质含量/%	孔隙流体组成
A	砂岩	30	2.1140	14	CO_2饱和度20%，水饱和度30%，油饱和度50%
B	砂岩	20	2.4840	0	CO_2饱和度70%，水饱和度10%，油饱和度20%
C	砂岩	35	1.9415	15	CO_2饱和度50%，水饱和度5%，油饱和度25%，CH_4饱和度20%
D	灰岩	25	2.1825	0	CO_2饱和度50%，油饱和度50%
E	泥岩	30	2.0466	71	CO_2饱和度70%，油饱和度30%
F	砂岩	20	2.2500	31	CO_2饱和度60%，水饱和度40%

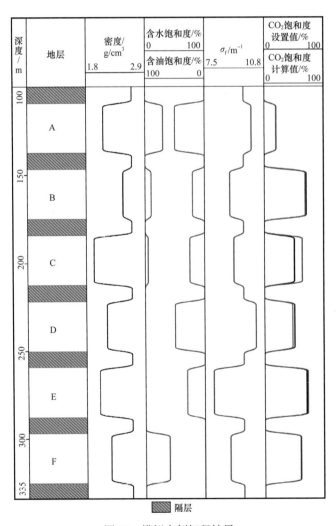

图10 模拟实例解释结果

5 结论

CO₂与油、水对快中子减速能力存在极大差异，本文将快中子散射截面应用于注CO₂稠油储层含气饱和度的定量监测中，建立CO₂含气饱和度评价模型以实现饱和度的定量计算，为注CO₂稠油储层剩余油勘探开发中含气饱和度监测提供了技术支持。

基于三探测器脉冲中子测井技术，利用近远探测器的非弹和俘获伽马组合可以实现储层快中子散射截面的定量表征。含泥质储层的快中子散射截面与纯岩性地层存在差异，利用储层泥质含量结合含泥质岩石体积物理模型进行CO₂饱和度评价较为合理。地层温度和压力变化引起的混相油密度变化范围较小，不影响孔隙中稠油和CO₂混相流体对快中子的减速能力，可以忽略地层温度压力以及稠油密度的影响。相对于地层骨架，CH₄和CO₂的快中子散射截面均为低值，CH₄的存在容易造成CO₂含气饱和度评价的误差，因此进行CO₂饱和度监测时需要严格控制CH₄含量。此外，井眼流体类型极大影响了快中子散射截面的测量，在利用快中子散射截面判断注CO₂稠油储层气驱效果时，需要区分井内流体类型，对井眼含气性进行校正。

模拟测井实例结果表明，在储层孔隙中不含CH₄气体时，该方法可以将CO₂饱和度计算误差控制在3%以内，验证了方法的有效性。

符号注释：

A，B，C——常数，g/cm³；i——一个快中子与地层元素碰撞发生非弹性散射产生的平均伽马光子数；i_k——元素k在一次碰撞中产生的伽马光子数；p——地层压力，MPa；I——伽马射线数；r——以中子源为中心的球形半径，m；dr——半径为r的球壳的厚度，m；R——探测器的源距，m；S_g——CO₂饱和度，%；T——地层温度，K；V_{sh}——泥质含量，%；α——与源距有关的比例因子；ε——σ_f计算值与理论值的误差，%；λ_s——快中子散射自由程，m；μ_m——质量衰减系数，m²/kg；ρ——地层密度，kg/m³；$\Delta\rho_p$，$\Delta\rho_t$——由地层压力和温度改变引起的混相油密度的变化量，g/cm³；ρ_0——0.1MPa和288.7K地层温压条件下的混相油密度，g/cm³；σ_f——快中子散射截面，m⁻¹；$\sigma_{f,cal}$——σ_f计算值，m⁻¹；$\sigma_{f,gas}$，$\sigma_{f,mat}$，$\sigma_{f,oil}$，$\sigma_{f,sh}$——CO₂气体、地层骨架、原油、泥质组分的快中子散射截面，m⁻¹；$\sigma_{f,real}$——地层模型设置的σ_f理论值，m⁻¹；σ_k——元素k在一次碰撞中对应的微观非弹性散射截面，m⁻¹；σ_{in}——地层的非弹性散射截面，m⁻¹；ϕ——储层孔隙度，%；ϕ_0——中子源强度；$\phi_f(r)$——快中子通量，m⁻²；$\phi_{in}(R)$——非弹性伽马通量，m⁻²；ϕ_{cap1}，ϕ_{cap3}——近、远探测器俘获伽马计数；ϕ_{in1}，ϕ_{in3}——近、远探测器非弹伽马计数。

参考文献

[1] DE FIGUEIREDO M, BACANSKAS L, KOLIAN M. Greenhouse gas reporting for geologic sequestration of carbon dioxide [R]. Orlando, Florida, USA: Carbon Management Technology Conference, 2012.

[2] LEYRIS J, JANSEN B O, FOLLUM O A, et al. Greenhouse gas emissions along the Norwegian gas value chain [R]. SPE 190587-MS, 2018.

[3] 胡永乐, 郝明强, 陈国利, 等. 中国CO_2驱油与埋存技术及实践 [J]. 石油勘探与开发, 2019, 46 (4): 716-727.

[4] MATHIESON A, MIDGELY J, WRIGHT I, et al. In Salah CO_2 storage JIP: CO_2 sequestration monitoring and verification technologies applied at Krechba, Algeria [J]. Energy Procedia, 2011, 4: 3596-3603.

[5] FU K, RONGWONG W, LIANG Z, et al. Experimental analyses of mass transfer and heat transfer of post-combustion CO_2 absorption using hybrid solvent MEA-MeOH in an absorber [J]. Chemical Engineering Journal, 2015, 260: 11-19.

[6] CHEN S, LIU Y. DoReMi: A passive, geophysical monitoring technique for CO_2 injection [R]. SPE 149265-MS, 2011.

[7] KAZEMEINI S H, JUHLIN C, FOMEL S. Monitoring CO_2 response on surface seismic data: a rock physics and seismic modeling feasibility study at the CO_2 sequestration site, Ketzin, Germany [J]. Journal of Applied Geophysics, 2010, 71 (4): 109-124.

[8] LI H G, ZHANG X G, GUO H Z, et al. 4D seismic or CO_2 in formation-fast neutron cross section [C] // SPWLA 25th Formation Evaluation Symposium of Japan. Chiba, Japan: Society of Petrophysicists and Well-Log Analysts, 2019.

[9] IZGEC O, DEMIRAL B, BERTIN H J, et al. CO_2 injection in carbonates [R]. SPE 93773-MS, 2005.

[10] WITTERHOLT E J, TIXIER M R. Temperature logging in injection wells [R]. SPE 4022-MS, 1972.

[11] HURTER S, GARNETT A A, BIELINSKI A, et al. Thermal signature of free-phase CO_2 in porous rocks: Detectability of CO_2 by temperature logging [R]. SPE 109007-MS, 2007.

[12] RAEESI B, CEDILLO G, HAN X, et al. Expanding application of multi-detector pulsed neutron instrumentation for quantitative gas saturation monitoring in gas-filled boreholes [C] //SPWLA 58th Annual Logging Symposium. Oklahoma City, Oklahoma, USA: Society of Petrophysicists and Well-Log Analysts, 2017.

[13] ZHANG F, LIU J, YUAN C. Monte Carlo simulation for determining gas saturation using three-detector pulsed neutron logging technology in tight gas reservoir and its application [J]. Applied Radiation and Isotopes, 2013, 78: 51-56.

[14] MURRAY D R, YANG X W, HORIE T, et al. CO_2 sequestration monitoring in a low salinity reservoir [R]. SPE 130773-MS, 2010.

[15] MÜLLER N, RAMAKRISHNAN T S, BOYD A, et al. Time-lapse carbon dioxide monitoring with pulsed neutron logging [J]. International Journal of Greenhouse Gas Control, 2007, 1 (4): 456-472.

[16] ARYANI A, MOHAMED F, OBEIDI A, et al. Pulsed neutron monitoring of the first CO_2 EOR pilot in the Middle East [R]. SPE 141490-MS, 2011.

[17] ZHANG F, ZHANG Q, TIAN L, et al. Monitoring CO_2 saturation using three-detector PNC logging technique for CO_2-EOR in heavy oil reservoir [C] //SPWLA 60th Annual Logging Symposium. The Woodlands, Texas, USA: Society of Petrophysicists and Well-Log Analysts, 2019.

[18] ZHOU T, ROSE D, QUINLAN T, et al. Fast neutron cross-section measurement physics and applications [C] //SPWLA 57th Annual Logging Symposium. Reykjavik, Iceland: Society of Petrophysicists and Well-Log Analysts, 2016.

[19] CHADWICK M B, OBLOŽINSKÝ P, HERMAN M, et al. ENDF/B-VII. 0: Next generation evaluated nuclear data library for nuclear science and technology [J]. Nuclear Data Sheets, 2006, 107 (12): 2931-3060.

[20] TITTLE C W. Theory of neutron logging I [J]. Geophysics, 1961, 26 (1): 27-39.

[21] ZHANG F, ZHANG Q, LIU J, et al. A method to describe inelastic gamma field distribution in neutron gamma density logging [J]. Applied Radiation and Isotopes, 2017, 129: 189-195.

[22] 张泉滢, 张锋, 王玉伟, 等. 随钻中子伽马密度测井的双源距含氢指数校正方法 [J]. 中国石油大学学报 (自然科学版), 2017, 41 (4): 78-84.

[23] Los Alamos National Laboratory. MCNP: A general Monte Carlo n-particle transport code, version 5 [R]. LA-UR-03-1987, 2003.

[24] MARRA R K, POETTMANN F H, THOMPSON R S. Density of crude oil saturated with CO_2 [J]. SPE Reservoir Engineering, 1988, 3 (3): 815-821.

[25] 席长丰, 齐宗耀, 张运军, 等. 稠油油藏蒸汽驱后期 CO_2 辅助蒸汽驱技术 [J]. 石油勘探与开发, 2019, 46 (6): 1169-1177.

(本文原刊于《石油勘探与开发》2021年第6期)

基于油藏 CO_2 驱油潜力的 CCUS 源汇匹配方法

汪芳，秦积舜，周体尧，杨永智

（中国石油勘探开发研究院）

摘 要：CO_2 捕集、利用与埋存（CCUS）商业化的关键因素是通过工业 CO_2 排放源与油田间的源汇匹配，筛选出最具经济性的匹配方案。基于油藏驱油潜力和油田 CO_2 驱注气的阶段开发特点，以油田可承受 CO_2 极限成本为约束条件，CCUS 商业化项目的总成本现值最小为优化目标，建立了工业 CO_2 排放源与具有效益开发潜力油藏的 CCUS 源汇匹配评价流程和相关指标计算方法。并以我国东部地区某油田及附近碳源为例，筛选出可承受 CO_2 极限成本大于 150 元 /t 的油田区块，将 CCUS 全生命周期划分为 6 个阶段，完成燃煤电厂（碳源地）与油田区块间管道布局和 CO_2 注入井的接替（分阶段）注采规划，并发现当油价高于 70 美元 /bbl 时，油田区块的平均可承受 CO_2 极限成本接近该源汇匹配下的全生命周期 CO_2 平均供给成本。

关键词：CO_2 捕集、利用与埋存（CCUS）；可承受极限成本；源汇匹配；管道和注采规划

CCUS Source-Sink Matching Method Based on the Potential of CO_2 Flooding

WANG Fang, QIN Jishun, ZHOU Tiyao, YANG Yongzhi

(Research Institute of Petroleum Exploration & Development)

Abstract: The key factor for CO_2 capture, utilization and storage (CCUS) commercialization is to screen the most economical matching scheme through source-sink matching between industrial emission source and oil field. In this paper, based on the flooding potential of oil reservoirs and stage development characteristics of CO_2 flooding and gas injection of oil fields, a CCUS source-sink matching evaluation process and calculation method of relevant indicators were developed under the constraint of the affordable CO_2 limit cost of the targeted oil fields, and with the minimum total present cost value of the CCUS commercial project as the optimization target. In addition, this paper took a certain oil-field and its nearby carbon sources in the eastern region of China for instance, screened the oil blocks whose affordable CO_2 limit cost was higher than RMB 150/t, and divided the whole lifecycle of CCUS into 6 stages, completed the distribution of pipelines between coal-fired power plants (carbon source) and oil blocks and the replacement (staged) injection-production planning for CO_2 injection wells, and the results showed that

---

基金项目：国家"十三五"重大科技专项"CO_2 捕集、驱油与埋存发展规划研究"（2016ZX05016-005）；中国石油天然气股份有限公司专项"CCUS 资源潜力评价和配套政策研究（2014E-3606）"。

when international crude oil price was above $ 70/ barrel, the average affordable CO_2 limit cost was close to the average CO_2 supply cost during the whole lifecycle under this source-sink matching.

Key words: CO_2 capture; utilization and storage (CCUS); affordable limit cost; source-sink matching; pipeline and injection-production planning

CO_2 捕集、利用与埋存（CCUS）是指将工业排放源中的 CO_2 捕集后注入油藏驱替原油，提高石油采收率，同时将 CO_2 永久埋存在油藏地质体中[1]。CO_2 驱油技术增产原油收益可以提供持续的现金流，因此被视为目前最具经济竞争力的 CCS 技术[2]。CCUS 是资本高度密集的产业[2]，CCUS 源汇匹配是指在一定的区域内，优选 CO_2 排放源和油藏封存汇，合理规划 CO_2 捕集和注入埋存方案以及管道布局设想，以降低项目的资本投资，破除 CCUS 商业化推广壁垒。

国内外关于 CCUS 源汇匹配的研究提出了众多管网布局模型和规划方案，如美国能源技术实验室（NETL）的 WEST-CARB 模型[3]、欧盟联合研究中心（JRC）的 InfraCCS 模型[4]、清华大学的 ChinaCCUS 模型[5] 和 CCSA 的英国 CCS 规划[6] 等。上述模型和规划将油藏和盐水层的 CO_2 埋存潜力统一计算为埋存空间容量，忽视了油藏与盐水层的物性差异，因此上述方法仅适用于产业战略规划，不能满足 CCUS 商业化项目设计和规划的需求。State CO_2-EOR Deployment Work Group 的全美 CO_2 管网规划方案[7] 和 Ambrose[8] 等基于油田理论埋存潜力的源汇匹配方法，未考虑 CO_2 驱油技术具有阶段注气开发的特点，因此仅可作为盆地区域 CO_2 驱油技术布局和管网规划的依据。

本文针对不同行业的 CO_2 排放源和不同物性油藏，在油藏 CO_2 驱油与埋存潜力评估的基础上，构建了涵盖油藏筛选、管网布局和油田接替开发规划方案等要素的源汇匹配方法，该方法的核心思想是寻求 CCUS 全生命周期投入产出比最低，以降低项目投资成本和各环节投资风险，实现整个产业链的经济效益最大化。文中通过具体实例，给出了我国东部区域典型油田与周边工业 CO_2 排放源的 CCUS 项目规划。

1 方法理论依据

1.1 油藏封存汇的筛选

与盐水层地质体不同，油藏区块在开展 CCUS 源汇匹配之前，需要以油藏和原油的固有特性为基础，通过 CO_2 驱潜力评价，从众多油藏中初筛选出具有效益开发潜力的油藏区块，明确是否为混相驱、驱替方式和气驱残余油饱和度，并对适合的油藏开展油藏进行精细描述，通过数值模拟，编制注气方案。

目前的油藏筛选指标主要包括储层岩石特征指标、油藏特征指标和原油特征指标[9-10]等，由于经济性是决定 CCUS 是否可行的核心指标，本文引入油田区块可承受 CO_2 极限成本这一新筛选指标，进一步筛除经济效益差的油藏，减少无效源汇匹配。

油田气驱开发阶段内的总利润为收益与生产经营投资的差额：

$$NPV = C_{os} + C_{sv} - C_{capex} - C_{CO_2} - C_{opex} - C_{tax} \quad (1)$$

式中　C_{os}、C_{sv}、C_{capex}、C_{CO_2}、C_{opex}、C_{tax}——原油销售收入现值、固定资产残值现值、操作成本现值、CO_2购入成本现值、税金现值及其他，元。

记CCUS项目开发年限为N，则原油销售总收入和固定资产残值总和为：

$$C_{os} + C_{sv} = \sum_{i=1}^{N}\left[F_{oil} \times Q_{oil}(t) \times \alpha\right] \times (1+r)^{-t} + R_f \times N_W \times F_{capex} \times (1+r)^{-N} \quad (2)$$

式中　N_W——注气井和泵油井总数，口；
　　　F_{oil}——油价，元/t；
　　　$Q_{oil}(t)$——t时间段的产油量，t；
　　　r——折现率，%；
　　　R_f——固定资产残值率，%；
　　　F_{capex}——单井固定投资成本，元。

生产经营投资包含固定投资、操作成本、税费和CO_2购买成本等。固定投资包括钻井、CO_2驱注采工程和地面工程等投资；操作成本涵盖基本运行费、人工费、注入费、油气处理费、采出CO_2净化费等；税费是指销售税金、资源税和特别收益金总和，记单井平均固定投资为F_{capex}，CO_2驱吨油操作成本为F_{opex}，综合税率记为R_s，则固定投资成本、操作成本和税费总和为：

$$C_{capex} + C_{opex} + C_{tax} = \sum_{i=1}^{N}\left[F_{capex} \times N_w(t) + F_{opex} \times Q_{oil}(t) + R_s \times Q_{oil}(t) \times \alpha\right] \times (1+r)^{-t} \quad (3)$$

式中　$N_w(t)$——t时间段注气井和采油井总数，口；
　　　F_{opex}——单井操作成本，元；
　　　R_s——资源税和特别收益金，元/t；
　　　α——原油商品率，%。

每吨CO_2购买价格记为F_{CO_2}，项目运行期限内CO_2购买成本总和为：

$$C_{CO_2} = \sum_{i=1}^{N}\left[Q_{CO_2}(t) \times F_{CO_2}\right] \times (1+r)^{-t} \quad (4)$$

式中　Q_{CO_2}——t时间段的CO_2注入量，t；
　　　F_{CO_2}——CO_2价格，元/t。

当CO_2的购买成本使得油田CO_2驱油项目总利润现值为0时，此时的CO_2价格即为该油田区块可承受的CO_2极限成本：

$$NPV\left(F_{limit-CO_2}\right) = 0 \quad (5)$$

联立式（1）至式（5）得到油田区块可承受的CO_2极限成本：

$$F_{\text{limit-CO}_2} = \left\{ \left[\left(F_{\text{oil}} \times \alpha - F_{\text{opex}} - R_t \times F_{\text{oil}} \times \alpha - R_s \times \alpha \right) \times \sum_{i=1}^{N} Q_{\text{oil}}(t) - F_{\text{capex}} \times \right. \right.$$
$$\left. \left. \sum_{i=1}^{N} N_w(t) \times (1+r)^{-t} + R_f \times N_W \times F_{\text{capex}} \times (1+r)^{-N} \right] \middle/ \sum_{i=1}^{N} Q_{\text{CO}_2} \times (1+r)^{-t} \right\} \quad (6)$$

CCUS 油藏筛选的约束条件：

$$NPV\left(F_{\text{limit-CO}_2}\right) = 0 \quad (7)$$

现阶段新型煤化工企业的煤制合成气工艺环节排放的高浓度 CO_2 的捕集和压缩成本为 120～140 元/t[2]，而运输成本与源汇距离和输送量相关，因此在目前驱油技术条件下，可承受 CO_2 极限成本＜150 元/t 的油田区块开展 CCUS 的经济较差，暂不考虑开展源汇匹配。

1.2 油藏 CO_2 驱动态开发分析

依照吉林油田 CCUS 示范工程 CO_2 驱注采动态分析，油田区块目前水驱条件下，停止水驱开发，开始实施 CO_2 驱。注气方式为先连续注 0.2HCPV 的 CO_2，再水气交替（体积比为 1∶1）注入 0.4HCPV，注入速度为 0.033～0.047HCPV/a。通过模拟 15a 的注采数据，可以看出开展 CO_2 驱后，油田年 CO_2 注入量是动态变化的（图 1）[10]。通常油田开展 CO_2 驱 5a 后，伴生气净化后循环注入，使油田区块新购入的 CO_2 气量减少。由于油藏 CO_2 驱油与单纯的 CO_2 封存在注气阶段性上的差异，在 CCUS 源汇匹配中需结合油田区块的接替开发开展动态源汇匹配及优化。

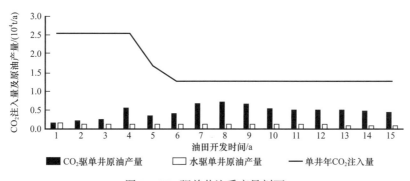

图 1 CO_2 驱单井注采产量剖面

2 CCUS 源汇匹配方法的设计和构建

2.1 模型架构及假设条件

本文首先在地理信息系统（ArcGIS）中建立包含油藏区块的油藏参数信息和工业 CO_2 排放源信息的源汇数据库；继而通过开展油藏 CO_2 驱油潜力评价，对油田区块进行筛选和分级，明确有效 CO_2 封存汇；最终将筛选出的油田区块 CO_2 驱注采数据结果和源汇间加权距离导入 GAMS 软件，将优化结果返回给 ArcGIS 和 CCUS 经济评价模块，生成管道的空间分布图和油田 CO_2 驱接替开发方案。

CCUS 源汇优化模型中有以下假设条件：

（1） CO_2 驱油潜力差和可承受的 CO_2 成本较低的油田区块现阶段不开展源汇匹配。

（2）优先匹配捕集成本较低的工业 CO_2 排放源。

（3）油田区块 CO_2 注入量和循环量的动态接替，以达成 CCUS 的近零排放要求。

（4）碳捕集装置、压缩装置和输送管道的基建投资大和运行成本高，成本经济性与装置规模化成正比，因此单点 CO_2 排放源与多个油田区块匹配经济性更优。

2.2 数学建模

CCUS 总成本现值由 4 部分构成：捕集装置投资和运行维护费用现值、压缩装置投资和运行维护费用现值、网管投资和运行维护费用现值、驱油投资（钻采工程、地面工程等）和运行维护现值。以 5a 为 1 个阶段，每一阶段的优化目标是使该阶段 CCUS 总成本现值最小。目标函数计算公式如下：

$$\text{Min: } F = \sum_{i=1}^{N}\left[C_{\text{CAPEX}}^{\text{capture}}(i) + C_{\text{OPEX}}^{\text{capture}}(i)\right] \times y_{\text{capture}}(i,t) + \sum_{i=1}^{N}\left[C_{\text{CAPEX}}^{\text{compress}}(i) + C_{\text{OPEX}}^{\text{compress}}(i)\right] \times y_{\text{compress}}(i,t)$$

$$+ \sum_{i=1}^{N}\sum_{j=1}^{M}\left[C_{\text{CAPEX}}^{\text{transport}}(i,j) + C_{\text{OPEX}}^{\text{transport}}(i,j)\right] \times y_{\text{transport}}(i,j,t) + \sum_{i=1}^{N}\left[C_{\text{CAPEX}}^{\text{eor}}(i) + C_{\text{OPEX}}^{\text{eor}}(i)\right] \times y_{\text{eor}}(i,t)$$

约束条件包括针对节点的捕集量限制、注入量限制、压缩容量约束、质量守恒约束，针对油田区块阶段性投产限制、质量流量限制等以下方面：

CO_2 捕集限制：

$$\sum_{i=1}^{N} Q_{\text{eor}}(i,t) \leqslant \sum_{j=1}^{M} Q_{\text{capture}}(j,t)$$

$$\forall i \in S \quad \forall j \in R \quad \forall t \in \{1, 2, \cdots, 30\};$$

油田区块 CO_2 注入量限制：

$$y_{\text{eor}}(i,t) \times \left[Q_{\text{eor}}(i,t) + Q_{\text{cyc}}(i,t)\right] \leqslant Q_{\text{sink}}(i,t)$$

$$\forall i \in S \quad \forall t \in \{1, 2, \cdots, 30\};$$

质量平衡：

$$\sum_{i=1}^{N} Q(j,i,t) - \sum_{i=1}^{N} Q(i,k,t) - Q_{\text{eor}}(i,t) = 0$$

$$\forall i \in R \quad \forall j \in R \quad \forall k \in R \quad \forall t \in \{1, 2, \cdots, 30\};$$

CO_2 驱稳产后油田投产限制：

$$\sum_{i=0}^{N} y_{\text{eor}}(i, t+5) \leqslant \sum_{i=0}^{N} y_{\text{eor}}(i, t) + 1$$

$$\forall i \in R \quad \forall t \in \{1, 2, \cdots, 30\};$$

压缩设备容量约束：

$$\sum_{i=1}^{N} P_{\text{compress}}^{\text{capacity}}(i, t) - \sum_{i=1}^{N} P_{\text{compress}}(i, t) \geqslant 0$$

$$\forall i \in P \quad \forall t \in \{1, 2, \cdots, 30\};$$

管道质量流量约束：

$$y_{\text{transport}}(i, j, t) \times Q_{\text{min limit}} \leqslant Q(i, j, t) \leqslant y_{\text{transport}}(i, j, t) \times Q_{\text{max limit}}$$

$$y_{\text{transport}}(i, j, t) + y_{\text{transport}}(j, i, t) \leqslant 1$$

$$\forall i \in R \quad \forall j \in R \quad \forall t \in \{1, 2, \cdots, 30\};$$

式中 $C_{\text{CAPEX}}^{\text{capture}}(i)$、$C_{\text{OPEX}}^{\text{capture}}(i)$ ——CO_2 捕集装置 i 的建设投资和运行维护成本；

$C_{\text{CAPEX}}^{\text{compress}}(i)$、$C_{\text{OPEX}}^{\text{compress}}(i)$ ——压缩机 i 的建设投资和运行维护成本；

$C_{\text{CAPEX}}^{\text{transport}}(i, j)$、$C_{\text{OPEX}}^{\text{transport}}(i, j)$ ——油田区块 i 到 j 之间的管道建设投资和运行维护成本；

$C_{\text{CAPEX}}^{\text{eor}}(i)$、$C_{\text{OPEX}}^{\text{eor}}(i)$ ——CO_2-EOR 钻采和地面工程基建投资和运行维护成本；

$Q_{\text{capture}}(j, t)$ ——排放源 j 在 t 时间段 CO_2 捕集量，t；

$Q_{\text{eor}}(i, t)$ ——油田区块 i 在 t 时间段 CO_2 注入量，t；

$Q_{\text{cyc}}(i, t)$ ——油田区块 i 在 t 时间段采出气循环注入量，t；

$Q_{\text{sink}}(i, t)$ ——t 阶段油田区块 i 的 CO_2 封存潜力，t；

$Q(j, i, t)$ ——t 阶段由油田区块 j 流向油田区块 i 的 CO_2 量，t，i 与 j 相等时为 0；

$Q(i, k, t)$ ——t 阶段由油田区块 i 流向油田区块 k 的量，t；

$Q_{\text{max limit}}$ ——管道流量的上限，t，一般可设为全部油田 CO_2 需求量之和；

$Q_{\text{min limit}}$ ——管道流量的下限，t；

$y_{\text{pipe}}(j, i, t)$ ——记录 t 阶段节点 i 到 j 之间是否存在管道的 0~1 变量；

$P_{\text{compress}}^{\text{capacity}}(i, t)$ ——t 时间段 i 压缩机的总压缩功率，MW；

$P_{\text{compress}}(i, t)$ ——t 时间段压缩机的压缩功率，MW；

$$y_{\text{capture}}(i, t) \in 0, 1 \quad \forall i \in S \quad \forall t \in \{1, 2, \cdots, 30\};$$

$$y_{\text{compress}}(i, t) \in 0, 1 \quad \forall i \in P \quad \forall t \in \{1, 2, \cdots, 30\};$$

$$y_{\text{transport}}(i, j, t) \in 0, 1 \quad \forall i \in R \quad \forall j \in R \quad \forall t \in \{1, 2, \cdots, 30\};$$

$$y_{\text{eor}}(i, t) \in 1, 0 \quad \forall i \in R \quad \forall t \in \{1, 2, \cdots, 30\};$$

S ——CO_2 排放源集合；

P——压缩机集合；

N——管道集合；

R——油田区块集合。

排放企业捕集 CO_2 后，所减排的碳可用于排放权交易获利；石油企业利用 CO_2 驱油增产，同时也面临 CO_2 地层泄漏的风险，油田企业经营风险增大，因此政府推行减免资源税或者埋存补贴才有利于推动油田企业选择 CCS-EOR。

$$\text{Min}: F = \sum_{i=1}^{N}\left[C_{\text{CAPEX}}^{\text{capture}}(i) + C_{\text{OPEX}}^{\text{capture}}(i) + C_{\text{CER}} \times Q_{\text{capture}}(i)\right] \times y_{\text{capture}}(i,t) + \sum_{i=1}^{N}\left[C_{\text{CAPEX}}^{\text{compress}}(i) + C_{\text{OPEX}}^{\text{compress}}(i)\right]$$
$$\times y_{\text{compress}}(i,t) + \sum_{i=1}^{N}\sum_{j=1}^{M}\left[C_{\text{CAPEX}}^{\text{transport}}(i,j) + C_{\text{OPEX}}^{\text{transport}}(i,j)\right] \times y_{\text{transport}}(i,j,t)$$
$$+ \sum_{i=1}^{N}\left[C_{\text{CAPEX}}^{\text{eor}}(i) + C_{\text{OPEX}}^{\text{eor}}(i) + C_{\text{DS}} \times \left[Q_{\text{eor}}(i) - Q_{\text{cyc}}(i)\right]\right] \times y_{\text{eor}}(i,t)$$

式中 C_{CER}——碳排放权价格，元 /t CO_2；

C_{RT}——原油开采资源税，元 /t 油；

C_{DS}——CO_2 埋存补贴，元 /t CO_2；

$Q_{\text{oil-production}}(i)$——$CO_2$ 驱原油增产量，t。

3 案例分析

本文选取我国东部地区典型油田与周边工业 CO_2 排放源作为案例进行源汇匹配研究。

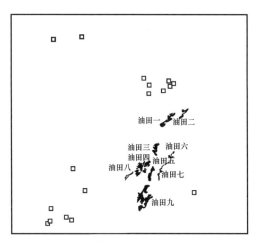

图 2 东部典型油藏与燃煤电厂分布

CO_2 排放源与油田区块分布如图 2 所示，区域内油田区块分布较为分散，附近大规模工业 CO_2 排放源呈聚群分布，以燃煤电厂、水泥厂和钢铁厂为主，无煤化工、制氢等高浓度工业 CO_2 排放源。本文以区域内单点 CO_2 排放量 $>100\times10^4$ t/a、分布最密集且捕集技术较为成熟的燃煤电厂作为碳源。根据数据收集，筛选出该区域装机容量大于 300MW 的燃煤电厂共 15 座，可捕集 CO_2 量超过 2000×10^4 t/a。通过 CO_2 驱油的潜力评价方法[10]评价区域内 9 个油田区块的技术可行性，该区域内油田 CO_2 封存量为 6000×10^4 t，可注入井数为 1020 口。

3.1 油田区块筛选

首先模拟水气交替注入方式，计算各区块 15a 的水、气、油和循环气注采参数。初步筛选出油田六和油田九可注入井数上限和累计总注入量过低，不适合开展 CO_2 驱技术提高石油采收率。再应用式（9）计算剩余各油田区块 CO_2 承受极限成本进行二次筛选，在不考虑碳排放权交易价格和 CO_2 埋存补贴的条件下，油田七和油田八在原油价格为110美元/bbl 条件下，可承受 CO_2 极限成本才为正值，在目前技术和政策条件下也不适宜开展 CO_2 驱技术，筛选结果如表1所示。通过2次油藏筛选，仅剩5个油田在技术和经济上适宜开展 CCUS。

3.2 CCUS 阶段开发规划

适合开展 CO_2 驱的5个油田区块作为5个 CO_2 输送主管道节点，共计875个注入井作为 CO_2 输送支线管道节点。以 CO_2 捕集装置、运输管道等设备的运行周期为30a、单井 CO_2 驱开发为15a计，依据上文中 CCUS 源汇优化方法，对筛选后的5个油田区块未来30a内阶段开发规划进行分析和评价，以达到排放企业、管道输送企业和油田企业的经济性最优。通过优化得到30年内共6个阶段的源汇匹配和管道布局如图3所示。

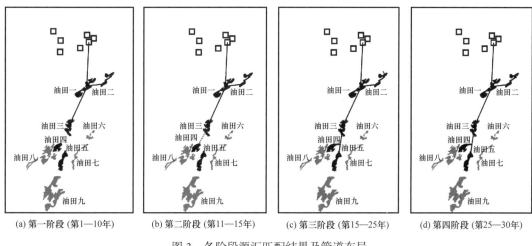

(a) 第一阶段 (第1—10年)　(b) 第二阶段 (第11—15年)　(c) 第三阶段 (第15—25年)　(d) 第四阶段 (第25—30年)

图3　各阶段源汇匹配结果及管道布局

CO_2 排放源优选区域内1家装机容量为 $2\times330MW$ 的新建燃煤电厂，发电率80%时该燃煤电厂年发电量为 $46\times10^8 kW\cdot h$，两台机组 CO_2 排放量约为 $452\times10^4 t/a$。可满足区域内5个油田区块接替开发注气量需求。

5个油田区块各阶段投产方案的优化结果如表1所示。

在管道规划方案下，结合油田利用 CCUS 成本分析计算模块，对源汇匹配方案进一步开展经济性分析和评估。区域最优规划下，在 CO_2 捕集装置和管网设施的寿命年限内，5个油田区块分阶段开发，30a内注入并埋存 CO_2 共计 $5460\times10^4 t$，生产原油 $1245\times10^4 t$。CO_2 捕集装置设计为 $200\times10^4 t/a$，建设投资成本为6.4亿元，压缩装置投资成本为2.7亿元，管道共计175km，分两期建设，第一期3条管道建设投资2.29亿元，第二期1条管道建设0.88亿元，全生命周期 CO_2 的平均供给成本为272元/t。当油价70美元/bbl时，油田区块的可承受 CO_2 极限成本可降至270元/t。因此在现阶段原油价格和政策条件下，规划区域开展 CCUS 的经济可行性较低。

表 1 各阶段油田区块投产井数、停注井数和新建管道长度规划

项目	油田区块	第一阶段（第 1~5a）	第二阶段（第 6~10a）	第三阶段（第 11~15a）	第四阶段（第 16~20a）	第五阶段（第 21~25a）	第六阶段（第 26~30a）
CO_2 捕集量 / (10^4t/a)	一	51（注 120 口）	26（注 120 口）	26（注 120 口）	0	0	0
	二	54（注 116 口）	54（注 164 口）	54（注 202 口）	33（停注 116 口，注气 114）	13（停注 164 口，注气 56）	7（停注 202 口，注气 28）
	三	95（注 173 口）	120（注 305 口）	107（注 345 口）	95（停注 173 口，注气 172）	11（停注 305 口，注气 40）	0
	四	0	0	13（注 30 口）	8（注 30 口）	8（注 30 口）	0
	五	0	0	0	64（注 46 口）	150（注气 150）	103（注气 150）
排放源捕集量（10^4t/a）		200	200	200	200	182	110
管道建设长度 / km		132（气源至油田一管道 49km；油田一至油田二管道 27km；油田一至油田三管道 56km）			油田三到油田五采用槽车运输	43（油田三至油田五管道 43km；油田五至油田四槽车运输）	

国际油价或将长期在 60 美元 /bbl 左右徘徊，导致油田可承受的 CO_2 极限成本将长期维持在较低的范围内。通过筛选和测算，我国中西部地区油田可承受 CO_2 极限成本普遍高于东部油田，排放烟气中含中高浓度 CO_2 的煤制油、煤制天然气和煤制合成氨等新型煤化工企业也分布在人口密度较低的中西部地区。建议根据本文研究方法，引入中长期 CCUS 政策，如电价补贴，差价合约（CfD）、CO_2 驱资源税减免等激励政策[2]，对鄂尔多斯盆地和准噶尔盆地内排放高浓度 CO_2 的煤化工企业聚群与距离 100km 范围内的同省份的油田开展源汇匹配，规划出现阶段商业可行的规模化 CCUS 项目。

4 结论

现有的 CCUS 源汇匹配方法未考虑到油藏 CO_2 驱油潜力和油田阶段开发的特点，规划结果难以作为 CCUS 商业推广的依据。本文构建的基于油藏埋存潜力的 CCUS 源汇匹配方法，在油藏潜力评价和筛选的基础上，提出油田区块可承受 CO_2 极限成本的方法的油藏筛选新方法，进一步筛出注气经济效益差的油藏，在油田接替开发方式的基础上的源汇匹配方法，增强了油藏与工业 CO_2 排放源间匹配、管道布局规划和油田开发的合理性和有

效性，提高了CCUS全生命周期经济效益。

应用结果显示，依照本文研究成果开展的区域内CCUS源汇匹配，可为我国东部地区的油田公司与燃煤电厂的CCUS商业化合作规划提供参考。

参 考 文 献

[1] 20 Years of Carbon Capture and Storage [R]. Paris, France: IEA, 2016. https://webstore.iea.org/20-years-of-carbon-capture-andstorage.

[2] Roadmap for Carbon Capture and Storage Demonstration and Deployment in the People's Republic of China [R]. Manila, Philippines: ADB, 2015. https://www.adb.org/publications/roadmapcarbon-capture-and-storage-demonstration-and-deployment-prc.

[3] HERZOG H, MYER L. West coast regional carbon sequestration partnership CO_2 sequestration GIS analysis J/OL]. [2013-03-01]. http://www.netl.doe.gov/kmd/cds/disk22/H%20-%20Injectivity%20and%20Field%20Tests%20from%2020Sequestration%20RD&D/wEST%20Coast%20Regional%20Carbon%20Sequestration%20Partnership/GIS.pdf.

[4] MORBEE J, SERPA J, ZIMAS E. Optimal planning of CO_2 transmission infrastucture: The JRC Infra CCS tool [J]. Energy Procedia, 2011, 4: 2772-2777.

[5] 孙亮，陈文颖. 基于GAMS的CCUS源汇匹配动态规划模型 [J]. 清华大学学报（自然科学版），2013, 53（4）: 421-426.

[6] Delivering CCS Essential Infrastructure for A Competitive, Low-Carbon Economy [Z]. London, UK: CCSA, 2016.

[7] 21st Century Energy Infrastructure: Policy Recommendations for Development of American CO_2 Pipeline Networks [Z]. State CO_2-EOR Deployment Work Group, 2017.

[8] AMBROSE W A, BRETON C, HOLTZ M H. CO_2 source-sink matching in the lower 48 United States, with examples from the Texas Gulf Coast and Permian Basin [J]. Environmental Geology, 2009, 57（7）: 1537-1551.

[9] 邓波，李鸿，曹建，等. 注CO_2驱油藏先导性筛选评选方法 [J]. 西南石油大学学报（自然科学版），2009, 31（2）: 105-108.

[10] 雷怀彦，龚承林，官宝聪. 注CO_2混相驱油藏筛选新方法 [J]. 中国石油大学学报（自然科学版），2009（1）: 72-76.

[11] 沈平平，廖新维，刘庆杰. 二氧化碳在油藏中埋存量计算方法 [J]. 石油勘探与开发，2009（2）: 216-220.

（本文原刊于《环境工程》2019年第2期）

电厂烟气低浓度CO_2的粉煤灰直接液相矿化技术

王晓龙[1]，刘蓉[1,2]，王琪[1]，李旭[1]，刘练波[1]，郜时旺[1,3]

（1. 中国华能集团清洁能源技术研究院有限公司；2. 煤基清洁能源国家重点实验室；
3. 二氧化碳捕集与处理北京市重点实验室）

摘 要：以粉煤灰为原料采用直接液相法矿化封存燃煤电厂烟气中二氧化碳是一种适合我国国情的新型二氧化碳捕集与利用一体化技术。本文考察了粉煤灰物相组成、温度、固液比、气速、压力等工艺条件对矿化反应的影响，采用XRD、热重分析等手段研究了温和条件下粉煤灰的矿化反应机制。研究表明，增大悬浮液固液比能够有效增加CO_2捕集能力，但是会降低钙的转化率；烟气流速超过一定值后，CO_2溶解成为决速步，Ca转化率达到饱和；温度对矿化反应有重要影响，对工艺温度条件的研究是进一步提高矿化反应效果的关键。基于该技术设计了5×10^4t/a 二氧化碳直接液相矿化装置，估算了设备投资和运行成本。与国外采用天然矿石原料的二氧化碳矿化技术相比，该技术反应条件更加温和，同时实现粉煤灰利用与温室气体减排，技术前景广阔，对我国未来实行碳中和目标具有价值。

关键词：粉煤灰；二氧化碳；捕集；直接液相；矿化封存

A New Direct Aqueous Mineralization Process to Capture CO_2 From Coal-Fired Power Plant Using Fly Ash

WANG Xiaolong[1], LIU Rong[1,2], WANG Qi[1], XU Li[1],
LIU Lianbo[1], GAO Shiwang[1,3]

（1. China Huaneng Group Clean Energy Research Institute；2. State Key Laboratory of Clean Coal-based Energy；3. Beijing Key Laboratory of CO_2 Capture and Treatment）

Abstract: The direct mineralization process using fly ash to storage CO_2 from coal-fired power plant would be a suitable emission reduction technology for China. This paper investigates the effects of process conditions such as chemical and phase composition of fly ash, temperature, gas flow rate, solid to liquid ratio, gas velocity and pressure on the carbonation reaction. The X-ray powder diffraction(XRD) and thermogreviamic analysis(TGA) method were used to study the

---

基金项目：华能集团总部科技项目（HNKJ17-H02）。

carbonation reaction mechanism of fly ash with CO₂. The results indicate that, increasing the solid to liquid ratio could effectively improve the CO_2 sequestration capacity but decrease the Ca conversion rate. When the flue gas velocity exceeded a certain value, CO_2 dissolution became the rate-determining step, and the Ca conversion rate reached saturation. The temperature had an important effect on mineralization reaction, studying the process temperature was the key to further improve the effect of mineralization reaction. The maximum CO_2 sequestration capacity of Beijing fly ash reached 0.066 kg CO₂/kg fly ash (ς_{Ca}=50.9%) at 60℃ with the solid/liquid ratio of 100 g/L and the gas flow rate of 350 mL/min. Based on this technology, a 50000 t/a CO_2 direct aqueous mineralization device was designed, and the equipment investment and operation cost were estimated. Compared with the foreign carbon dioxide mineralization technology using natural ore raw materials, the reaction conditions of this technology are more mild, and the utilization of fly ash and greenhouse gas emission reduction can be realized at the same time. The technical prospect is broad, which is of great value to the future implementation of carbon neutralization target in China.

Key words: fly ash; carbon dioxide; capture; direct aqueous process; mineralization sequestration

温室效应对人类的危害在逐渐加重，减少二氧化碳（CO_2）排放是各个国家与机构所需要解决的问题，在第75届联合国大会上习近平主席提出中国要在2060年前实现碳中和，CO_2的减排由多条技术路线，CO_2矿化封存技术安全性高，环境影响小，封存能力强，可利用矿物资源丰富，可实现永久封存，是一种潜力巨大的CO_2减排技术[1-4]。然而，现有矿化工艺由于使用天然矿石为原料，或是能耗高、反应速率过低、反应条件要求严格[5]，或是化学试剂回收困难、易产生二次污染[2]，此外适合作为矿化原料的蛇纹石、橄榄石等矿石具有工艺品价值[6]，这些因素妨碍了CO_2矿化封存技术在我国的商业化进程[7-8]。另外，我国粉煤灰产生量约$6.2×10^8$t/a[9]，但利用率为80%左右[10]，其中在建筑行业的使用就占到总量的70%[11]。然而，有一大部分粉煤灰氧化钙含量较高，容易影响水泥制品的安定性[12-13]，其应用受到限制。但高钙粉煤灰可固定矿化CO_2，并且与CO_2排放源距离很近，对矿化封存燃煤烟气中CO_2具有很好的适用性[14-16]。目前CO_2直接液相矿化所需矿石成本相对较高，且需要研磨等预处理，消耗大量能量，因此，本文提出一种电厂烟气低浓度CO_2的粉煤灰直接液相矿化新技术。该技术不仅能有效提高粉煤灰的利用并且能够降低电厂CO_2排放，是一种非常适合我国国情的新型二氧化碳捕集与利用一体化技术。

1 试验材料和方法

1.1 试验材料和仪器

本试验选取了来自华能集团下属的上海热电厂一期和二期、内蒙古热电一厂、北京高碑店热电厂、乌海热电厂等 5 种粉煤灰作为试验样品。

使用的主要仪器有 IKA C-MAG HS-7 型数控加热型磁力搅拌器、Parr-4566 型高压搅拌反应釜、Rigaku ZSX Primus II 型 X 射线荧光光谱仪（XRF，带 5 种分光晶体，测量范围从 F 到 U）、Rigaku D/MAX-IIIA 型 X 射线粉末衍射仪（XRD，2θ 范围 5°～90°，角度准确度 ±0.04°）、TA-Q500 型热重分析仪（TGA，准确度 ±0.02%RSD）等。

1.2 试验方法

粉煤灰样品首先经 105℃ 干燥至恒重，随后使用 XRF 对样品的化学组成进行分析，测试得到上海一期、上海二期、乌海热电、内蒙古热电、北京热电 5 种粉煤灰的钙质量分数（以 CaO 质量分数计），分别为 7.6%、7.3%、13.4%、4.0%、16.4%。根据 XRF 结果，选取 CaO 质量分数较高的乌海粉煤灰和北京粉煤灰为进一步试验样品进行系统的矿化试验研究。矿化试验在容积为 250mL 的三口烧瓶内进行，试验条件为常压，将粉煤灰与超纯水按照一定的固液比配置成 100mL 悬浮液置于三口烧瓶中，以数控加热型磁力搅拌器通过水或硅油间接加热，磁力转子的搅拌速度设定为 500r/min，使粉煤灰在水中均匀分散。三口烧瓶通过蛇形冷凝管回流以便降低蒸发损失。图 1 为常压矿化试验装置[15]。当温度升到指定反应温度时直接通入模拟烟气 [$x(CO_2)$=15%，$x(N_2)$=85%]，模拟烟气来自气瓶。通入模拟烟气后开始计时，之后分别在 5min、10min、15min、30min、60min 用注射器吸取 3mL 悬浮液，悬浮液吸出后经 0.20μm 过滤，取其固体产物放入恒温干燥箱在 105℃ 下进行干燥 12h。

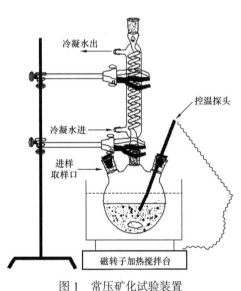

图 1 常压矿化试验装置

反应 90min 后，停止通气，采用三口烧瓶内用水迅速冷至室温，并对其中的粉煤灰悬浮液用 0.20μm 微孔滤膜和针头式过滤器过滤，将固体产物放入 105℃ 干燥箱中干燥 12h。干燥固体研磨均匀后，取粉末样品进行 TGA 热重试验分析，从而确定 Ca 转化率。取少量试验前和试验后粉末进行 XRD 分析，对比确定矿化反应前后样品物相组成的变化，结果见表 1。试验在不同条件下反复进行，主要考察温度、气速、固液比对粉煤灰中 Ca 转化率的影响。在 60～100℃ 温度范围是电厂低品位热源容易保持的温度范围，60～350mL/min 气速内可以较好地反映出矿化效果与温度的关系，50～200g/L 的固液比范围可以保证在合理矿化效率的前提下实现较快的处理速度。

根据常压下矿化反应试验的结果，选取一种粉煤灰考察其矿化反应在加压条件下的变化。加压矿化试验在 Parr-4566 型反应釜中进行，试验装置如图 2 所示。

表 1　粉煤灰物相组成表　　　　　　　　　　　　　　　　　　　　　　　单位：%

物相组分	乌海灰	北京灰试验前	北京灰试验后[①]
石英 SiO_2	2.6	3.3	3.5
刚玉 Al_2O_3	3.7	—	—
莫来石 $Al_6Si_2O_{13}$	35.2	1.4	1.4
赤铁矿 Fe_2O_3	—	1.4	0.8
磁铁矿 Fe_3O_4	0.9	1.8	1.1
生石灰 CaO	—	1.2	—
羟钙石 $Ca(OH)_2$	—	3.5	—
方解石 $CaCO_3$	—	—	11.2
石膏 $CaSO_4$	—	2.1	1.3
钙铁石 $Ca_2(Al,Fe)_2O_5$	—	0.7	0.3
无定形相	57.6	84.6	80.4

① 反应条件为固液比 200g/L、温度 80℃、气速 250mL/min。

1.3　CO_2 矿化转化率计算方法

采用 TA-Q500 热重分析仪测定粉煤灰的 CO_2 矿化量，以 Ca 转化率表示[18-19]。以 30℃ 为起始温度，初始重量记为 m_{30}，以 20K/min 速率升温至 105℃ 后保持恒温 5min，然后以 20K/min 速率升温至 950℃。热重分析仪对 30~105℃ 内的干燥重量损失 $\Delta m_{30 \sim 150℃}$ 以及 105~950℃ 期间碳酸钙分解带来的重量损失 $\Delta m_{150 \sim 950℃}$ 进行自动记录。CO_2 在矿化产物中的含量 w_{CO_2} 根据式（1）计算：

$$w_{CO_2} = \frac{\Delta m_{105 \sim 950℃}}{m_{30} - \Delta m_{30 \sim 105℃}} \times 100 \quad (1)$$

粉煤灰的 Ca 转化率 ς_{Ca} 可由式（2）计算：

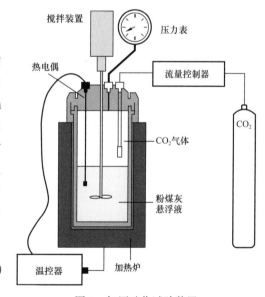

图 2　加压矿化试验装置

$$\varsigma_{Ca} = \frac{w_{CO_2} / M_{CO_2}}{w_{CaO} / M_{CaO}} \times 100 \quad (2)$$

其中，w_{CaO} 为粉煤灰中氧化钙含量，M_{CO_2}、M_{CaO} 为二氧化碳和氧化钙的摩尔质量。

2 矿化反应规律

2.1 两种粉煤灰二氧化碳矿化效果对比

从 XRF 结果可知，北京粉煤灰、乌海粉煤灰的 Ca 质量分数明显高于 2 个上海粉煤灰和内蒙古粉煤灰。北京粉煤灰、乌海粉煤灰中的 Ca 质量分数相差并不大，然而北京粉煤灰中的 Ca 的实际转化率要明显高于乌海粉煤灰中的 Ca 转化率（图 3）。

两种粉煤灰矿化的效果差别较大，原因是不同电厂采用不同的燃烧和烟气处理系统，所产粉煤灰具有不同的物相组成，从而具有不同的化学反应活性。北京电厂锅炉采用煤粉炉且用石灰石—石膏湿法脱硫[18]，粉煤灰中含有反应活性较高的 CaO 和 Ca（OH）$_2$（表 1），还有一部分 Ca 存在于活性较低的无定形相中。而乌海热电厂采用循环流化床锅炉，燃烧温度低，粉煤灰中绝大部分 Ca 存在于无定形相中，故其反应活性较低。

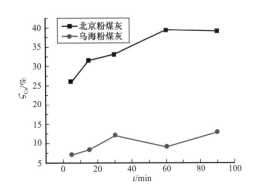

图 3 北京粉煤灰、乌海粉煤灰在常压矿化反应中的 Ca 转化率

温度 60℃，气速 60mL/min，固液比 100g/L

2.2 固液比对矿化反应的影响

固液比对 CO_2 矿化效率的影响如图 4 所示。由图 4 可见，随着反应时间的增加，Ca 转化率会逐渐增大，最终趋于稳定，表明此时矿化反应已基本达到平衡[19-20]。但不同固液比的悬浮液反应速度并不相同。较低浓度的 50g/L 悬浮液在 30min 即可达到 49%，而较高浓度的 200g/L 悬浮液在同样的反应时间只有 38.5% 的 Ca 转化率。虽然较低的固液比有利于 Ca 更快浸出，但最终的 Ca 转化率基本相同。这表明 CO_2 与钙离子反应生成的 $CaCO_3$ 包覆层对粉煤灰中 Ca 的浸出影响较小。综合考虑 CO_2 矿化处理量，工艺设计中建议采用适中的固液比。

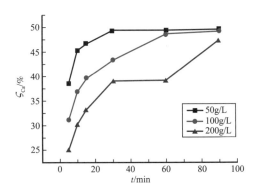

图 4 不同固液比的矿化反应中北京粉煤灰的 Ca 的转化率

温度 80℃，气速 250mL/min

2.3 烟气流速对矿化反应的影响

烟气流速也是工艺设计中的重要指标。对不同烟气流速的影响进行了考察，结果如

图 5 所示。由图 5 可以看出：当气速为 350mL/min 时，ς_{Ca} 达到最大值 50.9%，意味着北京粉煤灰对 CO_2 的封存能力最大值可达 66kg/t（CO_2 粉煤灰）。在低烟气流速时，增加烟气流速可显著提高 Ca 转化率；而烟气流速超过 150mL/min，继续提高烟气流速对 Ca 转化率影响不大。这是由于高气速条件下 CO_2 的溶解是反应的决速步，大量气体还未来得及溶解并反应就已经离开系统[21]。考虑到过高烟气流速不会继续增加 Ca 转化率，反而会增加系统的动力消耗，工艺设计中建议选择适中的烟气流速。

2.4 温度对矿化反应的影响

温度对矿化反应的影响如图 6 所示。由图 6 可知，60℃时的 Ca 转化率高于其他温度。提高温度虽然会增加粉煤灰的 Ca^{2+} 溶出速率，但会降低 CO_2 的溶解度。考虑到高气速条件下 CO_2 的溶解是反应的决速步，选用的温度不宜过高。另外，悬浮液温度的提高也会增加系统的能耗，而 60℃可以利用电厂冷却水中余热等低品位热源来维持反应温度。国外的镁橄榄石或蛇纹石 CO_2 矿化封存技术选用 180℃的高温和 17MPa 的高压条件，而本文提出的粉煤灰直接液相矿化技术温度条件较为温和，可以大幅度降低能源消耗。

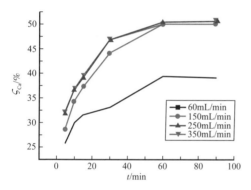

图 5 不同烟气流速下的矿化反应中北京粉煤灰的 Ca 的转化率

温度 60℃，固液比 100g/L

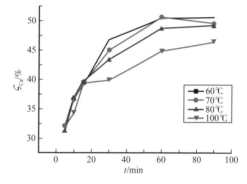

图 6 不同温度下的矿化反应中北京粉煤灰的 Ca 的转化率

气速 250mL/min，固液比 100g/L

2.5 加压矿化反应

在加压矿化试验装置中考察了不同温度下的矿化反应效率，结果如图 7 所示。在密闭的加压搅拌条件下，CO_2 在矿化反应中不再离开试验系统，CO_2 在水中的最大溶解度也会增加，升温造成的 CO_2 溶解度降低带来的不利影响也得到了控制。随着温度的升高，粉煤灰 Ca^{2+} 的溶出速率加快，Ca 转化率有一定的提高。但权衡系统的投资和运行成本，建议采用常压运行。

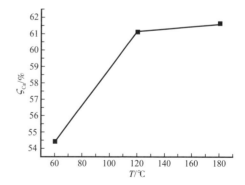

图 7 不同温度下的加压矿化反应中北京粉煤灰的 Ca 的转化率

压力 1.0MPa，固液比 100g/L

3 CO_2 直接液相矿化工艺流程

通过不同条件下 CO_2 直接液相矿化试验，证实该方法可以在温和条件下实现 CO_2 的矿化封存。在此基础上开发出一套可用于 CO_2 直接液相矿化工艺流程，如图8所示。

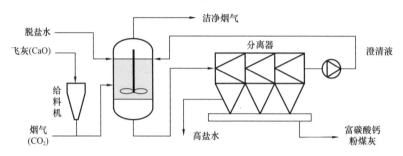

图 8 CO_2 直接液相矿化工艺流程

该工艺的流程包括进气单元、固体进料单元、反应单元和分离循环单元。进气单元指脱硫脱硝后的电厂烟气进入反应器，烟气携带粉煤灰进入反应器中部，脱盐水进入反应器顶部，从而维持液面并保证液相含盐量稳定。固体进料单元主要包括新鲜灰（含 CaO 的烟气飞灰）样进入烟气管道与烟气混合，新鲜灰通过给料机输入流化风总管，由烟气携带进入反应器内。在反应单元中，烟气携带灰样从反应中部进入反应器与液相接触，并保持一定的温度、压力。喷嘴处有搅拌桨，可迅速将气体打碎使其与液相充分接触，使 CaO 与 CO_2 溶于水中发生反应，反应后的烟气从反应器顶部排出。分离循环单元中，反应器底部液体进入分离器，分离器为沉淀设备，固体经沉淀后收集排出，部分澄清液循环返回反应器，其余高盐水排出设备。

该工艺可以应用于现有电厂的改造，集 CO_2 排放源和粉煤灰排放源为一体。基于 5×10^4 t/a CO_2 直接液相矿化装置，进行了设备投资和运行成本估算，具体估算内容见表2。设备总投资约为6400万元，CO_2 的矿化处理费用为285.0元/t，该工艺有待进一步优化，以降低矿化运行成本。

表 2 粉煤灰直接液相矿化装置投资估算

序号	名称	数量	总价/万元
1	反应器	1套	2 200
2	分离器	1套	920
3	换热器	2套	500
4	给料系统	1套	420
5	出料系统	1套	320
6	固体循环系统	1套	500

续表

序号	名称	数量	总价/万元
7	引风机	1台	90
8	阀门	1套	120
9	仪表	1套	220
10	管道	1批	400
11	气体在线分析系统	1套	50
12	DCS控制系统	1套	60
13	土建费用	1项	320
14	安装费用	1项	280

4 结论

（1）增大悬浮液固液比能够有效增加CO_2捕集能力，并影响固液气三相的传质。应选择适宜的烟气流速，烟气流速过低会严重制约矿化反应速率，过高则降低燃煤烟气中CO_2的脱除率。温度对矿化反应有正反两方面的影响，对工艺温度条件的研究是进一步提高矿化反应效果的关键。增加反应压力能够有效促进固液气三相间的传质，对矿化效率有一定提高，但会增加系统的投资和运行成本。

（2）常压条件下，当温度为60℃，固液比为100g/L，气速为350mL/min时，北京粉煤灰对CO_2的封存能力达到最大值[66kg/t（CO_2粉煤灰），$\varsigma_{Ca}=50.9\%$]。结合试验结果，开发出一套CO_2直接液相矿化工艺流程，该工艺可以应用于现有电厂的改造，以较低成本实现CO_2的捕集与粉煤灰的利用。

（3）总而言之，粉煤灰直接液相矿化封存燃煤电厂烟气CO_2技术原料来源丰富、条件温和，是一种非常适合我国国情的新型CO_2捕集与利用一体化技术，是我国实行碳中和目标的有前景的技术储备，未来有待进一步研究，从而降低CO_2矿化成本。

参 考 文 献

[1] SEIFRITZ W. CO_2 disposal by means of silicates [J]. Nature, 1990, 345 (6275): 486.

[2] LACKNER K S, WENDT C H, BUTT D P. Carbon dioxide disposal in carbonate minerals [J]. Energy, 1995, 20 (11): 1153-1170.

[3] 王中辉，苏胜，尹子骏. CO_2矿化及吸收—矿化一体化（IAM）方法研究进展[J]. 化工进展，2021，40（4）：2318-2327.

[4] 任京伟，王涛，陈雨雷. CO_2矿化研究现状及应用潜力[J]. 地球科学，2020，45（7）：2413-2425.

[5] RUBIN E, DE CONINCK H. IPCC special report on carbon dioxide capture and storage [R]. UK: Cambridge University Press. TNO (2004): Cost Curves for CO_2 Storage, Part. 2005, 2: 14.

[6] ZEVENHOVEN R, ELONEVA S, TEIR S. Chemical fixation of CO_2 in carbonates: Routes to valuable products and long-term storage [J]. Catalysis Today, 2006, 115 (1/2/3/4): 73-79.

[7] 王晓龙, 郗时旺, 刘练波. 捕集并利用燃煤电厂二氧化碳生产高附加值产品的新工艺 [J]. 中国电机工程学报, 2012, 32 (增刊 1): 164-167.

[8] KAINIEMI L, ELONEVA S, TOIKKA A. Opportunities and obstacles for CO_2 mineralization: CO_2 mineralization specific frames in the interviews of finish carbon capture and storage (CCS) experts [J]. Journal of Cleaner Production, 2015, 94: 352-358.

[9] GERDEMANN S J, O'CONNOR W K, DAHLIN D C. Exsitu aqueous mineral carbonation [J]. Environmental Science & Technology, 2007, 41 (7): 2587-2593.

[10] 黄根, 王宾, 徐宏祥. 粉煤灰综合利用与提质技术研究进展 [J]. 矿产保护与利用, 2019, 39 (4): 32-37.

[11] 杨星, 呼文奎, 贾飞云. 粉煤灰的综合利用技术研究进展 [J]. 能源与环境, 2018 (4): 55-57.

[12] 王莹莹. 游离氧化钙含量对水泥安定性和强度的影响 [J]. 福建建材, 2012 (10): 11-12.

[13] 肖域, 王晓辉, 马淑花. 循环流化床 (CFB) 粉煤灰中钙的赋存状态研究 [J]. 建筑材料学报, 2021, 24 (3): 663-670.

[14] 王晓龙, 刘蓉, 纪龙. 利用粉煤灰与可循环碳酸盐直接捕集固定电厂烟气中二氧化碳的液相矿化法 [J]. 中国电机工程学报, 2018, 38 (19): 5787-5794.

[15] 王晓龙, 万超然, 郗时旺. 粉煤灰 CO_2 矿化利用溶出实验 [J]. 电力建设, 2014, 35 (7): 58-62.

[16] TEIR S, ELONEVA S, FOGELHOLM C. Fixation of carbon dioxide by producing hydromagnesite from serpentinite [J]. Applied Energy, 2009, 86 (2): 214-218.

[17] HUIJGEN W J, WITKAMP G, COMANS R N. Mechanisms of aqueous wollastonite carbonation as a possible CO_2 sequestration process [J]. Chemical Engineering Science, 2006, 61 (13): 4242-4251.

[18] 崔亮. 华能北京热电厂烟气脱硫项目管理研究 [D]. 保定: 华北电力大学, 2012.

[19] WANG X, MAROTO VALER M M. Integration of CO_2 capture and mineral carbonation by using recyclable ammonium salts [J]. ChemSusChem, 2011, 4 (9): 1291-1300.

[20] ZHANG W, LI J, WANG Q. Desorption and mineralization of CO_2 in amine-based solution by $Ca(OH)_2$ [J]. International Journal of Greenhouse Gas Control, 2020, 97: 103056.

[21] LIU R, WANG X, GAO S. CO_2 capture and mineralization using carbide slag doped fly ash [J]. Greenhouse Gases: Science and Technology, 2020, 10 (1): 103-115.

(本文原刊于《热力发电》2021 年第 1 期)

Fifty Years of Field Observations: Lessons for CO_2 Storage from CO_2 Enhanced Oil Recovery

Larry W. Lake[1], Mohammad Lotfollahi[1], Steven L. Bryant[2]

(1. The Universtiy of Texas at Austin, 200 E. Dean Keeton-STOP C0304;
2.University of Calgary, EEEL 267E, 2500 University Drive NW)

Abstract: The first CO_2 to recover crude oil was injected at large-scale into reservoirs in the early 1960s. Since that time over 100 projects have been established in the US, many of which are now very mature with more than a half-century of experience. CO_2-EOR and CO_2 storage are different, especially having different goals. It is nevertheless true that injecting CO_2 into a porous formation, retaining the CO_2 in the formation, the interactions of CO_2 and resident fluid, the chemical reactions between fluid and rock, operational consideration and the understanding of the aforementioned processes are all the same. The long term operation of many commercial EOR projects thus affords an opportunity to calibrate the behavior of CO_2 storage projects. Lessons from CO_2-EOR that inform CO_2 storage in oil reservoirs as well as in brine-filled structures include: (1) volumetric sweep efficiency is inherently small in many EOR floods, which means that methods for increasing it are valuable; (2) large injection rates are possible without exceeding original reservoir pressure, but only when production rates of roughly the magnitude of the injection rates are maintained; (3) knowing where injected fluids really go within a reservoir remains a challenge; (4) significant storage of CO_2 by displacement of resident fluids is occurring in EOR, though determining how much requires accurate wellhead and surface facility inventories (rates, especially for recycle streams, and pressures); (5) storage of CO_2 by dissolution into other fluid phases that remain resident in the reservoir can occur rapidly, i.e., during injection, though this rapid contribution will be minor in aquifers; (6) there have been few surface leaks and no caprock breaches, confirming a key premise of geological storage in brine-filled structures below seals, though the beneficial effect of continual fluids extraction in EOR cannot be discounted.

Key words: volumetric sweep efficiency; displacement; dissolution; voidage; extraction; CO_2 storage; CO_2-EOR; CO_2 retention; recovery factor; Koval model; utilization ratio; hydrocarbon pore volume

1 Introduction

CO_2-EOR is a category of oil recovery technologies known as Enhanced Oil Recovery, the recovery of oil by injecting materials not normally found in a reservoir. EOR has the ability of increasing oil recovery beyond conventional depletion (also known as primary and secondary recovery). Usually applied after waterflooding, CO_2-EOR is the major player of a larger category known as solvent flooding. These methods recover oil by inducing interphase mass transfer that is intended to result in mutual miscibility between injected and resident fluids. The other major categories of EOR are chemical and thermal methods.

There are over 100 current CO_2-EOR projects in the onshore U.S. as of 2014 and the number is increasing. These projects are mostly at the field or commercial scale; there are few pilots.

The first field pilot test of CO_2 EOR was begun in 1964 in the Mead Strawn Field[1]. The first commercial scale CO_2 EOR project was at the Kelly-Snyder field (commonly known as SACROC) beginning in West Texas in 1972; hence, there is more than 50 years of experience in this technology. (We are indebted to Scott Wehner for this information.)

There are many differences between carbon capture and storage (CCS❶) and CO_2-EOR. The most important is that the latter produces profit-driven quantities of crude oil, which accounts for its growth in the past couple of decades. But there are also many similarities.

The purpose of this paper is to review the experience of CO_2-EOR and to compare/contrast it to CCS. As you read, remember that these comments are largely based on field experience, not numerical models nor laboratory-scale experiments, though both have played important supporting roles in the decades-long development of the technology.

Aside from water, CO_2 is perhaps the most studied chemical in existence. Its properties are known over a wide range of temperature and pressure. Given its properties, and given typical geothermal and geopressure gradients, CO_2 is a supercritical fluid when stored deep underground, not a gas (a vapor). Its density is between 0.6 and 0.8 g/cm^3 (liquid like) and its viscosity is 0.04~0.06mPa·s (gas like). Despite soda-water evidence, the solubility of CO_2 in water is not large, usually from 1 to 3 mdisplaole percent over a range of temperature, pressure and salinities. CO_2 solubility in oil is much larger, ranging upwards of 60% (mole fraction) after which it becomes miscible with the oil.

The goal of CO_2-EOR is to reduce the trapped or residual oil saturation in a reservoir through mass transfer (extraction or vaporization) of light to intermediate hydrocarbon components. CO_2 can also reduce mobile oil saturation, through pressure increases and viscosity reduction, though the main effect is residual oil saturation reduction. The mass transfer between CO_2 and oil phases promotes miscibility as it reduces the capillary forces responsible for trapping the oil in a reservoir. The tendency for CO_2-EOR to promote extraction is increased at high pressure, low temperature, and when resident oils contain substantial amounts of intermediate hydrocarbon components. Late in the life of a CO_2-EOR flood, production is primarily influenced by sweep efficiency effects and oil viscosity reduction[2].

---

❶ We retain the acronym CCS rather than the more recent carbon capture utilization and storage CCUS since the latter lumps CCS and CO_2-EOR together.

The analogous mass transfer process in CCS in aquifers is much simpler. CO_2 is slightly soluble in brine, and water is slightly soluble in CO_2. Thus it is possible to store some CO_2 dissolved in the brine (CCS) or the oil (CO_2-EOR) that is contacted by CO_2 but not displaced from the reservoir. However, miscibility between CO_2 and brine does not occur.

Mass transfer works well in laboratory-scale experiments, and we will see below that it occurs during CO_2-EOR as well. But there is a second property of CO_2 that does not promote good oil recovery. Injected CO_2, having a gas-like viscosity, tends to bypass oil such that only a fraction of residual oil is contacted. The propensity for this bypassing depends on the inevitably present heterogeneity of the reservoir and on the mobility ratio M between the injected CO_2 and the oil. A mobility ratio of 20, which is typical, means that the CO_2 is 20 times more mobile than the oil. Bypassing of residual oil, its manifestation on performance and ways to control it are covered more below. These learnings from CO_2-EOR are directly applicable to CCS, because CO_2 is also more mobile than brine in aquifers; often the mobility ratios between CO_2 and water are 10.

2 Operational Issues

Figure 1 is a schematic of CO_2-EOR around which the discussion in this section will be centered. We discuss the components of this process individually, but we will leave comments about the behavior in the reservoir to the next section.

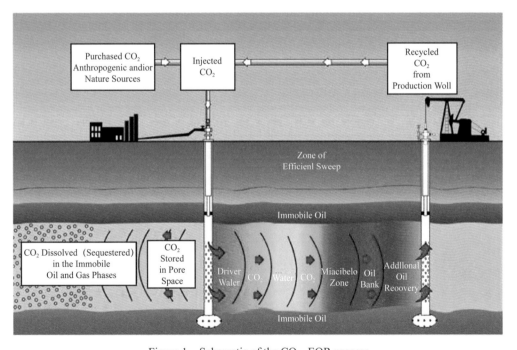

Figure 1   Schematic of the CO_2-EOR process

- 509 -

Injection wells are the operational aspects of greatest similarity between CCS and CO_2-EOR. Injection in CCS is anticipated to be over decades, exactly the time span that CO_2-EOR has accumulated.

Operators are aware of the solubility of CO_2 in brine, the consequent formation of a mild acid, and the potential for reaction with the reservoir rock, wellbore tubulars and cements. Reaction with the rock has been studied with the conclusion that injection rates should increase as much as 20% with no evidence of impairment by precipitation of secondary minerals. While this may be significant, it is among the least of the uncertainties of other phenomena occurring in the reservoir.

Preventing reactions in the tubulars (corrosion) is a major expense of injecting CO_2 compared with injecting water or other hydrocarbons[3]. When CO_2 is injected in slugs alternating with water, the water-alternating-gas or WAG process, corrosion in injectors is less of an issue since the wellbore is largely exposed to CO_2 or water, not both.

As in CCS the rate of injection in CO_2-EOR is a major issue; the goal is to inject fluids at the largest possible rate without inducing a flowing bottom hole pressure that will fracture the formation. Fracturing has the potential of rapidly cycling fluids from injector to producer in CO_2-EOR and/or causing loss of fluid from the storage structure in CCS. It is a two-edged sword because fracturing can enable injectors to attain commercial injection rates that would otherwise be unsustainable. In low permeability reservoirs, injection rates are about 0.05 pore volumes/year, though this can be a factor of 10 times larger in high permeability reservoirs. This rate provides a lower bound on the time required to fill a reservoir or storage structure with CO_2.

Production wells are essential for CO_2-EOR, but they do not exist in the conventional approach to CCS. This means that the average aquifer pressure will increase in conventional injection-only CCS at a rate that depends on how fast the brine in the reservoir can be displaced. Storage strategies using brine extraction wells have thus been proposed to control this pressure increase and thereby mitigate geomechanical hazards associated with it[4]. The key learning from CO_2-EOR is that large volumes of fluid can be injected continuously for decades without unduly increasing the average fluid pressure in a reservoir, but only if corresponding volumes of volumes of fluid are removed over the same period. It is unlikely that natural mechanisms of dissipating fluid pressure will act fast enough to enable material rates of storage, making extraction wells essential for pressure management in most situations. The trade-off for this approach is that CO_2 readily reaches the production wells in CO_2-EOR. The reservoir flow physics for CCS are analogous, so this is likely to happen as well for CCS with brine extraction.

Corrosion in producers appears to be less of an issue, perhaps because of other things taking place. Issues in injectors occur largely because of mixing between incompatible fluids. In producers it is because of the low pressures. There are two principal concerns here.

Especially at low temperature, produced-oil-brine mixtures tend to form a solid organic phase asphaltenes. The amount formed seems to be small and there is no consistent clear field evidence that this causes productivity loss.

The precipitation of anhydrous $CaSO_4$ (gypsum) and secondary calcite $CaCO_3$ is a major issue in many reservoirs, especially those containing sulfate[5]. Thus far, treatment of both problems entails additives and periodic well interventions[6]. This experience provides a cautionary experience for CCS with brine extraction wells in aquifer containing sulfates.

An issue particularly relevant to CCS is one-half or more of the produced CO_2 is recycled back to the injectors in CO_2-EOR. Obviously produced CO_2 is no longer stored, so a careful accounting of the amount produced and the amount recycled is necessary. In CO_2-EOR the recycle fraction affects project profitability and so is tracked with some care. The amount of CO_2 not recycled during CO_2-EOR operations is typically not useful for other applications.

Performance of CO_2-EOR is commonly measured by utilization factors. The gross utilization is the total amount of CO_2 in Mscf to recover one barrel of incremental oil. The net utilization is the purchased amount of CO_2 in Mscf to recover one barrel of incremental oil. Incremental oil recovered is the amount of oil recovered in excess of what would have been recovered without CO_2 injection. Both factors are routinely reported, the first being important for basic reservoir engineering analysis while the second is a measure of economic performance. As discussed below, these factors are related to the amount of CO_2 retained within the reservoir.

A dramatic difference between CCS and CO_2-EOR is the source of the CO_2. CCS is expected to harvest many dispersed industrial sources, notably fixed coal- or natural gas-fired power plants.

Two natural reservoirs of note, McElmo Dome and Bravo Dome, provide CO_2 of high purity ($>99\%$) in large volumes and have done so since the early 1970s. Indeed, the completion of a pipeline from southwestern Colorado to West Texas was a major spur for CO_2-EOR development. A common refrain these days is that operators would commence more CO_2-EOR projects if they had access to CO_2. Other natural sources are known and some are under development, including natural gas separation, cement, ammonia, power and coal gasification plants. These sources make a significant contribution to atmospheric emissions but the cost of CO_2 from these sources, between 2 and 4 times that of natural CO_2, has slowed their development, whether for CO_2-EOR or CCS.

3 Reservoir Issues

The bulk of this section will be on reviewing the learnings from the oil recovery experience of CO_2-EOR. Recall that an oil reservoir is an empirically verified trap, otherwise there would be no accumulated oil. The presence of a trap in an aquifer is not assured, which explains the interest in buoyancy-driven flow in CCS, and the effects of which constitute a major uncertainty.

Details about the floods discussed below are in the original references.

3.1 Project performance-pilot scale

Figure 2 shows the performance of a pilot CO_2-EOR project in the Slaughter Estate Unit (SEU) of West Texas.

This SEU project is by no means the largest in existence, being a pilot, but it is among the most well-reported (gas production is not commonly reported in the open literature). More importantly, it provides a yardstick against which to measure a "typical" performance. Note the following points:

(1) CO_2 injection began in 1977. This reinforces that CO_2-EOR is a mature technology. The lesson for CCS is that a great deal of experience in operating large-scale injection facilities is available.

(2) CO_2 injection followed a waterflood (W.F.) that was begun in 1973. This pilot demonstrated the feasibility of beginning CO_2-EOR after waterflooding, and this became common practice. The lesson for CCS: CO_2 displaces water, not only oil, and thus the water displacement needed for storage will certainly occur during conventional CCS.

(3) The waterflood behaved typically: oil production rate rose rapidly then declined slowly. The gas-oil ratio or GOR decreased dramatically at about the time of the peak oil rate. Lesson for CCS: injection of slightly compressible fluids at commercial rates raises reservoir pressure, so managing reservoir pressure during CCS will be an important concern.

(4) Incremental oil recovery at the time of the report (the shaded blue area) amounted to 25% of the original oil in place. This is larger than typical field experience, as documented in plots below. (The presence of H_2S in the CO_2 contributes to the above average performance because it promotes miscibility. This side effect is unlikely in CCS.) Lesson for CCS: CO_2 displaces the native fluids from only a portion of a reservoir, so projects designed to store a given volume of CO_2 will have to acquire rights to more pore volume than the CO_2 will actually occupy.

(5) The producing gas-oil ratio GOR ratio began to rise almost from the very beginning of CO_2 injection. In fact, in later stages the GOR oscillates with same frequency as the alternation between water and CO_2 injection. The gas produced late in the project life is mostly CO_2, not light hydrocarbons associated with the oil.) Lesson for CCS: same as Lesson 2 above, plus CO_2 readily creates its own fast flow paths in the reservoir.

(6) Coincident with the early arrival of CO_2 at producers is the observation that virtually all the incremental oil is produced along with CO_2. This enhanced oil production occurs as a rapid

rise followed by a gradual decline. There is little oil production that is free of CO_2 production. CO_2-EOR operators should always anticipate the need for separation facilities to remove CO_2 from the produced gas stream. Lesson for CCS: same as lessons 2, 4 and 5, plus CCS with brine extraction must anticipate CO_2 production.

The last two observations suggest that CO_2 recovers oil by means of "dragging" more than by displacing. The conventional concept of displacement is depicted in Figure 1 The tendency of CO_2 to bypass resident fluid phases, the consequence of large mobility in combination with reservoir heterogeneity, is a signature effect of CO_2-EOR. The same tendency will occur in CCS, with major implications for storage efficiency.

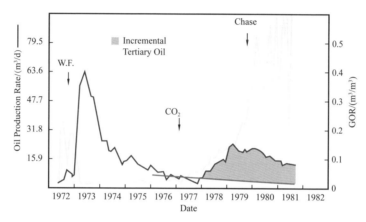

Figure 2   Oil Production Rate and Producing Gas-Oil Ratio GOR in the Slaughter Estate Pilot [7]

3.2 Project performance-field scale

Figure 3 shows a large field subjected to CO_2-EOR. The size of the project is evident by the rates: 1000s rather than 10s of bbl/day in Figure 2 Injection began in early 1983. The figure also shows the primary (no injection) and secondary (waterflooding) responses. The incremental oil recovered is the shaded green area.

Like the response in Figure 2, incremental oil production began almost immediately after CO_2 injection started. Unlike Figure 2, the crude rate did not increase but merely stabilized. An increase in rate is expected in the conventional conceptual model of Figure 1. Thus field experience indicates that that incremental recovery is possible even if no oil bank forms. In CCS, this reinforces the expectation that CO_2 will often flow through and past the native brine, though in flowing through it will displace the fluids laterally.

3.3 Project performance-projects in aggregate

Figure 4 is a summary of the cumulative oil production for CO_2-EOR floods. Data for this figure and subsequent ones are provided courtesy of Rider Scott who provided cumulative oil and

CO_2 production rates and cumulative water and CO_2 injection rates, all as a fraction of hydrocarbon pore volume HCPV, for each project. The projects are for the most part tertiary projects, after waterfloods, and contain both WAG, CO_2 injected alternately with water, and continuous gas injected or CGI. There are well-to-well processes through vertical wells, and there are few gravity drainage projects in the data set, which is similar to that used by Azzolina et al.[9].

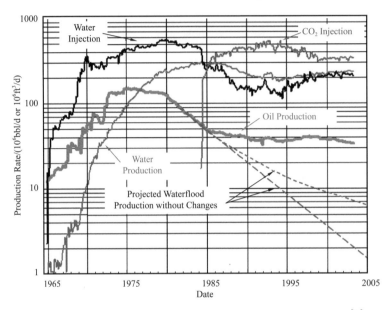

Figure 3　Production Response of the Denver Unit CO_2-EOR Flood[8]

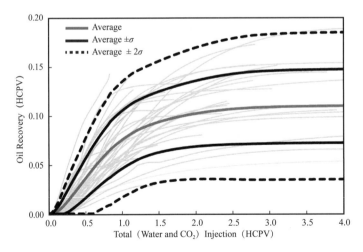

Figure 4　Summary of Cumulative Oil Recovery as a Function of Volume of Water+CO_2 Injected for a Large Set of CO_2-EOR Projects

The vertical axis is incremental oil recovered expressed as a fraction of original oil in place. The horizontal axis is the cumulative water+CO_2 injected divided by the reservoir pore volume originally occupied by oil. The mean trend (red) and the trends for 1 and 2 standard deviations around the mean (solid and dashed black lines) show a clear asymptotic behavior. The faint solid lines are the data from individual projects

The learnings here are:

(1) There is variation in the performance of the floods, likely because of differences in process type (WAG vs. non WAG), operator, and, above all, reservoir heterogeneity. However, there is clear ceiling on oil recovery. Lesson for CCS: It is difficult to displace large fractions of resident fluids from a reservoir.

(2) As noted above oil response occurs very soon after injection commences (at $t=0$), sometimes within less than 10% of a hydrocarbon pore volume of injection. Floods that respond quickly tend to have smaller ultimate oil recoveries; however, there was measurable incremental recovery in all floods. Lesson for CCS: Storage strategies that involve brine extraction can be expected to work, in the sense that hydraulic connection between injectors and producers is very likely if the well spacing is comparable (or smaller than) to that in EOR.

(3) At the same time, the maturity of the process is evident in that several floods have had more than a HCPV of water+CO_2 injected with continuing oil production. Lesson for CCS: Lessons 1 and 2 notwithstanding, initially resident fluids are still being displaced even after enough fluid has been injected to replace the entire contents of the reservoir.

(4) Ultimate oil recovery is, as Figure 4 notes, is usually to 5%~15% of original oil in place. Since CO_2-EOR typically commences with as much as 0.5 HCPV oil in the reservoir, a substantial amount of oil remains even after CO_2-EOR flooding. Lesson for CCS: same as Lesson 1.

3.4 Retention and utilization

Amongst the performance metrics, the CO_2 utilization factors have greatest import for CCS. Net utilization is closely related to the amount of CO_2 retained in the reservoir. Retention is the primary goal of CCS. Retention is secondary to the primary goal of CO_2-EOR but still occurs, and occurs by the same physical mechanisms as in CCS. Thus the field data on retention can illuminate what to expect for CCS.

Figure 5 shows the cumulative CO_2 produced plotted against the cumulative CO_2 injection, both in fractions of HCPV. In contrast to Figure 4 the horizontal axis of Figure 5 extends only 1 HCPV; the axis on Figure 4 extended to 4 HCPV. Since both figures cover the same time span, there is evidently up to three times as much water injected as CO_2 in the projects. The injected water is the water in the WAG projects or a chase fluid after the termination of CO_2 injection. Notice also that CO_2 is produced early in the life of the projects, around 0.1 HCPV on average. The trends show increasing slope with time; some individual projects (gray lines) even become parallel to the unit slope line (dotted). This means injection and production rates are equal, and no further retention occurs. The difference between the curves and the unit slope line is the amount of CO_2 retained; this quantity is plotted in Figure 6.

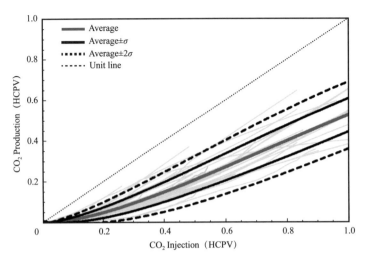

Figure 5 Summary of Cumulative CO_2 Produced as a Function of HCPV of CO_2 Injected for a Large set of CO_2-EOR Projects

Lines defined as in Figure 4. The dotted line corresponds to the limiting case of zero retention, i.e. all injected CO_2 is also produced

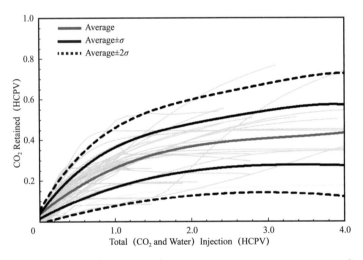

Figure 6 Summary of CO_2 Retained (vertical axis) vs. Cumulative Water+ CO_2 Injected (horizontal axis) for a Large set of CO_2-EOR Projects

Lines as in Figure 4

The curves in Figure 6 are the difference between the data on the vertical axis in Figure 5 and the unit slope line, here plotted against water plus CO_2 on the horizontal axis to emphasize the behavior with time. (Total fluid injection is essentially proportional to time in these projects.) For the average curve flattening occurs at a retention of about 40% (0.4) of the HCPV. The residual oil saturation to water after waterfloods in hydrocarbon reservoirs is 0.3~0.4, which is in rough agreement with Figure 6, and suggests that the ultimate CO_2 stored is correlated with the residual oil saturation. We will discuss more about this below. The fractional flow analysis by

Walsh and Lake[10] suggest that miscible CO_2 will be entirely in the oil remaining in the reservoir at the end of the flood.

Figure 7 shows the amount of CO_2 retained as a function of CO_2 injected. This behavior is the most directly relevant to CCS. Because of the disparity between the amount of CO_2 injected and the amount of water+CO_2 injected, the flattening of the trend in CO_2 retained over time is not as obvious as in Figure 6. More importantly, it is clear that only a fraction of the CO_2 injected is retained in the reservoir, and this fraction decreases as injection continues.

The amount retained is a complicated function of the PVT properties of the reservoir fluids and a complicated consequence of how the EOR process was conducted. A simplified analysis is nevertheless useful to determine what insights can be drawn from the field observations.

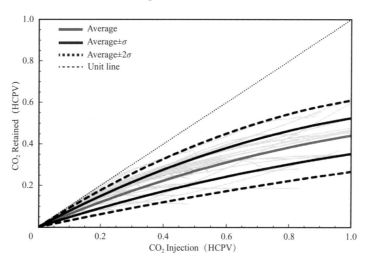

Figure 7 Summary of CO_2 Retained as a Function of CO_2 Injected for a Large Set of CO_2-EOR Projects

The dotted line shows the limiting case of complete retention, i.e. all CO_2 injected remains within the reservoir. Other lines as in Figure 4

The first-order contribution to retention is when injected CO_2 fills the reservoir pore space previously occupied by initially resident fluids. In the jargon of reservoir engineering, this is a form of voidage replacement. In the units of Figure 4 to Figure 7, voidage replacement simply means 0.1 HCPV of injected fluid enters the reservoir to replace 0.1 HCPV of fluid produced from the reservoir. This one-for-one replacement is a good approximation for what happens over the long term in CO_2-EOR. It is of interest here to refine the description of which fluids are being replaced and which fluids are doing the replacing. It is also useful to present the replacement in terms of field units. Depending on how much the oil shrinks after production from the reservoir, the voidage replacement of oil by CO_2 is in the range of $(3\sim 4)\times 10^3 \mathrm{ft}^3$ CO_2/bbl oil for typical reservoir pressures and temperatures. For typical brine properties, the voidage replacement of brine by CO_2 is around 2 Mscf/bbl water. When water injection alternates with CO_2 injection, as is common in CO_2-EOR, it may happen that water occupies some of the pore space previously occupied by oil, reducing the CO_2 retention correspondingly. The water may also displace previously injected CO_2, again reducing retention.

Figure 8 shows that the retained CO_2 occupies much more pore space in the reservoir than was previously occupied by produced oil. For example, using the average curve, when 0.1 HCPV of oil is recovered, more than three times that amount of CO_2, is retained. This implies that much of the retained CO_2 must somewhere other than the HCPV vacated by the oil. In other words, voidage replacement of the produced oil is insufficient to account for all the CO_2 retention during EOR. This raises the question of how to account for the additional retention.

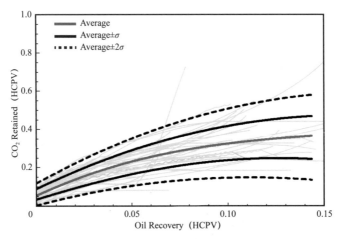

Figure 8 Summary of CO_2 Retained as a Function of Oil Recovery, both as Fractions of HCPV, for a Large set of CO_2-EOR projects

Lines defined as in Figure 5

Figure 9 and Figure 11 show net CO_2 utilization factor as a function of total (water and CO_2) and CO_2 injection, respectively. At early times before significant oil production begins net utilization factor is arbitrarily large. In all the field cases the net utilization factor becomes nearly constant with average value of $5 \times 10^3 ft^3$/bbl. Note that if on average these projects have net production of 1 bbl water per bbl oil, i.e. if they produce and dispose more water than they inject, then voidage replacement of oil and brine by CO_2 would be in the range of $(3\sim4) \times 10^3 ft^3$/bbl oil+$2 \times 10^3 ft^3$/bbl water, or around $(5\sim6) \times 10^3 ft^3$/bbl oil. This is close to many of the projects in Figure 9 and Figure 10. A number of projects show smaller values of utilization are consistent with voidage replacement only of oil. Thus the larger values suggest that net water production is occurring in many projects. In these cases net utilization can be attributed primarily to voidage replacement.

Many projects consistently report net utilizations greater $(5\sim6) \times 10^3 ft^3$/bbl in Figure 9 and Figure 10, and this demands further analysis. The voidage replacement concept does not account for the solubility/miscibility of CO_2 in oil. To include this contribution to retention and net utilization, we resort to a model, described in the next section.

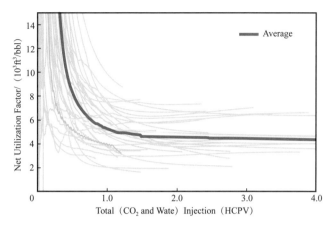

Figure 9   Summary of Net Utilization Factor vs Total (Water and CO_2) Injection for a Large Set of CO_2-EOR Projects

Lines defined as in Figure 4

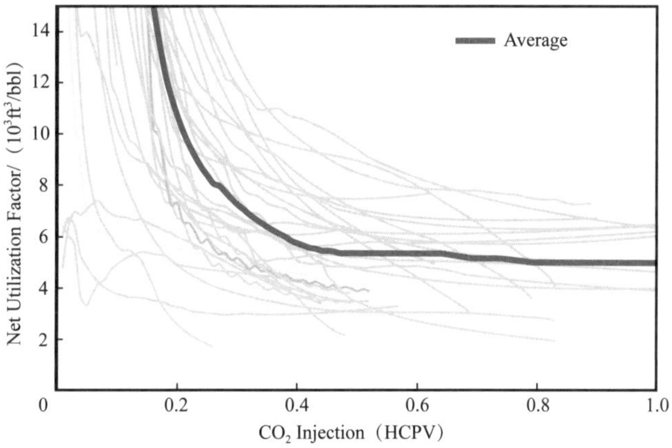

Figure 10   Summary of Net Utilization Factor vs CO_2 Injection for a Large Set of CO_2-EOR Projects

Lines defined as in Figure 4

4   Field Data Analysis with Koval Theory

Heterogeneity is the variability of an intrinsic reservoir property that could have a great impact in the performance of oil recovery at different stages of production. The performance of CO_2-EOR techniques is diminished because of the development of viscous fingering and poor sweep efficiency of solvent as consequence of heterogeneity. Between the different heterogeneity measures, Koval's [11] theory offers a screening tool to estimate heterogeneity and accurately forecast the performance of recovery processes.

In this study, the Koval theory is coupled with material balance for water, oil, and CO_2 (accounting for CO_2 dissolution in oil) to history match the oil recovery and CO_2 production rate. We illustrate the application of the theory for nine of the projects in Figure 4 to Figure 10. In projects CO_2 was injected alternating with water (WAG) with the WAG ratio ranging from 1.4 to 5.5. Water and CO_2 injection rates, and oil recovery factor and CO_2 production rates were given in units of hydrocarbon pore volume unit HCPV. Water production, where needed, was calculated assuming voidage replacement ratio of one-to-one. The appendix discusses all equations in detail.

To fit Koval's model to the production and injection history of a project, we minimize the following objective function

$$J = \sum_{i=1}^{t_d} \left[\left(RF_{field} - RF_{model} \right)^2 + \left(W_{3_{HCPV\,field}} - W_{3_{HCPV\,model}} \right)^2 \right]$$

Where RF_{field} is historical field recovery factor and RF_{model} is calculated from equations (A-3) and (A-4). The Koval factor K_{val} and the initial water saturation, S_{li} (if not given) are matching parameters. $RF_{t \to \infty}$ can be estimated with good approximation from the oil recovery curve in projects with >2 HCPV injected, otherwise it can be set as an additional matching parameter. Oil recovery from model is zero before oil breakthrough in field. $W_{3_{HCPV\,field}}$ is the historical field CO_2 production data and $W_{3_{HCPV\,mode}}$ is calculated from combinations of equations (A-6), (A-8), and (A-10). The volume fraction of CO_2 in the oil phase (C_{32}) can be approximated at given reservoir pressure and temperature.

Figure 11 and Figure 12 compare field production data versus model fits.

Table 1 summarizes the (given) WAG ratio, the oil recovery factor (RF), and the fitted volumetric sweep efficiency (E_V) at unit pore volume injected for all fields. From Table 1, E_V at one pore volume varies between 0.39~0.71 with WAG ratio ranging from 1.06~3.80 and oil recovery between 3.0%~8.8%. There are no field data for WAG ratios less than one but Lu et al.[12] showed the even small WAG ratios (about 0.25) can significantly improve CO_2 volumetric sweep efficiency.

There is no obvious relationship between the WAG ratio and with the recovery factor or sweep efficiency. Evidently the project-to-project variability in the projects, usually in the pressure and temperature and, above all, the heterogeneity, masks this relationship. The volumetric sweep efficiencies are somewhat larger than expected, considering the adverse mobility ratio of these floods. The substantial oil saturation in the swept zone in the projects is even more of a surprise. The majority of these floods should have been miscible or at least near-miscible, which means that the swept zone oil saturation should be very small. However, there are several mitigating factors.

A large swept-zone oil saturation means that the non-aqueous phase (mostly CO_2) mobility is large, which factor increases sweep efficiency. Furthermore, as shown numerically by Garmeh et al.[13] and Moghanloo[14], dispersion or the effect of short-length heterogeneity autocorrelation tends to increase swept zone residual oil saturation also. In fact, simulations have shown that there is a trade-off between residual oil saturation lowering and a decreasing sweep efficiency, all of which could explain the above. We do not include dispersion in the model here. The trade-off in CCS will not happen, absent of oil, so we should expect even smaller sweep efficiencies there. We note finally that the swept-zone residual oil saturations are of the same magnitude at the residual oil saturation to waterflood as predicted by factional flow theory[10].

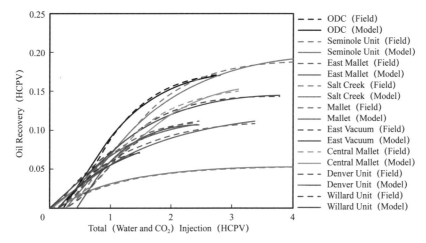

Figure 11 Oil Recovery (Field Data versus Model)

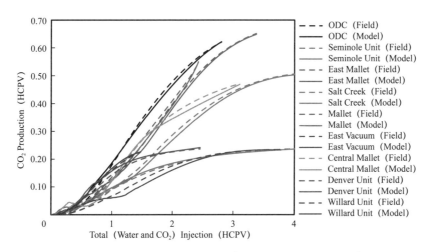

Figure 12 CO_2 Production (Field Data versus Model)

Whatever the causes of the large swept zone residual oil, its existence is a potentially significant contribution to CO_2 retention. Oil in the reservoir at the beginning of EOR contains no CO_2, but oil remaining in the reservoir after extensive CO_2 injection is likely to have absorbed CO_2. For typical CO_2-EOR reservoir conditions, the densities of crude oil, CO_2 and their miscible mixtures are of the same magnitude. This means that the mixture will occupy about the same volume as the individual oil and CO_2 phases before mixing. Indeed, swelling of the oil phase has long been one of the mechanisms cited as contributing to enhanced recovery. In the present case, an oil/CO_2 mixture remaining in the reservoir at the end of CO_2-EOR project serves as another storage mechanism, though not one actively sought by operators.

Table 1 WAG Ratio, Fitted Oil Recovery Factor Volumetric Sweep Efficiency at Unit Pore Volume Injection, and Oil Saturation Change in Swept Zone

Field	WAG Ratio	RF (1 HCPV) /%	E_V @ 1 HCPV	S_{2r}	S_{2m}	$\Delta S_2 = S_{2r} - S_{2m}$
East Vacuum	3.39	7.30	0.49	0.486	0.416	0.070
ODC	1.06	8.80	0.59	0.594	0.492	0.102
Seminole	2.03	6.90	0.43	0.427	0.344	0.083
East Mallet	1.63	6.10	0.46	0.466	0.410	0.056
Salt Creek Unit	3.80	3.00	0.64	0.812	0.769	0.043
Mallet	1.24	6.70	0.64	0.689	0.612	0.077
Central Mallet	1.34	5.50	0.39	0.389	0.328	0.061
Denver Unit	1.30	5.50	0.71	0.739	0.660	0.079
Willard Unit	1.07	6.00	0.50	0.624	0.552	0.072
McElmo	2.23	5.30	0.74	0.852	0.784	0.068

To estimate the magnitude of this contribution, note that while around 0.5 HCPV oil is present at the beginning of typical CO_2-EOR, less than 0.2 HCPV oil has been produced in the projects of Figure 4 to Figure 10. Thus as much as 0.3 HCPV of oil present at the beginning of EOR remains in the reservoir at the end of EOR. Suppose 0.1 HCPV of that oil was mixed with 0.1 HCPV of CO_2 during EOR. Recalling our assumption of comparable phase densities, the oil/CO_2 mixture would occupy about 0.2 HCPV, for a total oil phase saturation of 0.4 HCPV at the end of EOR. This storage of an additional 0.1 HCPV of CO_2 in this form is of sufficient magnitude to account for the retention in excess of voidage replacement noted in the discussion of Figure 8; it is also sufficient to increase net utilization by a few Mscf/bbl oil, which when added to the voidage replacement contribution would account for the larger values in Figure 9 and Figure 10.

Dissolution of CO_2 into brine results in much smaller volume changes, negligible in comparison to dissolution into oil. The lesson for CCS here is that inefficient displacement of oil can result in greater storage efficiency of CO_2, giving CO_2-EOR an advantage over storage in aquifers at the price of smaller revenues from oil production.

5 Concluding Remarks

Achievable rate of storage is a critical consideration for CCS as a viable greenhouse gas mitigation technology. Field data indicate that typically 5 to 6 Mscf CO_2 can be stored in EOR operations per barrel of oil produced, which corresponds to around 0.3 Mt of CO_2 per million barrels of oil. At a total production rate of 300000 bbl/d, which has been achieved in the Permian Basin, this translates to more than 30 Mt/a of storage. Simple volumetric and phase behavior analysis combined with classical sweep efficiency modeling indicates two primary mechanisms for this storage: voidage replacement (filling the reservoir pore space previously occupied by produced oil and water), and dissolution into oil remaining in the reservoir. Though the overall rate of storage is appreciable, the rate of storage in an individual reservoir progressively decreases, especially late in the life of the reservoir. Moreover, typically half of the cumulative CO_2 injected into a reservoir for EOR is produced along with the oil. Thus the rate of storage is smaller than the total injection rate of CO_2, whereas in conventional CCS these rates are the same. Most of the produced CO_2 is re-injected, but the production/separation/re-compression cycle increases the cost of storage by this means.

This paper has been drawing comparisons between CCS and CO_2-EOR. To summarize:

(1) The most obvious difference lies in economics. CO_2-EOR produces a commercial product, CCS does not at least in its conventional implementation. The only economic penalty for not recycling produced CO_2 in CO_2-EOR is the cost of make-up CO_2, while CCS would be penalized if stored CO_2 escapes from the reservoir. It is conceivable that tax policies and judicious field operation could make simultaneous crude production and CO_2 storage attractive for both government and industry[15].

(2) Most factors that have to do with injection wells are transferable between CO_2-EOR and CCS.

(3) Experience gleaned from fluid production during injection reveals important features of fluid movement and displacement in reservoirs. This insight is transferable for CCS that uses extraction wells for pressure management, and applicable (though not directly transferable) to conventional CCS that only injects CO_2.

(4) The time scales of primary concern differ. While both CO_2-EOR and CCS are necessarily equally interested in the period of active injection (a few decades), CO_2-EOR treats the post-injection/post-production period as a relatively short period of project closure, culminating in plugging and abandoning wells, just as the post-production period for any other recovery process. In contrast CCS is as concerned during post-injection as during the injection period, with significant monitoring and verification activity to evaluate the status of the stored CO_2. Here it is important to note that measurements in the vadose zones above a large-scale CO_2-EOR operation show little evidence of migration of stored CO_2[16]. The lesson for CCS is that storage strategies that involve production of fluids reduce the need for post-injection monitoring.

Acknowledgements

Larry W. Lake holds the Shahid and Sharon Ullah Chair. Steven L. Bryant holds the Canada Excellence Research Chair in Materials Engineering for Unconventional Oil Reservoirs. This work was supported in part by the Center for Frontiers in Subsurface and Energy Security.

Nomenclature	
B_1	water formation volume factor, vol. /std. vol.
B_2	oil formation volume factor, vol. /std. vol.
B_3	gas formation volume factor, vol. /std. vol.
C_{32}	volume fraction CO_2 in oil phase, res. vol. /res. vol.
E_V	volumetric sweep efficiency, fraction
K_{val}	Koval factor
M_2	crude oil molecular weight, mass/mole
M_3	CO_2 molecular weight, mass/mole
N_1	cumulative water production, std. vol.
$N_{1_{HCPV}}$	cumulative water production, HCPV
N_2	cumulative oil production, std. vol.
N_3	cumulative gas production, std. vol.
$N_{2_{HCPV}}$	cumulative oil production, HCPV
$N_{3_{HCPV}}$	cumulative gas production, HCPV
RF	oil recovery factor, HCPV
S_{1i}	reference initial water saturation, fraction
S_{1m}	water saturation in swept zone, fraction
S_{1r}	water saturation at start of injection, fraction
S_{2m}	oil saturation in swept zone, fraction
S_{2r}	oil saturation at start of injection, fraction
t_d	injection hydrocarbon pore volume (HCPV)
t_D	injection pore volume

V_P	reservoir pore volume
W_1	cumulative water injection, std. vol.
$W_{1_{HCPV}}$	cumulative water injection, HCPV
W_3	cumulative gas injection, std. vol.
$W_{3_{HCPV}}$	cumulative gas injection, HCPV
x	CO_2 mole fraction in oil phase, fraction
ρ_2	crude oil mass density at standard condition, mass/std. vol.
ρ_3	CO_2 mass density at standard condition, mass/std. vol.

Appendix A. Appendix-Koval Theory

According to Koval (1963) theory the fraction of a pore volumes swept by a displacing agent, the swept volume, (E_V) can be written as a function of (K_{val}) the Koval heterogeneity factor as

$$E_V = \begin{cases} t_D & t_D \leq \dfrac{1}{K_{val}} \\ \dfrac{2\sqrt{K_{val}t_D} - t_D - 1}{K_{val} - 1} & \dfrac{1}{K_{val}} < t_D < K_{val} \\ 1 & t_D \geq K_{val} \end{cases} \quad (A-1)$$

where t_D is injected pore volume. In solvent flooding, the injection/production data is typically reported in terms of hydrocarbon pore volume (HCPV) (t_d) where

$$t_d = \dfrac{t_D}{(1 - S_{li})} \quad (A-2)$$

Therefore equation (A-1) becomes

$$E_V = \begin{cases} t_d(1 - S_{li}) & t_d \leq \dfrac{1}{(1 - S_{li})K_{val}} \\ \dfrac{2\sqrt{K_{val}t_d - t_d(1 - S_{li})} - 1}{K_{val} - 1} & \dfrac{1}{(1 - S_{li})K_{val}} < t_d < \dfrac{K_{val}}{(1 - S_{li})} \\ 1 & t_d \geq \dfrac{K_{val}}{(1 - S_{li})} \end{cases} \quad (A-3)$$

Then, oil recovery factor (RF) can be written as

$$RF = RF_{t \to \infty} E_V \quad (A-4)$$

where $RF_{t \to \infty}$ is the as a fraction of the initial oil in place after a long injection time. This is a two parameter model for oil recovery, K_{val} and $RF_{t \to \infty}$, that can fit the oil recovery data in Figure 5 to Figure 8. But more insights are available in these data.

A.1 Water Material Balance

The cumulative material balance for water is

$$N_1 = W_1 - \frac{V_P E_V}{B_1}(S_{1m} - S_{1r}) \quad (A-5)$$

where W_1 and N_1 are cumulative water injection and production in standard volume, respectively, from the start of the project. V_P is the reservoir pore volume, B_1 is the water formation volume factor, S_{1m} is the water saturation at the beginning of the CO_2 flood and S_{1r} is the water saturation in swept zone. Equation (A-5) in terms of HCPV can be written as

$$N_{1_{HCPV}} = W_{1_{HCPV}} - E_V \frac{(S_{1m} - S_{1r})}{(1 - S_{1i})} \quad (A-6)$$

where $W_{1_{HCPV}}$ and $N_{1_{HCPV}}$ are cumulative water injection and production in HCPV unit, respectively. S_{1i} is reference initial water saturation and in this study we assumed $S_{1i} = S_{1r}$.

A.2 Oil Material Balance

The material balance for oil can be written as

$$N_2 = \frac{V_P E_V}{B_2}\left[S_{2r} - S_{2m}(1 - C_{32})\right] \quad (A-7)$$

where N_2 is the cumulative incremental oil production in standard volume, B_2 is the oil formation volume factor, S_{2m} is the oil saturation at the beginning of the CO_2 flood and S_{2r} is the average oil saturation in swept zone. C_{32} is the volume fraction of CO_2 in oil phase at the average reservoir pressure and temperature.

Equation (A-7) in terms of HCPV is

$$N_{2_{HCPV}} = E_V \frac{S_{2r} - S_{2m}(1 - C_{32})}{1 - S_{1i}} \quad (A-8)$$

where $N_{2_{HCPV}}$ is cumulative oil production in HCPV and is equal to recovery factor (RF).

A.3 CO_2 Material Balance

The material balance for CO_2, neglecting CO_2 dissolution in water ($C_{13} \approx 0$) can be written as

$$N_3 = W_3 - \frac{V_P E_V}{B_3}\left[1 - S_{1m} - S_{2m}(1 - C_{32})\right] \quad (A-9)$$

Where W_3 and N_3 are cumulative CO_2 injection and production in standard volume, respectively, and B_3 is the CO_2 formation volume factor.

Equation (A-9) in terms of HCPV is

$$N_{3_{HCPV}} = W_{3_{HCPV}} - E_V \frac{1 - S_{1m} - S_{2m}(1 - C_{32})}{1 - S_{1i}} \quad (A-10)$$

where $N_{3_{HCPV}}$ and $W_{3_{HCPV}}$ are cumulative CO_2 injection and production in HCPV unit, respectively.

A.4 Volume Fraction of CO_2 in Oil Phase

CO_2 solubility in an oil phase is usually reported as a mole fraction [17]. The following expression converts CO_2 solubility from mole fraction to volume fraction in the reservoir condition being used in this paper

$$C_{32} = \frac{xM_3 B_3 / \rho_3}{(1-x)M_2 B_2 / \rho_2 + xM_3 B_3 / \rho_3} \quad (A-11)$$

where x is CO_2 mole fraction in oil phase, M_2 and M_3 are crude oil and CO_2 molecular weight, and ρ_2 and ρ_3 are crude oil and CO_2 mass density at standard conditions, respectively.

References

[1] Holm L W, O'Brien L J. carbon dioxide test at the mead-strawn field [J]. J. Pet. Technol, 1971, 23: 431-42.

[2] Merchant D. Enhanced oil recovery-the history of CO_2 conventional wag injection techniques developed from Lab in the 1950's to 2017 [R]. CMTC-502866-MS, 2017.

[3] McGuire P L, Okuno R, Gould T L, Lake L W. Ethane-based enhanced oil recovery: an innovative and profitable enhanced-oil-recovery opportunity for a low-price environment. SPE Reserv Eval. Eng., 2017, 20: 42-58.

[4] Burton M, Bryant S L. Eliminating buoyant migration of sequestered CO_2 through surface dissolution: implementation costs and technical challenges [J]. SPE Reserv. Eval. Eng., 2009; 12: 399-407. doi: 10.2118/110650-PA.

[5] Araque-Martinez A. Geochemical effects on well impairment [D]. PhD Dissertation. The University of Texas at Austin, 2001.

[6] Jarrell, Perry M., Fox, Charles, Stein, Michael, Webb, Steven. Practical Aspects of CO_2 Flooding. Society of Petroleum Engineers, 2002.

[7] Rowe H G, York D S, Ader J C. Slaughter estate unit tertiary pilot performance [J]. J. Pet. Technol.,

1982, 34: 613-20.

[8] CO_2 miscible flooding case studies n.d. https://petrowiki.org/CO_2_miscible_flooding_case_studies (accessed September 14, 2018).

[9] Azzolina N A, Nakles D V, Gorecki C D, et al. CO_2 storage associated with CO_2 enhanced oil recovery: A statistical analysis of historical operations [J]. Int. J. Greenh Gas Control, 2015, 37: 384–397.

[10] Walsh M P, Lake L W. Applying fractional flow theory to solvent flooding and chase fluids [J]. J. Pet. Sci. Eng., 1989, 2: 281–303.

[11] Koval E J. A method for predicting the performance of unstable miscible displacement in heterogeneous media [J]. Soc. Pet. Eng. J., 1963, 3: 145–54.

[12] Lu X, Lotfollahi M, Ganis B, et al. An integrated flow-geomechanical analysis of flue gas injection in cranfield [J]. SPE-190300-MS, 2018.

[13] Garmeh G, Johns R T, Lake L W. Pore-scale simulation of dispersion in porous media [J]. SPE J., 2009, 14: 559–67.

[14] Moghanloo R G. Modeling the flow of carbon dioxide through permeable media [D]. TX Austin: The University of Texas at Austin, 2012.

[15] Ettehadtavakkol A, Lake L W, Bryant S L. CO_2-EOR and storage design optimization [J]. Int. J. Greenh Gas Control, 2014, 25: 79–92.

[16] Smyth R C, Hovorka S D, Lu J, et al. Assessing risk to fresh water resources from long term CO_2 injection–laboratory and field studies [J]. Greenh Gas Control Technol 9 2009, 1: 1957–1964.

[17] Simon R, Graue D J. Generalized correlations for predicting solubility, swelling and viscosity behavior of CO_2-crude oil systems [J]. J. Pet. Technol., 1965, 17: 102–106.